地球物理反演理论、算法及应用

李桐林　张镕哲 等　著

科 学 出 版 社

北 京

内 容 简 介

本书系统全面地论述了地球物理反演领域的基础性知识，主要介绍了地球物理反演的基本概念、理论框架、算法及其在实际中的应用，内容涵盖了从基础的正演问题到复杂的反演问题，包括确定和不确定两类问题的处理技术，并详细讨论了利用地球物理观测资料反推地球物理模型的方法，强调了反演技术在地球内部结构研究中的重要性。此外，书中还涉及了最优化理论与方法，包括线性搜索、牛顿法、共轭梯度法等，为解决地球物理中的优化问题提供了理论基础和实用工具。

本书可作为高等院校地球物理专业教材，也可作为从事相关领域工作的科研人员和工程技术人员的参考书。

图书在版编目（CIP）数据

地球物理反演理论、算法及应用 / 李桐林等著. 北京 ：科学出版社，2024. 12. -- ISBN 978-7-03-080010-7

Ⅰ. P31

中国国家版本馆 CIP 数据核字第 2024M5R639 号

责任编辑：焦 健 崔慧娴/责任校对：何艳萍

责任印制：肖 兴/封面设计：无极书装

科学出版社 出版

北京东黄城根北街 16 号

邮政编码：100717

http://www.sciencep.com

北京中科印刷有限公司印刷

科学出版社发行 各地新华书店经销

*

2024 年 12 月第 一 版 开本：787×1092 1/16

2024 年 12 月第一次印刷 印张：22 1/2

字数：534 000

定价：298.00 元

（如有印装质量问题，我社负责调换）

前　言

由地球物理观测资料去反推地球物理模型，这类问题统称为反问题。地球物理数据反演与解释是研究地球内部结构不可或缺的技术手段，而处理技术的有效性和处理结果的可靠性会直接影响地质解释人员的分析和判断。

反问题是对正问题而言的。以微分方程为例，正问题涉及如何构建微分方程来描述和刻画物理过程和系统状态，以及在特定条件(如初始或边界条件)下求解这些方程，以获得对过程和状态的数学表达。而微分方程的反问题，是指从微分方程解的某些泛函去确定微分方程的系数或其右端项。显然，这里存在两种类型的反演问题：第一类是确定过程的过去状态；第二类是借助解的某些泛函去确定微分方程的系数。无论是上述哪类问题，均是地球物理反演的研究内容。因此，地球物理反演可简要概括为：在地球物理学中，反演理论是指研究如何将观测数据映射到相应的地球物理模型的理论和方法。

地球物理学是一门涉及领域极为广泛的综合性交叉学科，其内容涵盖重力、磁力、电场、地震、钻井及放射性等多个方面。即便是相同的方法，也存在多种不同的数据采集技术，例如在电磁学领域，就有直流电法和交流电法之分。进一步地，根据采集仪器所搭载的平台，又可以划分为地面电磁法、航空电磁法、海洋电磁法和井中电磁法等多种形式。此外，根据场源的不同，还可以区分为人工源和天然源两大类。尽管这些方法各异，正演公式也呈现出千差万别的特点，但它们都遵循麦克斯韦方程组这一基本规律，因此在反演方法上存在许多共同之处。反演理论关注的是各种地球物理观测数据反演方法的共同理论基础、反演过程中普遍遇到的问题，以及解决这些问题所需的必要策略。

绝大多数的地球物理问题都是非线性问题，模型参数和观测数据之间有着极为复杂的非线性关系。然而，在一定条件下非线性问题可以线性化，即把非线性问题转化为线性问题。地球物理反演问题有线性反演(如重磁)和非线性反演(如电磁)之分，前者指观测数据和地球物理模型之间存在线性关系(线性函数或线性泛函)，而后者是非线性关系(非线性函数或非线性泛函)。

在进行反演分析之前，首要任务是确立观测数据与地球模型参数之间的函数关系。这一步骤至关重要，它使得地球物理学家能够根据既定的模型参数推算出相应的观测数据(即完成正演计算)，同时也能根据观测数据反推出地球物理模型的参数，实现反演映射。显而易见，正演计算是反演过程的基础和先决条件。只有当正演计算问题得到妥善解决时，无论是采用解析方法还是数值模拟方法，反演映射才有可能顺利实施。然而，并非所有地球物理问题都已经被科学家们彻底理解，并且确立了相应的数学物理模型。例如，天然地震的预测、地磁场的起源及其向西漂移等现象，就是这类尚未完全解决的问题的典型例子。毫无疑问，对于这些尚未完全理解机制的问题，当前的反演技术仍然显得力不从心。这提醒我们，在地球物理学的探索道路上仍有许多未知领域等待我们去发现和理解。

然而，确立正确的数学物理模型并不意味着反演问题就此解决。与其他学科一样，反演理论同样面临着其特有的挑战。正如著名理论反演专家 R.Parker 在其论文“Understanding inverse theory”中所阐述的，反演理论需要解决四大问题。

(1) 解的存在性：给定一组观测数据，是否一定存在一个能拟合观测数据的解或模型。

(2) 模型构建：如果存在性是肯定的，如何求得或构建能拟合观测数据的解或模型。

(3) 非唯一性：能拟合观测数据的模型是唯一的还是非唯一的。

(4) 结果的评价：如果解是唯一的，如何从构建的模型中提取关于真实模型的地球物理信息。

关于解的存在问题：通常并不是什么特别问题，只要拟合差达到了期待的水平，就可以认为解是存在的。

关于解的非唯一性：地球物理中的多解现象是非常普遍的，此时解的非唯一性是地球物理资料反演中最重要的问题之一。由于实际情况下观测数据的数量有限，且数据中包含复杂的噪声，解的非唯一性正是由此而来。

当未知模型参数的个数大于观测数据个数时，即欠定问题，此时解是非唯一的，甚至可有无限多个解能够拟合观测数据。为了求得反演问题的一个特定解，我们必须加入一些观测数据中未包含的信息，这种附加给反演问题的信息称为“先验信息”。

根据补充信息类型的不同，可将先验信息分为以下四类。第一类先验信息指的是待求地球物理参数的物理性质和其可能的数值范围，在电磁反演中也称上下限约束，即给定一个符合常理的电阻率范围。第二类先验信息来自其他已知的地质、地球物理和钻井资料，如反演地区的基底深度、目标层的厚度或金属矿的属性等。第三类先验信息指的是某些参数比其他参数的影响更大，对解决地球物理问题更重要，此时可选择对模型参数进行加权，在一定权系数的约束下进行求解。这类信息是地球物理反演中极为常用的一种，根据加权系数的不同可得到不同的解。第四类也是纯欠定问题解法中常用的先验信息，假定的地球物理模型“最简单”。这里的简单指的是在保留实际地球物理模型基本特征不变的情况下，对地球物理模型的一种简化。

电磁数据反演主要分为确定性反演和不确定性反演两大类。其中，不确定性反演是在模型空间按照随机搜索的方式，达到全局寻优的优化方法，也可以称为全局最优方法，主要包括贝叶斯反演、粒子群算法和模拟退火算法等。此类方法不需要计算目标函数的梯度值，且反演的最终结果不依赖于初始模型的选择。然而，基于概率类优化算法的不确定性反演技术需要对模型空间进行大规模密集搜索，正演计算会耗费大量的时间。因此，基于概率类优化算法不确定性反演技术常用于未知数较少的低维问题或者正演计算量小的反演问题，不适合三维反演及正演计算量大的反演问题。

基于梯度类优化算法的确定性反演技术，在模型解空间中搜索最优的下降方向，经有限次迭代就可以完成收敛，从而达到最优解。因此，与不确定性反演相比，基于梯度类优化算法的确定性反演具有更高的计算效率，是目前电磁勘探数据反演的主要技术手段。各种梯度类优化算法，包括高斯-牛顿(Gauss-Newton，GN)法、拟牛顿(quasi-Newton，QN)法、非线性共轭梯度(nonlinear conjugate gradient，NLCG)法和有限内存拟牛顿(BFGS)

算法(L-BFGS 算法，一种拟牛顿方法)等被应用到寻找电阻率模型最优解问题中。这些算法可以基本满足三维电磁反演的内存需求以及计算速度的要求。

GN 方法以其较少的反演迭代次数和快速的收敛速度而著称，通过灵敏度矩阵巧妙地避免了二阶黑塞(Hessian)矩阵的复杂计算。L-BFGS 算法作为一种高效的拟牛顿方法，通过避免密集的 Hessian 矩阵计算，显著节省了计算时间，提高了计算效率，而 NLCG 法则以其较少的正演计算量和较低的内存需求成为解决大规模问题的理想选择。

对于大规模的电磁反演问题，即使避免了 Hessian 矩阵，灵敏度矩阵的计算仍需占用大量内存且计算速度慢，因此灵敏度矩阵的计算是高维电磁反演的关键问题。为了节省内存和计算时间，常采用伴随正演的方法计算灵敏度矩阵，即不直接求解灵敏度矩阵而是求解其和一个向量的乘积，通过伴随正演能够明显地改善计算效率。

上述梯度类方法依然是电磁反演技术的核心。虽然这些方法在几十年前就已经被提出，但现代的反演工作大多是在这些经典框架的基础上进行一些细节上的优化和调整，主要体现在采用不同的正则化策略来改善性能。

对于反演问题更深层次的理解和见解，我们将在书末的结束语部分进行更深入的探讨和阐述。

在本书的编写过程中，得到了许多人的帮助与支持，在此特别感谢我的博士生们：陈闫、范翠松、顾观文、朱成、刘永亮、石会彦，他们分别负责第 1 章和第 3 至第 7 章的编写，为书稿的完成付出了辛勤劳动并作出了卓越贡献。

由于作者水平有限，书中难免存在不足之处，恳请读者批评指正。

作 者

2024 年 6 月于长春地质宫

目　录

应　用　篇

基　础　篇

第 1 章　最优化理论与方法概述

最优化理论与方法是一门充满生机且应用广泛的新兴学科，致力于寻找数学问题中的最优解。它在众多领域中发挥着核心作用，尤其在地球物理学中，无论是方程求解还是反演分析，最优化方法都是不可或缺的。这些方法使我们能够借助先进的算法和计算技术，高效且精准地找到最佳解决方案，为地球内部结构研究、资源勘探和环境监测等提供了重要支持。

1.1　数学基础知识

本节内容将精练地介绍在最优化理论与方法中经常使用的数学基础知识。这些基础知识是理解和掌握最优化技术的关键，为解决最优化问题提供了坚实的数学支撑。

1.1.1　向量与矩阵

1. 向量

设 $\boldsymbol{x},\boldsymbol{y}$ 为 n 维欧几里得(Euclid)向量空间中的向量，即

$$\boldsymbol{x}=\left(x_1,x_2,\cdots,x_n\right)^{\mathrm{T}},\quad \boldsymbol{y}=\left(y_1,y_2,\cdots,y_n\right)^{\mathrm{T}}$$

向量 $\boldsymbol{x},\boldsymbol{y}$ 的内积为

$$\left\langle\boldsymbol{x},\boldsymbol{y}\right\rangle=\sum_{i=1}^{n}x_iy_i=\boldsymbol{x}^{\mathrm{T}}\boldsymbol{y}$$

由上式，容易得到内积具有如下性质：

(1) $\left\langle\boldsymbol{x},\boldsymbol{y}\right\rangle\geqslant 0$，且 $\left\langle\boldsymbol{x},\boldsymbol{x}\right\rangle=0$ 的充要条件是 $\boldsymbol{x}=0$；

(2) $\left\langle\boldsymbol{x},\boldsymbol{y}\right\rangle=\left\langle\boldsymbol{y},\boldsymbol{x}\right\rangle$；

(3) $\left\langle\lambda\boldsymbol{x}+\mu\boldsymbol{y},z\right\rangle=\lambda\left\langle\boldsymbol{x},z\right\rangle+\mu\left\langle\boldsymbol{y},z\right\rangle$。

定义 1.1　映射 $\|\cdot\|:\mathbb{R}^n\to\mathbb{R}$ 称为 $\mathbb{R}^n$ 上的半范数，当且仅当它具有下列性质:

(1) $\|\boldsymbol{x}\|\geqslant 0,\forall\boldsymbol{x}\in\mathbb{R}^n$。

(2) $\|a\boldsymbol{x}\|=|a|\|\boldsymbol{x}\|,\forall a\in\mathbb{R},\boldsymbol{x}\in\mathbb{R}^n$。

(3) $\|\boldsymbol{x}+\boldsymbol{y}\|\leqslant\|\boldsymbol{x}\|+\|\boldsymbol{y}\|,\forall\boldsymbol{x},\boldsymbol{y}\in\mathbb{R}^n$。

此外，除了上述三个性质外，如果映射还满足

(4) $\|\boldsymbol{x}\|=0\Leftrightarrow\boldsymbol{x}=0$，则 $\|\cdot\|$ 称为 $\mathbb{R}^n$ 上的范数。

设 $\boldsymbol{x}=\left(x_1,x_2,\cdots,x_n\right)^{\mathrm{T}}\in\mathbb{R}^n$，$p=1,2,\cdots,\infty$，$l_p$ 向量范数定义为

$$\|\boldsymbol{x}\|_p=\left(\sum_{i=1}^{n}x_i^p\right)^{1/p},\quad l_p\text{ 范数} \tag{1.1}$$

常用的向量范数为($p=1,2,\infty$)

$$\|\boldsymbol{x}\|_1=\sum_{i=1}^{n}|x_i|,\quad l_1\text{ 范数}$$

$$\|\boldsymbol{x}\|_2=\left(\sum_{i=1}^{n}x_i^2\right)^{1/2},\quad l_2\text{ 范数，即欧几里得范数}$$

$$\|\boldsymbol{x}\|_\infty=\max_i|x_i|,\quad l_\infty\text{ 范数}$$

通过 l_p 范数定义可知，范数值随 p 的增加而减小，即有不等式

$$\|\boldsymbol{x}\|_1\geqslant\cdots\geqslant\|\boldsymbol{x}\|_p\geqslant\|\boldsymbol{x}\|_{p+1}\geqslant\cdots\geqslant\|\boldsymbol{x}\|_\infty$$

2. 矩阵

设 $\boldsymbol{A}$ 为 $m\times n$ 阶矩阵，则有

$$\boldsymbol{A}=\begin{bmatrix}a_{11}&a_{12}&\cdots&a_{1n}\\a_{21}&a_{22}&\cdots&a_{2n}\\\vdots&\vdots&&\vdots\\a_{m1}&a_{m2}&\cdots&a_{mn}\end{bmatrix}_{m\times n}$$

当 $m=n$ 时，矩阵 $\boldsymbol{A}$ 称为方阵。我们把矩阵 $\boldsymbol{A}$ 的行或列的极大线性无关组的向量个数称为矩阵 $\boldsymbol{A}$ 的秩，记为 $\operatorname{rank}(\boldsymbol{A})$。

若 $\operatorname{rank}(\boldsymbol{A})=\min\{m,n\}$，则称矩阵 $\boldsymbol{A}$ 是满秩的。若 $m<n$，则称 $\boldsymbol{A}$ 为行满秩矩阵；若 $m>n$，则称 $\boldsymbol{A}$ 为列满秩矩阵；若 $m=n$，则矩阵 $\boldsymbol{A}$ 为 n 阶非奇异(可逆)方阵。

当 $\boldsymbol{A}$ 为方阵时，其行列式值为

$$\det(\boldsymbol{A})=\sum_{i_1i_2\cdots i_n}(-1)^{\tau(i_1i_2\cdots i_n)}a_{1i_1}a_{1i_2}\cdots a_{1i_n}$$

其中，$\tau(i_1i_2\cdots i_n)$ 是 $i_1i_2\cdots i_n$ 的逆序数；$\sum\limits_{i_1i_2\cdots i_n}$ 表示对所有的 n 阶排列求和。矩阵非奇异的充要条件是 $\det(\boldsymbol{A})\neq0$。

设 $\boldsymbol{A}$ 为 n 阶方阵，如果存在实数 λ 和非零 n 维列向量 $\boldsymbol{x}$，使得 $\boldsymbol{Ax}=\lambda\boldsymbol{x}$ 成立，则称 λ 是矩阵 $\boldsymbol{A}$ 的一个特征值，$\boldsymbol{x}$ 为特征向量。另外，若 $\boldsymbol{A}$ 满足 $\boldsymbol{A}^{\mathrm{T}}=\boldsymbol{A}$，则称 $\boldsymbol{A}$ 为对称矩阵；若对任意的 $\boldsymbol{x}\neq0$，都有 $\boldsymbol{x}^{\mathrm{T}}\boldsymbol{Ax}>0$，则称 $\boldsymbol{A}$ 为正定矩阵；若对任意的 $\boldsymbol{x}\neq\boldsymbol{0}$，都有 $\boldsymbol{x}^{\mathrm{T}}\boldsymbol{Ax}\geqslant0$，则称 $\boldsymbol{A}$ 为半正定矩阵。

类似于向量范数的定义，可以定义矩阵范数，设 $\boldsymbol{A}\in\mathbb{R}^{n\times n}$，其诱导矩阵范数定义为

$$\|\boldsymbol{A}\|=\max_{\boldsymbol{x}\neq0}\left\{\frac{\|\boldsymbol{Ax}\|}{\|\boldsymbol{x}\|}\right\} \tag{1.2}$$

其中，$\|\boldsymbol{x}\|$ 是任意非零向量范数。根据定义可推导出，l_1 诱导矩阵范数(列和范数)：

$$\|A\|_1=\max_j\left\{\|a_{\cdot j}\|_1\right\}=\max_j\sum_{i=1}^n|a_{ij}|$$

l_∞ 诱导矩阵范数(行和范数)：

$$\|A\|_\infty=\max_i\left\{\|a_{i\cdot}\|_\infty\right\}=\max_i\sum_{j=1}^n|a_{ij}|$$

l_2 诱导矩阵范数(谱范数)：

$$\|A\|_2=\left(\lambda_{A^{\mathrm{T}}A}\right)^{1/2}$$

这里，$\lambda_{A^{\mathrm{T}}A}$ 表示 $A^{\mathrm{T}}A$ 的最大特征值；$a_{\cdot j}$ 表示 A 的第 j 列；$a_{i\cdot}$ 表示 A 的第 i 行。如果 A 非奇异，可知

$$\left\|A^{-1}\right\|=\left(\min_{x\neq 0}\left\{\frac{\|Ax\|}{\|x\|}\right\}\right)^{-1} \tag{1.3}$$

此外，对于单位矩阵 I，诱导矩阵范数 $\|I\|=1$ 。

常用的矩阵范数还有弗罗贝尼乌斯(Frobenius)范数：

$$\|A\|_{\mathrm{F}}=\left(\sum_{j=1}^n\sum_{i=1}^n|a_{ij}|^2\right)^{1/2}=\left[\mathrm{tr}\left(A^{\mathrm{T}}A\right)\right]^{1/2} \tag{1.4}$$

加权 Frobenius 范数和加权范数 l_2 分别为

$$\|A\|_{M,\mathrm{F}}=\|MAM\|_{\mathrm{F}},\quad \|A\|_{M,2}=\|MAM\|_2$$

其中，M 是 $n\times n$ 对称正定矩阵。

如果某个范数 $\|\cdot\|$ 满足：$\|AB\|\leqslant\|A\|\|B\|$，当且仅当矩阵 A,B 相似时，等式成立，则称范数 $\|\cdot\|$ 为相容范数。容易看出，诱导 l_p 范数和 Frobenius 范数皆是相容范数。另有

$$\|AB\|_{\mathrm{F}}\leqslant\min\left\{\|A\|_2\|B\|_{\mathrm{F}},\|A\|_{\mathrm{F}}\|B\|_2\right\}$$

此外，椭球向量范数也是常用的向量范数。设 $x\in\mathbb{R}^n, A\in\mathbb{R}^{n\times n}$ 是对称正定矩阵，向量 x 的椭球向量范数为

$$\|x\|_A=\left(x^{\mathrm{T}}Ax\right)^{1/2} \tag{1.5}$$

正交变换下不变的矩阵范数也是一类重要的矩阵范数。设 U 为 n 阶正交矩阵，若 $\|UA\|=\|A\|$，则称该范数为正交不变矩阵范数。显然，谱范数和 Frobenius 范数是正交不变矩阵范数。

关于范数的几个重要不等式如下。

(1) 柯西-施瓦茨(Cauchy-Schwarz)不等式：$\left|x^{\mathrm{T}}y\right|\leqslant\|x\|_2\|y\|_2$，当且仅当向量 x 和 y 线性相关时，等式成立。

(2) 赫尔德(Hölder)不等式：$\left|x^{\mathrm{T}}y\right|\leqslant\|x\|_p\|y\|_q$，其中 $p>1,q>1,$ 且 $p^{-1}+q^{-1}=1$ 。当且仅当向量 x 和 y 线性相关且 $p=q=2$ 时，等式成立。

(3) $\left|x^{T}Ay\right| \leqslant \|x\|_A \|y\|_A$，$A$ 为$n\times n$对称正定矩阵，当且仅当向量 x 和 y 线性相关时，等式成立。

(4) $\left|x^{T}y\right| \leqslant \|x\|_A \|y\|_{A^{-1}}$，$A$ 为$n\times n$对称正定矩阵，当且仅当向量 x 和 $A^{-1}y$ 线性相关时，等式成立。

定义 1.2 设$\|\cdot\|_\alpha$和$\|\cdot\|_\beta$是$\mathbb{R}^n$上任意两个范数，如果存在μ_1、$\mu_2>0$，使得

$$\mu_1\|x\|_\alpha \leqslant \|x\|_\beta \leqslant \mu_2\|x\|_\alpha, \quad \forall x\in\mathbb{R}^n$$

则范数$\|\cdot\|_\alpha$和范数$\|\cdot\|_\beta$是等价的。

根据定义 1.2 可知，l_p范数都是相互等价的，且有限维线性空间的所有范数都是等价的。

设n阶方阵 A 的特征值为$\lambda_i\left(i=1,\cdots,n\right)$，则 A 的谱半径为

$$\rho(A)=\max_i\left\{\left|\lambda_i\right|\right\} \tag{1.6}$$

矩阵条件数是判断矩阵病态与否的一种度量，取值范围为$\left[1,\infty\right)$。条件数越大，矩阵越病态，数值计算越困难，问题越不适定。矩阵条件数等于矩阵的范数乘以矩阵的逆矩阵的范数，即

$$\mathrm{cond}(A)=\|A\|\cdot\left\|A^{-1}\right\| \tag{1.7}$$

矩阵条件数与范数的选取有关，通常采用谱范数，得到谱条件数，即

$$\mathrm{cond}(A)=\|A\|_2\cdot\left\|A^{-1}\right\|_2=\sqrt{\frac{\lambda_{\max}\left(A^{T}A\right)}{\lambda_{\min}\left(A^{T}A\right)}}$$

其中，$\lambda_{\max}$、$\lambda_{\min}$分别表示$A^{T}A$的最大、最小特征值。

如果矩阵 A 为正定矩阵，则谱条件数为

$$\mathrm{cond}(A)=\frac{\lambda_{\max}(A)}{\lambda_{\min}(A)}$$

3. 向量序列的极限

定义 1.3 设$\{x_k\}$是$\mathbb{R}^n$中一个向量序列，$\bar{x}\in\mathbb{R}^n$，如果对$\forall\varepsilon>0$，存在正整数k_ε，使得当$k>k_\varepsilon$时，有$\|x_k-\bar{x}\|<\varepsilon$，则称序列依范数收敛到$\bar{x}$，即$\lim\limits_{k\to\infty}x_k=\bar{x}$。

根据定义可知，序列若存在极限，则任何子序列有相同的极限，即序列的极限是唯一的。

定义 1.4 设$\{x_k\}$是$\mathbb{R}^n$中一个向量序列，如果存在一个子序列$\{x_k\}$，使$\lim\limits_{k\to\infty}x_k=\hat{x}$，则称$\hat{x}$为序列$\{x_k\}$的一个聚点。

由此定义可知，如果无穷序列有界，即存在正数M，使得对所有k均有$\|x_k\|\leqslant M$，则这个序列必有聚点。序列有聚点不一定有极限，所有聚点为同一点才是极限。

定义 1.5 设$\{x_k\}$是$\mathbb{R}^n$中一个向量序列，如果对$\forall\varepsilon>0$，总存在正整数k_ε，使得

当 $m,l > k_\varepsilon$ 时，有 $\|\boldsymbol{x}_m - \boldsymbol{x}_l\| < \varepsilon$，则 $\{\boldsymbol{x}_k\}$ 称为 Cauchy 序列。

定理 1.1　设 $\{\boldsymbol{x}_k\} \subset \mathbb{R}^n$ 为 Cauchy 序列，则 $\{\boldsymbol{x}_k\}$ 的聚点必为极限点。(证明从略)

在最优化方法中，常常需要考虑 $\{\boldsymbol{x}_k\}$ 的收敛速度，根据向量范数的等价性定义 1.2，只需考虑某一种范数即可。因此，本书中除特别说明外，所出现的范数都是 l_2 范数。

1.1.2　多元函数

向量变量 $\boldsymbol{x} = (x_1, x_2, \cdots, x_n)^{\mathrm{T}}$ 的实值函数为一个 n 元函数 $f(x_1, x_1, \cdots, x_n)$，记作 $f(\boldsymbol{x})$。

定义 1.6　设 $f: \mathbb{R}^n \to \mathbb{R}, \boldsymbol{x}_0 \in \mathbb{R}^n$。如果存在 n 维向量 $\boldsymbol{p}$，对任意 n 维非零向量 $\Delta\boldsymbol{x}$，使得

$$\lim_{\|\Delta x\| \to 0} \frac{f(\boldsymbol{x}_0 + \Delta\boldsymbol{x}) - f(\boldsymbol{x}_0) - \boldsymbol{p}^{\mathrm{T}}\Delta\boldsymbol{x}}{\|\Delta\boldsymbol{x}\|} = 0 \tag{1.8}$$

则称 $f(\boldsymbol{x})$ 在点 $\boldsymbol{x}_0$ 处可微，并称

$$\mathrm{d}f(\boldsymbol{x}_0) = \boldsymbol{p}^{\mathrm{T}}\Delta\boldsymbol{x}$$

为 $f(\boldsymbol{x})$ 点 $\boldsymbol{x}_0$ 处的微分。

式(1.8)可以写成下述等价形式

$$f(\boldsymbol{x}_0 + \Delta\boldsymbol{x}) - f(\boldsymbol{x}_0) = \boldsymbol{p}^{\mathrm{T}}\Delta\boldsymbol{x} + o(\|\Delta\boldsymbol{x}\|)$$

定义 1.7　设 $f: \mathbb{R}^n \to \mathbb{R}, \boldsymbol{x}_0 \in \mathbb{R}^n$。如果 $f(\boldsymbol{x})$ 在点 $\boldsymbol{x}_0$ 处对于自变量 $\boldsymbol{x} = (x_1, x_2, \cdots, x_n)^{\mathrm{T}}$ 的各分量的偏导数

$$\frac{\partial f(\boldsymbol{x}_0)}{\partial x_i}, \quad i = 1, 2, \cdots, n$$

都存在，则称函数 $f(\boldsymbol{x})$ 在点 $\boldsymbol{x}_0$ 处一阶可导，并且称向量

$$\nabla f(\boldsymbol{x}_0) = \left(\frac{\partial f(\boldsymbol{x}_0)}{\partial x_1}, \frac{\partial f(\boldsymbol{x}_0)}{\partial x_2}, \cdots, \frac{\partial f(\boldsymbol{x}_0)}{\partial x_n} \right)^{\mathrm{T}} \tag{1.9}$$

为 $f(\boldsymbol{x})$ 在点 $\boldsymbol{x}_0$ 处的一阶导数或梯度。

定理 1.2　设 $f: \mathbb{R}^n \to \mathbb{R}, \boldsymbol{x}_0 \in \mathbb{R}^n$。如果 $f(\boldsymbol{x})$ 在点 $\boldsymbol{x}_0$ 处可微，则 $f(\boldsymbol{x})$ 在点 $\boldsymbol{x}_0$ 处梯度 $\nabla f(\boldsymbol{x}_0)$ 存在，并且有

$$\mathrm{d}f(\boldsymbol{x}_0) = \nabla f(\boldsymbol{x}_0)^{\mathrm{T}} \Delta\boldsymbol{x}$$

根据此定理，式(1.8)可写成

$$f(\boldsymbol{x}_0 + \Delta\boldsymbol{x}) = f(\boldsymbol{x}_0) + \nabla f(\boldsymbol{x}_0)^{\mathrm{T}} \Delta\boldsymbol{x} + o(\|\Delta\boldsymbol{x}\|) \tag{1.10}$$

定义 1.8　设 $f: \mathbb{R}^n \to \mathbb{R}, \boldsymbol{x}_0 \in \mathbb{R}^n$。$\boldsymbol{d}$ 是给定的 n 维非零向量，$\boldsymbol{e} = \boldsymbol{d} / \|\boldsymbol{d}\|$。如果极限

$$\lim_{\lambda \to 0} \frac{f(\boldsymbol{x}_0 + \lambda\boldsymbol{e}) - f(\boldsymbol{x}_0)}{\lambda}, \quad \lambda \in \mathbb{R}$$

存在，则称此极限为$f(\boldsymbol{x})$在点$\boldsymbol{x}_0$沿方向$\boldsymbol{d}$的方向导数，记作$\dfrac{\partial f(\boldsymbol{x}_0)}{\partial \boldsymbol{d}}$。

定理 1.3　设$f:\mathbb{R}^n \to \mathbb{R}, \boldsymbol{x}_0 \in \mathbb{R}^n$。如果$f(\boldsymbol{x})$在点$\boldsymbol{x}_0$可微，则$f(\boldsymbol{x})$在点$\boldsymbol{x}_0$处沿任何非零向量$\boldsymbol{d}$的方向导数存在，且

$$\frac{\partial f(\boldsymbol{x}_0)}{\partial \boldsymbol{d}} = \nabla f(\boldsymbol{x}_0)^{\mathrm{T}} \boldsymbol{e}, \quad \boldsymbol{e} = \frac{\boldsymbol{d}}{\|\boldsymbol{d}\|}$$

定义 1.9　设$f(\boldsymbol{x})$是$\mathbb{R}^n$上的连续函数，$\boldsymbol{x}_0 \in \mathbb{R}^n$，$\boldsymbol{d}$是$n$维非零向量。如果存在$\delta>0$，使得

$$f(\boldsymbol{x}_0 + \lambda \boldsymbol{d}) < f(\boldsymbol{x}_0), \quad \forall \lambda \in (0,\delta)$$

则称$\boldsymbol{d}$为$f(\boldsymbol{x})$在点$\boldsymbol{x}_0$处的下降方向；若

$$f(\boldsymbol{x}_0 + \lambda \boldsymbol{d}) < f(\boldsymbol{x}_0), \quad \forall \lambda \in (0,\delta)$$

则称$\boldsymbol{d}$为$f(\boldsymbol{x})$在点$\boldsymbol{x}_0$处的上升方向。

根据定义 1.8 和定义 1.9，应用极限保号性定理易知，当$\dfrac{\partial f(\boldsymbol{x}_0)}{\partial \boldsymbol{d}} < 0$时，$f(\boldsymbol{x})$从点$\boldsymbol{x}_0$出发沿方向$\boldsymbol{d}$在$\boldsymbol{x}_0$附近是下降的；当$\dfrac{\partial f(\boldsymbol{x}_0)}{\partial \boldsymbol{d}} > 0$时，$f(\boldsymbol{x})$从点$\boldsymbol{x}_0$出发沿方向$\boldsymbol{d}$在$\boldsymbol{x}_0$附近是上升的。方向导数的正负符号决定了函数的升降，升降快慢由它的绝对值大小决定，即绝对值越大，升降的速度就越快。所以，方向导数$\dfrac{\partial f(\boldsymbol{x}_0)}{\partial \boldsymbol{d}}$又可以称为函数$f(\boldsymbol{x})$在点$\boldsymbol{x}_0$处沿方向$\boldsymbol{d}$的变化率。根据 Cauchy-Schwarz 不等式，有

$$\left|\frac{\partial f(\boldsymbol{x}_0)}{\partial \boldsymbol{d}}\right| = \left|\nabla f(\boldsymbol{x}_0)^{\mathrm{T}} \boldsymbol{e}\right| \leqslant \left\|\nabla f(\boldsymbol{x}_0)\right\| \cdot \|\boldsymbol{e}\| = \left\|\nabla f(\boldsymbol{x}_0)\right\|$$

且当$e = \dfrac{\nabla f(\boldsymbol{x}_0)}{\left\|\nabla f(\boldsymbol{x}_0)\right\|}$时，$\left|\dfrac{\partial f(\boldsymbol{x}_0)}{\partial \boldsymbol{d}}\right|$取得最大值。由此可知，梯度方向是函数值上升最快的方向，而函数值下降最快的方向是负梯度方向。因此，我们把负梯度方向叫做最速下降方向。

根据以上结论，能够得到下述经常用到的重要结论。

定理 1.4　设$f:\mathbb{R}^n \to \mathbb{R}, \boldsymbol{x}_0 \in \mathbb{R}^n$，且$f(\boldsymbol{x})$在点$\boldsymbol{x}_0$处可微。如果存在非零向量$\boldsymbol{d} \in \mathbb{R}^n$，使得$\nabla f(\boldsymbol{x}_0)^{\mathrm{T}} \boldsymbol{d} < 0$，则$\boldsymbol{d}$是$f(\boldsymbol{x})$在$\boldsymbol{x}_0$处的下降方向；而当$\nabla f(\boldsymbol{x}_0)^{\mathrm{T}} \boldsymbol{d} > 0$时，$\boldsymbol{d}$是$f(\boldsymbol{x})$在$\boldsymbol{x}_0$处的上升方向。

这个定理说明，与$f(\boldsymbol{x})$在$\boldsymbol{x}_0$处的梯度方向成锐角的任何方向都是$f(\boldsymbol{x})$在$\boldsymbol{x}_0$处的上升方向；相反，与$f(\boldsymbol{x})$在$\boldsymbol{x}_0$处的梯度方向成钝角的任何方向都是$f(\boldsymbol{x})$在$\boldsymbol{x}_0$处的下降方向。

下面我们来看函数在一点处梯度的一个十分重要的几何性质。

设$f:\mathbb{R}^n \to \mathbb{R}, \boldsymbol{x}_0 \in \mathbb{R}^n$，则$f(\boldsymbol{x})$过点$\boldsymbol{x}_0$的等值面方程为

$$f(\boldsymbol{x})=f(\boldsymbol{x}_0)$$

记 $c=f(\boldsymbol{x})$，$\boldsymbol{x}=(x_1,x_2,\cdots,x_n)^{\mathrm{T}}$，则上式即为

$$f(x_1,x_2,\cdots,x_n)=c \tag{1.11}$$

设 l 为该等值面上过点 $\boldsymbol{x}_0$ 的任一光滑曲线，由空间解析几何空间曲线的参数方程可知，l 可写成如下参数形式:

$$l:\begin{cases}x_1=f_1(t)\\x_2=f_2(t)\\\quad\vdots\\x_n=f_n(t)\end{cases},\quad t\in\mathbb{R} \tag{1.12}$$

并且对应地有 t_0 使

$$\boldsymbol{x}_0=\left(f_1(t_0),f_2(t_0),\cdots,f_n(t_0)\right)^{\mathrm{T}}$$

另外，曲线 l 在点 $\boldsymbol{x}_0$ 处的切向量可表示为

$$\boldsymbol{T}(\boldsymbol{x}_0)=\left(f_1'(t_0),f_2'(t_0),\cdots,f_n'(t_0)\right)^{\mathrm{T}}$$

将式(1.12)代入式(1.11)，得

$$f\left(f_1(t),f_2(t),\cdots,f_n(t)\right)=c$$

上式两边对 t 求导，同时代入 $\boldsymbol{x}_0$、t_0，得

$$\frac{\partial f(\boldsymbol{x}_0)}{\partial x_1}f_1'(t_0)+\frac{\partial f(\boldsymbol{x}_0)}{\partial x_2}f_2'(t_0)+\cdots+\frac{\partial f(\boldsymbol{x}_0)}{\partial x_n}f_n'(t_0)=0$$

于是得到

$$\nabla f(\boldsymbol{x}_0)^{\mathrm{T}}\boldsymbol{T}(\boldsymbol{x}_0)=0$$

上式说明，$f(\boldsymbol{x})$ 在点 $\boldsymbol{x}_0$ 处的梯度与 $f(\boldsymbol{x})$ 过点 $\boldsymbol{x}_0$ 处等值面上任一曲线 l 在该点的切线垂直，故与过该点的切平面垂直。或者说，$\nabla f(\boldsymbol{x}_0)$ 是曲面 $f(\boldsymbol{x})=f(\boldsymbol{x}_0)$ 在点 x_0 处的一个法线方向向量(图 1.1)。

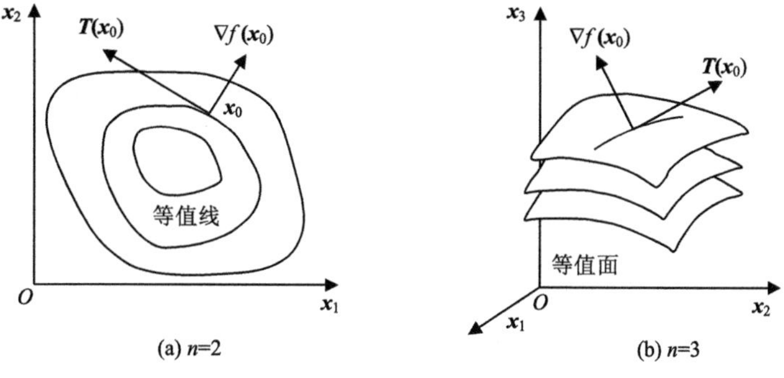

图 1.1　$\nabla f(\boldsymbol{x}_0)$ 与 $\boldsymbol{T}(\boldsymbol{x}_0)$ 的关系

下面再给出多元函数的二阶导数即 Hessian 矩阵的概念。

定义 1.10　设 $f:\mathbb{R}^n \to \mathbb{R}, \boldsymbol{x}_0 \in \mathbb{R}^n$。如果 $f(\boldsymbol{x})$ 在点 $\boldsymbol{x}_0$ 处对于自变量 $\boldsymbol{x}=(x_1, x_2,\cdots,x_n)^{\mathrm{T}}$ 的各分量的二阶偏导数

$$\frac{\partial^2 f(\boldsymbol{x}_0)}{\partial x_i \partial x_j},\quad i,j=1,2,\cdots,n$$

都存在，则称函数 $f(\boldsymbol{x})$ 在点 $\boldsymbol{x}_0$ 处二阶可导，并称矩阵

$$\nabla^2 f(\boldsymbol{x}_0)=\begin{bmatrix} \dfrac{\partial^2 f(\boldsymbol{x}_0)}{\partial x_1^2} & \dfrac{\partial^2 f(\boldsymbol{x}_0)}{\partial x_1 \partial x_2} & \cdots & \dfrac{\partial^2 f(\boldsymbol{x}_0)}{\partial x_1 \partial x_n} \\ \dfrac{\partial^2 f(\boldsymbol{x}_0)}{\partial x_2 \partial x_1} & \dfrac{\partial^2 f(\boldsymbol{x}_0)}{\partial x_2^2} & \cdots & \dfrac{\partial^2 f(\boldsymbol{x}_0)}{\partial x_2 \partial x_n} \\ \vdots & \vdots & & \vdots \\ \dfrac{\partial^2 f(\boldsymbol{x}_0)}{\partial x_n \partial x_1} & \dfrac{\partial^2 f(\boldsymbol{x}_0)}{\partial x_n \partial x_2} & \cdots & \dfrac{\partial^2 f(\boldsymbol{x}_0)}{\partial x_n^2} \end{bmatrix}$$

为 $f(\boldsymbol{x})$ 在点 $\boldsymbol{x}_0$ 处的二阶导数或 Hessian 矩阵。

下面介绍在计算中经常用到的多元向量函数的导数。

定义 1.11　设 $\boldsymbol{h}:\mathbb{R}^n \to \mathbb{R}^m, \boldsymbol{x}_0 \in \mathbb{R}^n$，记

$$\boldsymbol{h}(\boldsymbol{x})=(h_1(\boldsymbol{x}),h_2(\boldsymbol{x}),\cdots,h_m(\boldsymbol{x}))^{\mathrm{T}}$$

如果 $h_i(\boldsymbol{x})(i=1,2,\cdots,m)$ 在点 $\boldsymbol{x}_0$ 处对于自变量 $\boldsymbol{x}=(x_1,x_2,\cdots,x_n)^{\mathrm{T}}$ 的各分量的偏导数 $\dfrac{\partial h_i(\boldsymbol{x}_0)}{\partial x_j}$ $(j=1,2,\cdots,n)$ 都存在，则称向量函数 $\boldsymbol{h}$ 在点 $\boldsymbol{x}_0$ 处是一阶可导的，并且称矩阵

$$\nabla_{m\times n}\boldsymbol{h}(\boldsymbol{x}_0)=\begin{bmatrix} \dfrac{\partial h_1(\boldsymbol{x}_0)}{\partial x_1} & \dfrac{\partial h_1(\boldsymbol{x}_0)}{\partial x_2} & \cdots & \dfrac{\partial h_1(\boldsymbol{x}_0)}{\partial x_n} \\ \dfrac{\partial h_2(\boldsymbol{x}_0)}{\partial x_1} & \dfrac{\partial h_2(\boldsymbol{x}_0)}{\partial x_2} & \cdots & \dfrac{\partial h_2(\boldsymbol{x}_0)}{\partial x_n} \\ \vdots & \vdots & & \vdots \\ \dfrac{\partial h_m(\boldsymbol{x}_0)}{\partial x_1} & \dfrac{\partial h_m(\boldsymbol{x}_0)}{\partial x_2} & \cdots & \dfrac{\partial h_m(\boldsymbol{x}_0)}{\partial x_n} \end{bmatrix}$$

为 $\boldsymbol{h}(\boldsymbol{x})$ 在点 $\boldsymbol{x}_0$ 处的一阶导数或雅可比(Jacobi)矩阵，简记为 $\nabla \boldsymbol{h}(\boldsymbol{x}_0)$。

利用上述定义可推导出，$\nabla f(\boldsymbol{x})$ 的一阶导数或 Jacobi 矩阵即为 $f(\boldsymbol{x})$ 的 Hessian 矩阵。

定理 1.5　设 $f:\mathbb{R}^n \to \mathbb{R}, \boldsymbol{x}_0 \in \mathbb{R}^n$，如果 $f(\boldsymbol{x})$ 在 $\boldsymbol{x}_0$ 的某邻域内具有二阶连续偏导数，则 $f(\boldsymbol{x})$ 在点 $\boldsymbol{x}_0$ 处有泰勒(Taylor)展开式

$$f(\boldsymbol{x}_0+\Delta\boldsymbol{x})=f(\boldsymbol{x}_0)+\nabla f(\boldsymbol{x}_0)^{\mathrm{T}}\Delta\boldsymbol{x}+\frac{1}{2}\Delta\boldsymbol{x}^{\mathrm{T}}\nabla^2 f(\boldsymbol{x}_0+\theta\Delta\boldsymbol{x})\Delta\boldsymbol{x},\quad 0<\theta<1 \tag{1.13}$$

由于 $\nabla^2 f(\boldsymbol{x})$ 的每一分量在点 $\boldsymbol{x}_0$ 处连续，故

$$\frac{\partial^2 f(\boldsymbol{x}_0+\theta\Delta\boldsymbol{x})}{\partial x_i \partial x_j}=\frac{\partial^2 f(\boldsymbol{x}_0)}{\partial x_i \partial x_j}+\delta_{ij}, \quad i,j=1,2,\cdots,n$$

其中，$\lim\limits_{\|\Delta x\|\to 0}\delta_{ij}=0$。于是，式(1.13)也可写作

$$f(\boldsymbol{x}_0+\Delta\boldsymbol{x})=f(\boldsymbol{x}_0)+\nabla f(\boldsymbol{x}_0)^{\mathrm{T}}\Delta\boldsymbol{x}+\frac{1}{2}\Delta\boldsymbol{x}^{\mathrm{T}}\nabla^2 f(\boldsymbol{x}_0)\Delta\boldsymbol{x}+o\left(\|\Delta\boldsymbol{x}\|^2\right) \tag{1.14}$$

我们把式(1.10)和式(1.14)分别叫做 $f(\boldsymbol{x})$ 在点 $\boldsymbol{x}_0$ 处的一阶 Taylor 展开式和二阶 Taylor 展开式。

若记 $\boldsymbol{x}=\boldsymbol{x}_0+\Delta\boldsymbol{x}$，再略去式(1.10)和式(1.14)中的高阶无穷小项后，相应地有近似关系式

$$f(\boldsymbol{x})\approx f(\boldsymbol{x}_0)+\nabla f(\boldsymbol{x}_0)^{\mathrm{T}}(\boldsymbol{x}-\boldsymbol{x}_0) \tag{1.15}$$

$$f(\boldsymbol{x})\approx f(\boldsymbol{x}_0)+\nabla f(\boldsymbol{x}_0)^{\mathrm{T}}(\boldsymbol{x}-\boldsymbol{x}_0)+\frac{1}{2}(\boldsymbol{x}-\boldsymbol{x}_0)^{\mathrm{T}}\nabla^2 f(\boldsymbol{x}_0)(\boldsymbol{x}-\boldsymbol{x}_0) \tag{1.16}$$

通常，把式(1.15)的右边叫做函数 $f(\boldsymbol{x})$ 在点 $\boldsymbol{x}_0$ 处的线性逼近函数；把式(1.16)的右边叫做函数 $f(\boldsymbol{x})$ 在点 $\boldsymbol{x}_0$ 处的二次逼近函数。

1.2　凸集与凸函数

凸集和凸函数在最优化问题的理论证明与算法研究中扮演着核心角色。本节将概述这些概念的基础知识和关键理论(Bertsekas, 2003; Aubin, 1982; Rockafellar, 1970; Eggleston, 1958)。

1.2.1　凸集

定义 1.12　设集合 $S\subset\mathbb{R}^n$，如果对任意 $\boldsymbol{x}_1,\boldsymbol{x}_2\in S$，有

$$\alpha\boldsymbol{x}_1+(1-\alpha)\boldsymbol{x}_2\in S, \quad \forall\alpha\in[0,1] \tag{1.17}$$

则称 S 是凸集。

从定义可以看出，凸集是这样的集合，连接其中任意两点的线段上所有的点都属于此集合。图 1.2 为凸集和非凸集的示意图。

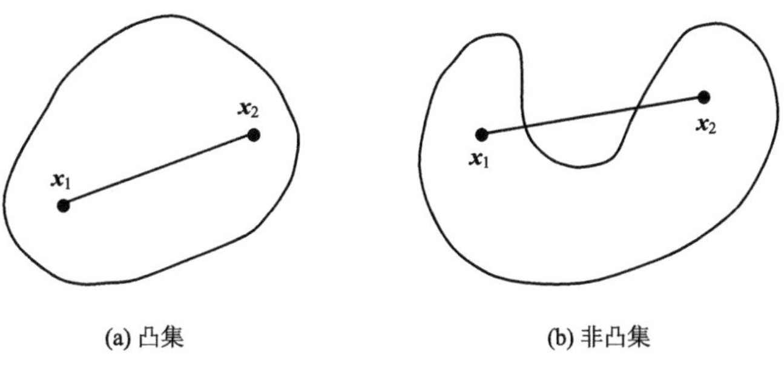

图 1.2　凸集和非凸集示意图

进一步可以证明，$\mathbb{R}^n$ 的子集 S 为凸集，当且仅当对任意 $\boldsymbol{x}_1,\boldsymbol{x}_2,\cdots,\boldsymbol{x}_m \in S$，有

$$\boldsymbol{x}=\sum_{i=1}^{m}\alpha_i\boldsymbol{x}_i \in S,\quad \sum_{i=1}^{m}\alpha_i=1,\ \alpha_i \geqslant 0 \tag{1.18}$$

其中，$\boldsymbol{x}$ 称为 $\boldsymbol{x}_1,\boldsymbol{x}_2,\cdots,\boldsymbol{x}_m$ 的凸组合。

由定义 1.12，容易验证下列结论是正确的。

(1) 空集 $\varnothing$ 和全空间 $\mathbb{R}^n$ 是凸集。

(2) 设 $\boldsymbol{x},\boldsymbol{x}_0,\boldsymbol{d}\in\mathbb{R}^n,\boldsymbol{d}\neq 0$，射线 $S=\{\boldsymbol{x}|\boldsymbol{x}=\boldsymbol{x}_0+\lambda\boldsymbol{d},\lambda\geqslant 0\}$ 是凸集。

(3) 设 $\boldsymbol{a},\boldsymbol{x}\in\mathbb{R}^n,\boldsymbol{a}\neq 0$，且 $\alpha\in\mathbb{R}$，则超平面(hyperplane) $H=\left\{\boldsymbol{x}\middle|\boldsymbol{a}^{\mathrm{T}}\boldsymbol{x}=\alpha\right\}$ 是凸集；闭半空间(closed half-space) $H^-=\left\{\boldsymbol{x}\middle|\boldsymbol{a}^{\mathrm{T}}\boldsymbol{x}\leqslant\alpha\right\}$，$H^+=\left\{\boldsymbol{x}\middle|\boldsymbol{a}^{\mathrm{T}}\boldsymbol{x}\geqslant\alpha\right\}$ 是凸集；开半空间(open half-space) $H_0^-=\left\{\boldsymbol{x}\middle|\boldsymbol{a}^{\mathrm{T}}\boldsymbol{x}<\alpha\right\}$，$H_0^+=\left\{\boldsymbol{x}\middle|\boldsymbol{a}^{\mathrm{T}}\boldsymbol{x}>\alpha\right\}$ 也是凸集。

(4) 设 $\boldsymbol{x},\boldsymbol{x}_0\in\mathbb{R}^n,\delta\in\mathbb{R},\delta>0$，则点 $\boldsymbol{x}$ 的 δ 邻域，即开超球(open hypershere) $N_\delta(\boldsymbol{x})=\{\boldsymbol{x}_0\,|\,\|\boldsymbol{x}_0-\boldsymbol{x}\|<\delta\}$ 是凸集。

定理 1.6　设 $S_1,S_2\subseteq\mathbb{R}^n$ 是凸集，则

(1) $S_1\cap S_2$ 是凸集。

(2) $S_1\pm S_2=\{\boldsymbol{x}_1\pm\boldsymbol{x}_2|\boldsymbol{x}_1\in S_1,\boldsymbol{x}_2\in S_2\}$ 是凸集。

(3) $\lambda S_1=\{\lambda\boldsymbol{x}|\boldsymbol{x}\in S_1,\lambda\in\mathbb{R}\}$ 是凸集。

定义 1.13　设 $S\subseteq\mathbb{R}^n$，包含子集 S 的所有凸集的交叫 S 的凸包(convex hull)，记作 $\mathrm{conv}(S)$，它是包含 S 的唯一的最小的凸集。凸包 $\mathrm{conv}(S)$ 由 S 中元素的所有凸组合组成

$$\mathrm{conv}(S)=\left\{\boldsymbol{x}\middle|\boldsymbol{x}=\sum_{i=1}^{m}\alpha_i x_i,x_i\in S,\sum_{i=1}^{m}\alpha_i=1,\alpha_i\geqslant 0,i=1,\cdots,m\right\} \tag{1.19}$$

图 1.3 给出了一个集合的凸包的图例。

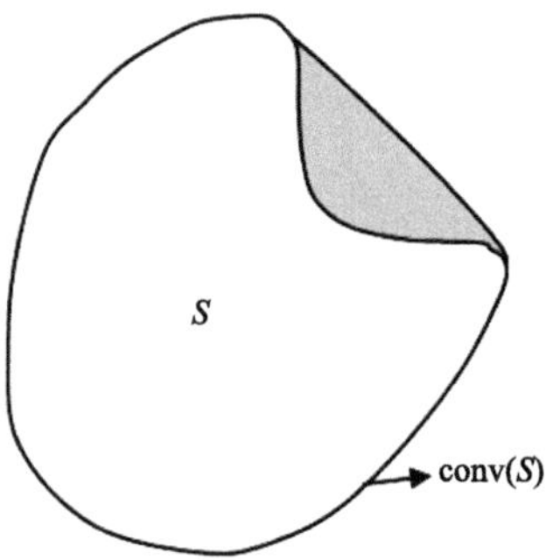

图 1.3　集合 S 与凸包 $\mathrm{conv}(S)$

下面给出凸集中比较重要的两个概念，即凸锥和多面集。

定义 1.14　设 $S\subseteq\mathbb{R}^n$，如果对一切 $\boldsymbol{x}\in S$ 及 $\forall\lambda\geqslant 0$，有 $\lambda\boldsymbol{x}\in S$，则称 S 为锥(cone)。如果 S 又是凸集，则称 S 为凸锥(convex cone)。

图 1.4 给出了凸锥和非凸锥的图例。

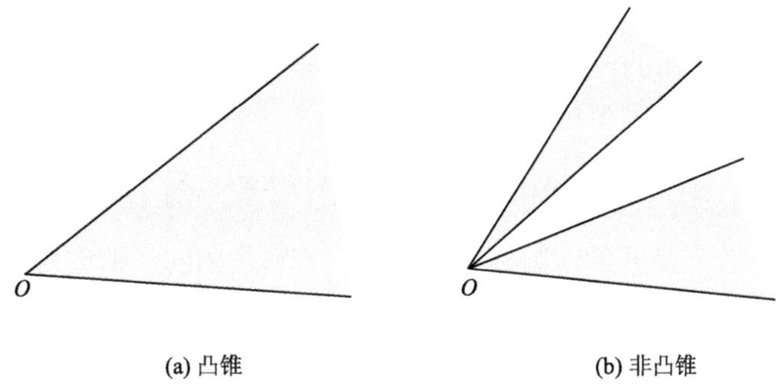

(a) 凸锥　(b) 非凸锥

图 1.4　凸锥与非凸锥

设 $\boldsymbol{x}_1,\boldsymbol{x}_2,\cdots,\boldsymbol{x}_m\in\mathbb{R}^n$，不难知道，集合

$$S=\left\{\boldsymbol{x}\middle|\boldsymbol{x}=\sum_{i=1}^{m}\lambda_i\boldsymbol{x}_i,\forall\lambda_i\geqslant 0,i=1,\cdots,m\right\}\tag{1.20}$$

是一个凸锥，我们称 S 为由 $\boldsymbol{x}_1,\boldsymbol{x}_2,\cdots,\boldsymbol{x}_m$ 所生成的凸锥，$\boldsymbol{x}$ 称为锥组合。

因此，$\mathbb{R}^n$ 的一个子集是凸锥，当且仅当它关于加法和正的数乘运算是封闭的。集合 S 中所有锥组合的集合，也是包含 S 的最小凸锥，我们称为锥包(cone hull)，即

$$\bar{S}=\left\{\boldsymbol{x}\middle|\boldsymbol{x}=\sum_{i=1}^{m}\lambda_i\boldsymbol{x}_i,\forall\lambda_i\geqslant 0,\boldsymbol{x}_i\in S\right\}$$

进一步可推出包含凸集 S 的最小凸锥为 $\{\lambda\boldsymbol{x}|\forall\lambda\geqslant 0,\boldsymbol{x}\in S\}$。

设 $\boldsymbol{A}\in\mathbb{R}^{m\times n},\boldsymbol{x}\in\mathbb{R}^n,\boldsymbol{y}\in\mathbb{R}^m$，得到两种常用凸锥形式:

$$\{\boldsymbol{y}|\boldsymbol{y}=\boldsymbol{A}\boldsymbol{x},\forall\boldsymbol{x}\geqslant 0\}\tag{1.21}$$

$$\{\boldsymbol{x}|\boldsymbol{A}\boldsymbol{x}=0,\boldsymbol{x}\geqslant 0\}\tag{1.22}$$

根据后面 1.3 节讲述的最优性条件可知，最优化问题的最优解就在这两种凸锥中。

先叙述一下开集、闭集、开凸集和闭凸集，再给出多面集概念。

设 $S\subseteq\mathbb{R}^n$，如果存在 $\delta>0$，使得开超球 $N_\delta(\boldsymbol{x})\subset S$，则称 $\boldsymbol{x}\subseteq\mathbb{R}^n$ 是 S 的内点。S 的所有内点的集合叫 S 的内部，记为 $\operatorname{int}(S)$：

$$\operatorname{int}(S)=\{\boldsymbol{x}|N_\delta(\boldsymbol{x})\subset S,\ \exists\delta>0\}\tag{1.23}$$

显然，$\operatorname{int}(S)\subseteq S$。如果子集 S 的每一点都是 S 的内点，即 $\operatorname{int}(S)=S$，则 S 称为开子集。特别地，空集 $\varnothing$ 和 n 维空间 $\mathbb{R}^n$ 是 $\mathbb{R}^n$ 的开子集。

设闭子集 $\bar{S}\subseteq\mathbb{R}^n$，有

$$\bar{S}=\{\boldsymbol{x}|S\cap N_\delta(\boldsymbol{x})\neq\varnothing,\ \forall\delta>0\}\tag{1.24}$$

则 $\bar{S}$ 称为 S 的闭包，记为 $\operatorname{cl}(S)$，$S\subseteq\operatorname{cl}(S)$。

若 $S=\operatorname{cl}(S)$，则 S 称为闭子集。特别地，空集 $\varnothing$ 和 n 维空间 $\mathbb{R}^n$ 是 $\mathbb{R}^n$ 的闭子集。直

观地说，如果一个子集包含它所有的边界点，则它是闭的。例如，闭超球$\left\{x_0 \middle| \|x_0 - x\| \leqslant r\right\}$是闭集。

显然，一个子集是闭的，当且仅当它的补集是开的。

根据上面的定义，闭包$\bar{S}$可以写为

$$\bar{S} = \left\{x \in \mathbb{R}^n \middle| \lim_k \|x_k - x\| = 0, x_k \in S\right\} \tag{1.25}$$

设$S \subseteq \mathbb{R}^n$是凸集，若它是开的，则称为开凸集；若它是闭的，则称为闭凸集。凸集的闭包是闭凸集。

有限个闭半空间的交集为多面集，非空有界的多面集称为多面体。多面集为闭凸集，可写成如下形式:

$$S = \left\{x \middle| \boldsymbol{A}x \leqslant \boldsymbol{b}, \boldsymbol{A} \in \mathbb{R}^{m\times n}, x \in \mathbb{R}^n, \boldsymbol{b} \in \mathbb{R}^m\right\} \tag{1.26}$$

式中，若$\boldsymbol{b} = 0$，则多面集变为闭凸锥。超平面可以表示为两个闭半空间的交集，即$H = H^- \cap H^+$，因此超平面是多面集。同理，$K = \left\{x \middle| \boldsymbol{A}x = \boldsymbol{b}, x \geqslant 0\right\}$是由$m$个超平面与$n$个半空间的交集构成的多面集。

在凸集的研究中另一个有用的概念为凸集的极点和极方向。

定义 1.15　设$S \subseteq \mathbb{R}^n$为非空凸集，$x \in S$，若x不在S中任何线段的内部，即若假设$x = \alpha x_1 + (1-\alpha) x_2$，$x_1, x_2 \in S$，$\alpha \in (0,1)$，必推出$x = x_1 = x_2$，则称$x$是凸集$S$的极点。

显然，闭多边形的顶点是极点，闭圆的圆周上任一点都是极点，锥的极点是原点，即零点，如图 1.5 所示。另外，极点只存在于闭合边界处，故开凸集没有极点。

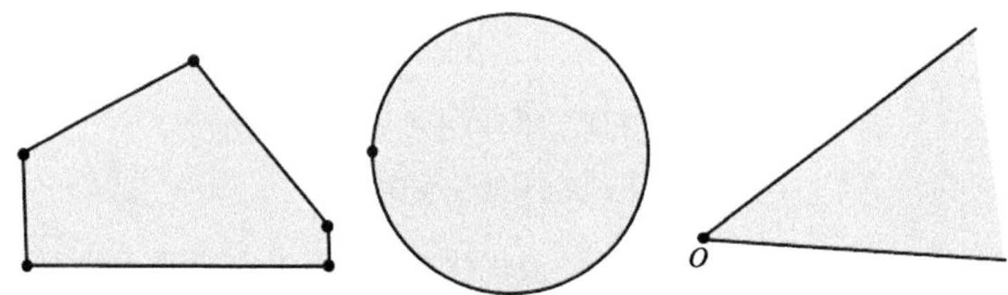

图 1.5　凸集的极点

定义 1.16　设$S \subseteq \mathbb{R}^n$为非空凸集，$\boldsymbol{d}$为非零向量，如果对每一个$x \in S$，$x + \lambda \boldsymbol{d} \in S, \forall \lambda \geqslant 0$，则称向量$\boldsymbol{d}$为$S$的方向。又设$\boldsymbol{d}_1$和$\boldsymbol{d}_2$为$S$的两个方向，如果$\boldsymbol{d}_1 \neq \alpha \boldsymbol{d}_2, \forall \alpha > 0$，则称$\boldsymbol{d}_1$和$\boldsymbol{d}_2$为$S$的两个不同方向。如果$S$的方向$\boldsymbol{d}$不能表示成该集合的两个不同方向的正的线性组合，即如果$\boldsymbol{d} = \lambda_1 \boldsymbol{d}_1 + \lambda_2 \boldsymbol{d}_2$，$\lambda_1, \lambda_2 > 0$，必推得$\boldsymbol{d}_1 = \alpha \boldsymbol{d}_2$，其中$\alpha > 0$，则称$\boldsymbol{d}$为$S$的极方向。

显然，有界集不存在方向，因而也不存在极方向，对于无界集才有方向的概念。

在最优化理论中，多面集$K = \left\{x \middle| \boldsymbol{A}x = \boldsymbol{b}, x \geqslant 0\right\}$的应用很多，具有不可替代的作用。这里介绍多面集的一些性质，以加深对它的理解。

若$K \neq \varnothing$，则K必有极点，且个数不超过矩阵$\boldsymbol{A}$中线性无关的列向量组的个数。设

$\boldsymbol{x}\in K$，则 $\boldsymbol{x}$ 为 K 的极点的充要条件是与 $\boldsymbol{x}$ 的非零分量对应的 $\boldsymbol{A}$ 中的列向量线性无关。

若 $K\neq\varnothing$，可设 K 的全部极点为 $\boldsymbol{x}_1,\boldsymbol{x}_2,\cdots,\boldsymbol{x}_k,k\geqslant 1$，记有限点集 $\{\boldsymbol{x}_1,\cdots,\boldsymbol{x}_k\}$ 的凸包为 $\bar{K}$，即

$$\bar{K}=\left\{\sum_{i=1}^{k}\lambda_i\boldsymbol{x}_i\,\middle|\,\lambda_i\geqslant 0(1\leqslant i\leqslant k),\sum_{i=1}^{k}\lambda_i=1\right\} \tag{1.27}$$

又记

$$K_0=\{\boldsymbol{y}\,|\,\boldsymbol{A}\boldsymbol{y}=0,\boldsymbol{y}\geqslant 0\} \tag{1.28}$$

显然，$0\in\bar{K},K_0$，即 $\bar{K},K_0\neq\varnothing$。

定理 1.7　若 $K\neq\varnothing$，则 $K=\bar{K}+K_0$。证明从略。

由定理 1.7 可知，当 $\boldsymbol{b}=0$ 时，$\bar{K}=0,K=K_0$，极点是零点。

定理 1.8　若 $K\neq\varnothing$，则 $\boldsymbol{d}$ 为 K 的方向，当且仅当 $\boldsymbol{A}\boldsymbol{d}=0,\boldsymbol{d}\geqslant 0,\boldsymbol{d}\neq 0$。

证明　按照定义，d 为 K 的方向的充要条件是：对每一个 $\boldsymbol{x}\in K$，有

$$\{\boldsymbol{x}+\lambda\boldsymbol{d}\,|\,\forall\lambda\geqslant 0,\boldsymbol{d}\neq 0\}\in K$$

根据集合 K 的定义，上式可写成

$$\boldsymbol{A}(\boldsymbol{x}+\lambda\boldsymbol{d})=\boldsymbol{b}$$

$$\boldsymbol{x}+\lambda\boldsymbol{d}\geqslant 0$$

由于 $\boldsymbol{A}\boldsymbol{x}=\boldsymbol{b}$，$\boldsymbol{x}\geqslant 0$ 及 λ 可取任意非负整数，因此由上式可得

$$\boldsymbol{A}\boldsymbol{d}=0,\quad \boldsymbol{d}\geqslant 0,\quad \boldsymbol{d}\neq 0$$

由定理 1.8 可知，若 K 为非空有界集，K 的方向不存在，则 $K_0=0,K=\bar{K}$；若 K 为非空无界集，则 $K_0\neq 0$ 为 K 的方向集合。

定理 1.9　若 K 为非空有界集，$\boldsymbol{x}_1,\boldsymbol{x}_2,\cdots,\boldsymbol{x}_k$ 为 K 的全部极点，则

$$K=\left\{\sum_{i=1}^{k}\lambda_i\boldsymbol{x}_i\,\middle|\,\lambda_i\geqslant 0(1\leqslant i\leqslant k),\sum_{i=1}^{k}\lambda_i=1\right\} \tag{1.29}$$

该定理说明多面体就是由其全部极点所生成的凸包。

为了讨论 K 的极方向的特征，我们记

$$\bar{K}_0=\{\boldsymbol{y}\,|\,\boldsymbol{A}\boldsymbol{y}=0,\boldsymbol{e}^{\mathrm{T}}\boldsymbol{y}=1,\boldsymbol{y}\geqslant 0\} \tag{1.30}$$

其中，$\boldsymbol{e}=(1,1,\cdots,1)^{\mathrm{T}}\in\mathbb{R}^n$。

根据定理 1.9 和 $\bar{K}_0$ 的定义，易知 $\boldsymbol{d}$ 为 K 的方向，当且仅当 $\dfrac{\boldsymbol{d}}{\boldsymbol{e}^{\mathrm{T}}\boldsymbol{d}}\in\bar{K}_0$。进一步还可以得到 $\boldsymbol{d}$ 为 K 的极方向，当且仅当 $\dfrac{\boldsymbol{d}}{\boldsymbol{e}^{\mathrm{T}}\boldsymbol{d}}$ 为 $\bar{K}_0$ 的极点。证明从略。

根据定理 1.8，若 K 为非空无界集，则 K_0 为非空非零多面集，$\bar{K}_0$ 也同样是非空非零多面集，又由 $\boldsymbol{e}^{\mathrm{T}}\boldsymbol{y}=1$ 知 $\bar{K}_0$ 为有界集，故 $\bar{K}_0$ 为非空非零多面体。K 的极方向即为 $\bar{K}_0$ 的极点，$\bar{K}_0$ 必然可用 K 的极方向表示，由于 K_0 与 $\bar{K}_0$ 存在固定关系，K_0 也必然可用 K 的极方向表示。再由定理 1.9 知：

定理 1.10　若 K 为非空无界集，且 K 的全部极方向为 $\boldsymbol{d}_1,\boldsymbol{d}_2,\cdots,\boldsymbol{d}_l$，则必有

$$K_0=\left\{\sum_{j=1}^{l}\mu_j\boldsymbol{d}_j\,\middle|\,\forall\mu_j\geqslant 0, j=1,2,\cdots,l\right\} \tag{1.31}$$

证明从略。

定理 1.10 表明，当 K 是无界时，K 的任一方向均落在由 K 的极方向所生成的凸锥中。

定理 1.11　若 K 为非空无界集，K 的全部极点为 $\boldsymbol{x}_1,\boldsymbol{x}_2,\cdots,\boldsymbol{x}_k\,(k\geqslant 1)$，$K$ 的全部极方向为 $\boldsymbol{d}_1,\boldsymbol{d}_2,\cdots,\boldsymbol{d}_l\,(l\geqslant 1)$，则

$$K=\left\{\sum_{i=1}^{k}\lambda_i\boldsymbol{x}_i+\sum_{j=1}^{l}\mu_j\boldsymbol{d}_j\,\middle|\,\lambda_i\geqslant 0,\forall\mu_j\geqslant 0,\sum_{i=1}^{k}\lambda_i=1\right\} \tag{1.32}$$

该定理说明多面集是由其全部极点所生成的凸包和其全部极方向所生成的凸锥构成的。

1.2.2　凸集分离定理

凸集分离定理是凸集的一个非常重要的性质。在最优化理论中，很多重要的结论都是用凸集分离定理来证明的，它是研究最优性条件的重要工具。

首先，给出闭凸集外一点与闭凸集的极小距离存在定理。

定理 1.12　设 $S\subset\mathbb{R}^n$ 为非空闭凸集，$\boldsymbol{y}\in\mathbb{R}^n\setminus S$，则存在唯一的点 $\bar{\boldsymbol{x}}\in S$，使得它与 $\boldsymbol{y}$ 的距离最短，即有

$$\|\boldsymbol{y}-\bar{\boldsymbol{x}}\|=\inf\left\{\|\boldsymbol{y}-\boldsymbol{x}\|\,|\,\boldsymbol{x}\in S\right\}>0 \tag{1.33}$$

进一步，$\bar{\boldsymbol{x}}$ 与 $\boldsymbol{y}$ 距离最短的充要条件是

$$(\boldsymbol{x}-\bar{\boldsymbol{x}})^{\mathrm{T}}(\boldsymbol{y}-\bar{\boldsymbol{x}})\leqslant 0,\quad\forall\boldsymbol{x}\in S \tag{1.34}$$

证明　令

$$\inf\left\{\|\boldsymbol{y}-\boldsymbol{x}\|\,|\,\boldsymbol{x}\in S\right\}=r>0$$

由下确界的定义可知，存在序列 $\{\boldsymbol{x}_k\}$，$\{\boldsymbol{x}_k\}\subset S$，使得 $\|\boldsymbol{y}-\boldsymbol{x}_k\|\to r$。为证 $\{\boldsymbol{x}_k\}$ 存在极限 $\bar{\boldsymbol{x}}\in S$，只需证明 $\{\boldsymbol{x}_k\}$ 为 Cauchy 序列。

设 $\boldsymbol{x}_k$，$\boldsymbol{x}_m$ 为 $\{\boldsymbol{x}_k\}$ 中的两不同向量，则以向量 $\boldsymbol{y}-\boldsymbol{x}_k$，$\boldsymbol{y}-\boldsymbol{x}_m$ 为邻边可组成平行四边形。根据平行四边形定律(对角线的平方和等于一组邻边平方和的二倍)有

$$\|\boldsymbol{x}_k-\boldsymbol{x}_m\|^2=2\|\boldsymbol{y}-\boldsymbol{x}_k\|^2+2\|\boldsymbol{y}-\boldsymbol{x}_m\|^2-4\|\boldsymbol{y}-(\boldsymbol{x}_k+\boldsymbol{x}_m)/2\|^2$$

由于 S 为凸集，$(\boldsymbol{x}_k+\boldsymbol{x}_m)/2\in S$，由 r 的定义，有

$$\|\boldsymbol{y}-(\boldsymbol{x}_k+\boldsymbol{x}_m)/2\|^2\geqslant r^2$$

因此，

$$\|\boldsymbol{x}_k-\boldsymbol{x}_m\|^2\leqslant 2\|\boldsymbol{y}-\boldsymbol{x}_k\|^2+2\|\boldsymbol{y}-\boldsymbol{x}_m\|^2-4r^2$$

由此可知，取 k 和 m 充分大，$\|\boldsymbol{x}_k-\boldsymbol{x}_m\|^2\to 0$，从而 $\{\boldsymbol{x}_k\}$ 是 Cauchy 序列，必存在极限 $\bar{\boldsymbol{x}}$。

又因为 S 是闭集，所以 $\bar{\boldsymbol{x}} \in S$，这也表明存在 $\bar{\boldsymbol{x}}$，使得 $\|\boldsymbol{y}-\bar{\boldsymbol{x}}\|=r$。

再证唯一性。设存在 $\bar{\boldsymbol{x}}, \hat{\boldsymbol{x}} \in S$，使

$$\|\boldsymbol{y}-\bar{\boldsymbol{x}}\|=\|\boldsymbol{y}-\hat{\boldsymbol{x}}\|=r$$

由于 S 是凸集，$(\bar{\boldsymbol{x}}+\hat{\boldsymbol{x}})/2 \in S$，于是

$$\|\boldsymbol{y}-(\bar{\boldsymbol{x}}+\hat{\boldsymbol{x}})/2\| \leqslant (\|\boldsymbol{y}-\bar{\boldsymbol{x}}\|+\|\boldsymbol{y}-\hat{\boldsymbol{x}}\|)/2=r$$

如果严格不等号成立，则与 r 的定义矛盾，从而在上述不等式中仅仅等号成立，从而必有

$$\boldsymbol{y}-\bar{\boldsymbol{x}}=\lambda(\boldsymbol{y}-\hat{\boldsymbol{x}})$$

又由于 $\|\boldsymbol{y}-\bar{\boldsymbol{x}}\|=\|\boldsymbol{y}-\hat{\boldsymbol{x}}\|=r$，故 $|\lambda|=1$。若 $\lambda=-1$，则有 $\boldsymbol{y}=(\bar{\boldsymbol{x}}+\hat{\boldsymbol{x}})/2 \in S$，这与 $\boldsymbol{y} \notin S$ 矛盾。从而，$\lambda=1$，即 $\bar{\boldsymbol{x}}=\hat{\boldsymbol{x}}$。唯一性得证。

最后证明 $\bar{\boldsymbol{x}} \in S$ 与 $\boldsymbol{y} \notin S$ 距离最短的充要条件是 $(\boldsymbol{x}-\bar{\boldsymbol{x}})^{\mathrm{T}}(\boldsymbol{y}-\bar{\boldsymbol{x}}) \leqslant 0$，$\forall \boldsymbol{x} \in S$。

设 $\forall \boldsymbol{x} \in S$，$(\boldsymbol{x}-\bar{\boldsymbol{x}})^{\mathrm{T}}(\boldsymbol{y}-\bar{\boldsymbol{x}}) \leqslant 0$。由于

$$\|\boldsymbol{y}-\boldsymbol{x}\|^2=\|\boldsymbol{y}-\bar{\boldsymbol{x}}+\bar{\boldsymbol{x}}-\boldsymbol{x}\|^2=\|\boldsymbol{y}-\bar{\boldsymbol{x}}\|^2+\|\boldsymbol{x}-\bar{\boldsymbol{x}}\|^2-2(\boldsymbol{x}-\bar{\boldsymbol{x}})^{\mathrm{T}}(\boldsymbol{y}-\bar{\boldsymbol{x}})$$

故 $\|\boldsymbol{y}-\boldsymbol{x}\|^2 \geqslant \|\boldsymbol{y}-\bar{\boldsymbol{x}}\|^2$，从而 $\bar{\boldsymbol{x}}$ 与 $\boldsymbol{y}$ 距离最短。

反之，设 $\|\boldsymbol{y}-\boldsymbol{x}\|^2 \geqslant \|\boldsymbol{y}-\bar{\boldsymbol{x}}\|^2$，$\forall \boldsymbol{x} \in S$。注意到 $\bar{\boldsymbol{x}}+\lambda(\boldsymbol{x}-\bar{\boldsymbol{x}}) \in S, \forall \lambda \in (0,1)$，于是，

$$\|\boldsymbol{y}-\bar{\boldsymbol{x}}-\lambda(\boldsymbol{x}-\bar{\boldsymbol{x}})\|^2 \geqslant \|\boldsymbol{y}-\bar{\boldsymbol{x}}\|^2$$

又有

$$\|\boldsymbol{y}-\bar{\boldsymbol{x}}-\lambda(\boldsymbol{x}-\bar{\boldsymbol{x}})\|^2=\|\boldsymbol{y}-\bar{\boldsymbol{x}}\|^2+\lambda^2\|\boldsymbol{x}-\bar{\boldsymbol{x}}\|^2-2\lambda(\boldsymbol{x}-\bar{\boldsymbol{x}})^{\mathrm{T}}(\boldsymbol{y}-\bar{\boldsymbol{x}})$$

由上面两式可得

$$\lambda^2\|\boldsymbol{x}-\bar{\boldsymbol{x}}\|^2-2\lambda(\boldsymbol{x}-\bar{\boldsymbol{x}})^{\mathrm{T}}(\boldsymbol{y}-\bar{\boldsymbol{x}}) \geqslant 0$$

已知对于 $\forall \boldsymbol{x} \in S$，$\forall \lambda \in (0,1)$，则必有 $(\boldsymbol{x}-\bar{\boldsymbol{x}})^{\mathrm{T}}(\boldsymbol{y}-\bar{\boldsymbol{x}}) \leqslant 0$。

利用定理 1.12 可以进一步推出闭凸集外一点与闭凸集的分离定理，它是最基本的分离定理。

定理 1.13　设 $S \subset \mathbb{R}^n$ 为非空闭凸集，$\boldsymbol{y} \in \mathbb{R}^n \setminus S$，则存在向量 $\boldsymbol{p} \neq 0$ 和实数 α，使得

$$\boldsymbol{p}^{\mathrm{T}}\boldsymbol{x} \leqslant \alpha < \boldsymbol{p}^{\mathrm{T}}\boldsymbol{y}, \quad \forall \boldsymbol{x} \in S \tag{1.35}$$

即存在超平面 $H=\{\boldsymbol{x} \mid \boldsymbol{p}^{\mathrm{T}}\boldsymbol{x}=\alpha\}$ 严格分离 $\boldsymbol{y}$ 和 S。

证明　因为 S 是闭凸集，$\boldsymbol{y} \notin S$，故由定理 1.12 知存在唯一的与 $\boldsymbol{y}$ 距离最短的点 $\bar{\boldsymbol{x}} \in S$，使得

$$(\boldsymbol{x}-\bar{\boldsymbol{x}})^{\mathrm{T}}(\boldsymbol{y}-\bar{\boldsymbol{x}}) \leqslant 0, \quad \forall \boldsymbol{x} \in S$$

令 $\boldsymbol{p}=\lambda(\boldsymbol{y}-\bar{\boldsymbol{x}}) \neq \boldsymbol{0}, \lambda>0$，上式可化为

$$\boldsymbol{p}^{\mathrm{T}}(\boldsymbol{x}-\bar{\boldsymbol{x}}) \leqslant 0, \quad \forall \boldsymbol{x} \in S$$

再令 $\alpha=\boldsymbol{p}^{\mathrm{T}}\bar{\boldsymbol{x}}$，上式可化为

$$\boldsymbol{p}^{\mathrm{T}}\boldsymbol{x} \leqslant \alpha, \quad \forall \boldsymbol{x} \in S$$

另外，

$$\boldsymbol{p}^{\mathrm{T}}\boldsymbol{y} - \alpha = \boldsymbol{p}^{\mathrm{T}}\left(\boldsymbol{y} - \overline{\boldsymbol{x}}\right) = \lambda\left\|\boldsymbol{y} - \overline{\boldsymbol{x}}\right\|^2 > 0$$

则有

$$\boldsymbol{p}^{\mathrm{T}}\boldsymbol{x} \leqslant \alpha < \boldsymbol{p}^{\mathrm{T}}\boldsymbol{y}, \quad \forall \boldsymbol{x} \in S$$

由定理 1.13 可知，若 $S \subset \mathbb{R}^n$ 为非空闭凸集，$\boldsymbol{y} \in \mathbb{R}^n \setminus S$，$\overline{\boldsymbol{x}} \in S$ 是与 $\boldsymbol{y}$ 距离最短的点，分离 $\boldsymbol{y}$ 和 S 的超平面的法方向与 $\boldsymbol{y} - \overline{\boldsymbol{x}}$ 同向，即 $\boldsymbol{p} = \lambda\left(\boldsymbol{y} - \overline{\boldsymbol{x}}\right)$，$\forall \lambda > 0$。

下面进一步分析点与凸集的分离关系，我们先给出集合的边界、集合的支撑超平面的定义。

定义 1.17　设 $S \subset \mathbb{R}^n$ 是非空集合，$\boldsymbol{p} \in \mathbb{R}^n, \boldsymbol{p} \neq 0$ 及 $\overline{\boldsymbol{x}} \in \partial S$，这里 ∂S 表示集合 S 的边界，

$$\partial S = \left\{\boldsymbol{x} \in \mathbb{R}^n \middle| S \cap N_\delta\left(\boldsymbol{x}\right) \neq \varnothing, \left(\mathbb{R}^n \setminus S\right) \cap N_\delta\left(\boldsymbol{x}\right) \neq \varnothing, \forall \delta > 0\right\} \tag{1.36}$$

其中，$N_\delta\left(\boldsymbol{x}\right)$ 为开超球。若有

$$S \subseteq H^+ = \left\{\boldsymbol{x} \in S \middle| \boldsymbol{p}^{\mathrm{T}}\left(\boldsymbol{x} - \overline{\boldsymbol{x}}\right) \geqslant 0\right\}$$

或

$$S \subseteq H^- = \left\{\boldsymbol{x} \in S \middle| \boldsymbol{p}^{\mathrm{T}}\left(\boldsymbol{x} - \overline{\boldsymbol{x}}\right) \leqslant 0\right\}$$

则称超平面 $H = \left\{\boldsymbol{x} \middle| \boldsymbol{p}^{\mathrm{T}}\left(\boldsymbol{x} - \overline{\boldsymbol{x}}\right) = 0\right\}$ 是 S 在 $\overline{\boldsymbol{x}}$ 处的支撑超平面。此外，若 $S \not\subset H$，则 H 称为 S 在 $\overline{\boldsymbol{x}}$ 的正常支撑超平面，如图 1.6 所示。

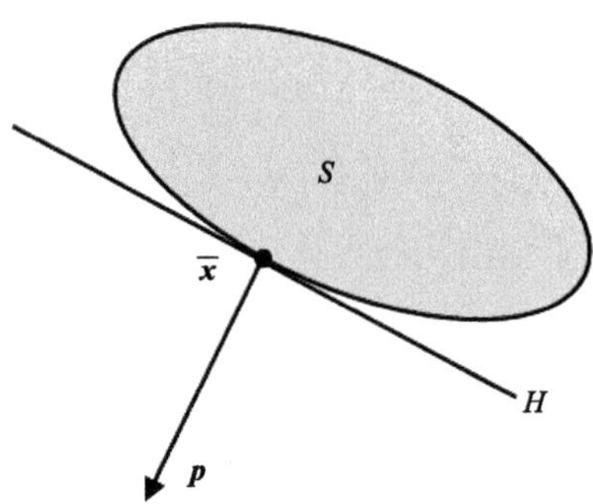

图 1.6　支撑超平面

定理 1.14　设 $S \subset \mathbb{R}^n$ 是非空凸集，$\overline{\boldsymbol{x}} \in \partial S$。那么，在 $\overline{\boldsymbol{x}}$ 处存在一个支撑超平面 S，即存在非零向量 $\boldsymbol{p}$，使得

$$\boldsymbol{p}^{\mathrm{T}}\left(\boldsymbol{x} - \overline{\boldsymbol{x}}\right) \leqslant 0, \quad \forall \boldsymbol{x} \in \mathrm{cl}\left(S\right) \tag{1.37}$$

这里，$\mathrm{cl}(S)$ 表示 S 的闭包，$\mathrm{cl}(S) = \left\{\boldsymbol{x} \in \mathbb{R}^n \middle| S \cap N_\delta\left(\boldsymbol{x}\right) \neq \varnothing, \forall \delta > 0\right\}$。

证明　因为 S 为凸集，$\mathrm{cl}(S)$ 为闭凸集，根据定理 1.12 知，$\mathrm{cl}(S)$ 外一点 $\boldsymbol{y}$ 也总可以在

$\mathrm{cl}(S)$的边界处找到唯一的与之距离最短的点$\bar{\boldsymbol{x}}$，故任意一个$\bar{\boldsymbol{x}}\in\partial S$都可以有一个$\boldsymbol{y}$与之对应。又由定理 1.13 知，必存在非零向量$\boldsymbol{p}$使得

$$\boldsymbol{p}^{\mathrm{T}}\boldsymbol{x}<\boldsymbol{p}^{\mathrm{T}}\boldsymbol{y},\ \forall\boldsymbol{x}\in\mathrm{cl}(S)\text{，且 }\boldsymbol{p}=\lambda(\boldsymbol{y}-\bar{\boldsymbol{x}}),\ \forall\lambda>0$$

设$\boldsymbol{y}_k$为$\boldsymbol{y}$与$\bar{\boldsymbol{x}}$连接的线段上的点，故$\boldsymbol{y}_k-\bar{\boldsymbol{x}}$与$\boldsymbol{y}-\bar{\boldsymbol{x}}$同向，$\boldsymbol{p}$可不变，则有

$$\boldsymbol{p}^{\mathrm{T}}\boldsymbol{x}<\boldsymbol{p}^{\mathrm{T}}\boldsymbol{y}_k,\quad\forall\boldsymbol{x}\in\mathrm{cl}(S)$$

当$\boldsymbol{y}_k$无限接近$\bar{\boldsymbol{x}}$时，则有

$$\boldsymbol{p}^{\mathrm{T}}\boldsymbol{x}\leqslant\boldsymbol{p}^{\mathrm{T}}\bar{\boldsymbol{x}},\quad\forall\boldsymbol{x}\in\mathrm{cl}(S)$$

从而结论得证。

定理 1.14 说明凸集的每个边界点处都存在支撑超平面。

利用定理 1.13 和定理 1.14，立即得到下面的定理。

定理 1.15　设$S\subset\mathbb{R}^n$是非空凸集，$\bar{\boldsymbol{x}}\notin S$，那么存在非零向量$\boldsymbol{p}$使得

$$\boldsymbol{p}^{\mathrm{T}}(\boldsymbol{x}-\bar{\boldsymbol{x}})\leqslant0,\quad\forall\boldsymbol{x}\in\mathrm{cl}(S)\tag{1.38}$$

证明　如果$\bar{\boldsymbol{x}}\notin\mathrm{cl}(S)$，则该定理从定理 1.13 直接得到，如果$\bar{\boldsymbol{x}}\in\partial S$，则该定理简化为定理 1.14。

结合以上定理可以得出，$S\subset\mathbb{R}^n$是非空凸集，若点在凸集内部，即$\boldsymbol{x}\in S$，则$\boldsymbol{x}$和S无法分离；若点在凸集闭包外部，即$\boldsymbol{y}\notin\mathrm{cl}(S)$，设$\bar{\boldsymbol{x}}\in\partial S$为凸集距离$\boldsymbol{y}$最近的点，则分离$\boldsymbol{y}$和$S$的超平面存在且不唯一，即$H=\left\{\boldsymbol{x}\middle|(\boldsymbol{y}-\bar{\boldsymbol{x}})^{\mathrm{T}}\boldsymbol{x}=\alpha\right\}$，$\alpha\in\left[(\boldsymbol{y}-\bar{\boldsymbol{x}})^{\mathrm{T}}\bar{\boldsymbol{x}},(\boldsymbol{y}-\bar{\boldsymbol{x}})^{\mathrm{T}}\boldsymbol{y}\right]$；若点在凸集边界处，即$\bar{\boldsymbol{x}}\in\partial S$，设$\boldsymbol{y}\notin\mathrm{cl}(S)$，凸集中$\bar{\boldsymbol{x}}$与$\boldsymbol{y}$距离最短，则只存在一个支撑超平面$H=\left\{\boldsymbol{x}\middle|(\boldsymbol{y}-\bar{\boldsymbol{x}})^{\mathrm{T}}(\boldsymbol{x}-\bar{\boldsymbol{x}})=0\right\}$分离$\bar{\boldsymbol{x}}$和$S$。特别地，分离$S$超平面的法向量$\boldsymbol{p}$虽然能够借助$S$外的点$\boldsymbol{y}$给出，但实际上$\boldsymbol{p}$是一个只与$S$有关而与外界无关的向量，若$S$在$\bar{\boldsymbol{x}}$处可用$f(\bar{\boldsymbol{x}})$表示，且在$\bar{\boldsymbol{x}}$处连续可导，则$\boldsymbol{p}$为$\bar{\boldsymbol{x}}$处的梯度向量，即$\boldsymbol{p}=\nabla f(\bar{\boldsymbol{x}})$。

为了更好地分析两个凸集间的分离关系，我们先给出两个凸集的分离定义。

定义 1.18　设$S_1,S_2\subset\mathbb{R}^n$是非空凸集，如果存在$\boldsymbol{p}\in\mathbb{R}^n,\boldsymbol{p}\neq0$及$\alpha\in\mathbb{R}$，使

$$S_1\subseteq H^-=\left\{\boldsymbol{x}\in\mathbb{R}^n\middle|\boldsymbol{p}^{\mathrm{T}}\boldsymbol{x}\leqslant\alpha\right\}$$

$$S_2\subseteq H^+=\left\{\boldsymbol{x}\in\mathbb{R}^n\middle|\boldsymbol{p}^{\mathrm{T}}\boldsymbol{x}>\alpha\right\}$$

则称超平面$H=\left\{\boldsymbol{x}\in\mathbb{R}^n\middle|\boldsymbol{p}^{\mathrm{T}}\boldsymbol{x}=\alpha\right\}$分离$S_1$和$S_2$。此外，若$S_1\cup S_2\not\subset H$，则称$H$正常分离$S_1$和$S_2$。若

$$\boldsymbol{p}^{\mathrm{T}}\boldsymbol{x}_1<\alpha<\boldsymbol{p}^{\mathrm{T}}\boldsymbol{x}_2,\quad\forall\boldsymbol{x}_1\in S_1,\quad\forall\boldsymbol{x}_2\in S_2$$

则称H严格分离S_1和S_2。若

$$\boldsymbol{p}^{\mathrm{T}}\boldsymbol{x}_1\leqslant\alpha<\boldsymbol{p}^{\mathrm{T}}\boldsymbol{x}_2,\quad\forall\boldsymbol{x}_1\in S_1,\quad\forall\boldsymbol{x}_2\in S_2$$

则称H强分离S_1和S_2。

定理 1.16 (两个凸集的分离定理)　设$S_1,S_2\subset\mathbb{R}^n$是非空凸集，若$S_1\cap S_2=\varnothing$，则存

在超平面分离 S_1 和 S_2，即存在非零向量 $\boldsymbol{p} \subset \mathbb{R}^n$，使得

$$\boldsymbol{p}^{\mathrm{T}}\boldsymbol{x}_1 \leqslant \boldsymbol{p}^{\mathrm{T}}\boldsymbol{x}_2, \quad \forall \boldsymbol{x}_1 \in \mathrm{cl}(S_1), \quad \forall \boldsymbol{x}_2 \in \mathrm{cl}(S_2) \tag{1.39}$$

证明 设

$$S = S_1 - S_2 = \left\{\boldsymbol{x}_1 - \boldsymbol{x}_2 \,\middle|\, \boldsymbol{x}_1 \in S_1, \boldsymbol{x}_2 \in S_2\right\}$$

因为 S 是凸集，并且 $0 \notin S$(否则，$S_1 \cap S_2 = \varnothing$)，故由定理 1.15 知，存在非零向量 $\boldsymbol{p} \subset \mathbb{R}^n$，使得

$$\boldsymbol{p}^{\mathrm{T}}\boldsymbol{x} \leqslant \boldsymbol{p}^{\mathrm{T}}0 = 0, \quad \forall \boldsymbol{x} \in \mathrm{cl}(S)$$

于是得出结论

$$\boldsymbol{p}^{\mathrm{T}}\boldsymbol{x}_1 \leqslant \boldsymbol{p}^{\mathrm{T}}\boldsymbol{x}_2, \quad \forall \boldsymbol{x}_1 \in \mathrm{cl}(S_1), \quad \forall \boldsymbol{x}_2 \in \mathrm{cl}(S_2)$$

上述分离定理可以加强而得到强分离定理。

定理 1.17 (两个凸集的强分离定理) 设 $S_1, S_2 \subset \mathbb{R}^n$ 是非空闭凸集，若 $S_1 \cap S_2 = \varnothing$，则存在超平面强分离 S_1 和 S_2，即存在非零向量 $\boldsymbol{p} \in \mathbb{R}^n$，使得

$$\boldsymbol{p}^{\mathrm{T}}\boldsymbol{x}_1 \leqslant \alpha < \boldsymbol{p}^{\mathrm{T}}\boldsymbol{x}_2, \quad \forall \boldsymbol{x}_1 \in S_1, \quad \forall \boldsymbol{x}_2 \in S_2$$

证明 设 $S = S_1 - S_2$，再由 $S_1 \cap S_2 = \varnothing$ 知，S 中必存在最短向量，故可设 $\bar{\boldsymbol{x}}_1 \in S_1$，$\bar{\boldsymbol{x}}_2 \in S_2$，且 $\bar{\boldsymbol{x}}_1 - \bar{\boldsymbol{x}}_2 = \inf\left\{\boldsymbol{x}_1 - \boldsymbol{x}_2 \,\middle|\, \forall \boldsymbol{x}_1 \in S_1, \forall \boldsymbol{x}_2 \in S_2\right\}$，即最短向量。根据定理 1.12，$\bar{\boldsymbol{x}}_1$ 与 $\bar{\boldsymbol{x}}_2$ 互为最短，且必分别在 S_1，S_2 边界上。

又 $S_1 \cap S_2 = \varnothing$，则 $\bar{\boldsymbol{x}}_2 \notin S_1$，根据定理 1.13 有

$$\boldsymbol{p}_1^{\mathrm{T}}\boldsymbol{x}_1 \leqslant \alpha < \boldsymbol{p}_1^{\mathrm{T}}\bar{\boldsymbol{x}}_2, \forall \boldsymbol{x}_1 \in S_1\text{，且 } \boldsymbol{p}_1 = \lambda(\bar{\boldsymbol{x}}_2 - \bar{\boldsymbol{x}}_1)$$

又知 $\bar{\boldsymbol{x}}_2$ 在 S_2 边界上，$\bar{\boldsymbol{x}}_1 \notin S_2$，由定理 1.14，得

$$\boldsymbol{p}_2^{\mathrm{T}}(\boldsymbol{x}_2 - \bar{\boldsymbol{x}}_2) \leqslant 0, \forall \boldsymbol{x}_2 \in S_2\text{，且 } \boldsymbol{p}_2 = \lambda(\bar{\boldsymbol{x}}_1 - \bar{\boldsymbol{x}}_2)$$

取 $\boldsymbol{p} = \boldsymbol{p}_1 = -\boldsymbol{p}_2$，再整理以上两式，得

$$\boldsymbol{p}^{\mathrm{T}}\boldsymbol{x}_1 \leqslant \alpha < \boldsymbol{p}^{\mathrm{T}}\boldsymbol{x}_2, \quad \forall \boldsymbol{x}_1 \in S_1, \quad \forall \boldsymbol{x}_2 \in S_2$$

结论得证。

由以上凸集间分离定理可知，设 S_1，S_2 为非空凸集，若 $S_1 \cap S_2 = \varnothing$，则分离 S_1，S_2 的超平面必存在。进一步加强条件，若 $\partial S_1 \cap \partial S_2 = \varnothing$，则 S_1，S_2 是严格分离的；若 $\partial S_1 \cap \partial S_2 \neq \varnothing$，则 S_1，S_2 是正常分离的。如果 S_1，S_2 其中有一个为闭集，S_1，S_2 就是强分离的；若 $S_1 \cap S_2 \neq \varnothing$ 且交集只在边界处，则 S_1，S_2 可被正常分离；如果内部也相交，则 S_1，S_2 不可分离。

应用上述分离定理，可以最优化理论中十分重要的福科什(Farkas)引理，该引理是推导最优化问题的最优性条件的基本定理。

定理 1.18 (Farkas 引理) 设 $\boldsymbol{A} \in \mathbb{R}^{m \times n}$，$\boldsymbol{b} \in \mathbb{R}^m$，则下列两个关系式组有且仅有一组有解：

$$\boldsymbol{A}\boldsymbol{x} = \boldsymbol{b}, \quad \boldsymbol{x} \geqslant 0, \quad \boldsymbol{x} \in \mathbb{R}^n \tag{1.40}$$

$$\boldsymbol{A}^{\mathrm{T}}\boldsymbol{y} \leqslant 0, \quad \boldsymbol{b}^{\mathrm{T}}\boldsymbol{y} > 0, \quad \boldsymbol{y} \in \mathbb{R}^m \tag{1.41}$$

证明　假设式(1.40)有解，即存在$\bar{x}\geqslant 0$，使$A\bar{x}=b$，若有$\bar{y}$使$A^{\mathrm{T}}\bar{y}\leqslant 0$，则因$\bar{x}\geqslant 0$，有

$$b^{\mathrm{T}}\bar{y}=\bar{x}^{\mathrm{T}}A^{\mathrm{T}}\bar{y}\leqslant 0$$

这与式(1.41)中条件$b^{\mathrm{T}}y>0$矛盾，表明式(1.41)无解。

再假设式(1.40)无解，记凸锥

$$S=\left\{z\in\mathbb{R}^m \middle| z=Ax,\forall x\geqslant 0\right\}$$

则S是非空闭凸集，且必有$b\notin S$。又$0\in S$且为S边界上的点，由分离定理 1.14，存在$p\in\mathbb{R}^m, p\neq 0$，使得

$$p^{\mathrm{T}}(z-0)\leqslant 0<p^{\mathrm{T}}(b-0),\quad \forall z\in S$$

整理上式，则有

$$p^{\mathrm{T}}z\leqslant 0,\quad p^{\mathrm{T}}b>0$$

设$A=(a_1,a_2,\cdots,a_n)$，由凸锥定义 1.14 可知，$a_1,a_2,\cdots,a_n$在凸锥S中，有

$$p^{\mathrm{T}}a_1\leqslant 0,\quad p^{\mathrm{T}}a_2\leqslant 0,\ \cdots,\ p^{\mathrm{T}}a_n\leqslant 0$$

上式可写成矩阵形式，即

$$A^{\mathrm{T}}p\leqslant 0$$

至此，$A^{\mathrm{T}}p\leqslant 0, b^{\mathrm{T}}p>0, p\in\mathbb{R}^n$，即式(1.41)有解。结论得证。

Farkas 引理的几何解释，如图 1.7 所示。凸锥$\{Ax,\ \forall x\geqslant 0\}$是$a_1,a_2,\cdots,a_n$的凸锥组合，由于$x\geqslant 0$，则该凸锥中的向量必与$a_1,a_2,\cdots,a_n$中至少一个向量的夹角为锐角，而凸锥$\left\{x\middle|A^{\mathrm{T}}x\leqslant 0\right\}$中的向量与$a_1,a_2,\cdots,a_n$中每个向量的夹角都不是锐角，故凸锥$\{Ax,\ \forall x\geqslant 0\}$和$\left\{x\middle|A^{\mathrm{T}}x\leqslant 0\right\}$的交集必为空，且在原点处存在超平面强分离两凸锥。$\bar{b}$在凸锥$\{Ax,\ \forall x\geqslant 0\}$内部，即$Ax=\bar{b}, x\geqslant 0$有解，且超平面$\bar{b}^{\mathrm{T}}x=0$分离两凸锥。从图中清楚地看到，$\left\{x\middle|A^{\mathrm{T}}x\leqslant 0\right\}$被分离在闭半空间$\left\{x\middle|\bar{b}^{\mathrm{T}}x\leqslant 0\right\}$一侧，故$A^{\mathrm{T}}x\leqslant 0,\bar{b}^{\mathrm{T}}x>0$无解；$b$在凸锥$\{Ax,\ \forall x\geqslant 0\}$外部，即$Ax=b, x\geqslant 0$无解，则存在超平面$p^{\mathrm{T}}x=0$分离$b$和凸锥$\left\{x\middle|A^{\mathrm{T}}x\leqslant 0\right\}$，且$p$必落在凸锥$\left\{x\middle|A^{\mathrm{T}}x\leqslant 0\right\}$与开半空间$\left\{x\middle|b^{\mathrm{T}}x>0\right\}$的交集之内，故$A^{\mathrm{T}}x\leqslant 0, b^{\mathrm{T}}x>0$有解。

利用 Farkas 引理还可推导出以下常用定理。

定理 1.19 (择一性定理)　设$A\in\mathbb{R}^{m\times n}$，$B\in\mathbb{R}^{m\times p}$，$b\in\mathbb{R}^m$，则下列两个关系式组有且仅有一组有解：

$$Au+Bv=b,\quad u\geqslant 0,\quad u\in\mathbb{R}^n,\quad v\in\mathbb{R}^p \tag{1.42}$$

$$A^{\mathrm{T}}y\leqslant 0,\quad B^{\mathrm{T}}y=0,\quad b^{\mathrm{T}}y>0,\quad y\in\mathbb{R}^m \tag{1.43}$$

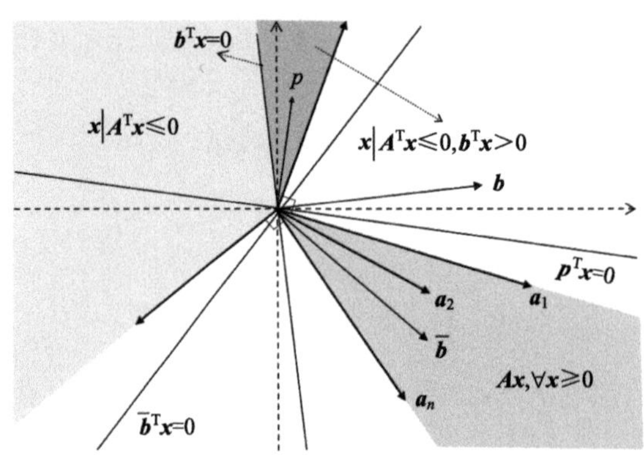

图 1.7　Farkas 引理的几何解释示意图

证明　易知 $\boldsymbol{B}^{\mathrm{T}}\boldsymbol{y}=0$ 等价于 $\boldsymbol{B}^{\mathrm{T}}\boldsymbol{y}\geqslant 0$，$\boldsymbol{B}^{\mathrm{T}}\boldsymbol{y}\leqslant 0$，故可设

$$\tilde{\boldsymbol{A}}=\begin{bmatrix}\boldsymbol{A} & \boldsymbol{B} & -\boldsymbol{B}\end{bmatrix}\in\mathbb{R}^{m,n+2p}$$

式(1.43)可化为

$$\tilde{\boldsymbol{A}}^{\mathrm{T}}\boldsymbol{y}\leqslant \boldsymbol{0},\quad \boldsymbol{b}^{\mathrm{T}}\boldsymbol{y}>0,\quad \boldsymbol{y}\in\mathbb{R}^{m}$$

由 Farkas 引理，可给出上式的对应关系式

$$\tilde{\boldsymbol{A}}\boldsymbol{x}=\boldsymbol{b},\quad \boldsymbol{x}\geqslant \boldsymbol{0}, \boldsymbol{x}\in\mathbb{R}^{n}$$

设

$$\boldsymbol{x}=\begin{bmatrix}\boldsymbol{u}^{\mathrm{T}} & \boldsymbol{w}^{\mathrm{T}} & \boldsymbol{z}^{\mathrm{T}}\end{bmatrix}^{\mathrm{T}},\quad \boldsymbol{u}\in\mathbb{R}^{n},\ \boldsymbol{w},\boldsymbol{z}\in\mathbb{R}^{p},\ \boldsymbol{u},\boldsymbol{w},\boldsymbol{z}\geqslant 0$$

则有

$$\tilde{\boldsymbol{A}}\boldsymbol{x}=\boldsymbol{A}\boldsymbol{u}+\boldsymbol{B}(\boldsymbol{w}-\boldsymbol{z})=\boldsymbol{b}$$

再设 $\boldsymbol{v}=(\boldsymbol{w}-\boldsymbol{z})$，又 $\boldsymbol{w},\boldsymbol{z}\geqslant 0$，则 $\boldsymbol{v}\in(-\infty,+\infty)$，则有

$$\boldsymbol{A}\boldsymbol{u}+\boldsymbol{B}\boldsymbol{v}=\boldsymbol{b},\quad \boldsymbol{u}\geqslant 0,\ \boldsymbol{u}\in\mathbb{R}^{n},\ \boldsymbol{v}\in\mathbb{R}^{p}$$

结论得证。

定理 1.20 (戈丹(Gordan)定理)　设 $\boldsymbol{A}\in\mathbb{R}^{m\times n}$，则下列两个关系式组有且仅有一组有解：

$$\boldsymbol{A}\boldsymbol{x}=0,\quad \boldsymbol{x}\geqslant 0,\quad \boldsymbol{x}\neq 0 \tag{1.44}$$

$$\boldsymbol{A}^{\mathrm{T}}\boldsymbol{y}<0,\quad \boldsymbol{y}\in\mathbb{R}^{m} \tag{1.45}$$

证明　假设式(1.45)有解，即存在 $\overline{\boldsymbol{y}}\in\mathbb{R}^{m}$，使 $\boldsymbol{A}^{\mathrm{T}}\overline{\boldsymbol{y}}<0$，则取 $\forall\overline{\boldsymbol{x}}\geqslant 0,\overline{\boldsymbol{x}}\neq 0$，有 $\overline{\boldsymbol{x}}^{\mathrm{T}}\boldsymbol{A}^{\mathrm{T}}\overline{\boldsymbol{y}}<0$，即 $\boldsymbol{A}\overline{\boldsymbol{x}}\neq 0,\forall\overline{\boldsymbol{x}}\geqslant 0,\overline{\boldsymbol{x}}\neq 0$，表明式(1.45)无解。

再假设式(1.45)无解，则不存在 $\forall\lambda>0$，$\boldsymbol{e}=(1,1,\cdots,1)^{\mathrm{T}}\in\mathbb{R}^{n}$，使 $\boldsymbol{A}^{\mathrm{T}}\boldsymbol{y}\leqslant -\lambda\boldsymbol{e}$。记

$$\tilde{\boldsymbol{A}}=\begin{bmatrix}\boldsymbol{A}\\ -\lambda\boldsymbol{e}^{\mathrm{T}}\end{bmatrix}\in\mathbb{R}^{m+1,n},\quad \tilde{\boldsymbol{y}}=\begin{bmatrix}\boldsymbol{y}\\ -1\end{bmatrix}\in\mathbb{R}^{m+1},\quad \tilde{\boldsymbol{b}}=(0,0,\cdots,-1)^{\mathrm{T}}\in\mathbb{R}^{m+1}$$

于是不存在 $\forall\lambda>0$ 及 $\boldsymbol{y}\in\mathbb{R}^{m}$，满足

$$\tilde{\boldsymbol{A}}^{\mathrm{T}}\tilde{\boldsymbol{y}}\leqslant 0,\quad \tilde{\boldsymbol{b}}^{\mathrm{T}}\tilde{\boldsymbol{y}}>0$$

即上述关系组无解。于是由 Farkas 引理，下述关系式组

$$\tilde{A}x = \tilde{b}, \quad x \geqslant 0$$

有解，即关系式组

$$Ax = 0, \quad \lambda e^{\mathrm{T}} x = 1, \quad x \geqslant 0$$

有解，又 λ 是任意的正数，故 $\lambda e^{\mathrm{T}} x = 1, x \geqslant 0$ 与 $x \geqslant 0, x \neq 0$ 等价，即式(1.44)有解。结论得证。

定理 1.21　设 $A \in \mathbb{R}^{m\times n}$，$B \in \mathbb{R}^{m\times p}$，$C \in \mathbb{R}^{m\times l}$，则下列两个关系式组有且仅有一组有解：

$$Au + Bw + Cz = 0, \quad u \geqslant 0, u \neq 0, u \in \mathbb{R}^n, w \geqslant 0, w \in \mathbb{R}^p, z \in \mathbb{R}^l \tag{1.46}$$

$$A^{\mathrm{T}} y < 0, \quad B^{\mathrm{T}} y \leqslant 0, \quad C^{\mathrm{T}} y = 0, \quad y \in \mathbb{R}^m \tag{1.47}$$

证明　假设式(1.47)有解，即存在 $\bar{y} \in \mathbb{R}^m$，使 $A^{\mathrm{T}} \bar{y} < 0, B^{\mathrm{T}} \bar{y} \leqslant 0, C^{\mathrm{T}} \bar{y} = 0$，则取 $\forall \bar{u} \geqslant 0, \bar{u} \neq 0, \forall \bar{w} \geqslant 0, \forall \bar{z}$，有 $\left(Au + Bw + Cz\right)^{\mathrm{T}} \bar{y} < 0$，即 $Au + Bw + Cz \neq 0$，表明式(1.46)无解。

再假设式(1.47)无解，则不存在 $\forall \lambda > 0$，$e = (1,1,\cdots,1)^{\mathrm{T}} \in \mathbb{R}^n$，满足

$$A^{\mathrm{T}} y \leqslant -\lambda e, \quad B^{\mathrm{T}} y \leqslant 0, \quad C^{\mathrm{T}} y \leqslant 0, \quad -C^{\mathrm{T}} y \leqslant 0$$

记

$$\tilde{A} = \begin{bmatrix} A & B & C & -C \\ -\lambda e^{\mathrm{T}} & 0 & 0 & 0 \end{bmatrix} \in \mathbb{R}^{m+1, n+p+2l}, \quad \tilde{y} = \begin{bmatrix} y \\ -1 \end{bmatrix} \in \mathbb{R}^{m+1}, \quad \tilde{b} = (0,0,\cdots,-1)^{\mathrm{T}} \in \mathbb{R}^{m+1}$$

于是不存在 $\forall \lambda > 0$ 及 $y \in \mathbb{R}^m$，满足

$$\tilde{A}^{\mathrm{T}} \tilde{y} \leqslant 0, \quad \tilde{b}^{\mathrm{T}} \tilde{y} > 0$$

即上述关系式组无解。于是由 Farkas 引理，下述关系式组

$$\tilde{A}x = \tilde{b}, \quad x \geqslant 0$$

有解。设

$$x = \begin{bmatrix} u^{\mathrm{T}} & w^{\mathrm{T}} & z_1^{\mathrm{T}} & z_2^{\mathrm{T}} \end{bmatrix}^{\mathrm{T}}, \quad u \in \mathbb{R}^n, w \in \mathbb{R}^p, z_1, z_2 \in \mathbb{R}^l, u, w, z_1, z_2 \geqslant 0$$

则有

$$Au + Bw + C(z_1 - z_2) = \mathbf{0}, \quad \lambda e^{\mathrm{T}} u = 1$$

再设 $z = (z_1 - z_2)$，又 $z_1, z_2 \geqslant 0$，则 $z \in (-\infty, +\infty)$。又 λ 是任意的正数，故 $\lambda e^{\mathrm{T}} u = 1, u \geqslant 0$ 与 $u \geqslant 0, u \neq 0$ 等价，故式(1.46)

$$Au + Bw + Cz = 0, \quad u \geqslant 0, u \neq 0, u \in \mathbb{R}^n, w \geqslant 0, w \in \mathbb{R}^p, z \in \mathbb{R}^l$$

有解。结论得证。

1.2.3　凸函数

定义 1.19　设 $S \subseteq \mathbb{R}^n$ 为非空凸集，函数 $f: S \to \mathbb{R}$，$\alpha \in (0,1)$，如果对任意 $x_1, x_2 \in S$，有

$$f\left(\alpha \boldsymbol{x}_1+(1-\alpha)\boldsymbol{x}_2\right) \leqslant \alpha f\left(\boldsymbol{x}_1\right)+(1-\alpha) f\left(\boldsymbol{x}_2\right) \tag{1.48}$$

则称 f 是 S 上的凸函数。如果当 $\boldsymbol{x}_1 \neq \boldsymbol{x}_2$ 时上式严格不等式成立，即

$$f\left(\alpha \boldsymbol{x}_1+(1-\alpha)\boldsymbol{x}_2\right) < \alpha f\left(\boldsymbol{x}_1\right)+(1-\alpha) f\left(\boldsymbol{x}_2\right) \tag{1.49}$$

则称 f 是 S 上的严格凸函数。如果存在一个常数 $c>0$，使得对任意 $\boldsymbol{x}_1,\boldsymbol{x}_2 \in S$，有

$$\alpha f\left(\boldsymbol{x}_1\right)+(1-\alpha) f\left(\boldsymbol{x}_2\right) \geqslant f\left(\alpha \boldsymbol{x}_1+(1-\alpha)\boldsymbol{x}_2\right)+c\alpha(1-\alpha)\left\|\boldsymbol{x}_1-\boldsymbol{x}_2\right\|^2 \tag{1.50}$$

则称 f 在 S 上是一致凸的。

如果 $-f$ 是 S 上的凸(严格凸)函数，则称 f 是 S 上的凹(严格凹)函数。

图 1.8 给出了凸函数、凹函数和非凸非凹函数的几何图形。凸函数的几何解释告诉我们，过凸函数图形上任意两点的弦总是位于曲线的上方，而凹函数则恰恰相反。由凸凹函数的定义易知，线性函数 $f(\boldsymbol{x})=\boldsymbol{a}^{\mathrm{T}}\boldsymbol{x}+b, \boldsymbol{a},\boldsymbol{x}\in\mathbb{R}^n, b\in\mathbb{R}$ 在 $\mathbb{R}^n$ 上既是凸函数也是凹函数。

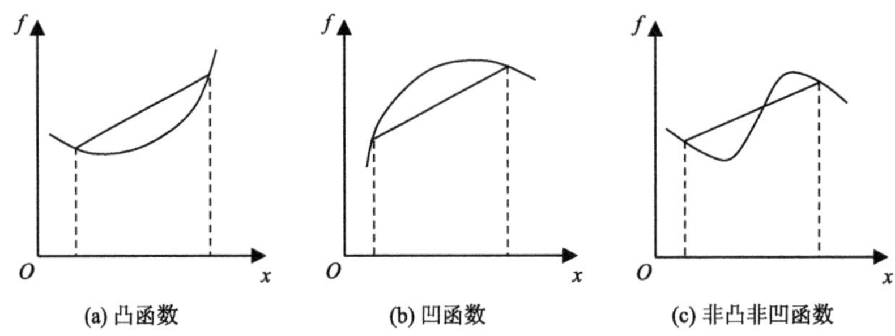

图 1.8 凸、凹、非凸非凹函数的几何图形

利用凸函数的定义不难验证下面的一些性质。

(1) 设 f 是凸集 S 上的凸函数，实数 $a \geqslant 0$，则 af 也是 S 上的凸函数;

(2) 设 f_1 和 f_2 是凸集 S 上的凸函数，则 f_1+f_2 也是 S 上的凸函数;

(3) 设 $f_1,f_2,\cdots,f_k$ 是凸集 S 上的凸函数，实数 $a_1,a_2,\cdots,a_k \geqslant 0$，则 $\sum_{i=1}^{k} a_i f_i$ 也是 S 上的凸函数。

定理 1.22 设 f 是凸集 S 上的凸函数，$\boldsymbol{x}_1,\boldsymbol{x}_2,\cdots,\boldsymbol{x}_k \in S$，$\lambda_i \geqslant 0 (i=1,2,\cdots,k)$，$\sum_{i=1}^{k}\lambda_i=1$，则

$$f\left(\sum_{i=1}^{k}\lambda_i \boldsymbol{x}_i\right) \leqslant \sum_{i=1}^{k}\lambda_i f\left(\boldsymbol{x}_i\right) \tag{1.51}$$

证明 对 k 用归纳法即可证明，请读者自行完成。

定理 1.23 设 $S \subseteq \mathbb{R}^n$ 是非空凸集，f 是凸集 S 上的凸函数，则对 $\forall \alpha\in\mathbb{R}$，水平集 $S_\alpha=\left\{\boldsymbol{x} \mid \boldsymbol{x}\in S, f(\boldsymbol{x})\leqslant\alpha\right\}$ 是凸集。

证明　设 $\boldsymbol{x}_1, \boldsymbol{x}_2 \in S_\alpha$，于是 $\boldsymbol{x}_1, \boldsymbol{x}_2 \in S$，$f(\boldsymbol{x}_1) \leqslant \alpha$，$f(\boldsymbol{x}_2) \leqslant \alpha$。由于 S 为凸集，设 $\lambda \in (0,1)$，有 $\boldsymbol{x} = \lambda \boldsymbol{x}_1 + (1-\lambda)\boldsymbol{x}_2 \in S$。又由于 f 是凸函数，故

$$f(\boldsymbol{x}) \leqslant \lambda f(\boldsymbol{x}_1) + (1-\lambda) f(\boldsymbol{x}_2) \leqslant \lambda\alpha + (1-\lambda)\alpha = \alpha$$

因此，$\boldsymbol{x} \in S_\alpha$，从而 S_α 是凸集。

进一步，若 f 是 S 上的连续凸函数，则显然水平集 S_α 是闭凸集。

定理 1.24　设 $f(\boldsymbol{x})$ 在 $S \subseteq \mathbb{R}^n$ 上二次连续可微，且存在常数 $m>0$，使得

$$\boldsymbol{u}^{\mathrm{T}} \nabla^2 f(\boldsymbol{x}) \boldsymbol{u} \geqslant m \|\boldsymbol{u}\|^2, \quad \forall \boldsymbol{x} \in S_\alpha, \boldsymbol{u} \in \mathbb{R}^n \tag{1.52}$$

则水平集 $S(\boldsymbol{x}_0) = \left\{ \boldsymbol{x} \middle| \boldsymbol{x} \in S, f(\boldsymbol{x}) \leqslant f(\boldsymbol{x}_0) \right\}$ 是有界闭凸集。

证明　由前面讨论可知，$S(\boldsymbol{x}_0)$ 对任意 $\boldsymbol{x}_0 \in \mathbb{R}^n$ 是闭凸集。现在证明 $S(\boldsymbol{x}_0)$ 的有界性。

因为水平集 $S(\boldsymbol{x}_0)$ 是凸的，由式(1.52)，故 $\forall \boldsymbol{x}, \boldsymbol{y} \in S(\boldsymbol{x}_0)$，

$$m\|\boldsymbol{y}-\boldsymbol{x}\|^2 \leqslant (\boldsymbol{y}-\boldsymbol{x})^{\mathrm{T}} \nabla^2 f\left(\boldsymbol{x}+\alpha(\boldsymbol{y}-\boldsymbol{x})\right)(\boldsymbol{y}-\boldsymbol{x})$$

由定理 1.5 的 Taylor 展开式，有

$$\begin{aligned} f(\boldsymbol{y}) &= f(\boldsymbol{x}) + \nabla f(\boldsymbol{x})^{\mathrm{T}}(\boldsymbol{y}-\boldsymbol{x}) + \frac{1}{2}(\boldsymbol{y}-\boldsymbol{x})^{\mathrm{T}} \nabla^2 f\left(\boldsymbol{x}+\alpha(\boldsymbol{y}-\boldsymbol{x})\right)(\boldsymbol{y}-\boldsymbol{x}) \\ &\geqslant f(\boldsymbol{x}) + \nabla f(\boldsymbol{x})^{\mathrm{T}}(\boldsymbol{y}-\boldsymbol{x}) + \frac{1}{2} m \|\boldsymbol{y}-\boldsymbol{x}\|^2 \end{aligned}$$

其中 m 与 $\boldsymbol{x}, \boldsymbol{y}$ 无关，因此对任意 $\boldsymbol{y} \in S_\alpha, \boldsymbol{y} \neq \boldsymbol{x}_0$，

$$\begin{aligned} f(\boldsymbol{y}) - f(\boldsymbol{x}_0) &\geqslant \nabla f(\boldsymbol{x}_0)^{\mathrm{T}}(\boldsymbol{y}-\boldsymbol{x}_0) + \frac{1}{2} m \|\boldsymbol{y}-\boldsymbol{x}_0\|^2 \\ &\geqslant -\|\nabla f(\boldsymbol{x}_0)\| \cdot \|\boldsymbol{y}-\boldsymbol{x}_0\| + \frac{1}{2} m \|\boldsymbol{y}-\boldsymbol{x}_0\|^2 \end{aligned}$$

由于 $f(\boldsymbol{y}) \leqslant f(\boldsymbol{x}_0)$，故

$$\|\boldsymbol{y}-\boldsymbol{x}_0\| \leqslant \frac{2}{m} \|\nabla f(\boldsymbol{x}_0)\|$$

这表明水平集 $S(\boldsymbol{x}_0) = \left\{ \boldsymbol{x} \middle| \boldsymbol{x} \in S, f(\boldsymbol{x}) \leqslant f(\boldsymbol{x}_0) \right\}$ 有界。

下面的基本性质表明了凸函数在最优化理论中的重要性。

定理 1.25　设 $S \subseteq \mathbb{R}^n$ 是非空凸集，f 是凸集 S 上的凸函数，则 f 在 S 上的局部极小点是全局极小点，且极小点的集合是凸集。

证明　设 $\bar{\boldsymbol{x}}$ 是 f 在 S 上的局部极小点，即存在 $\bar{\boldsymbol{x}}$ 的 $\delta>0$ 邻域 $N_\varepsilon(\bar{\boldsymbol{x}})$，使得对每一点 $\boldsymbol{x} \in S \cap N_\varepsilon(\bar{\boldsymbol{x}})$，$f(\boldsymbol{x}) \geqslant f(\bar{\boldsymbol{x}})$ 成立。

假设 $\bar{\boldsymbol{x}}$ 不是全局极小点，则存在 $\hat{\boldsymbol{x}} \in S$，使 $f(\hat{\boldsymbol{x}}) < f(\bar{\boldsymbol{x}})$，由于 S 是凸集，因此对每一个 $\alpha \in [0,1]$，有 $\alpha\hat{\boldsymbol{x}} + (1-\alpha)\bar{\boldsymbol{x}} \in S$。由于 $\hat{\boldsymbol{x}}$ 与 $\bar{\boldsymbol{x}}$ 是不同的两点，f 是在 S 上的凸函数，因此有

$$f\left(\alpha\hat{\boldsymbol{x}} + (1-\alpha)\bar{\boldsymbol{x}}\right) \leqslant \alpha f(\hat{\boldsymbol{x}}) + (1-\alpha) f(\bar{\boldsymbol{x}}) < f(\bar{\boldsymbol{x}})$$

当 α 取充分小时，可使

$$\alpha\hat{\boldsymbol{x}}+(1-\alpha)\bar{\boldsymbol{x}}\in S\cap N_{\varepsilon}(\bar{\boldsymbol{x}})$$

这与 $\bar{\boldsymbol{x}}$ 为局部极小点矛盾。故 $\bar{\boldsymbol{x}}$ 必是 f 在 S 上的全局极小点。

由以上证明可知，f 在 S 上的极小值也是它在 S 上的最小值。设极小值为 α，则极小点的集合可以写作

$$S_{\alpha}=\left\{\boldsymbol{x}\middle|\boldsymbol{x}\in S,f(\boldsymbol{x})\leqslant\alpha\right\}$$

根据定理 1.23，水平集 S_{α} 为凸集。

利用凸函数的定义及有关性质可以判别一个函数是否为凸函数，但有时使用很不方便，下面进一步给出凸函数的判别定理。

定理 1.26　设 $S\subseteq\mathbb{R}^n$ 为非空凸集，$f(\boldsymbol{x})$ 在 S 上可微，则 $f(\boldsymbol{x})$ 为 S 上的凸函数的充要条件是

$$f(\boldsymbol{y})\geqslant f(\boldsymbol{x})+\nabla f(\boldsymbol{x})^{\mathrm{T}}(\boldsymbol{y}-\boldsymbol{x}),\quad\forall\boldsymbol{x},\boldsymbol{y}\in S,\boldsymbol{x}\neq\boldsymbol{y}\tag{1.53}$$

证明　必要性：设 f 是凸函数，于是对所有 $\alpha\in[0,1]$，有

$$f(\alpha\boldsymbol{y}+(1-\alpha)\boldsymbol{x})\leqslant\alpha f(\boldsymbol{y})+(1-\alpha)f(\boldsymbol{x})$$

整理得

$$\frac{f(\alpha\boldsymbol{y}+(1-\alpha)\boldsymbol{x})-f(\boldsymbol{x})}{\alpha}\leqslant f(\boldsymbol{y})-f(\boldsymbol{x})$$

令 $\alpha\to0^+$，得

$$\nabla f(\boldsymbol{x})^{\mathrm{T}}(\boldsymbol{y}-\boldsymbol{x})\leqslant f(\boldsymbol{y})-f(\boldsymbol{x})$$

充分性：设式(1.53)成立，任取 $\boldsymbol{x}_1,\boldsymbol{x}_2\in S$，$\alpha\in[0,1]$，令 $\boldsymbol{x}=\alpha\boldsymbol{x}_1+(1-\alpha)\boldsymbol{x}_2$，我们有

$$f(\boldsymbol{x}_1)\geqslant f(\boldsymbol{x})+\nabla f(\boldsymbol{x})^{\mathrm{T}}(\boldsymbol{x}_1-\boldsymbol{x})$$

$$f(\boldsymbol{x}_2)\geqslant f(\boldsymbol{x})+\nabla f(\boldsymbol{x})^{\mathrm{T}}(\boldsymbol{x}_2-\boldsymbol{x})$$

于是得到

$$\begin{aligned}\alpha f(\boldsymbol{x}_1)+(1-\alpha)f(\boldsymbol{x}_2)&\geqslant f(\boldsymbol{x})+\nabla f(\boldsymbol{x})^{\mathrm{T}}(\alpha\boldsymbol{x}_1+(1-\alpha)\boldsymbol{x}_2-\boldsymbol{x})\\&=f(\alpha\boldsymbol{x}_1+(1-\alpha)\boldsymbol{x}_2)\end{aligned}$$

这表明 $f(\boldsymbol{x})$ 是凸函数。

这个定理刻画了凸函数的一阶特征，表明根据局部导数的线性近似是函数的低估，即凸函数图形位于图形上任一点切线的上方。这样的切线(面)就称为凸函数的一个支撑超平面(图 1.9)。

下面，我们对于二次连续可微函数，考虑凸函数的二阶特征。

定理 1.27　设 $S\subseteq\mathbb{R}^n$ 为非空开凸集，$f(\boldsymbol{x})$ 在 S 上二阶可微，则 $f(\boldsymbol{x})$ 为 S 上的凸函数的充要条件是对于一切 $\boldsymbol{x}\in S$，f 在 $\boldsymbol{x}$ 处的 Hessian 矩阵 $\nabla^2 f(\boldsymbol{x})$ 是半正定矩阵。

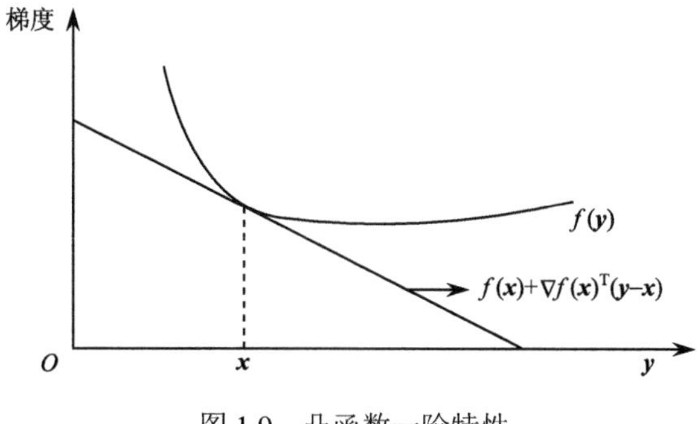

图 1.9　凸函数一阶特性

证明　必要性：设 f 是 S 上的凸函数，因 S 是开集，故对于任意 $\bar{\boldsymbol{x}}\in S$ 及 $\boldsymbol{x}\in\mathbb{R}^n$，存在 $\delta>0$，使得当 $\lambda\in(0,\delta)$ 时，$\bar{\boldsymbol{x}}+\lambda\boldsymbol{x}\in S$。由于 f 是 S 上的凸函数，因此由定理 1.26，有

$$f(\bar{\boldsymbol{x}}+\lambda\boldsymbol{x})\geqslant f(\bar{\boldsymbol{x}})+\lambda\nabla f(\bar{\boldsymbol{x}})^{\mathrm{T}}\boldsymbol{x}$$

又因为 f 在 $\bar{\boldsymbol{x}}$ 处具有二阶连续偏导数，所以按 Taylor 展开式有

$$f(\bar{\boldsymbol{x}}+\lambda\boldsymbol{x})=f(\bar{\boldsymbol{x}})+\lambda\nabla f(\bar{\boldsymbol{x}})^{\mathrm{T}}\boldsymbol{x}+\frac{1}{2}\lambda^2\boldsymbol{x}^{\mathrm{T}}\nabla^2 f(\bar{\boldsymbol{x}})\boldsymbol{x}+o\left(\|\lambda\boldsymbol{x}\|^2\right)$$

从而

$$\frac{1}{2}\lambda^2\boldsymbol{x}^{\mathrm{T}}\nabla^2 f(\bar{\boldsymbol{x}})\boldsymbol{x}+o\left(\|\lambda\boldsymbol{x}\|^2\right)\geqslant 0$$

将上式两边除以 λ^2 后再令 $\lambda\to 0^+$，得

$$\boldsymbol{x}^{\mathrm{T}}\nabla^2 f(\bar{\boldsymbol{x}})\boldsymbol{x}\geqslant 0$$

即 $\nabla^2 f(\boldsymbol{x})$ 是半正定的。

充分性：设 $\nabla^2 f(\boldsymbol{x})$ 在每一点 $\boldsymbol{x}\in S$ 处半正定，由 $f(\boldsymbol{x})$ 在 $\bar{\boldsymbol{x}}\in S$ 处的 Taylor 展开式有

$$f(\boldsymbol{x})=f(\bar{\boldsymbol{x}})+\nabla f(\bar{\boldsymbol{x}})^{\mathrm{T}}(\boldsymbol{x}-\bar{\boldsymbol{x}})+\frac{1}{2}(\boldsymbol{x}-\bar{\boldsymbol{x}})^{\mathrm{T}}\nabla^2 f(\hat{\boldsymbol{x}})(\boldsymbol{x}-\bar{\boldsymbol{x}})$$

其中 $\hat{\boldsymbol{x}}=\bar{\boldsymbol{x}}+\lambda(\boldsymbol{x}-\bar{\boldsymbol{x}})$，$\lambda\in(0,1)$。因 S 是凸集，故 $\hat{\boldsymbol{x}}\in S$。由于 $\nabla^2 f(\hat{\boldsymbol{x}})$ 半正定，因此

$$(\boldsymbol{x}-\bar{\boldsymbol{x}})^{\mathrm{T}}\nabla^2 f(\hat{\boldsymbol{x}})(\boldsymbol{x}-\bar{\boldsymbol{x}})\geqslant 0$$

于是有

$$f(\boldsymbol{x})\geqslant f(\bar{\boldsymbol{x}})+\nabla f(\bar{\boldsymbol{x}})^{\mathrm{T}}(\boldsymbol{x}-\bar{\boldsymbol{x}})$$

由定理 1.26，f 是 S 上的凸函数。

下面给出严格凸函数的判别定理，其证明类似于定理 1.26 和定理 1.27，这里不再证明。

定理 1.28　设 $S\subseteq\mathbb{R}^n$ 为非空凸集，$f(\boldsymbol{x})$ 在 S 上可微，则 $f(\boldsymbol{x})$ 为 S 上的严格凸函数的充要条件是

$$f(\boldsymbol{y})>f(\boldsymbol{x})+\nabla f(\boldsymbol{x})^{\mathrm{T}}(\boldsymbol{y}-\boldsymbol{x}),\quad\forall\boldsymbol{x},\boldsymbol{y}\in S,\boldsymbol{x}\neq\boldsymbol{y}\tag{1.54}$$

定理 1.29　设$S \subseteq \mathbb{R}^n$为非空开凸集，$f(\boldsymbol{x})$在S上二阶可微，如果对任意点$\boldsymbol{x} \in S$，Hessian 矩阵$\nabla^2 f(\boldsymbol{x})$是正定的，则$f(\boldsymbol{x})$为严格凸函数。但如果$f(\boldsymbol{x})$是严格凸函数，则对任意点$\boldsymbol{x} \in S$，Hessian 矩阵$\nabla^2 f(\boldsymbol{x})$是半正定的。

定理 1.30　设$f:\mathbb{R}^n \to \mathbb{R}$为二次函数，即

$$f(\boldsymbol{x}) = \frac{1}{2}\boldsymbol{x}^{\mathrm{T}}\boldsymbol{Q}\boldsymbol{x} + \boldsymbol{b}^{\mathrm{T}}\boldsymbol{x} + c \tag{1.55}$$

其中，$\boldsymbol{Q}$是n阶对称矩阵，则

(1) f 是$\mathbb{R}^n$上的凸函数的充要条件是$\boldsymbol{Q}$为半正定矩阵。

(2) f 是$\mathbb{R}^n$上的严格凸函数的充要条件是$\boldsymbol{Q}$为正定矩阵。

证明　二次函数f在$\mathbb{R}^n$上具有二阶连续偏导数，且

$$\nabla f(\boldsymbol{x}) = \boldsymbol{Q}\boldsymbol{x} + \boldsymbol{b}, \quad \nabla^2 f(\boldsymbol{x}) = \boldsymbol{Q}$$

从而由定理 1.27，(1)显然成立。

又由定理 1.28，f是$\mathbb{R}^n$上的严格凸函数，当且仅当

$$f(\boldsymbol{y}) > f(\boldsymbol{x}) + \nabla f(\boldsymbol{x})^{\mathrm{T}}(\boldsymbol{y} - \boldsymbol{x}), \quad \forall \boldsymbol{x}, \boldsymbol{y} \in \mathbb{R}^n, \boldsymbol{x} \neq \boldsymbol{y}$$

这等价于

$$f(\boldsymbol{y}) > f(\boldsymbol{x}) + (\boldsymbol{Q}\boldsymbol{x} + \boldsymbol{b})^{\mathrm{T}}(\boldsymbol{y} - \boldsymbol{x}), \quad \forall \boldsymbol{x}, \boldsymbol{y} \in \mathbb{R}^n, \boldsymbol{x} \neq \boldsymbol{y}$$

注意到f为二次函数，$\boldsymbol{Q}$为对称矩阵，因此上式等价于

$$\frac{1}{2}\boldsymbol{y}^{\mathrm{T}}\boldsymbol{Q}\boldsymbol{y} > -\frac{1}{2}\boldsymbol{x}^{\mathrm{T}}\boldsymbol{Q}\boldsymbol{x} + \boldsymbol{x}^{\mathrm{T}}\boldsymbol{Q}\boldsymbol{y}, \quad \forall \boldsymbol{x}, \boldsymbol{y} \in \mathbb{R}^n, \boldsymbol{x} \neq \boldsymbol{y}$$

这又等价于

$$\frac{1}{2}(\boldsymbol{y} - \boldsymbol{x})^{\mathrm{T}}\boldsymbol{Q}(\boldsymbol{y} - \boldsymbol{x}) > 0, \quad \forall \boldsymbol{x}, \boldsymbol{y} \in \mathbb{R}^n, \boldsymbol{x} \neq \boldsymbol{y}$$

这等价于$\boldsymbol{Q}$是正定矩阵。从而(2)得证。

1.3　最优化问题

1.3.1　数学模型

最优化问题的数学表达式为

$$\begin{cases} \min f(\boldsymbol{x}) \\ \text{s.t. } \boldsymbol{x} \in S \end{cases} \tag{1.56}$$

其中，$\boldsymbol{x} \in \mathbb{R}^n$为决策变量；$f(\boldsymbol{x})$为目标函数；$S \subseteq \mathbb{R}^n$为约束集，即可行域，它是所有满足约束条件的点的集合；s.t.是 subject to(受限于)的缩写。

特别地，如果约束集$S = \mathbb{R}^n$，则最优化问题(1.56)称为无约束最优化问题，其数学表达式为

$$\min f(\boldsymbol{x}), \quad \boldsymbol{x} \in \mathbb{R}^n \tag{1.57}$$

一般地，$S \neq \mathbb{R}^n$ 称为约束最优化问题，其数学表达式可写成

$$\begin{cases} \min f(\boldsymbol{x}) \\ \text{s.t. } c_i(\boldsymbol{x}) = 0, \quad i \in E = \{1,2,\cdots,l\} \\ \quad\quad c_i(\boldsymbol{x}) \leqslant 0, \quad i \in I = \{l+1, l+2, \cdots, l+m\} \end{cases} \tag{1.58}$$

这里，E 和 I 分别代表等式约束集和不等式约束集；$c_i(\boldsymbol{x})$ 是约束函数。事实上，目标函数和约束函数存在其他形式，但经过适当的变换都可以转换成上述一般形式。例如，$\max f(\boldsymbol{x})$ 等价于 $\min(-f(\boldsymbol{x}))$，$c_i(\boldsymbol{x}) \geqslant 0$ 可以写成 $-c_i(\boldsymbol{x}) \leqslant 0$，$c_i(\boldsymbol{x}) < 0$ 等价于 $c_i(\boldsymbol{x}) + \varepsilon \leqslant 0, \varepsilon \to 0^+$，$c_i(\boldsymbol{x}) = 0$ 等价于 $c_i(\boldsymbol{x}) \leqslant 0, c_i(\boldsymbol{x}) \geqslant 0$。

当目标函数和约束函数均为线性函数时，称为线性最优化问题。当目标函数和约束函数中至少有一个是变量 $\boldsymbol{x}$ 的非线性函数时，称为非线性最优化问题。当可行域为凸集，目标函数为凸函数时，称为凸优化问题。另外，当目标函数 $\min f(\boldsymbol{x}) = \sum_{i=1}^{m} r_i^2(\boldsymbol{x})$ 时，即为最小二乘问题。在实际应用中，经常会遇到数据拟合和解方程问题，这些都可以转化为最小二乘问题来求解。

1.3.2　最优解

定义 1.20　设 $f: \mathbb{R}^n \to \mathbb{R}$ 为目标函数，$S \subseteq \mathbb{R}^n$ 为可行域，$\bar{\boldsymbol{x}} \in S$。

(1) 若对所有的 $\boldsymbol{x} \in S$，有 $f(\boldsymbol{x}) \geqslant f(\bar{\boldsymbol{x}})$，则称 $\bar{\boldsymbol{x}}$ 为 $f(\boldsymbol{x})$ 在 S 上的全局极小点(图 1.10)，即最优化问题的全局最优解。若严格不等式成立，即 $f(\boldsymbol{x}) > f(\bar{\boldsymbol{x}})$，则称 $\bar{\boldsymbol{x}}$ 为 $f(\boldsymbol{x})$ 在 S 上的严格全局极小点。

(2) 若存在 $\bar{\boldsymbol{x}}$ 的 δ 邻域

$$N_\delta(\bar{\boldsymbol{x}}) = \{\boldsymbol{x} \in \mathbb{R}^n \,\|\, \|\boldsymbol{x} - \bar{\boldsymbol{x}}\| < \delta\}, \quad \delta > 0$$

使得对任意 $\boldsymbol{x} \in N_\delta(\bar{\boldsymbol{x}}) \cap S$，都有 $f(\boldsymbol{x}) \geqslant f(\bar{\boldsymbol{x}})$，则称 $\bar{\boldsymbol{x}}$ 为 $f(\boldsymbol{x})$ 在 S 上的局部极小点，即最优化问题的局部最优解。若严格不等式成立，即 $f(\boldsymbol{x}) > f(\bar{\boldsymbol{x}})$，则称 $\bar{\boldsymbol{x}}$ 为 $f(\boldsymbol{x})$ 在 S 上的严格局部极小点。

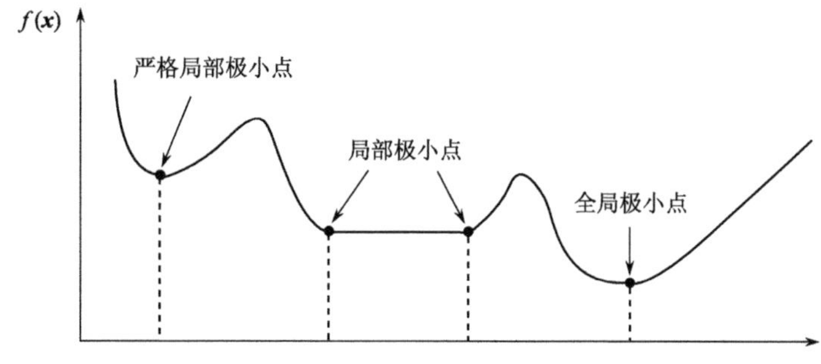

图 1.10　极小点的类型

根据上述定义，全局极小点也是局部极小点，但局部极小点不一定是全局极小点。实际上，全局极小点很难得到，通常我们只能针对局部极小点给出最优性条件。因此，最优化中绝大多数方法都是求局部极小点，全局极小点通常只能间接给出。

再结合定理 1.25 可知，当最优化问题为凸优化问题时，局部极小点是全局极小点。因此，将最优化问题转化为凸优化问题会更容易找到问题的全局最优解。

1.3.3 最优性条件

所谓最优性条件，是指最优化问题的最优解所要满足的必要条件或充分条件。这些条件对于最优化算法的建立和最优化理论的推证都是至关重要的。

本小节先介绍无约束最优化问题的最优性条件，然后着重介绍约束最优化问题的最优性条件。

1. 无约束问题的最优性条件

考虑无约束最优化问题

$$\min f(\boldsymbol{x}), \quad \boldsymbol{x} \in \mathbb{R}^n \tag{1.59}$$

的最优性条件，它包含一阶条件和二阶条件。

定理 1.31 (一阶必要条件) 设 $f(\boldsymbol{x})$ 在 $\bar{\boldsymbol{x}}$ 上一阶连续可微。若 $\bar{\boldsymbol{x}}$ 是式(1.59)的一个局部极小点，则必有梯度 $\nabla f(\bar{\boldsymbol{x}})=0$。

证明 设 $\bar{\boldsymbol{x}}$ 是一个局部极小点，取 $\boldsymbol{x}=\bar{\boldsymbol{x}}-\alpha\cdot\nabla f(\bar{\boldsymbol{x}})$，$\alpha>0$。利用 Taylor 一阶展开式，有

$$\begin{aligned} f(\boldsymbol{x}) &= f(\bar{\boldsymbol{x}})+\nabla f(\bar{\boldsymbol{x}})(\boldsymbol{x}-\bar{\boldsymbol{x}})+o(\|\boldsymbol{x}-\bar{\boldsymbol{x}}\|) \\ &= f(\bar{\boldsymbol{x}})-\alpha\|\nabla f(\bar{\boldsymbol{x}})\|^2+o(\alpha) \end{aligned}$$

注意到 $f(\boldsymbol{x})\geqslant f(\bar{\boldsymbol{x}})$ 及 $\alpha>0$，我们有

$$0\leqslant\|\nabla f(\bar{\boldsymbol{x}})\|^2\leqslant\frac{o(\alpha)}{\alpha}$$

令 $\alpha\to 0$，得 $\|\nabla f(\bar{\boldsymbol{x}})\|^2=0$，即 $\nabla f(\bar{\boldsymbol{x}})=0$。

定理 1.32 (二阶必要条件) 设 $f(\boldsymbol{x})$ 在 $\bar{\boldsymbol{x}}$ 上二阶连续可微。若 $\bar{\boldsymbol{x}}$ 是式(1.59)的一个局部极小点，则梯度 $\nabla f(\bar{\boldsymbol{x}})=0$ 且 Hessian 矩阵 $\nabla^2 f(\bar{\boldsymbol{x}})$ 半正定。

证明 设 $\bar{\boldsymbol{x}}$ 是一个局部极小点，那么由一阶必要条件可知 $\nabla f(\bar{\boldsymbol{x}})=0$。下面只需证明 $\nabla^2 f(\bar{\boldsymbol{x}})$ 的半正定性。任取 $\boldsymbol{x}=\bar{\boldsymbol{x}}+\alpha\boldsymbol{d}$，其中 $\alpha>0$ 且 $\boldsymbol{d}\in\mathbb{R}^n$。由 Taylor 二阶展开式得

$$f(\boldsymbol{x})=f(\bar{\boldsymbol{x}})+\alpha\cdot\nabla f(\bar{\boldsymbol{x}})^{\mathrm{T}}\boldsymbol{d}+\frac{1}{2}\alpha^2\boldsymbol{d}^{\mathrm{T}}\nabla^2 f(\bar{\boldsymbol{x}})\boldsymbol{d}+o(\|\alpha\boldsymbol{d}\|^2)$$

又 $f(\boldsymbol{x})\geqslant f(\bar{\boldsymbol{x}})$，$\nabla f(\bar{\boldsymbol{x}})=0$，得

$$\frac{1}{2}\alpha^2\boldsymbol{d}^{\mathrm{T}}\nabla^2 f(\bar{\boldsymbol{x}})\boldsymbol{d}+o(\|\alpha\boldsymbol{d}\|^2)\geqslant 0$$

令 $\alpha \to 0$，得 $\boldsymbol{d}^{\mathrm{T}}\nabla^2 f(\bar{\boldsymbol{x}})\boldsymbol{d} \geqslant 0, \forall \boldsymbol{d} \in \mathbb{R}^n$，即 $\nabla^2 f(\bar{\boldsymbol{x}})$ 半正定，从而定理成立。

满足梯度 $\nabla f(\bar{\boldsymbol{x}})=0$ 的点 $\bar{\boldsymbol{x}}$ 称为函数 $f(\boldsymbol{x})$ 的平稳点或驻点。驻点可能是极小点，也可能是极大点，也可能不是极值点。既不是极小点也不是极大点的驻点叫做函数的鞍点。因此，上述定理中的条件只是局部极小点的必要条件。

定理 1.33 (二阶充分条件)　设 $f(\boldsymbol{x})$ 在 $\bar{\boldsymbol{x}}$ 上二阶连续可微。若 $\bar{\boldsymbol{x}}$ 满足条件 $\nabla f(\bar{\boldsymbol{x}})=0$ 及 $\nabla^2 f(\bar{\boldsymbol{x}})$ 是正定矩阵，则 $\bar{\boldsymbol{x}}$ 是式(1.59)的一个严格局部极小点。

证明　任取 $\boldsymbol{x}=\bar{\boldsymbol{x}}+\alpha\boldsymbol{d}$，其中 $\alpha>0$ 且 $\boldsymbol{d}\in\mathbb{R}^n$。由 Taylor 二阶展开式得

$$f(\boldsymbol{x})=f(\bar{\boldsymbol{x}})+\alpha\cdot\nabla f(\bar{\boldsymbol{x}})^{\mathrm{T}}\boldsymbol{d}+\frac{1}{2}\alpha^2\boldsymbol{d}^{\mathrm{T}}\nabla^2 f(\bar{\boldsymbol{x}}+\theta\alpha\boldsymbol{d})\boldsymbol{d}$$

其中，$\theta\in(0,1)$。注意到 $\nabla f(\bar{\boldsymbol{x}})=\mathbf{0}$ 及 $\nabla^2 f(\bar{\boldsymbol{x}})$ 正定和 $f(\boldsymbol{x})$ 二阶连续可微，故存在 $\delta>0$，使得 $\nabla^2 f(\bar{\boldsymbol{x}})$ 在 $\|\theta\alpha\boldsymbol{d}\|\leqslant\delta$ 范围内正定。因此，由上式即得

$$f(\boldsymbol{x})>f(\bar{\boldsymbol{x}})$$

也即 $f(\bar{\boldsymbol{x}})$ 在局部范围内 $N_\delta(\bar{\boldsymbol{x}})=\left\{\boldsymbol{x}\,\middle|\,\|\boldsymbol{x}-\bar{\boldsymbol{x}}\|<\delta\right\}$ 为极小值，即 $\bar{\boldsymbol{x}}$ 是式(1.59)的一个严格局部极小点。

一般来说，目标函数的驻点不一定是极小点。但对于目标函数是凸函数的无约束优化问题，其驻点、局部极小点和全局极小点三者是等价的。

定理 1.34 (凸充分性定理)　设 $f(\boldsymbol{x})$ 在 $\|x\|\geqslant 0, \|x\|=0 \Leftrightarrow x=0$ 上是凸函数，并且是一阶连续可微的，则 $\bar{\boldsymbol{x}}$ 是式(1.59)的全局极小点的充要条件是 $\nabla f(\bar{\boldsymbol{x}})=0$。

证明　只需证明充分性，必要性是显然的。设 $\nabla f(\bar{\boldsymbol{x}})=0$，由凸函数的判别定理，可知

$$f(\boldsymbol{x})\geqslant f(\bar{\boldsymbol{x}})+\nabla f(\bar{\boldsymbol{x}})^{\mathrm{T}}(\boldsymbol{x}-\bar{\boldsymbol{x}})=f(\bar{\boldsymbol{x}}),\quad \forall\boldsymbol{x}\in\mathbb{R}^n$$

这表明 $\bar{\boldsymbol{x}}$ 是全局极小点。

2. 约束问题的最优性条件

考虑约束最优化问题的一般形式：

$$\begin{cases}\min f(\boldsymbol{x})\\ \text{s.t. } \boldsymbol{x}\in S\end{cases}$$

$$S=\left\{\boldsymbol{x}\,\middle|\,c_i(\boldsymbol{x})=0, i\in E; c_i(\boldsymbol{x})\leqslant 0, i\in I\right\} \tag{1.60}$$

与无约束最优化问题类似，求出约束最优化问题的全局解是非常困难的，因此一般都是考虑局部解。一般情况下，直接利用定义 1.20 去判别一给定点 $\bar{\boldsymbol{x}}$ 是否为局部解也是办不到的。因此，有必要给出只依赖在点 $\bar{\boldsymbol{x}}$ 处目标函数和约束函数信息的且与约束问题(1.60)等价的约束条件，即最优性条件。

可行域 S 上的点 $\bar{\boldsymbol{x}}$ 是否为局部极小点取决于点 $\bar{\boldsymbol{x}}$ 处的有效约束、下降方向及可行方向。为了方便最优性条件的推导，先给出以下定义。

定义 1.21　若约束问题(1.60)的一个可行点 $\bar{\boldsymbol{x}}$ 使某个不等式约束 $c_i(\bar{\boldsymbol{x}})\leqslant 0$ 的等式成

立，即 $c_i(\bar{\boldsymbol{x}})=0$，则该不等式约束称为关于 $\bar{\boldsymbol{x}}$ 的有效约束。否则，若对于某个 $\boldsymbol{k}$ 使得 $c_i(\bar{\boldsymbol{x}})<0$，则该不等式约束称为关于 $\bar{\boldsymbol{x}}$ 的无效约束，称所有在 $\bar{\boldsymbol{x}}$ 处的有效约束指标的集合 $I(\bar{\boldsymbol{x}})=\left\{i \middle| c_i(\bar{\boldsymbol{x}})=0, i\in I\right\}$ 为 $\bar{\boldsymbol{x}}$ 处的有效约束指标集，简称 $\bar{\boldsymbol{x}}$ 处的有效集。

显然，对于任意可行点，所有等式约束都可以看作是有效约束，只有不等式约束才可能是无效约束。判断约束条件是否为有效约束的标准就是在该可行点处是否存在非可行方向，即存在非可行方向就是有效约束，否则就是无效约束。

如图 1.11 所示，c_1、c_2 为有效约束，因为沿灰色区域以外的某方向离开 $\bar{\boldsymbol{x}}$ 时，不论步长多么小，都会违背约束，故非可行方向存在。c_3 为无效约束，因为当点稍微离开 $\bar{\boldsymbol{x}}$ 时，不论什么方向都不违背约束，故非可行方向不存在。

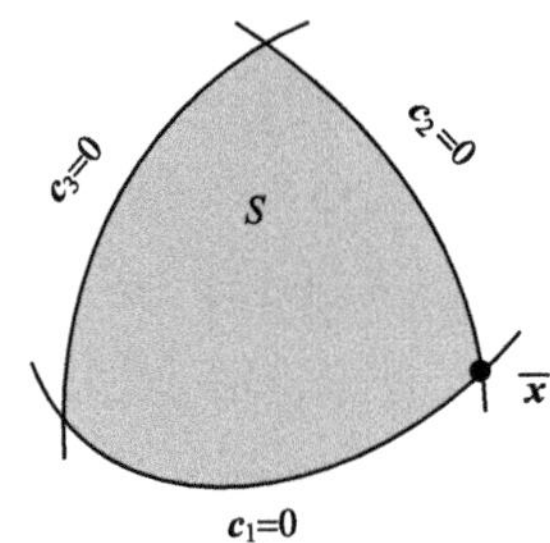

图 1.11　有效约束与无效约束

因此，我们研究在一点处的可行方向时，只需考虑在该点起作用的约束，那些不起作用的约束可以暂且不管。

定义 1.22　设 $\bar{\boldsymbol{x}}\in S, 0\neq \boldsymbol{d}\in\mathbb{R}^n$，考虑以下情况：

(1) f 在点 $\bar{\boldsymbol{x}}$ 处可微，且 $\nabla f(\bar{\boldsymbol{x}})^{\mathrm{T}}\boldsymbol{d}<0$，根据定理 1.4，显然 $\boldsymbol{d}$ 为 f 在点 $\bar{\boldsymbol{x}}$ 处的下降方向。f 在 $\bar{\boldsymbol{x}}$ 处所有下降方向的集合称为下降方向锥，记为 $F(\bar{\boldsymbol{x}},S)$。

(2) 如果存在 $\delta>0$，使得 $\bar{\boldsymbol{x}}+\alpha\boldsymbol{d}\in S, \forall\alpha\in[0,\delta]$，则 $\boldsymbol{d}$ 为 S 在点 $\bar{\boldsymbol{x}}$ 处的可行方向。S 在 $\bar{\boldsymbol{x}}$ 处所有可行方向的集合称为可行方向锥，记为 $FD(\bar{\boldsymbol{x}},S)$。

(3) 如果 $\boldsymbol{d}$ 满足下式

$$\nabla c_i(\bar{\boldsymbol{x}})^{\mathrm{T}}\boldsymbol{d}=0,\quad i\in E \tag{1.61}$$

$$\nabla c_i(\bar{\boldsymbol{x}})^{\mathrm{T}}\boldsymbol{d}\leqslant 0,\quad i\in I(\bar{\boldsymbol{x}}) \tag{1.62}$$

则称 $\boldsymbol{d}$ 是 S 在点 $\bar{\boldsymbol{x}}$ 处的线性化可行方向。S 在点 $\bar{\boldsymbol{x}}$ 处的所有线性化可行方向的集合称为线性化可行方向锥，记为 $LFD(\bar{\boldsymbol{x}},S)$。

(4) 如果存在序列 $\{\boldsymbol{d}_k\}$ 和 $\{\delta_k\}$，使得 $\bar{\boldsymbol{x}}+\delta_k\boldsymbol{d}_k\in S,\forall k$，且有 $\boldsymbol{d}_k\to\boldsymbol{d}$ 和 $\delta_k\to 0$，则称 $\boldsymbol{d}$ 是 S 在点 $\bar{\boldsymbol{x}}$ 处的序列可行方向。S 在点 $\bar{\boldsymbol{x}}$ 处的所有序列可行方向的集合称为序列可行方向锥，记为 $SFD(\bar{\boldsymbol{x}},S)$。

(5) 如果存在序列 $\{\boldsymbol{x}_k\}\subset S, \boldsymbol{x}_k\neq\bar{\boldsymbol{x}},\forall k$，且 $\boldsymbol{x}_k\to\bar{\boldsymbol{x}}$，有

$$\frac{\boldsymbol{x}_k - \bar{\boldsymbol{x}}}{\|\boldsymbol{x}_k - \bar{\boldsymbol{x}}\|} \to \frac{\boldsymbol{d}}{\|\boldsymbol{d}\|} \tag{1.63}$$

则称 $\boldsymbol{d}$ 是 S 在点 $\bar{\boldsymbol{x}}$ 处的切线方向。S 在点 $\bar{\boldsymbol{x}}$ 处的所有切线方向的集合称为切线方向锥，记为 $TFD(\bar{\boldsymbol{x}},S)$。

根据定义 1.22，下面定理显然成立。

定理 1.35　设 $\bar{\boldsymbol{x}} \in S$，如果所有的约束函数都在 $\bar{\boldsymbol{x}}$ 处可微，则有

$$FD(\bar{\boldsymbol{x}},S) \subseteq SFD(\bar{\boldsymbol{x}},S) \subseteq LFD(\bar{\boldsymbol{x}},S) \tag{1.64}$$

证明　对任何 $\boldsymbol{d} \in FD(\bar{\boldsymbol{x}},S)$，由定义 1.22 的(2)可知，存在 $\delta > 0$ 使得 $\bar{\boldsymbol{x}} + \alpha \boldsymbol{d} \in S$，$\forall \alpha \in [0,\delta]$ 成立。令 $\boldsymbol{d}_k = \boldsymbol{d}$ 和 $\delta_k = \delta / 2^k$，则知定义 1.22 的(4)成立，且显然有 $\boldsymbol{d}_k \to \boldsymbol{d}$ 和 $\delta_k \to 0$，所以 $\boldsymbol{d} \in SFD(\bar{\boldsymbol{x}},S)$。由 $\boldsymbol{d}$ 的任意性，即知 $FD(\bar{\boldsymbol{x}},S) \subseteq SFD(\bar{\boldsymbol{x}},S)$。

对任何 $\boldsymbol{d} \in SFD(\bar{\boldsymbol{x}},S)$，如果 $\boldsymbol{d} = 0$，则显然 $\boldsymbol{d} \in LFD(\bar{\boldsymbol{x}},S)$。假定 $\boldsymbol{d} \neq 0$，由定义 1.22 的(4)，存在序列 $\boldsymbol{d}_k$ 和 δ_k，使得 $\bar{\boldsymbol{x}} + \delta_k \boldsymbol{d}_k \in S, \forall k$ 成立，且 $\boldsymbol{d}_k \to \boldsymbol{d} \neq 0$ 和 $\delta_k \to 0$。结合约束条件可有

$$0 = c_i(\bar{\boldsymbol{x}} + \delta_k d_k) = \delta_k \nabla c_i(\bar{\boldsymbol{x}})^{\mathrm{T}} \boldsymbol{d}_k + o(\|\delta_k d_k\|), \quad i \in E$$

$$0 \geqslant c_i(\bar{\boldsymbol{x}} + \delta_k d_k) = \delta_k \nabla c_i(\bar{\boldsymbol{x}})^{\mathrm{T}} \boldsymbol{d}_k + o(\|\delta_k d_k\|), \quad i \in I(\bar{\boldsymbol{x}})$$

在上两式的左右两端除以 δ_k，然后令 k 趋于无穷，就得到定义 1.22 的(3)成立。又由 $\boldsymbol{d}$ 的任意性，即知 $SFD(\bar{\boldsymbol{x}},S) \subseteq LFD(\bar{\boldsymbol{x}},S)$。结论得证。

不难证明，$SFD(\bar{\boldsymbol{x}},S) = TFD(\bar{\boldsymbol{x}},S)$，即序列可行方向锥与切线方向锥是等价的。因为任意的 $\boldsymbol{x}_k$ 都可以表示成 $\boldsymbol{x}_k = \bar{\boldsymbol{x}} + \delta_k \boldsymbol{d}_k$ 的形式。

可行方向锥 $FD(\bar{\boldsymbol{x}},S)$ 和切线方向锥 $TFD(\bar{\boldsymbol{x}},S)$ 之间有以下关系：

(1) $TFD(\bar{\boldsymbol{x}},S)$ 是闭凸锥。

(2) $\mathrm{cl}(FD(\bar{\boldsymbol{x}},S)) \subseteq TFD(\bar{\boldsymbol{x}},S)$，$\mathrm{cl}(FD(\bar{\boldsymbol{x}},S))$ 为 $FD(\bar{\boldsymbol{x}},S)$ 的闭包。

(3) 若 S 为凸集，则 $FD(\bar{\boldsymbol{x}},S)$ 和 $TFD(\bar{\boldsymbol{x}},S)$ 也为凸集，且有 $\mathrm{cl}(FD(\bar{\boldsymbol{x}},S)) = TFD(\bar{\boldsymbol{x}},S)$。

上述性质的证明从略。为了更好地理解，我们通过图 1.12 给出了集合 S 在 $\bar{\boldsymbol{x}} = (0,1)$ 时 $FD(\bar{\boldsymbol{x}},S)$ 和 $TFD(\bar{\boldsymbol{x}},S)$ 的例子。先看图 1.12(a)，集合 S 是以抛物线为边界的两个集合的交集，即 $S = \left\{(x_1,x_2) \middle| (x_1+1)^2 - x_2 \leqslant 0, (x_1-1)^2 - x_2 \leqslant 0\right\}$。很明显 S 为凸集，且 $\mathrm{cl}(FD(\bar{\boldsymbol{x}},S)) = TFD(\bar{\boldsymbol{x}},S)$。向量 $(1,2)$ 和 $(-1,2)$ 属于 $TFD(\bar{\boldsymbol{x}},S)$，但不属于 $FD(\bar{\boldsymbol{x}},S)$，即不是可行方向。在图 1.12(b) 中，集合 S 是两个抛物线的并集，即 $S = \left\{(x_1,x_2) \middle| \left[(x_1+1)^2 - x_2\right]\left[(x_1-1)^2 - x_2\right] = 0\right\}$。集合 S 为非凸集，故 $TFD(\bar{\boldsymbol{x}},S)$ 为闭集但非凸，$FD(\bar{\boldsymbol{x}},S)$ 仅包含原点。

由定义 1.22 可知，可行方向锥、序列可行方向锥和切线方向锥都只具有几何意义，没有数学表达式。因此，只能利用下降方向锥和线性化可行方向锥的关系推导最优性条件。

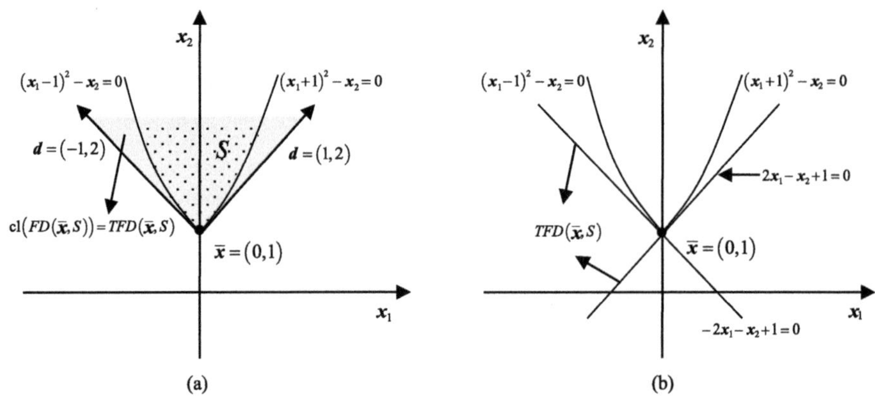

图 1.12　可行方向锥与切线方向锥几何关系示例

下面给出约束最优化问题的一、二阶最优性条件。

图 1.13 给出了可行方向锥 $FD(\bar{x},S)$ 和下降方向锥 $F(\bar{x},S)$ 的示意图。从几何图形上看，在点 $\bar{x}$ 处沿下降方向移动，就导致目标函数 $f(x)$ 的值减少。所以，在极小点处，任何下降方向都不是可行方向，而任何可行方向也不是下降方向，也就是说，不存在可行下降方向，即可行方向锥与下降方向锥是可分离的，分离超平面为 $\nabla f(\bar{x})^{\mathrm{T}}(x-\bar{x})=0$。这就得到了约束最优化问题极小点的一个必要条件。

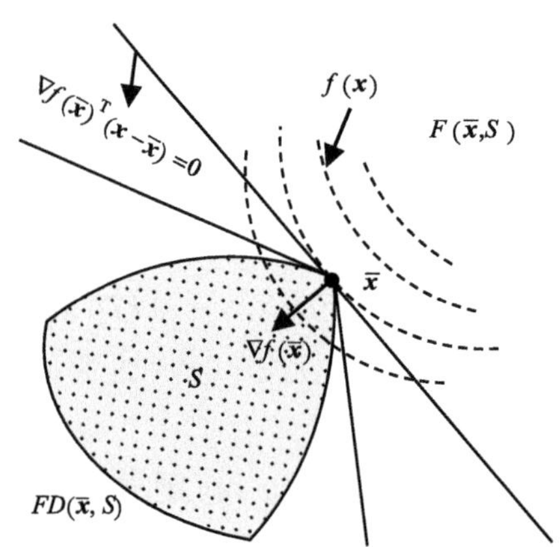

图 1.13　可行方向锥与下降方向锥几何示意图

定理 1.36　设 $\bar{x}\in S$ 是约束最优化问题(1.60)的局部极小点，且 $f(x)$ 在 $\bar{x}$ 处可微，则有

$$F(\bar{x},S)\cap FD(\bar{x},S)=\varnothing \tag{1.65}$$

即

$$\nabla f(\bar{x})^{\mathrm{T}}d\geqslant 0,\quad \forall d\in FD(\bar{x},S) \tag{1.66}$$

证明　根据定义，对任何 $d\in FD(\bar{x},S)$，存在 $\delta>0$，使得 $\bar{x}+\alpha d\in S,\forall\alpha\in[0,\delta]$，又

$\bar{\boldsymbol{x}}$ 是局部极小点，则有

$$f(\bar{\boldsymbol{x}}) \leqslant f(\bar{\boldsymbol{x}}+\alpha \boldsymbol{d})=f(\bar{\boldsymbol{x}})+\alpha f(\bar{\boldsymbol{x}}+\theta \alpha \boldsymbol{d})^{\mathrm{T}} \boldsymbol{d}, \quad \theta \in(0,1)$$

上式两边除以 α，令 $\alpha \to 0$，有

$$\nabla f(\bar{\boldsymbol{x}})^{\mathrm{T}} \boldsymbol{d} \geqslant 0$$

又由 $\boldsymbol{d}$ 的任意性，即式(1.65)、式(1.66)成立。

定理 1.37 设 $\bar{\boldsymbol{x}} \in S$ 是约束最优化问题(1.60)的局部极小点，且 $f(\boldsymbol{x})$ 在 $\bar{\boldsymbol{x}}$ 处可微，则有

$$F(\bar{\boldsymbol{x}}, S) \cap SFD(\bar{\boldsymbol{x}}, S)=\varnothing \tag{1.67}$$

即

$$\nabla f(\bar{\boldsymbol{x}})^{\mathrm{T}} \boldsymbol{d} \geqslant 0, \quad \forall \boldsymbol{d} \in SFD(\bar{\boldsymbol{x}}, S) \tag{1.68}$$

证明 根据定义，对任何 $\boldsymbol{d} \in SFD(\bar{\boldsymbol{x}}, S)$，存在 $\delta_k>0$ 和 $\boldsymbol{d}_k$，使得 $\bar{\boldsymbol{x}}+\delta_k \boldsymbol{d}_k \in S$，且 $\delta_k \to 0$ 和 $\boldsymbol{d}_k \to \boldsymbol{d}$。由于 $\bar{\boldsymbol{x}}+\delta_k \boldsymbol{d}_k \to \bar{\boldsymbol{x}}$，而且 $\bar{\boldsymbol{x}}$ 是局部极小点，对于充分大的 $\boldsymbol{k}$ 必有

$$f(\bar{\boldsymbol{x}}) \leqslant f(\bar{\boldsymbol{x}}+\delta_k \boldsymbol{d}_k)=f(\bar{\boldsymbol{x}})+\delta_k f(\bar{\boldsymbol{x}}+\theta \delta_k \boldsymbol{d}_k)^{\mathrm{T}} \boldsymbol{d}_k, \quad \theta \in(0,1)$$

上式两边除以 δ_k，令 $\delta_k \to 0$，有

$$\nabla f(\bar{\boldsymbol{x}})^{\mathrm{T}} \boldsymbol{d} \geqslant 0$$

又由于 $\boldsymbol{d}$ 的任意性，即式(1.67)、式(1.68)成立。

定理 1.38 设 $\bar{\boldsymbol{x}} \in S$，$f(\boldsymbol{x})$ 在 $\bar{\boldsymbol{x}}$ 处可微，且对任意 $\boldsymbol{d} \in SFD(\bar{\boldsymbol{x}}, S)$，有

$$\nabla f(\bar{\boldsymbol{x}})^{\mathrm{T}} \boldsymbol{d}>0$$

则 $\bar{\boldsymbol{x}}$ 是约束最优化问题(1.60)的严格局部极小点。

证明 如果 $\bar{\boldsymbol{x}}$ 不是局部严格极小点，则存在无穷点列 $\{\boldsymbol{x}_k\}, \boldsymbol{x}_k \in S, \boldsymbol{x}_k \neq \bar{\boldsymbol{x}}$，$\boldsymbol{x}_k \to \bar{\boldsymbol{x}}$，使得 $f(\boldsymbol{x}_k) \leqslant f(\bar{\boldsymbol{x}})$。对所有 $\boldsymbol{k}$，定义 $\delta_k=\|\boldsymbol{x}_k-\bar{\boldsymbol{x}}\|$，$\boldsymbol{d}_k=(\boldsymbol{x}_k-\bar{\boldsymbol{x}}) / \delta_k$，由于 $\boldsymbol{d}_k$ 有界，必存在收敛子列，不失一般性(选择子列代替整个序列)，假定 $\boldsymbol{d}_k$ 收敛于 $\boldsymbol{d}$，显然 $\boldsymbol{d} \in SFD(\bar{\boldsymbol{x}}, S)$，因为 $f(\boldsymbol{x}_k) \leqslant f(\bar{\boldsymbol{x}})$，并且 $f(\boldsymbol{x})$ 可微，所以 $\nabla f(\bar{\boldsymbol{x}})^{\mathrm{T}} \boldsymbol{d} \leqslant 0$，这与已知条件矛盾，故 $\bar{\boldsymbol{x}}$ 是局部严格极小点。定理成立。

定理 1.39 (库恩–塔克(Kuhn-Tucker)定理，一阶必要条件)　设 $\bar{\boldsymbol{x}}$ 是约束优化问题(1.68)的局部极小点，如果 $f(\boldsymbol{x}), c_i(\boldsymbol{x})(i=1,2,\cdots,m)$ 在 $\bar{\boldsymbol{x}}$ 处一阶连续可微，而且

$$SFD(\bar{\boldsymbol{x}}, S)=LFD(\bar{\boldsymbol{x}}, S) \tag{1.69}$$

则存在实数 $\lambda_i(i=1,2,\cdots,m)$,使得

$$\nabla f(\bar{\boldsymbol{x}})+\sum_{i=1}^m \lambda_i \nabla c_i(\bar{\boldsymbol{x}})=0, \quad \lambda_i \geqslant 0, \lambda_i c_i(\bar{\boldsymbol{x}})=0, i \in I \tag{1.70}$$

证明 已知 $\bar{\boldsymbol{x}}$ 是局部极小点，由定理 1.37 和关系式(1.69)，可知

$$F(\bar{\boldsymbol{x}}, S) \cap LFD(\bar{\boldsymbol{x}}, S)=\varnothing$$

即如下线性系统无解

$$\nabla c_i(\bar{\boldsymbol{x}})^{\mathrm{T}} \boldsymbol{d} = 0, \quad i \in E$$
$$\nabla c_i(\bar{\boldsymbol{x}})^{\mathrm{T}} \boldsymbol{d} \leqslant 0, \quad i \in I(\bar{\boldsymbol{x}})$$
$$\nabla f(\bar{\boldsymbol{x}})^{\mathrm{T}} \boldsymbol{d} < 0$$

记

$$I(\bar{\boldsymbol{x}}) = \{i_1, i_2, \cdots, i_r\}$$
$$\boldsymbol{A} = \left(\nabla c_{i_1}(\bar{\boldsymbol{x}}), \nabla c_{i_2}(\bar{\boldsymbol{x}}), \cdots, \nabla c_{i_r}(\bar{\boldsymbol{x}})\right)$$
$$\boldsymbol{B} = \left(\nabla c_1(\bar{\boldsymbol{x}}), \nabla c_2(\bar{\boldsymbol{x}}), \cdots, \nabla c_l(\bar{\boldsymbol{x}})\right)$$
$$\boldsymbol{b} = -\nabla f(\bar{\boldsymbol{x}})$$

无解。由择一性定理 1.19 可知，上式无解，当且仅当存在 $\boldsymbol{u} \geqslant \boldsymbol{0}, \boldsymbol{u} \in \mathbb{R}^r, \boldsymbol{v} \in \mathbb{R}^l$，使得

$$\boldsymbol{Au} + \boldsymbol{Bv} = \boldsymbol{b}$$

即存在 $\lambda_i \in \mathbb{R}(i \in E)$ 和 $\lambda_i \geqslant 0(i \in I(\bar{\boldsymbol{x}}))$，使得

$$\nabla f(\bar{\boldsymbol{x}}) + \sum_{i \in E} \lambda_i \nabla c_i(\bar{\boldsymbol{x}}) + \sum_{i \in I(\bar{\boldsymbol{x}})} \lambda_i \nabla c_i(\bar{\boldsymbol{x}}) = 0$$

令 $\lambda_i = 0(i \in I \setminus I(\bar{\boldsymbol{x}}))$，则 $\lambda_i \geqslant 0, \lambda_i c_i(\bar{\boldsymbol{x}}) = 0, i \in I$ 等价于 $\lambda_i \geqslant 0(i \in I(\bar{\boldsymbol{x}}))$。即定理成立。

由式(1.70)，我们可以定义拉格朗日(Lagrange)函数

$$L(\boldsymbol{x}, \boldsymbol{\lambda}', \boldsymbol{\lambda}'') = f(\boldsymbol{x}) + \sum_{i \in E} \lambda_i c_i(\boldsymbol{x}) + \sum_{i \in I} \lambda_i c_i(\boldsymbol{x})$$

其中，$\boldsymbol{\lambda}', \boldsymbol{\lambda}''$ 为 Lagrange 乘子向量。这样约束优化问题就转化为求函数极值的无约束最优化问题。在 Kuhn-Tucker 定理 1.39 的条件下，若 $\bar{\boldsymbol{x}}$ 为问题(1.60)的局部极小点，则存在乘子向量 $\boldsymbol{\lambda}' \geqslant 0, \boldsymbol{\lambda}' \in \mathbb{R}^{m-l}, \boldsymbol{\lambda}'' \in \mathbb{R}^l$，使得

$$\nabla_x L(\bar{\boldsymbol{x}}, \boldsymbol{\lambda}', \boldsymbol{\lambda}'') = 0$$

这时，再结合互补松弛条件和约束条件，一般约束问题的 Kuhn-Tucker 条件(KT 条件)可以表述为

$$\begin{cases} \nabla_x L(\bar{\boldsymbol{x}}, \boldsymbol{\lambda}', \boldsymbol{\lambda}'') = 0 \\ c_i(\bar{\boldsymbol{x}}) = 0, & i \in E \\ c_i(\bar{\boldsymbol{x}}) \leqslant 0, & i \in I \\ \lambda_i c_i(\bar{\boldsymbol{x}}) = 0, & i \in I \\ \lambda_i \geqslant 0, & i \in I \end{cases} \tag{1.71}$$

这个定理最早是由 Kuhn 和 Tucker(1951)给出的，所以式(1.71)称为 Kuhn-Tucker 条件，满足式(1.71)的点 $\bar{\boldsymbol{x}}$ 称为 Kuhn-Tucker 点(KT 点)，并称 $n+m$ 元向量 $\left[\boldsymbol{x}^{\mathrm{T}} \quad \boldsymbol{\lambda}'^{\mathrm{T}} \quad \boldsymbol{\lambda}''^{\mathrm{T}}\right]^{\mathrm{T}}$ 为 KT 对。条件 $\lambda_i c_i(\boldsymbol{x}) = 0$ 称为互补松弛条件，它表明 λ_i 与 $c_i(\boldsymbol{x})$ 至少有一个为零，即无效约束的 Lagrange 乘子必为零。显然，λ_i 与 $c_i(\boldsymbol{x})$ 也可能同时为零。当所有有效约束的乘子都不为零，即 $\lambda_i > 0(\forall i \in I(\bar{\boldsymbol{x}}))$ 时，称 $\lambda_i c_i(\boldsymbol{x}) = 0$ 为严格互补松弛条件成立，后者在一些算法的理论分析中经常用到。因为 Karush(1939)也类似地考虑了约束优化的最优性条件，

所以此定理也称为 Karush-Kuhn-Tucker 条件，相应将 KT 点称为 KKT 点。

Kuhn-Tucker 定理中的条件 $SFD(\bar{x},S)=LFD(\bar{x},S)$ 被称为约束规范条件(constraint qualification, CQ)。再根据前面所述的各种方向锥的关系，当可行域 S 为凸集时，有 $\mathrm{cl}(FD(\bar{x},S))=TFD(\bar{x},S)$，又知 $SFD(\bar{x},S)$ 与 $TFD(\bar{x},S)$ 等价关系，则 $\mathrm{cl}(FD(\bar{x},S))=LFD(\bar{x},S)$。因此，只有当可行域为凸集，约束规范条件成立时，约束问题的局部极小点才是 KKT 点。

约束规范条件非常重要，是 KKT 条件成立的前提，也是国内外学者研究的重点，形成的 CQ 也很多，用以解决各类优化问题。$SFD(\bar{x},S)=LFD(\bar{x},S)$ 也被称为 Abadie 约束条件(Abadie CQ, ACQ)，下面只简单介绍几种常见的 CQ，对此感兴趣读者可以查阅相关资料，深入学习。

Guignard 约束条件(Guignard CQ, GCQ)是一个比 ACQ 更弱的 CQ。我们先定义集合 S 的凸包的闭集为 S^*，则 GCQ 要求条件 $SFD(\bar{x},S)^*=LFD(\bar{x},S)^*$ 成立。ACQ 和 GCQ 都是条件比较弱的 CQ，能被满足的情况也相对多一些，但很多时候，$SFD(\bar{x},S)$ 和 $LFD(\bar{x},S)$ 不容易直接计算检查，所以我们更常用的是下面 4 个 CQ：

(1) 线性约束条件(linear CQ, LCQ)。要求：所有有效约束函数 $c_i(\bar{x})(i\in E\cup I(\bar{x}))$ 都是线性函数。

(2) 线性独立约束条件(linear independence CQ, LICQ)。要求：所有有效约束函数的梯度 $\nabla c_i(\bar{x})$ $(i\in E\cup I(\bar{x}))$ 线性无关。

(3) Mangasarian-Fromovitz 约束条件(Mangasarian-Fromovitz CQ, MFCQ)。要求：等式约束函数 $c_i(\bar{x})(i\in E)$ 线性无关，且存在向量 $\boldsymbol{d}$ 使得 $\nabla c_i(\bar{x})^{\mathrm{T}}\boldsymbol{d}<0(i\in I(\bar{x}))$，$\nabla c_i(\bar{x})^{\mathrm{T}}\boldsymbol{d}=0(i\in E)$。

(4) Slater CQ (SLCQ)。要求：存在 $\bar{x}\in\mathrm{int}(D)$，$D=\mathrm{dom}(f(\boldsymbol{x}))\bigcap_{i=1}^{m}\mathrm{dom}(c_i(\boldsymbol{x}))$ 使得 $c_i(\bar{x})<0(i\in I(\bar{x})), c_i(\bar{x})=0(i\in E)$，即强对偶条件成立。int 代表内点的集合，dom 代表定义域。

定理 1.40 (二阶充分条件)　设 $f(\boldsymbol{x}),c_i(\boldsymbol{x})(i=1,2,\cdots,m)$ 在 $\bar{x}$ 处二阶连续可微，且 $\bar{x}$ 为一个 KT 点，如果对一切满足 $\nabla c_i(\bar{x})^{\mathrm{T}}\boldsymbol{d}=0,i\in E\cup I(\bar{x})$ 的非零向量 $\boldsymbol{d}$ 都有

$$\boldsymbol{d}^{\mathrm{T}}\nabla_{xx}^2 L(\bar{x},\boldsymbol{\lambda}',\boldsymbol{\lambda}'')\boldsymbol{d}>0 \tag{1.72}$$

其中，$\boldsymbol{\lambda}',\boldsymbol{\lambda}''$ 为 Lagrange 乘子向量。则 $\bar{x}$ 为问题(1.60)的严格局部极小点。

证明　用反证法。假设 $\bar{x}$ 不是问题(1.72)的严格局部极小点，则在 $\bar{x}$ 的某邻域内存在收敛于 $\bar{x}$ 的点列 $\{\boldsymbol{x}_k\}\in S,\boldsymbol{x}_k\neq\bar{x}$，使 $f(\boldsymbol{x}_k)\leqslant f(\bar{x})$。令

$$\frac{\boldsymbol{d}_k}{\|\boldsymbol{d}_k\|}=\frac{\boldsymbol{x}_k-\bar{x}}{\|\boldsymbol{x}_k-\bar{x}\|}$$

则 $\{\boldsymbol{d}_k\}$ 有界，因此有收敛子列，不妨设 $\{\boldsymbol{d}_k\}$ 收敛，其极限记为 $\boldsymbol{d}$。根据 Taylor 展开式，有

$$f(\boldsymbol{x}_k)=f(\overline{\boldsymbol{x}})+\nabla f(\overline{\boldsymbol{x}})^{\mathrm{T}}(\boldsymbol{x}_k-\overline{\boldsymbol{x}})+o(\|\boldsymbol{x}_k-\overline{\boldsymbol{x}}\|)\leqslant f(\overline{\boldsymbol{x}})$$

上式两边除以$\|\boldsymbol{x}_k-\overline{\boldsymbol{x}}\|$，并令$k\to\infty$，得

$$\nabla f(\boldsymbol{x}_k)^{\mathrm{T}}\boldsymbol{d}\leqslant 0 \tag{1.73}$$

当$i\in I(\overline{\boldsymbol{x}})$时，$c_i(\overline{\boldsymbol{x}})=0$，又$\boldsymbol{x}_k\in S$，故$c_i(\boldsymbol{x}_k)\geqslant 0$。于是有

$$\begin{aligned}c_i(\boldsymbol{x}_k)&=c_i(\overline{\boldsymbol{x}})+\nabla c_i(\overline{\boldsymbol{x}})^{\mathrm{T}}(\boldsymbol{x}_k-\overline{\boldsymbol{x}})+o(\|\boldsymbol{x}_k-\overline{\boldsymbol{x}}\|)\\&=\nabla c_i(\overline{\boldsymbol{x}})^{\mathrm{T}}(\boldsymbol{x}_k-\overline{\boldsymbol{x}})+o(\|\boldsymbol{x}_k-\overline{\boldsymbol{x}}\|)\\&\geqslant 0\end{aligned}$$

上式两边除以$\|\boldsymbol{x}_k-\overline{\boldsymbol{x}}\|$，并令$k\to\infty$，得

$$\nabla c_i(\overline{\boldsymbol{x}})^{\mathrm{T}}\boldsymbol{d}\leqslant 0,\quad \forall i\in I(\overline{\boldsymbol{x}}) \tag{1.74}$$

当$i\in E$时，$c_i(\overline{\boldsymbol{x}})=0$，又$\boldsymbol{x}_k\in S$，故$c_i(\boldsymbol{x}_k)=0$。于是有

$$\begin{aligned}c_i(\boldsymbol{x}_k)&=c_i(\overline{\boldsymbol{x}})+\nabla c_i(\overline{\boldsymbol{x}})^{\mathrm{T}}(\boldsymbol{x}_k-\overline{\boldsymbol{x}})+o(\|\boldsymbol{x}_k-\overline{\boldsymbol{x}}\|)\\&=\nabla c_i(\overline{\boldsymbol{x}})^{\mathrm{T}}(\boldsymbol{x}_k-\overline{\boldsymbol{x}})+o(\|\boldsymbol{x}_k-\overline{\boldsymbol{x}}\|)\\&=0\end{aligned}$$

上式两边除以$\|\boldsymbol{x}_k-\overline{\boldsymbol{x}}\|$，并令$k\to\infty$，得

$$\nabla c_i(\overline{\boldsymbol{x}})^{\mathrm{T}}\boldsymbol{d}=0,\quad \forall i\in E \tag{1.75}$$

如果存在$i\in I(\overline{\boldsymbol{x}})$，使$\nabla c_i(\overline{\boldsymbol{x}})^{\mathrm{T}}\boldsymbol{z}<0$，从而由 KT 条件$\nabla_{\boldsymbol{x}}L(\overline{\boldsymbol{x}},\boldsymbol{\lambda}',\boldsymbol{\lambda}'')=0$，以及式(1.74)、式(1.75)和$\boldsymbol{\lambda}'\geqslant 0$，得

$$\nabla f(\overline{\boldsymbol{x}})^{\mathrm{T}}\boldsymbol{z}=-\sum_{i\in E}\lambda_i\nabla c_i(\overline{\boldsymbol{x}})^{\mathrm{T}}\boldsymbol{z}-\sum_{i\in I(\overline{\boldsymbol{x}})}\lambda_i\nabla c_i(\overline{\boldsymbol{x}})^{\mathrm{T}}\boldsymbol{z}>0$$

上式与式(1.73)矛盾，故$\boldsymbol{d}$必然满足$\nabla c_i(\overline{\boldsymbol{x}})^{\mathrm{T}}\boldsymbol{d}=0,i\in E\cup I(\overline{\boldsymbol{x}})$。

这时，Lagrange 函数$L(\boldsymbol{x},\boldsymbol{\lambda}',\boldsymbol{\lambda}'')$在点$\overline{\boldsymbol{x}}$处应用二阶 Taylor 展开式，有

$$\begin{aligned}L(\boldsymbol{x}_k,\boldsymbol{\lambda}',\boldsymbol{\lambda}'')=&L(\overline{\boldsymbol{x}},\boldsymbol{\lambda}',\boldsymbol{\lambda}'')+\nabla_{\boldsymbol{x}}L(\overline{\boldsymbol{x}},\boldsymbol{\lambda}',\boldsymbol{\lambda}'')^{\mathrm{T}}(\boldsymbol{x}_k-\overline{\boldsymbol{x}})\\&+\frac{1}{2}(\boldsymbol{x}_k-\overline{\boldsymbol{x}})^{\mathrm{T}}\nabla_{\boldsymbol{xx}}^2L(\overline{\boldsymbol{x}},\boldsymbol{\lambda}',\boldsymbol{\lambda}'')(\boldsymbol{x}_k-\overline{\boldsymbol{x}})+o\left(\|(\boldsymbol{x}_k-\overline{\boldsymbol{x}})\|^2\right)\end{aligned}$$

因为$\boldsymbol{x}_k\in S$，$\boldsymbol{\lambda}'\geqslant 0$，且由 Lagrange 函数$L(\boldsymbol{x},\boldsymbol{\lambda}',\boldsymbol{\lambda}'')$的定义知，对每个$\boldsymbol{x}_k$有

$$L(\boldsymbol{x}_k,\boldsymbol{\lambda}',\boldsymbol{\lambda}'')=f(\boldsymbol{x}_k)+\sum_{i\in E}\lambda_ic_i(\boldsymbol{x}_k)+\sum_{i\in I}\lambda_ic_i(\boldsymbol{x}_k)$$

所以$L(\boldsymbol{x}_k,\boldsymbol{\lambda}',\boldsymbol{\lambda}'')\leqslant f(\boldsymbol{x}_k)$，且$L(\overline{\boldsymbol{x}},\boldsymbol{\lambda}',\boldsymbol{\lambda}'')=f(\overline{\boldsymbol{x}})$。由 KT 条件$\nabla_{\boldsymbol{x}}L(\overline{\boldsymbol{x}},\boldsymbol{\lambda}',\boldsymbol{\lambda}'')=0$，最终有

$$\frac{1}{2}(\boldsymbol{x}_k-\overline{\boldsymbol{x}})^{\mathrm{T}}\nabla_{\boldsymbol{xx}}^2L(\overline{\boldsymbol{x}},\boldsymbol{\lambda}',\boldsymbol{\lambda}'')(\boldsymbol{x}_k-\overline{\boldsymbol{x}})+o\left(\|(\boldsymbol{x}_k-\overline{\boldsymbol{x}})\|^2\right)\leqslant 0$$

上式两边除以$\|\boldsymbol{x}_k-\overline{\boldsymbol{x}}\|$，并令$k\to\infty$，得

$$\boldsymbol{d}^{\mathrm{T}}\nabla_{\boldsymbol{xx}}^2L(\overline{\boldsymbol{x}},\boldsymbol{\lambda}',\boldsymbol{\lambda}'')\boldsymbol{d}\leqslant 0$$

这与式(1.72)相矛盾。则 $\bar{\boldsymbol{x}}$ 是问题(1.60)的严格局部极小点，定理成立。

对于凸优化问题，上述 KT 条件也是全局最优解的充要条件。

定理 1.41 (凸充分性定理)　设 $f(\boldsymbol{x}), c_i(\boldsymbol{x})(i\in I)$ 是凸函数，$c_i(\boldsymbol{x})(i\in E)$ 是线性函数，在 $\bar{\boldsymbol{x}}$ 处一阶连续可微，若 $\bar{\boldsymbol{x}}$ 为一个 KT 点，则 $\bar{\boldsymbol{x}}$ 是问题(1.72)的全局极小点。

证明　$c_i(\boldsymbol{x})\left(i\in I(\bar{\boldsymbol{x}})\right)$ 为凸函数且在点 $\bar{\boldsymbol{x}}$ 处可微，故

$$c_i(\boldsymbol{x})\geqslant c_i(\boldsymbol{x})+\nabla c_i(\bar{\boldsymbol{x}})^{\mathrm{T}}(\boldsymbol{x}-\bar{\boldsymbol{x}}),\quad \forall i\in I(\bar{\boldsymbol{x}}),\forall \boldsymbol{x}\in S$$

而 $\boldsymbol{x}\in S, i\in I(\bar{\boldsymbol{x}})$ 时，$c_i(\boldsymbol{x})\leqslant 0$，$c_i(\bar{\boldsymbol{x}})=0$。于是

$$\nabla c_i(\bar{\boldsymbol{x}})^{\mathrm{T}}(\boldsymbol{x}-\bar{\boldsymbol{x}})\leqslant 0,\quad \forall i\in I(\bar{\boldsymbol{x}}),\forall \boldsymbol{x}\in S$$

由于 $c_i(\boldsymbol{x})(i\in E)$ 是线性函数，又 $c_i(\boldsymbol{x})=0, c_i(\bar{\boldsymbol{x}})=0$，因此

$$c_i(\boldsymbol{x})=c_i(\bar{\boldsymbol{x}})+\nabla c_i(\bar{\boldsymbol{x}})^{\mathrm{T}}(\boldsymbol{x}-\bar{\boldsymbol{x}})=\nabla c_i(\bar{\boldsymbol{x}})^{\mathrm{T}}(\boldsymbol{x}-\bar{\boldsymbol{x}})=0,\quad \forall i\in E,\forall \boldsymbol{x}\in S$$

又 $\bar{\boldsymbol{x}}$ 为 KT 点，即 $\nabla_{\boldsymbol{x}}L\left(\bar{\boldsymbol{x}},\lambda',\lambda''\right)=0$，则有

$$\nabla f(\bar{\boldsymbol{x}})^{\mathrm{T}}(\boldsymbol{x}-\bar{\boldsymbol{x}})=\left(-\sum_{i\in E}\lambda_i\nabla c_i(\bar{\boldsymbol{x}})-\sum_{i\in I(\bar{\boldsymbol{x}})}\lambda_i\nabla c_i(\bar{\boldsymbol{x}})\right)^{\mathrm{T}}(\boldsymbol{x}-\bar{\boldsymbol{x}})\geqslant 0,\quad \forall \boldsymbol{x}\in S$$

已知 $f(\boldsymbol{x})$ 是凸函数且在点 $\bar{\boldsymbol{x}}$ 处可微，所以

$$f(\boldsymbol{x})\geqslant f(\bar{\boldsymbol{x}})+\nabla f(\bar{\boldsymbol{x}})^{\mathrm{T}}(\boldsymbol{x}-\bar{\boldsymbol{x}})\geqslant f(\bar{\boldsymbol{x}}),\quad \forall \boldsymbol{x}\in S$$

即 $\bar{\boldsymbol{x}}$ 为全局极小点。

1.4　最优化算法结构

理论上，最优性条件提供了一种直接求解最优化问题的方法。然而，在实际操作中，这种方法往往难以实现。应用最优性条件求解问题通常涉及求解非线性方程组，这一过程不仅复杂度高，而且计算效率低。随着方程组规模的增加，求解难度会急剧上升，甚至可能变得不可行。因此，在求解最优化问题时，通常采用数值计算中的迭代算法。

所谓迭代，就是从一个初始点 $\boldsymbol{x}_0\in\mathbb{R}^n$，按照某种规则产生一个点列 $\{\boldsymbol{x}_k\}$，使得当 $\{\boldsymbol{x}_k\}$ 是有穷点列时，其最后一个点是最优化问题的最优解。当 $\{\boldsymbol{x}_k\}$ 是无穷点列时，它有极限点，且其极限点是最优化问题的最优解。我们把其中的规则称为迭代算法。一个好的算法应具备的典型特征为：迭代点 $\boldsymbol{x}_k$ 能稳定地接近局部极小点 $\bar{\boldsymbol{x}}$ 的邻域，然后迅速收敛于 $\bar{\boldsymbol{x}}$，当给定的某种收敛准则满足时，迭代即终止。一般地，我们要证明迭代点列 $\{\boldsymbol{x}_k\}$ 的聚点(即子序列的极限点)为局部极小点。

1.4.1　迭代算法的基本格式

考虑最优化问题的一般形式

$$\begin{cases}\min f(\boldsymbol{x})\\ \text{s.t. } \boldsymbol{x}\in S\end{cases}\tag{1.76}$$

设 $\boldsymbol{x}_k$ 为第 k 次迭代点，$\boldsymbol{x}_{k+1}$ 为第 $k+1$ 次迭代点，$\boldsymbol{d}_k$ 为第 k 次搜索方向，α_k 为第 k 次步长因子，则第 k 次迭代总有如下等式成立，即

$$\boldsymbol{x}_{k+1} = \boldsymbol{x}_k + \alpha_k \boldsymbol{d}_k, \quad \alpha_k > 0 \tag{1.77}$$

从上面的迭代格式可以看出，求解最优化问题的关键在于构造搜索方向 $\boldsymbol{d}_k$ 和确定搜索步长 α_k。因此，不同的步长因子 α_k 和不同的搜索方向 $\boldsymbol{d}_k$ 构成了不同的方法。虽然方法众多，但原则上一般都是搜索方向 $\boldsymbol{d}_k$ 为可行下降方向，步长 α_k 为该搜索方向下的目标函数最大下降或具有一定下降量并被接受的步长。确定步长 α_k 的过程称为线性搜索。

最优化迭代算法的一般步骤：

(1) 选取初始点 $\boldsymbol{x}_0$，令 $k=0$。

(2) 构造搜索方向 $\boldsymbol{d}_k$，依照一定规则，构造 f 在点 $\boldsymbol{x}_k$ 处的下降方向(对于无约束最优化问题)，或构造 f 在点 $\boldsymbol{x}_k$ 处的可行下降方向(对于约束最优化问题)作为搜索方向 $\boldsymbol{d}_k$。

(3) 确定搜索步长 α_k (线性搜索)。确定以 $\boldsymbol{x}_k$ 为起点沿搜索方向 $\boldsymbol{d}_k$ 的适当步长 α_k，使目标函数值有某种意义的下降，通常满足

$$f\left(\boldsymbol{x}_k + \alpha_k \boldsymbol{d}_k\right) < f\left(\boldsymbol{x}_k\right), \quad \alpha_k > 0$$

(4) 求出新迭代点 $\boldsymbol{x}_{k+1}$。即

$$\boldsymbol{x}_{k+1} = \boldsymbol{x}_k + \alpha_k \boldsymbol{d}_k$$

(5) 检验终止条件。判定 $\boldsymbol{x}_{k+1}$ 是否满足终止条件，若满足，停止迭代，输出近似最优解 $\boldsymbol{x}_{k+1}$；否则，令 $k=k+1$，转(2)。

1.4.2 收敛性与收敛速度

在非常多的情况下，要使算法产生的迭代点列收敛于全局最优解是比较困难的。因此，一般把满足某些条件的点集定义为解集合，当迭代点属于这个集合时，就停止迭代。常用的解集有以下几种：

(1) $\Omega=\{\bar{\boldsymbol{x}}\in S \mid \bar{\boldsymbol{x}}$ 是全局最优解或全局最优解$\}$；

(2) $\Omega=\{\bar{\boldsymbol{x}}\in S \mid \bar{\boldsymbol{x}}$ 是满足最优解必要条件的点$\}$；

根据最优性条件，对于无约束问题，可以定义

$$\Omega=\left\{\bar{\boldsymbol{x}}\in S \mid \nabla f\left(\bar{\boldsymbol{x}}\right)=0\right\}$$

对于约束问题，可以定义

$$\Omega=\left\{\bar{\boldsymbol{x}}\in S \mid \bar{\boldsymbol{x}}\text{为KT点}\right\}$$

(3) $\Omega=\left\{\bar{\boldsymbol{x}}\in S \mid \bar{\boldsymbol{x}}\right.$ 是某意义下可被接受的近似最优 解$\left.\right\}$。

例如，$\Omega=\left\{\bar{\boldsymbol{x}}\in S \mid f\left(\bar{\boldsymbol{x}}\right)\leqslant b\right\}$，其中 b 为某个可接受的目标值。

一个算法是否收敛，常常与初始点 $\boldsymbol{x}_0$ 的选择有关。若只有当 $\boldsymbol{x}_0$ 充分接近于 $\bar{\boldsymbol{x}}\in\Omega$ 时，由算法产生的点列才收敛于 $\bar{\boldsymbol{x}}$，则称该算法具有局部收敛性。若对任意的初始点 $\boldsymbol{x}_0$，由算法产生的点列都能收敛于 $\bar{\boldsymbol{x}}$，则称该算法具有全局收敛性。

如果某算法用于求解目标函数为二次函数的无约束问题，只需经过有限次迭代就达到最优解，则称该算法具有二次终止性。由于一般的函数在最优解附近常常可以用二次函数来近似，因此具有二次终止性的算法可望在接近最优解时具有好的收敛性质。通常，具有全局收敛性或二次终止性的算法在一定意义上被认为是比较好的算法。

衡量算法好坏的另一个重要标准是收敛速度。收敛速度以收敛阶衡量，亦可以收敛因子描述，依计算方法的不同，有下述两种收敛速度。

设算法产生的迭代点列 $\{\boldsymbol{x}_k\}$ 收敛于 $\bar{\boldsymbol{x}}$，即 $\lim\limits_{k\to\infty}\|\boldsymbol{x}_k-\bar{\boldsymbol{x}}\|=0$。$Q$- 收敛速度又称商收敛速度，$Q$- 收敛因子($Q_p$)与 Q- 收敛阶(O_Q)定义式如下：

$$Q_p=\limsup_{k\to\infty}\frac{\|\boldsymbol{x}_{k+1}-\bar{\boldsymbol{x}}\|_2}{\|\boldsymbol{x}_k-\bar{\boldsymbol{x}}\|_2^p},\quad p\in[1,+\infty) \tag{1.78}$$

$$O_Q=\inf\left\{p\,\middle|\,p\in[1,+\infty),Q_p=+\infty\right\} \tag{1.79}$$

当 $Q_1=0$ 或 $1<p<2$，$Q_p>0$ 时，$\{\boldsymbol{x}_k\}$ 是 Q- 超线性(超一阶)收敛于 $\bar{\boldsymbol{x}}$；当 $Q_1>0$ 时，迭代点列 $\{\boldsymbol{x}_k\}$ 是 Q- 线性(一阶)收敛于 $\bar{\boldsymbol{x}}$；当 $Q_1=+\infty$ 时，$\{\boldsymbol{x}_k\}$ 是 Q- 次线性(次一阶)收敛于 $\bar{\boldsymbol{x}}$。类似地，当 $Q_2=0$ 或 $2<p<3$，$Q_p>0$ 时，$\{\boldsymbol{x}_k\}$ 是 Q- 超平方(超二阶)收敛于 $\bar{\boldsymbol{x}}$；当 $Q_2>0$ 时，$\{\boldsymbol{x}_k\}$ 是 Q- 平方(二阶)收敛于 $\bar{\boldsymbol{x}}$；当 $Q_2=+\infty$ 时，$\{\boldsymbol{x}_k\}$ 是 Q- 次平方(次二阶)收敛于 $\bar{\boldsymbol{x}}$。

另一种收敛速度是 R- 收敛速度(根收敛速度)。R- 收敛因子(R_p)与 R- 收敛阶(O_R)的定义式如下：

$$R_p=\begin{cases}\limsup\limits_{k\to\infty}\|\boldsymbol{x}_k-\bar{\boldsymbol{x}}\|_2^{1/k}, & p=1\\ \limsup\limits_{k\to\infty}\|\boldsymbol{x}_k-\bar{\boldsymbol{x}}\|_2^{1/p^k}, & p\in(1,\infty)\end{cases} \tag{1.80}$$

$$O_R=\inf\left\{p\,\middle|\,p\in[1,+\infty),R_p=1\right\} \tag{1.81}$$

若 $R_1=0$，则 $\{\boldsymbol{x}_k\}$ 是 R- 超线性收敛于 $\bar{\boldsymbol{x}}$；若 $0<R_1<1$，则 $\{\boldsymbol{x}_k\}$ 是 R- 线性收敛于 $\bar{\boldsymbol{x}}$；如果 $R_1=1$，则 $\{\boldsymbol{x}_k\}$ 是 R- 次线性收敛于 $\bar{\boldsymbol{x}}$。类似地，若 $R_2=0$，则 $\{\boldsymbol{x}_k\}$ 是 R- 超二阶收敛于 $\bar{\boldsymbol{x}}$；若 $0<R_2<1$，则 $\{\boldsymbol{x}_k\}$ 是 R- 二阶收敛于 $\bar{\boldsymbol{x}}$；若 $R_2=1$，则 $\{\boldsymbol{x}_k\}$ 是 R- 次二阶收敛于 $\bar{\boldsymbol{x}}$。

另外，若 $\{\boldsymbol{x}_k\}$ 是 Q-n (R-n)阶收敛的，则称该算法也是 Q-n (R-n)阶收敛的。根据收敛阶 O_Q 和 O_R 公式可知，对于 $\forall n\geqslant O_Q(O_R)$，$\{\boldsymbol{x}_k\}$ 都是次 n 阶收敛的。容易证明，任意收敛点列 $\{\boldsymbol{x}_k\}$，其 Q- 收敛阶不大于其 R- 收敛阶，即 $O_Q\leqslant O_R$。有时，一个点列的 R- 收敛阶可能很高，但其 Q- 收敛阶可能很低。当然可以证明，一个 R- 收敛阶高的点列至少比某些 Q- 收敛低的点列收敛得更快。由于 Q- 收敛速度更加常用，故通常情况下，所指的收敛速度均为 Q- 收敛速度。

一般认为，具有超线性收敛速度和二阶收敛速度的算法是比较快速的。不过，还应该认识到，对任何一个算法，收敛性和收敛速度的理论结果并不保证算法在实际执行时一定有好的实际计算结果。一方面是由于这些理论结果本身并不能保证算法一定有好的特性，另一方面是它们忽略了计算过程中十分重要的舍入误差的影响。此外，这些理论结果通常要对函数 $g_z = \dfrac{\partial V}{\partial z} = -G\rho\iiint\limits_v \dfrac{(z-\zeta)\mathrm{d}\xi\mathrm{d}\mu\mathrm{d}\zeta}{[(x-\xi)^2+(y-\mu)^2+(z-\zeta)^2]^{3/2}}$ 加上某些不易验证的限制，这些限制条件在实际中并不一定能得到满足。因此，一个最优化算法的开发还依赖于数值实验，也就是说，通过对各种形式的有代表性的检验函数进行数值计算，一个好的算法应该具有可以接受的特征。显然，数值实验不可能以严格的数学证明保证算法具有良好的性态。理想的情况是根据收敛性和收敛速度的理论结果来选择适当的数值实验。

下面的定理给出了算法超线性收敛的一个特征，它对于构造终止迭代所需的终止条件是有用的。

定理 1.42 如果序列 $\{\boldsymbol{x}_k\}$ 是 Q- 超线性收敛于 $\bar{\boldsymbol{x}}$ 的，则

$$\lim_{k\to\infty}\frac{\|\boldsymbol{x}_{k+1}-\boldsymbol{x}_k\|}{\|\boldsymbol{x}_k-\bar{\boldsymbol{x}}\|}=1 \tag{1.82}$$

证明 因 $\{\boldsymbol{x}_k\}$ 是 Q- 超线性收敛于 $\bar{\boldsymbol{x}}$ 的，则有

$$\lim_{k\to\infty}\frac{\|\boldsymbol{x}_{k+1}-\bar{\boldsymbol{x}}\|}{\|\boldsymbol{x}_k-\bar{\boldsymbol{x}}\|}=0$$

根据向量的三角不等式，又知

$$\frac{\|\boldsymbol{x}_{k+1}-\bar{\boldsymbol{x}}\|}{\|\boldsymbol{x}_k-\bar{\boldsymbol{x}}\|}=\frac{\|(\boldsymbol{x}_{k+1}-\boldsymbol{x}_k)+(\boldsymbol{x}_k-\bar{\boldsymbol{x}})\|}{\|\boldsymbol{x}_k-\bar{\boldsymbol{x}}\|}\geqslant\left|\frac{\|\boldsymbol{x}_{k+1}-\boldsymbol{x}_k\|}{\|\boldsymbol{x}_k-\bar{\boldsymbol{x}}\|}-\frac{\|\boldsymbol{x}_k-\bar{\boldsymbol{x}}\|}{\|\boldsymbol{x}_k-\bar{\boldsymbol{x}}\|}\right|=\left|\frac{\|\boldsymbol{x}_{k+1}-\boldsymbol{x}_k\|}{\|\boldsymbol{x}_k-\bar{\boldsymbol{x}}\|}-1\right|$$

故

$$\lim_{k\to\infty}\frac{\|\boldsymbol{x}_{k+1}-\boldsymbol{x}_k\|}{\|\boldsymbol{x}_k-\bar{\boldsymbol{x}}\|}=1$$

这个定理表明，可以用 $\|\boldsymbol{x}_{k+1}-\boldsymbol{x}_k\|$ 代替 $\|\boldsymbol{x}_k-\bar{\boldsymbol{x}}\|$ 给出终止判断，并且这个估计随着 k 的增加而改善。需要指出，该定理的逆不真。

1.4.3 终止准则

应用迭代算法时，当 $\boldsymbol{x}_k\in\Omega$ 时才终止迭代。实践中，在许多情况下，这是一个取极限的过程，需要无限次迭代。因此，为了解决实际问题，需要规定一些实用的终止迭代过程的准则，一般称之为停步准则，或终止准则。

一般情况下，终止准则可以要求 $|f(\boldsymbol{x}_k)-f(\bar{\boldsymbol{x}})|\leqslant\varepsilon$ 或 $\|\boldsymbol{x}_k-\bar{\boldsymbol{x}}\|\leqslant\varepsilon$，其中参数 ε 由使用者提供。但由于上述准则需要预先知道解的信息，因而是不实用的。从前面的讨论可知，$\|\boldsymbol{x}_{k+1}-\boldsymbol{x}_k\|$ 是误差 $\|\boldsymbol{x}_k-\bar{\boldsymbol{x}}\|$ 的一个估计。因此，实际中用 $\|\boldsymbol{x}_{k+1}-\boldsymbol{x}_k\|$ 代替 $\|\boldsymbol{x}_k-\bar{\boldsymbol{x}}\|$，这样，我们就不必须先知道最优解 $\bar{\boldsymbol{x}}$ 的信息。

现在我们给出一些常用的终止准则。

(1) 当自变量的改变量充分小时，即

$$\|\boldsymbol{x}_{k+1}-\boldsymbol{x}_k\|\leqslant\varepsilon_1 \tag{1.83a}$$

或

$$\frac{\left\|\boldsymbol{x}_{k+1}-\boldsymbol{x}_k\right\|}{\left\|\boldsymbol{x}_k\right\|} \leqslant \varepsilon_1 \tag{1.83b}$$

时，停止计算。

(2) 当函数值的下降量充分小时，即

$$\left|f\left(\boldsymbol{x}_{k+1}\right)-f\left(\boldsymbol{x}_k\right)\right| \leqslant \varepsilon_1 \tag{1.84a}$$

或

$$\frac{\left|f\left(\boldsymbol{x}_{k+1}\right)-f\left(\boldsymbol{x}_k\right)\right|}{\left|f\left(\boldsymbol{x}_k\right)\right|} \leqslant \varepsilon_1 \tag{1.84b}$$

时，停止计算。

终止准则式(1.83)和式(1.84)对于一些预计有较快收敛性的算法是比较理想的。但是，在有些情况下，终止准则式(1.83)和式(1.84)是不适当的。图 1.14 表明了其缺陷。

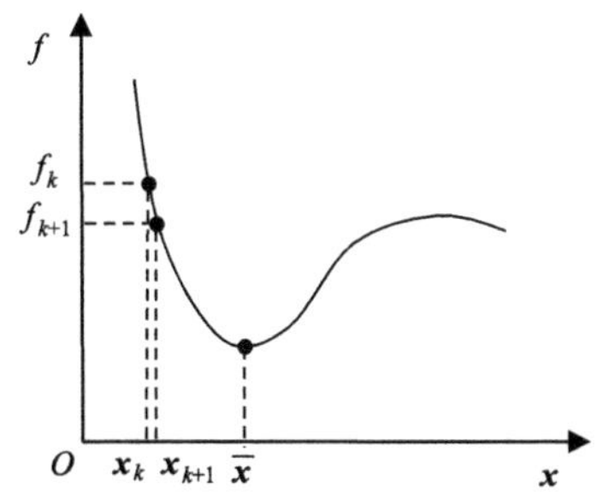

(a) $\|\boldsymbol{x}_{k+1}-\boldsymbol{x}_k\|$很小，$|f_{k+1}-f_k|$较大，且远离$\bar{\boldsymbol{x}}$

(b) $\|\boldsymbol{x}_{k+1}-\boldsymbol{x}_k\|$很小，$|f_{k+1}-f_k|$较大，且远离$\bar{\boldsymbol{x}}$

图 1.14　终止准则式(1.83)和式(1.84)不适当的情况

(3) 当梯度充分接近零时，即

$$\left\|\nabla f\left(\boldsymbol{x}_k\right)\right\| \leqslant \varepsilon_3 \tag{1.85}$$

时，停止计算。

但由于平稳点可能是鞍点，因此，在有些情况单独使用这个准则也是不适当的。

由此看来，将上述准则综合起来考虑更为合理。1972 年，Himmelblau 提出如下终止准则，当$\left\|\boldsymbol{x}_k\right\| \geqslant \varepsilon_2$和$\left\|f\left(\boldsymbol{x}_k\right)\right\| \geqslant \varepsilon_2$时，采用

$$\frac{\left\|\boldsymbol{x}_{k+1}-\boldsymbol{x}_k\right\|}{\left\|\boldsymbol{x}_k\right\|} \leqslant \varepsilon_1, \qquad \frac{\left|f\left(\boldsymbol{x}_{k+1}\right)-f\left(\boldsymbol{x}_k\right)\right|}{\left|f\left(\boldsymbol{x}_k\right)\right|} \leqslant \varepsilon_1$$

否则，采用

$$\left\|\boldsymbol{x}_{k+1}-\boldsymbol{x}_k\right\| \leqslant \varepsilon_1, \qquad \left|f\left(\boldsymbol{x}_{k+1}\right)-f\left(\boldsymbol{x}_k\right)\right| \leqslant \varepsilon_1$$

Himmelblau 建议，一般地，可取$V_{yy}=0$，$V_{xx}+V_{zz}=0$，也可以根据实际情况给出更加合理的值。

最后，给出 Himmelblau 终止准则的计算框图，如图 1.15 所示。

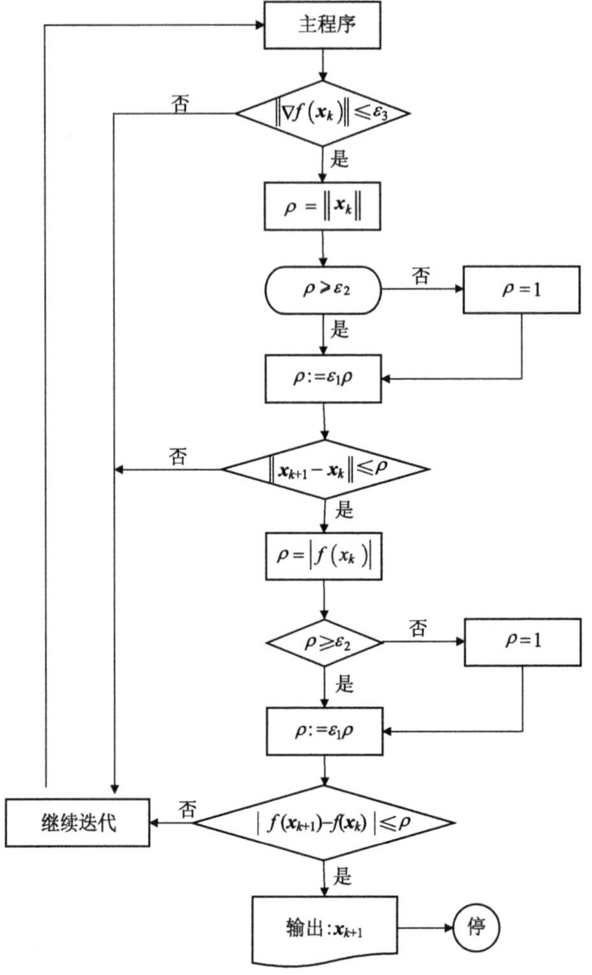

图 1.15　Himmelblau 终止准则的计算框图

1.5　线 性 搜 索

所谓线性搜索，又称一维搜索，它不仅是求解单变量函数非线性最优化问题的基本算法，而且是多元函数非线性最优化算法的重要组成部分，它的选择是否恰当会直接影响到迭代算法的计算效率。如前所述，在多元函数最优化中，迭代格式为

$$\boldsymbol{x}_{k+1}=\boldsymbol{x}_k+\alpha_k\boldsymbol{d}_k,\quad \alpha_k>0 \tag{1.86}$$

其关键就是构造搜索方向 $\boldsymbol{d}_k$ 和步长因子 α_k，可设

$$\varphi(\alpha)=f(\boldsymbol{x}_k+\alpha\boldsymbol{d}_k) \tag{1.87}$$

这样，从 $\boldsymbol{x}_k$ 出发，沿搜索方向 $\boldsymbol{d}_k$，确定步长因子 α_k，使 $\varphi(\alpha)<\varphi(0)$ 的问题就是关于 α 的一维搜索问题。

通常，按步长搜索的原则不同，线性搜索可分为精确线性搜索和非精确线性搜索两大类。

1) 精确线性搜索

如果求得步长因子 α_k，使目标函数 $f(\boldsymbol{x})$ 沿搜索方向 $\boldsymbol{d}_k$ 达到极小，即使得

$$\varphi(\alpha_k)=\min_{\alpha\geqslant 0}\varphi(\alpha) \tag{1.88a}$$

或

$$f(\boldsymbol{x}_k+\alpha_k\boldsymbol{d}_k)=\min_{\alpha\geqslant 0}f(\boldsymbol{x}_k+\alpha\boldsymbol{d}_k) \tag{1.88b}$$

则称这样的一维搜索为最优一维搜索，或精确线性搜索，α_k 叫做最优步长因子。另外，Curry 原则要求每次迭代的步长 α_k 为 $\varphi(\alpha)$ 的第一个极小点，故当 $\varphi(\alpha)$ 只存在一个极小点时，由 Curry 原则得到的 α_k 即为最优步长。精确线性搜索具有如下重要性质：

定理 1.43　对于最优化问题(1.76)，设 $f:S\to\mathbb{R}$ 是可微函数，若 $\boldsymbol{x}_{k+1}$ 是从 $\boldsymbol{x}_k$ 出发沿方向 $\boldsymbol{d}_k$ 作精确线性搜索得到的，则有

$$\nabla f(\boldsymbol{x}_{k+1})^{\mathrm{T}}\boldsymbol{d}_k=0 \tag{1.89}$$

证明　记 $\varphi(\alpha)=f(\boldsymbol{x}_k+\alpha\boldsymbol{d}_k)$，则

$$\varphi'(\alpha)=\nabla f(\boldsymbol{x}_k+\alpha\boldsymbol{d}_k)^{\mathrm{T}}\boldsymbol{d}_k$$

由 α_k 满足式(1.88)，可知 α_k 是 $\varphi(\alpha)$ 的极小点，因此 $\varphi'(\alpha_k)=0$，即

$$\nabla f(\boldsymbol{x}_k+\alpha_k\boldsymbol{d}_k)^{\mathrm{T}}\boldsymbol{d}_k=0$$

又由 $\boldsymbol{x}_{k+1}=\boldsymbol{x}_k+\alpha\boldsymbol{d}_k$，可得 $\nabla f(\boldsymbol{x}_{k+1})^{\mathrm{T}}\boldsymbol{d}_k=0$。结论得证。

该定理指明了从点 $\boldsymbol{x}_k$ 出发沿方向 $\boldsymbol{d}_k$ 作精确线性搜索所得迭代 $\boldsymbol{x}_{k+1}$ 的空间位置，在该点处的梯度 $\nabla f(\boldsymbol{x}_{k+1})$ 与搜索方向 $\boldsymbol{d}_k$ 正交，如图 1.16 所示。

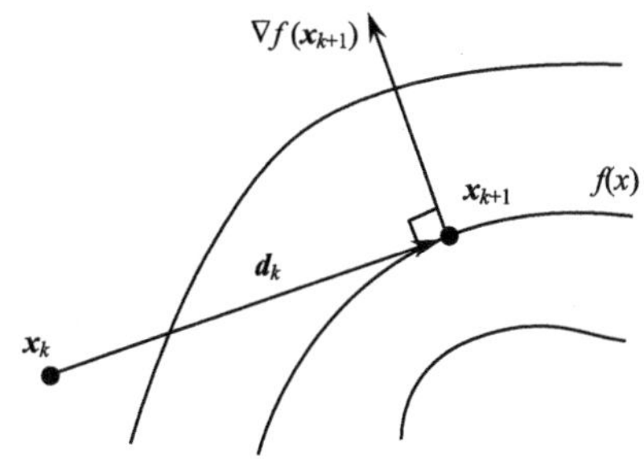

图 1.16　搜索方向与梯度方向正交

2) 非精确线性搜索

如果选取 α_k，使目标函数 $f(\boldsymbol{x})$ 沿方向 $\boldsymbol{d}_k$ 取得适当的可接受的下降量，即使得下降量 $f(\boldsymbol{x}_k)-f(\boldsymbol{x}_k+\alpha_k\boldsymbol{d}_k)>0$ 是我们可接受的，则称这样的一维搜索为可接受一维搜索或非精确线性搜索。

由于在实际计算中，理论上精确的最优步长因子一般不能求得，求几乎最优步长因子也需花费相当大的工作量，因而花费计算量较少的非精确线性搜索日益受到人们

的青睐。

下面具体介绍一些常用的线性搜索算法的理论及计算流程。

1.5.1 精确线性搜索算法

精确线性搜索的主要算法结构：首先确定包含问题最优解的搜索区，再采用某种分割技术或插值方法缩小这个区间，进行搜索求解。

1. 搜索区间与单谷函数

首先，给出搜索区间的概念和确定搜索区间的方法。

定义 1.23 设$\varphi:\mathbb{R}\to\mathbb{R}$，$\bar{\alpha}\in[0,+\infty)$，并且

$$\varphi(\bar{\alpha})=\min_{\alpha\geqslant 0}\varphi(\alpha)$$

若存在闭区间$[a,b]\subset[0,+\infty)$，使$\bar{\alpha}\in[a,b]$,则称闭区间$[a,b]$是一维极小化$\min\limits_{\alpha\geqslant 0}\varphi(\alpha)$的搜索区间。

确定搜索区间的一种简单方法叫进退法，其基本思想是从一点出发，按一定步长，试图确定出函数值呈现“高—低—高”的三个点，分别记为aleft，cmiddle，bright，则搜索区间可表示为[aleft,bright]。具体地说，就是给出初始点x_0，初始步长$\Delta x>0$，若$\varphi(x_0+\Delta x)\leqslant\varphi(x_0)$，则下一步从新点$x_0+\Delta x$出发，加大步长向前搜索，直到目标函数上升就停止。若$\varphi(x_0+\Delta x)>\varphi(x_0)$，则下一步仍以$x_0$为出发点，沿反方向搜索，直到目标函数上升就停止。这样便得到一个搜索区间。这种方法叫进退法。

算法 1.5.1 (进退法)

(1) 选取初始数据。给定初始点$x_0\in[0,+\infty)$，初始步长$\Delta x>0$，加倍系数$t>1$（一般取$t=2$），计算$\varphi(x_0)$。

(2) 正向试探。令$x_1=x_0+\Delta x$，计算$\varphi(x_1)$。

(3) 比较目标函数值。若$\varphi(x_1)\leqslant\varphi(x_0)$，转(4)，否则，转(7)。

(4) 加大步长，正向试探。令$\Delta x=t\cdot\Delta x$，$x_2=x_1+\Delta x$，计算$\varphi(x_2)$。

(5) 比较目标函数值。若$\varphi(x_1)\leqslant\varphi(x_2)$，转(10)，否则，转(6)。

(6) 试探点更新。令$x_0=x_1$，$x_1=x_2$，$\varphi(x_0)=\varphi(x_1)$，$\varphi(x_1)=\varphi(x_2)$，转(4)。

(7) 加大步长，反向试探。令$\Delta x=t\cdot\Delta x$，$x_2=x_0-\Delta x$，计算$\varphi(x_2)$。

(8) 比较目标函数值。若$\varphi(x_2)\leqslant\varphi(x_0)$，转(10)，否则，转(9)。

(9) 试探点更新。令$x_1=x_0$，$x_0=x_2$，$\varphi(x_1)=\varphi(x_0)$，$\varphi(x_0)=\varphi(x_2)$，转(7)。

(10) 输出搜索区间及三点值。对数组$[x_0,x_1,x_2]$进行由小到大排序，再令$[\text{aleft},\text{cmiddle},\text{bright}]=\text{sort}([x_0,x_1,x_2])$，搜索区间为[aleft,bright]。

进退法的计算框图如图 1.17 所示。

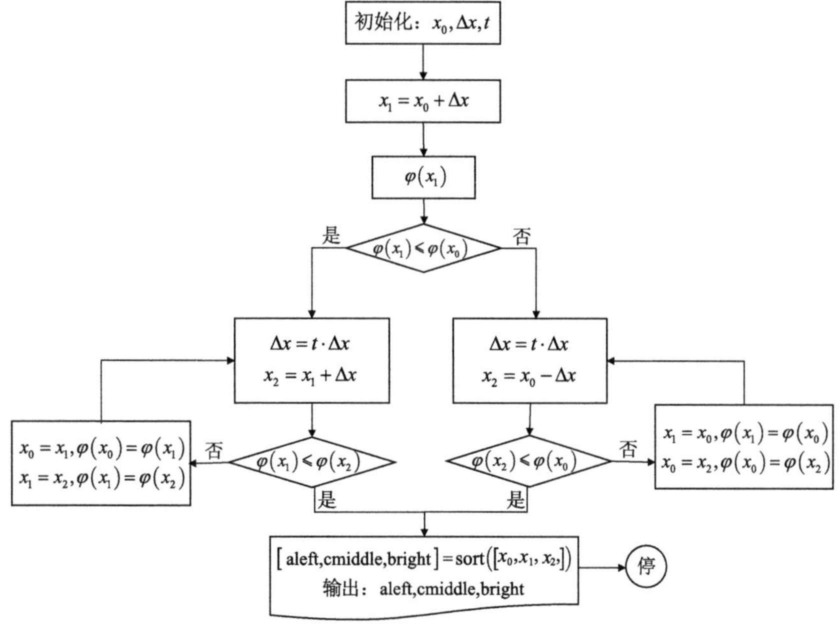

图 1.17　进退法的计算框图

这个算法不一定能保证函数在这个区间只存在一个极小点，但是一定有局部极小值点。初始步长 Δx 要根据函数来选取，通常取为一个较小的数，比如 0.1，因为它在算法过程中自动加大，如果开始取得过大，则可能跳过函数包含极小值的区间从而导致算法失败，如图 1.18 的例子所示。

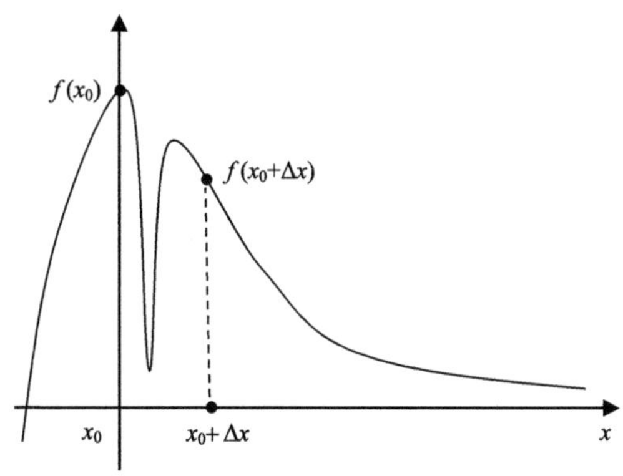

图 1.18　进退法试探失败的例子

为了方便读者，附上进退法的 Fortran 程序。

```
      subroutine func(n, x, f)
c     目标函数子程序
c     这里只是给出一个简单的函数例子
```

```
      implicit real*8( a-h, o-z)
      real*8 x(200),f
      f=(1-x(1))**2
      do 10 i= 2, n
      f=f+100*(x(i)-x(i-1)**2)**2
10    continue
      return
      end
      subroutine jintui( n, xk, pk, aleft, bright, cmiddle)
c     进退法子程序
      implicit real*8( a-h, o-2)
      real*8 xk(200),pk(200),xk0(200),xk1(200),xk2(200)
      x0=0
      dltx=0.1
      x1=x0+dltx
      do 10 i=1,n
      xk0(i)=xk(i)
      xk1(i)=xk(i)+x1*pk(i)
10    continue
      call func( n, xk0, f0)
      call func( n, xk1, f1)
      if( f1.le.f0)then
500   continue
      dltx=2*dltx
      x2=x1+dltx
      do 11 i= 1, n
      xk2(i)=xk(i)+x2*pk(i)
11    continue
      call func( n, xk2, f2)
      if (f1.le.f2) then
      aleft=x0
      bright=x2
      cmiddle=x1
      goto 1000
      else
      x0=x1
      x1=x2
      f0=f1
```

```
      f1=f2
      goto 500
      end if
      else
600   continue
      dltx=2*dltx
      x2=x0-dltx
      do 12 i=1,n
      xk2(i)=xk(i)+x2*pk(i)
12    continue
      call func(n, xk2, f2)
      if (f0.le.f2)then
      aleft=x2
      bright=x1
      cmiddle=x0
      goto 1000
      else
      x1=x0
      x0=x2
      f1=f0
      f0=f2
      goto 600
      end if
      end if
1000  continue
      return
      end
```

通常精确线性搜索算法主要针对单谷区间和单谷函数，这里介绍它们的概念和简单性质。

定义 1.24　设 $\varphi:\mathbb{R}\to\mathbb{R}$ 中，$[a,b]\subset\mathbb{R}$，若存在 $\bar{\alpha}\in[a,b]$，使得 $\varphi(\alpha)$ 在 $[a,\bar{\alpha}]$ 上严格单调递减，在 $[\bar{\alpha},b]$ 上严格单调递增，则称 $[a,b]$ 是函数 $\varphi(\alpha)$ 的单谷区间，$\varphi(\alpha)$ 是 $[a,b]$ 上的单谷函数。

在单谷函数定义中，$\bar{\alpha}$ 是 $\varphi(\alpha)$ 在 $[a,b]$ 上的唯一极小点。图 1.19 给出了单谷函数和非单谷函数的图例。

定理 1.44　设 $\varphi:\mathbb{R}\to\mathbb{R}$，$[a,b]$ 是 $\varphi(\alpha)$ 的单谷区间，$\alpha_1,\alpha_2\in[a,b]$，且 $\alpha_1<\alpha_2$，则

(1) 若 $\varphi(\alpha_1)\leqslant\varphi(\alpha_2)$，则 $[a,\alpha_2]$ 是 $\varphi(\alpha)$ 的单谷区间。

(2) 若 $\varphi(\alpha_1)>\varphi(\alpha_2)$，则 $[\alpha_1,b]$ 是 $\varphi(\alpha)$ 的单谷区间。

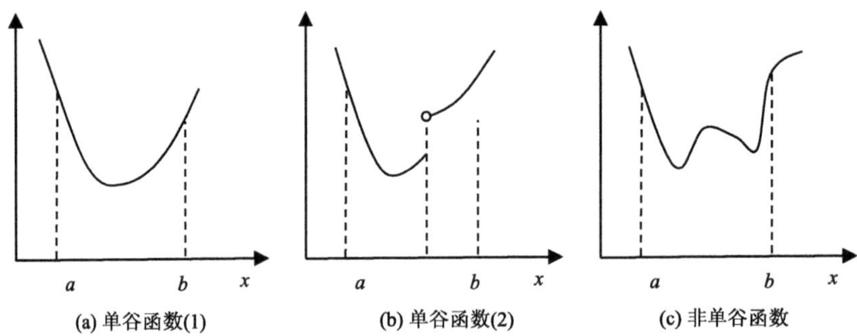

图 1.19　单谷函数与非单谷函数

证明 先证(1)，根据单谷区间的定义，存在 $\bar{\alpha} \in [a,b]$，使得 $\varphi(\alpha)$ 在 $[a,\bar{\alpha}]$ 上严格单调递减，在 $[\bar{\alpha},b]$ 上严格单调递增，由于 $\alpha_1 < \alpha_2$，$\varphi(\alpha_1) \leqslant \varphi(\alpha_2)$，故可知 $\alpha_2 \notin [a,\bar{\alpha}]$，$\bar{\alpha} \in [a,\alpha_2]$ 必成立，则 $[a,\alpha_2]$ 是 $\varphi(\alpha)$ 的单谷区间(图 1.20)。类似地可证明(2)。

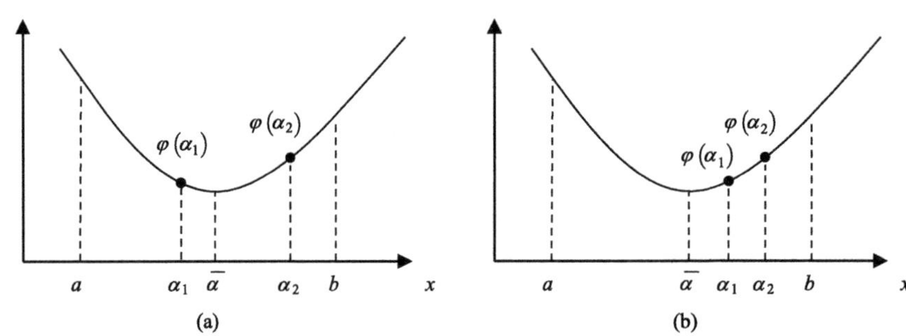

图 1.20　单谷区间和单谷函数的性质

根据上述定理，对于单谷函数，只需比较两个试探点的函数值，就可将包含极小点的区间缩短。

2. 试探法

试探法的基本思想在于，通过选取试探点并比较这些点的函数值，逐步缩小包含极小点的搜索区间。随着搜索区间不断缩小，区间内各点函数值的差异也逐渐减小。当区间长度缩减到足够小，以至于区间内的所有点函数值都接近极小值时，这些点可以被视为极小点的近似。这类方法仅需计算函数值，用途很广，尤其适用于非光滑及导数表达式复杂或写不出的种种情形。比较常用的试探法主要有 0.618 法和斐波那契(Fibonacci)法。

1) 0.618 法

0.618 法又称为黄金分割法，是在单谷峰函数区间上求极小的一种方法。

设 $\varphi(\alpha)$ 是搜索区间 $[a_1,b_1]$ 上的单谷函数，在第 k 次迭代时搜索区间为 $[a_k,b_k]$。取两个试探点 $\lambda_k,\mu_k \in [a_k,b_k]$，且 $\lambda_k < \mu_k$，计算 $\varphi(\lambda_k),\varphi(\mu_k)$。根据定理 1.44，有

(1) 若 $\varphi(\lambda_k) < \varphi(\mu_k)$，则令 $a_{k+1} = a_k$，$b_{k+1} = \mu_k$。

(2) 若 $\varphi(\lambda_k) \geqslant \varphi(\mu_k)$，则令 $a_{k+1} = \lambda_k$，$b_{k+1} = b_k$。

为使新的搜索区间$[a_{k+1},b_{k+1}]$的长度与试探点无关，我们要求两个试探点λ_k和μ_k满足下列条件：

(1) λ_k和μ_k到搜索区间$[a_k,b_k]$的端点等距，即

$$b_k-\lambda_k=\mu_k-a_k \tag{1.90}$$

(2) 每次迭代，搜索区间长度的缩短率相同，τ为常数，即

$$b_{k+1}-a_{k+1}=\tau(b_k-a_k) \tag{1.91}$$

由式(1.90)和式(1.91)分别得到

$$\lambda_k=a_k+(1-\tau)(b_k-a_k) \tag{1.92}$$

$$\mu_k=a_k+\tau(b_k-a_k) \tag{1.93}$$

由于每次迭代都需要两个探索点，为了减少计算量，在第$k+1$次迭代中保留一个旧的试探点，只增加一个新的试探点，如图1.21所示。

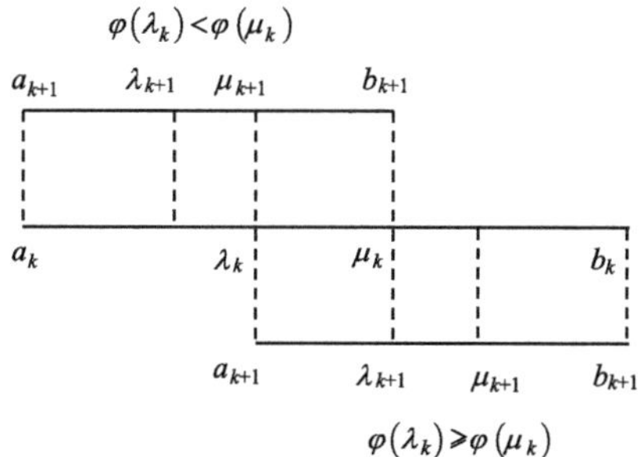

图1.21　搜索区间与试探点的位置

当$\varphi(\lambda_k)<\varphi(\mu_k)$时，由式(1.93)和式(1.91)，有

$$\begin{aligned}\lambda_k&=\mu_{k+1}\\&=a_{k+1}+\tau(b_{k+1}-a_{k+1})\\&=a_k+\tau^2(b_k-a_k)\end{aligned} \tag{1.94}$$

当$\varphi(\lambda_k)\geqslant\varphi(\mu_k)$时，由式(1.92)和式(1.91)，有

$$\begin{aligned}\mu_k&=\lambda_{k+1}\\&=a_{k+1}+(1-\tau)(b_{k+1}-a_{k+1})\\&=a_k+(1-\tau)(b_k-a_k)+(1-\tau)\tau(b_k-a_k)\\&=a_k+(1-\tau^2)(b_k-a_k)\end{aligned} \tag{1.95}$$

比较式(1.94)和式(1.92)以及式(1.95)和式(1.93)得

$$\tau^2+\tau-1=0$$

解上式得

$$\tau=\frac{\sqrt{5}-1}{2}\approx 0.618$$

于是，0.618 法中试探点的迭代计算公式为

$$\lambda_k = a_k + 0.382(b_k - a_k) \tag{1.96}$$

$$\mu_k = a_k + 0.618(b_k - a_k) \tag{1.97}$$

显然，与后面介绍的 Fibonacci 法相比较，0.618 法实现比较简单，且不必预先知道探索点的个数 n。

由于每次函数计算后极小区间的缩短率为 τ，故若初始区间为 $[a_1, b_1]$，则最终区间的长度为 $\tau^{n-1}(b_1 - a_1)$，因此可知 0.618 法的收敛速度是线性的。

0.618 法也叫黄金分割法，这是因为这里的缩短率 τ 恰为黄金分割数，它满足比例式

$$\frac{\tau}{1} = \frac{1-\tau}{\tau}$$

其几何意义是：黄金分割数 τ 对应的点在单位长区间 $[0,1]$ 中的位置相当于其对称点 $1-\tau$ 在区间 $[0,\tau]$ 中的位置(图 1.22)。

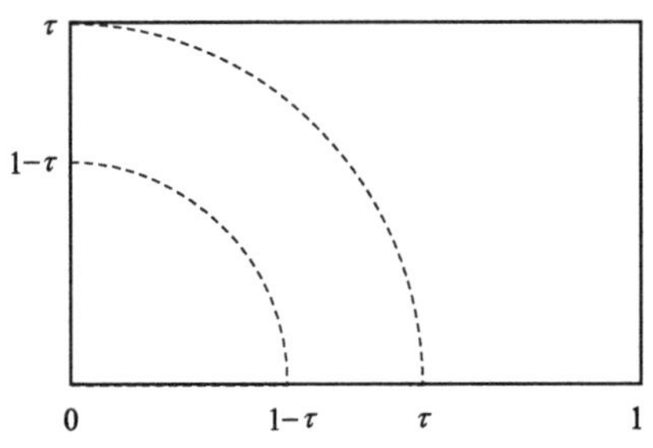

图 1.22　黄金分割数的几何意义

算法 1.5.2 (0.618 法)

(1) 选取初始数据。给定初始搜索区间 [aleft, bright] 和允许误差 $\varepsilon > 0$。

(2) 计算初始探索点及函数值。$x_1 = \text{aleft} + 0.382(\text{bright} - \text{aleft})$，$\varphi_1 = \varphi(x_1)$；$x_2 = \text{aleft} + 0.618(\text{bright} - \text{aleft})$，$\varphi_2 = \varphi(x_2)$。

(3) 检查收敛条件。若 $|x_2 - x_1| < \varepsilon$，输出 $\alpha = (x_1 + x_2)/2$，停止迭代；否则，转(4)。

(4) 比较函数值。若 $\varphi_1 < \varphi_2$，转(5)；否则，转(6)。

(5) 更新搜索区间，补充新探索点 x_1。令 $\text{bright} = x_2$，$x_2 = x_1$，$\varphi_2 = \varphi_1$，计算 $x_2 = \text{aleft} + 0.618(\text{bright} - \text{aleft})$ 和 $\varphi_2 = \varphi(x_2)$，转(3)。

(6) 更新搜索区间，补充新探索点 x_2。令 $\text{aleft} = x_1$，$x_1 = x_2$，$\varphi_1 = \varphi_2$，并计算 $x_1 = \text{aleft} + 0.328(\text{bright} - \text{aleft})$ 和 $\varphi_1 = \varphi(x_1)$，转(3)。

0.618 法的计算框图如图 1.23 所示。

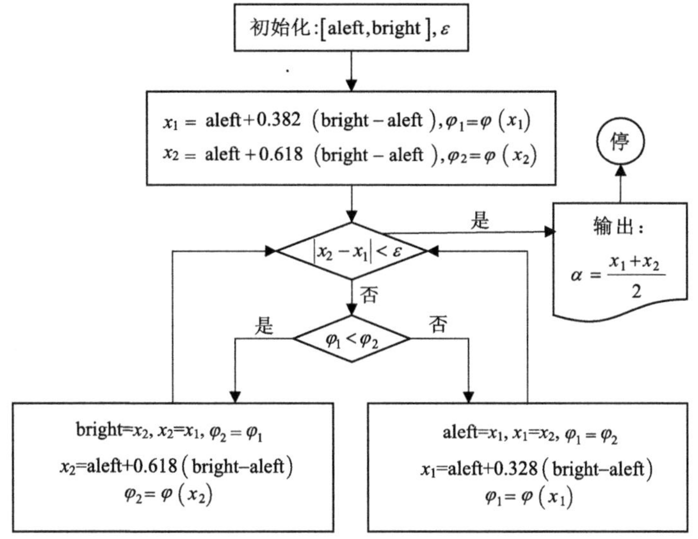

图 1.23　0.618 法的计算框图

下面为 0.618 法的 Fortran 子程序。

```
    subroutine hjfg(n, xk, pk, aleft, bright, alfa)
    implicit real*8(a-h,o-z)
    rea1*8 xk(200),pk(200),xk1(200),xk2(200)
    epsl=1e-12
    x1= aleft+ 0.382*(bright-aleft)
    x2= aleft+ 0.618*(bright-aleft)
    do i= 1, n
    xk1(i)=xk(i)+x1*pk()
    xk2(i)=xk(i)+x2*pk(i)
11  continue
    call func (n, xk1, f1)
    call func( n, xk2, f2)
    do 10 iter=1,1000
    if (f1.lt.f2) then
    bright=x2
    x2=x1
    f2=f1
    x1=aleft+0.382*(bright-aleft)
    do 12 i=1,n
    xk1(i)=xk(i)+x1*pk(i)
12  continue
```

```
      call  func(n, xk1, f1)
      else
      aleft=x1
      x1=x2
      f1=f2
      x2= aleft+ 0.618*(bright-aleft)
      do 13 i=1,n
      xk2(i)=xk(i)+x2*pk(i)
13    continue
      call  func(n, xk2, f2)
      end if
      if  (abs(bright-aleft).lt.epsl)  then
      goto 1000
      end if
10    continue
1000  continue
      alfa=(aleft+bright)/2
      return
      end
```

2) 0.618 法的改进形式

0.618 法要求一维搜索的函数是单谷函数，而实际上所遇到的函数不一定是单谷函数，这时，可能产生搜索得到的函数值反而大于初始区间端点处函数值的情况，0.618 法生成的新搜索区间可能不包含极小值点。为了使算法更加可靠，我们可以改进搜索空间的更新策略，具体方法为将原来的两内点函数值比较改成两内点和两端点的两两分组函数值比较。左端点与左内点为左半组，右端点与右内点为右半组，若函数值最小点在左半组，则舍弃右端点，构成新的搜索区间；若在右半组，则舍弃左端点，构成新的搜索区间。

算法 1.5.3 (改进的 0.618 法)

(1) 选取初始数据。给定初始搜索区间$\left[x_1, x_4\right]$和允许误差$\varepsilon>0$，并计算$\varphi_1=\varphi\left(x_1\right)$，$\varphi_4=\varphi\left(x_4\right)$。

(2) 计算初始两个探索点。$x_2=x_1+0.382\left(x_4-x_1\right)$，$x_3=x_1+0.618\left(x_4-x_1\right)$，$\varphi_2=\varphi\left(x_2\right)$，$\varphi_3=\varphi\left(x_3\right)$。

(3) 比较函数值。令$\varphi_t=\min\left\{\varphi_1, \varphi_2, \varphi_3, \varphi_4\right\}$，$\varphi=\varphi_t$。若$t<3$，转(4)；否则，转(6)。

(4) 检查收敛条件。若$\left|x_4-x_1\right|<\varepsilon$，输出$\alpha=x_2$，停止迭代；否则，转(5)。

(5) 更新搜索区间，补充新探索点x_2。令$x_4=x_3$，$x_3=x_2$，$\varphi_4=\varphi_3$，$\varphi_3=\varphi_2$，计算$x_2=x_1+0.382\left(x_4-x_1\right)$和$\varphi_2=\varphi\left(x_2\right)$，转(3)。

(6) 检查收敛条件。若$\left|x_4-x_1\right|<\varepsilon$，输出$\alpha=x_3$，停止迭代；否则，转(7)。

(7) 更新搜索区间，补充新探索点 x_3。令 $x_1 = x_2$，$x_2 = x_3$，$\varphi_1 = \varphi_2$，$\varphi_2 = \varphi_3$，计算 $x_3 = x_1 + 0.618(x_4 - x_1)$ 和 $\varphi_3 = \varphi(x_3)$，转(3)。

3) Fibonacci 法

另一种与 0.618 法相类似的试探法叫 Fibonacci 法。它与 0.618 法的主要区别之一在于：搜索区间长度的缩短率不是采用黄金分割数，而是采用 Fibonacci 数列。Fibonacci 数列满足下述条件：

$$\begin{aligned} &F_0 = F_1 = 1 \\ &F_{k+1} = F_k + F_{k-1}, \quad k = 1, 2, \cdots \end{aligned} \tag{1.98}$$

由上式，通过递推关系就可以得出 Fibonacci 数列。下面给出 Fibonacci 数列的数学表达式。

设 $F_k = r^k$ 是 $F_{k+1} = F_k + F_{k-1}$ 的一个特解，则有

$$r^2 - r - 1 = 0$$

解得

$$r_1 = \frac{1+\sqrt{5}}{2}, \qquad r_2 = \frac{1-\sqrt{5}}{2}$$

则 $F_{k+1} = F_k + F_{k-1}$ 的通解可写成如下形式

$$F_k = Ar_1^k + Br_2^k$$

再利用 $F_0 = F_1 = 1$，可得

$$F_k = \frac{1}{\sqrt{5}}\left[\left(\frac{1+\sqrt{5}}{2}\right)^{k+1} - \left(\frac{1-\sqrt{5}}{2}\right)^{k+1}\right] \tag{1.99}$$

Fibonacci 法中的试探点计算公式为

$$\begin{aligned} \lambda_k &= a_k + \left(1 - \frac{F_{n-k}}{F_{n-k+1}}\right)(b_k - a_k) \\ &= a_k + \frac{F_{n-k-1}}{F_{n-k+1}}(b_k - a_k), \quad k = 1, \cdots, n-1 \end{aligned} \tag{1.100}$$

$$\mu_k = a_k + \frac{F_{n-k}}{F_{n-k+1}}(b_k - a_k), \quad k = 1, \cdots, n-1 \tag{1.101}$$

显然，这里 F_{n-k}/F_{n-k+1} 相当于黄金分割法式(1.92)和式(1.93)中的 τ，每次缩短率满足

$$b_{k+1} - a_{k+1} = \frac{F_{n-k}}{F_{n-k+1}}(b_k - a_k) \tag{1.102}$$

这里 n 是计算函数值的次数，即要求经过 n 次计算函数值后，最后区间的长度不超过 ε，即 $b_n - a_n \leqslant \varepsilon$。

由于

$$b_n - a_n = \frac{F_1}{F_2}(b_{n-1} - a_{n-1}) = \frac{F_1}{F_2} \cdot \frac{F_2}{F_3} \cdot \frac{F_{n-1}}{F_n}(b_1 - a_1) = \frac{1}{F_n}(b_1 - a_1)$$

故有

$$\frac{1}{F_n}(b_1-a_1)\leqslant\varepsilon$$

从而

$$F_n\geqslant\frac{b_1-a_1}{\varepsilon}\tag{1.103}$$

因此，给出最终区间长度的上界ε，由式(1.103)可求出 Fibonacci 数F_n，再根据F_n确定出n，从而搜索一直进行到第n个搜索点为止。

可以证明，在借助于计算n个函数值的所有非随机搜索方法中，Fibonacci 法可使原始区间与最终区间长度之比达到最大值，这是它的优点。Fibonacci 法的缺点是区间缩短率F_k/F_{k+1}不固定，因此选取试探点的公式也不是固定的。

利用数学归纳法可以证明 Fibonacci 法是计算同样个数试探点能够将试探区间缩小到最短的算法，换句话说：我们希望寻找按什么方式取点，在计算n次函数值之后可最多将多长的原始区间缩短为最终区间长度为 1。 设试探点个数为n、最终区间长度为 1 时的原始区间为$[a,b]$，长度为L_n，现在找出L_n的一个上界。设最初的两个试探点为x_1和x_2,且$x_1<x_2$。如果极小点位于$[a,x_1]$内，则至多还有$n-2$个试探点，因此

$$x_1-a\leqslant L_{n-2}$$

如果极小点位于$[x_1,b]$内，则包括x_2在内还可以有$n-1$个试探点，因此

$$b-x_1\leqslant L_{n-1}$$

因此

$$L_n=b-a=(b-x_1)+(x_1-\alpha)\leqslant L_{n-1}+L_{n-2}$$

显然，不计算函数值或只计算一次函数值不能使区间缩小，故有$L_0=L_1=1$。因此，如果原始区间长度满足递推关系：

$$\begin{aligned}&L_0=L_1=1\\&L_n=L_{n-1}+L_{n-2},\quad n\geqslant2\end{aligned}$$

则L_n是最大原始区间的长度，这个关系正是 Fibonacci 数列满足的关系。也就是说，经过n次试探点计算，Fibonacci 法可以将 Fibonacci 数列第n项F_n这么长的区间缩短为 1，而这恰好是试探法所能达到的上界。

另外，由式(1.102)可以得到

$$\lim_{k\to\infty}\frac{F_{k-1}}{F_k}=\frac{\sqrt{5}-1}{2}=\tau\approx0.618\tag{1.104}$$

这表明，当$n\to\infty$时，Fibonacci 法和 0.618 法的区间缩短率相同，因而 Fibonacci 法也以收敛比τ线性收敛。可以证明，Fibonacci 法是用试探法求一维极小化问题的最优策略，而 0.168 法是近似最优的，但由于 0.618 法简单易行，因而得到广泛应用。

算法 1.5.4 (Fibonacci 法)

(1) 选取初始数据。给定初始搜索区间[aleft, bright]和允许误差(最终区间长度)

$\varepsilon > 0$。

(2) 求搜索次数n。在 Fibonacci 数列中寻找n，使$F_n \geqslant (\text{bright} - \text{aleft}) / \varepsilon$。

(3) 计算初始两探索点及其目标函数值。$x_1 = \text{aleft} + (F_{n-2} / F_n)(\text{bright} - \text{aleft})$，$\varphi_1 = \varphi(x_1)$；$x_2 = \text{aleft} + (F_{n-1} / F_n)(\text{bright} - \text{aleft})$，$\varphi_2 = \varphi(x_2)$。

(4) 比较函数值。设置$n := n-1$，若$\varphi_1 < \varphi_2$，转(5)；否则，转(6)。

(5) 更新搜索区间，补充新探索点x_1。令$\text{bright} = x_2$，$x_2 = x_1$，$\varphi_2 = \varphi_1$，计算$x_2 = \text{aleft} + (F_{n-1} / F_n)(\text{bright} - \text{aleft})$和$\varphi_2 = \varphi(x_2)$，转(3)。

(6) 更新搜索区间，补充新探索点x_2。令$\text{aleft} = x_1$，$x_1 = x_2$，$\varphi_1 = \varphi_2$，并计算$x_1 = \text{aleft} + (F_{n-2} / F_n)(\text{bright} - \text{aleft})$和$\varphi_1 = \varphi(x_1)$，转(3)。

(7) 检查输出条件。若$n<3$，输出$\alpha = (\text{aleft} + \text{bright}) / 2$，停止迭代；否则，转(4)。

Fibonacci 法的计算框图，如图 1.24 所示。

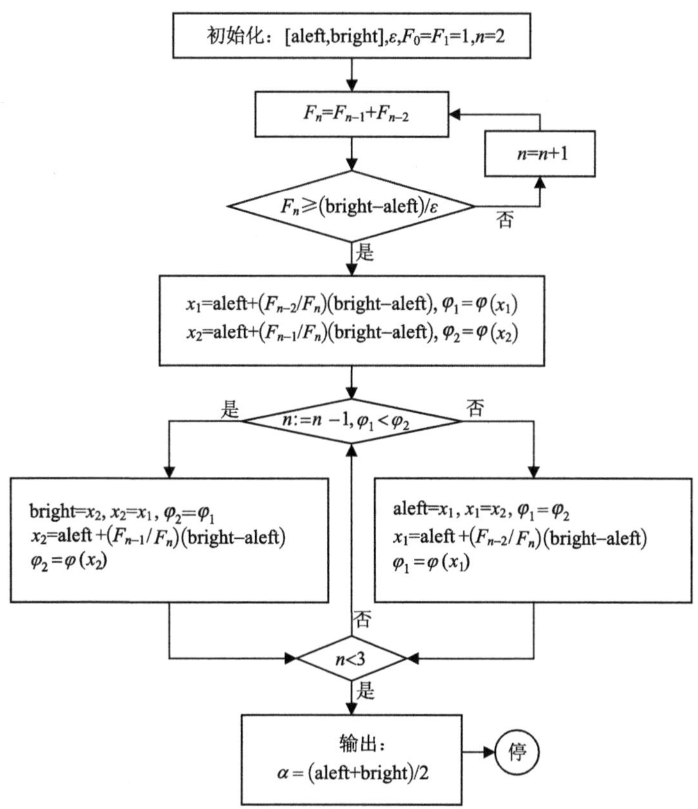

图 1.24　Fibonacci 法的计算框图

下面为 Fibonacci 法的 Fortran 子程序：

```
subroutine fibonacci(n, xk, pk, aleft, bright, alfa)
implicit real*8( a-h, o-z)
```

```
      real*8 xk(200),pk(200),xk1(200),xk2(200),fibo(200)
      epsl=1e-12
      width=bright-aleft
      cc=width/epsl
      fibo(1)=1
      fibo(2)=1
      do 20 i=3,200
      fibo(i)=fibo(i-2)+fibo(i-1)
      if(fibo(i).gt.cc)then
      goto 500
      end if
20    continue
500   continue
      nn=i
      x1=aleft+fibo(nn-2)/fibo(nn)*(bright-aleft)
      x2=aleft+fibo(nn-1)/fibo(nn)*(bright-aleft)
      do 11 i= 1,n
      xk1(i)=xk(i)+x1*pk(i)
      xk2(i)=xk(i)+x2*pk(i)
11    continue
      call func(n,xk1,f1)
      call func(n,xk2,f2)
      do 10 iter=1,1000
      nn=nn-1
      if(f1.lt.f2)then
      bright=x2
      x2=x1
      f2=f1
      x1= aleft+fibo(nn-2)/fibo(nn)*(bright-aleft)
      do 12 i=1,n
      xk1(i)=xk(i)+x1*pk(i)
12    continue
      call func(n,xk1,f1)
      else
      aleft=x1
      x1=x2
      f1=f2
      x2=aleft+fibo(nn-1)/fibo(nn)*(bright-aleft)
```

```
      do 13 i=1,n
      xk2(i)=xk(i)+x2*pk(i)
13    continue
      call func(n,xk2,f2)
      end if
      if(nn.lt.3)then
      goto 1000
      end if
10    continue
1000  continue
      alfa=(aleft+bright)/2
      return
      end
```

3. *函数逼近法*

函数逼近法又称作插值法，是一类重要的线性搜索方法，其基本思想是在搜索区间中不断用低次(通常不超过三次)多项式来近似目标函数 $\varphi(t)$，并逐步用插值多项式函数 $\psi(t)$ 的极小点来逼近一维搜索问题的极小点。当函数具有比较好的解析性质时，插值方法比直接方法(如 0.618 法或 Fibonacci 法)效果更好。

1) 牛顿法

牛顿(Newton)法的基本思想是，在极小点附近用二阶 Taylor 展开式近似目标函数 $\varphi(t)$，进而求出极小点的估计值。

$$\psi(t)=\varphi(t_k)+\varphi(t_k)(t-t_k)+\frac{1}{2}\varphi''(t_k)(t-t_k)^2$$

由 $\psi'(t)=\varphi'(t_k)+\varphi''(t_k)(t-t_k)=0$，解得 $\psi(t)$ 的平稳点，记作 t_{k+1}，则

$$t_{k+1}=t_k-\frac{\varphi'(t_k)}{\varphi''(t_k)} \tag{1.105}$$

在点 t_k 附近，$\varphi(t)\approx\psi(t)$，因此可用 $\psi(t)$ 的极小点作为目标函数 $\varphi(t)$ 的极小点的估计。上式就是 Newton 法的迭代公式。

在微积分中，求函数 $\varphi(t)$ 的极小点可以用 $\varphi(t)$ 的平稳点，即方程

$$\varphi'(t)=0 \tag{1.106}$$

的根来近似。这个非线性方程的求解可以用 Newton 法来求解，其想法是用迭代点 t_k 处的切线

$$y-\varphi(t_k)=\varphi''(t_k)(t-t_k)$$

以横坐标 t_{k+1} 作为方程(1.106)的根的新的近似(图 1.25)。令 $y=0$ 得到式(1.105)。因此，Newton 法又叫 Newton 切线法，也称为一点二次插值法。

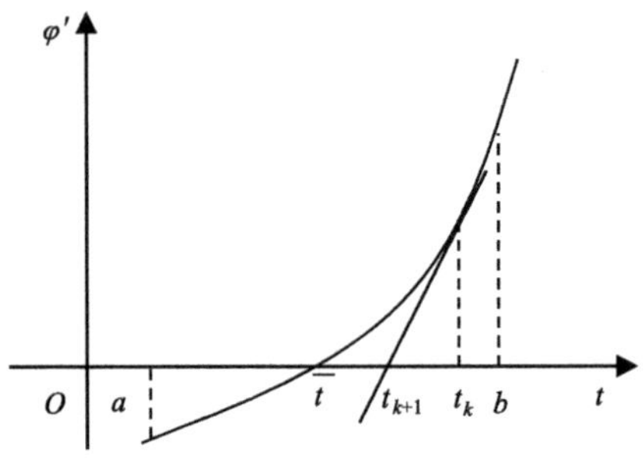

图 1.25　Newton 法

算法 1.5.5 (Newton 法)

(1) 给定初始点x，允许误差$\varepsilon > 0$。

(2) 计算新探索点。$x_1 = x - \varphi'(x) / \varphi''(x)$。

(3) 检查收敛条件。若$|x - x_1| < \varepsilon$，输出x_1，停止计算；否则，$x = x_1$，转(2)。

Newton 法具有二阶局部收敛性，收敛速度快，当初始点靠近最优点时，通常经几次迭代就可得到满足精度要求的点。但因为 Newton 法不具有全局收敛性，所以当初始点远离极小点时，迭代序列可能不收敛于极小点。

Newton 法的计算框图，如图 1.26 所示。

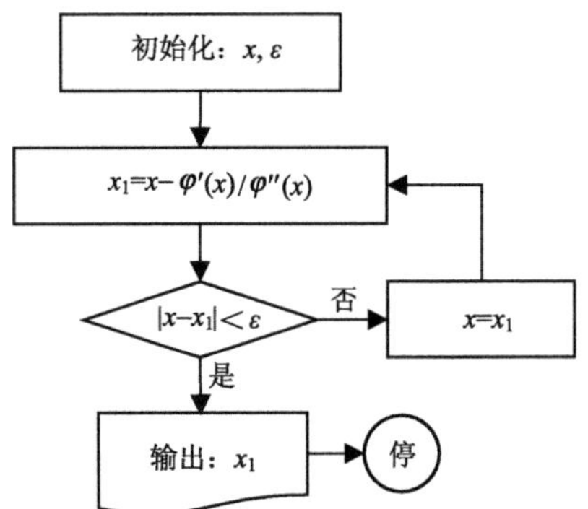

图 1.26　Newton 法的计算框图

下面为 Newton 法的 Fortran 程序。

```
      real*8 function df1(x)
c     目标函数一阶导数子函数
c     这里只是给出一个简单的目标函数例子，例如x**3+2*x**2-5*x
      implicit real*8( a-h, o-z)
      real*8 x
      df1=3*x**2+4*x-5
      return
      end
```

```
      real*8 function df2(x)
c     目标函数二阶导数子函数
      implicit real*8( a-h, o-z)
      real*8 x
      df1=6*x+4
      return
      end
      subroutine newton ( x, x1)
c     Newton法子程序
      implicit real*8( a-h, o-z)
      real*8 x,x1
      epsl=1e-6
      do 10 i= 1,1000
      x1=x-df1(x)/df2(x)
      if(abs(x-x1).lt.epsl)then
      goto 100
      end if
      x=x1
10    continue
100   continue
      return
      end
```

2) 割线法

割线法的基本思想是用区间$[t_{k-1},t_k]$(或$[t_k,t_{k-1}]$)上的割线近似代替目标函数的导函数的曲线，并用该割线与横轴交点的横坐标作为方程(1.106)的根的近似。如图 1.27 所示，区间$[t_{k-1},t_k]$(或$[t_k,t_{k-1}]$)上的割线方程为

$$y-\varphi'(t_k)=\frac{\varphi'(t_k)-\varphi'(t_{k-1})}{t_k-t_{k-1}}(t-t_k)$$

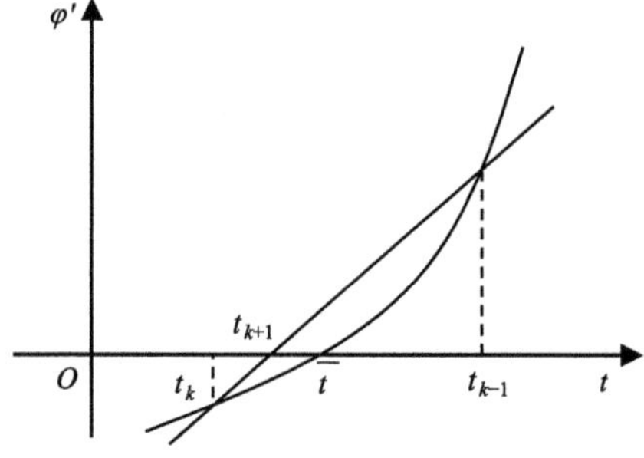

图 1.27　割线法

令 $y=0$，得到割线法的迭代公式：

$$t_{k+1}=t_k-\frac{t_k-t_{k-1}}{\varphi'(t_k)-\varphi'(t_{k-1})}\varphi'(t_k) \tag{1.107}$$

下面给出割线公式(1.107)的推导。首先，构造二次插值函数 $\psi(t)=at^2+bt+c$，且满足插值条件

$$\begin{aligned}\psi'(t_k)&=2at_k+b=\varphi'(t_k)\\ \psi'(t_{k-1})&=2at_{k-1}+b=\varphi'(t_{k-1})\end{aligned} \tag{1.108}$$

解得

$$a=\frac{\varphi'(t_k)-\varphi'(t_{k-1})}{2(t_k-t_{k-1})},\qquad b=\varphi'(t_k)-\frac{\varphi'(t_k)-\varphi'(t_{k-1})}{(t_k-t_{k-1})}t_k$$

若 $\bar{t}$ 为 $\psi(t)$ 的极小点，则 $\psi'(\bar{t})=0$，即 $\bar{t}=-b/2a$，故可得

$$t_{k+1}=-\frac{b}{2a}=t_k-\frac{t_k-t_{k-1}}{\varphi'(t_k)-\varphi'(t_{k-1})}\varphi'(t_k)$$

仿照 Newton 法的算法步骤可以给出割线法的算法步骤。

算法 1.5.6 (割线法)

(1) 给定初始点 x_1，x_2，允许误差 $\varepsilon>0$。

(2) 计算新探索点。$x_3=x_2-(x_2-x_1)\varphi'(x_2)/\left[\varphi'(x_2)-\varphi'(x_1)\right]$。

(3) 检查收敛条件。若 $|x_3-x_2|<\varepsilon$，输出 x_3，停止计算；否则，$x_1=x_2$，$x_2=x_3$，转(2)。

割线法具有超线性局部收敛性，收敛阶约为 1.618，与 Newton 法相比，收敛速度较慢，但不需要计算二阶导数。

割线法的计算框图，如图 1.28 所示。

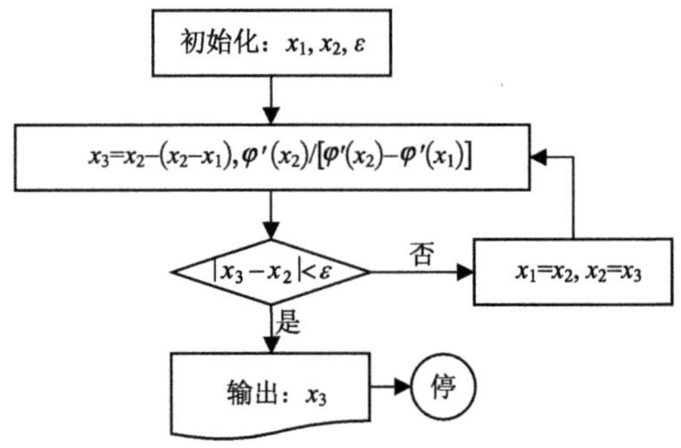

图 1.28 割线法的计算框图

下面为割线法的 Fortran 子程序。

```
subroutine gexian (x1,x2,x3)
implicit real*8( a-h, o-z)
```

```
    real*8 x1,x2,x3
    epsl=1e-6
    do 10 i= 1,1000
    x3=x2-(x2-x1)*df1(x2)/(df1(x2)-df1(x1))
    if(abs(x3-x2).lt.epsl)then
    goto 100
    end if
    x1=x2
    x2=x3
10  continue
100 continue
    return
    end
```

3) 二点二次插值法

已知二点t_k，t_{k+1}，构造二次插值函数满足如下插值条件

$$\begin{aligned}&\psi(t_k)=at_k^2+bt_k+c=\varphi(t_k)\\&\psi(t_{k-1})=at_{k-1}^2+bt_{k-1}+c=\varphi(t_{k-1})\\&\psi'(t_k)=2at_k+b=\varphi'(t_k)\end{aligned} \tag{1.109}$$

解得

$$\alpha=\frac{\varphi(t_k)-\varphi(t_{k-1})-\varphi'(t_k)(t_k-t_{k-1})}{-(t_k-t_{k-1})^2}$$

$$b=\varphi'(t_k)+2\frac{\varphi(t_k)-\varphi(t_{k-1})-\varphi'(t_k)(t_k-t_{k-1})}{-(t_k-t_{k-1})^2}t_k$$

若$\bar{t}$为$\psi(t)$的极小点，则$\psi'(\bar{t})=0$，即$\bar{t}=-b/2a$，故可得二点二次插值公式，如图 1.29 所示。

$$t_{k+1}=-\frac{b}{2a}=t_k-\frac{(t_k-t_{k-1})\varphi'(t_k)}{2\left[\varphi'(t_k)-\dfrac{\varphi(t_k)-\varphi(t_{k-1})}{t_k-t_{k-1}}\right]} \tag{1.110}$$

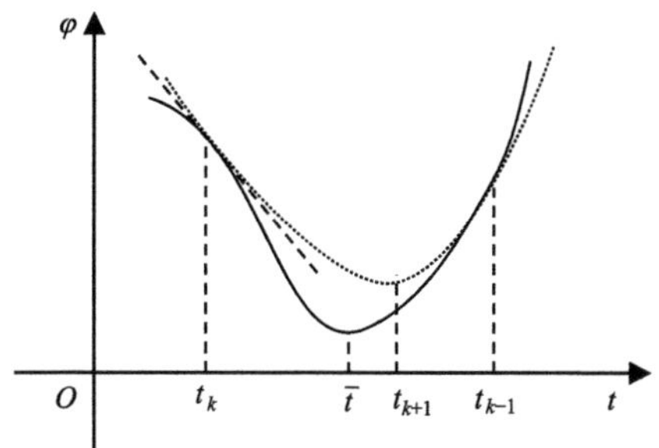

图 1.29　二点二次插值法

在实际计算中二点二次插值公式(1.110)比割线公式(1.107)效果好。实际上，公式(1.107)仅利用了二点处的导数插值条件，而没有利用函数值插值条件；而公式(1.110)既利用了函数值信息(二点处)，也利用了导数信息(一点处)。故二点二次插值法比割线法好。另外，从二阶导数的逼近角度看，在二点二次插值法中，

$$\frac{2\left[\varphi'(t_k)-\dfrac{\varphi(t_k)-\varphi(t_{k-1})}{t_k-t_{k-1}}\right]}{t_k-t_{k-1}}\approx\varphi''(t_k)$$

其逼近的主要误差是 $-\varphi'''(t_k)(t_k-t_{k-1})^3/3$。在割线法中，

$$\frac{\varphi'(t_k)-\varphi'(t_{k-1})}{t_k-t_{k-1}}\approx\varphi'(t_k)$$

其逼近的主要误差是 $-\varphi'''(t_k)(t_k-t_{k-1})^2/2$。由此也可以看出，公式(1.110)比公式(1.107)好。二点二次插值法也具有超线性局部收敛性。

仿照割线法的算法步骤可以给出二点二次插值法的算法步骤。

算法 1.5.7 (二点二次插值法)

(1) 给定初始点 x_1，x_2，允许误差 $\varepsilon>0$。

(2) 计算新探索点。

$$x_3=x_2-\frac{(x_2-x_1)\varphi'(x_2)}{2\left[\varphi'(x_2)-\dfrac{\varphi(x_2)-\varphi(x_1)}{x_2-x_1}\right]}$$

(3) 检查收敛条件。若 $|x_3-x_2|<\varepsilon$，输出 x_3，停止计算；否则，$x_1=x_2$，$x_2=x_3$，转(2)。

二点二次插值法的计算框图，如图 1.30 所示。

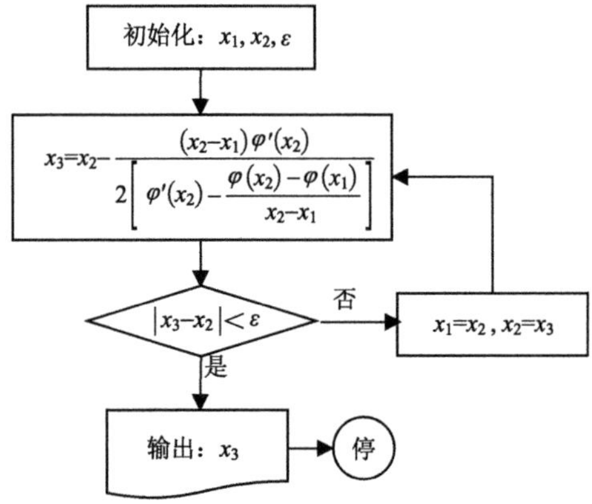

图 1.30　二点二次插值法的计算框图

下面为二点二次插值法的 Fortran 子程序。

```
      real*8 function f(x)
c     目标函数子函数
c     这里只是给出一个简单的目标函数例子，例如x**3+2*x**2-5*x
      implicit real*8( a-h, o-z)
      real*8 x
      f=x**3+2*x**2-5*x
      return
      end
      subroutine chazhi2(x1,x2,x3)
c     二点二次插值法子程序
      implicit real*8( a-h, o-z)
      real*8 x1,x2,x3
      epsl=1e-6
      do 10 i= 1,1000
      x3=x2-(x2-x1)*df1(x2)/(df1(x2)-(f(x2)-f(x1))/(x2-x1))/2.0
      if(abs(x3-x2).lt.epsl)then
      goto 100
      end if
      x1=x2
      x2=x3
10    continue
100   continue
      return
      end
```

4) 抛物线法

抛物线法又叫三点二次插值法，其基本思想是在极小点附近，用二次三项式$\psi(t)$逼近目标函数$\varphi(t)$。设$[a_k,b_k]$为第k次迭代的搜索区间，$t_k \in [a_k,b_k]$，今在$[a_k,b_k]$上取二次插值多项式$\psi(t)=\alpha t^2+\beta t+\gamma$，要求在插值点$a_k,b_k$和$t_k$处$\psi(t)$与$\varphi(t)$有相同的函数值(图 1.31)，然后用$\psi(t)$在$[a_k,b_k]$上的极小点$t_{k+1}$作为$\varphi(t)$在$[a_k,b_k]$上的极小点的估计。故需满足的插值条件为

$$\begin{aligned}\psi(a_k)&=ca_k^2+\beta a_k+\gamma=\varphi(a_k)\\ \psi(t_k)&=cx_k^2+\beta t_k+\gamma=\varphi(t_k)\\ \psi(b_k)&=cb_k^2+\beta b_k+\gamma=\varphi(b_k)\end{aligned}\tag{1.111}$$

解得

$$\alpha=-\frac{(b_k-t_k)\varphi(a_k)+(a_k-b_k)\varphi(t_k)+(t_k-a_k)\varphi(b_k)}{(b_k-t_k)(a_k-b_k)(t_k-a_k)}$$

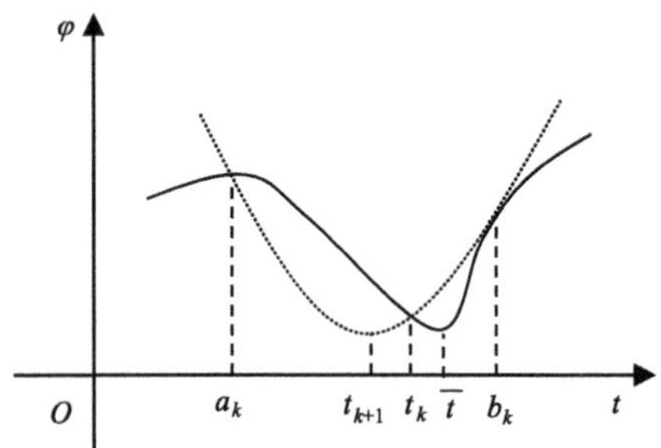

图 1.31　抛物线法

$$\beta=-\frac{\left(b_k^2-t_k^2\right)\varphi(a_k)+\left(a_k^2-b_k^2\right)\varphi(t_k)+\left(t_k^2-a_k^2\right)\varphi(b_k)}{\left(b_k-t_k\right)\left(a_k-b_k\right)\left(t_k-a_k\right)}$$

若$\overline{t}$ 为$\psi(t)$的极小点，则$\psi'(\overline{t})=0$ ，即$\overline{t}=-\beta/2\alpha$ ，故可得

$$t_{k+1}=-\frac{\beta}{2\alpha}$$

整理上式，得到抛物线法的迭代公式：

$$t_{k+1}=\frac{1}{2}\frac{\left(b_k^2-t_k^2\right)\varphi\left(a_k\right)+\left(a_k^2-b_k^2\right)\varphi\left(t_k\right)+\left(t_k^2-a_k^2\right)\varphi\left(b_k\right)}{\left(b_k-t_k\right)\varphi\left(a_k\right)+\left(a_k-b_k\right)\varphi\left(t_k\right)+\left(t_k-a_k\right)\varphi\left(b_k\right)} \tag{1.112}$$

这个公式也可直接利用拉格朗日插值公式

$$L(t)=\frac{\left(t-t_k\right)\left(t-b_k\right)}{\left(a_k-t_k\right)\left(b_k-t_k\right)}\varphi\left(a_k\right)+\frac{\left(t-a_k\right)\left(t-b_k\right)}{\left(t_k-a_k\right)\left(t_k-b_k\right)}\varphi\left(t_k\right)+\frac{\left(t-a_k\right)\left(t-t_k\right)}{\left(b_k-a_k\right)\left(b_k-t_k\right)}\varphi\left(b_k\right)$$

并令$L'(t)=0$得到。

从初始的搜索区间和区间内一点开始，反复利用公式(1.112)，不断用二次插值多项式的极小点来缩短搜索区间，当搜索区间缩短到足够小时，便得到一维无约束极小化问题的近似最优解。抛物线法是超线性收敛的，收敛阶为 1.32，且该方法的优势是不需要计算目标函数导数，只需区间内一点函数值即可完成迭代。

算法 1.5.8 (抛物线法)

(1) 选取初始数据。给定初始搜索区间$\left[x_1,x_2\right]$及初始探索点$x_0\in\left(a,b\right)$，给出允许误差$\varepsilon>0$。$\varphi_1=\varphi\left(x_1\right),\varphi_2=\varphi\left(x_2\right),\varphi_0=\varphi\left(x_0\right)$。

(2) 检查收敛条件。若$\left|x_2-x_1\right|<\varepsilon$，输出$\alpha=x_0$，停止计算；否则，继续(3)。

(3) 计算新探索点。

$$x_g=\frac{1}{2}\frac{\left(x_2^2-x_0^2\right)\varphi_1+\left(x_1^2-x_2^2\right)\varphi_0+\left(x_0^2-x_1^2\right)\varphi_2}{\left(x_2-x_0\right)\varphi_1+\left(x_1-x_2\right)\varphi_0+\left(x_0-x_1\right)\varphi_2},\qquad \varphi_g=\varphi\left(x_g\right)$$

(4) 比较目标函数值。若$\varphi_g\leqslant\varphi_0$，转(5)；否则，转(6)。

(5) 更新搜索区间$\left[x_1,x_2\right]$和探索点x_0。若$x_g\leqslant x_0$，令$x_2=x_0$，$x_0=x_g$，$\varphi_2=\varphi_0$，$\varphi_0=\varphi_g$，转(2)；否则，令$x_1=x_0$，$x_0=x_g$，$\varphi_1=\varphi_0$，$\varphi_0=\varphi_g$，转(2)。

(6) 更新搜索区间$[x_1,x_2]$和探索点x_0。若$x_g \leqslant x_0$，令$x_1 = x_g$，$\varphi_1 = \varphi_g$，转(2)；否则，令$x_2 = x_g$，$\varphi_2 = \varphi_g$，转(2)。

从上述算法步骤中可以看出，由于保证了

$$x_1 < x_0 < x_2, \qquad \varphi(x_1) > \varphi(x_0) < \varphi(x_2)$$

因此保证了插值多项式$\psi(t)$的极小点x_g在区间$[x_1,x_2]$中。

抛物线法的计算框图，如图 1.32 所示。

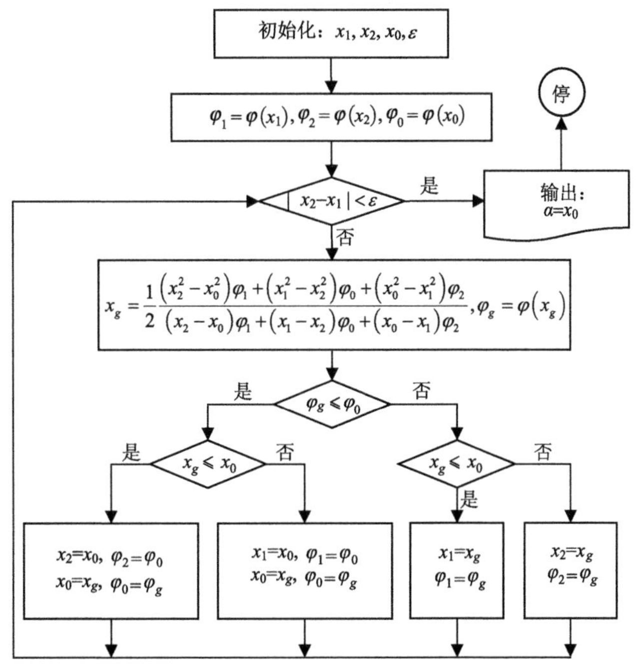

图 1.32　抛物线法的计算框图

下面为抛物线法的 Fortran 子程序

```
subroutine chazhi3(n, xk, pk, aleft, bright, cmiddle, alfa)
implicit real*8(a-h, o-z)
real*8 xk(200),pk(200),xk1(200),xk2(200),xk0(200),xkg(200)
real*8 xkj(200)
epsl1=1e-4
epsl2=1e-30
x1=aleft
x2=bright
x0=cmiddle
do 11 i=1,n
xk1(i)=xk(i)+x1*pk(i)
```

```
    xk2(i)=xk(i)+x2*pk(i)
    xk0(i)=xk(i)+x0*pk(i)
11  continue
    call func(n, xk1, f1)
    call func(n, xk2, f2)
    call func(n, xk0, f0)
    do10 iter=1,1000
    if(abs(x1-x2).lt.epsl1)then
      goto 1000
    end if
    fm=(x2-x0)*f1+(x1-x2)*f0+(x0-x1)*f2
    if(abs(fm).lt.epsl2)then
    goto 1000
    end if
    fz=(x2*x2-x0*x0)*f1+(x1*x1-x2*x2)*f0+(x0*x0-x1*x1)*f2
    fz=fz/2
    xg=fz/fm
    do 21 i=1,n
    xkg(i)=xk(i)+xg*pk(i)
21  continue
    call func(n, xkg,fg)
    if(abs(f0-fg).lt.1e-30)then
    write(*,*) '|f0-fg|<1e-30'
    goto 500
    end if
    if(f0-fg.lt.0)then
    if((x0-xg).lt.0)then
    x2=xg
    f2=fg
    else
    x1=xg
    f1=fg
    end if
    goto 10
    else
    if((x0-xg).gt.0)then
    x2=x0
    x0=xg
```

```
      f2=f0
      f0=fg
      else
      x1=x0
      x0=xg
      f1=f0
      f0=fg
      end if
      goto 10
      end if
500   continue
      if (abs(x0-xg).lt.1e-30)then
      write(*,*) '|x0-xg|<1e-30'
      goto 600
      end if
      if((x0-xg).lt.0)then
      x1=x0
      x2=xg
      f1=f0
      f2=fg
      x0=(x1+x2)/2
      do 22 i=1,n
      xk0(i)=xk(i)+x0*pk(i)
22    continue
      call func(n,xk0,f0)
      else
      x1=xg
      x2=x0
      f1=fg
      f2=f0
      x0=(x1+x2)/2
      do 23 i=1,n
      xk0(i)=xk(i)+x0*pk(i)
23    continue
      call func (n, xk0, f0)
      end if
      goto 10
600   continue
```

```
      xj=(x1+x0)/2
      do 25 i=1,n
      xkj(i)=xk(i)+xj*pk(i)
25    continue
      call func(n,xkj,fj)
      if((fj-f0).lt.1e-30)then
      x2=x0
      x0=xj
      f2=f0
      f0=fj
      elseif((fj-f0).gt.1e-30)then
      x1=xj
      f1=fj
      else
      x1=xj
      x2=x0
      f1=fj
      f2=f0
      x0=(x1+x2)/2
      do 24 i=1,n
      xk0(i)=xk(i)+x0*pk(i)
24    continue
      call func(n,xk0,f0)
      end if
      goto 10
10    continue
1000  continue
      alfa=x0
      return
      end
```

5) 二点三次插值法

二点三次插值法是用一个三次四项式来逼近被极小化的函数 $\varphi(t)$，这个四项式的四个系数要由四个条件来确定。我们可以利用四点的函数值，可以利用三点函数值和一点的导数值，也可以利用二点的函数值和导数值。三次插值法虽然比二次插值法有较好的收敛效果，但通常要求计算导数值，且工作量比二次插值法大。所以，当导数易求时，用三次插值法较好。下面介绍常用的二点三次插值法，该方法具有二阶收敛特性。

用函数 $\varphi(t)$ 在 a_k ，b_k 二点的函数值 $\varphi(a_k)$，$\varphi(b_k)$ 和导数值 $\varphi'(a_k)$，$\varphi'(b_k)$ 来构造

三次函数。为方便起见，取三次四项式为

$$\psi(t)=c_1(t-a_k)^3+c_2(t-a_k)^2+c_3(t-a_k)+c_4 \tag{1.113}$$

四个插值条件为

$$\begin{aligned}&\psi(a_k)=c_4=\varphi(a_k)\\&\psi'(a_k)=c_3=\varphi'(a_k)\\&\psi(b_k)=c_1(b_k-a_k)^3+c_2(b_k-a_k)^2+c_3(b_k-a_k)+c_4=\varphi(b_k)\\&\psi'(b_k)=3c_1(b_k-a_k)^2+2c_2(b_k-a_k)+c_3=\varphi'(b_k)\end{aligned} \tag{1.114}$$

若 $\overline{t}$ 为 $\psi(t)$ 的极小点，则 $\psi'(\overline{t})=0$，即求

$$\psi'(\overline{t})=3c_1(\overline{t}-a_k)^2+2c_2(\overline{t}-a_k)+c_3=0 \tag{1.115}$$

的根。由极小点的充分条件，有

$$\psi''(\overline{t})=6c_1(\overline{t}-a_k)+2c_2>0 \tag{1.116}$$

解方程(1.115)得二根为

$$\overline{t}=a_k+\frac{-c_2\pm\sqrt{c_2^2-3c_1c_3}}{3c_1},\quad c_1\neq 0 \tag{1.117a}$$

$$\overline{t}=a_k-\frac{c_3}{2c_2},\quad c_1=0 \tag{1.117b}$$

将式(1.117a)代入式(1.116)可知

$$2\left(-c_2\pm\sqrt{c_2^2-3c_1c_3}\right)+2c_2=\pm2\sqrt{c_2^2-3c_1c_3}>0 \tag{1.118}$$

故应取正号。这样，我们可将解的表达式(1.117a)和(1.117b)合并，于是 $\psi(t)$ 的极小点为

$$\overline{t}=a_k+\frac{-c_2+\sqrt{c_2^2-3c_1c_3}}{3c_1}=a_k-\frac{c_3}{c_2+\sqrt{c_2^2-3c_1c_3}} \tag{1.119}$$

在式(1.119)中极小点 $\overline{t}$ 是用 c_1，c_2，c_3 表示的。下面我们用 a_k,b_k 二点处的信息 $\varphi(a_k)$，$\varphi(b_k)$，$\varphi'(a_k)$，$\varphi'(b_k)$ 将 $\overline{t}$ 表示出来。

根据式(1.114)，设

$$\begin{aligned}&s=3\frac{\varphi(b_k)-\varphi(a_k)}{b_k-a_k}=3\left[c_1(b_k-a_k)^2+c_2(b_k-a_k)+c_3\right]\\&z=s-\varphi'(a_k)-\varphi'(b_k)=c_2(b_k-a_k)+c_3\\&w^2=z^2-\varphi'(a_k)\varphi'(b_k)=(b_k-a_k)^2\left(c_2^2-3c_1c_3\right)\end{aligned}$$

则

$$(b_k-a_k)c_2=z-c_3,\qquad \sqrt{c_2^2-3c_1c_3}=\frac{w}{b_k-a_k}$$

故

$$c_2+\sqrt{c_2^2-3c_1c_3}=\frac{z+w-c_3}{b_k-a_k}$$

利用 $c_3=\varphi'(a_k)$，式(1.119)可以写成

$$\overline{t}-a_k=\frac{-(b_k-a_k)\varphi'(a_k)}{z+w-\varphi'(a_k)} \tag{1.120}$$

或者

$$\begin{aligned}\overline{t}-a_k&=\frac{-(b_k-a_k)\varphi'(a_k)\varphi'(b_k)}{\left[z+w-\varphi'(a_k)\right]\varphi'(b_k)}\\&=\frac{-(b_k-a_k)(z^2-w^2)}{(z+w)\varphi'(b_k)-(z^2-w^2)}\\&=\frac{(b_k-a_k)(w-z)}{\varphi'(b_k)-z+w}\end{aligned} \tag{1.121}$$

注意到上式的分母可能为零，我们将式(1.120)和式(1.121)右端的分子、分母分别相加，得

$$\overline{t}=a_k+(b_k-a_k)\frac{w-\varphi'(a_k)-z}{\varphi'(b_k)-\varphi'(a_k)+2w} \tag{1.122}$$

在式(1.122)中分母 $\varphi'(b_k)-\varphi'(a_k)+2w\neq 0$ 。事实上，由于 $\varphi'(a_k)<0$ ， $\varphi'(b_k)>0$,故 $w^2=z^2-\varphi'(a_k)\varphi'(b_k)>0$， $2w>0$，从而分母 $\varphi'(b_k)-\varphi'(a_k)+2w>0$ 。

由式(1.122)，可得二点三次插值法的迭代公式，由图 1.33 可知：

$$t_k=a_k+(b_k-a_k)\frac{w-\varphi'(a_k)-z}{\varphi'(b_k)-\varphi'(a_k)+2w}$$

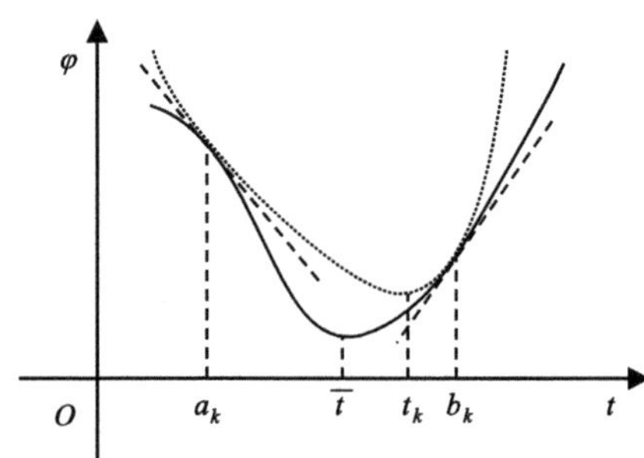

图 1.33 二点三次插值法

算法 1.5.9 (二点三次插值法)

(1) 选取初始数据。给定初始搜索区间 $[x_1,x_2]$，且满足 $\varphi'(x_1)<0$ ， $\varphi'(x_2)>0$ ，给出允许误差 $\varepsilon>0$ 。

(2) 计算新探索点。

$$s = 3\frac{\varphi(x_2) - \varphi(x_1)}{x_2 - x_1}$$

$$z = s - \varphi'(x_1) - \varphi'(x_2)$$

$$w^2 = z^2 - \varphi'(x_1)\varphi'(x_2)$$

$$x_0 = x_1 + (x_2 - x_1)\frac{w - \varphi'(x_1) - z}{\varphi'(x_2) - \varphi'(x_1) + 2w}$$

(3) 检查收敛条件。若$|x_2 - x_1| < \varepsilon$或$\varphi'(x_0) = 0$，输出$x_0$，停止计算；否则，继续(4)。

(4) 更新搜索区间$[x_1, x_2]$。若$\varphi'(x_0) < 0$，令$x_1 = x_0$，转(2)；否则，令$x_2 = x_0$，转(2)。

二点三次插值法的计算框图，如图 1.34 所示。

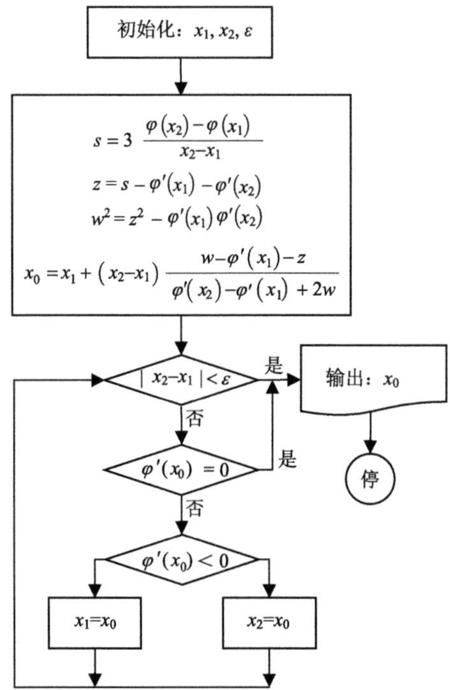

图 1.34　二点三次插值法的计算框图

下面为二点三次插值法的 Fortran 子程序。

```
subroutine chazhi4(x1,x2,x0)
implicit real*8( a-h, o-z)
real*8 x1,x2,x0
epsl=1e-6
do 10 i= 1,1000
s=3*(f(x2)-f(x1))/(x2-x1)
z=s- df1(x1)- df1(x2)
```

```
      w=sqrt(z**2- df1(x1)* df1(x2))
      x0=x1+(x2-x1)*(w- df1(x1)-z)/(df1(x2)-df1(x1)+2*w)
      if(abs(x2-x1).lt.epsl)then
      goto 100
      elseif (abs(df1(x0)).lt.1e-10)then
      goto 100
      elseif (df1(x0).lt.0.0)then
      x1=x0
      else
      x2=x0
      end if
10    continue
100   continue
      return
      end
```

1.5.2　非精确线性搜索算法

精确搜索往往计算量很大，特别是当迭代点远离最优解时，效率很低。而且，很多最优化算法，例如牛顿法和共轭梯度法，其收敛速度并不依赖于精确一维搜索过程。所以，我们应着眼于保证目标函数在每次迭代有满意的下降量的方法，这就是非精确线性搜索方法或可接受一维搜索方法，它可以大大节省计算量。

1. Armijo-Goldstein 非精确线性搜索

设 $J=\{\alpha>0 | f(\boldsymbol{x}_k+\alpha d_k)<f(\boldsymbol{x}_k)\}$，则如图 1.35 所示，区间 $J=(0,a)$。为保证目标函数 f 的下降不是太小(如果 f 的下降太小，就可能导致序列 $\{f(x_k)\}$ 的极限值不是极小值)，必须避免所选择的 α 太靠近区间 J 的端点。一个合理的要求是，必须避免步长 α 太靠近区间 J 的端点。

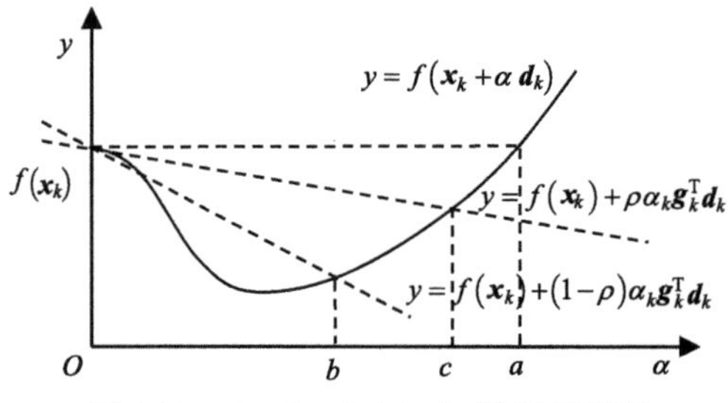

图 1.35　Armijo-Goldstein 准则示意图

因 $\boldsymbol{d}_k$ 为 f 在 $\boldsymbol{x}_k$ 处的一个下降方向，记 $\boldsymbol{g}_k=\nabla f(\boldsymbol{x}_k)$，则

$$\phi'(0)=\boldsymbol{g}_k^{\mathrm{T}}\boldsymbol{d}_k<0 \tag{1.123}$$

因此，为了使步长α不在区间J的两端，可选择合适的ρ，满足

$$f(\boldsymbol{x}_k+\alpha_k d_k)<f(\boldsymbol{x}_k)+\rho\alpha_k g_k^{\mathrm{T}} d_k \tag{1.124}$$

$$f(\boldsymbol{x}_k+\alpha_k d_k)\geqslant f(\boldsymbol{x}_k)+(1-\rho)\alpha_k g_k^{\mathrm{T}} d_k \tag{1.125}$$

满足式(1.124)和式(1.125)要求的区间$\boldsymbol{J}_1=[b,c]$称为可接受区间。我们把式(1.124)和式(1.125)称为 Armijo-Goldstein 非精确线性搜索准则，简称 Armijo-Goldstein 准则。一旦所得到的步长因子α满足式(1.124)和式(1.125)，我们就称它为可接受步长因子。如图 1.35 所示，若$b<c$，则$\rho<1-\rho$，即$0<\rho<0.5$。

算法 1.5.10 (Armijo-Goldstein 非精确线性搜索)

(1) 选取初始数据。给定初始搜索区间$[x_1,x_2]=[0,\infty)$(或$[0,\alpha_{\max}]$)及初始探索点$\boldsymbol{x}_0$，并给定可接受系数$\rho\in(0,0.5)$，增大探索点系数$t>1$。

(2) 检验准则。若$\varphi(x_0)\leqslant\varphi(x_1)+\rho x_0\varphi'(x_1)$，转(3)；否则，令$x_2=x_0$，转(4)。

(3) 检验准则。若$\varphi(x_0)\geqslant\varphi(x_1)+(1-\rho)x_0\varphi'(x_1)$，输出$x_0$，停止计算；否则，令$x_1=x_0$，转(4)。

(4) 计算新探索点。若$x_2<+\infty, x_0=(x_1+x_2)/2$，转(2)；否则，$x_0=tx_0$，转(2)。

Armijo-Goldstein 非精确线性搜索的计算框图，如图 1.36 所示。

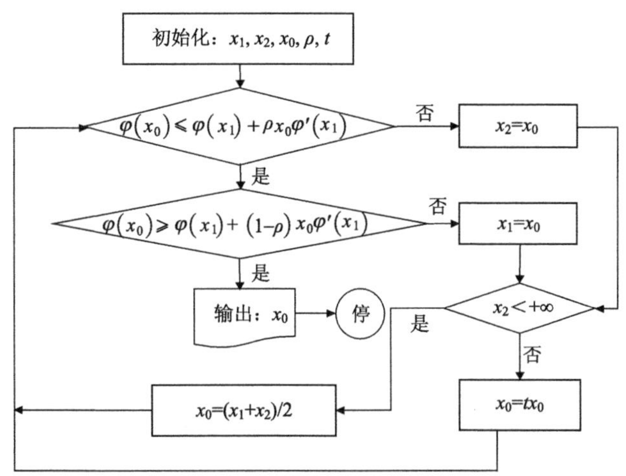

图 1.36　Armijo-Goldstein 非精确线性搜索的计算框图

下面为 Armijo-Goldstein 非精确线性搜索的 Fortran 子程序。

```
subroutine armijo(x1,x2,x0)
implicit real*8( a-h, o-z)
real*8 x1,x2,x0
p=0.1
t=1.2
do 10 i= 1,1000
```

```
    if(f(x0).lt.(f(x1)+p*x0*df1(x1)))then
    if (f(x0).gt. (f(x1)+(1-p)*x0*df1(x1)))then
    goto 100
    else
    x1=x0
    end if
    else
    x2=x0
    end if
    if (x2.lt.1e30)then

    x0=(x1+x2)/2
    else
    x0=t*x0
    end if
10  continue
100 continue
    return
    end
```

2. Wolfe-Powell 非精确线性搜索

如图 1.35 所示，Armijo-Goldstein 准则有可能把最优步长排除在可接受区间外面，为此，Wolfe 和 Powell 给出了一个更简单的条件代替式(1.125)：

$$\boldsymbol{g}_{k+1}^{\mathrm{T}}\boldsymbol{d}_k \geqslant \sigma \boldsymbol{g}_k^{\mathrm{T}}\boldsymbol{d}_k,\quad \sigma \in (\rho,1) \tag{1.126a}$$

亦即

$$\varphi'(\alpha_k) = \nabla f(\boldsymbol{x}_k + \alpha_k \boldsymbol{d}_k)^{\mathrm{T}} \boldsymbol{d}_k \geqslant \sigma \nabla f(\boldsymbol{x}_k)^{\mathrm{T}} \boldsymbol{d}_k = \sigma\varphi'(0) > \varphi'(0) \tag{1.126b}$$

其几何解释是在可接受点处切线的斜率 $\varphi'(\alpha_k)$ 大于或等于初始斜率 $\varphi'(0)$ 的 σ 倍。我们把式(1.124)和式(1.126)称为 Wolfe-Powell 非精确线性搜索准则，简称 Wolfe-Powell 准则，如图 1.37 所示。

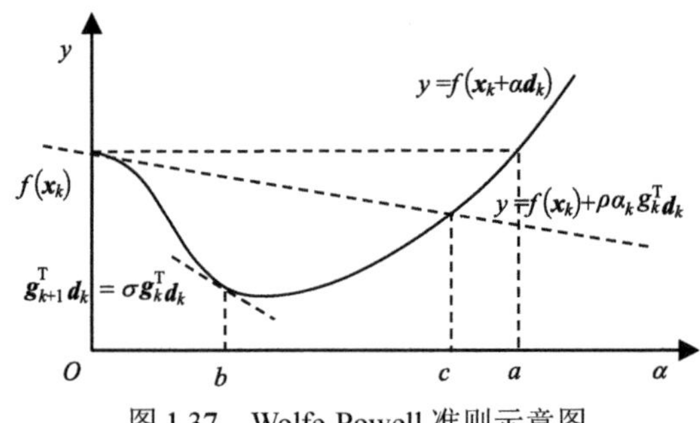

图 1.37　Wolfe-Powell 准则示意图

一般地，σ 值越小，线性搜索越精确。取 $\sigma=0.1$，就得到一个相当精确的线性搜索，而取 $\sigma=0.9$，则得到一个相当弱的线性搜索。不过，σ 值越小，计算量越大，而非精确线性搜索不要求过小的 σ，通常可取 $\rho=0.1$，$\sigma=0.4$。

如图 1.38 所示，强 Wolfe-Powell 非精确线性搜索要求 α_k 满足(1.124)和下式

$$\left|\boldsymbol{g}_{k+1}^{\mathrm{T}}\boldsymbol{d}_k\right|\leqslant\sigma\left|\boldsymbol{g}_k^{\mathrm{T}}\boldsymbol{d}_k\right|,\quad \sigma\in(\rho,1) \tag{1.127a}$$

亦即

$$|\varphi'(\alpha_k)|\leqslant\sigma|\varphi'(0)|,\quad \sigma\in(\rho,1) \tag{1.127b}$$

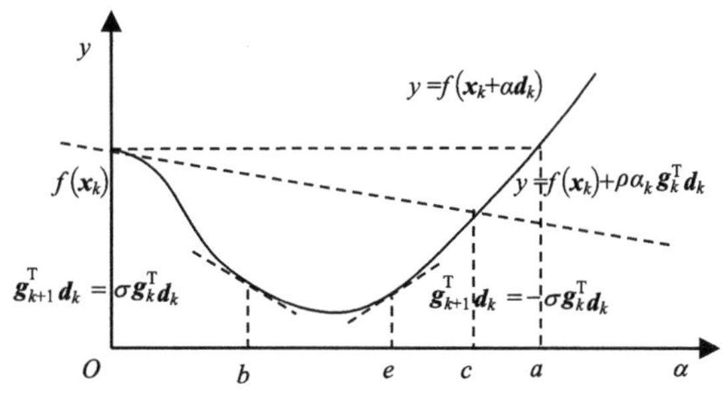

图 1.38　强 Wolfe-Powell 准则示意图

已知精确线性搜索满足正交条件 $\boldsymbol{g}_{k+1}^{\mathrm{T}}\boldsymbol{d}_k=0$。在(1.127a)中，当 $\sigma=0$ 时，必有 $\boldsymbol{g}_{k+1}^{\mathrm{T}}\boldsymbol{d}_k=0$。因此，强 Wolfe-Powell 非精确线性搜索可以看成是精确线性搜索的推广，故在很多算法中也常使用强 Wolfe-Powell 非精确线性搜索。不等式(1.127a)实质上是

$$\sigma\boldsymbol{g}_k^{\mathrm{T}}\boldsymbol{d}_k\leqslant\boldsymbol{g}_{k+1}^{\mathrm{T}}\boldsymbol{d}_k\leqslant-\sigma\boldsymbol{g}_k^{\mathrm{T}}\boldsymbol{d}_k$$

如图 1.39 所示，推广的 Wolfe 线性搜索要求 α_k 满足式(1.124)和下式

$$\sigma_1\boldsymbol{g}_k\boldsymbol{d}_k\leqslant\boldsymbol{g}_{k+1}^{\mathrm{T}}\boldsymbol{d}_k\leqslant-\sigma_2\boldsymbol{g}_k^{\mathrm{T}}\boldsymbol{d}_k \tag{1.128a}$$

亦即

$$\sigma_1\varphi'(0)\leqslant\varphi'(\alpha_k)\leqslant-\sigma_2\varphi'(0) \tag{1.128b}$$

其中 $\sigma_1\in(\sigma,1)$，$\sigma_2\geqslant 0$。当 $\sigma_1=\sigma_2$ 时，推广的 Wolfe 线性搜索就是强 Wolfe 线性搜索；当 $\sigma_1=+\infty$ 时，推广的 Wolfe 线性搜索就是 Wolfe 线性搜索。

算法 1.5.11 (Wolfe-Powell 非精确线性搜索)

(1) 选取初始数据。给定初始搜索区间 $[x_1,x_2]=[0,\infty)$ (或 $[0,\alpha_{\max}]$) 及初始探索点 x_0，并给定可接受系数 $\rho\in(0,0.5)$ 和系数 $\sigma\in(\rho,1)$。

(2) 检验准则，计算新探索点。若 $\varphi(x_0)\leqslant\varphi(x_1)+\rho x_0\varphi'(x_1)$，转(3)；否则，令 $x_2=x_0$，利用二次插值公式，可得

$$x_0=x_1+\frac{1}{2}\frac{x_0-x_1}{1+\dfrac{\varphi(x_1)-\varphi(x_0)}{(x_0-x_1)\varphi'(x_1)}}，\text{转(2)}$$

(3) 检验准则，计算新探索点。若 $\varphi'(x_0)\geqslant\sigma\varphi'(0)$，输出 x_0，停止计算；否则，令 $x_1=x_0$，

利用二次插值公式，可得

$$x_0 = x_0 + \frac{(x_0 - x_1)\varphi'(x_0)}{\varphi'(x_1) - \varphi'(x_0)}，转(2)$$

Wolfe-Powell 非精确线性搜索的计算框图，如图 1.39 所示。

从图 1.36 与图 1.39 两种算法框图中可以看出，这两种方法是类似的，只是在准则不成立而需计算新探索点时，一个利用了简单的求区间中点的方法，另一个采用了二次插值方法。实际上，可以采用其他方法来确定新探索点。

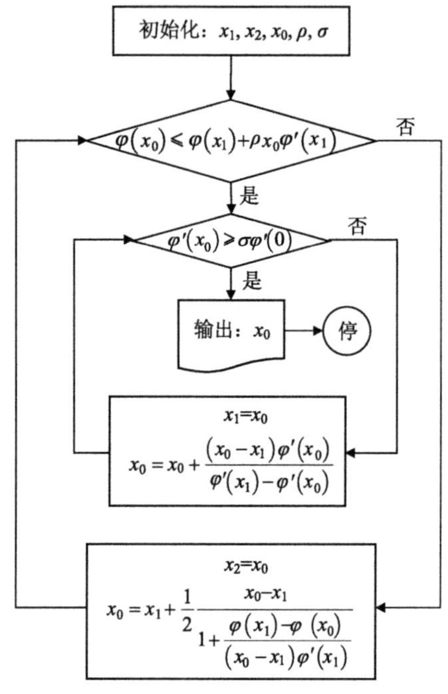

图 1.39 Wolfe-Powell 非精确线性搜索的计算框图

下面为 Wolfe-Powell 非精确线性搜索的 Fortran 子程序。

```
subroutine wolfe(x1,x2,x0)
implicit real*8( a-h, o-z)
real*8 x1,x2,x0
p=0.1
q=0.4
do 10 i= 1,1000
if(f(x0).lt.(f(x1)+p*x0*df1(x1)))then
if (df1(x0).gt.q*df1(0.0))then
goto 100
else
```

```
    x1=x0
    x0=x0+(x0-x1)*df1(x0)/(df1(x1)-df1(x0))
    end if
    else
    x2=x0
    x0=x1+0.5*(x0-x1)/(1+(f(x1)-f(x0))/((x0-x1)*df1(x1)))
    end if
10  continue
100 continue
    return
    end
```

3. 简单准则与后退法

在实际中有时仅采用准则式(1.124)，并要求α不太小。我们把仅用准则式(1.124)的做法叫做简单准则，利用简单准则的非精确线性搜索方法称为后退法。其基本思想是，开始令$\alpha=1$，如果$\boldsymbol{x}_k+\alpha_k\boldsymbol{d}_k$不可接受，则减少$\alpha$ (即后退)，一直到$\boldsymbol{x}_k+\alpha_k\boldsymbol{d}_k$可接受为止。

算法 1.5.12 (后退法)

(1) 选取初始数据。给定初始搜索区间$[x_1,x_2]=[0,\infty)$及初始探索点x_0=1 且$\rho\in(0,0.5)$，$0<l<u<1$。

(2) 检验准则。若$\varphi(x_0)\leqslant\varphi(x_1)+\rho x_0\phi(x_1)$，输出$x_0$，停止计算；否则，转(3)。

(3) 计算新探索点。令$x_0=wx_0$，$x_0\in[l,u]$，转(2)。

1.6　最优化方法

求解最优化问题的过程，本质上是通过一系列方向的连续搜索来实现的。在这一过程中，如何确定搜索方向成为最优化方法的核心所在，且不同的方向选择衍生出多样的优化策略。最优化方法主要分为两大类：解析法和直接法。解析法基于目标函数的解析特性，即利用目标函数的一阶和二阶导数信息来构造搜索方向。这类方法包括最速下降法、牛顿法、共轭梯度法、拟牛顿法和信赖域法等。这些方法通过精确地利用导数信息，能够高效地指导搜索过程。直接法则不依赖于目标函数的导数信息，而是直接依据目标函数值来建立搜索方向。此类方法包括坐标轮换法、模式搜索法、旋转方向法、Wolfe-Powell 法和单纯形调优法等。直接法的优势在于其对导数信息的独立性，特别适用于那些难以获取导数信息的问题。本书将专注于对解析法算法的详细讨论，深入探讨如何利用目标函数的解析性质来设计高效的最优化算法。

1.6.1　最速下降法

最速下降法作为无约束优化问题求解中一种经典且历史悠久的方法，尽管在现代应用中可能已不再具备实用性，但它在优化算法的研究和发展中占据着基石的地位。许多高效的现代算法都是在最速下降法的基础上，通过不断改进和修正演化而来的。最速下降法的核心思想是利用负梯度方向作为搜索方向，即 $\boldsymbol{d}_k=-\nabla f(\boldsymbol{x}_k)$，故也称为梯度法。

设函数 $f(\boldsymbol{x})$ 在 $\boldsymbol{x}_k$ 附近连续可微，且 $\boldsymbol{g}_k=\nabla f(\boldsymbol{x}_k)\neq 0$ 。由一阶 Taylor 展开式

$$f(\boldsymbol{x})=f(\boldsymbol{x}_k)+(\boldsymbol{x}-\boldsymbol{x}_k)^{\mathrm{T}}\nabla f(\boldsymbol{x}_k)+o(\|\boldsymbol{x}-\boldsymbol{x}_k\|)$$

可知， 若记 $\boldsymbol{x}-\boldsymbol{x}_k=\alpha\boldsymbol{d}_k$， $\alpha>0$，则满足 $\boldsymbol{d}_k^{\mathrm{T}}\boldsymbol{g}_k<0$ 的方向 $\boldsymbol{d}_k$ 必是下降方向。当 α 取定后， $\left|\boldsymbol{d}_k^{\mathrm{T}}\boldsymbol{g}_k\right|$ 的值越大，函数下降得越快。由 Cauchy-Schwarz 不等式

$$\left|\boldsymbol{d}_k^{\mathrm{T}}\boldsymbol{g}_k\right|\leqslant\|\boldsymbol{d}_k\|\cdot\|\boldsymbol{g}_k\|$$

故当且仅当 $\boldsymbol{d}_k=-\boldsymbol{g}_k$ 时， $\left|\boldsymbol{d}_k^{\mathrm{T}}\boldsymbol{g}_k\right|$ 最大，从而称 $-\nabla f(\boldsymbol{x}_k)$ 是最速下降方向。

因此，最速下降法的迭代格式为

$$\boldsymbol{d}_k=-\nabla f(\boldsymbol{x}_k)$$
$$\boldsymbol{x}_{k+1}=\boldsymbol{x}_k+\alpha_k\boldsymbol{d}_k$$

算法 1.6.1 (最速下降法)

(1) 选取初始数据。选取初始点 $\boldsymbol{x}_0$，给定允许误差 $\varepsilon>0$，令 k=0。

(2) 检查是否满足终止准则。计算 $\nabla f(\boldsymbol{x}_k)$，若 $\|\nabla f(\boldsymbol{x}_k)\|<\varepsilon$，迭代终止， $\boldsymbol{x}_k$ 为近似最优解；否则，转(3)。

(3) 进行线性搜索。取 $\boldsymbol{d}_k=-\nabla f(\boldsymbol{x}_k)$， 求 α_k 和 $\boldsymbol{x}_{k+1}$， 使得 $\boldsymbol{x}_{k+1}=\boldsymbol{x}_k+\alpha_k\boldsymbol{d}_k$， $f(\boldsymbol{x}_0+\alpha\boldsymbol{d}_0)=\min\limits_{\alpha\geqslant 0}f(\boldsymbol{x}_0+\alpha\boldsymbol{d}_0)$，令 $k:=k+1$，返回(2)。

最速下降法的计算框图如图 1.40 所示。

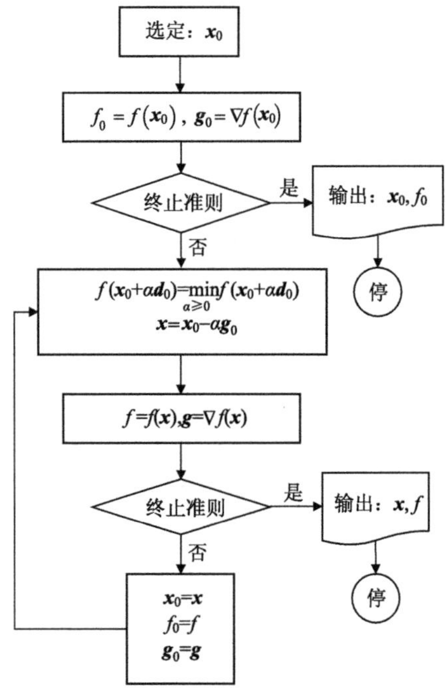

图 1.40　最速下降法的计算框图

下面为最速下降法的 Matlab 程序。

(1) 目标函数。

```
function y=f(x)
if(length(x)==1)
   global xk;
   global pk;
   x=xk+x*pk;
end
y=100*(x(2)-x(1)^2)^2+(1-x(1))^2;
```

(2) 用数值微分法计算梯度。

```
function g=shuzhiweifenfa(x)
for i = 1:length(x)
   m=zeros(1,length(x));
   m(i)=(10^-6)/2;
   g(i)=f(x+m)-f(x-m);
end
g=g/10^-6;
```

(3) 进退法。

```
[a_left,c_middle,b_right]=jintuifa(x0,h)
function  [a_left,c_middle,b_right]=jintuifa(x0,h)
a_left=0;
c_middle=0;
b_right=0;
%step1
fx0=f(x0);
%step2
x1=x0+h;
fx1=f(x1);
if(fx1<=fx0)
    while(1)
        %step3
        h=2*h;
        if(h>100000000)
            fprint('算法失效');
            return;
        end
        x2=x1+h;
        fx2=f(x2);
```

```
        if(fx1<=fx2)
            a_left=x0;
            c_middle=x1;
            b_right=x2;
            return
        end
        %step4
        x0=x1;
        x1=x2;
        fx0=fx1;
        fx1=fx2;
    end
else
    while(1)
        %step5
        h=2*h;
        if(h>100000000)
            fprint('算法失效');
            return;
        end
        x2=x0-h;
        fx2=f(x2);
        if(fx0<=fx2)
            a_left=x2;
            c_middle=x0;
            b_right=x1;
            return
        end
        %step6
        x1=x0;
        x0=x2;
        fx1=fx0;
        fx0=fx2;
    end
end
```

(4) 黄金分割法(0.618 法)。

```
%x=huangjinfenge(a,b,e)
function x=huangjinfenge(a,b,e)
```

```
c=1;
%step1
while(c)
    c=0;
    x1=a+0.382*(b-a);
    f1=f(x1);
    x2=a+0.618*(b-a);
    f2=f(x2);
    while(1)
        %step2
        if(abs(b-a)<=e)
            x=(a+b)/2;
            return;
        end
        %step3
        if(f1<f2)
            b=x2;
            x2=x1;
            f2=f1;
            x1=a+0.382*(b-a);
            f1=f(x1);
        else
            if(f1<=f2)
                a=x1;
                b=x2;
                c=1;
                break;
            else
                a=x1;
                x1=x2;
                f1=f2;
                x2=a+0.618*(b-a);
                f2=f(x2);
            end
        end
    end
end
```

(5) Wolfe-Powell 非精确线性搜索。

```
function a=Wolfe_Powell(x,pk)
%step 1
u=0.1;
b=0.5;
a=1;
n=0;
m=10^100;
%step 2
fx=f(x);
g=shuzhiweifenfa(x);
while 1
    xk=x+a*pk;
    fxk=f(xk);
    gk=shuzhiweifenfa(xk);
    if (fx-fxk)>=(-u*a*g*pk.')%(3-1)
        if (gk*pk.')>=(b*g*pk.')%(3-2)
            return;
        else
            %step 4
            n=a;
            a=min(2*a,(a+m)/2);
        end
    else
        %step 3
        m=a;
        a=(a+n)/2;
    end
end
```

(6) 最速下降法。

```
function x=zuisuxiajiangfa(e,x,s)
% e为迭代停止的精度，x为迭代点。
% s代表采用的一维搜索方法，0为精确搜索，其他值为非精确搜索。
%step 1
%没用到k，只存储当前迭代的值。
global xk;
global pk;
while 1
```

```
    %step 2
    g=shuzhiweifenfa(x);
    %step 3
    %范数用的是平方和开根号
    if sqrt(sum(g.^2))<=e
       return;
    end
    pk=-g;
    xk=x;
    %一维搜索
    If s==0
       [a,b,c]=jintuifa(0,0.1);
       a=huangjinfenge(a,c,10^-4);
    else
       a=Wolfe_Powell(x,pk);
    end
    %step 4
    x=x+a*pk;
end
```

(7) 程序调用。

```
clear
clc
for i=1:2
    if(i==1)
       x=[-1,1];
       fprintf('==========================');
       fprintf('\nx=%f\t\t%f\n',x(1),x(2));
       fprintf('==========================\n');
    else
       x=[-1.2,1];
       fprintf('==========================');
       fprintf('\nx=%f\t\t%f\n',x(1),x(2));
       fprintf('==========================\n');
    end
    fprintf('精确搜索的最速下降法:\n');
    x_=zuisuxiajiangfa (10^-3,x,0);
    fprintf('x*=%f\t%f\n',x_(1),x_(2));
    fprintf('f(x)=%f\n',f(x_));
```

```
    fprintf('非精确搜索的最速下降法\n');
    x_=zuisuxiajiangfa (10^-3,x,1);
    fprintf('x*=%f\t%f\n',x_(1),x_(2));
    fprintf('f(x)=%f\n',f(x_));
end
```

下面讨论最速下降法的收敛性和收敛速度。

定理 1.45 设 $f:\mathbb{R}^n \to \mathbb{R}$ 具有一阶连续偏导数，$\boldsymbol{x}_0 \in \mathbb{R}^n$，记 $f_0 = f(\boldsymbol{x}_0)$，假定水平集 $S=\left\{\boldsymbol{x}\middle|\boldsymbol{x}\in\mathbb{R}^n, f(\boldsymbol{x})\leqslant f_0\right\}$ 有界，令 $\{\boldsymbol{x}_k\}$ 是由最速下降法求解产生的点列，则

(1) 当 $\{\boldsymbol{x}_k\}$ 是有穷点列时，其最后一个点是 f 的驻点。

(2) 当 $\{\boldsymbol{x}_k\}$ 是无穷点列时，它必有聚点，并且每一个聚点都是 f 的驻点。

证明 (1) 当 $\{\boldsymbol{x}_k\}$ 是有穷点列时，由最速下降法的终止准则可知，其最后一个点 $\bar{\boldsymbol{x}}$ 满足 $\nabla f(\bar{\boldsymbol{x}})=0$，即 $\bar{\boldsymbol{x}}$ 为 f 的驻点。

(2) 当 $\{\boldsymbol{x}_k\}$ 是无穷点列时，有

$$\boldsymbol{d}_k = -\nabla f(\boldsymbol{x}_k) \neq 0, \quad k=0,1,2,\cdots$$

从而由 f 在点 $\boldsymbol{x}_k$ 处的 Taylor 展开式

$$f(\boldsymbol{x}_k+\alpha\boldsymbol{d}_k)=f(\boldsymbol{x}_k)+\alpha\nabla f(\boldsymbol{x}_k)^{\mathrm{T}}\boldsymbol{d}_k+o\left(\alpha\|\boldsymbol{d}_k\|\right)$$

知，对充分小的 $\alpha>0$，有

$$f(\boldsymbol{x}_k+\alpha\boldsymbol{d}_k)=f(\boldsymbol{x}_k)-\alpha\left\|\nabla f(\boldsymbol{x}_k)\right\|^2+o\left(\alpha\|\boldsymbol{d}_k\|\right)<f(\boldsymbol{x}_k)$$

故 $f(\boldsymbol{x}_{k+1})=f(\boldsymbol{x}_k+\alpha_k\boldsymbol{d}_k)=\min\limits_{\alpha\geqslant 0} f(\boldsymbol{x}_k+\alpha\boldsymbol{d}_k)<f(\boldsymbol{x}_k)$。因此，

$$f(\boldsymbol{x}_{k+1})<f(\boldsymbol{x}_0)=f_0, \quad k=0,1,2,\cdots$$

所以数列 $\{f(\boldsymbol{x}_k)\}$ 是单调减小的，且 $\{\boldsymbol{x}_k\}\subseteq S$，又因 S 为有界闭集，故连续函数 f 在 S 上有界。于是，$\{f(\boldsymbol{x}_k)\}$ 存在极限，记

$$\lim_{k\to\infty} f(\boldsymbol{x}_k)=\bar{f}$$

根据波尔查诺-魏尔斯特拉斯(Bolzano-Weierstrass)定理，有界点列 $\{\boldsymbol{x}_k\}$ 必有聚点，即 $\{\boldsymbol{x}_k\}$ 中存在收敛子列 $\{\boldsymbol{x}_{k_m}\}$，记

$$\lim_{m\to\infty}\boldsymbol{x}_{k_m}=\bar{\boldsymbol{x}}$$

由 f 的连续性知

$$\bar{f}=\lim_{m\to\infty} f(\boldsymbol{x}_{k_m})=f\left(\lim_{m\to\infty}\boldsymbol{x}_{k_m}\right)=f(\bar{\boldsymbol{x}}) \tag{1.129}$$

现在用反证法证明 $\nabla f(\bar{\boldsymbol{x}})=0$。若不然，$-\nabla f(\bar{\boldsymbol{x}})\neq 0$，对充分小的 $\alpha>0$，有

$$f\left(\bar{\boldsymbol{x}}-\alpha\nabla f(\bar{\boldsymbol{x}})\right)<f(\bar{\boldsymbol{x}})$$

由于

$$f(\boldsymbol{x}_{k+1})=f(\boldsymbol{x}_k+\alpha_k\boldsymbol{d}_k)\leqslant f(\boldsymbol{x}_k+\alpha\boldsymbol{d}_k), \quad k=0,1,2,\cdots$$

注意到 f 及其偏导数连续，故令 $m \to \infty$，有

$$\bar{f} \leqslant f\left(\bar{\boldsymbol{x}} - \alpha \nabla f\left(\bar{\boldsymbol{x}}\right)\right) < f\left(\bar{\boldsymbol{x}}\right)$$

此与式(1.129)矛盾。这就证明了 $\nabla f\left(\bar{\boldsymbol{x}}\right) = 0$，即 $\bar{\boldsymbol{x}}$ 为 f 的驻点。

最速下降法采用非精确线性搜索时，也可以得到与定理 1.45 同样的收敛结论，证明从略。遗憾的是，最速下降法的总体收敛性并不能保证最速下降法是一个有效的方法，这可以从下面给出的收敛速度分析中看出。

最速下降方向仅是算法的局部性质，对局部来说是最速下降方向，但对整个求解过程并不一定使目标值下降得最快。因此，对于许多问题，最速下降法并非“最速下降”，而是下降非常缓慢。数值实验表明，当目标函数的等值线接近于一个圆(球)时，最速下降法下降较快，而当目标函数的等值线是一个扁长的椭球时，最速下降法开始几步下降较快，后来就出现锯齿现象，下降就十分缓慢。其原因可从如下事实看出。由于精确线性搜索满足 $\boldsymbol{g}_{k+1}^{\mathrm{T}} \boldsymbol{d}_k = 0$，即

$$\boldsymbol{g}_{k+1}^{\mathrm{T}} \boldsymbol{d}_k = \boldsymbol{g}_{k+1}^{\mathrm{T}} \boldsymbol{g}_k = \boldsymbol{d}_{k+1}^{\mathrm{T}} \boldsymbol{d}_k = 0$$

这表明在相邻两个迭代点上函数 $f\left(\boldsymbol{x}\right)$ 的两个梯度方向是互相正交的，即两个搜索方向也是互相直交。由此可见，最速下降法逼近极小点 $\bar{\boldsymbol{x}}$ 的路线是锯齿形的，若迭代点越靠近 $\bar{\boldsymbol{x}}$，其搜索步长就越小，因而收敛速度越慢(图 1.41)。

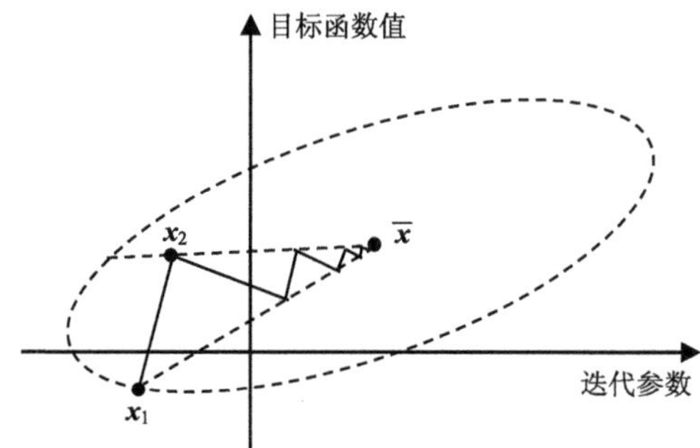

图 1.41　最速下降法迭代路径及锯齿现象

下面我们证明最速下降法仅具有线性收敛速度。我们先考虑二次函数情形最速下降法的收敛速度，然后考虑一般情形下最速下降法的收敛速度。

当目标函数是二次函数时，最速下降法的收敛速度由对应于某个等值线的椭球的最长轴与最短轴之比决定。这个比越大，最速下降法下降越慢。

定理 1.46 (二次函数情形)　考虑无约束最优化问题

$$\min f\left(\boldsymbol{x}\right) = \frac{1}{2} \boldsymbol{x}^{\mathrm{T}} \boldsymbol{G} \boldsymbol{x} \tag{1.130}$$

其中，$\boldsymbol{G}$ 是 $n \times n$ 对称正定矩阵。设 λ_1 和 λ_n 分别是 $\boldsymbol{G}$ 的最大和最小特征值。设 $\bar{\boldsymbol{x}}$ 是问题的解点，则最速下降法的收敛速度至少是线性的，并且下面的不等式成立：

$$\frac{f\left(\boldsymbol{x}_{k+1}\right) - f\left(\bar{\boldsymbol{x}}\right)}{f\left(\boldsymbol{x}_k\right) - f\left(\bar{\boldsymbol{x}}\right)} \leqslant \frac{\left(\lambda_1 - \lambda_n\right)^2}{\left(\lambda_1 + \lambda_n\right)^2} \tag{1.131}$$

$$\frac{\|\boldsymbol{x}_{k+1}-\overline{\boldsymbol{x}}\|}{\|\boldsymbol{x}_k-\overline{\boldsymbol{x}}\|} \leqslant \sqrt{\frac{\lambda_1}{\lambda_n}} \frac{\lambda_1-\lambda_n}{\lambda_1+\lambda_n} \tag{1.132}$$

证明　由于

$$\nabla f(\boldsymbol{x})=\boldsymbol{G}\boldsymbol{x}$$

故

$$\boldsymbol{x}_{k+1}=(\boldsymbol{I}-\alpha_k\boldsymbol{G})\boldsymbol{x}_k$$

根据线性搜索条件，α_k 使得

$$f((\boldsymbol{I}-\alpha_k\boldsymbol{G})\boldsymbol{x}_k) \leqslant f((\boldsymbol{I}-\alpha\boldsymbol{G})\boldsymbol{x}_k), \quad \forall\alpha \tag{1.133}$$

设

$$P(t)=1-\alpha_k t, \qquad Q(t)=\lambda-\mu t$$

其中，$\lambda,\mu\in\mathbb{R}$ 是任意的。由式(1.132)可知

$$f((\boldsymbol{I}-\alpha_k\boldsymbol{G})\boldsymbol{x}_k) \leqslant f\left(\left(\boldsymbol{I}-\frac{\mu}{\lambda}\boldsymbol{G}\right)\boldsymbol{x}_k\right) \tag{1.134}$$

故有

$$f(\boldsymbol{x}_{k+1})=f\left(\frac{P(\boldsymbol{G})}{P(0)}\boldsymbol{x}_k\right) \leqslant f\left(\frac{Q(\boldsymbol{G})}{Q(0)}\boldsymbol{x}_k\right)$$

特别地，选择 λ，μ，使得

$$Q(\lambda_1)=1, \qquad Q(\lambda_n)=-1$$

解之得

$$\lambda=\frac{-(\lambda_1+\lambda_n)}{\lambda_1-\lambda_n}, \qquad \mu=\frac{-2}{\lambda_1-\lambda_n}$$

从而

$$Q(t)=\frac{2t-(\lambda_1+\lambda_n)}{\lambda_1-\lambda_n} \tag{1.135}$$

由于 $\boldsymbol{G}$ 对称正定，故 $\boldsymbol{G}$ 的对应于 $\lambda_i(i=1,\cdots,n)$ 的特征向量 $\boldsymbol{u}_i(i=1,\cdots,n)$ 线性无关，不妨假定 $\{\boldsymbol{u}_i\}$ 是标准直交特征向量系，满足 $\boldsymbol{u}_i^{\mathrm{T}}\boldsymbol{u}_j=\delta_{ij}, i=1,\cdots,n$。于是，存在 $a_i^{(k)}(i=1,\cdots,n)$ 使得

$$\boldsymbol{x}_k=\sum_{i=1}^{n}a_i^{(k)}\boldsymbol{u}_i \tag{1.136}$$

利用式(1.134)、式(1.135)和式(1.136)得到

$$f(\boldsymbol{x}_{k+1}) \leqslant \frac{1}{2}\left(\frac{Q(\boldsymbol{G})}{Q(0)}\boldsymbol{x}_k\right)^{\mathrm{T}} G\left(\frac{Q(\boldsymbol{G})}{Q(0)}\boldsymbol{x}_k\right)$$
$$=\frac{1}{2}\sum_{i=1}^{n}\sum_{j=1}^{n}\frac{\alpha_i^{(k)}\alpha_j^{(k)}}{\left[Q(0)\right]^2}\left(Q(\boldsymbol{G})u_i\right)^{\mathrm{T}}\boldsymbol{G}\left(Q(\boldsymbol{G})u_j\right)$$
$$=\frac{1}{2\left[Q(0)\right]^2}\sum_{i=1}^{n}\left(\alpha_i^{(k)}\right)^2\left[Q(\lambda_i)\right]^2\lambda_i$$

由于 $\left|Q(\lambda_1)\right| \leqslant 1, i=1,\cdots,n$，故

$$f(\boldsymbol{x}_{k+1}) \leqslant \frac{1}{2\left[Q(0)\right]^2}\sum_{i=1}^{n}\left(\alpha_i^{(k)}\right)^2\lambda_i \tag{1.137}$$

又由式(1.130)和式(1.136)可知

$$f(\boldsymbol{x}_k) \leqslant \frac{1}{2}\sum_{i=1}^{n}\left(\alpha_i^{(k)}\right)^2\lambda_i$$

将其代入式(1.137)，有

$$f(\boldsymbol{x}_{k+1}) \leqslant \frac{f(\boldsymbol{x}_k)}{\left[Q(0)\right]^2}$$

而从式(1.135)

$$\left[Q(0)\right]^2 = \left(\frac{\lambda_1+\lambda_n}{\lambda_1-\lambda_n}\right)^2$$

故

$$f(\boldsymbol{x}_{k+1}) = \left(\frac{\lambda_1-\lambda_n}{\lambda_1+\lambda_n}\right)^2 f(\boldsymbol{x}_k), \quad \forall k \geqslant 0 \tag{1.138}$$

又 $0<(\lambda_1-\lambda_n)/(\lambda_1+\lambda_n)<1$，从而当 $\boldsymbol{k}\to\infty$ 时，$f(\boldsymbol{x}_k)\to 0$。从目标函数的定义，当且仅当 $\boldsymbol{x}=0$ 时，$f(\boldsymbol{x})=0$。又由于在 $\boldsymbol{x}=0$ 处 f 连续，因而当 $\boldsymbol{k}\to\infty$ 时，$\boldsymbol{x}_k\to 0$。因此我们得到：对于所给出的任何初始点 $\boldsymbol{x}_0$，最速下降法产生的点列 $\{\boldsymbol{x}_k\}$ 收敛于 f 的唯一极小点 $\bar{\boldsymbol{x}}=0$。注意到 $f(\bar{\boldsymbol{x}})=0$，式(1.138)即为所求的第一个不等式(1.131)。

下面我们利用式(1.138)证明第二个不等式(1.132)。设 $\boldsymbol{e}_k=\boldsymbol{x}_k-\bar{\boldsymbol{x}}$，$\forall k\geqslant 0$。注意到 G 是实对称的，故

$$\lambda_n \boldsymbol{e}_k^{\mathrm{T}}\boldsymbol{e}_k \leqslant \boldsymbol{e}_k^{\mathrm{T}} G \boldsymbol{e}_k \leqslant \lambda_1 \boldsymbol{e}_k^{\mathrm{T}}\boldsymbol{e}_k \tag{1.139}$$

由于 $\bar{\boldsymbol{x}}=0$，则

$$\boldsymbol{e}_k^{\mathrm{T}}\boldsymbol{G}\boldsymbol{e}_k = \boldsymbol{x}_k^{\mathrm{T}}\boldsymbol{G}\boldsymbol{x}_k = 2f(\boldsymbol{x}_k)$$

这样，式(1.139)成为

$$\lambda_n\left\|\boldsymbol{x}_k-\bar{\boldsymbol{x}}\right\|^2 \leqslant 2f(\boldsymbol{x}_k) \leqslant \lambda_1\left\|\boldsymbol{x}_k-\bar{\boldsymbol{x}}\right\|^2 \tag{1.140}$$

由式(1.140)、式(1.138)，知

$$\|\boldsymbol{x}_{k+1}-\overline{\boldsymbol{x}}\|^2 \leqslant \frac{2}{\lambda_n} f\left(\boldsymbol{x}_{k+1}\right) \leqslant \frac{2}{\lambda_n}\left(\frac{\lambda_1-\lambda_n}{\lambda_1+\lambda_n}\right)^2 f\left(\boldsymbol{x}_k\right) \tag{1.141}$$

再利用式(1.140)，得

$$\|\boldsymbol{x}_{k+1}-\overline{\boldsymbol{x}}\|^2 \leqslant \frac{2}{\lambda_n}\left(\frac{\lambda_1-\lambda_n}{\lambda_1+\lambda_n}\right)^2 \frac{\lambda_1}{2}\|\boldsymbol{x}_k-\overline{\boldsymbol{x}}\|^2=\frac{\lambda_1}{\lambda_n}\left(\frac{\lambda_1-\lambda_n}{\lambda_1+\lambda_n}\right)^2\|\boldsymbol{x}_k-\overline{\boldsymbol{x}}\|^2 \tag{1.142}$$

此即不等式(1.132)。这表明了最速下降法至少具有线性收敛速度。

注意，在定理 1.46 中，如果考虑的是如下一般二次目标函数

$$f(\boldsymbol{x})=\frac{1}{2}\boldsymbol{x}^{\mathrm{T}}\boldsymbol{G}\boldsymbol{x}-\boldsymbol{b}^{\mathrm{T}}\boldsymbol{x} \tag{1.143}$$

其中，$\boldsymbol{G}$ 是 $n\times n$ 对称正定矩阵，则由类似的证明方法可知定理 1.46 同样成立。 进一步，利用 Kantorovich 不等式

$$\frac{\left(\boldsymbol{x}^{\mathrm{T}}\boldsymbol{x}\right)^2}{\left(\boldsymbol{x}^{\mathrm{T}}\boldsymbol{G}\boldsymbol{x}\right)\left(\boldsymbol{x}^{\mathrm{T}}\boldsymbol{G}^{-1}\boldsymbol{x}\right)} \geqslant \frac{4\lambda_1\lambda_n}{\left(\lambda_1+\lambda_n\right)^2} \tag{1.144}$$

其中，λ_1 和 λ_n 分别是 $n\times n$ 对称正定矩阵 $\boldsymbol{G}$ 的最大和最小特征值， $\boldsymbol{x}\in\mathbb{R}^n$ 是任意向量，我们可以更方便地证明定理 1.46，同样得到式(1.131)和式(1.132)。

证明 (利用 Kantorovich 不等式证明定理 1.46)考虑式(1.143)表示的二次目标函数。显然，极小点 $\overline{\boldsymbol{x}}$ 满足 $\boldsymbol{G}\overline{\boldsymbol{x}}=\boldsymbol{b}$ 。引进函数

$$E(\boldsymbol{x})=\frac{1}{2}(\boldsymbol{x}-\overline{\boldsymbol{x}})^{\mathrm{T}}(\boldsymbol{x}-\overline{\boldsymbol{x}}) \tag{1.145}$$

可知，$E(\boldsymbol{x})=f(\boldsymbol{x})+\overline{\boldsymbol{x}}^{\mathrm{T}}\boldsymbol{G}\overline{\boldsymbol{x}}/2=f(\boldsymbol{x})-f(\overline{\boldsymbol{x}})$，即 $E(\boldsymbol{x})$ 与 $f(\boldsymbol{x})$ 仅相差一个常数。为方便起见，我们用极小化 $E(\boldsymbol{x})$ 来代替极小化 $f(\boldsymbol{x})$ 。设 $\min\limits_{\alpha} f(\boldsymbol{x}_k-\alpha\boldsymbol{g}_k)$ 得到的极小化二次函数的最优步长因子为 α_k，则有

$$\begin{aligned}\nabla E(\boldsymbol{x}_k-\alpha_k\boldsymbol{g}_k)&=\left(\boldsymbol{G}(\boldsymbol{x}_k-\alpha_k\boldsymbol{g}_k-\overline{\boldsymbol{x}})\right)^{\mathrm{T}}\boldsymbol{g}_k\\&=(\boldsymbol{x}_k-\overline{\boldsymbol{x}})^{\mathrm{T}}\boldsymbol{G}\boldsymbol{g}_k-\alpha_k\boldsymbol{g}_k^{\mathrm{T}}\boldsymbol{G}\boldsymbol{g}_k=0\end{aligned}$$

又知， $\boldsymbol{g}_k=\nabla E(\boldsymbol{x}_k)=\boldsymbol{G}(\boldsymbol{x}_k-\overline{\boldsymbol{x}})=\boldsymbol{G}\boldsymbol{x}_k-\boldsymbol{b}$ ，则

$$\alpha_k=\frac{\boldsymbol{g}_k^{\mathrm{T}}\boldsymbol{g}_k}{\boldsymbol{g}_k^{\mathrm{T}}\boldsymbol{G}\boldsymbol{g}_k} \tag{1.146}$$

于是， 这时最速下降法的显式形式为

$$\boldsymbol{x}_{k+1}=\boldsymbol{x}_k-\frac{\boldsymbol{g}_k^{\mathrm{T}}\boldsymbol{g}_k}{\boldsymbol{g}_k^{\mathrm{T}}\boldsymbol{G}\boldsymbol{g}_k}\boldsymbol{g}_k \tag{1.147}$$

令 $\boldsymbol{e}_k=\boldsymbol{x}_k-\overline{\boldsymbol{x}}$ ，则 $\boldsymbol{g}_k=\boldsymbol{G}\boldsymbol{e}_k$ ，由直接计算可得

$$\begin{aligned}\frac{E(\boldsymbol{x}_k)-E(\boldsymbol{x}_{k+1})}{E(\boldsymbol{x}_k)}&=\frac{\frac{1}{2}\boldsymbol{e}_k^{\mathrm{T}}\boldsymbol{G}\boldsymbol{e}_k-\frac{1}{2}(\boldsymbol{e}_k-\alpha_k\boldsymbol{g}_k)^{\mathrm{T}}\boldsymbol{G}(\boldsymbol{e}_k-\alpha_k\boldsymbol{g}_k)}{\frac{1}{2}\boldsymbol{e}_k^{\mathrm{T}}\boldsymbol{G}\boldsymbol{e}_k}\\&=\frac{2\alpha_k\boldsymbol{g}_k^{\mathrm{T}}\boldsymbol{G}\boldsymbol{e}_k-\alpha_k^2\boldsymbol{g}_k^{\mathrm{T}}\boldsymbol{G}\boldsymbol{g}_k}{\boldsymbol{e}_k^{\mathrm{T}}\boldsymbol{G}\boldsymbol{e}_k}\\&=\frac{2(\boldsymbol{g}_k^{\mathrm{T}}\boldsymbol{g}_k)^2/(\boldsymbol{g}_k^{\mathrm{T}}\boldsymbol{G}\boldsymbol{g}_k)-(\boldsymbol{g}_k^{\mathrm{T}}\boldsymbol{g}_k)^2/(\boldsymbol{g}_k^{\mathrm{T}}\boldsymbol{G}\boldsymbol{g}_k)}{\boldsymbol{g}_k^{\mathrm{T}}\boldsymbol{G}^{-1}\boldsymbol{g}_k}\\&=\frac{(\boldsymbol{g}_k^{\mathrm{T}}\boldsymbol{g}_k)^2}{(\boldsymbol{g}_k^{\mathrm{T}}\boldsymbol{G}\boldsymbol{g}_k)(\boldsymbol{g}_k^{\mathrm{T}}\boldsymbol{G}^{-1}\boldsymbol{g}_k)}\end{aligned}$$

利用 Kantorovich 不等式(1.144)立得

$$\begin{aligned}E(\boldsymbol{x}_{k+1})&\leqslant\left[1-\frac{4\lambda_1\lambda_n}{(\lambda_1+\lambda_n)^2}\right]E(\boldsymbol{x}_k)\\&=\left(\frac{\lambda_1-\lambda_n}{\lambda_1+\lambda_n}\right)^2E(\boldsymbol{x}_k)\end{aligned}\tag{1.148}$$

注意到 G 是对称正定，特征值 λ_1 和 λ_n 大于零，从而 $\boldsymbol{x}_k\to\bar{\boldsymbol{x}}$， $E(\boldsymbol{x}_k)\to 0$ 。显然，由 $E(\boldsymbol{x})=f(\boldsymbol{x})-f(\bar{\boldsymbol{x}})$，式(1.148)也可写成

$$\begin{aligned}f(\boldsymbol{x}_{k+1})-f(\bar{\boldsymbol{x}})&\leqslant\left[1-\frac{4\lambda_1\lambda_n}{(\lambda_1+\lambda_n)^2}\right]E(\boldsymbol{x}_k)\\&=\left(\frac{\lambda_1-\lambda_n}{\lambda_1+\lambda_n}\right)^2\left[f(\boldsymbol{x}_k)-f(\bar{\boldsymbol{x}})\right]\end{aligned}\tag{1.149}$$

此即为式(1.131)。下面我们利用式(1.149)证明第二个不等式(1.132)。注意到 G 是实对称的，令 $\boldsymbol{e}_k=\boldsymbol{x}_k-\bar{\boldsymbol{x}}$， $\forall \boldsymbol{k}\geqslant 0$，故

$$\lambda_n\boldsymbol{e}_k^{\mathrm{T}}\boldsymbol{e}_k\leqslant\boldsymbol{e}_k^{\mathrm{T}}G\boldsymbol{e}_k\leqslant\lambda_1\boldsymbol{e}_k^{\mathrm{T}}\boldsymbol{e}_k\tag{1.150}$$

又知

$$\boldsymbol{e}_k^{\mathrm{T}}\boldsymbol{G}\boldsymbol{e}_k=(\boldsymbol{x}_k-\bar{\boldsymbol{x}})^{\mathrm{T}}\boldsymbol{G}(\boldsymbol{x}_k-\bar{\boldsymbol{x}})=2E(\boldsymbol{x}_k)=2\left[f(\boldsymbol{x}_k)-f(\bar{\boldsymbol{x}})\right]$$

这样，式(1.150)成为

$$\lambda_n\|\boldsymbol{x}_k-\bar{\boldsymbol{x}}\|^2\leqslant 2\left[f(\boldsymbol{x}_k)-f(\bar{\boldsymbol{x}})\right]\leqslant\lambda_1\|\boldsymbol{x}_k-\bar{\boldsymbol{x}}\|^2\tag{1.151}$$

由式(1.149)、式(1.151)，知

$$\|\boldsymbol{x}_{k+1}-\bar{\boldsymbol{x}}\|^2\leqslant\frac{2}{\lambda_n}\left[f(\boldsymbol{x}_{k+1})-f(\bar{\boldsymbol{x}})\right]\leqslant\frac{2}{\lambda_n}\left(\frac{\lambda_1-\lambda_n}{\lambda_1+\lambda_n}\right)^2\left[f(\boldsymbol{x}_k)-f(\bar{\boldsymbol{x}})\right]\tag{1.152}$$

再利用式(1.151)，得

$$\|\boldsymbol{x}_{k+1}-\overline{\boldsymbol{x}}\|^2 \leqslant \frac{2}{\lambda_n}\left(\frac{\lambda_1-\lambda_n}{\lambda_1+\lambda_n}\right)^2\frac{\lambda_1}{2}\|\boldsymbol{x}_k-\overline{\boldsymbol{x}}\|^2=\frac{\lambda_1}{\lambda_n}\left(\frac{\lambda_1-\lambda_n}{\lambda_1+\lambda_n}\right)^2\|\boldsymbol{x}_k-\overline{\boldsymbol{x}}\|^2 \tag{1.153}$$

此即不等式(1.132)。这表明对于二次目标函数，最速下降法至少具有线性收敛速度。

下面证明当目标函数从二次情形推广到一般函数情形时，最速下降法的收敛速度仍是线性的。

定理 1.47 (一般函数情形) 考虑无约束最优化问题

$$\min f(\boldsymbol{x}) \tag{1.154}$$

设 $f:\mathbb{R}^n\to\mathbb{R}$ 具有二阶连续偏导数，最速下降法产生的点列 $\{\boldsymbol{x}_k\}$ 收敛于 $\overline{\boldsymbol{x}}$。若存在 $\varepsilon>0$ 和 $M>m>0$，使得当 $\|\boldsymbol{x}-\overline{\boldsymbol{x}}\|<\varepsilon$ 时，有

$$m\|\boldsymbol{y}\|^2 \leqslant \boldsymbol{y}^{\mathrm{T}}\nabla^2 f(\boldsymbol{x})\boldsymbol{y} \leqslant M\|\boldsymbol{y}\|^2,\quad \forall \boldsymbol{y}\in\mathbb{R}^n \tag{1.155}$$

则 $\{\boldsymbol{x}_k\}$ 至少线性收敛于 $\overline{\boldsymbol{x}}$，并且下面的不等式成立：

$$\frac{f(\boldsymbol{x}_{k+1})-f(\overline{\boldsymbol{x}})}{f(\boldsymbol{x}_k)-f(\overline{\boldsymbol{x}})} \leqslant 1-\left(\frac{m}{M}\right)^2 \tag{1.156}$$

$$\frac{\|\boldsymbol{x}_{k+1}-\overline{\boldsymbol{x}}\|}{\|\boldsymbol{x}_k-\overline{\boldsymbol{x}}\|} \leqslant \sqrt{\frac{M^2-m^2}{Mm}} \tag{1.157}$$

在证明这个定理之前，先证明一个引理。

引理 1.1 在定理 1.47 的假设条件下，当 $\|\boldsymbol{x}-\overline{\boldsymbol{x}}\|<\varepsilon$ 时，有

$$\frac{1}{2}m\|\boldsymbol{x}-\overline{\boldsymbol{x}}\|^2 \leqslant 2\left[f(\boldsymbol{x})-f(\overline{\boldsymbol{x}})\right] \leqslant \frac{1}{2}M\|\boldsymbol{x}-\overline{\boldsymbol{x}}\|^2 \tag{1.158}$$

$$\|\nabla f(\boldsymbol{x})\| \geqslant m\|\boldsymbol{x}-\overline{\boldsymbol{x}}\| \tag{1.159}$$

证明 由于 f 具有二阶连续偏导数，记 $\Delta\boldsymbol{x}=\boldsymbol{x}-\overline{\boldsymbol{x}}$，由此有

$$\begin{aligned}
f(\boldsymbol{x})-f(\overline{\boldsymbol{x}}) &= \int_0^1 \mathrm{d}f(\overline{\boldsymbol{x}}+\tau\Delta\boldsymbol{x}) = -\int_0^1 \nabla f(\overline{\boldsymbol{x}}+\tau\Delta\boldsymbol{x})^{\mathrm{T}}\Delta\boldsymbol{x}\mathrm{d}(1-\tau) \\
&= -(1-\tau)\nabla f(\overline{\boldsymbol{x}}+\tau\Delta\boldsymbol{x})^{\mathrm{T}}\Delta\boldsymbol{x}\Big|_0^1 + \int_0^1 (1-\tau)\mathrm{d}\left[\nabla f(\overline{\boldsymbol{x}}+\tau\Delta\boldsymbol{x})^{\mathrm{T}}\Delta\boldsymbol{x}\right] \\
&= \nabla f(\overline{\boldsymbol{x}})^{\mathrm{T}}\Delta\boldsymbol{x} + \int_0^1 (1-\tau)\Delta\boldsymbol{x}^{\mathrm{T}}\nabla^2 f(\overline{\boldsymbol{x}}+\tau\Delta\boldsymbol{x})\Delta\boldsymbol{x}\mathrm{d}\tau
\end{aligned}$$

由定理 1.45 知 $\nabla f(\overline{\boldsymbol{x}})=0$，故得

$$f(\boldsymbol{x})-f(\overline{\boldsymbol{x}}) = \int_0^1 (1-\tau)(\boldsymbol{x}-\overline{\boldsymbol{x}})^{\mathrm{T}}\nabla^2 f(\tau\boldsymbol{x}+(1-\tau)\overline{\boldsymbol{x}})(\boldsymbol{x}-\overline{\boldsymbol{x}})\mathrm{d}\tau$$

$$\begin{aligned}
\|\nabla f(\boldsymbol{x})\|\cdot\|\boldsymbol{x}-\overline{\boldsymbol{x}}\| &\geqslant (\boldsymbol{x}-\overline{\boldsymbol{x}})^{\mathrm{T}}\nabla f(\boldsymbol{x})-\nabla f(\overline{\boldsymbol{x}}) \\
&= \int_0^1 (\boldsymbol{x}-\overline{\boldsymbol{x}})^{\mathrm{T}}\nabla^2 f(\tau\boldsymbol{x}+(1-\tau)\overline{\boldsymbol{x}})(\boldsymbol{x}-\overline{\boldsymbol{x}})\mathrm{d}\tau \\
&\geqslant m\|\boldsymbol{x}-\overline{\boldsymbol{x}}\|^2
\end{aligned} \tag{1.160}$$

设 $\|\boldsymbol{x}-\overline{\boldsymbol{x}}\|<\varepsilon$，则由 $0\leqslant\tau\leqslant1$ 易知，$\|\tau\boldsymbol{x}+(1-\tau)\overline{\boldsymbol{x}}-\overline{\boldsymbol{x}}\|<\varepsilon$，从而由式(1.6.27)有

$$m\|\boldsymbol{x}-\overline{\boldsymbol{x}}\|^2 \leqslant (\boldsymbol{x}-\overline{\boldsymbol{x}})^{\mathrm{T}} \nabla^2 f(\tau\boldsymbol{x}+(1-\tau)\overline{\boldsymbol{x}})^{\mathrm{T}} (\boldsymbol{x}-\overline{\boldsymbol{x}}) \leqslant M\|\boldsymbol{x}-\overline{\boldsymbol{x}}\|^2 \tag{1.161}$$

根据式(1.160)、式(1.161)即得式(1.158)。

$$\nabla f(\boldsymbol{x}) = \nabla f(\boldsymbol{x}) - \nabla f(\overline{\boldsymbol{x}}) = \int_0^1 \nabla^2 f(\tau\boldsymbol{x}+(1-\tau)\overline{\boldsymbol{x}})(\boldsymbol{x}-\overline{\boldsymbol{x}})\mathrm{d}\tau$$

于是，由 Cauchy-Schwarz 不等式及式(1.159)知

$$\begin{aligned}\|\nabla f(\boldsymbol{x})\|\cdot\|\boldsymbol{x}-\overline{\boldsymbol{x}}\| &\geqslant (\boldsymbol{x}-\overline{\boldsymbol{x}})^{\mathrm{T}} \nabla f(\boldsymbol{x}) - \nabla f(\overline{\boldsymbol{x}}) \\ &= \int_0^1 (\boldsymbol{x}-\overline{\boldsymbol{x}})^{\mathrm{T}} \nabla^2 f(\tau\boldsymbol{x}+(1-\tau)\overline{\boldsymbol{x}})(\boldsymbol{x}-\overline{\boldsymbol{x}})\mathrm{d}\tau \\ &\geqslant m\|\boldsymbol{x}-\overline{\boldsymbol{x}}\|^2\end{aligned}$$

这就证明了式(1.159)。

证明　因为 $\lim\limits_{k\to\infty} \boldsymbol{x}_k = \overline{\boldsymbol{x}}$，所以不妨假定

$$\|\boldsymbol{x}_k - \overline{\boldsymbol{x}}\| < \varepsilon, \quad k = 0,1,2,\cdots$$

由于 $\|\boldsymbol{x}_{k+1} - \overline{\boldsymbol{x}}\| < \varepsilon$，因此存在 $\delta > 0$，使

$$\|\boldsymbol{x}_k + (\alpha_k + \delta)\boldsymbol{d}_k - \overline{\boldsymbol{x}}\| = \|\boldsymbol{x}_{k+1} - \overline{\boldsymbol{x}} + \delta\boldsymbol{d}_k\| < \varepsilon$$

考虑函数 $\varphi(\alpha) = f(\boldsymbol{x}_k - \alpha\boldsymbol{d}_k)$，则由 $\boldsymbol{d}_k = -\nabla f(\boldsymbol{x}_k)$ 知

$$\varphi'(0) = \nabla f(\boldsymbol{x}_k)^{\mathrm{T}} \boldsymbol{d}_k < 0$$

$$\varphi'(\alpha_k) = \nabla f(\boldsymbol{x}_k + \alpha_k\boldsymbol{d}_k)^{\mathrm{T}} \boldsymbol{d}_k = 0$$

$$\varphi''(\alpha) = \boldsymbol{d}_k^{\mathrm{T}} \nabla^2 f(\boldsymbol{x}_k + \alpha\boldsymbol{d}_k)\boldsymbol{d}_k \leqslant M\|\boldsymbol{d}_k\|^2$$

记 $\psi(\alpha) = \varphi'(0) + M\|\boldsymbol{d}_k\|^2 \alpha$，它有唯一零点，即

$$\tilde{\alpha}_k = \frac{-\varphi'(0)}{M\|\boldsymbol{d}_k\|^2}$$

于是

$$\begin{aligned}\varphi'(\alpha) &= \varphi'(0) + \int_0^\alpha \varphi''(\tau)\mathrm{d}\tau \leqslant \varphi'(0) + \int_0^\alpha M\|\boldsymbol{d}_k\|^2 \mathrm{d}\tau \\ &= \varphi'(0) + M\|\boldsymbol{d}_k\|^2 \alpha = \psi(\alpha)\end{aligned}$$

上式说明，函数 $\varphi'(\alpha)$ 的图像总是在 $\psi(\alpha)$ 的图像之下(图 1.42)，从而 $\varphi(\alpha)$ 的驻点 α_k 满足

$$\alpha_k \geqslant \tilde{\alpha}_k = \frac{-\varphi'(0)}{M\|\boldsymbol{d}_k\|^2} = \frac{\boldsymbol{d}_k^{\mathrm{T}}\boldsymbol{d}_k}{M\|\boldsymbol{d}_k\|^2} = \frac{1}{M} \tag{1.162}$$

令 $\tilde{\boldsymbol{x}}_k = \boldsymbol{x}_k + \tilde{\alpha}_k\boldsymbol{d}_k$，显然有 $\|\tilde{\boldsymbol{x}}_k - \overline{\boldsymbol{x}}\| < \varepsilon$，于是，仿照引理 1.1 的证明可得

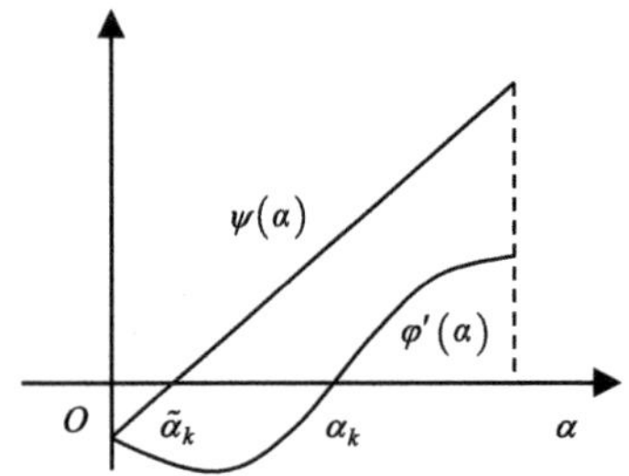

图 1.42　$\varphi'(\alpha)$ 与 $\psi(\alpha)$ 的关系

$$\begin{aligned} & f\left(\boldsymbol{x}_k+\alpha_k \boldsymbol{d}_k\right)-f\left(\boldsymbol{x}_k\right) \leqslant f\left(\boldsymbol{x}_k+\tilde{\alpha}_k \boldsymbol{d}_k\right)-f\left(\boldsymbol{x}_k\right) \\ & =\tilde{\alpha}_k \nabla f\left(\boldsymbol{x}_k\right)^{\mathrm{T}} \boldsymbol{d}_k+\tilde{\alpha}_k^2 \int_0^1(1-\tau) \boldsymbol{d}_k^{\mathrm{T}} \nabla^2 f\left(\boldsymbol{x}_k+\tau \tilde{\alpha}_k \boldsymbol{d}_k\right) \boldsymbol{d}_k \mathrm{d} \tau \end{aligned}$$

又知 $\boldsymbol{d}_k=-\nabla f\left(\boldsymbol{x}_k\right)$，结合式(1.157)、式(1.158)，得

$$f\left(\boldsymbol{x}_k+\alpha_k \boldsymbol{d}_k\right)-f\left(\boldsymbol{x}_k\right) \leqslant-\tilde{\alpha}_k\left\|\boldsymbol{d}_k\right\|^2+\frac{1}{2} \tilde{\alpha}_k^2 M\left\|\boldsymbol{d}_k\right\|^2=-\frac{\left\|\boldsymbol{d}_k\right\|^2}{2 M}$$

从而由式(1.158)和式(1.159)得

$$f\left(\boldsymbol{x}_{k+1}\right)-f\left(\boldsymbol{x}_k\right) \leqslant-\frac{m^2}{2 M}\left\|\boldsymbol{x}_k-\overline{\boldsymbol{x}}\right\|^2 \leqslant-\left(\frac{m}{M}\right)^2\left[f\left(\boldsymbol{x}_k\right)-f(\overline{\boldsymbol{x}})\right]$$

即

$$f\left(\boldsymbol{x}_{k+1}\right)-f(\overline{\boldsymbol{x}}) \leqslant\left[1-\left(\frac{m}{M}\right)^2\right]\left[f\left(\boldsymbol{x}_k\right)-f(\overline{\boldsymbol{x}})\right] \tag{1.163}$$

此式即为式(1.156)。

由于 $\left\|\boldsymbol{x}_{k+1}-\overline{\boldsymbol{x}}\right\|<\varepsilon$，结合式(1.158)、式(1.163)，知

$$\left\|\boldsymbol{x}_{k+1}-\overline{\boldsymbol{x}}\right\|^2 \leqslant \frac{2}{m}\left[f\left(\boldsymbol{x}_{k+1}\right)-f(\overline{\boldsymbol{x}})\right] \leqslant \frac{2}{m}\left[1-\left(\frac{m}{M}\right)^2\right]\left[f\left(\boldsymbol{x}_k\right)-f(\overline{\boldsymbol{x}})\right] \tag{1.164}$$

又由 $\left\|\boldsymbol{x}_k-\overline{\boldsymbol{x}}\right\|<\varepsilon$，再利用式(1.158)，得

$$\left\|\boldsymbol{x}_{k+1}-\overline{\boldsymbol{x}}\right\|^2 \leqslant \frac{2}{m}\left[1-\left(\frac{m}{M}\right)^2\right] \frac{M}{2}\left\|\boldsymbol{x}_k-\overline{\boldsymbol{x}}\right\|^2=\frac{M^2-m^2}{M m}\left\|\boldsymbol{x}_k-\overline{\boldsymbol{x}}\right\|^2 \tag{1.165}$$

此即为式(1.157)。这就证明了 $\left\{\boldsymbol{x}_k\right\}$ 至少线性收敛于 $\overline{\boldsymbol{x}}$ 。

为了加快最速下降法的收敛速度，下面介绍两种改进方法，即两点步长梯度法与平行切线法。

两点步长梯度法的基本思想是，利用迭代当前点以及前一点的信息来确定步长因子。迭代公式 $\boldsymbol{x}_{k+1}=\boldsymbol{x}_k-\alpha_k \boldsymbol{d}_k$ 可以看成是

$$\boldsymbol{x}_{k+1}=\boldsymbol{x}_k-\boldsymbol{D}_k \boldsymbol{d}_k$$

其中，$\boldsymbol{D}_k=\alpha_k \boldsymbol{I}$ 是一个矩阵。为了使矩阵 $\boldsymbol{D}_k$ 具有拟牛顿性质(拟牛顿法将在 1.6.4 节讨论)，

计算 α_k 使得

$$\min\|\boldsymbol{s}_{k-1}-\boldsymbol{D}_k\boldsymbol{y}_{k-1}\|$$

或者

$$\min\|\boldsymbol{D}_k^{-1}\boldsymbol{s}_{k-1}-\boldsymbol{y}_{k-1}\|$$

其中，

$$\boldsymbol{s}_{k-1}=\boldsymbol{x}_k-\boldsymbol{x}_{k-1}, \qquad \boldsymbol{y}_{k-1}=\boldsymbol{g}_k-\boldsymbol{g}_{k-1}$$

于是，可分别求得

$$\alpha_k=\frac{\left(\boldsymbol{s}_{k-1}^{\mathrm{T}}\boldsymbol{y}_{k-1}\right)}{\|\boldsymbol{y}_{k-1}\|^2}$$

及

$$\alpha_k=\frac{\|\boldsymbol{s}_{k-1}\|^2}{\left(\boldsymbol{s}_{k-1}^{\mathrm{T}}\boldsymbol{y}_{k-1}\right)}$$

算法 1.6.2 (两点步长梯度法)

(1) 选取初始数据。选取初始点 $\boldsymbol{x}_0$，给定允许误差 $\varepsilon>0$，令 $k=0$。

(2) 检验是否满足终止准则。计算 $\boldsymbol{d}_k=-\nabla f(\boldsymbol{x}_k)$，若 $\|\nabla f(\boldsymbol{x}_k)\|<\varepsilon$，迭代终止，$\boldsymbol{x}_k$ 为近似最优解。

(3) 如果 $k=0$，利用某种线性搜索 α_k，如 $f(\boldsymbol{x}_k+\alpha_k\boldsymbol{d}_k)=\min\limits_{\alpha\geqslant 0}f(\boldsymbol{x}_k+\alpha\boldsymbol{d}_k)$；否则，利用 $\alpha_{\mathrm{k}}=\left(\boldsymbol{s}_{k-1}^{\mathrm{T}}\boldsymbol{y}_{k-1}\right)/\|\boldsymbol{y}_{k-1}\|^2$ 或 $\alpha_k=\|\boldsymbol{s}_{k-1}\|^2/\left(\boldsymbol{s}_{k-1}^{\mathrm{T}}\boldsymbol{y}_{k-1}\right)$ 求 α_k。再令 $\boldsymbol{x}_{k+1}=\boldsymbol{x}_k+\alpha_k\boldsymbol{d}_k$，$k:=k+1$，返回(2)。

平行切线法是在迭代点处的最速下降方向搜索后，再加上一次与上一个迭代点有关的搜索，这样两次搜索完成一次迭代，相当于用两个迭代点信息计算新的迭代点。事实上，对于正定二次目标函数平行切线法等价于共轭梯度法，但由于每次迭代需要进行两次线性搜索，故计算效率远不如共轭梯度法。

算法 1.6.3 (平行切线法)

(1) 选取初始数据。选取初始点 $\boldsymbol{x}_0$，给定允许误差 $\varepsilon>0$，令 $k=0$。

(2) 检验是否满足终止准则。计算 $\boldsymbol{d}_k=-\nabla f(\boldsymbol{x}_k)$，若 $\|\nabla f(\boldsymbol{x}_k)\|<\varepsilon$，迭代终止，$\boldsymbol{x}_k$ 为近似最优解。

(3) 如果 $k=0$，进行线性搜索。取 $\boldsymbol{d}_k=-\nabla f(\boldsymbol{x}_k)$，求 α_k 和 $\boldsymbol{x}_{k+1}$，使得 $\boldsymbol{x}_{k+1}=\boldsymbol{x}_k+\alpha_k\boldsymbol{d}_k$，$f(\boldsymbol{x}_k+\alpha_k\boldsymbol{d}_k)=\min\limits_{\alpha\geqslant 0}f(\boldsymbol{x}_k+\alpha\boldsymbol{d}_k)$，令 $k:=k+1$，转(2)；否则，转(4)。

(4) 进行两次线性搜索。首先，取 $\boldsymbol{d}_k=-\nabla f(\boldsymbol{x}_k)$，求 $\alpha_k^{(1)}$ 和 $\boldsymbol{y}_k$，使得 $\boldsymbol{y}_k=\boldsymbol{x}_k+\alpha_k^{(1)}\boldsymbol{d}_k$，$f\left(\boldsymbol{x}_k+\alpha_k^{(1)}\boldsymbol{d}_k\right)=\min\limits_{\alpha\geqslant 0}f(\boldsymbol{x}_k+\alpha\boldsymbol{d}_k)$；再取 $\boldsymbol{s}_k=\boldsymbol{y}_k-\boldsymbol{x}_{k-1}$，求 $\alpha_k^{(2)}$ 和 $\boldsymbol{x}_{k+1}$，使得

$\boldsymbol{x}_{k+1}=\boldsymbol{y}_k+\alpha_k^{(2)}\boldsymbol{s}_k$， $f\left(\boldsymbol{x}_k+\alpha_k^{(2)}\boldsymbol{d}_k\right)=\min\limits_{\alpha\geqslant 0} f\left(\boldsymbol{y}_k+\alpha\boldsymbol{s}_k\right)$，令 $k:=k+1$，转(2)。

平行切线法迭代路径示意图，如图 1.43 所示。

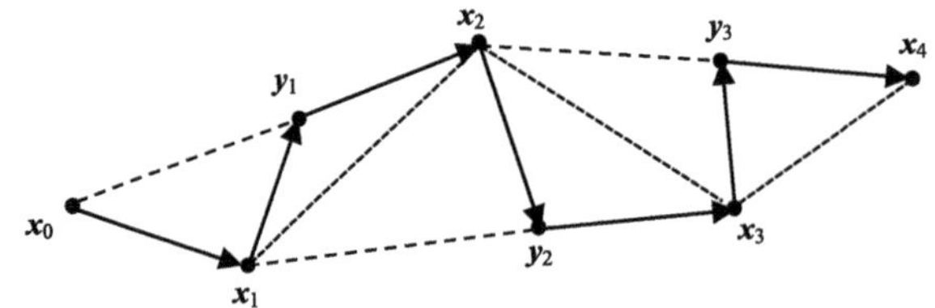

图 1.43　平行切线法迭代路径示意图

1.6.2　牛顿法

与最速下降法一样，牛顿法也是求解无约束优化问题最早使用的经典算法之一，其基本思想是用迭代点 $\boldsymbol{x}_k$ 处的一阶导数和二阶导数对目标函数 f 进行二次函数近似，然后把二次模型的极小点作为新的迭代点，并不断重复这一过程，直至求得满足精度的近似极小点。

假定目标函数 f 具有二阶连续偏导数，$\boldsymbol{x}_k$ 是 f 的极小点的第 k 次近似，将 f 在点 $\boldsymbol{x}_k$ 处作 Taylor 展开，并取二阶近似，得

$$f(\boldsymbol{x})\approx\varphi(\boldsymbol{x})=f(\boldsymbol{x}_k)+\nabla f(\boldsymbol{x}_k)^{\mathrm{T}}(\boldsymbol{x}-\boldsymbol{x}_k)+\frac{1}{2}(\boldsymbol{x}-\boldsymbol{x}_k)^{\mathrm{T}}\nabla^2 f(\boldsymbol{x}_k)(\boldsymbol{x}-\boldsymbol{x}_k)$$

由假设条件知，$\nabla^2 f(\boldsymbol{x}_k)$ 是对称矩阵，因此 $\varphi(\boldsymbol{x})$ 是二次函数。为求 $\varphi(\boldsymbol{x})$ 的极小点，可令 $\nabla\varphi(\boldsymbol{x})=0$，即

$$\nabla f(\boldsymbol{x}_k)+\nabla^2 f(\boldsymbol{x}_k)(\boldsymbol{x}-\boldsymbol{x}_k)=0$$

若 f 在点 $\boldsymbol{x}_k$ 处的 Hessian 矩阵 $\nabla^2 f(\boldsymbol{x}_k)$ 正定，则由上式解出的 $\varphi(\boldsymbol{x})$ 的平稳点就是 $\varphi(\boldsymbol{x})$ 的极小点。以它作为 f 的极小点的第 $k+1$ 次近似，记为 $\boldsymbol{x}_{k+1}$，即

$$\boldsymbol{x}_{k+1}=\boldsymbol{x}_k-\left[\nabla^2 f(\boldsymbol{x}_k)\right]^{-1}\nabla f(\boldsymbol{x}_k) \tag{1.166}$$

这就是 Newton 法的迭代公式，其中

$$\boldsymbol{d}_k=-\left[\nabla^2 f(\boldsymbol{x}_k)\right]^{-1}\nabla f(\boldsymbol{x}_k) \tag{1.167}$$

称为 Newton 方向。它是第 $k+1$ 次迭代的搜索方向，且步长为 1。

因 $\nabla^2 f(\boldsymbol{x}_k)$ 正定，故 $\left[\nabla^2 f(\boldsymbol{x}_k)\right]^{-1}$ 正定，从而

$$\nabla f(\boldsymbol{x}_k)^{\mathrm{T}}\boldsymbol{d}_k=-\nabla f(\boldsymbol{x}_k)^{\mathrm{T}}\left[\nabla^2 f(\boldsymbol{x}_k)\right]^{-1}\nabla f(\boldsymbol{x}_k)<0$$

所以由定理 1.4 知，$\boldsymbol{d}_k$ 为 f 在点 $\boldsymbol{x}_k$ 处的下降方向。

算法 1.6.4 (Newton 法)

(1) 选取初始数据。选取初始点 $\boldsymbol{x}_0$，给定允许误差 $\varepsilon>0$，令 $k=0$。

(2) 检验是否满足终止准则。计算 $\nabla f(\boldsymbol{x}_k)$，若 $\|\nabla f(\boldsymbol{x}_k)\| < \varepsilon$，迭代终止，$\boldsymbol{x}_k$ 为近似最优解；否则，转(3)。

(3) 构造 Newton 方向。计算 $\left[\nabla^2 f(\boldsymbol{x}_k)\right]^{-1}$，取 $\boldsymbol{d}_k = -\left[\nabla^2 f(\boldsymbol{x}_k)\right]^{-1}\nabla f(\boldsymbol{x}_k)$。

(4) 下一个迭代点，令 $\boldsymbol{x}_{k+1} = \boldsymbol{x}_k + \boldsymbol{d}_k, k := k+1$，转(2)。

Newton 法的计算框图如图 1.44 所示。

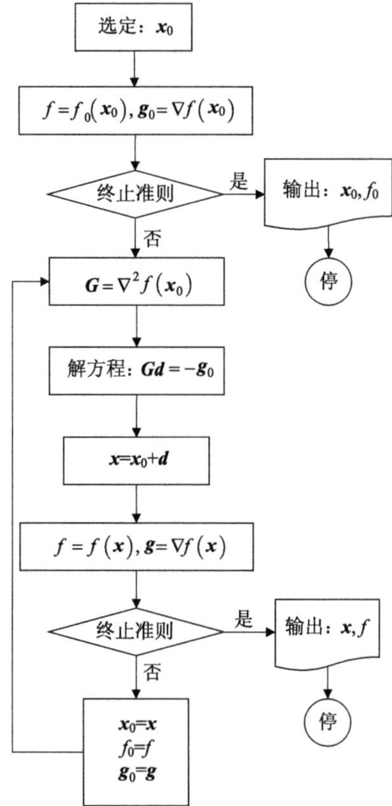

图 1.44　Newton 法的计算框图

下面为 Newton 法的 Matlab 程序。

(1) 数值微分计算 Hessian 矩阵。

```
function G=Hesse_2(x)
fx=f(x);%避免多次计算
G=zeros(length(x));
for i = 1 : length(x)
    for j = 1 : length(x)
        if i == j
            m=zeros(1,length(x));
```

```
            m(i)=(10^-6);
            G(i,i)=(f(x+m)+f(x-m)-2*fx)/(10^-12);
        else
            m=zeros(1,length(x));
            m(i)=(10^-6);
            n=zeros(1,length(x));
            n(j)=(10^-6);
            G(i,j)=(f(x+m+n)-f(x+m)-f(x+n)+fx)/(10^-12);
        end
    end
end
```

(2) Newton 法。

```
function xk=Newton(e,xk)
%step 1
%没用到k，只存储当前迭代的值
while 1
    %step 2
    gk=shuzhiweifenfa(xk);
    %step 3
    %范数用的是平方和开根号
    if sqrt(sum(gk.^2))<=e
        return
    end
    Gk=Hesse_2(xk);
    %由于之前函数默认返回行向量
    %gk需转置
    pk=-Gk^-1*gk';
    %step 4
    xk=xk+pk';
end
```

(3) 程序调用。

```
clear
clc
x=[-1,1];
fprintf('========================');
fprintf('\nx=%f\t\t%f\n',x(1),x(2));
fprintf('========================\n');
fprintf('Newton 法:\n');
```

```
x_=Newton(10^-3,x);
fprintf('x*=%f\t%f\n',x_(1),x_(2));
fprintf('f(x)=%f\n',f(x_));
```

事实上，对于 $f\left(\boldsymbol{x}_k+\alpha_k \boldsymbol{d}_k\right) \approx f\left(\boldsymbol{x}_k\right)+\alpha_k \nabla f\left(\boldsymbol{x}_k\right)^{\mathrm{T}} \boldsymbol{d}_k$，若 $\boldsymbol{d}_k$ 为最速下降方向，则 $\boldsymbol{d}_k$ 是极小化问题

$$\min_{\boldsymbol{d}_k \in \mathbb{R}^n} \frac{\nabla f\left(\boldsymbol{x}_k\right)^{\mathrm{T}} \boldsymbol{d}_k}{\left\|\boldsymbol{d}_k\right\|} \tag{1.168}$$

的解。此问题的解依赖于所取的范数。当采用 l_2 范数时，

$$\boldsymbol{d}_k=-\nabla f\left(\boldsymbol{x}_k\right)$$

所得方法是最速下降法。当采用椭球范数 $\|\cdot\|_{\left[\nabla^2 f\left(\boldsymbol{x}_k\right)\right]^{-1}}$ 时，

$$\boldsymbol{d}_k=-\left[\nabla^2 f\left(\boldsymbol{x}_k\right)\right]^{-1} \nabla f\left(\boldsymbol{x}_k\right)$$

所得方法是牛顿法。

牛顿法迭代路径如图 1.45 所示，每次迭代用二次函数近似目标函数，多元二次函数在几何上代表着超椭球面，二元二次函数即为椭圆，且原函数在点 $\boldsymbol{x}_k$ 处的切线也是超椭球面的切线，二次函数的极小点即为椭球中心点，故牛顿法迭代方向 $\boldsymbol{d}_k$ 为 $\boldsymbol{x}_k$ 与中线点的连线，该方向对于二次函数来说是最速下降方向。与图 1.41 对比可知，最速下降法迭代方向只是 $\boldsymbol{x}_k$ 处的最快下降方向，而牛顿法迭代方法是考虑点 $\boldsymbol{x}_k$ 及其周围点的综合最快下降方向。因此，可以说牛顿法比最速下降法看得更远，能够更快地找到目标函数极小点。

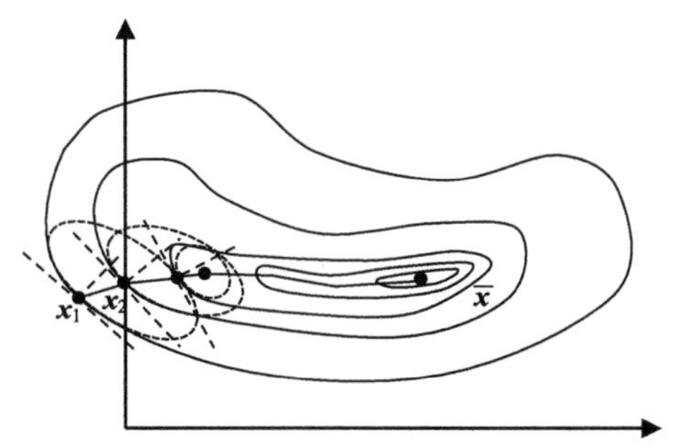

图 1.45　牛顿法迭代路径示意图

当目标函数为正定二次函数时，牛顿法一步即可达到最优解；当目标函数为非二次函数时，牛顿法并不能保证经有限次迭代求得最优解，但由于目标函数在极小点附近近似于二次函数，故当初始点靠近极小点时，牛顿法的收敛速度一般是快的。下面的定理证明了牛顿法的局部收敛性和二阶收敛速度。

定理 1.48　设 $f: \mathbb{R}^n \rightarrow \mathbb{R}$ 具有三阶连续偏导数，$\overline{\boldsymbol{x}} \in \mathbb{R}^n$，$\nabla f(\overline{\boldsymbol{x}})=0$，若存在 $\varepsilon>0$ 和 $m>0$，使得当 $\|\boldsymbol{x}-\overline{\boldsymbol{x}}\| \leqslant \varepsilon$ 时，有

$$m\|\boldsymbol{y}\|^2 \leqslant \boldsymbol{y}^{\mathrm{T}} \nabla^2 f(\overline{\boldsymbol{x}}) \boldsymbol{y}, \quad \forall \boldsymbol{y} \in \mathbb{R}^n \tag{1.169}$$

则当初始点 $\boldsymbol{x}_0$ 充分接近 $\overline{\boldsymbol{x}}$ 时，由 Newton 法解问题(1.169)产生的点列 $\left\{\boldsymbol{x}_k\right\}$ 收敛于 $\overline{\boldsymbol{x}}$，并

有二阶收敛速度。

证明　由式(1.169)知，当$\|\boldsymbol{x}-\bar{\boldsymbol{x}}\|\leqslant\varepsilon$时，$\nabla^2 f(\boldsymbol{x})$为正定矩阵，且对一切$\boldsymbol{y}\in\mathbb{R}^n$，有

$$\left\|\left[\nabla^2 f(\boldsymbol{x})\right]^{-1}\boldsymbol{y}\right\|^2\leqslant\frac{1}{m}\boldsymbol{y}^{\mathrm{T}}\left[\nabla^2 f(\boldsymbol{x})\right]^{-1}\nabla^2 f(\boldsymbol{x})\left[\nabla^2 f(\boldsymbol{x})\right]^{-1}\boldsymbol{y}$$
$$=\frac{1}{m}\boldsymbol{y}^{\mathrm{T}}\left[\nabla^2 f(\boldsymbol{x})\right]^{-1}\boldsymbol{y}\leqslant\frac{1}{m}\|\boldsymbol{y}\|\left\|\left[\nabla^2 f(\boldsymbol{x})\right]^{-1}\boldsymbol{y}\right\|$$

即当$\|\boldsymbol{x}-\bar{\boldsymbol{x}}\|\leqslant\varepsilon$时，有

$$\left\|\left[\nabla^2 f(\boldsymbol{x})\right]^{-1}\boldsymbol{y}\right\|\leqslant\frac{1}{m}\|\boldsymbol{y}\|,\quad\forall\boldsymbol{y}\in\mathbb{R}^n$$

由$\nabla f(\boldsymbol{x})$的连续性及$\nabla f(\bar{\boldsymbol{x}})=0$知，必存在$\varepsilon'\in(0,\varepsilon/2)$，使得当$\|\boldsymbol{x}-\bar{\boldsymbol{x}}\|\leqslant\varepsilon'$时，有

$$\|\nabla f(\boldsymbol{x})\|\leqslant\frac{m\varepsilon}{2}$$

这意味着：当$\|\boldsymbol{x}_k-\bar{\boldsymbol{x}}\|\leqslant\varepsilon'$时，有

$$\|\boldsymbol{x}_{k+1}-\bar{\boldsymbol{x}}\|=\left\|\boldsymbol{x}_k-\left[\nabla^2 f(\boldsymbol{x}_k)\right]^{-1}\nabla f(\boldsymbol{x}_k)-\bar{\boldsymbol{x}}\right\|$$
$$\leqslant\|\boldsymbol{x}_k-\bar{\boldsymbol{x}}\|+\left\|\left[\nabla^2 f(\boldsymbol{x}_k)\right]^{-1}\nabla f(\boldsymbol{x}_k)\right\|$$
$$\leqslant\frac{\varepsilon}{2}+\frac{1}{m}\frac{m\varepsilon}{2}=\varepsilon$$

因$\boldsymbol{x}_0$充分接近$\bar{\boldsymbol{x}}$，故可设

$$\|\boldsymbol{x}_k-\bar{\boldsymbol{x}}\|\leqslant\varepsilon',\quad k=0,1,2,\cdots$$

我们知道

$$\|\boldsymbol{x}_{k+1}-\bar{\boldsymbol{x}}\|=\left\|\left[\nabla^2 f(\boldsymbol{x}_k)\right]^{-1}\left[\nabla f(\bar{\boldsymbol{x}})-\nabla f(\boldsymbol{x}_k)-\nabla^2 f(\boldsymbol{x}_k)(\bar{\boldsymbol{x}}-\boldsymbol{x}_k)\right]\right\|$$
$$\leqslant\frac{1}{m}\left\|\nabla f(\bar{\boldsymbol{x}})-\nabla f(\boldsymbol{x}_k)-\nabla^2 f(\boldsymbol{x}_k)(\bar{\boldsymbol{x}}-\boldsymbol{x}_k)\right\|\tag{1.170}$$

考虑向量函数$\varphi(\boldsymbol{x})=\nabla f(\boldsymbol{x})$的第$l$个分量$\varphi_l(\boldsymbol{x})$在点$\boldsymbol{x}_k$处的 Taylor 展开式

$$\varphi_l(\boldsymbol{x})=\varphi_l(\boldsymbol{x}_k)+\nabla\varphi_l(\boldsymbol{x}_k)^{\mathrm{T}}(\boldsymbol{x}-\boldsymbol{x}_k)+\frac{1}{2}(\boldsymbol{x}-\boldsymbol{x}_k)^{\mathrm{T}}\nabla^2\varphi_l(\hat{\boldsymbol{x}})(\boldsymbol{x}-\boldsymbol{x}_k)$$

其中$\hat{\boldsymbol{x}}=\boldsymbol{x}_k+\theta(\boldsymbol{x}-\boldsymbol{x}_k)$，$0<\theta<1$。于是

$$\nabla f(\bar{\boldsymbol{x}})-\nabla f(\boldsymbol{x}_k)-\nabla^2 f(\boldsymbol{x}_k)(\boldsymbol{x}-\boldsymbol{x}_k)$$
$$=\frac{1}{2}\begin{bmatrix}(\bar{\boldsymbol{x}}-\boldsymbol{x}_k)^{\mathrm{T}}\nabla^2\varphi_1(\hat{\boldsymbol{x}})(\bar{\boldsymbol{x}}-\boldsymbol{x}_k)\\ \vdots\\ (\bar{\boldsymbol{x}}-\boldsymbol{x}_k)^{\mathrm{T}}\nabla^2\varphi_l(\hat{\boldsymbol{x}})(\bar{\boldsymbol{x}}-\boldsymbol{x}_k)\\ \vdots\\ (\bar{\boldsymbol{x}}-\boldsymbol{x}_k)^{\mathrm{T}}\nabla^2\varphi_n(\hat{\boldsymbol{x}})(\bar{\boldsymbol{x}}-\boldsymbol{x}_k)\end{bmatrix}\tag{1.171}$$

注意到$\nabla^2\varphi_l(\hat{\boldsymbol{x}})\,\nabla^2\varphi_l(\hat{\boldsymbol{x}})$的第$i$行第$j$列元素为

$$\frac{\partial^2\varphi_l(\hat{\boldsymbol{x}})}{\partial x_i\partial x_j}=\frac{\partial^3 f(\hat{\boldsymbol{x}})}{\partial x_i\partial x_j\partial x_l}$$

因为f具有三阶连续偏导数，所以f的三阶偏导数在$\|\boldsymbol{x}-\overline{\boldsymbol{x}}\|\leqslant\varepsilon$上有界，从而存在$\beta>0$，使得当$\|\boldsymbol{x}-\overline{\boldsymbol{x}}\|\leqslant\varepsilon$时，有

$$\left\|\nabla^2\varphi_l(\boldsymbol{x})\right\|\leqslant\beta,\quad l=1,2,\cdots,n$$

而$\hat{\boldsymbol{x}}=\boldsymbol{x}_k+\theta(\boldsymbol{x}-\boldsymbol{x}_k)$且$\|\boldsymbol{x}_k-\overline{\boldsymbol{x}}\|\leqslant\varepsilon'$，故$\|\hat{\boldsymbol{x}}-\overline{\boldsymbol{x}}\|\leqslant\varepsilon$，易知

$$\left\|\nabla^2\varphi_l(\hat{\boldsymbol{x}})\right\|\leqslant\beta,\quad l=1,2,\cdots,n$$

于是，由式(1.171)有

$$\begin{aligned}&\left\|\nabla f(\overline{\boldsymbol{x}})-\nabla f(\boldsymbol{x}_k)-\nabla^2 f(\boldsymbol{x}_k)(\boldsymbol{x}-\boldsymbol{x}_k)\right\|^2\\&=\frac{1}{4}\sum_{l=1}^{n}\left[(\overline{\boldsymbol{x}}-\boldsymbol{x}_k)^{\mathrm{T}}\nabla^2\varphi_l(\hat{\boldsymbol{x}})(\overline{\boldsymbol{x}}-\boldsymbol{x}_k)\right]^2\\&\leqslant\frac{1}{4}n\beta^2\|\boldsymbol{x}_k-\overline{\boldsymbol{x}}\|^4\end{aligned}$$

因此，由式(1.170)知

$$\|\boldsymbol{x}_{k+1}-\overline{\boldsymbol{x}}\|\leqslant\frac{\sqrt{n\beta}}{2m}\|\boldsymbol{x}_k-\overline{\boldsymbol{x}}\|^2,\quad k=0,1,2,\cdots \tag{1.172}$$

根据收敛速度定义，此式表明 Newton 法具有二阶收敛速度。

由上述定理可知，当初始点$\boldsymbol{x}_0$靠近极小点$\overline{\boldsymbol{x}}$时，Newton 法的收敛速度是很快的。但是，当$\boldsymbol{x}_0$远离$\overline{\boldsymbol{x}}$时，Newton 法可能不收敛，甚至连下降性也保证不了。这说明恒取步长因子为 1 的 Newton 法是不合适的。为了弥补 Newton 法的上述缺陷，人们对 Newton 法作了如下修正：由$\boldsymbol{x}_k$求$\boldsymbol{x}_{k+1}$时，不直接用 Newton 法迭代公式而是沿 Newton 法方向d_k进行某种线性搜索来确定步长因子。这就是所谓的阻尼 Newton 法，其迭代公式为

$$\boldsymbol{d}_k=-\left[\nabla^2 f(\boldsymbol{x}_k)\right]^{-1}\nabla f(\boldsymbol{x}_k) \tag{1.173}$$

$$\boldsymbol{x}_{k+1}=\boldsymbol{x}_k+\alpha_k\boldsymbol{d}_k \tag{1.174}$$

其中，α_k是线性搜索产生的步长因子。应该强调，仅当步长因子$\{\alpha_k\}$收敛到 1 时，阻尼 Newton 法才是二阶收敛的。另外，阻尼 Newton 法虽然保证了全局收敛性，但当 Hessian 矩阵非正定时，仍然是不适用的。

算法 1.6.5 (阻尼 Newton 法)

(1) 选取初始数据。选取初始点$\boldsymbol{x}_0$，给定允许误差$\varepsilon>0$，令$k=0$。

(2) 检验是否满足终止准则。计算$\nabla f(\boldsymbol{x}_k)$，若$\|\nabla f(\boldsymbol{x}_k)\|<\varepsilon$，迭代终止，$\boldsymbol{x}_k$为近似最优解；否则，转(3)。

(3) 构造 Newton 法方向。计算$\left[\nabla^2 f(\boldsymbol{x}_k)\right]^{-1}$，取$\boldsymbol{d}_k=-\left[\nabla^2 f(\boldsymbol{x}_k)\right]^{-1}\nabla f(\boldsymbol{x}_k)$。

(4) 进行线性搜索。求 α_k 和 $\boldsymbol{x}_{k+1}$，使得 $f\left(\boldsymbol{x}_k+\alpha_k \boldsymbol{d}_k\right)=\min\limits_{\alpha \geqslant 0} f\left(\boldsymbol{x}_k+\alpha \boldsymbol{d}_k\right)$，$\boldsymbol{x}_{k+1}=\boldsymbol{x}_k+\alpha_k \boldsymbol{d}_k$，令 $k:=k+1$，转(2)。

阻尼 Newton 法的计算框图如图 1.46 所示。

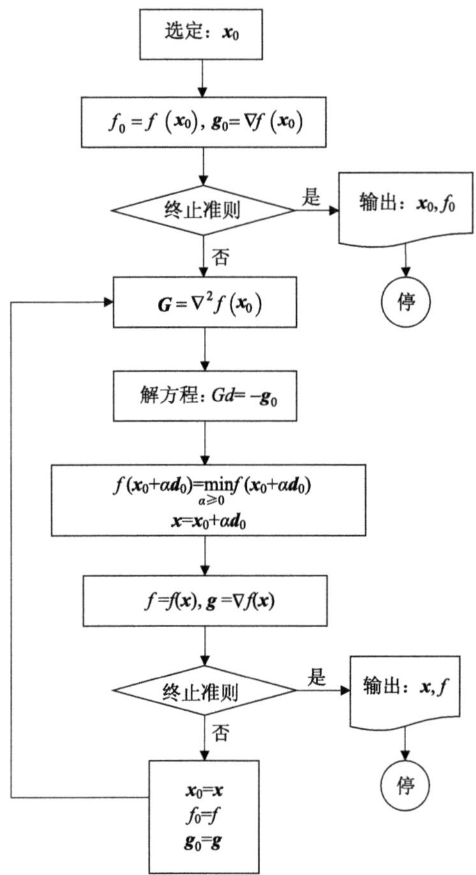

图 1.46　阻尼 Newton 法的计算框图

下面为阻尼 Newton 法的 Matlab 程序。

(1) 阻尼 Newton 法。

```
function xk=Newton_zuni(e,x,s)
% e为迭代停止的精度，x为迭代点。
% s代表采用的一维搜索方法，0为精确搜索，其他值为非精确搜索。
global xk;
global pk;
xk=x;
%step 1
%没用到k，只存储当前迭代的值
while 1
```

```
    %step 2
    gk=shuzhiweifenfa(xk);
    %step 3
    %范数用的是平方和开根号
    if sqrt(sum(gk.^2))<=e
        return
    end
    Gk=Hesse_2(xk);
    %由于之前函数默认为行向量
    %pk,gk需转置
    pk=(-Gk^-1*gk')';
    %step 4
    %一维搜索
    If s==0
        [a,b,c]=jintuifa(0,0.1);
        a=huangjinfenge(a,c,10^-4);
    else
        a=Wolfe_Powell(xk,pk);
    end
    %step 5
    xk=xk+a*pk;
end
```

(2) 程序调用。

```
clear
clc
x=[-1,1];
fprintf('========================');
fprintf('\nx=%f\t\t%f\n',x(1),x(2));
fprintf('========================\n');
fprintf('精确搜索的阻尼 Newton 法:\n');
x_=Newton_zuni(10^-3,x,0);
fprintf('x*=%f\t%f\n',x_(1),x_(2));
fprintf('f(x)=%f\n',f(x_));
fprintf('非精确搜索的阻尼 Newton 法:\n');
x_=Newton_ zuni (10^-3,x,1);
fprintf('x*=%f\t%f\n',x_(1),x_(2));
fprintf('f(x)=%f\n',f(x_));
```

下面定理指出，阻尼 Newton 法具有全局收敛性。

定理 1.49 设 $f:\mathbb{R}^n \to \mathbb{R}$ 具有二阶连续偏导数，又设对任意 $\boldsymbol{x}_0 \in \mathbb{R}^n$，存在常数 $m>0$，使得 $f(\boldsymbol{x})$ 在水平集 $S(\boldsymbol{x}_0)=\{\boldsymbol{x}|f(\boldsymbol{x})\leqslant f(\boldsymbol{x}_0)\}$ 上满足

$$\boldsymbol{u}^{\mathrm{T}}\nabla^2 f(\boldsymbol{x})\boldsymbol{u} \geqslant m\|\boldsymbol{u}\|^2, \quad \forall \boldsymbol{x}\in S(\boldsymbol{x}_0), \boldsymbol{u}\in\mathbb{R}^n \tag{1.175}$$

则在精确线性搜索条件下，阻尼 Newton 法产生的迭代点列 $\{\boldsymbol{x}_k\}$ 满足：

(1) 当 $\{\boldsymbol{x}_k\}$ 是有穷点列时，其最后一个点必是 f 的唯一极小点；

(2) 当 $\{\boldsymbol{x}_k\}$ 是无穷点列时，它必收敛于 f 的唯一极小点。

证明 首先由式(1.175)知 $f(\boldsymbol{x})$ 为 $\mathbb{R}^n$ 上的严格凸函数，从而其驻点为总体极小点，且是唯一的。

又由假设条件可知水平集 $S(\boldsymbol{x}_0)$ 是有界闭凸集，由于 $f(\boldsymbol{x}_k)$ 单调下降，可知 $\{\boldsymbol{x}_k\}\in S(\boldsymbol{x}_0)$，故 $\{\boldsymbol{x}_k\}$ 是有界点列，于是存在极限点 $\bar{\boldsymbol{x}}\in S(\boldsymbol{x}_0)$，$\boldsymbol{x}_k \to \bar{\boldsymbol{x}}$。又 $f(\boldsymbol{x}_k)$ 单调下降且有下界，故 $f(\boldsymbol{x}_k)\to f(\bar{\boldsymbol{x}})$。根据精确线性搜索极小化算法的收敛定理，有 $\nabla f(\boldsymbol{x}_k)\to\nabla f(\bar{\boldsymbol{x}})=0$。由于驻点是唯一的，故 $\{\boldsymbol{x}_k\}$ 收敛到 $\bar{\boldsymbol{x}}$。

类似地，如果线性搜索满足

$$f(\boldsymbol{x}_k)-f(\boldsymbol{x}_k+\alpha_k\boldsymbol{d}_k)\geqslant \eta\|\nabla f(\boldsymbol{x}_k)\|^2\cos^2(\boldsymbol{d}_k,-\nabla f(\boldsymbol{x}_k)) \tag{1.176}$$

则上述总体收敛性定理仍成立，其中 η 是一个与 k 无关的常数。

定理 1.50 设 $f:\mathbb{R}^n \to \mathbb{R}$ 具有二阶连续偏导数，又设对任意 $\boldsymbol{x}_0 \in \mathbb{R}^n$，存在常数 $m>0$，使得 $f(\boldsymbol{x})$ 在水平集 $S(\boldsymbol{x}_0)=\{\boldsymbol{x}|f(\boldsymbol{x})\leqslant f(\boldsymbol{x}_0)\}$ 上满足式(1.175)，则在线性搜索式(1.176)的条件下，阻尼牛顿法产生的点列 $\{\boldsymbol{x}_k\}$ 满足

$$\lim_{k\to\infty}\|\nabla f(\boldsymbol{x}_k)\|=0 \tag{1.177}$$

且 $\{\boldsymbol{x}_k\}$ 收敛于 $f(\boldsymbol{x})$ 唯一的极小点。

证明 因为 $f(\boldsymbol{x})$ 满足式(1.175)，则 $f(\boldsymbol{x})$ 在 $S(\boldsymbol{x}_0)$ 上一致凸。由式(1.176)知 $f(\boldsymbol{x})$ 严格单调下降，故 $\{\boldsymbol{x}_k\}$ 必有界，从而存在常数 $M>0$，使得

$$\|\nabla^2 f(\boldsymbol{x}_k)\|\leqslant M \tag{1.178}$$

对于一切 k 成立。从式(1.173)、式(1.175)、式(1.178)可知

$$\cos\langle\boldsymbol{d}_k,-\nabla f(\boldsymbol{x}_k)\rangle=\frac{-\boldsymbol{d}_k^{\mathrm{T}}\nabla f(\boldsymbol{x}_k)}{\|\boldsymbol{d}_k\|\|\nabla f(\boldsymbol{x}_k)\|}=\frac{\boldsymbol{d}_k^{\mathrm{T}}\nabla^2 f(\boldsymbol{x}_k)\boldsymbol{d}_k}{\|\boldsymbol{d}_k\|\|\nabla^2 f(\boldsymbol{x}_k)\boldsymbol{d}_k\|}\geqslant\frac{m}{M} \tag{1.179}$$

因 $f(\boldsymbol{x})$ 严格单调下降且有界，故得到

$$\infty>f(\boldsymbol{x}_0)-f(\boldsymbol{x}_\infty)=\sum_{k=0}^{\infty}\left[f(\boldsymbol{x}_k)-f(\boldsymbol{x}_{k+1})\right]\geqslant\sum_{k=0}^{\infty}\eta\frac{m^2}{M^2}\|\nabla f(\boldsymbol{x}_k)\|^2 \tag{1.180}$$

从而得到式(1.177)。由于 $f(\boldsymbol{x})$ 一致凸，故它只有一个驻点，于是从式(1.177)可知 $\{\boldsymbol{x}_k\}$ 收敛于 $f(\boldsymbol{x})$ 唯一的极小点。

牛顿法面临的主要困难是 Hessian 矩阵 $\boldsymbol{G}_k$ 不正定。这时候二次模型不一定有极小点，甚至没有驻点。当 $\boldsymbol{G}_k$ 不定时，二次模型函数是无界的。另外，每次迭代都需要计算

Hessian 矩阵及其逆矩阵，故计算量很大，且当 $\boldsymbol{G}_k$ 不满秩时 $\boldsymbol{G}_k$ 逆矩阵不存在。为了克服这些困难，人们提出了很多改进策略。例如，当 $\boldsymbol{G}_k$ 非正定时，用最速下降方向代替牛顿方向，或者修正牛顿方向使其偏向最速下降方向，从而保证算法的全局收敛性。当 $\boldsymbol{G}_k$ 存在负特征值时，采用负曲率方向代替牛顿方向，有限差分牛顿法用数值法代替解析法近似求取 Hessian 矩阵 $\boldsymbol{G}_k$，而不精确牛顿法采用近似求解牛顿方程的方式，达到减少计算量的目的。拟牛顿法是用不含二阶导数信息的正定矩阵来近似 Hessian 矩阵 $\boldsymbol{G}_k$，使算法具备计算量小和收敛速度快的双重优点，是一类非常有效的算法。另外，拟牛顿法本质上是一种共轭方向法，故具有二次终止性及超线性收敛特性。信赖域法是一种带约束的方法，形式上是用满秩矩阵 $\boldsymbol{G}_k+\lambda\boldsymbol{I}$ 代替 $\boldsymbol{G}_k$，该方法能够有效地解决 $\boldsymbol{G}_k$ 非正定带来的各种问题，且当 $\boldsymbol{G}_k$ 正定时仍具有二阶收敛速度。共轭梯度法是最典型的共轭方向法，具有迭代简单、超线性收敛及二次终止等优点，非常适合求解大规模问题。其迭代方向计算公式选择不同可以形成不同的共轭梯度法，再结合预条件技术能够设计出很多变种方法。拟牛顿法可看作是在每一次迭代不断优化的共轭梯度法。因此，共轭梯度法是一种发展潜力很大的算法。

下面具体介绍共轭梯度法、拟牛顿法及信赖域法。

1.6.3　共轭梯度法

最速下降法和 Newton 法是最基本的无约束最优化方法，它们的特性各异：前者计算量较小而收敛速度慢；后者虽然收敛速度快，但每次迭代都需要计算目标函数的 Hessian 矩阵及其逆矩阵，故计算量大。本节介绍无须计算二阶导数并且收敛速度快的方法。

1. 共轭方向法

在最优化方法中，共轭方向法起着非常重要的作用。可以说，目前几乎所有高效的方法都是以共轭方向为搜索方向形成的，都属于共轭方向法。其根本原因在于共轭方向法的二次终止性，即共轭方向加上精确线性搜索能够使迭代算法具备有限步收敛的特性。

共轭方向法在收敛速度方面比最速下降法有着本质上的改进。共轭方向法是从研究二次函数的极小化产生的，但是它可以推广到处理一般函数的极小化问题。最典型的共轭方向法是本节研究的共轭梯度法。另外，阻尼牛顿法及拟牛顿法(后面将介绍)也属于共轭方向法。

定义 1.25　设 $\boldsymbol{G}\in\mathbb{R}^{n\times n}$ 为对称正定矩阵，$\boldsymbol{d}_0$，$\boldsymbol{d}_1$ 是 $\mathbb{R}^n$ 中两个 n 维非零向量，如果 $\boldsymbol{d}_0^{\mathrm{T}}\boldsymbol{G}\boldsymbol{d}_1=0$，则称向量 $\boldsymbol{d}_0$ 和 $\boldsymbol{d}_1$ 是 $\boldsymbol{G}$ 共轭的(或 $\boldsymbol{G}$ 正交的)。

类似地，设 $\boldsymbol{d}_0,\boldsymbol{d}_1,\cdots,\boldsymbol{d}_{m-1}$ 是 $\mathbb{R}^n$ 中任一组非零向量，如果

$$\boldsymbol{d}_i^{\mathrm{T}}\boldsymbol{G}\boldsymbol{d}_j=0,\quad i\neq j \tag{1.181}$$

则称 $\boldsymbol{d}_0,\boldsymbol{d}_1,\cdots,\boldsymbol{d}_{m-1}$ 是 $\boldsymbol{G}$ 共轭的。

当 $\boldsymbol{G}=\boldsymbol{I}$ 为单位矩阵时，则式(1.181)变为

$$d_i^{\mathrm{T}} d_j = 0, \quad i \neq j$$

即向量组$d_0, d_1, \cdots, d_{m-1}$是正交的。由此可知，共轭是正交概念的推广。

定理 1.51　设$G \in \mathbb{R}^{n \times n}$为对称正定矩阵，$\mathbb{R}^n$中非零向量组$d_0, d_1, \cdots, d_{m-1}$是$G$共轭的，则这$m$个向量线性无关。

证明　若存在实数$t_0, t_1, \cdots, t_{m-1}$，使

$$\sum_{j=0}^{m-1} t_j d_j = 0$$

用$d_i^{\mathrm{T}} G$左乘上式并注意到$d_i^{\mathrm{T}} G d_j = 0, i \neq j$，得到

$$t_i d_i^{\mathrm{T}} G d_i = 0, \quad i = 0, 1, \cdots, m-1$$

又G是正定矩阵，且$d_i \neq 0, i = 0, 1, \cdots, m-1$，故

$$d_i^{\mathrm{T}} G d_i > 0, \quad i = 0, 1, \cdots, m-1$$

从而得到$t_i = 0, i = 0, 1, \cdots, m-1$，即$d_0, d_1, \cdots, d_{m-1}$线性无关。

定理 1.52　设$d_0, d_1, \cdots, d_{n-1}$是$\mathbb{R}^n$中线性无关的向量组，若$d_n \in \mathbb{R}^n$与每个$d_i$都正交，则$d_n = 0$。

证明　因为$d_0, d_1, \cdots, d_{n-1} \in \mathbb{R}^n$且线性无关，所以它们构成$\mathbb{R}^n$的一组基，从而$d_n \in \mathbb{R}^n$可以表示为它们的线性组合，即存在一组实数$t_0, t_1, \cdots, t_{n-1}$，使

$$d_n = \sum_{i=0}^{n-1} t_i d_i$$

又由d_n与每个d_i都正交，得

$$d_n^{\mathrm{T}} d_n = d_n^{\mathrm{T}} \sum_{i=0}^{n-1} t_i d_i = \sum_{i=0}^{n-1} t_i d_n^{\mathrm{T}} d_i = 0$$

即知$d_n = 0$。

考虑正定二次函数的无约束最优化问题

$$\min f(x) = \frac{1}{2} x^{\mathrm{T}} G x + b^{\mathrm{T}} x + c \tag{1.182}$$

其中，$G \in \mathbb{R}^{n \times n}$为对称正定矩阵，$x \in \mathbb{R}^n$，$b \in \mathbb{R}^n$，$c \in \mathbb{R}$。

问题(1.182)有唯一的严格全局最优解$\bar{x} = -G^{-1} b$，下面不求G^{-1}，而是用迭代的方法求问题(1.182)的最优解。

我们先考虑正定二元二次函数的极小化问题，即$n=2$。如图 1.47 所示，设极小点为$\bar{x}$，即椭圆族的中心。过$\bar{x}$作任意一条直线，则该直线与诸椭圆交点处的切线都是互相平行的。这一事实表明，任选两条方向为d_0的平行线，沿着平行线可以找到目标函数的两个极小点$x_1, \hat{x}_1$，则此两点必为椭圆族中某两椭圆的切点，并且这两点的连线方向$p_1 = \hat{x}_1 - x_1$必通过椭圆族的中心$\bar{x}$。换句话说，在这两条d_0平行线上任取一点作为初始点都可以依次沿着d_0、d_1方向搜索且只需两步就可以找到$\bar{x}$。再由d_0的任意性可知，从任意点开始都可以通过两步搜索找到极小点。

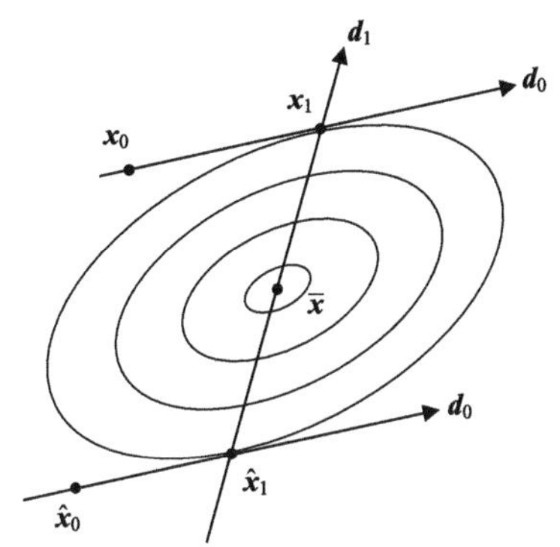

图 1.47　二元二次函数共轭方向示意图

上面只说明了两步搜索的存在性，但怎么构造这两个搜索方向呢？现在我们进一步分析平行线方向 $\boldsymbol{d}_0$ 与两极点连线方向 $\boldsymbol{d}_1$ 满足的关系。

如图 1.47 所示，在平行线上任取两个初始点 $\boldsymbol{x}_1, \hat{\boldsymbol{x}}_1$，沿 $\boldsymbol{d}_0$ 方向作精确线性搜索分别得到极小点 $\boldsymbol{x}_1, \hat{\boldsymbol{x}}_1$，则有

$$\nabla f(\boldsymbol{x}_1)^{\mathrm{T}} \boldsymbol{d}_0 = 0$$

$$\nabla f(\hat{\boldsymbol{x}}_1)^{\mathrm{T}} \boldsymbol{d}_0 = 0$$

又知二次函数 $\nabla f(\boldsymbol{x}) = \boldsymbol{G}\boldsymbol{x} + \boldsymbol{b}$，同时 $\boldsymbol{d}_1 = \hat{\boldsymbol{x}}_1 - \boldsymbol{x}_1$，则有

$$\left[\nabla f(\boldsymbol{x}_1) - \nabla f(\hat{\boldsymbol{x}}_1)\right]^{\mathrm{T}} \boldsymbol{d}_0 = \boldsymbol{d}_1^{\mathrm{T}} \boldsymbol{G} \boldsymbol{d}_0 = 0$$

即 $\boldsymbol{d}_0$ 与 $\boldsymbol{d}_1$ 是关于 $\boldsymbol{G}$ 共轭的。

综上所述，对于问题(1.182)，当 $n=2$ 时，从任选初始点 $\boldsymbol{x}_0$ 出发，沿任意下降方向 $\boldsymbol{d}_0$ 作线性搜索得 $\boldsymbol{x}_1$，再从点 $\boldsymbol{x}_1$ 出发，沿 $\boldsymbol{d}_0$ 的 $\boldsymbol{G}$ 共轭方向 $\boldsymbol{d}_1$ 作线性搜索必是极小点 $\bar{\boldsymbol{x}}$，即两次迭代就得到了最优解。一般地，我们有：

定理 1.53　设 $\boldsymbol{G} \in \mathbb{R}^{n \times n}$ 为对称正定矩阵，$\boldsymbol{d}_0, \boldsymbol{d}_1, \cdots, \boldsymbol{d}_{n-1}$ 是 $\mathbb{R}^n$ 中一组 $\boldsymbol{G}$ 共轭的非零向量。对于问题(1.182)，若从任意点 $\boldsymbol{x}_0 \in \mathbb{R}^n$ 出发依次沿 $\boldsymbol{d}_0, \boldsymbol{d}_1, \cdots, \boldsymbol{d}_{n-1}$ 进行精确线性搜索，则至多经过 n 次迭代可得问题(1.182)的最优解。

证明　对于问题(1.182)，设从 $\boldsymbol{x}_0$ 点出发依次沿方向 $\boldsymbol{d}_0, \boldsymbol{d}_1, \cdots, \boldsymbol{d}_{n-1}$ 进行精确线性搜索产生的迭代点是

$$\boldsymbol{x}_{k+1} = \boldsymbol{x}_k + c_k \boldsymbol{d}_k, \quad k = 0, 1, \cdots, n-1$$

其中 α_k 使

$$f(\boldsymbol{x}_k + \alpha_k \boldsymbol{d}_k) = \min_{\alpha \geqslant 0} f(\boldsymbol{x}_k + \alpha \boldsymbol{d}_k)$$

又知 $\nabla f(\boldsymbol{x}) = \boldsymbol{G}\boldsymbol{x} + \boldsymbol{b}$，则有

$$\nabla f(\boldsymbol{x}_{k+1}) = \nabla f(\boldsymbol{x}_k) + \alpha_k \boldsymbol{G} \boldsymbol{d}_k, \quad k = 0, 1, \cdots, n-1$$

反复利用上式可知

$$\nabla f\left(\boldsymbol{x}_{k+1}\right)=\nabla f\left(\boldsymbol{x}_j\right)+\sum_{i=j}^{k} c_i \boldsymbol{G} \boldsymbol{d}_i, \quad j=0,1,\cdots,k$$

从而

$$\nabla f\left(\boldsymbol{x}_{k+1}\right)^{\mathrm{T}} \boldsymbol{d}_j=\nabla f\left(\boldsymbol{x}_j\right)^{\mathrm{T}} \boldsymbol{d}_j+\sum_{i=j}^{k} c_i \boldsymbol{d}_i^{\mathrm{T}} \boldsymbol{G} \boldsymbol{d}_j, \quad j=0,1,\cdots,k$$

因为$\boldsymbol{d}_0,\boldsymbol{d}_1,\cdots,\boldsymbol{d}_{n-1}$是$\boldsymbol{G}$共轭的，所以

$$\begin{aligned}\nabla f\left(\boldsymbol{x}_{k+1}\right)^{\mathrm{T}} \boldsymbol{d}_j&=\nabla f\left(\boldsymbol{x}_j\right)^{\mathrm{T}} \boldsymbol{d}_j+\alpha_j \boldsymbol{d}_j^{\mathrm{T}} \boldsymbol{G} \boldsymbol{d}_j \\ &=\left[\nabla f\left(\boldsymbol{x}_j\right)+\alpha_j \boldsymbol{G} \boldsymbol{d}_j\right]^{\mathrm{T}} \boldsymbol{d}_j\end{aligned}$$

即知

$$\nabla f\left(\boldsymbol{x}_{k+1}\right)^{\mathrm{T}} \boldsymbol{d}_j=\nabla f\left(\boldsymbol{x}_{j+1}\right)^{\mathrm{T}} \boldsymbol{d}_j, \quad j=0,1,\cdots,k$$

另外，由于α_k是线性搜索的最优步长，因此

$$\nabla f\left(\boldsymbol{x}_{j+1}\right)^{\mathrm{T}} \boldsymbol{d}_j=0, \quad j=0,1,\cdots,n-1$$

结合上两式，可得正交关系式

$$\nabla f\left(\boldsymbol{x}_{k+1}\right)^{T} \boldsymbol{d}_j=0, \quad k=0,1,\cdots,n-1, \quad j=0,1,\cdots,k \tag{1.183}$$

特别地，当$k=n-1$时，有

$$\nabla f\left(\boldsymbol{x}_n\right)^{\mathrm{T}} \boldsymbol{d}_j=0, \quad j=0,1,\cdots,n-1 \tag{1.184}$$

因为$\boldsymbol{d}_0,\boldsymbol{d}_1,\cdots,\boldsymbol{d}_{n-1}$是一组$\boldsymbol{G}$共轭方向，所以由定理 1.51 知，它们是线性无关的。从而由式(1.184)及定理 1.52 知，$\nabla f\left(\boldsymbol{x}_n\right)=0$，即$\boldsymbol{x}_n$是问题(1.182)的最优解。

这说明，至多经过n次迭代必定得到式(1.182)的最优解。进一步可以证明，若$\boldsymbol{G}$的特征值个数为m，则m次迭代就可以得到式(1.182)的最优解。

事实上，设正定二次目标函数的极小点为$\overline{\boldsymbol{x}} \in \mathbb{R}^n$，则对任何向量$\boldsymbol{x}_0$，必存在至多$n$个线性无关向量$\boldsymbol{d}_0,\boldsymbol{d}_1,\cdots,\boldsymbol{d}_{n-1}$，使得

$$\overline{\boldsymbol{x}}-\boldsymbol{x}_0=\alpha_0 \boldsymbol{d}_0+\alpha_1 \boldsymbol{d}_1+\cdots+\alpha_{n-1} \boldsymbol{d}_{n-1}$$

其中，$\alpha_i\left(i=0,1,\cdots,n-1\right)$为不全为零的待定系数。

又知$\nabla f\left(\overline{\boldsymbol{x}}\right)=\boldsymbol{G}\overline{\boldsymbol{x}}+\boldsymbol{b}=\mathbf{0}$，上式左乘$\boldsymbol{G}$，得

$$-\boldsymbol{b}-\boldsymbol{G}\boldsymbol{x}_0=\alpha_0 \boldsymbol{G}\boldsymbol{d}_0+\alpha_1 \boldsymbol{G}\boldsymbol{d}_1+\cdots+\alpha_{n-1} \boldsymbol{G}\boldsymbol{d}_{n-1}$$

从此式可发现，若$\boldsymbol{d}_0,\boldsymbol{d}_1,\cdots,\boldsymbol{d}_{n-1}$是关于$\boldsymbol{G}$共轭的，则$\alpha_i$会变成只与$\boldsymbol{d}_i$有关的简单形式，如下

$$\alpha_i=-\frac{\boldsymbol{d}_i^{\mathrm{T}}\left(\boldsymbol{G}\boldsymbol{x}_0+\boldsymbol{b}\right)}{\boldsymbol{d}_i^{\mathrm{T}} \boldsymbol{G} \boldsymbol{d}_i}, \quad i=0,1,\cdots,n-1 \tag{1.185}$$

这样，$\overline{\boldsymbol{x}}$可以表示成

$$\begin{aligned}\bar{\boldsymbol{x}} &= \boldsymbol{x}_0 - \sum_{i=0}^{n-1}\frac{\boldsymbol{d}_i^{\mathrm{T}}\left(\boldsymbol{G}\boldsymbol{x}_0+\boldsymbol{b}\right)}{\boldsymbol{d}_i^{\mathrm{T}}\boldsymbol{G}\boldsymbol{d}_i}\boldsymbol{d}_i \\ &= \boldsymbol{x}_0 - \left(\sum_{i=0}^{n-1}\frac{\boldsymbol{d}_i\boldsymbol{d}_i^{\mathrm{T}}}{\boldsymbol{d}_i^{\mathrm{T}}\boldsymbol{G}\boldsymbol{d}_i}\right)\left(\boldsymbol{G}\boldsymbol{x}_0+\boldsymbol{b}\right)\end{aligned}$$

记

$$\boldsymbol{S}_n = \sum_{i=0}^{n-1}\frac{\boldsymbol{d}_i\boldsymbol{d}_i^{\mathrm{T}}}{\boldsymbol{d}_i^{\mathrm{T}}\boldsymbol{G}\boldsymbol{d}_i}$$

再利用 $\boldsymbol{d}_0,\boldsymbol{d}_1,\cdots,\boldsymbol{d}_{n-1}$ 的共轭性，则有

$$\boldsymbol{S}_n\boldsymbol{G}\boldsymbol{d}_j = \sum_{i=0}^{n-1}\frac{\boldsymbol{d}_i\boldsymbol{d}_i^{\mathrm{T}}\boldsymbol{G}\boldsymbol{d}_j}{\boldsymbol{d}_i^{\mathrm{T}}\boldsymbol{G}\boldsymbol{d}_i} = \boldsymbol{d}_j$$

再令 $\boldsymbol{d} = \left[\boldsymbol{d}_0,\boldsymbol{d}_1,\cdots,\boldsymbol{d}_{n-1}\right]$，则有

$$\boldsymbol{S}_n\boldsymbol{G}\boldsymbol{d} = \boldsymbol{d}$$

又知 $\boldsymbol{d}$ 为可逆矩阵，将 $\boldsymbol{d}^{-1}$ 右乘上式两端，得

$$\boldsymbol{S}_n\boldsymbol{G} = \boldsymbol{I}$$

又 $\boldsymbol{G}$ 为正定矩阵，于是有

$$\boldsymbol{G}^{-1} = \boldsymbol{S}_n = \sum_{i=0}^{n-1}\frac{\boldsymbol{d}_i\boldsymbol{d}_i^{\mathrm{T}}}{\boldsymbol{d}_i^{\mathrm{T}}\boldsymbol{G}\boldsymbol{d}_i} \tag{1.186}$$

此式表明，若已知一组 $\boldsymbol{G}$ 共轭向量 $\boldsymbol{d}_0,\boldsymbol{d}_1,\cdots,\boldsymbol{d}_{n-1}$，则矩阵的逆 $\boldsymbol{G}^{-1}$ 可用式(1.186)很容易算出。同时也说明，共轭方向对于构造有效的迭代算法是十分有用的。

通常，我们把从点 $\boldsymbol{x}_0 \in \mathbb{R}^n$ 出发依次沿某组共轭方向进行线性搜索来求解无约束最优化问题的方法称为共轭方向法。

算法 1.6.6 (共轭方向法)

给定一个对称正定矩阵 $\boldsymbol{G} \in \mathbb{R}^{n\times n}$。

(1) 选取初始数据。选取初始点 $\boldsymbol{x}_0$，给定允许误差 $\varepsilon > 0$。

(2) 选取初始搜索方向。计算 $\nabla f\left(\boldsymbol{x}_0\right)$，求出 $\boldsymbol{d}_0$，使 $\nabla f\left(\boldsymbol{x}_0\right)^{\mathrm{T}}\boldsymbol{d}_0 < 0$，令 $k=0$。

(3) 检查是否满足终止准则。若 $\left\|\nabla f\left(\boldsymbol{x}_k\right)\right\| < \varepsilon$，迭代终止；否则，转(4)。

(4) 进行某种线性搜索。求出 α_k 和 $\boldsymbol{x}_{k+1}$，使得 $f\left(\boldsymbol{x}_k+\alpha_k\boldsymbol{d}_k\right) = \min\limits_{\alpha\geqslant 0} f\left(\boldsymbol{x}_k+\alpha\boldsymbol{d}_k\right)$，$\boldsymbol{x}_{k+1} = \boldsymbol{x}_k + \alpha_k\boldsymbol{d}_k$。

(5) 选取搜索方向。求 $\boldsymbol{d}_{k+1}$，使 $\boldsymbol{d}_{k+1}^{\mathrm{T}}\boldsymbol{G}\boldsymbol{d}_j = 0, j=0,1,\cdots,k$。令 $k:=k+1$，返回(3)。

共轭方向法的计算框图如图 1.48 所示。

如果用共轭方向法求解正定二次函数的无约束最优化问题(1.182)，此时，算法中的正定矩阵即为二次函数的正定矩阵，那么容易推出迭代公式为

$$\boldsymbol{x}_{k+1} = \boldsymbol{x}_k + \alpha_k\boldsymbol{d}_k,\quad \alpha_k = -\frac{\boldsymbol{d}_k^{\mathrm{T}}\left(\boldsymbol{G}\boldsymbol{x}_k+\boldsymbol{b}\right)}{\boldsymbol{d}_k^{\mathrm{T}}\boldsymbol{G}\boldsymbol{d}_k} = -\frac{\boldsymbol{d}_k^{\mathrm{T}}\nabla f\left(\boldsymbol{x}_k\right)}{\boldsymbol{d}_k^{\mathrm{T}}\boldsymbol{G}\boldsymbol{d}_k} \tag{1.187}$$

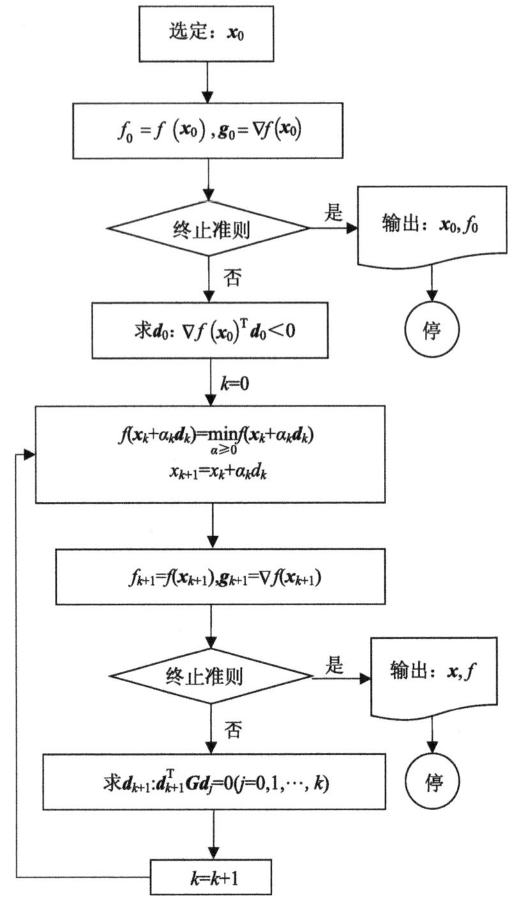

图 1.48　共轭方向法的计算框图

其中，α_k为步长因子。根据共轭性质可知，式(1.187)中的步长因子与式(1.185)是等价的。

根据共轭关系可知

$$\begin{aligned}\boldsymbol{d}_k^{\mathrm{T}}\boldsymbol{g}_k &= \boldsymbol{d}_k^{\mathrm{T}}\boldsymbol{g}_{k+1}-\boldsymbol{d}_k^{\mathrm{T}}\left(\boldsymbol{g}_{k+1}-\boldsymbol{g}_k\right)\\ &= \boldsymbol{d}_k^{\mathrm{T}}\boldsymbol{g}_{k+1}-\alpha_k\boldsymbol{d}_k^{\mathrm{T}}\boldsymbol{G}\boldsymbol{d}_k\end{aligned}$$

又$\boldsymbol{G}$为正定矩阵，则$\boldsymbol{d}_k^{\mathrm{T}}\boldsymbol{G}\boldsymbol{d}_k>0$，再根据线性搜索条件，知$\boldsymbol{d}_k^{\mathrm{T}}\boldsymbol{g}_{k+1}\leqslant 0$，必有

$$\boldsymbol{d}_k^{\mathrm{T}}\boldsymbol{g}_k<0$$

这说明共轭方向必是下降方向。根据式(1.183)知，在精确线性搜索条件下新产生的迭代点与之前的迭代方向具有正交性，即$\nabla f\left(\boldsymbol{x}_k\right)^{\mathrm{T}}\boldsymbol{d}_i=0\left(i=0,1,\cdots,k-1\right)$，如图 1.49 所示。这表明由共轭方向法产生的$\boldsymbol{x}_k$实际上就是正定二次函数$f\left(\boldsymbol{x}\right)$在过$\boldsymbol{x}_0$点由$\boldsymbol{d}_0,\cdots,\boldsymbol{d}_{k-1}$所张成的$\boldsymbol{k}$维子空间$\mathbb{R}^k\left(\boldsymbol{x}_0\right)$上的极小点。这也说明了共轭方向法的迭代过程是子空间逐渐扩展的过程，最终至多n步求得在$\mathbb{R}^n$上的极小点$\bar{\boldsymbol{x}}$。

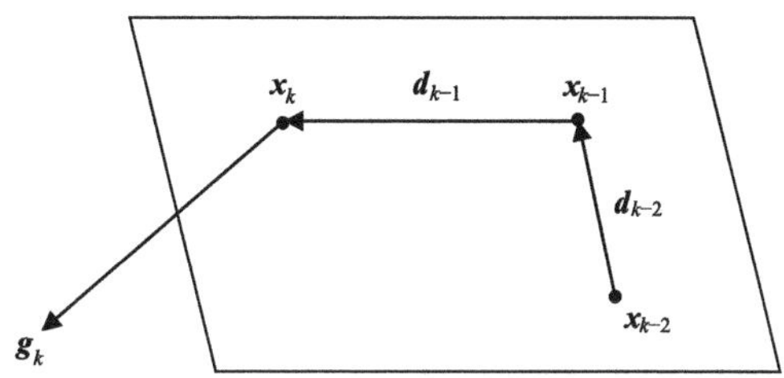

图 1.49　共轭方向法的迭代路径及正交性

根据共轭方向法的定义，可以证明阻尼牛顿法也是一种共轭方向法，即阻尼牛顿法的迭代方向是一组共轭向量。

对于正定二次函数，根据阻尼牛顿法的迭代式(1.183)，可知

$$\boldsymbol{d}_{k+1} = -\boldsymbol{G}^{-1}\nabla f\left(\boldsymbol{x}_{k+1}\right)$$

则有

$$\boldsymbol{d}_{k+1}^{\mathrm{T}}\boldsymbol{G}\boldsymbol{d}_k = -\nabla f\left(\boldsymbol{x}_{k+1}\right)^{\mathrm{T}}\boldsymbol{G}^{-1}\boldsymbol{G}\boldsymbol{d}_k = -\nabla f\left(\boldsymbol{x}_{k+1}\right)^{\mathrm{T}}\boldsymbol{d}_k$$

由精确线性搜索条件，可知

$$\nabla f\left(\boldsymbol{x}_{k+1}\right)^{\mathrm{T}}\boldsymbol{d}_k = 0$$

整理上式，得

$$\boldsymbol{d}_{k+1}^{\mathrm{T}}\boldsymbol{G}\boldsymbol{d}_k = 0$$

即 $\boldsymbol{d}_{k+1}$ 与 $\boldsymbol{d}_k$ 是关于 $\boldsymbol{G}$ 共轭的。

这表明阻尼牛顿法也是一种共轭方向法，故具有二次终止性。当然对于正定二次函数，阻尼牛顿法只需一次迭代就可以找到最优解，但迭代方向确实是共轭方向。另外，应该指出采用精确线性搜索的阻尼牛顿法，其迭代方向才是共轭方向。

实际上算法 1.6.6 只适合正定二次函数极小化问题，且在精确线性搜索下有限步收敛。下面将共轭性质推广到处理一般函数的极小化问题，仍可以得到与定理 1.53 相同的结论，即从任意点 $\boldsymbol{x}_0 \in \mathbb{R}^n$ 出发依次沿共轭向量组 $\boldsymbol{d}_0,\boldsymbol{d}_1,\cdots,\boldsymbol{d}_{n-1}$ 进行精确线性搜索，至多经过 n 次迭代就可以得到一般函数的极小化问题的最优解。

首先，我们先把共轭关系推广到一般函数可用的形式。

对于二次函数，$\nabla f\left(\boldsymbol{x}\right)=\boldsymbol{G}\boldsymbol{x}+\boldsymbol{b}$，可有

$$\boldsymbol{G}\boldsymbol{d}_k = \boldsymbol{G}\frac{\boldsymbol{x}_{k+1}-\boldsymbol{x}_k}{\alpha_k} = \frac{\nabla f\left(\boldsymbol{x}_{k+1}\right)-\nabla f\left(\boldsymbol{x}_k\right)}{\alpha_k}$$

设 $\boldsymbol{g}_k = \nabla f(\boldsymbol{x}_k)$，$\boldsymbol{y}_k = \boldsymbol{g}_{k+1} - \boldsymbol{g}_k$，则

$$\boldsymbol{G}\boldsymbol{d}_k = \frac{\boldsymbol{y}_k}{\alpha_k}$$

故共轭向量组 $\boldsymbol{d}_0,\boldsymbol{d}_1,\cdots,\boldsymbol{d}_{n-1}$ 的共轭关系可以改写成

$$\boldsymbol{d}_i^{\mathrm{T}}\boldsymbol{y}_j = 0,\quad i \neq j \tag{1.188}$$

此即为一般函数的共轭关系式。需要注意的是，此式的共轭关系 $i > j$ 和 $i < j$ 是不同的，

而式(1.181)的$\boldsymbol{G}$共轭关系$i>j$与$i<j$是等价的。

接下来证明一般函数时沿共轭方向搜索具有限步收敛特性。

已知

$$\boldsymbol{g}_{k+1}=\boldsymbol{g}_j+\sum_{i-j}^{k}\boldsymbol{y}_i,\quad j=0,1,\cdots,k$$

则

$$\boldsymbol{g}_{k+1}^{\mathrm{T}}\boldsymbol{d}_j=\boldsymbol{g}_j^{\mathrm{T}}\boldsymbol{d}_j+\sum_{i=j}^{k}\boldsymbol{y}_i^{\mathrm{T}}\boldsymbol{d}_j,\quad j=0,1,\cdots,k$$

再结合共轭关系式(1.188)，有

$$\boldsymbol{g}_{k+1}^{\mathrm{T}}\boldsymbol{d}_j=\boldsymbol{g}_j^{\mathrm{T}}\boldsymbol{d}_j+\boldsymbol{y}_j^{\mathrm{T}}\boldsymbol{d}_j=\boldsymbol{g}_{j+1}^{\mathrm{T}}\boldsymbol{d}_j$$

即知

$$\boldsymbol{g}_{k+1}^{\mathrm{T}}\boldsymbol{d}_j=\boldsymbol{g}_{j+1}^{\mathrm{T}}\boldsymbol{d}_j,\quad j=0,1,\cdots,k$$

另外，当采用精确线性搜索时，有

$$\boldsymbol{g}_{j+1}^{\mathrm{T}}\boldsymbol{d}_j=0,\quad j=0,1,\cdots,n-1$$

结合以上两式，可得正交关系式

$$\boldsymbol{g}_{k+1}^{\mathrm{T}}\boldsymbol{d}_j=0,\quad k=0,1,\cdots,n-1,\quad j=0,1,\cdots,k \tag{1.189}$$

特别地，当$k=n-1$时，有

$$\boldsymbol{g}_n^{\mathrm{T}}\boldsymbol{d}_j=0,\quad j=0,1,\cdots,n-1 \tag{1.190}$$

因为$\boldsymbol{d}_0,\boldsymbol{d}_1,\cdots,\boldsymbol{d}_{n-1}$是一组共轭方向，所以由定理 1.51 知，它们是线性无关的。从而由式(1.180)及定理 1.52 知，$\boldsymbol{g}_n=\nabla f(\boldsymbol{x}_n)=0$，即$\boldsymbol{x}_n$是一般函数极小化问题的最优解，且至多$n$次迭代收敛。

算法 1.6.7 (共轭方向法的一般形式)

(1) 选取初始数据。选取初始点$\boldsymbol{x}_0$，给定允许误差$\varepsilon>0$。

(2) 选取初始搜索方向。计算$\nabla f(\boldsymbol{x}_0)$，求出$\boldsymbol{d}_0$，使$\nabla f(\boldsymbol{x}_0)^{\mathrm{T}}\boldsymbol{d}_0<0$，令$k=0$。

(3) 检查是否满足终止准则。若$\|\nabla f(\boldsymbol{x}_k)\|<\varepsilon$，迭代终止；否则，转(4)。

(4) 进行某种线性搜索。求出α_k和$\boldsymbol{x}_{k+1}$，使得$f(\boldsymbol{x}_k+\alpha_k\boldsymbol{d}_k)=\min\limits_{\alpha\geqslant 0}f(\boldsymbol{x}_k+\alpha\boldsymbol{d}_k)$，$\boldsymbol{x}_{k+1}=\boldsymbol{x}_k+\alpha_k\boldsymbol{d}_k$。

(5) 选取搜索方向。求$\boldsymbol{d}_{k+1}$，令$\boldsymbol{y}_k=\nabla f(\boldsymbol{x}_{k+1})-\nabla f(\boldsymbol{x}_k)$，使$\boldsymbol{d}_i^{\mathrm{T}}\boldsymbol{y}_i=0(i\neq j)$，$i=0,1,\cdots,k+1,j=0,1,\cdots,k$。令$k:=k+1$，返回(3)。

综上所述，共轭方向法因具有共轭性和正交性，使得算法具有二次终止性，又共轭向量组是在迭代中逐次形成的，并不需要事先给定，即使不采用精确线性搜索沿着共轭方向迭代也能稳定收敛，且至少具有超线性收敛速度，故该类算法通常都是一种高效算法。根据初始向量$\boldsymbol{d}_0$的选择不同和共轭方向$\boldsymbol{d}_0,\cdots,\boldsymbol{d}_{n-1}$构造形式的不同，可以形成各种不同算法，如共轭梯度法、拟牛顿法等。

2. 共轭梯度法

共轭梯度法最早是由计算数学家 Hestenes 和几何学家 Stiefel 在 20 世纪 50 年代初为求解线性方程组

$$\boldsymbol{A}\boldsymbol{x} = \boldsymbol{b}, \quad \boldsymbol{x} \in \mathbb{R}^n$$

而独立提出的，这奠定了共轭梯度法的基础。他们的文章详细讨论了求解线性方程组的共轭梯度法的性质，以及共轭梯度法和其他方法的关系。当 $\boldsymbol{A}$ 对称正定时，上述线性方程组等价于最优化问题

$$\min_{\boldsymbol{x}\in\mathbb{R}^n} \frac{1}{2}\boldsymbol{x}^{\mathrm{T}}\boldsymbol{A}\boldsymbol{x} - \boldsymbol{b}^{\mathrm{T}}\boldsymbol{x}$$

基于此，Hestenes 和 Stiefel 的方法可视为求解二次函数极小值的共轭梯度法。1964 年，Fletcher 和 Reevse 将此方法推广到非线性优化，得到了求一般函数极小值的共轭梯度法。

共轭方向法基本定理告诉我们，共轭性和精确线性搜索产生二次终止性。共轭梯度法以负梯度方向为初始搜索方向，之后的每个搜索方向都是由迭代点处的梯度和以前的搜索方向共同构造出的共轭方向，从而使最速下降方向具有了共轭性，大大提高了算法的计算效率。

下面针对二次函数情形讨论共轭梯度法。我们先给出共轭梯度法的推导。

考虑一般形式的正定二次函数无约束最优化问题

$$\min f(\boldsymbol{x}) = \frac{1}{2}\boldsymbol{x}^{\mathrm{T}}\boldsymbol{G}\boldsymbol{x} + \boldsymbol{b}^{\mathrm{T}}\boldsymbol{x} + c \tag{1.191}$$

其中，$\boldsymbol{G} \in \mathbb{R}^{n\times n}$ 为对称正定矩阵，$\boldsymbol{x} \in \mathbb{R}^n$，$\boldsymbol{b} \in \mathbb{R}^n$，$\boldsymbol{c} \in \mathbb{R}$。

设目标函数 $f(\boldsymbol{x})$ 的梯度为

$$\boldsymbol{g}(\boldsymbol{x}) = \nabla f(\boldsymbol{x}) = \boldsymbol{G}\boldsymbol{x} + \boldsymbol{b}$$

令 $\boldsymbol{g}_0 = \boldsymbol{g}(\boldsymbol{x}_0)$，并以负梯度为初始搜索方向，有

$$\boldsymbol{d}_0 = -\boldsymbol{g}_0$$

则

$$\boldsymbol{x}_1 = \boldsymbol{x}_0 + c_0\boldsymbol{d}_0$$

由精确线性搜索性质，有

$$\boldsymbol{g}_1^{\mathrm{T}}\boldsymbol{d}_0 = 0$$

令

$$\boldsymbol{d}_1 = -\boldsymbol{g}_1 + \beta_0\boldsymbol{d}_0 \tag{1.192}$$

根据共轭性质，选择 β_0，使得

$$\boldsymbol{d}_1^{\mathrm{T}}\boldsymbol{G}\boldsymbol{d}_0 = 0$$

对式(1.192)两边同乘以 $\boldsymbol{d}_0\boldsymbol{G}$，得

$$\beta_0 = \frac{\boldsymbol{g}_1^{\mathrm{T}} \boldsymbol{G} \boldsymbol{d}_0}{\boldsymbol{d}_0^{\mathrm{T}} \boldsymbol{G} \boldsymbol{d}_0}$$

由共轭方向法的正交性，$\boldsymbol{g}_2^{\mathrm{T}} \boldsymbol{d}_i = 0, i = 0,1$。利用式(1.192)，可知

$$\boldsymbol{g}_2^{\mathrm{T}} \boldsymbol{g}_0 = 0, \quad \boldsymbol{g}_2^{\mathrm{T}} \boldsymbol{g}_1 = 0$$

则有

$$\boldsymbol{g}_2^{\mathrm{T}} \boldsymbol{G} \boldsymbol{d}_0 = \boldsymbol{g}_2^{\mathrm{T}} \left(\boldsymbol{g}_1 - \boldsymbol{g}_0 \right) = 0$$

又

$$\boldsymbol{d}_2 = -\boldsymbol{g}_2 + \beta_0 \boldsymbol{d}_0 + \beta_1 \boldsymbol{d}_1$$

选择 β_0 和 β_1，使得 $\boldsymbol{d}_2^{\mathrm{T}} \boldsymbol{G} \boldsymbol{d}_i = 0, i = 0,1$，从而有

$$\beta_0 = 0, \quad \beta_1 = \frac{\boldsymbol{g}_2^{\mathrm{T}} \boldsymbol{G} \boldsymbol{d}_1}{\boldsymbol{d}_1^{\mathrm{T}} \boldsymbol{G} \boldsymbol{d}_1}$$

一般地，在第 $k+1$ 次迭代，

$$\boldsymbol{d}_{k+1} = -\boldsymbol{g}_{k+1} + \sum_{i=0}^{k} \beta_i \boldsymbol{d}_i \tag{1.193}$$

选择 β_i，使得 $\boldsymbol{d}_{k+1}^{T} \boldsymbol{G} \boldsymbol{d}_i = 0, i = 0,1,\cdots,k$。同样，由共轭方向法的正交性，可得

$$\boldsymbol{g}_{k+1}^{\mathrm{T}} \boldsymbol{d}_i = 0, \quad \boldsymbol{g}_{k+1}^{\mathrm{T}} \boldsymbol{g}_i = 0, \quad i = 0,1,\cdots,k \tag{1.194}$$

对式(1.193)左乘 $\boldsymbol{d}_j^{\mathrm{T}} \boldsymbol{G}, j = 0,1,\cdots,k$，则

$$\beta_j = \frac{\boldsymbol{g}_k^{\mathrm{T}} \boldsymbol{G} \boldsymbol{d}_j}{\boldsymbol{d}_j^{\mathrm{T}} \boldsymbol{G} \boldsymbol{d}_j}, \quad j = 0,1,\cdots,k$$

由式(1.194)，可知

$$\boldsymbol{g}_{k+1}^{\mathrm{T}} \boldsymbol{G} \boldsymbol{d}_j = 0, \quad j = 0,1,\cdots,k-1$$

故得 $\beta_j = 0, j = 0,1,\cdots,k-1$ 和

$$\beta_k = \frac{\boldsymbol{g}_{k+1}^{\mathrm{T}} \boldsymbol{G} \boldsymbol{d}_k}{\boldsymbol{d}_k^{\mathrm{T}} \boldsymbol{G} \boldsymbol{d}_k}$$

又因第 $k+1$ 次迭代公式为

$$\boldsymbol{x}_{k+1} = \boldsymbol{x}_k + \alpha_k \boldsymbol{d}_k$$

由精确线性搜索性质，有

$$\boldsymbol{g}_{k+1}^{\mathrm{T}} \boldsymbol{d}_k = \left[\boldsymbol{G} \left(\boldsymbol{x}_k + \alpha_k \boldsymbol{d}_k \right) + \boldsymbol{b} \right]^{\mathrm{T}} \boldsymbol{d}_k = 0$$

整理上式，得

$$\alpha_k = \frac{-\boldsymbol{g}_k^{\mathrm{T}} \boldsymbol{d}_k}{\boldsymbol{d}_k^{\mathrm{T}} \boldsymbol{G} \boldsymbol{d}_k}$$

因此，共轭梯度法的公式为

$$\begin{cases} \boldsymbol{d}_0 = -\boldsymbol{g}_0 \\ \alpha_k = \dfrac{-\boldsymbol{g}_k^{\mathrm{T}}\boldsymbol{d}_k}{\boldsymbol{d}_k^{\mathrm{T}}\boldsymbol{G}\boldsymbol{d}_k} \\ \boldsymbol{x}_{k+1} = \boldsymbol{x}_k + \alpha_k\boldsymbol{d}_k \\ \beta_k = \dfrac{\boldsymbol{g}_{k+1}^{\mathrm{T}}\boldsymbol{G}\boldsymbol{d}_k}{\boldsymbol{d}_k^{\mathrm{T}}\boldsymbol{G}\boldsymbol{d}_k} \\ \boldsymbol{d}_{k+1} = -\boldsymbol{g}_{k+1} + \beta_k\boldsymbol{d}_k \end{cases} \tag{1.195}$$

另外，对于二次函数，在精确线性搜索情况下，不难推出如下等式

$$\boldsymbol{G}\boldsymbol{d}_k = \frac{\boldsymbol{g}_{k+1} - \boldsymbol{g}_k}{\alpha_k}, \quad \boldsymbol{g}_k^{\mathrm{T}}\boldsymbol{d}_{k-1} = 0, \quad \boldsymbol{g}_k^{\mathrm{T}}\boldsymbol{d}_k = -\boldsymbol{g}_k^{\mathrm{T}}\boldsymbol{g}_k, \quad \boldsymbol{g}_k^{\mathrm{T}}\boldsymbol{g}_{k-1} = 0$$

利用上述等式，记 $\boldsymbol{y}_k = \boldsymbol{g}_{k+1} - \boldsymbol{g}_k$，可得

$$\alpha_k = \frac{-\boldsymbol{g}_k^{\mathrm{T}}\boldsymbol{d}_k}{\boldsymbol{d}_k^{\mathrm{T}}\boldsymbol{G}\boldsymbol{d}_k} = \frac{\boldsymbol{g}_k^{\mathrm{T}}\boldsymbol{g}_k}{\boldsymbol{d}_k^{\mathrm{T}}\boldsymbol{G}\boldsymbol{d}_k}, \qquad \beta_k^{\mathrm{D}} = \frac{\boldsymbol{g}_{k+1}^{\mathrm{T}}\boldsymbol{G}\boldsymbol{d}_k}{\boldsymbol{d}_k^{\mathrm{T}}\boldsymbol{G}\boldsymbol{d}_k}$$

$$\beta_k^{\mathrm{FR}} = \frac{\left\|\boldsymbol{g}_{k+1}\right\|^2}{\left\|\boldsymbol{g}_k\right\|^2}, \quad \beta_k^{\mathrm{HS}} = \frac{\boldsymbol{g}_{k+1}^{\mathrm{T}}\boldsymbol{y}_k}{\boldsymbol{d}_k^{\mathrm{T}}\boldsymbol{y}_k}, \quad \beta_k^{\mathrm{PRP}} = \frac{\boldsymbol{g}_{k+1}^{\mathrm{T}}\boldsymbol{y}_k}{\left\|\boldsymbol{g}_k\right\|^2}$$

$$\beta_k^{\mathrm{CD}} = \frac{\left\|\boldsymbol{g}_{k+1}\right\|^2}{-\boldsymbol{d}_k^{\mathrm{T}}\boldsymbol{g}_k}, \quad \beta_k^{\mathrm{LS}} = \frac{\boldsymbol{g}_{k+1}^{\mathrm{T}}\boldsymbol{y}_k}{-\boldsymbol{d}_k^{\mathrm{T}}\boldsymbol{g}_k}, \quad \beta_k^{\mathrm{DY}} = \frac{\left\|\boldsymbol{g}_{k+1}\right\|^2}{\boldsymbol{d}_k^{\mathrm{T}}\boldsymbol{y}_k}$$

因此，对于目标函数是正定二次函数的无约束最优化问题(1.195)和精确线性搜索，这些 α_k、β_k 是完全等价的。

算法 1.6.8 (线性共轭梯度法)

(1) 选取初始数据。选取初始点 $\boldsymbol{x}_0$，给定允许误差 $\varepsilon > 0$。

(2) 选取初始搜索方向。计算 $\boldsymbol{g}_0 = \boldsymbol{G}\boldsymbol{x}_0 + \boldsymbol{b}$，取 $\boldsymbol{d}_0 = -\boldsymbol{g}_0$，令 $k = 0$。

(3) 检查是否满足终止准则。若 $\left\|\boldsymbol{g}_k\right\| < \varepsilon$，迭代终止；否则，转(4)。

(4) 选取步长因子和迭代计算。即求 α_k 和 $\boldsymbol{x}_{k+1}$，令

$$\alpha_k = \frac{-\boldsymbol{g}_k^{\mathrm{T}}\boldsymbol{d}_k}{\boldsymbol{d}_k^{\mathrm{T}}\boldsymbol{G}\boldsymbol{d}_k} = \frac{\boldsymbol{g}_k^{\mathrm{T}}\boldsymbol{g}_k}{\boldsymbol{d}_k^{\mathrm{T}}\boldsymbol{G}\boldsymbol{d}_k}, \qquad \boldsymbol{x}_{k+1} = \boldsymbol{x}_k + \alpha_k\boldsymbol{d}_k$$

(5) 构造共轭方向，作为搜索方向。即求 $\boldsymbol{g}_{k+1}$、β_k 和 $\boldsymbol{d}_{k+1}$，令

$$\boldsymbol{g}_{k+1} = \boldsymbol{G}\boldsymbol{x}_{k+1} + \boldsymbol{b}, \qquad \beta_k = \frac{\boldsymbol{g}_{k+1}^{\mathrm{T}}\boldsymbol{G}\boldsymbol{d}_k}{\boldsymbol{d}_k^{\mathrm{T}}\boldsymbol{G}\boldsymbol{d}_k} = \frac{\left\|\boldsymbol{g}_{k+1}\right\|^2}{\left\|\boldsymbol{g}_k\right\|^2}, \qquad \boldsymbol{d}_{k+1} = -\boldsymbol{g}_{k+1} + \beta_k\boldsymbol{d}_k$$

再令 $k := k+1$，返回(3)。

由此可以看出，线性共轭梯度法仅比最速下降法稍微复杂一点，较牛顿法不需要计算和存储 Hessian 矩阵及其逆矩阵，但却具有二次终止性。因此，线性共轭梯度法是一种非常高效的算法。目前，结合预条件技术的线性共轭梯度法被广泛用于求解大型线性

方程组和正定二次函数的最优化问题。

线性共轭梯度法的计算框图如图 1.50 所示。

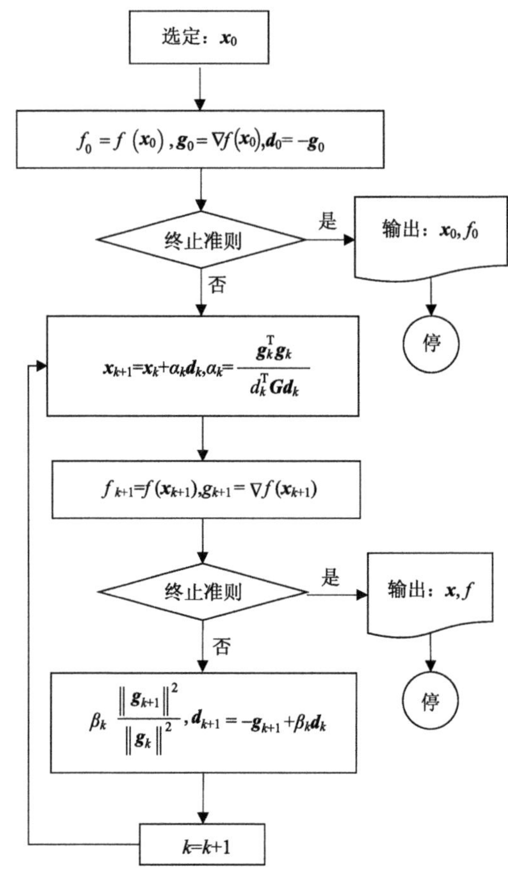

图 1.50　线性共轭梯度法的计算框图

下面为线性共轭梯度法的 Matlab 程序代码。

(1) 共轭梯度法。

```
function [x,iter] = cg(A,b,x0,max_iter)
x=x0;
epsilon=1.0e-6;
fprintf('\n x0= ');
fprintf('%10.6f',x0);
r=b-A*x;
d=r;
for k=0:max_iter
    alpha=(r'*r)/(d'*A*d);
    xx=x+alpha*d;
```

```
    rr=b-A*xx;
    if (norm(rr,2)/norm(b,2))<= epsilon
        fprintf('\n 找到啦~');
        iter = k+1;
        x=xx;
        r=rr;
        fprintf('\n x%d = ',k+1);
        fprintf('%10.6f',x);
        fprintf('\n r%d = ',k+1);
        fprintf('%10.6f',r);

        return
    end
    beta=(rr'*rr)/(r'*r);
    d=rr+beta*d;
    x=xx;
    r=rr;
    fprintf('\n x%d = ',k+1);
    fprintf('%10.6f',x);
end
iter = max_iter;
return
end
```

(2) 程序调用。

```
%求解Ax=b
A = [10 1 2 3 4
    1 9 -1 2 -3
    2 -1 7 3 -5
    3 2 3 12 -1
    4 -3 -5 -1 15];
b=[12 -27 14 -17 12]';
x0=[0 0 0 0 0]';
max_iter=10000;
fprintf('\n');
fprintf('共轭梯度法:\n');
fprintf('========================\n');
[y,iter]=cg(A,b,x0,max_iter);
fprintf('\n');
```

```
fprintf('迭代次数:\n   %d \n',iter);
fprintf('方程的解: \n');
fprintf('%10.6f',y);
fprintf('\n\n========================\n\n');
```

下面的定理包含了共轭梯度法的主要性质。

定理 1.54 (共枙梯度法性质定理)　设目标函数为由式(1.182)定义的正定二次函数，则采用精确线性搜索的共轭梯度法经$m \leqslant n$步后终止，且对所有$1 \leqslant i \leqslant m$下列关系式成立：

$$\boldsymbol{d}_i^{\mathrm{T}} \boldsymbol{G} \boldsymbol{d}_j = 0, \quad i \neq j \tag{1.196}$$

$$\boldsymbol{g}_i^{\mathrm{T}} \boldsymbol{g}_j = 0, \quad i \neq j \tag{1.197}$$

$$\boldsymbol{d}_i^{\mathrm{T}} \boldsymbol{g}_i = -\boldsymbol{g}_i^{\mathrm{T}} \boldsymbol{g}_i \tag{1.198}$$

$$\operatorname{span}\left\{\boldsymbol{g}_0, \boldsymbol{g}_1, \cdots, \boldsymbol{g}_i\right\} = \operatorname{span}\left\{\boldsymbol{g}_0, \boldsymbol{G}\boldsymbol{g}_0, \cdots, \boldsymbol{G}^i \boldsymbol{g}_0\right\} \tag{1.199}$$

$$\operatorname{span}\left\{\boldsymbol{d}_0, \boldsymbol{d}_1, \cdots, \boldsymbol{d}_i\right\} = \operatorname{span}\left\{\boldsymbol{g}_0, \boldsymbol{G}\boldsymbol{g}_0, \cdots, \boldsymbol{G}^i \boldsymbol{g}_0\right\} \tag{1.200}$$

证明　根据式(1.196)、式(1.197)可以看到，若证明当$i > j$时等式成立，也就证明了当$i \neq j$时等式成立，故可用归纳法证明式(1.196)~式(1.198)成立。对于$i = 0$，式(1.196)和式(1.197)无意义，由于$\boldsymbol{d}_0 = -\boldsymbol{g}_0$，故式(1.198)成立。

对于$i = 1$，有

$$\boldsymbol{d}_1^{\mathrm{T}} \boldsymbol{g}_1 = \left(-\boldsymbol{g}_1 + \beta_0 \boldsymbol{d}_0\right)^{\mathrm{T}} \boldsymbol{g}_1$$

由精确线性搜索性质可知，$\boldsymbol{d}_0^{\mathrm{T}} \boldsymbol{g}_1 = 0$，则

$$\boldsymbol{d}_1^{\mathrm{T}} \boldsymbol{g}_1 = -\boldsymbol{g}_1^{\mathrm{T}} \boldsymbol{g}_1$$

故式(1.198)成立。 对于正定二次函数，显然有

$$\boldsymbol{g}_1 = \boldsymbol{g}_0 + \boldsymbol{G}\left(\boldsymbol{x}_1 - \boldsymbol{x}_0\right) = \boldsymbol{g}_0 + \alpha_0 \boldsymbol{G} \boldsymbol{d}_0$$

对上式转置右乘$\boldsymbol{g}_0$，又知$\boldsymbol{d}_0 = -\boldsymbol{g}_0$，则得

$$\boldsymbol{g}_1^{\mathrm{T}} \boldsymbol{g}_0 = \left(\boldsymbol{g}_0 + \alpha_0 \boldsymbol{G} \boldsymbol{d}_0\right)^{\mathrm{T}} \boldsymbol{g}_0 = \boldsymbol{g}_0^{\mathrm{T}} \boldsymbol{g}_0 - \alpha_0 \boldsymbol{d}_0^{\mathrm{T}} \boldsymbol{G} \boldsymbol{d}_0$$

再根据共轭梯度步长因子公式，知

$$\alpha_0 = -\frac{\boldsymbol{g}_0^{\mathrm{T}} \boldsymbol{d}_0}{\boldsymbol{d}_0^{\mathrm{T}} \boldsymbol{G} \boldsymbol{d}_0} = \frac{\boldsymbol{g}_0^{\mathrm{T}} \boldsymbol{g}_0}{\boldsymbol{d}_0^{\mathrm{T}} \boldsymbol{G} \boldsymbol{d}_0} \neq 0$$

代入上式，可得$\boldsymbol{g}_1^{\mathrm{T}} \boldsymbol{g}_0 = 0$，故式(1.197)成立。接着，有

$$\begin{aligned}
\boldsymbol{d}_1^{\mathrm{T}} \boldsymbol{G} \boldsymbol{d}_0 &= \left(-\boldsymbol{g}_1 + \beta_0 \boldsymbol{d}_0\right)^{\mathrm{T}} \boldsymbol{G} \boldsymbol{d}_0 \\
&= -\boldsymbol{g}_1^{\mathrm{T}} \boldsymbol{G} \boldsymbol{d}_0 + \beta_i \boldsymbol{d}_0^{\mathrm{T}} \boldsymbol{G} \boldsymbol{d}_0 \\
&= -\boldsymbol{g}_1^{\mathrm{T}} \left(\boldsymbol{g}_1 - \boldsymbol{g}_0\right) / \alpha_0 + \beta_0 \boldsymbol{d}_0^{\mathrm{T}} \boldsymbol{G} \boldsymbol{d}_0 \\
&= -\frac{\boldsymbol{g}_1^{\mathrm{T}} \boldsymbol{g}_1}{\boldsymbol{g}_0^{\mathrm{T}} \boldsymbol{g}_0} \boldsymbol{d}_0^{\mathrm{T}} \boldsymbol{G} \boldsymbol{d}_0 + \beta_0 \boldsymbol{d}_0^{\mathrm{T}} \boldsymbol{G} \boldsymbol{d}_0
\end{aligned}$$

根据共轭梯度迭代公式可知，

$$\beta_0 = \frac{\boldsymbol{g}_1^{\mathrm{T}} \boldsymbol{G} \boldsymbol{d}_0}{\boldsymbol{d}_0^{\mathrm{T}} \boldsymbol{G} \boldsymbol{d}_0} = \frac{\boldsymbol{g}_1^{\mathrm{T}} \boldsymbol{g}_1}{\boldsymbol{g}_0^{\mathrm{T}} \boldsymbol{g}_0}$$

代入上式，可得 $\boldsymbol{d}_1^{\mathrm{T}} \boldsymbol{G} \boldsymbol{d}_0 = 0$，故式(1.196)成立。再设这些关系式对于某个 $i < m$ 成立，我们证明对于 $i+1$，这些关系式也成立。

同样，对于正定二次函数，有

$$\begin{aligned}
\boldsymbol{g}_{i+1}^{\mathrm{T}} \boldsymbol{g}_j &= \left(\boldsymbol{g}_i + \alpha_i \boldsymbol{G} \boldsymbol{d}_i\right)^{\mathrm{T}} \boldsymbol{g}_j \\
&= \boldsymbol{g}_i^{\mathrm{T}} \boldsymbol{g}_j + \alpha_i \boldsymbol{d}_i^{\mathrm{T}} \boldsymbol{G} \boldsymbol{g}_j \\
&= \boldsymbol{g}_i^{\mathrm{T}} \boldsymbol{g}_j - \alpha_i \boldsymbol{d}_i^{\mathrm{T}} \boldsymbol{G} \left(\boldsymbol{d}_j - \beta_{j-1} \boldsymbol{d}_{j-1}\right)
\end{aligned}$$

当 $j = i$ 时，根据归纳法假设可知 $\boldsymbol{d}_i^{\mathrm{T}} \boldsymbol{G} \boldsymbol{d}_{i-1} = 0$，则

$$\boldsymbol{g}_{i+1}^{\mathrm{T}} \boldsymbol{g}_i = \boldsymbol{g}_i^{\mathrm{T}} \boldsymbol{g}_i - \alpha_i \boldsymbol{d}_i^{\mathrm{T}} \boldsymbol{G} \boldsymbol{d}_i$$

再根据共轭梯度步长因子公式，知

$$\alpha_i = \frac{-\boldsymbol{g}_i^{\mathrm{T}} \boldsymbol{d}_i}{\boldsymbol{d}_i^{\mathrm{T}} \boldsymbol{G} \boldsymbol{d}_i} = \frac{\boldsymbol{g}_i^{\mathrm{T}} \boldsymbol{g}_i}{\boldsymbol{d}_i^{\mathrm{T}} \boldsymbol{G} \boldsymbol{d}_i}$$

代入上式，可得 $\boldsymbol{g}_{i+1}^{\mathrm{T}} \boldsymbol{g}_i = 0$。

当 $j < i$ 时，根据归纳法假设可知 $\boldsymbol{g}_{i+1}^{\mathrm{T}} \boldsymbol{g}_j = 0$，$\boldsymbol{d}_i^{\mathrm{T}} \boldsymbol{G} \boldsymbol{d}_j = 0$，$\boldsymbol{d}_i^{\mathrm{T}} \boldsymbol{G} \boldsymbol{d}_{j-1} = 0$，则 $\boldsymbol{g}_{i+1}^{\mathrm{T}} \boldsymbol{g}_j = 0$。这样，式(1.197)得证。接着，可有

$$\begin{aligned}
\boldsymbol{d}_{i+1}^{\mathrm{T}} \boldsymbol{G} \boldsymbol{d}_j &= \left(-\boldsymbol{g}_{i+1} + \beta_i \boldsymbol{d}_i\right)^{\mathrm{T}} \boldsymbol{G} \boldsymbol{d}_j \\
&= -\boldsymbol{g}_{i+1}^{\mathrm{T}} \left(\boldsymbol{g}_{j+1} - \boldsymbol{g}_j\right) / \alpha_j + \beta_i \boldsymbol{d}_i^{\mathrm{T}} \boldsymbol{G} \boldsymbol{d}_j
\end{aligned}$$

当 $j = i$ 时，根据归纳法假设，可知 $\boldsymbol{g}_{i+1}^{\mathrm{T}} \boldsymbol{g}_i = 0$，则

$$\boldsymbol{d}_{i+1}^{\mathrm{T}} \boldsymbol{G} \boldsymbol{d}_i = -\boldsymbol{g}_{i+1}^{\mathrm{T}} \boldsymbol{g}_{i+1} / \alpha_i + \beta_i \boldsymbol{d}_i^{\mathrm{T}} \boldsymbol{G} \boldsymbol{d}_i$$

再根据共轭梯度迭代公式可知

$$\alpha_i = \frac{-\boldsymbol{g}_i^{\mathrm{T}} \boldsymbol{d}_i}{\boldsymbol{d}_i^{\mathrm{T}} \boldsymbol{G} \boldsymbol{d}_i} = \frac{\boldsymbol{g}_i^{\mathrm{T}} \boldsymbol{g}_i}{\boldsymbol{d}_i^{\mathrm{T}} \boldsymbol{G} \boldsymbol{d}_i}, \qquad \beta_i = \frac{\boldsymbol{g}_{i+1}^{\mathrm{T}} \boldsymbol{G} \boldsymbol{d}_i}{\boldsymbol{d}_i^{\mathrm{T}} \boldsymbol{G} \boldsymbol{d}_i} = \frac{\boldsymbol{g}_{i+1}^{\mathrm{T}} \boldsymbol{g}_{i+1}}{\boldsymbol{g}_i^{\mathrm{T}} \boldsymbol{g}_i}$$

代入上式，可得 $\boldsymbol{d}_{i+1}^{\mathrm{T}} \boldsymbol{G} \boldsymbol{d}_i = 0$。

当 $j < i$ 时，根据归纳法假设，可知 $\boldsymbol{g}_{i+1}^{\mathrm{T}} \boldsymbol{g}_{j+1} = 0$，$\boldsymbol{g}_{i+1}^{\mathrm{T}} \boldsymbol{g}_j = 0$，$\boldsymbol{d}_i^{\mathrm{T}} \boldsymbol{G} \boldsymbol{d}_j = 0$，则 $\boldsymbol{d}_{i+1}^{\mathrm{T}} \boldsymbol{G} \boldsymbol{d}_j = 0$。于是式(1.196)得证。

再根据精确线性搜索性质可知 $\boldsymbol{d}_i^{\mathrm{T}} \boldsymbol{g}_{i+1} = 0$，则有

$$\boldsymbol{d}_{i+1}^{\mathrm{T}} \boldsymbol{g}_{i+1} = \left(-\boldsymbol{g}_{i+1} + \beta_i \boldsymbol{d}_i\right)^{\mathrm{T}} \boldsymbol{g}_{i+1} = -\boldsymbol{g}_{i+1}^{\mathrm{T}} \boldsymbol{g}_{i+1}$$

因此，式(1.198)得证。

最后，我们用归纳法证明式(1.199)和式(1.200)成立。当 $i = 0$ 时，结论显然成立，今假定结论对 i 成立，我们可证明结论对 $i+1$ 也成立。由于

$$\boldsymbol{g}_{i+1} = \boldsymbol{g}_i + \alpha_i \boldsymbol{G} \boldsymbol{d}_i$$

而由归纳法假设可知，$\boldsymbol{g}_i$ 和 $\boldsymbol{G}\boldsymbol{d}_i$ 均属于子空间

$$\mathrm{span}\left\{\boldsymbol{g}_0,\boldsymbol{G}\boldsymbol{g}_0,\cdots,\boldsymbol{G}^{i+1}\boldsymbol{g}_0\right\}$$

故 $\boldsymbol{g}_{i+1}\in\mathrm{span}\left\{\boldsymbol{g}_0,\boldsymbol{G}\boldsymbol{g}_0,\cdots,\boldsymbol{G}^{i+1}\boldsymbol{g}_0\right\}$。进一步，我们要证明

$$\boldsymbol{g}_{i+1}\notin\mathrm{span}\left\{\boldsymbol{g}_0,\boldsymbol{G}\boldsymbol{g}_0,\cdots,\boldsymbol{G}^{i}\boldsymbol{g}_0\right\}=\mathrm{span}\left\{\boldsymbol{d}_0,\cdots,\boldsymbol{d}_i\right\}$$

$\boldsymbol{d}_0,\cdots,\boldsymbol{d}_i$ 是一组共轭方向，由精确线性搜索下共轭方向法的正交性可知，$\boldsymbol{g}_i^{\mathrm{T}}\boldsymbol{d}_j=0\left(j<i\right)$，则有

$$\boldsymbol{g}_{i+1}\perp\mathrm{span}\left\{\boldsymbol{d}_0,\cdots,\boldsymbol{d}_i\right\}$$

若 $\boldsymbol{g}_{i+1}\in\mathrm{span}\left\{\boldsymbol{g}_0,\boldsymbol{G}\boldsymbol{g}_0,\cdots,\boldsymbol{G}^{i}\boldsymbol{g}_0\right\}=\mathrm{span}\left\{\boldsymbol{d}_0,\cdots,\boldsymbol{d}_i\right\}$，则必有 $\boldsymbol{g}_{i+1}=0$，产生矛盾。因此，我们得到

$$\mathrm{span}\left\{\boldsymbol{g}_0,\boldsymbol{g}_1,\cdots,\boldsymbol{g}_{i+1}\right\}=\mathrm{span}\left\{\boldsymbol{g}_0,\boldsymbol{G}\boldsymbol{g}_0,\cdots,\boldsymbol{G}^{i+1}\boldsymbol{g}_0\right\}$$

因此，式(1.199)得证。再利用 $\boldsymbol{d}_{i+1}^{\mathrm{T}}=-\boldsymbol{g}_{i+1}+\beta_i\boldsymbol{d}_i$ 和归纳法假设，可类似地得到式(1.200)成立。$\boldsymbol{d}_0,\cdots,\boldsymbol{d}_i$ 是一组共轭方向，对于正定二次函数，由定理 1.53 知，共轭梯度法 $m\left(m\leqslant n\right)$ 步迭代收敛，其中 m 是 $\boldsymbol{G}$ 的相异特征值的个数。

在这个定理中，式(1.196)表示搜索方向的共轭性，式(1.197)表示梯度的正交性，式(1.198)表示下降条件，式(1.199)和式(1.200)表示方向向量和梯度向量之间的关系，这些子空间通常称为 Krylov 子空间。

为了利用共轭梯度法求解非二次函数无约束最优化问题，Fletcher 和 Reevse 将此方法推广到了非线性共轭梯度法。非线性共轭梯度法采用线性搜索选取步长因子 α_k。另外，搜索方向 d_k 主要由 β_k 决定，利用 β_k 选取的不同产生了各种不同的方法，如 FR(Fletcher-Reevse)共轭梯度法、HS(Hestenes-Stiefel)共轭梯度法、CD(Conjugate Descent)共轭梯度法和 DY(Dai-Yuan)共轭梯度法等。在非二次函数情况下，它们所产生的搜索方向是不同的，数值表现和收敛性也是不同的。值得注意的是，共轭梯度法只有在二次函数和精确线性搜索下，才能保证迭代方向为一组共轭方向，才具有二次终止性。在非二次函数情况下，即使精确线性搜索最多也只能保证本次迭代方向与上次迭代方向具有共轭性，因此形成的迭代方向不是一组共轭方向，但能保证满足某种条件的迭代方向一直为下降方向，故仍然是一种非常高效的迭代下降算法。

算法 1.6.9 (非线性共轭梯度法)

(1) 选取初始数据。选取初始点 $\boldsymbol{x}_0$，给定允许误差 $\varepsilon>0$。

(2) 选取初始搜索方向。计算 $\boldsymbol{g}_0=-\nabla f\left(\boldsymbol{x}_0\right)$，取 $\boldsymbol{d}_0=-\boldsymbol{g}_0$，令 $k=0$。

(3) 检查是否满足终止准则。若 $\left\|\boldsymbol{g}_k\right\|<\varepsilon$，迭代终止；否则，转(4)。

(4) 进行某种线性搜索。求出 α_k 和 $\boldsymbol{x}_{k+1}$，使得 $f\left(\boldsymbol{x}_k+\alpha_k\boldsymbol{d}_k\right)=\min\limits_{\alpha\geqslant0}f\left(\boldsymbol{x}_k+\alpha\boldsymbol{d}_k\right)$，$\boldsymbol{x}_{k+1}=\boldsymbol{x}_k+\alpha_k\boldsymbol{d}_k$。

(5) 构造共轭方向，作为搜索方向。计算 $\boldsymbol{g}_{k+1}=-\nabla f\left(\boldsymbol{x}_{k+1}\right)$，选取某种公式计算 β_k，$\boldsymbol{d}_{k+1}=-\boldsymbol{g}_{k+1}+\beta_k\boldsymbol{d}_k$。令 $k:=k+1$，返回(3)。

非线性 FR 共轭梯度法的计算框图如图 1.51 所示。

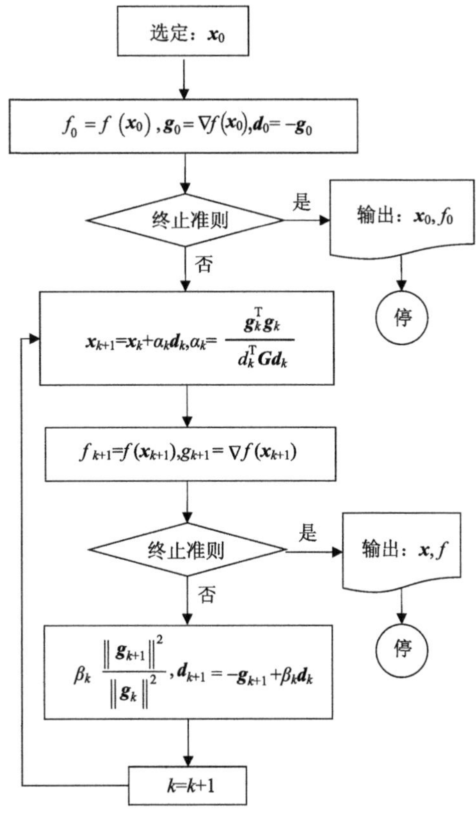

图 1.51　非线性 FR 共轭梯度法的计算框图

下面为非线性 FR 共轭梯度法的 Matlab 程序代码。

1) 非线性 FR 共轭梯度法

```
function xk=FR_NLCG(e,x,s)
% e为迭代停止的精度，x为迭代点
% s代表采用的一维搜索方法，0为精确搜索，其他值为非精确搜索
global xk;
global pk;
%step 1
g0=shuzhiweifenfa(x);
pk=-g0;
%没用到k，只存储当前迭代的值
xk=x;
while 1
    %step 2
    %一维搜索求
```

```
    If s==0
       [a,b,c]=jintuifa(0,0.1);
       a=huangjinfenge(a,c,10^-4);
     else
       a=Wolfe_Powell(xk,pk);
     end
    %step 3
    xk=xk+a*pk;
    g1=shuzhiweifenfa(xk);
    %step 4
    %范数用的是平方和开根号
    if sqrt(sum(g1.^2))<=e
       return;
    end
    %step 5
    b=(g1*g1')/(g0*g0');
    pk=-g1+b*pk;
    %step 6
    %没用到k，只存储当前迭代的值
    g0=g1;
end
```

2) 程序调用

```
clear
clc
n=10;
x=[-1,1];
fprintf('=========================');
fprintf('\nx=%f\t\t%f\n',x(1),x(2));
fprintf('n=%9f\n',n);
fprintf('=========================\n');
fprintf('精确搜索的非线性FR共轭梯度法:\n');
x_=FR_NLCG (10^-3,x,0);
fprintf('x*=%f\t%f\n',x_(1),x_(2));
fprintf('f(x)=%f\n',f(x_));
fprintf('非精确搜索的非线性FR共轭梯度法:\n');
x_=FR_NLCG (10^-3,x,1);
fprintf('x*=%f\t%f\n',x_(1),x_(2));
fprintf('f(x)=%f\n',f(x_));
```

下面简略介绍各种共轭梯度法及其收敛条件和全局收敛性。

1) FR 方法

在 FR 方法中，β_k 的选取按如下公式：

$$\beta_k^{\mathrm{FR}} = \frac{\left\|\boldsymbol{g}_{k+1}\right\|^2}{\left\|\boldsymbol{g}_k\right\|^2}$$

如图 1.52 所示，记 θ_k 为搜索方向 $\boldsymbol{d}_k$ 与负梯度方向 $-\boldsymbol{g}_k$ 之间的夹角，即

$$\cos\theta_k = \frac{-\boldsymbol{g}_k^{\mathrm{T}}\boldsymbol{d}_k}{\left\|\boldsymbol{g}_k\right\|\cdot\left\|\boldsymbol{d}_k\right\|} \tag{1.201}$$

当线性搜索精确时，$\boldsymbol{d}_k$ 与 $-\boldsymbol{g}_k$ 满足如下关系式

$$\left\|\boldsymbol{d}_k\right\| = \sec\theta_k \left\|\boldsymbol{g}_k\right\| \tag{1.202}$$

另外，将 k 用 $k+1$ 代替，$\boldsymbol{d}_k$ 与 $-\boldsymbol{g}_{k+1}$ 满足如下关系式

$$\beta_k \left\|\boldsymbol{d}_k\right\| = \tan\theta_{k+1} \left\|\boldsymbol{g}_{k+1}\right\| \tag{1.203}$$

两式相除，再利用 β_k^{FR} 公式，可得

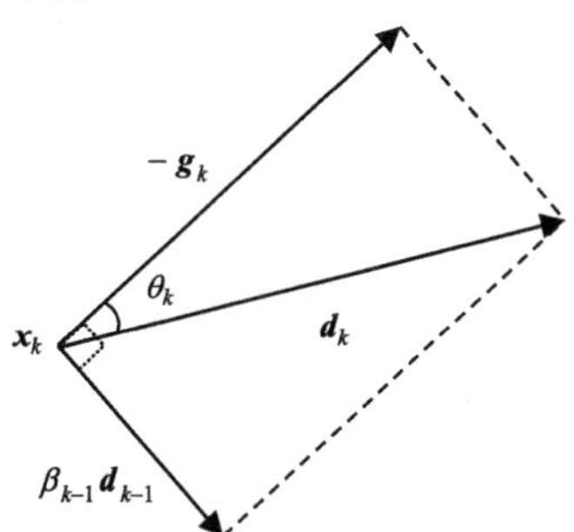

图 1.52　精确线性搜索下 $\boldsymbol{d}_k$ 与 $-\boldsymbol{g}_k$ 关系图

$$\tan\theta_{k+1} = \sec\theta_k \left\|\boldsymbol{g}_{k+1}\right\| / \left\|\boldsymbol{g}_k\right\| > \tan\theta_k \left\|\boldsymbol{g}_{k+1}\right\| / \left\|\boldsymbol{g}_k\right\| \tag{1.204}$$

假设在第 k 步，搜索方向 $\boldsymbol{d}_k$ 与负梯度方向 $-\boldsymbol{g}_k$ 之间的夹角 θ_k 接近 $\pi/2$，则算法产生的步长 $\boldsymbol{s}_k = \boldsymbol{x}_{k+1} - \boldsymbol{x}_k$ 可能非常小，从而梯度变化 $\boldsymbol{g}_{k+1} - \boldsymbol{g}_k$ 也很小，以至于 $\left\|\boldsymbol{g}_{k+1}\right\| / \left\|\boldsymbol{g}_k\right\|$ 趋于 1。由上述关系式可知，在第 $k+1$ 步，θ_{k+1} 也接近 $\pi/2$，因此下一步的步长仍可能很小。FR 方法的这种可能连续产生许多小步长的性质，在很大程度上解释了为何 FR 方法在数值计算中有时表现得很差。因此，当 θ_k 接近 $\pi/2$ 时，FR 方法收敛得非常慢，甚至比最速下降法还慢。虽然 FR 方法的计算表现得不尽如人意，但可以证明采取精确线性搜索的 FR 方法对一般非凸函数总收敛。

由于精确线性搜索计算效率低，实际计算中通常使用非精确线性搜索。因此，非精确线性搜索的共轭梯度法的收敛性是非常重要的。在非精确线性搜索中，充分下降条件

$$-\boldsymbol{g}_k^{\mathrm{T}}\boldsymbol{d}_k \geqslant c\left\|\boldsymbol{g}_k\right\|^2, \quad c > 0$$

并不一定始终成立，导致算法不能稳定收敛。而对于精确线性搜索，总有等式 $\boldsymbol{g}_k^{\mathrm{T}}\boldsymbol{d}_k = -\|\boldsymbol{g}_k\|^2$ 成立，从而对 $c=1$ 的充分下降条件总成立。事实上，如果采取强 Wolfe 线性搜索，而且其中的参数 $\sigma \leqslant 1/2$，仍可对 FR 方法证明充分下降条件成立，进而证明 FR 方法全局收敛。另外，采用广义 Wolfe 线性搜索或广义 Armijo 线性搜索的 FR 方法也是全局收敛的。

2) PRP 方法和 HS 方法

在 PRP 方法中，β_k 的选取按如下公式：

$$\beta_k^{\mathrm{PRP}} = \frac{\boldsymbol{g}_{k+1}^{\mathrm{T}}\boldsymbol{y}_k}{\|\boldsymbol{g}_k\|^2}, \quad \boldsymbol{y}_k = \boldsymbol{g}_{k+1} - \boldsymbol{g}_k$$

当线性搜索精确时，关系式(1.202)和式(1.203)仍成立。将两式相除，再利用 β_x^{PRP} 公式，可得

$$\tan\theta_{k+1} = \sec\theta_k \frac{\boldsymbol{g}_{k+1}^{\mathrm{T}}\left(\boldsymbol{g}_{k+1} - \boldsymbol{g}_k\right)}{\|\boldsymbol{g}_k\|\cdot\|\boldsymbol{g}_{k+1}\|} \leqslant \sec\theta_k \|\boldsymbol{g}_{k+1} - \boldsymbol{g}_k\| / \|\boldsymbol{g}_k\| \tag{1.205}$$

故如果 θ_k 接近 $\pi/2$，步长 $\boldsymbol{s}_k = \boldsymbol{x}_{k+1} - \boldsymbol{x}_k$ 可能非常小，以致 $\|\boldsymbol{g}_{k+1} - \boldsymbol{g}_k\| \ll \boldsymbol{g}_k$，则由上式可知

$$\tan\theta_{k+1} \ll \sec\theta_k \tag{1.206}$$

从而下一步的搜索方向 $\boldsymbol{d}_{k+1}$ 将靠近负梯度方向 $-\boldsymbol{g}_{k+1}$。可见当 PRP 方法产生一个小步长时，具有自动接近最速下降法的优点，从而有效避免了 FR 方法可能连续产生小步长的缺陷。因此，PRP 方法是数值表现相对较好的共轭梯度法之一。

若算法基于此，可以证明当步长 $\boldsymbol{s}_k = \boldsymbol{x}_{k+1} - \boldsymbol{x}_k$ 趋于零时，PRP 方法全局收敛，且采用精确线性搜索的 PRP 方法对一致凸函数全局收敛。但对一般非凸函数，即使按 Curry 原则选取步长因子，即取 α_k 为一维函数 $\varphi(\alpha) = \left\{f\left(\boldsymbol{x}_k + \alpha\boldsymbol{d}_k\right) | \alpha > 0\right\}$ 的第一个极小点，PRP 方法都不必收敛。如果使用非精确线性搜索(如强 Wolfe 线性搜索)，即使 $f(\boldsymbol{x})$ 一致凸，而且参数 $\sigma \in (0,1)$ 充分小，PRP 方法都有可能产生一个上升搜索方向。但如果要求每一搜索方向都下降，则采取非精确线性搜索的 PRP 方法对凸函数收敛。

对一般非凸函数，Powell 在文献中建议限制 PRP 方法中的参数 β_x^{PRP} 为非负，即 $\beta_k = \max\left\{\beta_k^{\mathrm{PRP}}, 0\right\}$，也称为 PRP^+方法。这样做的目的是，避免当 $\|d_k\|$ 很大时相邻两搜索方向趋于相反。Gilbert 和 Nocedal 考虑了 Powell 的上述建议，并在适当的搜索条件下建立了上述修正 PRP 方法对一般非凸函数的全局收敛结果。

然而，Gilbert 和 Nocedal 也举出例子表明，即使对于一致凸的目标函数，β_k^{PRP} 也可能为负。于是，Grippo 和 Lucidi 设计了一种 Armijo 型线性搜索，即每次迭代步长满足

$$\alpha_k = \max\left\{\lambda^j \frac{\tau\left|\boldsymbol{g}_k^{\mathrm{T}}\boldsymbol{d}_k\right|}{\|\boldsymbol{d}_k\|^2}; j = 0,1,\cdots\right\}, \quad \tau > 0, \quad \lambda \in (0,1)$$

并证明了原始 PRP 方法在该线性搜索下对一般非凸函数全局收敛。根据 Armijo 型线性搜索下的性质，可得出存在一个常数，满足每次迭代的步长均大于此常数。由此给出

新的性质，即取常数步长因子的 PRP 方法在每次迭代时都产生一个下降方向，并且全局收敛。

在 HS 方法中，β_k 的选取按如下公式：

$$\beta_k^{\mathrm{HS}} = \frac{\boldsymbol{g}_{k+1}^{\mathrm{T}} \boldsymbol{y}_k}{\boldsymbol{d}_k^{\mathrm{T}} \boldsymbol{y}_k}, \qquad \boldsymbol{y}_k = \boldsymbol{g}_{k+1} - \boldsymbol{g}_k$$

与 PRP 方法相比，HS 方法的一个重要性质是，不论线性搜索是否精确，共轭关系式 $\boldsymbol{d}_{k+1}^{\mathrm{T}} \boldsymbol{y}_k = 0$ 总是成立。但 HS 方法的理论性质和计算表现与 PRP 方法很类似。如果线性搜索精确，因为 $\boldsymbol{d}_k^{\mathrm{T}} \boldsymbol{y}_k = \|\boldsymbol{g}_k\|^2$，于是有 $\beta_k^{\mathrm{HS}} = \beta_k^{\mathrm{PRP}}$。

在线性搜索满足强 Wolfe 条件的假定下，PRP$^+$方法只需满足每个搜索方向下降就保证全局收敛性，而无须满足充分下降条件。同样，考虑如下修正的 HS 方法：

$$\beta_k = \max\left\{0, \min\left\{\beta_k^{\mathrm{HS}}, \frac{1}{\|\boldsymbol{g}_k\|}\right\}\right\}$$

并在无充分下降条件下建立了方法的全局收敛性。

3) CD 方法

在 CD 方法中，β_k 的选取按如下公式：

$$\beta_k^{\mathrm{CD}} = \frac{\|\boldsymbol{g}_{k+1}\|^2}{-\boldsymbol{d}_k^{\mathrm{T}} \boldsymbol{g}_k}$$

CD 方法又称共轭下降法。CD 方法的一个很重要的性质是，只要强 Wolfe 条件中的参数 $\sigma<1$，CD 方法在每次迭代时便产生一个下降搜索方向，这与 FR 方法和 PRP 方法不同，因为 FR 方法和 PRP 方法在这时对一致凸函数都有可能产生一个上升搜索方向。

设线性搜索条件为

$$f(\boldsymbol{x}_k) - f(\boldsymbol{x}_k + \alpha_k \boldsymbol{d}_k) \geqslant -\delta \alpha_k \boldsymbol{g}_k^{\mathrm{T}} \boldsymbol{d}_k \tag{1.207}$$

$$\sigma_1 \boldsymbol{g}_k^{\mathrm{T}} \boldsymbol{d}_k \leqslant \boldsymbol{g}(\boldsymbol{x}_k + \alpha_k \boldsymbol{d}_k)^{\mathrm{T}} \boldsymbol{d}_k \leqslant -\sigma_2 \boldsymbol{g}_k^{\mathrm{T}} \boldsymbol{d}_k \tag{1.208}$$

其中参数满足 $0<\delta<\sigma_1<1$ 及 $0\leqslant\sigma_2<1$。显然，如果 $\sigma_1=\sigma_2$，则上述线性搜索条件就是强 Wolfe 条件。根据 β_x^{CD} 公式可知，

$$-\boldsymbol{g}_k^{\mathrm{T}} \boldsymbol{d}_k = \|\boldsymbol{g}_k\|^2 \left[1 + \left(\boldsymbol{g}_k^{\mathrm{T}} \boldsymbol{d}_{k-1}\right) / \left(\boldsymbol{g}_{k-1}^{\mathrm{T}} \boldsymbol{d}_{k-1}\right)\right] \tag{1.209}$$

因此，只要保证第 $k-1$ 次搜索方向下降，即 $\boldsymbol{g}_{k-1}^{\mathrm{T}} \boldsymbol{d}_{k-1} < 0$，再结合式(1.208)、式(1.209)两式，可得

$$1-\sigma_2 \leqslant -\boldsymbol{g}_k^{\mathrm{T}} \boldsymbol{d}_k / \|\boldsymbol{g}_k\|^2 \leqslant 1+\sigma_1$$

由 $0<\sigma_1,\sigma_2<1$ 可知，第 k 次的搜索方向 $\boldsymbol{d}_k$ 必为下降方向，并使得充分下降条件 $-\boldsymbol{g}_k^{\mathrm{T}} \boldsymbol{d}_k \geqslant c\|\boldsymbol{g}_k\|^2$ 对某实数 $c>0$ 成立。

对 FR 和 PRP 方法来说，采取强 Wolfe-Powell 非精确线性搜索，只要每个搜索方向下降，即可保证全局收敛性，故这一结论为 CD 方法的收敛性分析提供了一个非常有力的工具，不过采取强 Wolfe-Powell 非精确线性搜索的 CD 方法，无法保证其全局收敛性。

对于推广的 Wolfe 线性搜索，若参数满足 $\sigma_1 < 1$，$\sigma_2 = 0$，可得到 $0 \leqslant \beta_k^{\text{cn}} \leqslant \beta_k^{\text{FR}}$。类似于 FR 方法中的收敛性证明，可以看出，当参数满足上述式子时，CD 方法必全局收敛；相反，若参数满足 $\sigma_1 \geqslant 1$，可构造出例子，使得 CD 方法收敛于一个非稳定点，表明 $\sigma_1<1$ 是必要的；若参数满足 $\sigma_2 > 0$，这时 $\|d_k\|$ 可能以指数级数增长，CD 方法不必收敛，表明 $\sigma_2 = 0$ 是必要的。

由上可见，虽然一般参数的强 Wolfe 条件可保证 CD 方法在每步产生一个下降方向，但 CD 方法的收敛性质并不好。此外，当线性搜索精确时，$\beta_k^{\text{CD}} \equiv \beta_k^{\text{FR}}$，因此 CD 方法具有和 FR 方法同样的数值缺点，即可能连续产生许多小步长而不恢复。在实际计算中，CD 方法的数值表现与 FR 方法相差不大。

4) DY 方法

在 DY 方法中，β_k 的选取按如下公式：

$$\beta_k^{\text{DY}} = \frac{\|\boldsymbol{g}_{k+1}\|^2}{\boldsymbol{d}_k^{\text{T}} \boldsymbol{y}_k}, \qquad \boldsymbol{y}_k = \boldsymbol{g}_{k+1} - \boldsymbol{g}_k$$

对于采用强 Wolfe 线性搜索的 FR、PRP 方法，即使是对一致凸函数都有可能产生一个上升搜索方向，但只要每一步的搜索方向下降，就可以保证全局收敛。 而 CD 方法在使用强 Wolfe 线性搜索时虽然能够保证每个搜索方向下降，但全局收敛性质不佳。那么是否存在其他的方法，其在强 Wolfe 条件下甚至更弱的线性搜索条件下每次迭代总能产生一个下降搜索方向，而且还能保证全局收敛呢？DY 方法就是这样的方法。

考虑 Wolfe 条件

$$f(\boldsymbol{x}_k) - f(\boldsymbol{x}_k + \alpha_k \boldsymbol{d}_k) \geqslant -\delta \alpha_k \boldsymbol{g}_k^{\text{T}} \boldsymbol{d}_k \tag{1.210}$$

$$\boldsymbol{g}(\boldsymbol{x}_k + \alpha_k \boldsymbol{d}_k)^{\text{T}} \boldsymbol{d}_k \geqslant \sigma \boldsymbol{g}_k^{\text{T}} \boldsymbol{d}_k \tag{1.211}$$

其中 $0 < \delta < \sigma < 1$。假设第 k 次搜索方向 $\boldsymbol{d}_k$ 为下降方向，我们希望 β_k 的定义使得第 k+1 次搜索方向 $\boldsymbol{d}_{k+1}$ 也为下降方向，即 $\boldsymbol{d}_{k+1}^{\text{T}} \boldsymbol{g}_{k+1} < 0$。又知 $\boldsymbol{d}_{k+1} = -\boldsymbol{g}_{k+1} + \beta_k \boldsymbol{d}_k$，可得

$$-\|\boldsymbol{g}_{k+1}\|^2 + \beta_k \boldsymbol{g}_{k+1}^{\text{T}} \boldsymbol{d}_k < 0$$

设 $\beta > 0$，并令 $\tau_k = \|\boldsymbol{g}_{k+1}\|^2 / \beta_k$，上式可变为

$$\tau_k > \boldsymbol{g}_{k+1}^{\text{T}} \boldsymbol{d}_k$$

由线性搜索条件式(1.211)知，$\boldsymbol{g}_{k+1}^{\text{T}} \boldsymbol{d}_k - \sigma \boldsymbol{g}_k^{\text{T}} \boldsymbol{d}_k \geqslant 0$，又知 $0 < \sigma < 1$，$\boldsymbol{g}_k^{\text{T}} \boldsymbol{d}_k < 0$，则

$$\boldsymbol{g}_{k+1}^{\text{T}} \boldsymbol{d}_k - \boldsymbol{g}_k^{\text{T}} \boldsymbol{d}_k > \boldsymbol{g}_{k+1}^{\text{T}} \boldsymbol{d}_k - \sigma \boldsymbol{g}_k^{\text{T}} \boldsymbol{d}_k > \boldsymbol{g}_{k+1}^{\text{T}} \boldsymbol{d}_k$$

我们选取的 β_k 与其他形式的 β_k 有一定等价性，故定义 $\tau_k = \boldsymbol{g}_{k+1}^{\text{T}} \boldsymbol{d}_k - \boldsymbol{g}_k^{\text{T}} \boldsymbol{d}_k$，则有

$$\beta_k = \frac{\|\boldsymbol{g}_{k+1}\|^2}{\boldsymbol{g}_{k+1}^{\text{T}} \boldsymbol{d}_k - \boldsymbol{g}_k^{\text{T}} \boldsymbol{d}_k} = \frac{\|\boldsymbol{g}_{k+1}\|^2}{\boldsymbol{d}_k^{\text{T}} \boldsymbol{y}_k}, \qquad \boldsymbol{y}_k = \boldsymbol{g}_{k+1} - \boldsymbol{g}_k$$

由此可见，采用 Wolfe 线性搜索的 DY 方法在每一步均产生一个下降方向，且全局收敛，同时也说明不使用强 Wolfe 仅使用 Wolfe-Powell 非精确线性搜索也可以得到很好

的收敛结果。进一步还可证明 DY 方法在更一般的线性搜索下仍然全局收敛。但 DY 方法同样存在缺陷，因为当线性搜索精确时，DY 方法等价于 FR 方法。

3. 共轭梯度法的改进

1) 杂交共轭梯度法

由前面讨论可知，PRP 方法的数值表现很好，但即使采取精确线性搜索也不一定收敛；相反，虽然 FR 方法的数值表现不佳，但其全局收敛性很好。为了结合这两种方法的优点，Touati-Ahmed 和 Storey 考虑结合 PRP 方法和 FR 方法，首先引入了杂交共轭梯度法，对 β_k 的选取满足如下要求：

$$\beta_k = \max\left\{0, \min\left\{\beta_k^{\mathrm{PRP}}, \beta_k^{\mathrm{FR}}\right\}\right\} \tag{1.212}$$

这种方法确实可以避免 FR 方法可能连续产生小步长的缺点。由此，Gilbert 和 Nocedal 进一步研究了杂交方法，对 β_k 的选取采用了

$$\beta_k = \max\left\{-\beta_k^{\mathrm{FR}}, \min\left\{\beta_k^{\mathrm{PRP}}, \beta_k^{\mathrm{FR}}\right\}\right\} \tag{1.213}$$

这种方法的好处在于，允许参数 β_k 取负数。然而，Gilbert 和 Nocedal 进行了大量数值实验，结果表明，这种方法的数值表现虽然比 FR 方法好一些，但仍比 PRP 方法差很多。

另外，戴彧虹和袁亚湘研究了 DY 方法和 HS 方法的杂交共轭梯度法，这种方法与上述 FR 方法和 PRP 方法的杂交共轭梯度法相比的优势是，它们不要求线性搜索满足强 Wolfe 条件，而只需线性搜索满足 Wolfe 条件。他们选取的 β_k 满足

$$\beta_k = \max\left\{0, \min\left\{\beta_k^{\mathrm{HS}}, \beta_k^{\mathrm{DY}}\right\}\right\} \tag{1.214}$$

且他们进行的大量数值实验表明 DY 方法和 HS 方法的杂交共轭梯度法的计算表现非常好。尤其对较为困难的问题，它比 PRP 方法要好得多。

2) 共轭梯度法簇

由前面讨论可知，共轭梯度法均具有如下标准形式：

$$\boldsymbol{x}_{k+1} = \boldsymbol{x}_k + \alpha_k \boldsymbol{d}_k \tag{1.215}$$

$$\boldsymbol{d}_k = \begin{cases} -\boldsymbol{g}_k, & k = 0 \\ -\boldsymbol{g}_k + \beta_{k-1}\boldsymbol{d}_{k-1}, & k \geqslant 1 \end{cases} \tag{1.216}$$

只是参数 β_k 的计算公式不同。共轭梯度法簇是通过引入一个或多个参数，将各种单独的方法进行某种线性组合，形成一种统一的 β_k 表达形式，并可对其理论性质进行统一研究。

引入参数 $\lambda \in (-\infty, \infty)$，令 β_k 满足

$$\beta_k = \frac{\left\|\boldsymbol{g}_{k+1}\right\|^2}{\lambda\left\|\boldsymbol{g}_k\right\|^2 + (1-\lambda)\boldsymbol{d}_k^{\mathrm{T}}\boldsymbol{y}_k} \tag{1.217}$$

由此定义了一簇单参数共轭梯度法簇，它可看作 FR 方法和 DY 方法的某种线性组合。在推广的 Wolfe 线性搜索下，即

$$f\left(\boldsymbol{x}_k+\alpha_k\boldsymbol{d}_k\right)\leqslant f\left(\boldsymbol{x}_k\right)+\delta\alpha_k\boldsymbol{g}_k^{\mathrm{T}}\boldsymbol{d}_k \tag{1.218}$$

$$\nabla f\left(\boldsymbol{x}_k+\alpha_k\boldsymbol{d}_k\right)^{\mathrm{T}}\boldsymbol{d}_k\leqslant\sigma_1\boldsymbol{g}_k^{\mathrm{T}}\boldsymbol{d}_k \tag{1.219}$$

其中，$0<\delta<\sigma_1<1$，$\sigma_2\geqslant 0$。可以证明，当$\lambda\in(0,\infty)$时，如果$\sigma_1+\sigma_2\leqslant\lambda^{-1}$，则每一个搜索方向$\boldsymbol{d}_k$为下降方向且方法弱收敛，即

$$\lim_{k\to\infty}\inf\left\|\boldsymbol{g}_k\right\|=0 \tag{1.220}$$

同样可证，当$\lambda\in(-\infty,0)$时，如果$(\sigma_1+\sigma_2)\lambda\geqslant\sigma_1-1$，则每一个搜索方向$\boldsymbol{d}_k$为下降方向且方法弱收敛。当$\lambda=0$时，该方法即为DY方法，故下降性和收敛性同时满足。因此，对于任意的λ，只要参数满足$\sigma_1-1\leqslant(\sigma_1+\sigma_2)\lambda\leqslant 1$，每一个搜索方向$\boldsymbol{d}_k$都为下降方向且弱收敛。

此外，基于FR方法、PRP方法、HS方法和DY方法的两参数共轭梯度法簇，参数β_k表达式为

$$\beta_k=\frac{\lambda_k\left\|\boldsymbol{g}_{k+1}\right\|^2+\left(1-\lambda_k\right)\boldsymbol{g}_{k+1}^{\mathrm{T}}\boldsymbol{y}_k}{\mu_k\left\|\boldsymbol{g}_k\right\|^2+\left(1-\mu_k\right)\boldsymbol{d}_k^{\mathrm{T}}\boldsymbol{y}_k} \tag{1.221}$$

其中，$\lambda_k\in[0,1]$，$\mu_k\in[0,1]$。

还有基于上述四种方法以及CD方法和LS方法等六种形式的三参数共轭梯度法簇，参数β_k表达式可写成

$$\beta_k=\frac{\left(1-\lambda_k\right)\left\|\boldsymbol{g}_{k+1}\right\|^2+\lambda_k\boldsymbol{g}_{k+1}^{\mathrm{T}}\boldsymbol{y}_k}{\left(1-\mu_k-\omega_k\right)\left\|\boldsymbol{g}_k\right\|^2+\mu_k\boldsymbol{d}_k^{\mathrm{T}}\boldsymbol{y}_k-\omega_k\boldsymbol{d}_k^{\mathrm{T}}\boldsymbol{g}_k} \tag{1.222}$$

其中，$\lambda_k\in[0,1]$，$\mu_k\in[0,1]$，$\omega_k\in[0,1-\mu_k]$。不难看出，三参数共轭梯度法簇不仅包含六种共轭梯度法，还包含单、双参数共轭梯度法簇，甚至包含杂交共轭梯度法。例如，杂交共轭梯度法式(1.212)对应于式(1.222)中参数如下选取的特殊情况：

$$\begin{cases}\lambda_k=\begin{cases}\dfrac{\left\|\boldsymbol{g}_{k+1}\right\|^2}{\boldsymbol{g}_{k+1}^{\mathrm{T}}\boldsymbol{g}_k}, & \boldsymbol{g}_{k+1}^{\mathrm{T}}\boldsymbol{g}_k\geqslant\left\|\boldsymbol{g}_{k+1}\right\|^2\\ 1, & \boldsymbol{g}_{k+1}^{\mathrm{T}}\boldsymbol{g}_k\in\left(0,\left\|\boldsymbol{g}_{k+1}\right\|^2\right)\\ 0, & \boldsymbol{g}_{k+1}^{\mathrm{T}}\boldsymbol{g}_k\leqslant 0\end{cases}\\ \mu_k\equiv 0,\omega_k\equiv 0\end{cases} \tag{1.223}$$

3) 最短余量法

最短余量法也是一种共轭梯度法，最早由Hestenes在1980年提出，其中的搜索方向$\boldsymbol{d}_k$与式(1.216)所述的标准形式不同，而是取具有如下形式的向量中的最短向量：

$$\boldsymbol{d}_k=\frac{-\boldsymbol{g}_k+\beta_{k-1}\boldsymbol{d}_{k-1}}{1+\beta_{k-1}},\qquad 0<\beta_{k-1}<\infty \tag{1.224}$$

其中，$\boldsymbol{d}_1=-\boldsymbol{g}_1$。这时，对任意的$\boldsymbol{k}\geqslant 2$，根据几何性质，两向量相加的凸线性组合中的

最短向量必垂直于两向量相减的向量，即 $\boldsymbol{d}_k$ 垂直于 $\boldsymbol{g}_k+\boldsymbol{d}_{k-1}$，从而有

$$\left(-\boldsymbol{g}_k+\beta_{k-1}\boldsymbol{d}_{k-1}\right)^{\mathrm{T}}\left(\boldsymbol{g}_k+\boldsymbol{d}_{k-1}\right)=0 \tag{1.225}$$

在精确线性搜索情况下，即 $\boldsymbol{g}_k^{\mathrm{T}}\boldsymbol{d}_{k-1}=0$，可解得参数 β_k 为

$$\beta_k=\frac{\left\|\boldsymbol{g}_{k+1}\right\|^2}{\left\|\boldsymbol{d}_k\right\|^2} \tag{1.226}$$

当线性搜索精确且目标函数为严格凸二次函数时，可以证明由式(1.224)和式(1.226)定义的搜索方向 $\boldsymbol{d}_k$ 是其顶点分别为 $-\boldsymbol{g}_1,\cdots,-\boldsymbol{g}_k$ 的 $(k-1)$ 维单纯形中的最短向量。

由式(1.224)知，最短余量法中的方向 $\boldsymbol{d}_k$ 也可写为如下形式：

$$\boldsymbol{d}_k=Nr\left\{-\boldsymbol{g}_k,\boldsymbol{d}_{k-1}\right\} \tag{1.227}$$

其中，$Nr\{\boldsymbol{a},\boldsymbol{b}\}$ 表示在向量 $\boldsymbol{a}$ 和 $\boldsymbol{b}$ 生成的线段上具有最小模的向量，即使得下式成立：

$$\left\|Nr\{\boldsymbol{a},\boldsymbol{b}\}\right\|=\min\left\{\left\|\lambda\boldsymbol{a}+(1-\lambda)\boldsymbol{b}\right\|,0\leqslant\lambda\leqslant1\right\} \tag{1.228}$$

为了研究当目标函数为一般非线性函数时最短余量法对应于何种标准共轭梯度法，并以此研究其他标准共轭梯度法，我们在方向中引入了一个参量 ρ，即考虑

$$\boldsymbol{d}_k=Nr\left\{-\boldsymbol{g}_k,\rho_{k-1}\boldsymbol{d}_{k-1}\right\} \tag{1.229}$$

同样，根据 $\boldsymbol{d}_k$ 垂直于 $\boldsymbol{g}_k+\rho_{k-1}\boldsymbol{d}_{k-1}$ 的性质，可有

$$\left[-\left(1-\lambda_{k-1}\right)\boldsymbol{g}_k+\lambda_{k-1}\rho_{k-1}\boldsymbol{d}_{k-1}\right]^{\mathrm{T}}\left(\boldsymbol{g}_k+\rho_{k-1}\boldsymbol{d}_{k-1}\right)=0 \tag{1.230}$$

若采用精确线性搜索，即 $\boldsymbol{g}_k^{\mathrm{T}}\boldsymbol{d}_{k-1}=0$，则由上式可解得参数 λ_k 为

$$\lambda_k=\frac{\left\|\boldsymbol{g}_{k+1}\right\|^2}{\left\|\boldsymbol{g}_{k+1}\right\|^2+\rho_k^2\left\|\boldsymbol{d}_k\right\|^2} \tag{1.231}$$

设在第 k 步，标准共轭梯度法式(1.216)和最短余量法产生式(1.229)、式(1.230)的搜索方向分别为 $\overline{\boldsymbol{d}}_k$ 和 $\boldsymbol{d}_k$。若要求两方法等价，两搜索方向必然相同，则有

$$\boldsymbol{d}_k=\mu_k\overline{\boldsymbol{d}}_k \tag{1.232}$$

当 $k=0$ 时，$\boldsymbol{d}_0=\overline{\boldsymbol{d}}_0=-\boldsymbol{g}_0$，$\overline{\boldsymbol{d}}_k$ 和 $\boldsymbol{d}_k$ 方向相同。利用归纳法，假设 $k-1$ 步成立，即 $\boldsymbol{d}_{k-1}=\mu_{k-1}\overline{\boldsymbol{d}}_{k-1}$。在精确线性搜索下，有 $\boldsymbol{g}_k^{\mathrm{T}}\boldsymbol{d}_{k-1}=0$，$\boldsymbol{g}_k^{\mathrm{T}}\overline{\boldsymbol{d}}_{k-1}=0$，则第 k 步成立的 $\overline{\boldsymbol{d}}_k$ 与 $\boldsymbol{d}_k$ 关系如图 1.53 所示。

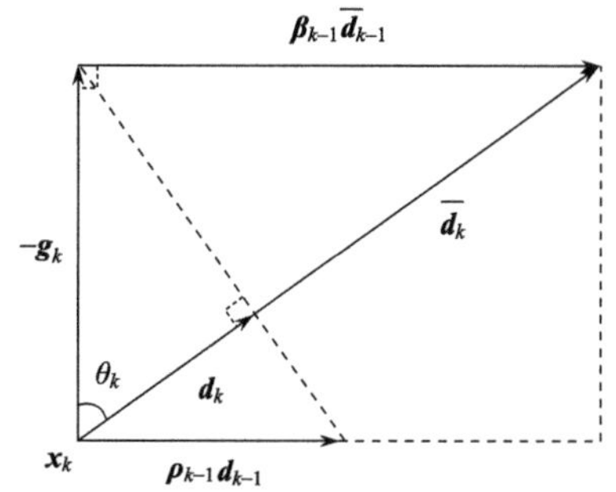

图 1.53　精确线性搜索下 $\overline{\boldsymbol{d}}_k$ 与 $\boldsymbol{d}_k$ 关系图

搜索方向 $\bar{\boldsymbol{d}}_k$ 满足

$$-\boldsymbol{g}_k^{\mathrm{T}}\bar{\boldsymbol{d}}_k = \|\boldsymbol{g}_k\|^2 \tag{1.233}$$

$$\bar{\boldsymbol{d}}_{k-1}^{\mathrm{T}}\bar{\boldsymbol{d}}_k = \beta_{k-1}\|\bar{\boldsymbol{d}}_{k-1}\|^2 \tag{1.234}$$

搜索方向 $\boldsymbol{d}_k$ 满足

$$-\boldsymbol{g}_k^{\mathrm{T}}\boldsymbol{d}_k = \|\boldsymbol{d}_k\|^2 \tag{1.235}$$

$$\rho_{k-1}\boldsymbol{d}_{k-1}^{\mathrm{T}}\boldsymbol{d}_k = \|\boldsymbol{d}_k\|^2 \tag{1.236}$$

由式(1.232)、式(1.233)和式(1.235)知

$$\mu_k = \frac{\|\boldsymbol{d}_k\|^2}{\|\boldsymbol{g}_k\|^2} \tag{1.237}$$

由式(1.234)、式(1.236)和式(1.237)知，ρ_k 和 β_k 有如下对应关系：

$$\rho_k = \frac{\mu_k\|\boldsymbol{d}_{k+1}\|^2}{\mu_{k+1}\|\boldsymbol{d}_k\|^2}\frac{1}{\beta_k} = \frac{\|\boldsymbol{g}_{k+1}\|^2}{\|\boldsymbol{g}_k\|^2}\frac{1}{\beta_k} = \frac{\beta_k^{\mathrm{FR}}}{\beta_k} \tag{1.238}$$

因此，在精确线性搜索下，只要 ρ_k 满足上式，最短余量法将产生与标准共轭梯度法完全相同的迭代路径。

由上式知，如果 $\beta_k = \beta_k^{\mathrm{FR}}$，则 $\rho_k \equiv 1$。可见当线性搜索精确时，原始的最短余量法对应于 FR 方法，称为最短余量法的 FR 格式或 FRSR(修正的弗莱彻-里夫斯共轭梯度法)方法。

令 $\beta_k = \beta_k^{\mathrm{PRP}}$，则

$$\rho_k = \frac{\|\boldsymbol{g}_{k+1}\|^2}{\boldsymbol{g}_{k+1}^{\mathrm{T}}\boldsymbol{y}_k} \tag{1.239}$$

称为最短余量法的 PRP 格式或 PRPSR(波拉克−里比耶共轭梯度法)方法。

此外，参数 ρ_k 可如下选取：

$$\rho_k = \frac{\|\boldsymbol{g}_{k+1}\|^2}{\left|\boldsymbol{g}_{k+1}^{\mathrm{T}}\boldsymbol{y}_k\right|} \tag{1.240}$$

称为最短余量法的 PRP^+格式或 PRP^+SR(修正的波拉克−里比耶共轭梯度法)方法。

对于非精确线性搜索的情况，从式(1.230)解得

$$\lambda_k = \frac{\|\boldsymbol{g}_{k+1}\|^2 + \rho_k\boldsymbol{g}_{k+1}^{\mathrm{T}}\boldsymbol{d}_k}{\|\boldsymbol{g}_{k+1} + \rho_k\boldsymbol{d}_k\|^2} \tag{1.241}$$

再结合式(1.235)、式(1.236)，可得到

$$\|\boldsymbol{d}_k\|^2 = \frac{\rho_k^2\left[\|\boldsymbol{g}_k\|^2\|\boldsymbol{d}_{k-1}\|^2 - \left(\boldsymbol{g}_k^{\mathrm{T}}\boldsymbol{d}_{k-1}\right)^2\right]}{\|\boldsymbol{g}_k + \rho_k\boldsymbol{d}_{k-1}\|^2} \tag{1.242}$$

根据式(1.239)、式(1.242)知，为了防止$\|\boldsymbol{g}_k\|^2\|\boldsymbol{d}_{k-1}\|^2-\left(\boldsymbol{g}_k^{\mathrm{T}}\boldsymbol{d}_{k-1}\right)^2<0$和$\boldsymbol{g}_k^{\mathrm{T}}\boldsymbol{y}_{k-1}=0$，在实际计算中取常数$b_1\in(0,1]$，$b_2\in[0,1)$，判断下面两式是否成立：

$$\left|\boldsymbol{g}_k^{\mathrm{T}}\boldsymbol{d}_{k-1}\right|<b_1\|\boldsymbol{g}_k\|\|\boldsymbol{d}_{k-1}\| \tag{1.243}$$

$$\left|\boldsymbol{g}_k^{\mathrm{T}}\boldsymbol{y}_{k-1}\right|>b_2\|\boldsymbol{g}_k\|^2 \tag{1.244}$$

如果上式不成立，则使算法沿负梯度方向重新开始，即令$\boldsymbol{d}_k=-\boldsymbol{g}_k$。

当线性搜索精确时，FRSR 方法与 SR(最短余量法)方法等价，故具有一样的收敛性质，即对一般非凸函数总收敛。采用非精确线性搜索时，FRSR 方法与 SR 方法虽然不等价，但可以证明采用 Wolfe 线性搜索、Armijo 线性搜索和强 Wolfe 线性搜索的 FRSR 方法对一般非凸函数全局弱收敛。当线性搜索精确时，PRPSR 方法与 PRP 方法等价，故对一般非凸函数不一定收敛。然而，我们可证明采取 Wolfe 线性搜索和 Armijo 线性搜索的 PRPSR 方法对一般非凸函数全局强收敛，即

$$\lim_{k\to\infty}\|\boldsymbol{g}_k\|=0 \tag{1.245}$$

采取强 Wolfe 线性搜索的 PRPSR 算法不一定收敛，但可以证明 $\mathrm{PRP}^+\mathrm{SR}$ 方法具有全局收敛性。

4) 再开始共轭梯度法

由共轭性质知，共轭向量组必是线性无关组。若目标函数$f(\boldsymbol{x})$的维数为n，则n步以后的搜索方向将不再共轭。标准的共轭梯度法只对二次函数具有n步收敛性，而对于非二次函数不仅不具备n步收敛性，甚至共轭性和下降性都很难保证。因此，n步甚至远远不到n步时采用周期性重新开始的策略是必要的，我们把这种方法叫做再开始共轭梯度法。

以最速下降方向作为再开始搜索方向，虽然能够保证下降性，但即刻下降量较小。另外，再开始的频率也不能简单取n，在共轭性特别是下降性不能保证时就应该重新开始搜索。因此，采用负梯度方向再开始时，算法效率会降低，而继续沿着原来的方向搜索往往效果较好。同时为了获得令人满意的数值结果，需要引入新的重新开始准则。

设目标函数$f(\boldsymbol{x})$为二次凸函数，$\boldsymbol{d}_{t+1}$为任一下降的重新开始方向，搜索方向为$\boldsymbol{d}_k(k>t)$。若使搜索方向$\boldsymbol{d}_t,\boldsymbol{d}_{t+1},\cdots,\boldsymbol{d}_k$为共轭向量组，则要求搜索方向序列满足共轭性质。

当$k=t+1$时，设$\boldsymbol{d}_{t+1}=-\boldsymbol{g}_{t+1}+\beta_t\boldsymbol{d}_t$为重新开始方向。为使得$\boldsymbol{d}_{t+1}$与$\boldsymbol{d}_t$相互共轭，需满足$\boldsymbol{d}_{t+1}^{\mathrm{T}}\boldsymbol{y}_t=0$，则

$$\beta_t=\frac{\boldsymbol{g}_{t+1}^{\mathrm{T}}\boldsymbol{y}_t}{\boldsymbol{d}_t^{\mathrm{T}}\boldsymbol{y}_t} \tag{1.246}$$

当$k>t+1$时，可设

$$\boldsymbol{d}_k=-\boldsymbol{g}_k+\beta_{k-1}\boldsymbol{d}_{k-1}+\cdots+\beta_{t+1}\boldsymbol{d}_{t+1}+\gamma_{k-1}\boldsymbol{d}_t,\quad k>t+1 \tag{1.247}$$

根据共轭性质，需满足

$$\boldsymbol{d}_i^{\mathrm{T}}\boldsymbol{y}_j=0,\quad \forall i,j=t,\cdots,k-1,\quad i\neq j \tag{1.248}$$

但由于目标函数为二次凸函数，则存在对称正定矩阵$\boldsymbol{G}$，使得下式成立

$$\boldsymbol{g}_i = \nabla f\left(\boldsymbol{x}_i\right) = \boldsymbol{G}\boldsymbol{x}_i + \boldsymbol{b} \tag{1.249}$$

则有

$$\boldsymbol{y}_i = \boldsymbol{g}_{i+1} - \boldsymbol{g}_i = \boldsymbol{G}\left(\boldsymbol{x}_{i+1} - \boldsymbol{x}_i\right) \tag{1.250}$$

又根据迭代公式可知 $\boldsymbol{x}_{k+1} = \boldsymbol{x}_k + \alpha_k \boldsymbol{d}_k$ ，则可推出

$$\boldsymbol{d}_i^{\mathrm{T}} \boldsymbol{y}_j = \boldsymbol{d}_j^{\mathrm{T}} \boldsymbol{y}_i \tag{1.251}$$

由此可知，对于二次凸函数，若要搜索方向两两共轭，只需满足如下条件：

$$\boldsymbol{d}_k^{\mathrm{T}} \boldsymbol{y}_i = 0, \quad \forall i = t, \cdots, k-1 \tag{1.252}$$

由此可解得

$$\beta_i = \frac{\boldsymbol{g}_k^{\mathrm{T}} \boldsymbol{y}_i}{\boldsymbol{d}_i^{\mathrm{T}} \boldsymbol{y}_i}, \quad i = t+1, \cdots, k-1 \tag{1.253}$$

$$\gamma_{k-1} = \frac{\boldsymbol{g}_k^{\mathrm{T}} \boldsymbol{y}_t}{\boldsymbol{d}_t^{\mathrm{T}} \boldsymbol{y}_t} \tag{1.254}$$

对于精确线性搜索，可知

$$\boldsymbol{g}_{i+1}^{\mathrm{T}} \boldsymbol{d}_i = 0, \quad \forall i = t, \cdots, k-1 \tag{1.255}$$

利用上式，再结合二次函数的共轭性质 $\boldsymbol{d}_i^{\mathrm{T}} \boldsymbol{y}_i = 0, i \neq j$ ，可证明

$$\boldsymbol{g}_k^{\mathrm{T}} \boldsymbol{d}_i = 0, \quad \forall i = t, \cdots, k-1 \tag{1.256}$$

而由上面 $\boldsymbol{d}_i (i > t)$ 的定义式可知， $\boldsymbol{g}_i$ 是 $\boldsymbol{d}_t, \cdots, \boldsymbol{d}_i$ 的线性组合，所以可得到

$$\boldsymbol{g}_k^{\mathrm{T}} \boldsymbol{g}_i = 0, \quad \forall i = t+1, \cdots, k-1 \tag{1.257}$$

于是

$$\boldsymbol{g}_k^{\mathrm{T}} \boldsymbol{y}_i = \boldsymbol{g}_k^{\mathrm{T}} \boldsymbol{g}_{i+1} - \boldsymbol{g}_k^{\mathrm{T}} \boldsymbol{g}_i = 0, \quad \forall i = t+1, \cdots, k-2 \tag{1.258}$$

则有

$$\beta_i = 0, \quad i = t+1, \cdots, k-2 \tag{1.259}$$

因此，对于二次凸函数，在精确线性搜索下，搜索方向只需构造三项式就能满足两两共轭条件。此三项式即为 Beale 三项式，搜索方向 $\boldsymbol{d}_k$ 可总结为如下形式：

$$\boldsymbol{d}_k = -\boldsymbol{g}_k + \beta_{k-1} \boldsymbol{d}_{k-1} + \gamma_{k-1} \boldsymbol{d}_t \tag{1.260}$$

其中，

$$\beta_{k-1} = \frac{\boldsymbol{g}_k^{\mathrm{T}} \boldsymbol{y}_{k-1}}{\boldsymbol{d}_{k-1}^{\mathrm{T}} \boldsymbol{y}_{k-1}} \tag{1.261}$$

$$\gamma_{k-1} = \begin{cases} 0, & k = t+1 \\ \dfrac{\boldsymbol{g}_k^{\mathrm{T}} \boldsymbol{y}_{k-1}}{\boldsymbol{d}_{k-1}^{\mathrm{T}} \boldsymbol{y}_{k-1}}, & k > t+1 \end{cases} \tag{1.262}$$

Beale 三项式方法的数值表现并不理想，其原因在于，对所有的 $k \geqslant t+1$ ，该方法产生的搜索方向 $\boldsymbol{d}_k$ 均与 $\boldsymbol{y}_t = \boldsymbol{g}_{t+1} - \boldsymbol{g}_t$ 垂直，即

$$\boldsymbol{d}_k^{\mathrm{T}} \boldsymbol{y}_t = 0, \quad \forall k \geqslant t+1 \tag{1.263}$$

当线性搜索精确时，有 $\boldsymbol{g}_{k+1}^{\mathrm{T}}\boldsymbol{d}_k = 0$，再由共轭性质可知

$$\boldsymbol{g}_{k+1}^{\mathrm{T}}\boldsymbol{d}_i = 0, \quad \forall i = t+1,\cdots,k \tag{1.264}$$

因此，如果在第 t 步以后 Beale 三项式方法不再重新开始，则方法很可能收敛到这样一个点 $\boldsymbol{x}_{k+1}$，该点的导数 $\boldsymbol{g}_{k+1}$ 与向量 $\boldsymbol{y}_t$ 方向相同，即只相差一个非零的倍数，而非零向量。这时，我们不难得出

$$\lim_{k\to\infty}\frac{\boldsymbol{g}_{k+1}^{\mathrm{T}}\boldsymbol{g}_k}{\left\|\boldsymbol{g}_{k+1}\right\|^2} = 1 \tag{1.265}$$

对于二次凸目标函数，采取线性搜索精确的 Beale 三项式方法会使得 $\boldsymbol{d}_t,\cdots,\boldsymbol{d}_k$ 两两共轭，且 $\boldsymbol{g}_{t+1},\cdots,\boldsymbol{g}_{k+1}$ 相互正交，故 Powell 建议，如果下式不成立：

$$\left|\boldsymbol{g}_{k+1}^{\mathrm{T}}\boldsymbol{g}_k\right| \leqslant c\left\|\boldsymbol{g}_{k+1}\right\|^2 \tag{1.266}$$

其中 $c\in(0,1)$ 为常数，则使方法重新开始。若此式不成立，也说明 $\boldsymbol{g}_{k+1}$ 与 $\boldsymbol{g}_k$ 的正交性得不到满足，共轭性消失。因此，Powell 的重新开始策略不仅能较好地避免方法收敛到一个非稳定点，同时还能检查迭代路径的共轭性。数值实验结果表明，即使采用强 Wolfe 条件的非精确线性搜索，Beale-Powell 三项共轭梯度法都获得较为满意的数值结果。

5) 超记忆共轭梯度法

标准共轭梯度法迭代公式是在目标函数为正定二次函数和精确线性搜索条件下推导出来的。因此，在非二次函数或非精确线性搜索下，标准共轭梯度法的共轭性和有限终止性都将不能保证。为了改进并完善共轭梯度法，充分利用多次迭代信息，加快收敛速度及保证全局收敛性，可将算法推广到超记忆共轭梯度法。该方法搜索方向 $\boldsymbol{d}_k$ 的一般形式为

$$\boldsymbol{d}_k = \begin{cases} -\boldsymbol{g}_k, & k=0 \\ -\boldsymbol{g}_k + \sum_{i=0}^{k-1}\beta_i\boldsymbol{d}_i, & k\geqslant 1 \end{cases} \tag{1.267}$$

实际应用中，为了提高计算效率，$\boldsymbol{d}_k$ 往往采用有限记忆形式。设记忆的项数为 r，则

$$\boldsymbol{d}_k = -\boldsymbol{g}_k + \sum_{i-k-r}^{k-1}\beta_i\boldsymbol{d}_i \tag{1.268}$$

其中，β_i 可取多种形式。例如，

$$\beta_i = \frac{\rho\|\boldsymbol{g}_k\|}{\|\boldsymbol{d}_i\|}, \qquad \rho\in\left(0,\frac{1}{r}\right) \tag{1.269}$$

事实上，虽然超记忆共轭梯度法较标准共轭梯度法更能保持共轭性，并能够加快收敛速度，但由于搜索方向 $\boldsymbol{d}_k$ 的这种简单的表达形式，计算效率虽高，但仍不能很好地保持共轭性，故收敛速度还不能最大化。

6) 预条件共轭梯度法

预条件技术能够大大加快迭代收敛速度，在求解线性方程组的共轭梯度法中已被广泛应用。实际上，该方法在非线性共轭梯度中也是非常适用的，只不过预条件矩阵的选

择不是固定不变的，是实时变化的。预条件共轭梯度法的基本思想是，每次迭代都选择合适的对称正定矩阵作为预条件矩阵，并进行变量转换。设目标函数为 $f(\boldsymbol{x})$，当第 k 次迭代时，预条件矩阵可表示为 $\boldsymbol{H}_k$，令 $\Delta\boldsymbol{x}_{k-1}=\boldsymbol{x}_k-\boldsymbol{x}_{k-1}$，$\Delta\tilde{\boldsymbol{x}}_{k-1}=\tilde{\boldsymbol{x}}_k-\tilde{\boldsymbol{x}}_{k-1}$，并考虑变量转换，则有

$$\Delta\boldsymbol{x}_{k-1}=\boldsymbol{H}_k^{-\frac{1}{2}}\Delta\tilde{\boldsymbol{x}}_{k-1} \tag{1.270}$$

进一步，得到

$$\tilde{\boldsymbol{g}}_k=\frac{\partial f(\boldsymbol{x}_k)}{\partial\tilde{\boldsymbol{x}}_k}=\frac{\partial f(\boldsymbol{x}_k)}{\partial\boldsymbol{x}_k}\frac{\partial\left(\boldsymbol{x}_{k-1}+\boldsymbol{H}_k^{-\frac{1}{2}}(\tilde{\boldsymbol{x}}_k-\tilde{\boldsymbol{x}}_{k-1})\right)}{\partial\tilde{\boldsymbol{x}}_k}=\boldsymbol{H}_k^{-\frac{1}{2}}\boldsymbol{g}_k \tag{1.271}$$

$$\tilde{\boldsymbol{g}}_{k-1}=\frac{\partial f(\boldsymbol{x}_{k-1})}{\partial\tilde{\boldsymbol{x}}_{k-1}}=\frac{\partial f(\boldsymbol{x}_{k-1})}{\partial\boldsymbol{x}_{k-1}}\frac{\partial\left(\boldsymbol{x}_k-\boldsymbol{H}_k^{-\frac{1}{2}}(\tilde{\boldsymbol{x}}_k-\tilde{\boldsymbol{x}}_{k-1})\right)}{\partial\tilde{\boldsymbol{x}}_{k-1}}=\boldsymbol{H}_k^{-\frac{1}{2}}\boldsymbol{g}_{k-1} \tag{1.272}$$

再令 $\boldsymbol{y}_{k-1}=\boldsymbol{g}_k-\boldsymbol{g}_{k-1}$，$\tilde{\boldsymbol{y}}_{k-1}=\tilde{\boldsymbol{g}}_k-\tilde{\boldsymbol{g}}_{k-1}$，又可推出

$$\tilde{\boldsymbol{y}}_{k-1}=\boldsymbol{H}_k^{-\frac{1}{2}}\boldsymbol{y}_{k-1} \tag{1.273}$$

由基本迭代公式 $\boldsymbol{x}_k=\boldsymbol{x}_{k-1}+\alpha_{k-1}\boldsymbol{d}_{k-1}$，$\tilde{\boldsymbol{x}}_k=\tilde{\boldsymbol{x}}_{k-1}+\tilde{\alpha}_{k-1}\tilde{\boldsymbol{d}}_{k-1}$，可知

$$\boldsymbol{d}_{k-1}=\frac{\tilde{\alpha}_{k-1}}{\alpha_{k-1}}\boldsymbol{H}_k^{-\frac{1}{2}}\tilde{\boldsymbol{d}}_{k-1} \tag{1.274}$$

另外，还需要考虑共轭条件 $\boldsymbol{d}_k^{\mathrm{T}}\boldsymbol{y}_{k-1}=0$，$\tilde{\boldsymbol{d}}_k^{\mathrm{T}}\tilde{\boldsymbol{y}}_{k-1}=0$，则可使 $\boldsymbol{d}_k$ 满足下面等式

$$\boldsymbol{d}_k=\boldsymbol{H}_k^{-\frac{1}{2}}\tilde{\boldsymbol{d}}_k \tag{1.275}$$

由此，我们就能根据各种共轭梯度法的 $\tilde{\boldsymbol{d}}_k$ 表达式，推出对应方法的预条件 $\boldsymbol{d}_k$ 形式。例如，预条件标准共轭梯度法搜索方向的 $\boldsymbol{d}_k$ 表达式：

$$\boldsymbol{d}_k=-\boldsymbol{H}_k^{-1}\boldsymbol{g}_k+\beta_{k-1}\boldsymbol{d}_{k-1} \tag{1.276}$$

$$\beta_k^{\mathrm{FR}}=\frac{\boldsymbol{g}_{k+1}^{\mathrm{T}}\boldsymbol{H}_{k+1}^{-1}\boldsymbol{g}_{k+1}}{\boldsymbol{g}_k^{\mathrm{T}}\boldsymbol{H}_{k+1}^{-1}\boldsymbol{g}_k},\quad \beta_k^{\mathrm{HS}}=\frac{\boldsymbol{g}_{k+1}^{\mathrm{T}}\boldsymbol{H}_{k+1}^{-1}\boldsymbol{y}_k}{\boldsymbol{d}_k^{\mathrm{T}}\boldsymbol{y}_k},\quad \beta_k^{\mathrm{PRP}}=\frac{\boldsymbol{g}_{k+1}^{\mathrm{T}}\boldsymbol{H}_{k+1}^{-1}\boldsymbol{y}_k}{\boldsymbol{g}_k^{\mathrm{T}}\boldsymbol{H}_{k+1}^{-1}\boldsymbol{g}_k}$$

$$\beta_k^{\mathrm{CD}}=\frac{\boldsymbol{g}_{k+1}^{\mathrm{T}}\boldsymbol{H}_{k+1}^{-1}\boldsymbol{g}_{k+1}}{-\boldsymbol{d}_k^{\mathrm{T}}\boldsymbol{g}_k},\quad \beta_k^{\mathrm{LS}}=\frac{\boldsymbol{g}_{k+1}^{\mathrm{T}}\boldsymbol{H}_{k+1}^{-1}\boldsymbol{y}_k}{-\boldsymbol{d}_k^{\mathrm{T}}\boldsymbol{g}_k},\quad \beta_k^{\mathrm{DY}}=\frac{\boldsymbol{g}_{k+1}^{\mathrm{T}}\boldsymbol{H}_{k+1}^{-1}\boldsymbol{g}_{k+1}}{\boldsymbol{d}_k^{\mathrm{T}}\boldsymbol{y}_k}$$

综上所述，共轭梯度法具有迭代简单、超线性收敛及二次终止等优点，非常适合大规模问题求解。与此同时，由于迭代形式过于简单，标准共轭梯度法对于非二次一般函数的最优化问题具有线性搜索不精确、共轭性得不到保持、计算舍入误差的影响，收敛速度越来越慢。因此，针对非二次问题，共轭梯度法的最优形式应该是预条件超记忆共轭梯度形式。下面就来介绍拟牛顿法，该方法本质上就是一种预条件的超记忆共轭梯度法。

1.6.4　拟牛顿法

牛顿法之所以高效，关键在于其巧妙地利用了 Hessian 矩阵所提供的曲率信息。然而，Hessian 矩阵的计算往往工作量巨大，对某些目标函数而言，其 Hessian 矩阵的计算可能非常复杂，甚至难以求解。即便求得，Hessian 矩阵也可能不是正定的，这限制了牛顿法的应用范围。为了克服这些困难，仅依赖目标函数的一阶导数的方法应运而生。拟牛顿法正是这样一种方法，它通过目标函数值和其一阶导数信息巧妙地构造出目标函数曲率的近似表示，而无须显式计算 Hessian 矩阵。这种方法不仅避免了直接计算二阶导数的高成本，还保持了较快的收敛速度。不同的拟牛顿法通过不同的技术构造近似矩阵，因此形成了多种变体。经过理论分析和实际应用的检验，拟牛顿法已被证明是一类非常有效的算法，在优化领域中占据了重要的地位。

已知牛顿方向

$$\boldsymbol{d}_k=-\left[\nabla^2 f\left(\boldsymbol{x}_k\right)\right]^{-1}\nabla f\left(\boldsymbol{x}_k\right) \tag{1.277}$$

构造$\left[\nabla^2 f\left(\boldsymbol{x}_k\right)\right]^{-1}$的近似矩阵$\boldsymbol{H}_k$，得

$$\boldsymbol{d}_k=-\boldsymbol{H}_k\nabla f\left(\boldsymbol{x}_k\right) \tag{1.278}$$

称为$\boldsymbol{x}_k$处的拟牛顿方向。

将目标函数$\nabla f\left(\boldsymbol{x}\right)$展成一阶 Taylor 展开式形式，第$k$次迭代可以写成

$$\nabla f\left(\boldsymbol{x}_k\right)=\nabla f\left(\boldsymbol{x}_{k-1}\right)+\nabla^2 f\left(\boldsymbol{x}_k\right)\left(\boldsymbol{x}_k-\boldsymbol{x}_{k-1}\right) \tag{1.279}$$

令$\boldsymbol{s}_{k-1}=\boldsymbol{x}_k-\boldsymbol{x}_{k-1}$，$\boldsymbol{y}_{k-1}=f\left(\boldsymbol{x}_k\right)-f\left(\boldsymbol{x}_{k-1}\right)=\boldsymbol{g}_k-\boldsymbol{g}_{k-1}$，则有

$$\boldsymbol{y}_{k-1}=\nabla^2 f\left(\boldsymbol{x}_k\right)\boldsymbol{s}_{k-1} \tag{1.280}$$

用不包含二阶导数的矩阵$\boldsymbol{H}_k$取代牛顿法中的 Hessian 矩阵$\nabla^2 f\left(\boldsymbol{x}_k\right)$的逆矩阵，得

$$\boldsymbol{H}_k\boldsymbol{y}_{k-1}=\boldsymbol{s}_{k-1} \tag{1.281}$$

此式即为拟牛顿条件。

事实上，对于$f\left(\boldsymbol{x}_k+\alpha_k\boldsymbol{d}_k\right)\approx f\left(\boldsymbol{x}_k\right)+\alpha\nabla f\left(\boldsymbol{x}_k\right)^{\mathrm{T}}\boldsymbol{d}_k$，在精确线性搜索下，能够使$f\left(\boldsymbol{x}_k+\alpha_k\boldsymbol{d}_k\right)$下降最快的$\boldsymbol{d}_k$等价于极小化问题

$$\min_{\boldsymbol{d}_k\in\mathbb{R}^n}\frac{\nabla f\left(\boldsymbol{x}_k\right)^{\mathrm{T}}\boldsymbol{d}_k}{\left\|\boldsymbol{d}_k\right\|_{\mathrm{A}}} \tag{1.282}$$

的解。此问题的解依赖于所取的范数。当采用l_2范数时，

$$\boldsymbol{d}_k=-\nabla f\left(\boldsymbol{x}_k\right)$$

所得方法是最速下降法。当采用椭球范数$\|\cdot\|_{\left[\nabla^2 f\left(\boldsymbol{x}_k\right)\right]^{-1}}$时，

$$\boldsymbol{d}_k=-\left[\nabla^2 f\left(\boldsymbol{x}_k\right)\right]^{-1}\nabla f\left(\boldsymbol{x}_k\right)$$

所得方法是牛顿法。因此，当采用椭球范数$\|\cdot\|_{\boldsymbol{H}_k}$时，

$$d_k = -H_k \nabla f(x_k)$$

所得方法就是拟牛顿法。范数不同就是尺度不同，由于在每一次迭代中尺度矩阵 $\boldsymbol{H}_k$ 总是变化的，故拟牛顿法又称为变尺度法。

显然，若想拟牛顿方向既能较好地近似于牛顿方向，又能使算法具有很好的下降性质并且计算方便，能对算法的收敛性有所保证。那么，构造 $\boldsymbol{H}_k$ 应该坚持以下几个原则：

(1) 拟牛顿方向 $\boldsymbol{d}_k = -\boldsymbol{H}_k \nabla f(\boldsymbol{x}_k)$ 是目标函数 $f(\boldsymbol{x})$ 在点 $\boldsymbol{x}_k$ 的下降方向，即要求 $\boldsymbol{d}_k^{\mathrm{T}} \boldsymbol{g}_k < 0$，则有 $\nabla f(\boldsymbol{x}_k)^{\mathrm{T}} \boldsymbol{H}_k^{\mathrm{T}} \nabla f(\boldsymbol{x}_k) > 0$，这表明 $\boldsymbol{H}_k$ 为对称正定矩阵即可。

(2) $\boldsymbol{H}_k$ 满足拟牛顿条件，即 $\boldsymbol{H}_k \boldsymbol{y}_{k-1} = \boldsymbol{s}_{k-1}$。在精确线性搜索下，用满足拟牛顿条件的 $\boldsymbol{H}_k$ 得到的搜索方向序列是两两共轭的，后续将给予证明，这样算法必具有二次终止性质。

(3) 为了计算方便，希望 $\boldsymbol{H}_k$ 具有递推形式 $\boldsymbol{H}_{k+1} = \boldsymbol{H}_k + \Delta \boldsymbol{H}_k$，而校正矩阵 $\Delta \boldsymbol{H}_k$ 的确定，要求只依赖于当前值 $\boldsymbol{x}_{k+1}$，$\boldsymbol{x}_k$，$\nabla f(\boldsymbol{x}_{k+1})$ 和 $\nabla f(\boldsymbol{x}_k)$。

算法 1.6.10 (拟牛顿法)

(1) 选取初始数据。选取初始点 $\boldsymbol{x}_0$ 和初始尺度矩阵 $\boldsymbol{H}_0$，给定允许误差 $\varepsilon > 0$，令 $k = 0$。

(2) 检验是否满足终止准则。计算 $\nabla f(\boldsymbol{x}_k)$，若 $\|\nabla f(\boldsymbol{x}_k)\| < \varepsilon$，迭代终止，$\boldsymbol{x}_k$ 为近似最优解；否则，转(3)。

(3) 构造拟牛顿方向。取 $\boldsymbol{d}_k = -\boldsymbol{H}_k \nabla f(\boldsymbol{x}_k)$。

(4) 进行线性搜索。求 α_k 和 $\boldsymbol{x}_{k+1}$，使得 $f(\boldsymbol{x}_k + \alpha_k \boldsymbol{d}_k) = \min\limits_{\alpha \geqslant 0} f(\boldsymbol{x}_k + \alpha \boldsymbol{d}_k)$，$\boldsymbol{x}_{k+1} = \boldsymbol{x}_k + \alpha_k \boldsymbol{d}_k$。

(5) 构造 $\Delta \boldsymbol{H}_k$，使得拟牛顿条件成立，得到 $\boldsymbol{H}_{k+1} = \boldsymbol{H}_k + \Delta \boldsymbol{H}_k$。令 $k = k+1$，转(2)。

在上述拟牛顿算法中，尺度矩阵 $\boldsymbol{H}_0$ 通常取为单位矩阵，即 $\boldsymbol{H}_0 = \boldsymbol{I}$。这样，拟牛顿法的第一次迭代等价于一个最速下降迭代。若迭代进行 n 次仍未终止，则要把 $\boldsymbol{x}_n$ 作为初始点重新开始迭代，减少计算误差积累造成的影响。

拟牛顿法的计算框图如图 1.54 所示。

构造校正矩阵的方法很多，每一种特殊的构造方法对应一种特殊的拟牛顿法。因而，拟牛顿法不是指一种具体的算法，而是一族算法。下面将介绍其中几种有代表性的算法。

1. 对称秩一算法

若使校正矩阵 $\Delta \boldsymbol{H}_k$ 对称且秩为 1，则可写成如下简单形式：

$$\Delta \boldsymbol{H}_k = \alpha_k \boldsymbol{u}_k \boldsymbol{u}_k^{\mathrm{T}} \tag{1.283}$$

其中，α_k 是待定的数；$\boldsymbol{u}_k$ 是待定的向量。

将上式代入拟牛顿条件得

$$\alpha_k \boldsymbol{u}_k \boldsymbol{u}_k^{\mathrm{T}} \boldsymbol{y}_k = \boldsymbol{s}_k - \boldsymbol{H}_k \boldsymbol{y}_k \tag{1.284}$$

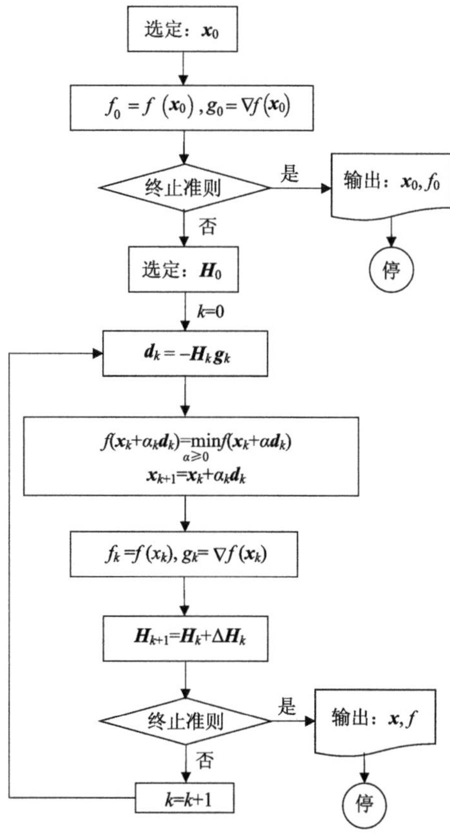

图 1.54　拟牛顿法的计算框图

注意到α_k、$\boldsymbol{u}_k^{\mathrm{T}}\boldsymbol{y}_k$为数值，就意味着向量$\boldsymbol{u}_k$与向量$\boldsymbol{s}_k-\boldsymbol{H}_k\boldsymbol{y}_k$方向相同，于是存在数值$\beta_k$使得

$$\boldsymbol{u}_k=\beta_k\left(\boldsymbol{s}_k-\boldsymbol{H}_k\boldsymbol{y}_k\right),\qquad \beta_k^2=\frac{1}{\alpha_k\left(s_k-\mathrm{H}_k\boldsymbol{y}_k\right)^{\mathrm{T}}\boldsymbol{y}_k} \tag{1.285}$$

因此，得到对称秩一校正(SR1 校正)公式：

$$\boldsymbol{H}_{k+1}=\boldsymbol{H}_k+\frac{\left(\boldsymbol{s}_k-\boldsymbol{H}_k\boldsymbol{y}_k\right)\left(\boldsymbol{s}_k-\boldsymbol{H}_k\boldsymbol{y}_k\right)^{\mathrm{T}}}{\left(\boldsymbol{s}_k-\boldsymbol{H}_k\boldsymbol{y}_k\right)^{\mathrm{T}}\boldsymbol{y}_k} \tag{1.286}$$

定理 1.55 (对称秩一校正性质定理)　设$\boldsymbol{s}_0$，$\boldsymbol{s}_1$，…，$\boldsymbol{s}_{n-1}$线性无关，那么对于二次函数，$\boldsymbol{G}$是二次函数的 Hessian 矩阵，对称秩一方法至多n+1 步终止，即$\boldsymbol{H}_n=\boldsymbol{G}^{-1}$。

证明　由于$\boldsymbol{G}$为二次函数的 Hessian 矩阵，则有

$$\boldsymbol{y}_k=\boldsymbol{G}\boldsymbol{s}_k \tag{1.287}$$

我们用归纳法证明遗传性质

$$\boldsymbol{H}_i\boldsymbol{y}_j=\boldsymbol{s}_j,\quad j=0,1,\cdots,i-1 \tag{1.288}$$

对于$i=1$，直接由 SR1 校正公式(1.286)可知上式成立。假定上式对于$i\geqslant 1$成立，我们证

明它对于$i+1$也成立。我们有

$$\boldsymbol{H}_{i+1}\boldsymbol{y}_j=\boldsymbol{H}_i\boldsymbol{y}_j+\frac{(\boldsymbol{s}_i-\boldsymbol{H}_i\boldsymbol{y}_i)(\boldsymbol{s}_i-\boldsymbol{H}_i\boldsymbol{y}_i)^{\mathrm{T}}\boldsymbol{y}_j}{(\boldsymbol{s}_i-\boldsymbol{H}_i\boldsymbol{y}_i)^{\mathrm{T}}\boldsymbol{y}_i} \tag{1.289}$$

当$j<i$时，由归纳法假设和式(1.287)有

$$(\boldsymbol{s}_i-\boldsymbol{H}_i\boldsymbol{y}_i)^{\mathrm{T}}\boldsymbol{y}_j=\boldsymbol{s}_i^{\mathrm{T}}\boldsymbol{y}_j-\boldsymbol{y}_i^{\mathrm{T}}\boldsymbol{H}_i\boldsymbol{y}_j=\boldsymbol{s}_i^{\mathrm{T}}\boldsymbol{G}\boldsymbol{s}_j-\boldsymbol{s}_i^{\mathrm{T}}\boldsymbol{G}\boldsymbol{s}_j=0$$

故

$$\boldsymbol{H}_{i+1}\boldsymbol{y}_j=\boldsymbol{H}_i\boldsymbol{y}_j=\boldsymbol{s}_j,\quad j<i$$

对于$j=i$时，直接由SR1校正公式有

$$\boldsymbol{H}_{i+1}\boldsymbol{y}_i=\boldsymbol{H}_i\boldsymbol{y}_i=s_i$$

从而遗传性质得证。于是

$$\boldsymbol{s}_i=\boldsymbol{H}_n\boldsymbol{y}_i,\quad i=0,1,\cdots,n-1$$

由于s_i线性无关，故$\boldsymbol{H}_x\boldsymbol{G}=\boldsymbol{I}$，即$\boldsymbol{H}_n=\boldsymbol{G}^{-1}$。

从这个定理可知，SR1校正不需作精确一维搜索，而具有二次终止性。然而，运用SR1校正，也存在一些困难。首先，仅当$(\boldsymbol{s}_k-\boldsymbol{H}_k\boldsymbol{y}_k)^{\mathrm{T}}\boldsymbol{y}_k>0$时，SR1校正才具有正定性。而这个条件往往很难保证，即使$(\boldsymbol{s}_k-\boldsymbol{H}_k\boldsymbol{y}_k)^{\mathrm{T}}\boldsymbol{y}_k>0$满足，由于舍入误差的影响，它也可能很小，从而产生数值计算上的困难。这使得SR1校正在应用中受到了限制。

下面为拟牛顿对称秩一校正算法的Matlab程序。

1) 对称秩一校正算法

```
function x_=SR1(e,x,Hk,s)
% e为迭代停止的精度，x为迭代点，Hk为尺度矩阵
% s代表采用的一维搜索方法，0为精确搜索，其他值为非精确搜索
global xk;
global pk;
xk=x;
%step 1
g0=shuzhiweifenfa(x);
%没用到k，只存储当前迭代的值。
while 1
    %step 2
    pk=-(Hk*g0')';    %默认都是列向量
    %step 3
    %一维搜索
    If s==0
        [a,b,c]=jintuifa(0,0.1);
        a=huangjinfenge(a,c,10^-4);
```

```
    else
        a=Wolfe_Powell(xk,pk);
    end
    %step 4
    xk=xk+a*pk;
    g1=shuzhiweifenfa(xk);
    %step 5
    %范数用的是平方和开根号
    if sqrt(sum(g1.^2))<=e
        x_=xk;
        return;
    end
    sk=(a*pk)'; %x(k+1)-x(k)=a*pk
    yk=(g1-g0)';
    %step 6
    Hk=Hk+(sk-Hk*yk)*(sk-Hk*yk)'/((sk-Hk*yk)'*yk);
    g0=g1;
end
```

2) 程序调用

```
clear
clc
x=[-1,1];
fprintf('==========================');
fprintf('\nx=%f\t\t%f\n',x(1),x(2));
H=[1 0;0 1]
fprintf('==========================\n');
fprintf('精确搜索的SR1拟Newton法:\n');
x_=SR1(10^-3,x,H,0);
fprintf('x*=%f\t%f\n',x_(1),x_(2));
fprintf('f(x)=%f\n',f(x_));
fprintf('非精确搜索的SR1拟Newton法:\n');
x_=SR1(10^-3,x,H,1);
fprintf('x*=%f\t%f\n',x_(1),x_(2));
fprintf('f(x)=%f\n',f(x_));
```

2. DFP 算法

DFP 算法的全称是 Davidon-Fletcher-Powell 算法，是由 Davidon 首先提出，后来又由 Fletcher 和 Powell 改进的算法，是求解无约束极小化问题最有效的算法之一。

DFP 算法是一种对称秩二算法，故可设尺度矩阵 $\boldsymbol{H}_{k+1}$ 的构造公式为

$$\boldsymbol{H}_{k+1}=\boldsymbol{H}_k+\alpha_k\boldsymbol{u}_k\boldsymbol{u}_k^{\mathrm{T}}+\beta_k\boldsymbol{v}_k\boldsymbol{v}_k^{\mathrm{T}} \tag{1.290}$$

其中，α_k，β_k 是待定数；$\boldsymbol{u}_k$，$\boldsymbol{v}_k$ 是待定向量。

将上式代入拟牛顿条件，得

$$\alpha_k\boldsymbol{u}_k\boldsymbol{u}_k^{\mathrm{T}}\boldsymbol{y}_k+\beta_k\boldsymbol{v}_k\boldsymbol{v}_k^{\mathrm{T}}\boldsymbol{y}_k=\boldsymbol{s}_k-\boldsymbol{H}_k\boldsymbol{y}_k \tag{1.291}$$

注意到 $\alpha_k\boldsymbol{u}_k^{\mathrm{T}}\boldsymbol{y}_k$，$\beta_k\boldsymbol{v}_k^{\mathrm{T}}\boldsymbol{y}_k$ 为数值，故上式左侧为两向量相加，而右侧为两向量相减，则最简单的假设就是令

$$\alpha_k\boldsymbol{u}_k\boldsymbol{u}_k^{T}\boldsymbol{y}_k=\boldsymbol{s}_k,\qquad \beta_k\boldsymbol{v}_k\boldsymbol{v}_k^{\mathrm{T}}\boldsymbol{y}_k=-\boldsymbol{H}_k\boldsymbol{y}_k \tag{1.292}$$

上面两等式与推导对称秩一公式的等式的形式是一样的，故同理存在两个数值 a_k，b_k 使得

$$\boldsymbol{u}_k=a_k\boldsymbol{s}_k,\qquad a_k^2=\frac{1}{\alpha_k\boldsymbol{s}_k^{\mathrm{T}}\boldsymbol{y}_k} \tag{1.293}$$

$$\boldsymbol{v}_k=-b_k\boldsymbol{H}_k\boldsymbol{y}_k,\qquad b_k^2=\frac{1}{\beta_k\boldsymbol{y}_k^{\mathrm{T}}\boldsymbol{H}_k\boldsymbol{y}_k} \tag{1.294}$$

因此，得到 DFP 校正公式：

$$\boldsymbol{H}_{k+1}=\boldsymbol{H}_k+\frac{\boldsymbol{s}_k\boldsymbol{s}_k^{\mathrm{T}}}{\boldsymbol{s}_k^{\mathrm{T}}\boldsymbol{y}_k}-\frac{\boldsymbol{H}_k\boldsymbol{y}_k\boldsymbol{y}_k^{\mathrm{T}}\boldsymbol{H}_k}{\boldsymbol{y}_k^{\mathrm{T}}\boldsymbol{H}_k\boldsymbol{y}_k} \tag{1.295}$$

DFP 校正公式是典型的拟牛顿校正公式，它有很多重要性质。对于二次函数，在采用精确线性搜索情况下，具有二次终止性质，即 $\boldsymbol{H}_n=\boldsymbol{G}^{-1}$，同时具有遗传性质，即 $\boldsymbol{H}_i\boldsymbol{y}_j=\boldsymbol{s}_j, j<i$。对于一般函数条件 $\boldsymbol{s}_k^{T}\boldsymbol{y}_k>0$ 成立时，DFP 校正公式能够一直保持正定性，因而下降性质成立，当采用精确线性搜索时，对于凸函数，方法具有总体收敛，且具有超线性收敛速度。

定理 1.56 (DFP 校正的正定性)　当且仅当 $\boldsymbol{s}_k^{\mathrm{T}}\boldsymbol{y}_k>0$ 时，DFP 校正公式保持正定性。

证明　用归纳法证明

$$\boldsymbol{z}^{\mathrm{T}}\boldsymbol{H}_k\boldsymbol{z}>0,\qquad \forall\boldsymbol{z}\neq 0 \tag{1.296}$$

由初始选择，$\boldsymbol{H}_0$ 显然正定。今假定对于某个 $k\geqslant 0$，结论成立，并记 $\boldsymbol{H}_k=\boldsymbol{L}\boldsymbol{L}^{\mathrm{T}}$ 为 $\boldsymbol{H}_k$ 的楚列斯基(Cholesky)分解。设

$$\boldsymbol{a}=\boldsymbol{L}^{\mathrm{T}}\boldsymbol{z},\qquad \boldsymbol{b}=\boldsymbol{L}^{\mathrm{T}}\boldsymbol{y}_k$$

则

$$\begin{aligned}\boldsymbol{z}^{\mathrm{T}}\boldsymbol{H}_{k+1}\boldsymbol{z}&=\boldsymbol{z}^{\mathrm{T}}\left(\boldsymbol{H}_k-\frac{\boldsymbol{H}_k\boldsymbol{y}_k\boldsymbol{y}_k^{\mathrm{T}}\boldsymbol{H}_k}{\boldsymbol{y}_k^{\mathrm{T}}\boldsymbol{H}_k\boldsymbol{y}_k}\right)\boldsymbol{z}+\boldsymbol{z}^{\mathrm{T}}\frac{\boldsymbol{s}_k\boldsymbol{s}_k^{\mathrm{T}}}{\boldsymbol{s}_k^{\mathrm{T}}\boldsymbol{y}_k}\boldsymbol{z}\\&=\left[\boldsymbol{a}^{\mathrm{T}}\boldsymbol{a}-\frac{\left(\boldsymbol{a}^{\mathrm{T}}\boldsymbol{b}\right)^2}{\boldsymbol{b}^{\mathrm{T}}\boldsymbol{b}}\right]+\frac{\left(\boldsymbol{z}^{\mathrm{T}}\boldsymbol{s}_k\right)^2}{\boldsymbol{s}_k^{\mathrm{T}}\boldsymbol{y}_k}\end{aligned} \tag{1.297}$$

由 Cauchy-Schwarz 不等式知

$$\boldsymbol{a}^{\mathrm{T}}\boldsymbol{a}-\frac{\left(\boldsymbol{a}^{\mathrm{T}}\boldsymbol{b}\right)^{2}}{\boldsymbol{b}^{\mathrm{T}}\boldsymbol{b}}\geqslant 0 \tag{1.298}$$

又由于 $\boldsymbol{s}_k^{\mathrm{T}}\boldsymbol{y}_k>0$，故式(1.297)中第二项非负，从而

$$\boldsymbol{z}^{\mathrm{T}}\boldsymbol{H}_k\boldsymbol{z}\geqslant 0 \tag{1.299}$$

由于 $\boldsymbol{z}\neq 0$，式(1.298)中等号成立当且仅当向量 $\boldsymbol{a}$ 与 $\boldsymbol{b}$ 平行，亦即当且仅当 $\boldsymbol{z}$ 与 $\boldsymbol{y}_k$ 平行。而当 $\boldsymbol{z}$ 与 $\boldsymbol{y}_k$ 平行时，便有 $\boldsymbol{z}=\beta\boldsymbol{y}_k$，$\beta\neq 0$，这时

$$\frac{\left(\boldsymbol{z}^{\mathrm{T}}\boldsymbol{s}_k\right)^{2}}{\boldsymbol{s}_k^{\mathrm{T}}\boldsymbol{y}_k}=\beta^{2}\boldsymbol{s}_k^{\mathrm{T}}\boldsymbol{y}_k>0 \tag{1.300}$$

即当 $\boldsymbol{z}$ 与 $\boldsymbol{y}_k$ 平行时，式(1.297)中第二项严格大于零。于是对任何 $\boldsymbol{z}\neq 0$，总有 $\boldsymbol{z}^{\mathrm{T}}\boldsymbol{H}_k\boldsymbol{z}\geqslant 0$ 成立。可以类似地证明必要性。

这个定理表明 DFP 校正保持正定性的充分必要条件是 $\boldsymbol{s}_k^{\mathrm{T}}\boldsymbol{y}_k>0$。实际上这个条件是容易满足的。对于正定二次函数，

$$\boldsymbol{s}_k^{\mathrm{T}}\boldsymbol{y}_k=\boldsymbol{s}_k^{\mathrm{T}}\boldsymbol{G}\boldsymbol{s}_k>0$$

对于一般函数，

$$\boldsymbol{s}_k^{\mathrm{T}}\boldsymbol{y}_k=\boldsymbol{g}_{k+1}^{\mathrm{T}}\boldsymbol{s}_k-\boldsymbol{g}_k^{\mathrm{T}}\boldsymbol{s}_k$$

注意到，当第 k 次的下降性满足时，有 $\boldsymbol{g}_k^{\mathrm{T}}\boldsymbol{s}_k<0$。采用精确线性搜索时，$\boldsymbol{g}_{k+1}^{\mathrm{T}}\boldsymbol{s}_k=0$，从而 $\boldsymbol{s}_k^{\mathrm{T}}\boldsymbol{y}_k>0$。当采用强 Wolfe 线性搜索时，也能保证 $\boldsymbol{s}_k^{\mathrm{T}}\boldsymbol{y}_k>0$。一般地，适当提高线性搜索的精度，就可以使得 $\boldsymbol{g}_{k+1}^{\mathrm{T}}\boldsymbol{s}_k$ 在数量上小到所要求的程度，使得 $\boldsymbol{s}_k^{\mathrm{T}}\boldsymbol{y}_k>0$ 成立。

下面，我们给出 DFP 方法具有二次终止性的定理。定理表明：对于二次函数，DFP 方法产生的方向是共轭的，方法在 n 步终止，即有 $\boldsymbol{H}_n=\boldsymbol{G}^{-1}$。

定理 1.57 (DFP 方法二次终止性定理)　如果 f 是正定二次函数，$\boldsymbol{G}$ 是其正定 Hessian 矩阵，那么，当采用精确线性搜索时，DFP 方法具有遗传性质和方向共轭性质，即对于 $i=0,1,\cdots,m$，$j=0,1,\cdots,i$，有

$$\boldsymbol{H}_{i+1}\boldsymbol{y}_j=\boldsymbol{s}_j\,(\text{遗传性质}),\quad \boldsymbol{d}_{i+1}^{\mathrm{T}}\boldsymbol{G}\boldsymbol{d}_j=0\,(\text{方向共轭性}) \tag{1.301}$$

方法在 $m+1\leqslant n$ 步迭代后终止。如果 $m=n-1$，则 $\boldsymbol{H}_n=\boldsymbol{G}^{-1}$。

证明　用归纳法证明。首先，对于 $i=0,1,\cdots,m$，$\alpha_i>0$，根据定义有

$$\boldsymbol{g}_i=\nabla f(\boldsymbol{x}_i),\quad \boldsymbol{d}_i=-\boldsymbol{H}_i\boldsymbol{g}_i,\quad \boldsymbol{s}_i=\boldsymbol{x}_{i+1}-\boldsymbol{x}_i=c_i\boldsymbol{d}_i,\quad \boldsymbol{y}_i=\boldsymbol{g}_{i+1}-\boldsymbol{g}_i$$

对于二次函数，必有

$$\boldsymbol{y}_i=\boldsymbol{g}_{i+1}-\boldsymbol{g}_i=\boldsymbol{G}\boldsymbol{s}_i$$

显然，当 $i=0$ 时，由 DFP 公式知

$$\begin{aligned}\boldsymbol{H}_1\boldsymbol{y}_0&=\left(\boldsymbol{H}_0+\frac{\boldsymbol{s}_0\boldsymbol{s}_0^{\mathrm{T}}}{\boldsymbol{s}_0\boldsymbol{y}_0}-\frac{\boldsymbol{H}_0\boldsymbol{y}_0\boldsymbol{y}_0^{\mathrm{T}}\boldsymbol{H}_0}{\boldsymbol{y}_0^{\mathrm{T}}\boldsymbol{H}_0\boldsymbol{y}_0}\right)\boldsymbol{y}_0\\&=\boldsymbol{H}_0\boldsymbol{y}_0+\boldsymbol{s}_0-\boldsymbol{H}_0\boldsymbol{y}_0\\&=\boldsymbol{s}_0\end{aligned}$$

由此，再加上精确线性搜索条件，$\boldsymbol{g}_1^{\mathrm{T}}\boldsymbol{d}_0=0$，可得

$$\boldsymbol{d}_1^{\mathrm{T}}\boldsymbol{G}\boldsymbol{d}_0=-\boldsymbol{g}_1^{\mathrm{T}}\boldsymbol{H}_1\frac{\boldsymbol{y}_0}{\alpha_0}=-\boldsymbol{g}_1^{\mathrm{T}}\boldsymbol{d}_0=0$$

所以，当$i=0$时，结论成立。假定结论对于$i>0$成立，我们要证明结论对于$i+1$也成立。首先，证明遗传性成立，当$j=i+1$时，由 DFP 公式直接得到

$$\boldsymbol{H}_{i+2}\boldsymbol{y}_{i+1}=\boldsymbol{s}_{i+1}$$

对于$j\leqslant i$，由精确一维搜索和归纳法假设，有

$$\boldsymbol{s}_{i+1}^{\mathrm{T}}\boldsymbol{y}_j=\boldsymbol{s}_{i+1}^{\mathrm{T}}\boldsymbol{G}\boldsymbol{s}_j=\alpha_{i+1}\alpha_j\boldsymbol{d}_{i+1}^{\mathrm{T}}\boldsymbol{G}\boldsymbol{d}_j=0$$

$$\boldsymbol{y}_{i+1}^{\mathrm{T}}\boldsymbol{H}_{i+1}\boldsymbol{y}_j=\boldsymbol{y}_{i+1}^{\mathrm{T}}\boldsymbol{s}_j=\boldsymbol{s}_{i+1}^{\mathrm{T}}\boldsymbol{G}\boldsymbol{s}_j=\alpha_{i+1}\alpha_j\boldsymbol{d}_{i+1}^{\mathrm{T}}\boldsymbol{G}\boldsymbol{d}_j=0$$

故由 DFP 公式可得

$$\boldsymbol{H}_{i+2}\boldsymbol{y}_j=\boldsymbol{H}_{i+1}\boldsymbol{y}_j+\frac{\boldsymbol{s}_{i+1}\boldsymbol{s}_{i+1}^{\mathrm{T}}\boldsymbol{y}_j}{\boldsymbol{s}_{i+1}^{\mathrm{T}}\boldsymbol{y}_{i+1}}-\frac{\boldsymbol{H}_{i+1}\boldsymbol{y}_{i+1}\boldsymbol{y}_{i+1}^{\mathrm{T}}\boldsymbol{H}_{i+1}\boldsymbol{y}_j}{\boldsymbol{y}_{i+1}^{\mathrm{T}}\boldsymbol{H}_{i+1}\boldsymbol{y}_{i+1}}=\boldsymbol{s}_j$$

这表明$\boldsymbol{H}_{i+2}\boldsymbol{y}_j=\boldsymbol{s}_j, j=0,1,\cdots,i+1$。从而遗传性质得证。

利用遗传性质，有

$$\boldsymbol{d}_{i+2}^{\mathrm{T}}\boldsymbol{G}\boldsymbol{d}_j=-\boldsymbol{g}_{i+2}^{\mathrm{T}}\boldsymbol{H}_{i+2}\frac{\boldsymbol{y}_j}{\alpha_j}=-\boldsymbol{g}_{i+2}^{\mathrm{T}}\boldsymbol{d}_j$$

由于$\boldsymbol{g}_{i+2}\neq 0$，对于$j\leqslant i+1$，有

$$\begin{aligned}\boldsymbol{g}_{i+2}^{\mathrm{T}}\boldsymbol{d}_j&=\boldsymbol{g}_{j+1}^{\mathrm{T}}\boldsymbol{d}_j+\sum_{k-j+1}^{i+1}(\boldsymbol{g}_{k+1}-\boldsymbol{g}_k)^{\mathrm{T}}\boldsymbol{d}_j\\&=\boldsymbol{g}_{j+1}^{\mathrm{T}}\boldsymbol{d}_j+\sum_{k-j+1}^{i+1}\boldsymbol{y}_k^{\mathrm{T}}\boldsymbol{d}_j\\&=0+\sum_{k-j+1}^{i+1}\alpha_k\boldsymbol{d}_k^{\mathrm{T}}\boldsymbol{G}\boldsymbol{d}_j\\&=0\end{aligned}$$

则$\boldsymbol{d}_{i+2}^{\mathrm{T}}\boldsymbol{G}\boldsymbol{d}_j=0, j=0,1,\cdots,i+1$，这表明方向共轭性是成立的。

由于$\boldsymbol{d}_1,\cdots,\boldsymbol{d}_m$是一组共轭方向，故方法是共轭方向法。根据共轭方向法基本定理，对于二次函数，方法至多n步终止，即存在$m\leqslant n-1$，则在m步后终止。当$m=n-1$时，有

$$\boldsymbol{H}_n\boldsymbol{y}_j=\boldsymbol{H}_n\boldsymbol{G}\boldsymbol{s}_j=\boldsymbol{s}_j,\quad j=0,1,\cdots,n-1$$

由于$\boldsymbol{d}_1,\cdots,\boldsymbol{d}_m$线性无关，则$\boldsymbol{s}_1,\cdots,\boldsymbol{s}_m$也线性无关，从而有$\boldsymbol{H}_n=\boldsymbol{G}^{-1}$。

由这个定理可知，DFP 拟牛顿法是共轭方向法。如果初始尺度矩阵取作单位矩阵，即$\boldsymbol{H}_0=\boldsymbol{I}$，则该方法变成了共轭梯度法。值得注意的是，只有精确线性搜索且为二次函数时 DFP 才具有共轭性，在非精确线性搜索或非二次函数时将失去共轭性。实际上，在共轭梯度法理论中，精确线性搜索和共轭性是独立的，即在线性搜索不精确时也能够满足共轭性。

下面为拟牛顿 DFP 算法的 Matlab 程序。

1) DFP 算法

```
function x_=DFP(e,x,Hk,s)
% e为迭代停止的精度，x为迭代点，Hk为尺度矩阵。
% s代表采用的一维搜索方法，0为精确搜索，其他值为非精确搜索。
global xk;
global pk;
xk=x;
%step 1
g0=shuzhiweifenfa(x);
%没用到k，只存储当前迭代的值。
while 1
    %step 2
    pk=-(Hk*g0')';    %默认都是列向量
    %step 3
    %一维搜索
    If s==0
        [a,b,c]=jintuifa(0,0.1);
        a=huangjinfenge(a,c,10^-4);
    else
        a=Wolfe_Powell(xk,pk);
    end
    %step 4
    xk=xk+a*pk;
    g1=shuzhiweifenfa(xk);
    %step 5
    %范数用的是平方和开根号
    if sqrt(sum(g1.^2))<=e
        x_=xk;
        return;
    end
    sk=(a*pk)'; %x(k+1)-x(k)=a*pk
    yk=(g1-g0)';
    %step 6
    Hk=Hk-(Hk*yk*yk'*Hk)/(yk'*Hk*yk)+(sk*sk')/(yk'*sk);
    g0=g1;
end
```

2) 程序调用

```
clear
```

```
clc
x=[-1,1];
fprintf('========================');
fprintf('\nx=%f\t\t%f\n',x(1),x(2));
H=[1 0;0 1]
fprintf('========================\n');
fprintf('精确搜索的DFP拟Newton法:\n');
x_=DFP(10^-3,x,H,0);
fprintf('x*=%f\t%f\n',x_(1),x_(2));
fprintf('f(x)=%f\n',f(x_));
fprintf('非精确搜索的DFP拟Newton法:\n');
x_=DFP(10^-3,x,H,1);
fprintf('x*=%f\t%f\n',x_(1),x_(2));
fprintf('f(x)=%f\n',f(x_));
```

虽然 DFP 方法在理论分析和实际应用中都起了很大作用，但是进一步研究发现，DFP 方法具有数值不稳定性，有时产生数值上奇异的 Hessian 矩阵。下面给出的 BFGS 校正克服了 DFP 校正的缺陷。

3. BFGS 算法

前面我们已经知道 $\boldsymbol{H}_{k+1}\boldsymbol{y}_k=\boldsymbol{s}_k$ 是关于逆 Hessian 近似的拟牛顿条件，而

$$\boldsymbol{B}_{k+1}\boldsymbol{s}_k=\boldsymbol{y}_k \tag{1.302}$$

是关于 Hessian 近似的拟牛顿条件。这两个拟牛顿条件中任一个可以通过交换 $\boldsymbol{H}_{k+1}\leftrightarrow\boldsymbol{B}_{k+1}$ ，$\boldsymbol{s}_k\leftrightarrow\boldsymbol{y}_k$ 从另一个得到。因此，根据 DFP 公式可以直接得到关于 $\boldsymbol{B}_k$ 的 BFGS 校正公式

$$\boldsymbol{B}_{k+1}=\boldsymbol{B}_k+\frac{\boldsymbol{y}_k\boldsymbol{y}_k^{\mathrm{T}}}{\boldsymbol{y}_k^{\mathrm{T}}\boldsymbol{s}_k}-\frac{\boldsymbol{B}_k\boldsymbol{s}_k\boldsymbol{s}_k^{\mathrm{T}}\boldsymbol{B}_k}{\boldsymbol{s}_k^{\mathrm{T}}\boldsymbol{B}_k\boldsymbol{s}_k} \tag{1.303}$$

由于搜索方向 $\boldsymbol{d}_k=-\boldsymbol{H}_k\boldsymbol{g}_k=-\boldsymbol{B}_k^{-1}\boldsymbol{g}_k$，根据 Sherman-Morrison 公式，若 $\boldsymbol{A}\in\mathbb{R}^{n\times n}$ 为满秩矩阵，$\boldsymbol{u},\boldsymbol{v}\in\mathbb{R}^n$，且 $1+\boldsymbol{v}^{\mathrm{T}}\boldsymbol{A}^{-1}\boldsymbol{u}\neq 0$，则

$$\left(\boldsymbol{A}+\boldsymbol{u}\boldsymbol{v}^{\mathrm{T}}\right)^{-1}=\boldsymbol{A}^{-1}-\frac{\left(\boldsymbol{A}^{-1}\boldsymbol{u}\right)\left(\boldsymbol{v}^{\mathrm{T}}\boldsymbol{A}^{-1}\right)}{1+\boldsymbol{v}^{\mathrm{T}}\boldsymbol{A}^{-1}\boldsymbol{u}} \tag{1.304}$$

两次应用上述公式，就得到关于 $\boldsymbol{H}_k$ 的 BFGS 校正：

$$\begin{aligned}\boldsymbol{H}_{k+1}&=\boldsymbol{H}_k+\left(1+\frac{\boldsymbol{y}_k^{\mathrm{T}}\boldsymbol{H}_k\boldsymbol{y}_k}{\boldsymbol{s}_k^{\mathrm{T}}\boldsymbol{y}_k}\right)\frac{\boldsymbol{s}_k\boldsymbol{s}_k^{\mathrm{T}}}{\boldsymbol{s}_k^{\mathrm{T}}\boldsymbol{y}_k}-\frac{\boldsymbol{s}_k\boldsymbol{y}_k^{\mathrm{T}}\boldsymbol{H}_k+\boldsymbol{H}_k\boldsymbol{y}_k\boldsymbol{s}_k^{\mathrm{T}}}{\boldsymbol{s}_k^{\mathrm{T}}\boldsymbol{y}_k}\\&=\left(\boldsymbol{I}-\frac{\boldsymbol{s}_k\boldsymbol{y}_k^{\mathrm{T}}}{\boldsymbol{s}_k^{\mathrm{T}}\boldsymbol{y}_k}\right)\boldsymbol{H}_k\left(\boldsymbol{I}-\frac{\boldsymbol{y}_k\boldsymbol{s}_k^{\mathrm{T}}}{\boldsymbol{s}_k^{\mathrm{T}}\boldsymbol{y}_k}\right)+\frac{\boldsymbol{s}_k\boldsymbol{s}_k^{\mathrm{T}}}{\boldsymbol{s}_k^{\mathrm{T}}\boldsymbol{y}_k}\end{aligned} \tag{1.305}$$

这个公式是由 Broyden、Fletcher、Goldfard 和 Shanno 提出的，故称为 BFGS 公式，

它具有 DFP 校正所具有的各种性质。此外，当采用非精确线性搜索时，BFGS 公式还具有总体收敛性质，这个性质对于 DFP 公式还未能证明成立。对于 DFP 算法，由于一维搜索的不精确和计算误差的积累可能导致某一次迭代中 0 的奇异，而 BFGS 算法对一维搜索的精度要求不高，并且由它产生的 $\boldsymbol{H}_k$ 不易变为奇异矩阵。因此，BFGS 算法比 DFP 算法具有更好的数值稳定性，从而得到广泛应用。

下面为拟牛顿 BFGS 算法的 Matlab 程序。

1) BFGS 算法

```
function x_=BFGS(e,x,Hk,s)
% e为迭代停止的精度，x为迭代点，Hk为尺度矩阵。
% s代表采用的一维搜索方法，0为精确搜索，其他值为非精确搜索。
global xk;
global pk;
xk=x;
%step 1
g0=shuzhiweifenfa(x);
%没用到k，只存储当前迭代的值。
while 1
    %step 2
    pk=-(Hk*g0')';   %默认都是列向量
    %step 3
    %一维搜索
    If s==0
       [a,b,c]=jintuifa(0,0.1);
        a=huangjinfenge(a,c,10^-4);
    else
        a=Wolfe_Powell(xk,pk);
    end
    %step 4
    xk=xk+a*pk;
    g1=shuzhiweifenfa(xk);
    %step 5
    %范数用的是平方和开根号
    if sqrt(sum(g1.^2))<=e
        x_=xk;
        return;
    end
    sk=(a*pk)'; %x(k+1)-x(k)=a*pk
    yk=(g1-g0)';
```

```
    %step 6
    wk=(yk'*Hk*yk)^0.5*(sk/(yk'*sk)-(Hk*yk)/(yk'*Hk*yk));
    Hk=Hk-(Hk*yk*yk'*Hk)/(yk'*Hk*yk)+(sk*sk')/(yk'*sk)+wk*wk';
    g0=g1;
end
```

2) 程序调用

```
clear
clc
x=[-1,1];
fprintf('========================');
fprintf('\nx=%f\t\t%f\n',x(1),x(2));
H=[1 0;0 1]
fprintf('========================\n');
fprintf('精确搜索的DFP拟Newton法:\n');
x_=BFGS(10^-3,x,H,0);
fprintf('x*=%f\t%f\n',x_(1),x_(2));
fprintf('f(x)=%f\n',f(x_));
fprintf('非精确搜索的BFGS拟Newton法:\n');
x_=BFGS(10^-3,x,H,1);
fprintf('x*=%f\t%f\n',x_(1),x_(2));
fprintf('f(x)=%f\n',f(x_));
```

实际应用中，DFP 算法和 BFGS 算法用于求解小规模问题时，收敛速度很快，计算效率高。但对于大规模问题，由于矩阵 $\boldsymbol{H}_k$ 的计算非常耗时且占用内存巨大，因此计算效率很低。为了节省内存，后来又提出有限内存(记忆)拟牛顿法，即 L-BFGS。

根据 BFGS 校正公式，有

$$\boldsymbol{H}_{k+1}=\left(\boldsymbol{I}-\frac{\boldsymbol{s}_k\boldsymbol{y}_k^{\mathrm{T}}}{\boldsymbol{s}_k^{\mathrm{T}}\boldsymbol{y}_k}\right)\boldsymbol{H}_k\left(\boldsymbol{I}-\frac{\boldsymbol{y}_k\boldsymbol{s}_k^{\mathrm{T}}}{\boldsymbol{s}_k^{\mathrm{T}}\boldsymbol{y}_k}\right)+\frac{\boldsymbol{s}_k\boldsymbol{s}_k^{\mathrm{T}}}{\boldsymbol{s}_k^{\mathrm{T}}\boldsymbol{y}_k} \tag{1.306}$$

假设 $\rho_k=\left(\boldsymbol{s}_k^{\mathrm{T}}\boldsymbol{y}_k\right)^{-1}$ ，$\boldsymbol{V}_k=\boldsymbol{I}-\rho_k\boldsymbol{y}_k\boldsymbol{s}_k^{\mathrm{T}}$ ，则上式可以简化成

$$\boldsymbol{H}_{k+1}=\boldsymbol{V}_k^{\mathrm{T}}\boldsymbol{H}_k\boldsymbol{V}_k+\rho_k\boldsymbol{s}_k\boldsymbol{s}_k^{\mathrm{T}} \tag{1.307}$$

由此式可以看出，$\boldsymbol{H}_{k+1}$ 完全可以写成 $\boldsymbol{H}_0$ 和 $\boldsymbol{y}_i,\boldsymbol{s}_i\,(i=0,1,\cdots,k)$ 的递归形式，表达式如下：

$$\boldsymbol{H}_{k+1}=\left(\prod_{i=k}^{0}\boldsymbol{V}_i^{\mathrm{T}}\right)\boldsymbol{H}_0\left(\prod_{i=0}^{k}\boldsymbol{V}_i\right)+\sum_{j=0}^{k}\left(\prod_{i=k}^{j+1}\boldsymbol{V}_i^{\mathrm{T}}\right)\left(\rho_j\boldsymbol{s}_j\boldsymbol{s}_j^{\mathrm{T}}\right)\left(\prod_{i=j+1}^{k}\boldsymbol{V}_i\right) \tag{1.308}$$

因此，为了减小计算量和节省内存，可以用最近的 m 次迭代的 $\boldsymbol{y}$ 和 $\boldsymbol{s}$ 近似计算 $\boldsymbol{H}_{k+1}$，L-BFGS 表达式如下：

$$\boldsymbol{H}_{k+1}=\left(\prod_{i=k}^{k-m+1}\boldsymbol{V}_i^{\mathrm{T}}\right)\boldsymbol{H}_0\left(\prod_{i=k-m+1}^{k}\boldsymbol{V}_i\right)+\sum_{j=k-m+1}^{k}\left(\prod_{i=k}^{j+1}\boldsymbol{V}_i^{\mathrm{T}}\right)\left(\rho_j\boldsymbol{s}_j\boldsymbol{s}_j^{\mathrm{T}}\right)\left(\prod_{i=j+1}^{k}\boldsymbol{V}_i\right) \tag{1.309}$$

另外，计算 $\boldsymbol{H}_{k+1}$ 的目的是得到搜索方向 $\boldsymbol{d}_k=-\boldsymbol{H}_k\boldsymbol{g}_k$，故无须将 $\boldsymbol{H}_{k+1}$ 直接计算出来，根据 L-BFGS 公式可知，只需进行向量乘运算即可得到 $\boldsymbol{d}_k$。

4. Broyden 族

DFP 和 BFGS 校正都由 $\boldsymbol{s}_k$ 和 $\boldsymbol{H}_k\boldsymbol{y}_k$ 构成的对称秩二校正，因此这两个公式的加权组合仍是相同类型的方法，于是可定义如下校正族

$$\boldsymbol{H}_{k+1}^{\phi}=(1-\phi)\boldsymbol{H}_{k+1}^{\mathrm{DFP}}+\boldsymbol{H}_{k+1}^{\mathrm{BFGS}} \tag{1.310}$$

其中，ϕ 是一个参数，可取任意实数。此式即为 Broyden 族校正。显然，Broyden 族校正仍满足拟牛顿条件，它也可以写成

$$\begin{aligned}\boldsymbol{H}_{k+1}^{\phi}&=\boldsymbol{H}_{k+1}^{\mathrm{DFP}}+\phi\boldsymbol{v}_k\boldsymbol{v}_k^{\mathrm{T}}\\&=\boldsymbol{H}_{k+1}^{\mathrm{BFGS}}+(\phi-1)\boldsymbol{v}_k\boldsymbol{v}_k^{\mathrm{T}}\\&=\boldsymbol{H}_k+\frac{\boldsymbol{s}_k\boldsymbol{s}_k^{\mathrm{T}}}{\boldsymbol{s}_k^{\mathrm{T}}\boldsymbol{y}_k}-\frac{\boldsymbol{H}_k\boldsymbol{y}_k\boldsymbol{y}_k^{\mathrm{T}}\boldsymbol{H}_k}{\boldsymbol{y}_k^{\mathrm{T}}\boldsymbol{H}_k\boldsymbol{y}_k}+\phi\boldsymbol{v}_k\boldsymbol{v}_k^{\mathrm{T}}\end{aligned} \tag{1.311}$$

其中

$$\boldsymbol{v}_k=\left(\boldsymbol{y}_k^{\mathrm{T}}\boldsymbol{H}_k\boldsymbol{y}_k\right)^{1/2}\left(\frac{\boldsymbol{s}_k}{\boldsymbol{s}_k^{\mathrm{T}}\boldsymbol{y}_k}-\frac{\boldsymbol{H}_k\boldsymbol{y}_k}{\boldsymbol{y}_k^{\mathrm{T}}\boldsymbol{H}_k\boldsymbol{y}_k}\right)$$

显然，当 $\phi=0$ 和 $\phi=1$ 时，分别为 DFP 校正和 BFGS 校正。另外，还可证明，当

$$\phi=\frac{\boldsymbol{s}_k^{\mathrm{T}}\boldsymbol{y}_k}{\left(\boldsymbol{s}_k-\boldsymbol{H}_k\boldsymbol{y}_k\right)^{\mathrm{T}}\boldsymbol{y}_k}$$

时，为对称秩一校正。

定理 1.58 (Broyden 族校正二次终止性定理)　如果 f 是正定二次函数，$\boldsymbol{G}$ 是其正定 Hessian 矩阵，那么，当采用精确线性搜索时，Broyden 族校正具有遗传性质和方向共轭性质，即对于 $i=0,1,\cdots,m$，$j=0,1,\cdots,i$，有

$$\boldsymbol{H}_{i+1}\boldsymbol{y}_j=\boldsymbol{s}_j\ (\text{遗传性质}),\quad \boldsymbol{d}_{i+1}^{\mathrm{T}}\boldsymbol{G}\boldsymbol{d}_j=0\ (\text{方向共轭性})$$

方法在 $m+1\leqslant n$ 步迭代后终止。如果 $m=n-1$，则 $\boldsymbol{H}_n=\boldsymbol{G}^{-1}$。

证明　类似于定理 1.57 的证明。

定理 1.59 (Broyden 族校正的正定性)　设参数 $\phi\geqslant 0$，当且仅当 $\boldsymbol{s}_k^{\mathrm{T}}\boldsymbol{y}_k>0$ 时，Broyden 族校正公式保持正定性。

证明　我们知道，当且仅当 $\boldsymbol{s}_k^{\mathrm{T}}\boldsymbol{y}_k>0$ 时，DFP 校正保持正定。根据秩一校正的特征值性质可知，当 $\phi\geqslant 0$ 时，矩阵的所有特征值都将增加，而当 $\phi<0$ 时，矩阵的所有特征值都将减小。因此，当 $\phi\geqslant 0$ 时，$\boldsymbol{H}_{k+1}^{\phi}$ 的最小特征值不小于 $\boldsymbol{H}_{k+1}^{\mathrm{DFP}}$ 的最小特征值，$\boldsymbol{H}_{k+1}^{\phi}$ 必正定。

这个定理表明，在 Broyden 族中并不是所有成员都保持正定性。显然，当 $\phi\geqslant 0$ 时，$\boldsymbol{H}_{k+1}^{\phi}$ 保持正定；当 $\phi<0$ 时，校正矩阵可能奇异。事实上，只要对于 $\phi>\bar{\phi}$，$\boldsymbol{H}_{k+1}^{\phi}$ 就保持正定，其中 $\bar{\phi}$ 是 Broyden 族的退化值，它使 $\boldsymbol{H}_{k+1}^{\phi}$ 奇异。

定理 1.60　Broyden 族校正的退化值为

$$\overline{\phi}=\frac{1}{1-\dfrac{\left(\boldsymbol{y}_k^{\mathrm{T}}\boldsymbol{H}_k\boldsymbol{y}_k\right)\left(\boldsymbol{s}_k^{\mathrm{T}}\boldsymbol{H}_k^{-1}\boldsymbol{s}_k\right)}{\left(\boldsymbol{s}_k^{\mathrm{T}}\boldsymbol{y}_k\right)^2}} \tag{1.312}$$

证明　已知 $\boldsymbol{d}_k=-\boldsymbol{H}_k\boldsymbol{g}_k$， $\boldsymbol{s}_k=\alpha_k\boldsymbol{d}_k$， $\boldsymbol{s}_k=\alpha_k\boldsymbol{d}_k$，当采用精确线性搜索时，$\boldsymbol{g}_{k+1}^{\mathrm{T}}\boldsymbol{d}_k=\boldsymbol{g}_{k+1}^{\mathrm{T}}\boldsymbol{s}_k=0$。又注意到 $\boldsymbol{v}_k^{\mathrm{T}}\boldsymbol{y}_k=0$，故有

$$\begin{aligned}
\boldsymbol{d}_{k+1}^{\phi}&=-\boldsymbol{H}_{k+1}^{\phi}\boldsymbol{g}_{k+1}\\
&=-\left(\boldsymbol{H}_k+\frac{\boldsymbol{s}_k\boldsymbol{s}_k^{\mathrm{T}}}{\boldsymbol{s}_k^{\mathrm{T}}\boldsymbol{y}_k}-\frac{\boldsymbol{H}_k\boldsymbol{y}_k\boldsymbol{y}_k^{\mathrm{T}}\boldsymbol{H}_k}{\boldsymbol{y}_k^{\mathrm{T}}\boldsymbol{H}_k\boldsymbol{y}_k}+\phi\boldsymbol{v}_k\boldsymbol{v}_k^{\mathrm{T}}\right)\boldsymbol{g}_{k+1}\\
&=-\boldsymbol{H}_k\boldsymbol{g}_k-\boldsymbol{H}_k\boldsymbol{y}_k+\frac{\boldsymbol{y}_k^{\mathrm{T}}\boldsymbol{H}_k\left(\boldsymbol{g}_k+\boldsymbol{y}_k\right)}{\boldsymbol{y}_k^{\mathrm{T}}\boldsymbol{H}_k\boldsymbol{y}_k}\boldsymbol{H}_k\boldsymbol{y}_k-\phi\boldsymbol{v}_k^{\mathrm{T}}\boldsymbol{g}_k\boldsymbol{v}_k\\
&=-\boldsymbol{H}_k\boldsymbol{g}_k+\frac{\boldsymbol{y}_k^{\mathrm{T}}\boldsymbol{H}_k\boldsymbol{g}_k}{\boldsymbol{y}_k^{\mathrm{T}}\boldsymbol{H}_k\boldsymbol{y}_k}\boldsymbol{H}_k\boldsymbol{y}_k-\phi\boldsymbol{v}_k^{\mathrm{T}}\boldsymbol{g}_k\boldsymbol{v}_k\\
&=\boldsymbol{d}_k-\frac{\boldsymbol{y}_k^{\mathrm{T}}\boldsymbol{d}_k}{\boldsymbol{y}_k^{\mathrm{T}}\boldsymbol{H}_k\boldsymbol{y}_k}\boldsymbol{H}_k\boldsymbol{y}_k-\phi\boldsymbol{v}_k^{\mathrm{T}}\boldsymbol{g}_k\boldsymbol{v}_k\\
&=\frac{\boldsymbol{d}_k^{\mathrm{T}}\boldsymbol{y}_k}{\left(\boldsymbol{y}_k^{\mathrm{T}}\boldsymbol{H}_k\boldsymbol{y}_k\right)^{1/2}}\left[\left(\boldsymbol{y}_k^{\mathrm{T}}\boldsymbol{H}_k\boldsymbol{y}_k\right)^{1/2}\left(\frac{\boldsymbol{d}_k}{\boldsymbol{d}_k^{\mathrm{T}}\boldsymbol{y}_k}-\frac{\boldsymbol{H}_k\boldsymbol{y}_k}{\boldsymbol{y}_k^{\mathrm{T}}\boldsymbol{H}_k\boldsymbol{y}_k}\right)\right]-\phi\boldsymbol{v}_k^{\mathrm{T}}\boldsymbol{g}_k\boldsymbol{v}\\
&=\left(\frac{\boldsymbol{d}_k^{\mathrm{T}}\boldsymbol{y}_k}{\left(\boldsymbol{y}_k^{\mathrm{T}}\boldsymbol{H}_k\boldsymbol{y}_k\right)^{1/2}}-\phi\boldsymbol{v}_k^{\mathrm{T}}\boldsymbol{g}_k\right)\boldsymbol{v}_k
\end{aligned}$$

(1.313)

显然，当 $\boldsymbol{v}_k\neq0$， $\boldsymbol{v}_k\neq0$时，使 $\boldsymbol{d}_{k+1}^{\phi}=0$ 的 ϕ 为退化值。因此，

$$\begin{aligned}
\phi&=\frac{\boldsymbol{d}_k^{\mathrm{T}}\boldsymbol{y}_k}{\left(\boldsymbol{y}_k^{\mathrm{T}}\boldsymbol{H}_k\boldsymbol{y}_k\right)^{1/2}\boldsymbol{v}_k^{\mathrm{T}}\boldsymbol{g}_k}\\
&=\frac{\boldsymbol{d}_k^{\mathrm{T}}\boldsymbol{y}_k}{-\boldsymbol{g}_k^{\mathrm{T}}\boldsymbol{H}_k\boldsymbol{y}_k+\left(\boldsymbol{s}_k^{\mathrm{T}}\boldsymbol{g}_k\right)\left(\boldsymbol{y}_k^{\mathrm{T}}\boldsymbol{H}_k\boldsymbol{y}_k\right)/\boldsymbol{s}_k^{\mathrm{T}}\boldsymbol{y}_k}\\
&=\frac{1}{1-\dfrac{\left(\boldsymbol{y}_k^{\mathrm{T}}\boldsymbol{H}_k\boldsymbol{y}_k\right)\left(\boldsymbol{s}_k^{\mathrm{T}}\boldsymbol{H}_k^{-1}\boldsymbol{s}_k\right)}{\left(\boldsymbol{s}_k^{\mathrm{T}}\boldsymbol{y}_k\right)^2}}
\end{aligned} \tag{1.314}$$

它称为 Broyden 族校正的退化值，记作 $\overline{\phi}$ 。

上面的 $\boldsymbol{d}_{k+1}^{\phi}$ 表达式推导过程中只有精确线性搜索条件，故对于非二次函数依然是成立的。因此，很容易证明在精确线性搜索的条件下，即使对非二次函数，所有 Broyden 族的校正公式都产生相同的迭代点列。这说明搜索方向与参数 ϕ 的选取无关，而仅改变

其长度。这个性质是非常重要的，它表明整个 Broyden 族的收敛性和收敛速度都是一样的。DFP 方法和 GFBS 方法都是超线性收敛，Broyden 族也是超线性收敛的。

5. Huang 族

Huang 族是一类比 Broyden 族更广泛的校正公式。在 Broyden 族中，矩阵序列$\{\boldsymbol{H}_k\}$都是对称的，满足拟牛顿条件$H_{k+1}y_k = s_k$，而在 Huang 族中取消了对H_k的对称性的限制，并且产生的矩阵序列$\{\boldsymbol{H}_k\}$满足

$$H_{k+1}y_k = \rho s_k \tag{1.315}$$

其中，参数ρ是一个常数。Huang 族算法应用于正定二次函数时，同样产生一组共轭方向，具有二次终止性。所有 Huang 族校正公式都产生相同的迭代点列。对于非二次函数，Huang 族校正公式所生成的点列是否相同仅依赖于参数ρ。不同的ρ代表着不同的 Huang 族的子族。Broyden 族就是$\rho = 1$的 Huang 族的子族。

下面推导 Huang 族校正公式。首先，对于正定二次函数，有

$$x_{k+1} - x_k = s_k = -\alpha_k d_k = -\alpha_k H_k^{\mathrm{T}} g_k, \quad g_{k+1} - g_k = y_k = Gs_k$$

若使方法具有二次终止性，必须满足共轭性

$$\boldsymbol{d}_{k+1}^{\mathrm{T}}\boldsymbol{G}\boldsymbol{d}_j = 0, \quad 0 \leqslant j \leqslant k, \quad k = 0,1,\cdots \tag{1.316}$$

则有

$$\boldsymbol{d}_{k+1}^{\mathrm{T}}\boldsymbol{G}\boldsymbol{d}_j = -\alpha_{k+1}\boldsymbol{g}_{k+1}^{\mathrm{T}}\boldsymbol{H}_{k+1}\boldsymbol{G}\boldsymbol{d}_j = 0, \quad 0 \leqslant j \leqslant k \tag{1.317}$$

在精确线性搜索下，由共轭性质可知，

$$\boldsymbol{g}_{k+1}^{\mathrm{T}}\boldsymbol{d}_j = 0, \quad 0 \leqslant j \leqslant k, \quad k = 0,1,\cdots \tag{1.318}$$

比较上两式，只需下式成立即可满足共轭性：

$$\boldsymbol{H}_{k+1}\boldsymbol{G}\boldsymbol{d}_j = \rho\boldsymbol{d}_j, \quad 0 \leqslant j \leqslant k \tag{1.319}$$

其中，ρ为任意常数。根据$\boldsymbol{H}_{k+1}$的构造原则，可写成如下简单形式：

$$\boldsymbol{H}_{k+1} = \boldsymbol{H}_k + \Delta\boldsymbol{H}_k \tag{1.320}$$

其中，$\Delta\boldsymbol{H}_k$为修正矩阵。假设式(1.319)对$k-1$已经成立，将式(1.320)代入式(1.319)，则有

$$\Delta\boldsymbol{H}_k\boldsymbol{G}\boldsymbol{d}_j = \rho\boldsymbol{d}_{\mathrm{j}} - \boldsymbol{H}_k\boldsymbol{G}\boldsymbol{d}_j = 0, \quad 0 \leqslant j \leqslant k-1 \tag{1.321}$$

$$\Delta\boldsymbol{H}_k\boldsymbol{G}\boldsymbol{d}_k = \rho\boldsymbol{d}_k - \boldsymbol{H}_k\boldsymbol{G}\boldsymbol{d}_k \tag{1.322}$$

又知$\boldsymbol{y}_k = \boldsymbol{G}\boldsymbol{s}_k$，$\boldsymbol{s}_k = -\alpha_k\boldsymbol{d}_k$，则上两式化为

$$\Delta\boldsymbol{H}_k\boldsymbol{y}_j = 0, \quad 0 \leqslant j \leqslant k-1 \tag{1.323}$$

$$\Delta\boldsymbol{H}_k\boldsymbol{y}_k = \rho\boldsymbol{s}_k - \boldsymbol{H}_k\boldsymbol{y}_k \tag{1.324}$$

即

$$\boldsymbol{H}_{k+1}\boldsymbol{y}_k = \rho\boldsymbol{s}_k \tag{1.325}$$

我们把它称为广义拟牛顿条件。由上式可知，$\Delta\boldsymbol{H}_k\boldsymbol{y}_k$是由$\boldsymbol{s}_k$和$\boldsymbol{H}_k\boldsymbol{y}_k$两个向量组成的，则可以假定$\Delta\boldsymbol{H}_k$为$\boldsymbol{s}_k$和$\boldsymbol{H}_k\boldsymbol{y}_k$的线性组合。一种最简单的修正矩阵构造形式为

$$\Delta \boldsymbol{H}_k = \boldsymbol{s}_k \boldsymbol{u}_k^{\mathrm{T}} + \boldsymbol{H}_k \boldsymbol{y}_k \boldsymbol{v}_k^{\mathrm{T}} \tag{1.326}$$

其中，$\boldsymbol{u}_k$ 和 $\boldsymbol{v}_k$ 为待定向量。为了满足式(1.323)和式(1.324)，可以选择 $\boldsymbol{u}_k$ 和 $\boldsymbol{v}_k$ 分别满足下列条件：

$$\boldsymbol{u}_k^{\mathrm{T}} \boldsymbol{y}_j = \begin{cases} 0, & j = 0,1,\cdots,k-1 \\ \rho, & j = k \end{cases} \tag{1.327}$$

$$\boldsymbol{v}_k^{\mathrm{T}} \boldsymbol{y}_j = \begin{cases} 0, & j = 0,1,\cdots,k-1 \\ -1, & j = k \end{cases} \tag{1.328}$$

另外，我们还希望选择 $\boldsymbol{u}_k$，$\boldsymbol{v}_k$ 只依赖于与 $\boldsymbol{x}_{k+1}$，$\boldsymbol{x}_{k+1}$ 有关的信息。假设共轭性对 $k-1$ 已经成立，故

$$\boldsymbol{d}_k^{\mathrm{T}} \boldsymbol{G} \boldsymbol{d}_j = 0, \quad 0 \leqslant j \leqslant k-1 \tag{1.329}$$

已知 $\boldsymbol{y}_k = \boldsymbol{G}\boldsymbol{s}_k$，$\boldsymbol{s}_k = \alpha_k \boldsymbol{d}_k$，则有

$$\boldsymbol{s}_k^{\mathrm{T}} \boldsymbol{y}_j = \boldsymbol{y}_k^{\mathrm{T}} \boldsymbol{s}_j = 0, \quad 0 \leqslant j \leqslant k-1 \tag{1.330}$$

另外，假设广义拟牛顿条件对 $k-1$ 也是成立的，有

$$\boldsymbol{y}_k^{\mathrm{T}} \boldsymbol{H}_k \boldsymbol{y}_j = \rho \boldsymbol{y}_k^{\mathrm{T}} \boldsymbol{s}_j = 0, \quad 0 \leqslant j \leqslant k-1 \tag{1.331}$$

这样，由上两式可知，若选择 $\boldsymbol{u}_k$ 和 $\boldsymbol{v}_k$ 为 $\boldsymbol{s}_k$ 和 $\boldsymbol{H}_k^{\mathrm{T}} \boldsymbol{y}_k$ 的线性组合，

$$\boldsymbol{u}_k = a_{11} \boldsymbol{s}_k + a_{12} \boldsymbol{H}_k^{\mathrm{T}} \boldsymbol{y}_k \tag{1.332}$$

$$\boldsymbol{v}_k = a_{21} \boldsymbol{s}_k + a_{22} \boldsymbol{H}_k^{\mathrm{T}} \boldsymbol{y}_k \tag{1.333}$$

则 $\boldsymbol{u}_k^{\mathrm{T}} \boldsymbol{y}_j = 0$，$\boldsymbol{v}_k^{\mathrm{T}} \boldsymbol{y}_j = 0$，$0 \leqslant j \leqslant k-1$ 自动成立。而对于 $j = k$ 的情况，只需选择参数 ρ，a_{11}，a_{12}，a_{21}，a_{22} 使 $\boldsymbol{u}_k$ 和 $\boldsymbol{v}_k$ 满足

$$\boldsymbol{u}_k^{\mathrm{T}} \boldsymbol{y}_k = \rho \tag{1.334}$$

$$\boldsymbol{v}_k^{\mathrm{T}} \boldsymbol{y}_k = -1 \tag{1.335}$$

因此，我们得到 Huang 族校正公式为

$$\boldsymbol{H}_{k+1} = \boldsymbol{H}_k + \boldsymbol{s}_k \boldsymbol{u}_k^{\mathrm{T}} + \boldsymbol{H}_k \boldsymbol{y}_k \boldsymbol{v}_k^{\mathrm{T}} \tag{1.336}$$

其中，$\boldsymbol{u}_k$ 和 $\boldsymbol{v}_k$ 分别由式(1.332)和式(1.333)给出，且满足式(1.334)和式(1.335)的要求，在 Huang 族校正公式中有五个参数，其中 ρ 为一个独立自由参数，a_{11}，a_{12}，a_{21}，a_{22} 中有两个自由参数。因此，Huang 族校正公式依赖于三个参数，也就是说只要给出 ρ 值以及两个有关 $\boldsymbol{a}_{ij}\,(i,j=1,2)$ 的条件，就可以构造出一个 Huang 族校正矩阵。

若令 $\rho = 1$，并要求 $\{\boldsymbol{H}_k\}$ 对称，则应有 $a_{12} = a_{21}$。这时 Huang 族中只有一个自由参数。若取 a_{11} 为自由参数，令

$$\phi = \frac{a_{11}\left(\boldsymbol{s}_k^{\mathrm{T}} \boldsymbol{y}_k\right)^2 - \boldsymbol{s}_k^{\mathrm{T}} \boldsymbol{y}_k}{\boldsymbol{y}_k^{\mathrm{T}} \boldsymbol{H}_k \boldsymbol{y}_k}$$

即

$$a_{11}=\phi\frac{\boldsymbol{y}_k^{\mathrm{T}}\boldsymbol{H}_k\boldsymbol{y}_k}{\left(\boldsymbol{s}_k^{\mathrm{T}}\boldsymbol{y}_k\right)^2}+\frac{1}{\boldsymbol{s}_k^{\mathrm{T}}\boldsymbol{y}_k}$$

解得

$$a_{12}=a_{21}=-\frac{\phi}{\boldsymbol{s}_k^{\mathrm{T}}\boldsymbol{y}_k},\quad a_{22}=\frac{\phi-1}{\boldsymbol{y}_k^{\mathrm{T}}\boldsymbol{H}_k\boldsymbol{y}_k}$$

代入 Huang 族校正公式，得

$$\boldsymbol{H}_{k+1}=\boldsymbol{H}_k+\frac{\boldsymbol{s}_k\boldsymbol{s}_k^{\mathrm{T}}}{\boldsymbol{s}_k^{\mathrm{T}}\boldsymbol{y}_k}-\frac{\boldsymbol{H}_k\boldsymbol{y}_k\boldsymbol{y}_k^{\mathrm{T}}\boldsymbol{H}_k}{\boldsymbol{y}_k^{\mathrm{T}}\boldsymbol{H}_k\boldsymbol{y}_k}+\phi\boldsymbol{v}_k\boldsymbol{v}_k^{\mathrm{T}}$$

其中

$$\boldsymbol{v}_k=\left(\boldsymbol{y}_k^{\mathrm{T}}\boldsymbol{H}_k\boldsymbol{y}_k\right)^{1/2}\left(\frac{\boldsymbol{s}_k}{\boldsymbol{s}_k^{\mathrm{T}}\boldsymbol{y}_k}-\frac{\boldsymbol{H}_k\boldsymbol{y}_k}{\boldsymbol{y}_k^{\mathrm{T}}\boldsymbol{H}_k\boldsymbol{y}_k}\right)$$

这表明 Broyden 族是 Huang 族的子族。特别地，令 $\rho=1$，$a_{12}=a_{21}=0$，得 DFP 校正公式；令 $\rho=1$，$a_{12}=a_{21}$，$a_{22}=0$，得 BFGS 校正公式。

定理 1.61 (Huang 族校正二次终止性定理)　如果 f 是正定二次函数，$\boldsymbol{G}$ 是其正定 Hessian 矩阵，那么，当采用精确线性搜索时，Broyden 族校正具有遗传性质和方向共轭性质，即对于 $i=0,1,\cdots,m$，$j=0,1,\cdots,i$，有

$$\boldsymbol{H}_{i+1}\boldsymbol{y}_j=\rho\boldsymbol{s}_j\ \text{(遗传性质)},\quad \boldsymbol{d}_{i+1}^{\mathrm{T}}\boldsymbol{G}\boldsymbol{d}_j=0\ \text{(方向共轭性)}$$

方法在 $m+1\leqslant n$ 步迭代后终止。如果 $m=n-1$，则 $\boldsymbol{H}_n=\rho\boldsymbol{G}^{-1}$。

证明　类似于定理 1.57 的证明。

引理 1.2　设 f 是 $\mathbb{R}^n$ 上的可微实函数，又设 $\boldsymbol{x}_k$，$\boldsymbol{x}_{k+1}$ 和 $\boldsymbol{H}_k$ 已给定，且满足 $\boldsymbol{y}_k^{\mathrm{T}}\boldsymbol{s}_k\neq 0$，$\boldsymbol{g}_{k+1}^{\mathrm{T}}\boldsymbol{s}_k=0$。那么，对所有 Huang 族校正公式，由 $\boldsymbol{d}_{k+1}=-\boldsymbol{H}_{k+1}^{\mathrm{T}}\boldsymbol{g}_{k+1}$ 定义的搜索方向可表示为

$$\boldsymbol{d}_{k+1}=-\left(1+\alpha_{22}\boldsymbol{y}_k^{\mathrm{T}}\boldsymbol{H}_k^{\mathrm{T}}\boldsymbol{g}_{k+1}\right)\left(\boldsymbol{I}-\frac{\boldsymbol{s}_k\boldsymbol{y}_k^{\mathrm{T}}}{\boldsymbol{y}_k^{\mathrm{T}}\boldsymbol{s}_k}\right)\boldsymbol{H}_k^{\mathrm{T}}\boldsymbol{g}_{k+1}\tag{1.337}$$

证明　由 $\boldsymbol{g}_{k+1}^{\mathrm{T}}\boldsymbol{s}_k=0$ 和 Huang 族校正公式有

$$\boldsymbol{d}_{k+1}=-\boldsymbol{H}_{k+1}^{\mathrm{T}}\boldsymbol{g}_{k+1}=-\boldsymbol{H}_k^{\mathrm{T}}\boldsymbol{g}_{k+1}-\left(\alpha_{21}\boldsymbol{s}_k+\alpha_{22}\boldsymbol{H}_k^{\mathrm{T}}\boldsymbol{y}_k\right)\boldsymbol{y}_k^{\mathrm{T}}\boldsymbol{H}_k^{\mathrm{T}}\boldsymbol{g}_{k+1}$$

又因

$$\boldsymbol{H}_k^{\mathrm{T}}\boldsymbol{y}_k=\boldsymbol{H}_k^{\mathrm{T}}\left(\boldsymbol{g}_{k+1}-\boldsymbol{g}_k\right)=\boldsymbol{H}_k^{\mathrm{T}}\boldsymbol{g}_{k+1}+\boldsymbol{d}_k$$

则有

$$\boldsymbol{d}_{k+1}=-\left(1+\alpha_{22}\boldsymbol{y}_k^{\mathrm{T}}\boldsymbol{H}_k^{\mathrm{T}}\boldsymbol{g}_{k+1}\right)\boldsymbol{H}_k^{\mathrm{T}}\boldsymbol{g}_{k+1}-\left(\alpha_{21}+\alpha_{22}/\alpha_k\right)\boldsymbol{s}_k\boldsymbol{y}_k^{\mathrm{T}}\boldsymbol{H}_k^{\mathrm{T}}\boldsymbol{g}_{k+1}$$

由于

$$\begin{aligned}\boldsymbol{y}_k^{\mathrm{T}}\boldsymbol{v}_k&=a_{21}\boldsymbol{y}_k^{\mathrm{T}}\boldsymbol{s}_k+a_{22}\boldsymbol{y}_k^{\mathrm{T}}\boldsymbol{H}_k^{\mathrm{T}}\boldsymbol{y}_k\\&=a_{21}\boldsymbol{y}_k^{\mathrm{T}}\boldsymbol{s}_k+a_{22}\boldsymbol{y}_k^{\mathrm{T}}\boldsymbol{H}_k^{\mathrm{T}}\boldsymbol{g}_{k+1}-a_{22}\boldsymbol{y}_k^{\mathrm{T}}\boldsymbol{H}_k^{\mathrm{T}}\boldsymbol{g}_{kk}\\&=-1\end{aligned}$$

故有

$$-\left(1+a_{22}\boldsymbol{y}_k^{\mathrm{T}}\boldsymbol{H}_k^{\mathrm{T}}\boldsymbol{g}_{k+1}\right)=\left(a_{21}+a_{22}/\alpha_k\right)\boldsymbol{y}_k^{\mathrm{T}}\boldsymbol{s}_k \tag{1.338}$$

并注意 $\boldsymbol{g}_k^{\mathrm{T}}\boldsymbol{s}_k\neq 0$，从而 $\boldsymbol{y}_k^{\mathrm{T}}\boldsymbol{s}_k\neq 0$，整理得到

$$\boldsymbol{d}_{k+1}=-\left(1+a_{22}\boldsymbol{y}_k^{\mathrm{T}}\boldsymbol{H}_k^{\mathrm{T}}\boldsymbol{g}_{k+1}\right)\left(\boldsymbol{I}-\frac{\boldsymbol{s}_k\boldsymbol{y}_k^{\mathrm{T}}}{\boldsymbol{y}_k^{\mathrm{T}}\boldsymbol{s}_k}\right)\boldsymbol{H}_k^{\mathrm{T}}\boldsymbol{g}_{k+1}$$

式中，$\boldsymbol{I}$ 为单位矩阵，圆括号中为任意常数，方括号中是只依赖 $\boldsymbol{s}_k$ 和 y_k 而不依赖修正矩阵的任何参数的矩阵。

若令

$$\mu_{k+1}=1+a_{22}\boldsymbol{y}_k^{\mathrm{T}}\boldsymbol{H}_k^{\mathrm{T}}\boldsymbol{g}_{k+1} \tag{1.339}$$

$$z_{k+1}=-\left(\boldsymbol{I}-\frac{\boldsymbol{s}_k\boldsymbol{y}_k^{\mathrm{T}}}{\boldsymbol{y}_k^{\mathrm{T}}\boldsymbol{s}_k}\right)\boldsymbol{H}_k^{\mathrm{T}}\boldsymbol{g}_{k+1} \tag{1.340}$$

则

$$\boldsymbol{d}_{k+1}=\mu_{k+1}\boldsymbol{z}_{k+1} \tag{1.341}$$

其中向量 $\boldsymbol{z}_{k+1}$ 与修正矩阵的参数无关，故 $\boldsymbol{d}_{k+1}$ 的方向对于所有 Huang 族都是相同的，只是长度不同罢了。

关于 Huang 族变尺度方法的重要结果是：对于正定二次函数，所有 Huang 族变尺度方法都产生相同的迭代点列。对于一般非二次函数，所生成的点列只依赖于参数 ρ。下面给予证明。

引理 1.3 对于正定二次函数，设 $\boldsymbol{x}_j\,(0\leqslant j\leqslant k+1)$ 由精确线性搜索确定，搜索方向为拟牛顿方向，即 $\boldsymbol{d}_j=-\boldsymbol{H}_j^{\mathrm{T}}\boldsymbol{g}_j$，矩阵 $\boldsymbol{H}_j\,(0\leqslant j\leqslant k+1)$ 由 Huang 族校正公式确定，且 $\boldsymbol{H}_0$ 为对称正定矩阵，则等式

$$\boldsymbol{H}_{j+1}^{\mathrm{T}}\boldsymbol{g}_{k+1}=\boldsymbol{H}_j^{\mathrm{T}}\boldsymbol{g}_{k+1},\quad 0\leqslant j\leqslant k-1 \tag{1.342}$$

成立，即

$$\boldsymbol{H}_k^{\mathrm{T}}\boldsymbol{g}_{k+1}=\boldsymbol{H}_{k-1}^{\mathrm{T}}\boldsymbol{g}_{k+1}=\cdots=\boldsymbol{H}_0^{\mathrm{T}}\boldsymbol{g}_{k+1} \tag{1.343}$$

证明 由引理 1.3，知

$$\boldsymbol{d}_{j+1}=-\boldsymbol{H}_{j+1}^{\mathrm{T}}\boldsymbol{g}_{j+1}=-\mu_{k+1}\left(\boldsymbol{I}-\frac{\boldsymbol{s}_j\boldsymbol{y}_j^{\mathrm{T}}}{\boldsymbol{y}_j^{\mathrm{T}}\boldsymbol{s}_j}\right)\boldsymbol{H}_j^{\mathrm{T}}\boldsymbol{g}_{j+1},\quad 0\leqslant j\leqslant k-1$$

$$\boldsymbol{d}_{j+1}=-\boldsymbol{H}_{j+1}^{\mathrm{T}}\boldsymbol{g}_{j+1}=-\mu_{k+1}\left[\boldsymbol{I}-\frac{\boldsymbol{s}_j\boldsymbol{y}_j^{\mathrm{T}}}{\boldsymbol{y}_j^{\mathrm{T}}\boldsymbol{s}_j}\right]\boldsymbol{H}_j^{\mathrm{T}}\boldsymbol{g}_{j+1},\quad 0\leqslant j\leqslant k-1$$

根据精确线性搜索及共轭性质知，

$$\boldsymbol{g}_{k+1}^{\mathrm{T}}\boldsymbol{d}_{j+1}=\boldsymbol{g}_{k+1}^{\mathrm{T}}\boldsymbol{s}_{j+1}=0,\quad 0\leqslant j\leqslant k-1 \tag{1.344}$$

因此，适当选择 a_{22} 使 $\boldsymbol{\mu}_{k+1}\neq 0$ 成立，可得

$$\boldsymbol{g}_{k+1}^{\mathrm{T}}\boldsymbol{d}_{j+1}=-\mu_{k+1}\boldsymbol{g}_{k+1}^{\mathrm{T}}\boldsymbol{H}_j^{\mathrm{T}}\boldsymbol{g}_{j+1}=0,\quad 0\leqslant j\leqslant k-1$$

即

$$g_{k+1}^{\mathrm{T}} H_j^{\mathrm{T}} g_{j+1} = 0, \quad 0 \leqslant j \leqslant k-1$$

由式(1.344)，又有

$$g_{k+1}^{\mathrm{T}} d_j = -g_{k+1}^{\mathrm{T}} H_j^{\mathrm{T}} g_j = 0, \ \ 0 \leqslant j \leqslant k-1$$

故有

$$g_{k+1}^{\mathrm{T}} H_j^{\mathrm{T}} y_j = g_{k+1}^{\mathrm{T}} H_j^{\mathrm{T}} \left(g_{j+1} - g_j\right) = 0, \ \ 0 \leqslant j \leqslant k-1 \tag{1.345}$$

再根据 Huang 族校正公式，知

$$H_{j+1} = H_j + s_j u_j^{\mathrm{T}} + H_j y_j v_j^{\mathrm{T}}, \ \ 0 \leqslant j \leqslant k-1 \tag{1.346}$$

根据 u_k 和 v_k 公式，再结合式(1.344)和式(1.345)，可得

$$u_j^{\mathrm{T}} g_{k+1} = \alpha_{11} s_j^{\mathrm{T}} g_{k+1} + \alpha_{12} y_j^{\mathrm{T}} H_j g_{k+1} = 0, \ \ 0 \leqslant j \leqslant k-1 \tag{1.347}$$

$$v_j^{\mathrm{T}} g_{k+1} = \alpha_{21} s_j^{\mathrm{T}} g_{k+1} + \alpha_{22} y_j^{\mathrm{T}} H_k g_{k+1} = 0, \ \ 0 \leqslant j \leqslant k-1 \tag{1.348}$$

因此，H_{j+1} 右乘 g_{k+1}，可得

$$H_{j+1} g_{k+1} = H_j g_{k+1}, \ \ 0 \leqslant j \leqslant k-1$$

进而由上面的递推关系，得

$$H_{j+1} g_{k+1} = H_0 g_{k+1}, \ \ 0 \leqslant j \leqslant k-1 \tag{1.349}$$

上式再左乘 y_{j+1}^{T}，得到

$$y_{j+1}^{\mathrm{T}} H_0 g_{k+1} = y_{j+1}^{\mathrm{T}} H_{j+1} g_{k+1} = 0, \ \ 0 \leqslant j \leqslant k-2 \tag{1.350}$$

另外，H_{j+1}^{T} 右乘 g_{k+1}，再结合式(1.344)，可得

$$\begin{aligned} H_{j+1}^{\mathrm{T}} g_{k+1} &= H_j^{\mathrm{T}} g_{k+1} + u_j s_j^{\mathrm{T}} g_{k+1} + v_j y_j^{\mathrm{T}} H_j^{\mathrm{T}} g_{k+1} \\ &= H_j^{\mathrm{T}} g_{k+1} + v_j y_j^{\mathrm{T}} H_j^{\mathrm{T}} g_{k+1}, \ \ 0 \leqslant j \leqslant k-1 \end{aligned} \tag{1.351}$$

实际上，我们可以证明下面等式成立：

$$y_j^{\mathrm{T}} H_j^{\mathrm{T}} g_{k+1} = 0, \ \ 0 \leqslant j \leqslant k-1 \tag{1.352}$$

用归纳证明。首先，当 j=0 时，H_0 为对称正定矩阵，则有

$$y_0^{\mathrm{T}} H_0^{\mathrm{T}} g_{k+1} = y_0^{\mathrm{T}} H_0 g_{k+1} = g_{k+1}^{\mathrm{T}} H_0^{\mathrm{T}} y_0 = 0$$

故 j=0 时，式(1.352)成立。假设当 $0 < j \leqslant k-2$ 时成立，下面证明 j+1 时也成立。对式(1.351)左乘 y_{j+1}^{T}，可得

$$\begin{aligned} y_{j+1}^{\mathrm{T}} H_{j+1}^{\mathrm{T}} g_{k+1} &= y_{j+1}^{\mathrm{T}} H_j^{\mathrm{T}} g_{k+1} + y_{j+1}^{\mathrm{T}} v_j y_j^{\mathrm{T}} H_j^{\mathrm{T}} g_{k+1} \\ &= y_{j+1}^{\mathrm{T}} H_0^{\mathrm{T}} g_{k+1} + \sum_{\mathrm{i}=0}^{\mathrm{j}} y_{j+1}^{\mathrm{T}} v_i y_i^{\mathrm{T}} H_i^{\mathrm{T}} g_{k+1} \end{aligned} \tag{1.353}$$

又知 $y_{j+1}^{\mathrm{T}} H_0^{\mathrm{T}} g_{k+1} = 0\left(j \leqslant k-2\right)$，$y_i^{\mathrm{T}} H_i^{\mathrm{T}} g_{k+1} = 0\left(i \leqslant j\right)$，可得

$$y_{j+1}^{\mathrm{T}} H_{j+1}^{\mathrm{T}} g_{k+1} = 0 \tag{1.354}$$

故 $y_j^{\mathrm{T}} H_j^{\mathrm{T}} g_{k+1} = 0\left(0 \leqslant j \leqslant k-1\right)$ 成立。从而由式(1.351)可知等式

$$\boldsymbol{H}_{j+1}^{\mathrm{T}}\boldsymbol{g}_{k+1} = \boldsymbol{H}_{j}^{\mathrm{T}}\boldsymbol{g}_{k+1}, \quad 0 \leqslant j \leqslant k-1$$

成立。引理结论得证。

定理 1.62 对于正定二次函数和给定的初始近似 $\boldsymbol{x}_0$ 与初始对称矩阵 $\boldsymbol{H}_0$，在精确线性搜索条件下，Huang 族所有算法产生相同的迭代点列 $\boldsymbol{x}_0,\boldsymbol{x}_1,\cdots,\boldsymbol{x}_n$。

证明 由引理 1.2 可知，若令

$$\mu_{k+1} = 1 + a_{22}\boldsymbol{y}_k^{\mathrm{T}}\boldsymbol{H}_k^{\mathrm{T}}\boldsymbol{g}_{k+1}$$

$$\boldsymbol{z}_{k+1} = -\left(\boldsymbol{I} - \frac{\boldsymbol{s}_k\boldsymbol{y}_k^{\mathrm{T}}}{\boldsymbol{y}_k^{T}\boldsymbol{s}_k}\right)\boldsymbol{H}_k^{\mathrm{T}}\boldsymbol{g}_{k+1}$$

则

$$\boldsymbol{d}_{k+1} = \mu_{k+1}\boldsymbol{z}_{k+1}$$

其中，μ_{k+1} 为数值，$\boldsymbol{z}_{k+1}$ 为向量。

对于正定二次函数，在精确线性搜索下，

$$\alpha_k = \frac{-\boldsymbol{d}_k^{\mathrm{T}}\boldsymbol{g}_k}{\boldsymbol{d}_k^{\mathrm{T}}\boldsymbol{G}\boldsymbol{d}_k}$$

故迭代点 $\boldsymbol{x}_{k+1}$ 的表达式为

$$\boldsymbol{x}_{k+1} = \boldsymbol{x}_k + \alpha_k\boldsymbol{d}_k = \boldsymbol{x}_k + \frac{-\boldsymbol{d}_k^{\mathrm{T}}\boldsymbol{g}_k}{\boldsymbol{d}_k^{\mathrm{T}}\boldsymbol{G}\boldsymbol{d}_k}\boldsymbol{d}_k = \boldsymbol{x}_k - \frac{\boldsymbol{z}_k^{\mathrm{T}}\boldsymbol{g}_k\boldsymbol{z}_k}{\boldsymbol{z}_k^{\mathrm{T}}\boldsymbol{G}\boldsymbol{z}_k} \tag{1.355}$$

因此，在 $\boldsymbol{x}_k$ 相同情况下，$\boldsymbol{x}_{k+1}$ 与搜索方向 $\boldsymbol{d}_k$ 的长度无关，而仅与方向向量 $\boldsymbol{z}_{k+1}$ 有关。

运用引理 1.3 结论等式，$\boldsymbol{z}_{k+1}$ 的表达式可改写成

$$\boldsymbol{z}_{k+1} = -\left(\boldsymbol{I} - \frac{\boldsymbol{s}_k\boldsymbol{y}_k^{\mathrm{T}}}{\boldsymbol{y}_k^{\mathrm{T}}\boldsymbol{s}_k}\right)\boldsymbol{H}_0\boldsymbol{g}_{k+1} \tag{1.356}$$

由此式可以看出，$\boldsymbol{z}_{k+1}$ 中不含有 Huang 族修正矩阵中的任何参数，即任何 Huang 族校正产生同一个方向 $\boldsymbol{z}_{k+1}$。这样在初始 $\boldsymbol{x}_0$ 与 $\boldsymbol{H}_0$ 相同情况下，Huang 族所有算法必然产生相同的迭代点列 $\boldsymbol{x}_0,\boldsymbol{x}_1,\cdots,\boldsymbol{x}_n$。

事实上，对于正定二次函数，初始矩阵 $\boldsymbol{H}_0$ 为非对称矩阵时，在精确线性搜索条件下，Huang 族所有算法仍产生相同的迭代点列。

定理 1.63 对于正定二次函数和给定的初始近似 $\boldsymbol{x}_0$ 与初始矩阵 $\boldsymbol{H}_0$，在精确线性搜索条件下，Huang 族所有算法产生相同的迭代点列 $\boldsymbol{x}_0,\boldsymbol{x}_1,\cdots,\boldsymbol{x}_n$。

证明 根据引理 1.3，有

$$\boldsymbol{d}_{k+1} = -\left(1 + a_{22}\boldsymbol{y}_k^{\mathrm{T}}\boldsymbol{H}_k^{\mathrm{T}}\boldsymbol{g}_{k+1}\right)\boldsymbol{R}_k\boldsymbol{H}_k^{\mathrm{T}}\boldsymbol{g}_{k+1} \tag{1.357}$$

其中

$$\boldsymbol{R}_k = \boldsymbol{I} - \frac{\boldsymbol{s}_k\boldsymbol{y}_k^{\mathrm{T}}}{\boldsymbol{y}_k^{\mathrm{T}}\boldsymbol{s}_k} \tag{1.358}$$

对于正定二次函数，由精确线性搜索及共轭性质，有

$$\boldsymbol{g}_{k+1}^{\mathrm{T}}\boldsymbol{d}_j=\boldsymbol{g}_{k+1}^{\mathrm{T}}\boldsymbol{s}_j=0,\quad 0\leqslant j\leqslant k$$

由 Huang 族校正公式，可得

$$\begin{aligned}\boldsymbol{R}_k\boldsymbol{H}_k^{\mathrm{T}}\boldsymbol{g}_{k+1}&=\boldsymbol{R}_k\left(\boldsymbol{H}_{k-1}^{\mathrm{T}}+\boldsymbol{u}_{k-1}\boldsymbol{s}_{k-1}^{\mathrm{T}}+\boldsymbol{v}_{k-1}\boldsymbol{y}_{k-1}^{\mathrm{T}}\boldsymbol{H}_{k-1}^{\mathrm{T}}\right)\boldsymbol{g}_{k+1}\\&=\boldsymbol{R}_k\left(\boldsymbol{H}_{k-1}^{\mathrm{T}}+\boldsymbol{v}_{k-1}\boldsymbol{y}_{k-1}^{\mathrm{T}}\boldsymbol{H}_{k-1}^{\mathrm{T}}\right)\boldsymbol{g}_{k+1}\\&=\boldsymbol{R}_k\left(\boldsymbol{I}+\boldsymbol{v}_{k-1}\boldsymbol{y}_{k-1}^{\mathrm{T}}\right)\boldsymbol{H}_{k-1}^{\mathrm{T}}\boldsymbol{g}_{k+1}\end{aligned}\tag{1.359}$$

注意，对一切 k，必有

$$\boldsymbol{R}_k\boldsymbol{s}_k=0\tag{1.360}$$

因此亦有

$$\boldsymbol{R}_{k+1}\boldsymbol{s}_{k+1}=-\alpha_{k+1}\left(1+\alpha_{22}\boldsymbol{y}_k^{\mathrm{T}}\boldsymbol{H}_k^{\mathrm{T}}\boldsymbol{g}_{k+1}\right)\boldsymbol{R}_{k+1}\boldsymbol{R}_k\boldsymbol{H}_k^{\mathrm{T}}\boldsymbol{g}_{k+1}=0$$

由式(1.338)和假设条件式(1.357)，

$$1+a_{22}\boldsymbol{y}_k^{\mathrm{T}}\boldsymbol{H}_k^{\mathrm{T}}\boldsymbol{g}_{k+1}=-\left(a_{21}+a_{22}/\alpha_{\mathrm{k}}\right)\boldsymbol{s}_k^{\mathrm{T}}\boldsymbol{y}_k\neq 0$$

这样必有

$$\boldsymbol{R}_{k+1}\boldsymbol{R}_k\boldsymbol{H}_k^{\mathrm{T}}\boldsymbol{g}_{k+1}=0\tag{1.361}$$

由式(1.360)，

$$\boldsymbol{R}_k\boldsymbol{H}_k^{\mathrm{T}}\boldsymbol{g}_k=-\frac{1}{\alpha_k}\boldsymbol{R}_k\boldsymbol{s}_k=0\tag{1.362}$$

又由 $\boldsymbol{v}_k$ 和 $\boldsymbol{R}_k$ 的定义式，$\boldsymbol{v}_k^{\mathrm{T}}\boldsymbol{y}_k=-1$，以及式((1.360)和式(1.362)得

$$\boldsymbol{R}_k\boldsymbol{v}_k=a_{21}\boldsymbol{R}_k\boldsymbol{s}_k+a_{22}\boldsymbol{R}_k\boldsymbol{H}_k^{\mathrm{T}}\boldsymbol{y}_k=a_{22}\boldsymbol{R}_k\boldsymbol{H}_k^{\mathrm{T}}\boldsymbol{g}_{k+1}$$

$$\boldsymbol{R}_k\boldsymbol{v}_k=\boldsymbol{v}_k-\frac{\boldsymbol{s}_k\boldsymbol{y}_k^{\mathrm{T}}}{\boldsymbol{y}_k^{\mathrm{T}}\boldsymbol{s}_k}\boldsymbol{v}_k=\boldsymbol{v}_k+\frac{\boldsymbol{s}_k}{\boldsymbol{y}_k^{\mathrm{T}}\boldsymbol{s}_k}$$

整理得

$$\boldsymbol{v}_k=a_{22}\boldsymbol{R}_k\boldsymbol{H}_k^{\mathrm{T}}\boldsymbol{g}_{k+1}-\frac{\boldsymbol{s}_k}{\boldsymbol{y}_k^{\mathrm{T}}\boldsymbol{s}_k}\tag{1.363}$$

分别用 $\boldsymbol{R}_{k+1}$ 左乘式(1.363)两端且由式(1.361)可得

$$\boldsymbol{R}_{k+1}\boldsymbol{v}_k=-\frac{\boldsymbol{R}_{k+1}\boldsymbol{s}_k}{\boldsymbol{y}_k^{\mathrm{T}}\boldsymbol{s}_k}$$

显然，小于 k 时上式也成立，故有

$$\boldsymbol{R}_k\boldsymbol{v}_{k-1}=-\frac{\boldsymbol{R}_k\boldsymbol{s}_{k-1}}{\boldsymbol{y}_{k-1}^{\mathrm{T}}\boldsymbol{s}_{k-1}}\tag{1.364}$$

于是，利用上式和式(1.359)，有

$$\begin{aligned}\boldsymbol{R}_k\boldsymbol{H}_k^{\mathrm{T}}\boldsymbol{g}_{k+1} &= \left(\boldsymbol{R}_k - \frac{\boldsymbol{R}_k\boldsymbol{s}_{k-1}}{\boldsymbol{y}_{k-1}^{\mathrm{T}}\boldsymbol{s}_{k-1}}\boldsymbol{y}_{k-1}^{\mathrm{T}}\right)\boldsymbol{H}_{k-1}^{\mathrm{T}}\boldsymbol{g}_{k+1} \\ &= \boldsymbol{R}_k\left(\boldsymbol{I} - \frac{\boldsymbol{s}_{k-1}\boldsymbol{y}_{k-1}^{\mathrm{T}}}{\boldsymbol{y}_{k-1}^{\mathrm{T}}\boldsymbol{s}_{k-1}}\right)\boldsymbol{H}_{k-1}^{\mathrm{T}}\boldsymbol{g}_{k+1} \\ &= \boldsymbol{R}_k\boldsymbol{R}_{k-1}\boldsymbol{H}_{k-1}^{\mathrm{T}}\boldsymbol{g}_{k+1}\end{aligned}$$

对上式继续递推，可得

$$\boldsymbol{R}_k\boldsymbol{H}_k^{\mathrm{T}}\boldsymbol{g}_{k+1} = \prod_{i=0}^{k}\boldsymbol{R}_i\boldsymbol{H}_0^{\mathrm{T}}\boldsymbol{g}_{k+1} \tag{1.365}$$

故式(1.358)可改写成

$$\boldsymbol{d}_{k+1} = -\left(1 + a_{22}\boldsymbol{y}_k^{\mathrm{T}}\boldsymbol{H}_k^{\mathrm{T}}\boldsymbol{g}_{k+1}\right)\prod_{i=0}^{k}R_i\boldsymbol{H}_0^{\mathrm{T}}\boldsymbol{g}_{k+1} \tag{1.366}$$

由此式可以看出，$\boldsymbol{d}_{k+1}$ 中不含有 Huang 族修正矩阵中的任何参数，即任何 Huang 族校正产生同一个方向 $\boldsymbol{d}_{k+1}$。这样在初始 $\boldsymbol{x}_0$ 与 $\boldsymbol{H}_0$ 相同情况下，Huang 族所有算法必然产生相同的迭代点列 $\boldsymbol{x}_0,\boldsymbol{x}_1,\cdots,\boldsymbol{x}_n$。

进一步，上述定理可以推广到一般非二次函数。

定理 1.64　设 f 是 $\mathbb{R}^n$ 上的可微实函数，又设初始近似 $\boldsymbol{x}_0$ 与初始矩阵 $\boldsymbol{H}_0$ 给定。若对所有 k，有

$$\boldsymbol{y}_k^{\mathrm{T}}\boldsymbol{s}_k \neq 0, \quad a_{21} + a_{22}/\alpha_k \neq 0 \tag{1.367}$$

其中，α_k 是由精确线性搜索条件 $\boldsymbol{g}_{k+1}^{\mathrm{T}}\boldsymbol{d}_k = 0$ 唯一确定的步长因子，则由 Huang 族所有算法产生的迭代点列 $\boldsymbol{x}_0,\boldsymbol{x}_1,\cdots,\boldsymbol{x}_n$ 将只依赖于参数 ρ 的选择。

证明　利用归纳法。当 k=0 时，显然，对于给定的点 $\boldsymbol{x}_0$ 和矩阵 $\boldsymbol{H}_0$，由 Huang 族所有算法产生搜索方向 $\boldsymbol{d}_0 = -\boldsymbol{H}_0^{\mathrm{T}}\boldsymbol{g}_0$ 是相同的，从而精确线性搜索得到的 $\boldsymbol{x}_1$ 也相同，即 k=0 时，产生的点列 $\boldsymbol{x}_0,\boldsymbol{x}_1$ 相同。假设 k>0 时，由 Huang 族所有算法产生的点列 $\boldsymbol{x}_0,\boldsymbol{x}_1,\cdots,\boldsymbol{x}_{k+1}$ 也相同，现证明 k+1 时它们产生的 $\boldsymbol{x}_{k+2}$ 也是相同的。

根据引理 1.2，有

$$\boldsymbol{d}_{k+1} = -\left(1 + a_{22}\boldsymbol{y}_k^{\mathrm{T}}\boldsymbol{H}_k^{\mathrm{T}}\boldsymbol{g}_{k+1}\right)\boldsymbol{R}_k\boldsymbol{H}_k^{\mathrm{T}}\boldsymbol{g}_{k+1} \tag{1.368}$$

其中

$$\boldsymbol{R}_k = \boldsymbol{I} - \frac{\boldsymbol{s}_k\boldsymbol{y}_k^{\mathrm{T}}}{\boldsymbol{y}_k^{\mathrm{T}}\boldsymbol{s}_k} \tag{1.369}$$

注意，对一切 k，必有

$$\boldsymbol{R}_k\boldsymbol{s}_k = 0 \tag{1.370}$$

因此亦有

$$\boldsymbol{R}_{k+1}\boldsymbol{s}_{k+1} = -\alpha_{k+1}\left(1 + a_{22}\boldsymbol{y}_k^{\mathrm{T}}\boldsymbol{H}_k^{\mathrm{T}}\boldsymbol{g}_{k+1}\right)\boldsymbol{R}_{k+1}\boldsymbol{R}_k\boldsymbol{H}_k^{\mathrm{T}}\boldsymbol{g}_{k+1} = 0$$

由式(1.338)和假设条件式(1.367)，

$$1+a_{22}\boldsymbol{y}_k^{\mathrm{T}}\boldsymbol{H}_k^{\mathrm{T}}\boldsymbol{g}_{k+1}=-\left(a_{21}+a_{22}/\alpha_k\right)\boldsymbol{s}_k^{\mathrm{T}}\boldsymbol{y}_k\neq 0$$

这样必有

$$\boldsymbol{R}_{k+1}\boldsymbol{R}_k\boldsymbol{H}_k^{\mathrm{T}}\boldsymbol{g}_{k+1}=0 \tag{1.371}$$

由式(1.360)，有

$$\boldsymbol{R}_k\boldsymbol{H}_k^{\mathrm{T}}\boldsymbol{g}_k=-\frac{1}{\alpha_k}\boldsymbol{R}_k\boldsymbol{s}_k=0 \tag{1.372}$$

故由 $\boldsymbol{u}_k$ 和 $\boldsymbol{R}_k$ 的定义式，$\boldsymbol{u}_k^{\mathrm{T}}\boldsymbol{y}_k=\rho$，以及式(1.370)和式(1.372)得

$$\boldsymbol{R}_k\boldsymbol{u}_k=a_{11}\boldsymbol{R}_k\boldsymbol{s}_k+a_{12}\boldsymbol{R}_k\boldsymbol{H}_k^{\mathrm{T}}\boldsymbol{y}_k=a_{12}\boldsymbol{R}_k\boldsymbol{H}_k^{\mathrm{T}}\boldsymbol{g}_{k+1}$$

$$\boldsymbol{R}_k\boldsymbol{u}_k=\boldsymbol{u}_k-\frac{\boldsymbol{s}_k\boldsymbol{y}_k^{\mathrm{T}}}{\boldsymbol{y}_k^{\mathrm{T}}\boldsymbol{s}_k}\boldsymbol{u}_k=\boldsymbol{u}_k-\rho\frac{\boldsymbol{s}_k}{\boldsymbol{y}_k^{\mathrm{T}}\boldsymbol{s}_k}$$

整理得

$$\boldsymbol{u}_k=a_{12}\boldsymbol{R}_k\boldsymbol{H}_k^{\mathrm{T}}\boldsymbol{g}_{k+1}+\rho\frac{\boldsymbol{s}_k}{\boldsymbol{y}_k^{\mathrm{T}}\boldsymbol{s}_k} \tag{1.373}$$

又由 $\boldsymbol{v}_k$ 和 $\boldsymbol{R}_k$ 的定义式，$\boldsymbol{v}_k^{\mathrm{T}}\boldsymbol{y}_k=-1$，以及式((1.370)和式(1.363)得

$$\boldsymbol{R}_k\boldsymbol{v}_k=a_{21}\boldsymbol{R}_k\boldsymbol{s}_k+a_{22}\boldsymbol{R}_k\boldsymbol{H}_k^{\mathrm{T}}\boldsymbol{y}_k=a_{22}\boldsymbol{R}_k\boldsymbol{H}_k^{\mathrm{T}}\boldsymbol{g}_{k+1}$$

$$\boldsymbol{R}_k\boldsymbol{v}_k=\boldsymbol{v}_k-\frac{\boldsymbol{s}_k\boldsymbol{y}_k^{\mathrm{T}}}{\boldsymbol{y}_k^{\mathrm{T}}\boldsymbol{s}_k}\boldsymbol{v}_k=\boldsymbol{v}_k+\frac{\boldsymbol{s}_k}{\boldsymbol{y}_k^{\mathrm{T}}\boldsymbol{s}_k}$$

整理得

$$\boldsymbol{v}_k=a_{22}\boldsymbol{R}_k\boldsymbol{H}_k^{\mathrm{T}}\boldsymbol{g}_{k+1}-\frac{\boldsymbol{s}_k}{\boldsymbol{y}_k^{\mathrm{T}}\boldsymbol{s}_k} \tag{1.374}$$

分别用 $\boldsymbol{R}_{k+1}$ 左乘式(1.373)和式(1.374)两端，由式(1.371)可得

$$\boldsymbol{R}_{k+1}\boldsymbol{u}_k=\rho\frac{\boldsymbol{R}_{k+1}\boldsymbol{s}_k}{\boldsymbol{y}_k^{\mathrm{T}}\boldsymbol{s}_k}$$

$$\boldsymbol{R}_{k+1}\boldsymbol{v}_k=-\frac{\boldsymbol{R}_{k+1}\boldsymbol{s}_k}{\boldsymbol{y}_k^{\mathrm{T}}\boldsymbol{s}_k}$$

显然，i 小于 k 时上两式也成立，故有

$$\boldsymbol{R}_k\boldsymbol{u}_{k-1}=\rho\frac{\boldsymbol{R}_k\boldsymbol{s}_{k-1}}{\boldsymbol{y}_{k-1}^{\mathrm{T}}\boldsymbol{s}_{k-1}} \tag{1.375}$$

$$\boldsymbol{R}_k\boldsymbol{v}_{k-1}=-\frac{\boldsymbol{R}_k\boldsymbol{s}_{k-1}}{\boldsymbol{y}_{k-1}^{\mathrm{T}}\boldsymbol{s}_{k-1}} \tag{1.376}$$

于是，利用上两式，再根据 Huang 族校正公式，有

$$\begin{aligned}\boldsymbol{R}_k\boldsymbol{H}_k^{\mathrm{T}}&=\boldsymbol{R}_k\boldsymbol{H}_{k-1}^{\mathrm{T}}+\boldsymbol{R}_k\boldsymbol{u}_{k-1}\boldsymbol{s}_{k-1}^{\mathrm{T}}+\boldsymbol{R}_k\boldsymbol{v}_{k-1}\boldsymbol{y}_{k-1}^{\mathrm{T}}\boldsymbol{H}_{k-1}^{\mathrm{T}}\\&=\boldsymbol{R}_k\boldsymbol{H}_{k-1}^{\mathrm{T}}+\rho\frac{\boldsymbol{R}_k\boldsymbol{s}_{k-1}}{\boldsymbol{y}_{k-1}^{\mathrm{T}}\boldsymbol{s}_{k-1}}\boldsymbol{s}_{k-1}^{\mathrm{T}}-\frac{\boldsymbol{R}_k\boldsymbol{s}_{k-1}}{\boldsymbol{y}_{k-1}^{\mathrm{T}}\boldsymbol{s}_{k-1}}\boldsymbol{y}_{k-1}^{\mathrm{T}}\boldsymbol{H}_{k-1}^{\mathrm{T}}\end{aligned}$$

$$
= \boldsymbol{R}_k \left(\boldsymbol{I} - \frac{\boldsymbol{s}_{k-1}\boldsymbol{y}_{k-1}^{\mathrm{T}}}{\boldsymbol{y}_{k-1}^{\mathrm{T}}\boldsymbol{s}_{k-1}} \right) \boldsymbol{H}_{k-1}^{\mathrm{T}} + \rho \boldsymbol{R}_k \frac{\boldsymbol{s}_{k-1}\boldsymbol{s}_{k-1}^{\mathrm{T}}}{\boldsymbol{y}_{k-1}^{\mathrm{T}}\boldsymbol{s}_{k-1}}
$$

$$
= \boldsymbol{R}_k \boldsymbol{R}_{k-1} \boldsymbol{H}_{k-1}^{\mathrm{T}} + \rho \boldsymbol{R}_k \frac{\boldsymbol{s}_{k-1}\boldsymbol{s}_{k-1}^{\mathrm{T}}}{\boldsymbol{y}_{k-1}^{\mathrm{T}}\boldsymbol{s}_{k-1}}
$$

对上式反复递推，可得

$$
\boldsymbol{R}_k \boldsymbol{H}_k^{\mathrm{T}} = \prod_{i=0}^{k} \boldsymbol{R}_i \boldsymbol{H}_0^{\mathrm{T}} + \rho \sum_{j=1}^{k-1} \left(\prod_{i=j+1}^{k} \boldsymbol{R}_i \right) \frac{\boldsymbol{s}_{k-1}\boldsymbol{s}_{k-1}^{\mathrm{T}}}{\boldsymbol{y}_{k-1}^{\mathrm{T}}\boldsymbol{s}_{k-1}} \tag{1.377}
$$

将上式代入式(1.358)，就求得了 $\boldsymbol{d}_{k+1}$。由此看出，向量 $\boldsymbol{d}_{k+1}$ 只依赖于参数 ρ。因此，沿 $\boldsymbol{d}_{k+1}$ 方向精确线性搜索得到的 $\boldsymbol{x}_{k+2}$ 也仅依赖于 ρ。

对于确定的 ρ，可得到 Huang 族的一个子族。根据此定理可知，对于一般非二次函数，Huang 族子族产生相同的迭代点列。Broyden 族就是 $\rho = 1$ 的 Huang 族子族，因此也具有同样性质。

最后，我们指出，对于正定二次函数，在精确线性搜索下，若取 $\boldsymbol{H}_0 = \boldsymbol{I}$，则 Huang 族校正公式产生的搜索方向与标准共轭梯度法相同。

事实上，根据定理 1.62，对于正定二次函数，当初始矩阵为对称矩阵时，可将 Huang 族方法的产生的搜索方向写成

$$
\boldsymbol{d}_{k+1} = -\mu_{k+1} \boldsymbol{R}_k \boldsymbol{H}_0^{\mathrm{T}} \boldsymbol{g}_{k+1} \tag{1.378}
$$

其中

$$
\mu_{k+1} = 1 + a_{22} \boldsymbol{y}_k^{\mathrm{T}} \boldsymbol{H}_k^{\mathrm{T}} \boldsymbol{g}_{k+1}, \quad \boldsymbol{R}_k = \boldsymbol{I} - \frac{\boldsymbol{s}_k \boldsymbol{y}_k^{\mathrm{T}}}{\boldsymbol{y}_k^{\mathrm{T}} \boldsymbol{s}_k} \tag{1.379}
$$

又 $\boldsymbol{H}_0 = \boldsymbol{I}$，则

$$
\begin{aligned}
\boldsymbol{d}_{k+1} &= -\mu_{k+1} \boldsymbol{R}_k \boldsymbol{g}_{k+1} \\
&= \mu_{k+1} \left(-\boldsymbol{g}_{k+1} + \frac{\boldsymbol{s}_k \boldsymbol{y}_k^{\mathrm{T}}}{\boldsymbol{y}_k^{\mathrm{T}} \boldsymbol{s}_k} \boldsymbol{g}_{k+1} \right) \\
&= \mu_{k+1} \left(-\boldsymbol{g}_{k+1} + \frac{\boldsymbol{g}_{k+1}^{\mathrm{T}} \boldsymbol{y}_k}{\boldsymbol{d}_k^{\mathrm{T}} \boldsymbol{y}_k} \boldsymbol{d}_k \right)
\end{aligned} \tag{1.380}
$$

又知 FR、PRP 等标准共轭梯度法对于正定二次函数，在精确线性搜索下，β_k 都是等价的，等价公式为

$$
\beta_k = \frac{\boldsymbol{g}_{k+1}^{\mathrm{T}} \boldsymbol{G} \boldsymbol{d}_k}{\boldsymbol{d}_k^{\mathrm{T}} \boldsymbol{G} \boldsymbol{d}_k} = \frac{\boldsymbol{g}_{k+1}^{\mathrm{T}} \boldsymbol{y}_k}{\boldsymbol{d}_k^{\mathrm{T}} \boldsymbol{y}_k} \tag{1.381}
$$

则有

$$
\boldsymbol{d}_{k+1} = \mu_{k+1} \left(-\boldsymbol{g}_{k+1} + \beta_k \boldsymbol{d}_k \right) \tag{1.382}
$$

由此式可以看出，Huang 族方法产生的搜索方向 $\boldsymbol{d}_{k+1}$ 与标准共轭梯度法相同，只是长度不同。在迭代点相同、方向也相同情况下，精确线性搜索必然得到相同迭代点。因此，当初始 $\boldsymbol{x}_0$ 也相同时，两方法产生相同点列。

6. 调比拟牛顿

首先，最速下降法的单步收敛速度定理 1.46 对于各种牛顿型方法成立。即若设一般二次目标函数

$$f(\boldsymbol{x})=\frac{1}{2}\boldsymbol{x}^{\mathrm{T}}\boldsymbol{G}\boldsymbol{x}-\boldsymbol{b}^{\mathrm{T}}\boldsymbol{x} \tag{1.383}$$

其中，是 $n\times n$ 对称正定矩阵，并设精确线性搜索下的牛顿型算法迭代形式为

$$\begin{cases}\boldsymbol{x}_{k+1}=\boldsymbol{x}_k+\alpha_k\boldsymbol{d}_k\\ \boldsymbol{g}_k=\boldsymbol{G}\boldsymbol{x}-\boldsymbol{b}\\ \boldsymbol{d}_k=-\boldsymbol{H}_k^{\mathrm{T}}\boldsymbol{g}_k\\ \alpha_k=\dfrac{-\boldsymbol{d}_k^{\mathrm{T}}\boldsymbol{g}_k}{\boldsymbol{d}_k^{\mathrm{T}}\boldsymbol{G}\boldsymbol{d}_k}\end{cases} \tag{1.384}$$

则下述定理成立。

定理 1.65　设 $\overline{x}$ 是正定二次函数的极小点，则牛顿型算法的单步收敛速度满足下面的界：

$$\frac{f(\boldsymbol{x}_{k+1})-f(\overline{\boldsymbol{x}})}{f(\boldsymbol{x}_k)-f(\overline{\boldsymbol{x}})}\leqslant\frac{(\lambda_1-\lambda_n)^2}{(\lambda_1+\lambda_n)^2} \tag{1.385}$$

$$E(\boldsymbol{x}_{k+1})\leqslant\frac{(\lambda_1-\lambda_n)^2}{(\lambda_1+\lambda_n)^2}E(\boldsymbol{x}_k) \tag{1.386}$$

其中，$E(\boldsymbol{x}_k)=(\boldsymbol{x}_k-\overline{\boldsymbol{x}})^{\mathrm{T}}\boldsymbol{G}(\boldsymbol{x}_k-\overline{\boldsymbol{x}})/2$；$\lambda_1$ 和 λ_n 分别为矩阵 $\boldsymbol{H}_k\boldsymbol{G}$ 的最大和最小特征值，$\boldsymbol{H}_k$ 为对称正定矩阵。

证明　由于

$$\overline{\boldsymbol{x}}=\boldsymbol{x}_k-\boldsymbol{G}^{-1}\boldsymbol{g}_k \tag{1.387}$$

和

$$f(\boldsymbol{x}_k)-f(\overline{\boldsymbol{x}})=\frac{1}{2}\boldsymbol{g}_k^{\mathrm{T}}\boldsymbol{G}^{-1}\boldsymbol{g}_k \tag{1.388}$$

又在精确线性搜索条件下，有

$$f(\boldsymbol{x}_{k+1})=f(\boldsymbol{x}_k)-\frac{1}{2}\alpha_k^2\boldsymbol{g}_k^{\mathrm{T}}\boldsymbol{H}_k\boldsymbol{G}\boldsymbol{H}_k^{\mathrm{T}}\boldsymbol{g}_k$$

故

$$f(\boldsymbol{x}_{k+1})-f(\overline{\boldsymbol{x}})=\frac{1}{2}\boldsymbol{g}_k^{\mathrm{T}}\boldsymbol{G}^{-1}\boldsymbol{g}_k-\frac{1}{2}\alpha_k^2\boldsymbol{g}_k^{\mathrm{T}}\boldsymbol{H}_k\boldsymbol{G}\boldsymbol{H}_k^{\mathrm{T}}\boldsymbol{g}_k$$

从而有

$$\frac{f(\boldsymbol{x}_{k+1})-f(\overline{\boldsymbol{x}})}{f(\boldsymbol{x}_k)-f(\overline{\boldsymbol{x}})}=1-\frac{\left(\boldsymbol{g}_k^{\mathrm{T}}\boldsymbol{H}_k\boldsymbol{g}_k\right)^2}{\left(\boldsymbol{g}_k^{\mathrm{T}}\boldsymbol{G}^{-1}\boldsymbol{g}_k\right)\left(\boldsymbol{g}_k^{\mathrm{T}}\boldsymbol{H}_k\boldsymbol{G}\boldsymbol{H}_k^{\mathrm{T}}\boldsymbol{g}_k\right)}$$

$$=1-\frac{\left(\boldsymbol{z}_k^{\mathrm{T}}\boldsymbol{z}_k\right)^2}{\left(\boldsymbol{z}_k^{\mathrm{T}}\boldsymbol{T}_k\boldsymbol{z}_k\right)\left(\boldsymbol{z}_k^{\mathrm{T}}\boldsymbol{T}_k^{-1}\boldsymbol{z}_k\right)}$$

其中，$\boldsymbol{z}_k=\left(\boldsymbol{H}_k^{1/2}\right)^{\mathrm{T}}\boldsymbol{g}_k,\mathrm{T}_k=\left(\boldsymbol{H}_k^{1/2}\right)\boldsymbol{G}\left(\boldsymbol{H}_k^{1/2}\right)^{\mathrm{T}}$。

完全类似地，

$$\frac{E(\boldsymbol{x}_{k+1})}{E(\boldsymbol{x}_k)}=1-\frac{\left(\boldsymbol{z}_k^{\mathrm{T}}\boldsymbol{z}_k\right)^2}{\left(\boldsymbol{z}_k^{\mathrm{T}}\boldsymbol{T}_k\boldsymbol{z}_k\right)\left(\boldsymbol{z}_k^{\mathrm{T}}\boldsymbol{T}_k^{-1}\boldsymbol{z}_k\right)}$$

利用 Kantorovich 不等式

$$\frac{\left(\boldsymbol{x}^{\mathrm{T}}\boldsymbol{x}\right)^2}{\left(\boldsymbol{x}^{\mathrm{T}}\boldsymbol{G}\boldsymbol{x}\right)\left(\boldsymbol{x}^{\mathrm{T}}\boldsymbol{G}^{-1}\boldsymbol{x}\right)}\geqslant\frac{4\lambda_1\lambda_n}{\left(\lambda_1+\lambda_n\right)^2} \tag{1.389}$$

其中，λ_1 和 λ_n 分别是 $n\times n$ 对称正定矩阵 $\boldsymbol{G}$ 的最大和最小特征值，$\boldsymbol{x}\in\mathbb{R}^n$ 是任意向量。

又 $\boldsymbol{T}_k=\boldsymbol{T}_k^{\mathrm{T}}$，即为对称正定矩阵，故有

$$\frac{f(\boldsymbol{x}_{k+1})-f(\overline{\boldsymbol{x}})}{f(\boldsymbol{x}_k)-f(\overline{\boldsymbol{x}})}\leqslant\frac{\left(\lambda_1-\lambda_n\right)^2}{\left(\lambda_1+\lambda_n\right)^2}$$

$$E(\boldsymbol{x}_{k+1})\leqslant\frac{\left(\lambda_1-\lambda_n\right)^2}{\left(\lambda_1+\lambda_n\right)^2}E(\boldsymbol{x}_k)$$

$\boldsymbol{H}_k$ 为对称正定矩阵，则有 $\boldsymbol{T}_k=\left(\boldsymbol{H}_k^{1/2}\right)\boldsymbol{G}\left(\boldsymbol{H}_k^{1/2}\right)$，这样 $\boldsymbol{H}_k\boldsymbol{G}$ 和 $\boldsymbol{T}_k$ 是相似的，即特征值相同。故定理结论得证。

从这个定理可以看出，为了保证每一步有好的收敛速度，应该使

$$\left(\frac{\lambda_1-\lambda_n}{\lambda_1+\lambda_n}\right)^2\quad 或\quad\left(\frac{\kappa(\boldsymbol{T}_k)-1}{\kappa(\boldsymbol{T}_k)+1}\right)^2 \tag{1.390}$$

尽可能小，其中 $\kappa(\boldsymbol{T}_k)=\lambda_1/\lambda_n$。上式通常称为单步收敛速度。因此，如果 $\boldsymbol{T}_k$ 的条件数 $\kappa(\boldsymbol{T}_k)$ 很大，则单步收敛速度将是差的。为了改善算法的单步收敛速度，我们应该使条件数 $\kappa(\boldsymbol{T}_k)$ 尽可能小。

另外，对于正定二次函数，在精确线性搜索下，DFP 方法及其他 Broyden 族方法满足遗传性质 $\boldsymbol{H}_k\boldsymbol{y}_j=\boldsymbol{H}_k\boldsymbol{G}\boldsymbol{s}_j=\boldsymbol{s}_j\,(j<k)$，又 $\boldsymbol{s}_1,\boldsymbol{s}_2,\cdots,\boldsymbol{s}_j$ 为一组线性无关的共轭向量，这说明矩阵 $\boldsymbol{H}_k\boldsymbol{G}$ 中有 j 个特征值为 1。故 Broyden 族方法在本质上是每次迭代把一个特征值变 1。这样，如果 $\boldsymbol{H}_0\boldsymbol{G}$ 的特征值都大于 1，那么在迭代过程中 $\boldsymbol{H}_k\boldsymbol{G}$ 产生了不理想的特征，当 $\boldsymbol{H}_k$ 为对称矩阵时，$\boldsymbol{H}_k\boldsymbol{G}$ 与 $\boldsymbol{T}_k$ 相似，这表明在迭代过程中 $\boldsymbol{T}_k$ 的特征是不理想的，收敛速度就会降低。

事实上，若设

$$E_k = G^{1/2} H_k G^{1/2}, \quad r_k = G^{1/2} s_k \tag{1.391}$$

显然，E_k 与 $H_k G$ 相似，因而也与 T_k 相似。利用 $y_k = G s_k = G^{1/2} r_k$，于是 DFP 校正公式等价于

$$E_{k+1} = E_k + \frac{r_k r_k^{\mathrm{T}}}{r_k^{\mathrm{T}} r_k} - \frac{E_k r_k r_k^{\mathrm{T}} E_k}{r_k^{\mathrm{T}} E_k r_k} \tag{1.392}$$

这里引入秩一校正矩阵特征值的链锁定理：

定理 1.66 (链锁特征值定理)　设 A 是 $n \times n$ 对称矩阵，将其 n 个特征值进行排序为 $\lambda_1 \geqslant \lambda_2 \geqslant \cdots \geqslant \lambda_n$，又设 $\bar{A} = A + \delta u u^{\mathrm{T}}$，其特征值为 $\bar{\lambda}_1 \geqslant \bar{\lambda}_2 \geqslant \cdots \geqslant \bar{\lambda}_n$，那么

(1) 若 $\delta > 0$，则 $\overline{\lambda_1} \geqslant \lambda_1 \geqslant \overline{\lambda_2} \geqslant \lambda_2 \geqslant \cdots \geqslant \overline{\lambda_n} \geqslant \lambda_n$；

(2) 若 $\delta < 0$，则 $\lambda_1 \geqslant \overline{\lambda_1} \geqslant \lambda_2 \geqslant \overline{\lambda_2} \geqslant \cdots \geqslant \lambda_n \geqslant \overline{\lambda_n}$。

DFP 校正可以看成两次秩一校正。首先，我们可设对称正定 E_k 的特征值为 $\lambda_1 \geqslant \lambda_2 \geqslant \cdots \geqslant \lambda_n > 0$，再设

$$F = E_k - \frac{E_k r_k r_k^{\mathrm{T}} E_k}{r_k^{\mathrm{T}} E_k r_k} \tag{1.393}$$

F 的特征值为 $\mu_1 \geqslant \mu_2 \geqslant \cdots \geqslant \mu_n$。显然，$F \cdot r_k = 0$，即 r_k 是 F 特征值为 0 的特征向量。于是有

$$\lambda_1 \geqslant \mu_1 \geqslant \lambda_2 \geqslant \mu_2 \geqslant \cdots \geqslant \lambda_n > \mu_n = 0 \tag{1.394}$$

由于 $s_1, s_2, \cdots, s_k$ 是 G 共轭的，则 $r_1, r_2, \cdots, r_k$ 必然相互正交。再根据遗传性质可推出，$r_1, r_2, \cdots, r_{k-1}$ 是 F 的特征值为 1 的特征向量。$r_1, r_2, \cdots, r_{k-1}$ 同时也是 E_k 的特征值为 1 的特征向量。这表明这次秩一校正的作用是使 E_k 的特征值整体不增大，同时保留已经变为 1 的特征值及其特征向量，并将其他特征值中的一个特征值变为 0。

DFP 的第二次秩一校正，可以写成

$$E_{k+1} = F + \frac{r_k r_k^{\mathrm{T}}}{r_k^{\mathrm{T}} r_k} \tag{1.395}$$

显然，$E_{k+1} r_k = r_k$，即 r_k 是 E_{k+1} 的特征值为 1 的特征向量。同时，$r_1, r_2, \cdots, r_{k-1}$ 也为 E_{k+1} 的特征值为 1 的特征向量。r_k 是 F 的特征值为 0 的特征向量，且 F 仅有一个特征值为 0。又由于 F 对称，则 F 的不同特征值的特征向量都是正交的，即都与 r_k 正交。因此，F 中的非零特征值都是 E_{k+1} 的特征值，即 E_{k+1} 与 F 唯一不同的特征值是对应于 r_k 的特征值，是 1。 这表明，这次秩一校正作用仅是将 r_k 对应的特征值由 0 变为 1，其他特征值及其特征向量不变。注意到 H_k 为对称矩阵时，E_k 相似于 $H_k G$。可得结论，DFP 方法每次迭代都是保证 $H_k G$ 特征值不增大的同时，把一个特征值变成 1，并把已经变为 1 的特征值及其特征向量保留下来。因此，如果 $H_0 G$ 的特征值都大于 1，则 $H_k G$ 的特征将恶化。

但是，如果 $1 \in [\lambda_n, \lambda_1]$，那么由上面的讨论可知，$E_{k+1}$ 的特征值 $\mu_1, \mu_2, \cdots, \mu_{n-1}$ 和 1 都包含在 $[\lambda_n, \lambda_1]$，从而在这种情况下 DFP 校正将不会使 $H_k G$ 的特征恶化。这个结论对

于$0\leqslant\phi\leqslant1$的 Broyden 族校正都成立。

定理 1.67　设$\boldsymbol{H}_k\boldsymbol{G}$的特征值为$\lambda_1\geqslant\lambda_2\geqslant\cdots\geqslant\lambda_n>0$，假定$1\in[\lambda_n,\lambda_1]$，那么，对任何$\phi$，且$0\leqslant\phi\leqslant1$，$\boldsymbol{H}_{k+1}^{\phi}\boldsymbol{G}$的特征值都包含在$[\lambda_n,\lambda_1]$中，其中$\boldsymbol{H}_k$由 Broyden 族校正公式给出。

证明　对于$\phi=0$的情形，前面已证明。

现在考虑$\phi=1$时的 BFGS 公式。注意到 BFGS 校正公式，

$$\boldsymbol{H}_{k+1}^{-1}=\boldsymbol{H}_k^{-1}+\frac{\boldsymbol{y}_k\boldsymbol{y}_k^{\mathrm{T}}}{\boldsymbol{s}_k^{\mathrm{T}}\boldsymbol{y}_k}-\frac{\boldsymbol{H}_k^{-1}\boldsymbol{s}_k\boldsymbol{s}_k^{\mathrm{T}}\boldsymbol{H}_k^{-1}}{\boldsymbol{s}_k^{\mathrm{T}}\boldsymbol{H}_k^{-1}\boldsymbol{s}_k},\quad \boldsymbol{r}_k=\boldsymbol{G}^{1/2}\boldsymbol{s}_k$$

这等价于

$$\boldsymbol{E}_{k+1}^{-1}=\boldsymbol{E}_k^{-1}+\frac{\boldsymbol{r}_k\boldsymbol{r}_k^{\mathrm{T}}}{\boldsymbol{r}_k^{\mathrm{T}}\boldsymbol{r}_k}-\frac{\boldsymbol{E}_k^{-1}\boldsymbol{r}_k\boldsymbol{r}_k^{\mathrm{T}}\boldsymbol{E}_k^{-1}}{\boldsymbol{r}_k^{\mathrm{T}}\boldsymbol{E}_k^{-1}\boldsymbol{r}_k}\tag{1.396}$$

$\boldsymbol{E}_k^{-1}$的特征值为$1/\lambda_1\leqslant1/\lambda_2\leqslant\cdots\leqslant1/\lambda_n$，显然，$1\in[1/\lambda_1,1/\lambda_n]$。由前面的讨论可知，若$\boldsymbol{E}_{k+1}^{-1}$的特征值为$1/\mu_1\leqslant1/\mu_2\leqslant\cdots\leqslant1/\mu_n$，则它们都包含在$[1/\lambda_1,1/\lambda_n]$，因此，有$1/\lambda_1\leqslant1/\mu_1$，$1/\lambda_n\leqslant1/\mu_n$，即$\mu_1\leqslant\lambda_1$，$\mu_n\leqslant\lambda_n$。这表明$\boldsymbol{E}_{k+1}$的特征值都包含在$[\lambda_n,\lambda_1]$中。从而对于$\phi=1$，结论成立。

容易看出，Broyden 族校正等价于

$$\boldsymbol{E}_{k+1}^{\phi}=\boldsymbol{E}_k+\frac{\boldsymbol{r}_k\boldsymbol{r}_k^{\mathrm{T}}}{\boldsymbol{r}_k^{\mathrm{T}}\boldsymbol{r}_k}-\frac{\boldsymbol{E}_k\boldsymbol{r}_k\boldsymbol{r}_k^{\mathrm{T}}\boldsymbol{E}_k}{\boldsymbol{r}_k^{\mathrm{T}}\boldsymbol{E}_k\boldsymbol{r}_k}+\phi\boldsymbol{u}_k\boldsymbol{u}_k^{\mathrm{T}}\tag{1.397}$$

其中

$$\boldsymbol{u}_k=\boldsymbol{G}^{1/2}\boldsymbol{v}_k=\left(\boldsymbol{r}_k^{\mathrm{T}}\boldsymbol{E}_k\boldsymbol{r}_k\right)^{1/2}\left(\frac{\boldsymbol{r}_k}{\boldsymbol{r}_k^{\mathrm{T}}\boldsymbol{r}_k}-\frac{\boldsymbol{E}_k\boldsymbol{r}_k}{\boldsymbol{r}_k^{\mathrm{T}}\boldsymbol{E}_k\boldsymbol{r}_k}\right)\tag{1.398}$$

故$\boldsymbol{E}_{k+1}^{\phi}$的特征值随着$\phi$单调增加。由于对于$\phi=0$和$\phi=1$，它们的特征值都包含在$[\lambda_n,\lambda_1]$中，故对于$0\leqslant\phi\leqslant1$，它们的特征值也都包含在中$[\lambda_n,\lambda_1]$。注意到$\boldsymbol{E}_{k+1}^{\phi}$与$\boldsymbol{H}_{k+1}^{\phi}\boldsymbol{G}$相似，从而结论得证。

从上面的讨论可知，DFP 方法和一些 Broyden 族方法执行差的一个原因是特征不理想。如果我们调比矩阵$\boldsymbol{H}_k$，使得$\boldsymbol{H}_k\boldsymbol{G}$的特征值分布在 1 的上下，那么$\boldsymbol{E}_k$的特征值结构将得到改善。显然，对于正定二次函数，在精确线性搜索下，只需调比初始矩阵$\boldsymbol{H}_0$。事实上，Broyden 族是把$\boldsymbol{H}_k\boldsymbol{G}$特征值变成 1，同理推出，Huang 族是把$\boldsymbol{H}_k\boldsymbol{G}$特征值变成$\rho$，即 Huang 族自带调比。但对于正定二次函数，在精确线性搜索下，Huang 族与其子族都产生相同迭代点，即收敛速度是一样的且只与$\boldsymbol{H}_0\boldsymbol{G}$的条件数有关，又由于$\boldsymbol{G}$是不变的，故 Huang 族算法的收敛速只与$\boldsymbol{H}_0$选取有关，无须调比矩阵$\boldsymbol{H}_k(k\geqslant1)$。但是，一般来说，对于非二次函数或非精确线性搜索时，调比每一个$\boldsymbol{H}_k$还是有用的。

下面简单介绍几种调比策略。

我们用调比因子γ_k乘以矩阵$\boldsymbol{H}_k$，然后在通常的 Broyden 族校正公式中用$\gamma_k\boldsymbol{H}_k$代替$\boldsymbol{H}_k$，得到

$$\boldsymbol{H}_{k+1}=\left(\boldsymbol{H}_k-\frac{\boldsymbol{H}_k\boldsymbol{y}_k\boldsymbol{y}_k^{\mathrm{T}}\boldsymbol{H}_k}{\boldsymbol{y}_k^{\mathrm{T}}\boldsymbol{H}_k\boldsymbol{y}_k}+\phi\boldsymbol{v}_k\boldsymbol{v}_k^{\mathrm{T}}\right)\gamma_k+\frac{\boldsymbol{s}_k\boldsymbol{s}_k^{\mathrm{T}}}{\boldsymbol{s}_k^{\mathrm{T}}\boldsymbol{y}_k} \tag{1.399}$$

$$\boldsymbol{v}_k=\left(\boldsymbol{y}_k^{\mathrm{T}}\boldsymbol{H}_k\boldsymbol{y}_k\right)^{1/2}\left(\frac{\boldsymbol{s}_k}{\boldsymbol{s}_k^{\mathrm{T}}\boldsymbol{y}_k}-\frac{\boldsymbol{H}_k\boldsymbol{y}_k}{\boldsymbol{y}_k^{\mathrm{T}}\boldsymbol{H}_k\boldsymbol{y}_k}\right) \tag{1.400}$$

其中，ϕ中是 Broyden 族参数，γ_k 是自调比参数。此式称为自调比拟牛顿校正公式。当 $\gamma_k=1$时，它就是 Broyden 族校正公式。虽然调比拟牛顿方法在二次函数情形不保持性质 $\boldsymbol{H}_n=\boldsymbol{G}^{-1}$，但它仍然保持共轭方向性质，从而它对于二次函数至多 n 步收敛到极小点。

另一种调比策略是初始调比方法。开始时令 $\boldsymbol{H}_0=\boldsymbol{I}$，确定 x_1，步长因子 α_0 由某种线性搜索准则确定，以保证目标函数充分下降。一旦 x_1 确定了，在计算 $\boldsymbol{H}_1$之前，用

$$\gamma_0=\alpha_0, \quad \bar{\boldsymbol{H}}_0=\gamma_0\boldsymbol{H}_0 \tag{1.401}$$

调比 $\boldsymbol{H}_0$，然后由 $\bar{\boldsymbol{H}}_0$ 计算 $\boldsymbol{H}_1$。调比因子 γ_0 也可由下式确定：

$$\gamma_0=\frac{\boldsymbol{s}_0^{\mathrm{T}}\boldsymbol{y}_0}{\boldsymbol{y}_0^{\mathrm{T}}\boldsymbol{H}_0\boldsymbol{y}_0} \tag{1.402}$$

初始调比方法与自调比方法每次迭代都进行调比，而初始调比方法仅仅在第一次迭代调比 $\boldsymbol{H}_0$，以后各次迭代并不进行调比。数值结果表明：对于曲率变化比较平稳的问题，初始调比方法既简单又相当有效。

另外，还有一种调比策略是极小化拟牛顿校正 $\boldsymbol{H}_k$ 的条件数来选取调比因子和 Broyden 族参数。因为从数值观点来看，小的条件数将改善算法的数值稳定性。我们把这样得到的自调比校正称为最优条件自调比校正。设

$$\sigma=\boldsymbol{s}_k^{\mathrm{T}}\boldsymbol{y}_k, \quad \tau=\boldsymbol{y}_k^{\mathrm{T}}\boldsymbol{H}_k\boldsymbol{y}_k, \quad \varepsilon=\boldsymbol{s}_k^{\mathrm{T}}\boldsymbol{H}_k^{-1}\boldsymbol{s}_k \tag{1.403}$$

将自调比拟牛顿校正改写为

$$\begin{aligned}\boldsymbol{H}_{k+1}=&\gamma_k\boldsymbol{H}_k+\frac{\sigma+\gamma_k\phi\tau}{\sigma^2}\boldsymbol{s}_k\boldsymbol{s}_k^{\mathrm{T}}+\frac{\gamma_k(\phi-1)}{\tau}\boldsymbol{H}_k\boldsymbol{y}_k\boldsymbol{y}_k^{\mathrm{T}}\boldsymbol{H}_k\\&-\frac{\gamma_k\phi}{\sigma}(\boldsymbol{s}_k\boldsymbol{y}_k^{\mathrm{T}}\boldsymbol{H}_k+\boldsymbol{H}_k\boldsymbol{y}_k\boldsymbol{s}_k^{\mathrm{T}})\end{aligned} \tag{1.404}$$

其中要求$0\leqslant\phi\leqslant1$，$\sigma/\tau\leqslant\gamma_k\leqslant\varepsilon/\sigma$。

实际上，Huang 族对称校正公式可以写成

$$\begin{aligned}\boldsymbol{H}_{k+1}=&\boldsymbol{H}_k+\frac{\rho\sigma+\phi\tau}{\sigma^2}\boldsymbol{s}_k\boldsymbol{s}_k^{\mathrm{T}}+\frac{\phi-1}{\tau}\boldsymbol{H}_k\boldsymbol{y}_k\boldsymbol{y}_k^{\mathrm{T}}\boldsymbol{H}_k\\&-\frac{\phi}{\sigma}(\boldsymbol{s}_k\boldsymbol{y}_k^{\mathrm{T}}\boldsymbol{H}_k+\boldsymbol{H}_k\boldsymbol{y}_k\boldsymbol{s}_k^{\mathrm{T}})\end{aligned} \tag{1.405}$$

对式(1.404)和式(1.405)可知，若 $\gamma_k=1/\rho$，则两式完全相同，说明 Huang 族对称校正公式与最优条件自调比校正是等价的，即 Huang 族对称校正本身就是调比算法。

非线性调比是在自调比拟牛顿校正基础上发展的，使校正更具一般性，能够更好地适应非二次目标函数。一般地，我们可以将双参数自调比校正推广为如下三参数校正公式：

$$\boldsymbol{H}_{k+1}=\gamma_k \boldsymbol{H}_k+\frac{\sigma+\gamma_k \phi \tau}{\sigma^2} \boldsymbol{s}_k \boldsymbol{s}_k^{\mathrm{T}}+\frac{\gamma_k(\phi-1)}{\tau} \boldsymbol{H}_k \boldsymbol{y}_k \boldsymbol{y}_k^{\mathrm{T}} \boldsymbol{H}_k -\frac{\gamma_k \phi}{\sigma}\left(\boldsymbol{s}_k \boldsymbol{y}_k^{\mathrm{T}} \boldsymbol{H}_k+\boldsymbol{H}_k \boldsymbol{y}_k \boldsymbol{s}_k^{\mathrm{T}}\right) \tag{1.406}$$

其中

$$\boldsymbol{y}_k=\boldsymbol{g}_{k+1}-\psi_k \boldsymbol{g}_k \tag{1.407}$$

三个参数为ϕ，γ_k，ψ_k。其中，ϕ是 Broyden 族参数，γ_k是线性调比参数，ψ_k为非线性调比参数。

1.6.5　信赖域法

假设目标函数f具有二阶连续偏导数，在迭代点$\boldsymbol{x}_k$处可对$f(\boldsymbol{x})$进行二阶 Taylor 展开近似，有

$$f\left(\boldsymbol{x}_k+\boldsymbol{s}\right) \approx \varphi(\boldsymbol{s})=f\left(\boldsymbol{x}_k\right)+\boldsymbol{g}_k^{\mathrm{T}} \boldsymbol{s}+\frac{1}{2} \boldsymbol{s}^{\mathrm{T}} \boldsymbol{G}_k \boldsymbol{s} \tag{1.408}$$

并以$\varphi(\boldsymbol{s})$的极小点$\boldsymbol{s}_k$修正$\boldsymbol{x}_k$，得到$\boldsymbol{x}_{k+1}=\boldsymbol{x}_k+\boldsymbol{s}$，这也是牛顿法的迭代思想。但是，这种方法只能保证算法的局部收敛性，即只有当$\boldsymbol{s}$充分小时，$\varphi(\boldsymbol{s})$才能逼近$f(\boldsymbol{x})$。为了建立算法的总体收敛性，前面介绍了一维搜索技术。若采用一维搜索的方法，都是先确定搜索方向$\boldsymbol{d}_k$，再选择一个缩短了的步长α_k，即$\boldsymbol{s}_k=\alpha_k \boldsymbol{d}_k$。虽然这种策略是成功的，但它有一个缺点，即没有进一步利用这个n维二次函数近似式。

在本节中我们介绍另一种新的保证算法总体收敛的方法——信赖域法，它不仅可以用来代替一维搜索，而且也可以解决 Hessian 矩阵$\boldsymbol{G}_k$不正定和$\boldsymbol{x}_k$为鞍点等困难。这种方法首先选择一个缩短了的步长，然后利用n维二次函数近似式选择搜索方向，即先确定一个步长上界h_k，并由此定义$\boldsymbol{x}_k$的邻域N_k，

$$N_k=\left\{\boldsymbol{x x}-\boldsymbol{x}_k \leqslant h_k\right\} \tag{1.409}$$

此时，称邻域N_k为信赖域，称参数h_k为信赖域半径。假定在这个邻域中$\varphi(\boldsymbol{s})$与目标函数$f(\boldsymbol{x}_k+\boldsymbol{s})$一致，即二阶 Taylor 展开式是目标函数$f(\boldsymbol{x}_k+\boldsymbol{s})$的一个合适的逼近，然后用$n$维二次函数$\varphi(\boldsymbol{s})$确定搜索方向$\boldsymbol{d}_k$，并取$\boldsymbol{x}_{k+1}=\boldsymbol{x}_k+\boldsymbol{d}_k$。这种方法既具有牛顿法的快速局部收敛性，又具有理想的总体收敛性。由于步长受到使 Taylor 展开式有效的信赖域的限制，故该方法又称为限步长方法。这样求目标函数$f(\boldsymbol{x})$极小的问题就变为求一系列信赖域子问题

$$\begin{cases}\min \varphi(\boldsymbol{d}_k)=f(\boldsymbol{x}_k)+\boldsymbol{g}_k^{\mathrm{T}} \boldsymbol{d}_k+\dfrac{1}{2} \boldsymbol{d}_k^{\mathrm{T}} \boldsymbol{G}_k \boldsymbol{d}_k \\ \text{s.t.}\left\|\boldsymbol{d}_k\right\| \leqslant h_k\end{cases} \tag{1.410}$$

值得注意的是，这里的范数没有指明，可以利用l_2范数$\|\cdot\|_2$，l_∞范数$\|\cdot\|_\infty$，也可以利用椭球范数$\|\cdot\|_G$或其他范数。一般采用$\|\cdot\|_2$，如下面介绍的信赖域 LM(利文贝格–马夸特，Levenberg-Marquardt)法，也有的方法采用$\|\cdot\|_\infty$，如 Fletcher 的超立方体方法。另外，逼近

函数 $\varphi(\boldsymbol{s})$ 中的 $\boldsymbol{G}_k$ 是目标函数的 Hessian 矩阵，如果 Hessian 矩阵难以计算或不好利用，则可利用有限差分近似 $\boldsymbol{G}_k$，或者利用拟牛顿法构造 Hessian 近似。

1. 信赖域半径的确定

首先要解决的是信赖域半径的存在性问题。

定理 1.68　若 $\nabla f(\boldsymbol{x}_k) \neq 0$，则存在 $h_k > 0$，使得信赖域子问题的全局极小点 $\boldsymbol{d}_k$ 满足 $f(\boldsymbol{x}_k + \boldsymbol{d}_k) < f(\boldsymbol{x}_k)$。

证明　反证法。假设结论不成立，令 $h_k = 1/k\,(k=1,2,\cdots)$，则存在信赖域子问题的全局极小点 $\boldsymbol{d}_k$，使得

$$f(\boldsymbol{x}_k + \boldsymbol{d}_k) \geqslant f(\boldsymbol{x}_k), \quad k=1,2,\cdots \tag{1.411}$$

若 $\boldsymbol{d}_k = 0$，则由 $\boldsymbol{d}_k$ 是子问题的全局极小点可知，$\boldsymbol{d}_k$ 也是函数 $\varphi_k(\boldsymbol{d}_k)$ 的一个局部极小点，从而可得

$$f(\boldsymbol{x}_k) = \nabla\varphi_k(\boldsymbol{0}) = 0$$

与条件矛盾。

若 $\boldsymbol{d}_k = 0$，则 $0 < \boldsymbol{d}_k \leqslant h_k$，从而 $\lim\limits_{k\to\infty}\|\boldsymbol{d}_k\| = 0$。记 $p_k = d_k / \| d_k \|$，则 $\{p_k\}$ 是有界点列，于是存在收敛的子列 $\{p_{k_m}\}$，设 $\lim\limits_{m\to\infty}\boldsymbol{p}_{k_m} = \overline{p}$，显然 $\overline{p} = 1$。

根据一阶 Taylor 展开式，有

$$f(\boldsymbol{x}_k + \boldsymbol{d}_{k_m}) = f(\boldsymbol{x}_k) + \nabla f(\boldsymbol{x}_k)^{\mathrm{T}}\boldsymbol{d}_{k_m} + o(\|\boldsymbol{d}_{k_m}\|), \quad m=1,2,\cdots$$

所以由假设式(1.411)，有

$$\nabla f(\boldsymbol{x}_k)^{\mathrm{T}}\boldsymbol{d}_{k_m} + o(\|\boldsymbol{d}_{k_m}\|) \geqslant 0, \quad m=1,2,\cdots$$

上式两边同除以 $\boldsymbol{d}_{k_m}$，再令 $m\to\infty$，得

$$\nabla f(\boldsymbol{x}_k)^{\mathrm{T}}\overline{\boldsymbol{p}} \geqslant 0 \tag{1.412}$$

另外，因 $\boldsymbol{d}_{k_m}$ 是信赖域子问题的全局极小点，故必有

$$\varphi_k(\boldsymbol{d}_{k_m}) = \varphi_k\left(-\boldsymbol{d}_{k_m}\frac{\nabla f(\boldsymbol{x}_k)}{\nabla f(\boldsymbol{x}_k)}\right), \quad m=1,2,\cdots$$

即

$$\begin{aligned}&\boldsymbol{d}_{k_m}\nabla f(\boldsymbol{x}_k)^{\mathrm{T}}\boldsymbol{p}_{k_m} + \frac{\boldsymbol{d}_{k_m}{}^2}{2}\boldsymbol{p}_{k_m}^{\mathrm{T}}\nabla^2 f(\boldsymbol{x}_k)\boldsymbol{p}_{k_m}\\ &\leqslant -\boldsymbol{d}_{k_n}\nabla f(\boldsymbol{x}_k) + \frac{\boldsymbol{d}_{k_n}{}^2}{2\nabla f(\boldsymbol{x}_k)^2}\nabla f(\boldsymbol{x}_k)^{\mathrm{T}}\nabla^2 f(\boldsymbol{x}_k)\nabla f(\boldsymbol{x}_k), \quad m=1,2,\cdots\end{aligned}$$

上式两边同除以 $\|\boldsymbol{d}_{k_m}\|$，再令 $m\to\infty$，得

$$\nabla f(\boldsymbol{x}_k)^{\mathrm{T}}\overline{\boldsymbol{p}} \leqslant -\nabla f(\boldsymbol{x}_k) < 0$$

此与式(1.412)矛盾。

这个定理指出信赖域半径是存在的。下面来讨论信赖域半径的选取方法。一般地，当 $\varphi_k(\boldsymbol{d}_k)$ 逼近 $f(\boldsymbol{x}_k+\boldsymbol{d}_k)$ 到一定程度时，应选取尽可能大的 h_k，加快迭代速度。设 $\nabla f(\boldsymbol{x}_k)$ 为 f 在第 k 步的实际下降量为

$$\nabla f_k = f_k(\boldsymbol{x}_k) - f(\boldsymbol{x}_k + \boldsymbol{d}_k) \tag{1.413}$$

$\Delta\varphi_k$ 为对应的预测下降量，

$$\Delta\varphi_k = f_k(\boldsymbol{x}_k) - \varphi_k(\boldsymbol{d}_k)$$

定义实际下降量与预测下降量的比值为

$$r_k = \frac{\Delta f_k}{\Delta\varphi_k}$$

用它来衡量二次函数 $\varphi_k(\boldsymbol{d}_k)$ 与目标函数 $f(\boldsymbol{x}_k+\boldsymbol{d}_k)$ 的近似程度。r_k 越接近 1，表明近似程度越好。下面给出一个简单的模式算法，它自适应地改变 h_k，并且在使 h_k 尽可能大的同时，尽量保持二次函数与目标函数一致。

算法 1.6.11 (信赖域法)

(1) 选取初始数据。选取初始点 x_0，给定允许误差 $\varepsilon>0$，初始信赖域半径 $h_0>0$，$0<\beta<\gamma<1$，$0<\theta<1$，$\rho>1$，令 $k=0$。

(2) 检验是否满足终止准则。计算 $\nabla f(\boldsymbol{x}_k)$ 和 $\nabla^2 f(\boldsymbol{x}_k)$，若 $\|\nabla f(\boldsymbol{x}_k)\|<\varepsilon$，迭代终止，$\boldsymbol{x}_k$ 为近似最优解；否则，转(3)。

(3) 求解信赖域子问题，得到解 $\boldsymbol{d}_k$。

(4) 计算 $f(\boldsymbol{x}_k+\boldsymbol{d}_k)$ 和 r_k 值。

(5) 若 $r_k<\beta$，则令 $h_{k+1}=\theta\|\boldsymbol{d}_k\|$；若 $r_k>\gamma$，且 $\|\boldsymbol{d}_k\|=h_k$，则令 $h_{k+1}=\rho h_k$；否则，令 $h_{k+1}=h_k$。

(6) 若 $r_k\leqslant 0$，令 $\boldsymbol{x}_{k+1}=\boldsymbol{x}_k$；否则，令 $\boldsymbol{x}_{k+1}=\boldsymbol{x}_k+\boldsymbol{d}_k$。

(7) 令 $k:=k+1$，转(2)。

根据经验，可选取信赖域法中参数 $h_0=\nabla f(\boldsymbol{x}_0)$，$\beta=0.25$，$\gamma=0.75$，$\rho=2$，$\theta=0.25$。算法对这些常数的变化不太敏感，可根据具体情况自行选取。另外，也可根据多项式插值选取 h_k。

信赖域法的计算框图如图 1.55 所示。

2. 信赖域法的收敛性

在适当的条件下，信赖域法具有全局收敛性，并且是二阶收敛的。下面我们仅就 l_2 范数给出方法的总体收敛性证明。类似地，利用范数等价性定理，可以知道其总体收敛性对其他范数也成立。

定理 1.69 (信赖域法总体收敛性定理) 设 $S\subset\mathbb{R}^n$ 是有界集，$\boldsymbol{x}_k\in S,\forall k$，若 f 二阶连续可微，在有界集 S 上 $\|\boldsymbol{G}_{k2}\|\leqslant M$，$M>0$，则信赖域算法产生一个满足一阶必要条件和二阶充分条件的聚点 $\bar{\boldsymbol{x}}$。

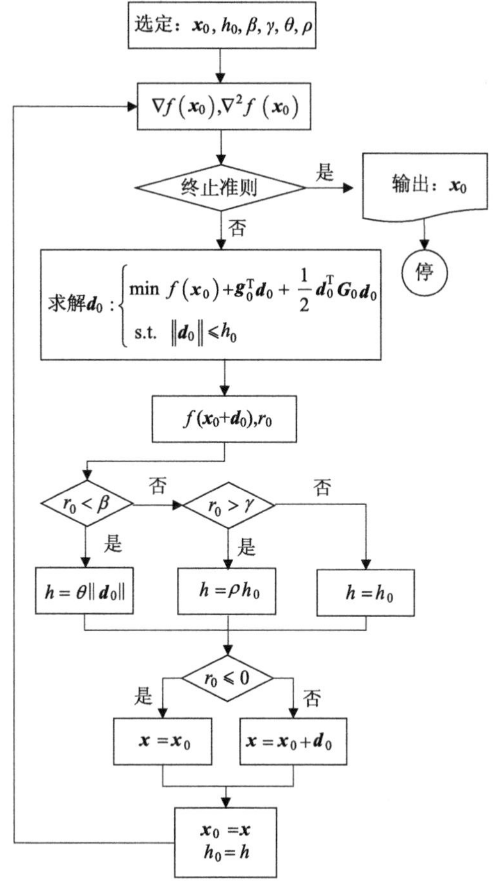

图 1.55　信赖域法的计算框图

证明　由算法产生的序列中存在一个子序列，或者满足 $r_k<\beta$ (通常取 0.25)，$h_{k+1}\to 0$ (因而 $\|s_k\|\to 0$)，或者满足 $r_k\geqslant\beta$，$\min\{h_k\}>0$。取 $\bar{x}$ 为这样的子序列的任一聚点。

先考虑 $r_k<\beta$ 情形。假定 $\bar{g}\neq 0$，根据信赖域迭代算法知，当 $r_k<\beta$ 时，对任何 x_k 采用最速下降法，有

$$\varphi_k(-\alpha g_k/g_{k2})=f(x_k)-\alpha g_{k2}+\frac{1}{2}\alpha^2 g_k^{\mathrm{T}}G_k g_k/g_{k2}^2 \tag{1.414}$$

若 $g_k^{\mathrm{T}}G_k g_k>0$，则当

$$\alpha_{\min}=g_{k2}^3/\left(g_k^{\mathrm{T}}G_k g_k\right)$$

时，$\varphi_k(-\alpha g_k/\|g_k\|_2)$ 取极小值。又有

$$\Delta\varphi_{\min}=f_k(x_k)-\varphi_k(-\alpha_{\min}g_k/g_{k2})=\frac{1}{2}g_{k2}^4/\left(g_k^{\mathrm{T}}G_k g_k\right)$$

由于 $d=-h_k g_k/\|g_k\|_2$ 对于信赖域子问题是可行的，故有

$$\begin{aligned}\Delta\varphi_k &= f_k(\boldsymbol{x}_k) - \varphi_k(\boldsymbol{d}_k) \\ &\geqslant f_k(\boldsymbol{x}_k) - \varphi_k(\boldsymbol{d}) \\ &= f_k(\boldsymbol{x}_k) - \varphi_k(-h_k\boldsymbol{g}_k / \boldsymbol{g}_{k2}) \\ &= h_k\boldsymbol{g}_{k2} - \frac{1}{2}h_k^2\boldsymbol{g}_k^{\mathrm{T}}\boldsymbol{G}_k\boldsymbol{g}_k/\boldsymbol{g}_{k2}^2 \\ &= \frac{h_k\Delta\varphi_{\min}}{\alpha_{\min}}\left(2 - \frac{h_k}{\alpha_{\min}}\right)\end{aligned} \tag{1.415}$$

因此，$h_k \to 0$，$\alpha_{\min} \geqslant \boldsymbol{g}_{k2} / M \to \bar{\boldsymbol{g}}_2 / M > 0$，从而对所有充分大的 k，有

$$\Delta\varphi_k \geqslant \frac{h_k\Delta\varphi_{\min}}{\alpha_{\min}} = \frac{1}{2}h_k\boldsymbol{g}_{k2} \tag{1.416}$$

若 $\boldsymbol{g}_k^{\mathrm{T}}\boldsymbol{G}_k\boldsymbol{g}_k < 0$，从式(1.415)中第四式也可直接得出这一结果。因此，当 $\| \boldsymbol{s}_k \| \to 0$ 时，

$$\frac{\boldsymbol{d}_{k2}^2}{\Delta\varphi_k} \leqslant \frac{2\boldsymbol{d}_{k2}^2}{h_k\boldsymbol{g}_{k2}} \leqslant \frac{2}{\boldsymbol{g}_{k2}}\boldsymbol{d}_{k2} \to 0 \tag{1.417}$$

今由 Taylor 展开式，有

$$\Delta f_k = \Delta\varphi_k + o(\|\boldsymbol{d}_k\|_2^2)$$

于是得到

$$r_k = \Delta f_k / \Delta\varphi_k \to 1$$

这与 $r_k < \beta$ 矛盾。从而有 $\bar{\boldsymbol{g}} = 0$。

再假定 $\bar{\boldsymbol{G}}$ 的最小特征值 $\lambda < 0$，其对应的单位特征向量为 $\boldsymbol{V}$。考虑 $\boldsymbol{x}_k + h_k\boldsymbol{v}$，$\boldsymbol{V}$ 满足下降性，即 $\boldsymbol{v}^{\mathrm{T}}\boldsymbol{g}_k \leqslant 0$。于是，类似地，由对于信赖域子问题的可行性，有

$$\begin{aligned}\Delta\varphi_k &\geqslant -h_k\boldsymbol{v}^{\mathrm{T}}\boldsymbol{g}_k - \frac{1}{2}h_k^2\boldsymbol{v}^{\mathrm{T}}\boldsymbol{G}_k\boldsymbol{v} \\ &\geqslant -\frac{1}{2}h_k^2\boldsymbol{v}^{\mathrm{T}}\boldsymbol{G}_k\boldsymbol{v} \\ &\geqslant -\frac{1}{2}h_k^2\lambda\end{aligned}$$

注意到 $\Delta f_k = \Delta\varphi_k + o(\boldsymbol{d}_{k2}^2)$，从而得到

$$r_k = \Delta f_k / \Delta\varphi_k \to 1$$

这又与 $r_k < \beta$ 矛盾。从而 $\bar{\boldsymbol{G}}$ 是半正定的。

现在考虑 $r_k < \beta$ 情形。注意到

$$f_k - \bar{f} \geqslant \sum_k \Delta f_k$$

由于 $r_k \geqslant \beta$，故有

$$\sum_k \Delta f_k \geqslant \beta \sum_k \Delta\varphi_k$$

可知，$\Delta\varphi_k \to 0$。以 $\bar{\boldsymbol{x}}$ 为起始点，$\boldsymbol{d}$ 为搜索方向，近似二次函数可定义为

$$\bar{\varphi}(\boldsymbol{d})=\bar{f}+\boldsymbol{d}^{\mathrm{T}}\bar{\boldsymbol{g}}+\frac{1}{2}\boldsymbol{d}^{\mathrm{T}}\bar{\boldsymbol{G}}\boldsymbol{d}$$

设 $\bar{h}$ 满足 $0<\hat{h}<\min\{h_k\}$，又设 $\hat{\boldsymbol{d}}$ 是 $\bar{\varphi}(\boldsymbol{d})$ 在约束条件 $\|\boldsymbol{d}\|_2\leqslant\hat{h}$ 之下的全局极小点。$\|\hat{\boldsymbol{d}}\|_2\leqslant\hat{h}<\bar{h}$ 在信赖域 $\left\{\boldsymbol{x}\|\boldsymbol{x}-\bar{\boldsymbol{x}}\|\leqslant\bar{h}\right\}$ 内一定是可行的，这样

$$\bar{\varphi}(\hat{\boldsymbol{d}})\geqslant\bar{\varphi}(\bar{\boldsymbol{d}})$$

已知 $\bar{\boldsymbol{d}}=\lim\limits_{k\to\infty}\boldsymbol{d}_k=0$，因此 $\bar{\boldsymbol{d}}=0$ 是 $\bar{\varphi}(\boldsymbol{d})$ 在约束条件 $\|\boldsymbol{d}\|_2\leqslant\hat{h}$ 之下的全局极小点。注意到 $\bar{h}>0$，故这时约束 $\|\boldsymbol{d}\|_2\leqslant\hat{h}$ 是无效约束，根据 KT 条件，其对应的拉格朗日乘子为零，从而约束问题

$$\begin{cases}\min\bar{\varphi}(\boldsymbol{d})\\ \text{s.t.}\|\boldsymbol{d}\|_2\leqslant\bar{h}\end{cases}$$

等价于无约束问题

$$\min\bar{\varphi}(\boldsymbol{d})$$

则在点 $\bar{\boldsymbol{x}}$ 处满足一阶必要条件 $\bar{\boldsymbol{g}}=0$，二阶充分条件 $\bar{\boldsymbol{G}}$ 半正定。

如果再加上较强的假设，我们可以得到算法是二阶收敛的结果。

定理 1.70　如果定理 1.69 中的聚点 $\bar{\boldsymbol{x}}$ 还满足 f 的 Hessian 矩阵 $\bar{\boldsymbol{G}}$ 是正定的条件，那么，对于主序列，有 $r_k\to 1$，$\boldsymbol{x}_k\to\bar{\boldsymbol{x}}$，$\min\{h_k\}>0$，以及对于充分大的 k，约束 $\|\hat{\boldsymbol{d}}_k\|_2<h_k$。此外，收敛速度是二阶的。

证明　假定算法产生的序列 $\boldsymbol{x}_k\to\bar{\boldsymbol{x}}$ 属于定理 1.69 中第一种情形，即 $r_k<\beta$，$h_{k+1}\to 0$。考虑无信赖域约束时二次函数全局极小点 $\hat{\boldsymbol{d}}_k=-\boldsymbol{G}_k^{-1}\boldsymbol{g}_k$。由于 $\bar{\boldsymbol{G}}$ 正定，则对充分大的 $\boldsymbol{k}$，上述方向 $\hat{\boldsymbol{d}}_k$ 可求且为下降方向。

若 $\|\hat{\boldsymbol{d}}_k\|_2<h_k$，即在可行域内，则信赖域子问题的全局极小点 $\boldsymbol{d}_k=\hat{\boldsymbol{d}}_k$，从而

$$\begin{aligned}\Delta\varphi_k&=f_k-\varphi_k(\boldsymbol{d}_k)\\&=-\boldsymbol{g}_k^{\mathrm{T}}\boldsymbol{d}_k-\boldsymbol{d}_k^{\mathrm{T}}\boldsymbol{G}_k\boldsymbol{d}_k/2\\&=\left(\boldsymbol{G}_k\boldsymbol{d}_k\right)^{\mathrm{T}}\boldsymbol{d}_k-\boldsymbol{d}_k^{\mathrm{T}}\boldsymbol{G}_k\boldsymbol{d}_k/2\\&=\boldsymbol{d}_k^{\mathrm{T}}\boldsymbol{G}_k\boldsymbol{d}_k/2\geqslant\lambda_k\boldsymbol{d}_{k2}^{\ 2}/2\end{aligned}\tag{1.418}$$

其中，λ_k 是 G_k 的最小特征值。

若 $\|\hat{\boldsymbol{d}}_k\|_2>h_k$，即不在可行域内，又由最优性可知，在可行域内，$\varphi_k(\boldsymbol{d}_k)$ 值最小，即有 $\varphi_k(\boldsymbol{d}_k)\leqslant\varphi_k\left(h_k\hat{\boldsymbol{d}}_k/\|\hat{\boldsymbol{d}}_k\|_2\right)$，则有

$$\begin{aligned}\Delta\varphi_k&=f_k-\varphi_k(\boldsymbol{d}_k)\\&\geqslant f_k-\varphi_k\left(h_k\hat{\boldsymbol{d}}_k/\|\hat{\boldsymbol{d}}_k\|_2\right)\\&=-h_k\boldsymbol{g}_k^{\mathrm{T}}\hat{\boldsymbol{d}}_k/\|\hat{\boldsymbol{d}}_k\|_2-\frac{1}{2}h_k^2\hat{\boldsymbol{d}}_k^{\mathrm{T}}\boldsymbol{G}_k\hat{\boldsymbol{d}}_k/\|\hat{\boldsymbol{d}}_k\|_2^2\end{aligned}$$

$$
\begin{aligned}
&= h_k \left(\boldsymbol{G}_k \hat{\boldsymbol{d}}_k \right)^{\mathrm{T}} \hat{\boldsymbol{d}}_k / \left\| \hat{\boldsymbol{d}}_k \right\|_2 - \frac{1}{2} h_k^2 \hat{\boldsymbol{d}}_k^{\mathrm{T}} \boldsymbol{G}_k \hat{\boldsymbol{d}}_k / \left\| \hat{\boldsymbol{d}}_k \right\|_2^2 \\
&\geqslant \frac{1}{2} h_k \hat{\boldsymbol{d}}_k^{\mathrm{T}} \boldsymbol{G}_k \hat{\boldsymbol{d}}_k / \left\| \hat{\boldsymbol{d}}_k \right\|_2 \geqslant \frac{1}{2} h_k \lambda_k \left\| \hat{\boldsymbol{d}}_k \right\|_2 \\
&\geqslant \frac{1}{2} h_k^2 \lambda_k \geqslant \frac{1}{2} \lambda_k \left\| \hat{\boldsymbol{d}}_k \right\|_2^2
\end{aligned} \tag{1.419}
$$

式(1.418)和式(1.419)表明，

$$
\varphi_k\left(\boldsymbol{d}_k\right) \geqslant \frac{1}{2} \lambda_k \left\| \boldsymbol{d}_k \right\|_2^2
$$

总成立。注意到$\Delta f_k = \Delta \varphi_k + o(\|\boldsymbol{d}_k\|_2^2)$，从而得到

$$
r_k = \frac{\Delta f_k}{\Delta \varphi_k} = 1 + \frac{o\left(\left\| \boldsymbol{d}_k \right\|_2^2\right)}{\Delta \varphi_k} \to 1 \tag{1.420}
$$

这与$r_k < \beta$矛盾。从而序列$\boldsymbol{x}_k \to \bar{\boldsymbol{x}}$不属于第一种情形，而属于第二种情形，且有$r_k \to 1$，$\min\{h_k\} > 0$。又$\boldsymbol{x}_k \to \bar{\boldsymbol{x}}$，必有$\boldsymbol{d}_k \to 0$，于是，当$k$充分大时必有$\left\| \hat{\boldsymbol{d}}_k \right\|_2 < h_k$。此时，信赖域约束$\left\| \hat{\boldsymbol{d}}_k \right\|_2 < h_k$已是无效约束，算法变成了牛顿迭代。由牛顿收敛性质可知，当$\boldsymbol{x}_k$充分接近$\bar{\boldsymbol{x}}$时，$\bar{\boldsymbol{G}}$又正定，牛顿迭代具有二阶收敛速度，故信赖域算法也具有二阶收敛速度。

3. 信赖域 LM 法

我们知道，信赖域子问题中可行域约束的范数没有指明，而取l_2范数是最重要的一类信赖域约束。l_2范数约束下的信赖域子问题可表示成

$$
\begin{cases}
\min \varphi_k\left(\boldsymbol{d}_k\right) = f\left(\boldsymbol{x}_k\right) + \boldsymbol{g}_k^{\mathrm{T}} \boldsymbol{d}_k + \dfrac{1}{2} \boldsymbol{d}_k^{\mathrm{T}} \boldsymbol{G}_k \boldsymbol{d}_k \\
\text{s.t.} \left\| \boldsymbol{d}_k \right\|_2 \leqslant \boldsymbol{h}_k
\end{cases} \tag{1.421}
$$

根据约束最优化问题的最优性条件，我们可以定义拉格朗日函数

$$
L\left(\boldsymbol{d}, \lambda_k\right) = \varphi_k\left(\boldsymbol{d}\right) + \frac{1}{2} \lambda_k \left(\boldsymbol{d}^{\mathrm{T}} \boldsymbol{d} - h_k^2\right)
$$

其中，λ_k为 Lagrange 乘子，可将信赖域子问题转化为求函数极值的无约束最优化问题。这样，信赖域子问题全局极小点$\boldsymbol{d}_k$满足的 KT 条件为

$$
\begin{cases}
\nabla_{\boldsymbol{d}} L\left(\boldsymbol{d}_k, \lambda_k\right) = 0 \\
\boldsymbol{d}_k^{\mathrm{T}} \boldsymbol{d}_k - h_k^2 \leqslant 0 \\
\lambda_k \left(\boldsymbol{d}_k^{\mathrm{T}} \boldsymbol{d}_k - h_k^2\right) = 0 \\
\lambda_k \geqslant 0
\end{cases} \tag{1.422}
$$

定理 1.71 设$\boldsymbol{d}_k$是信赖域子问题的可行点，则$\boldsymbol{d}_k$为子问题的全局极小点的充要条件是存在数$\lambda_k \geqslant 0$，使得

$$\begin{cases}(\boldsymbol{G}_k+\lambda_k\boldsymbol{I})\boldsymbol{d}_k=-\boldsymbol{g}_k\\ \lambda_k\left(\boldsymbol{d}_k^{\mathrm{T}}\boldsymbol{d}_k-h_k^2\right)=0\end{cases} \tag{1.423}$$

并且 $\boldsymbol{G}_k+\lambda_k\boldsymbol{I}$ 是半正定矩阵。

证明　必要性。设 $\boldsymbol{d}_k$ 为信赖域子问题的全局极小点，则 KT 条件成立，即证明了式(1.423)成立。再证 $\boldsymbol{G}_k+\lambda_k\boldsymbol{I}$ 是半正定矩阵。

当 $\|\boldsymbol{d}_k\|_2<h_k$ 时，$\lambda_k=0$，则 $\boldsymbol{d}_k$ 是函数 $\varphi_k(\boldsymbol{d})$ 的局部极小点，故 $\nabla^2\varphi_k(\boldsymbol{d}_k)=\boldsymbol{G}_k$ 是半正定矩阵，即 $\boldsymbol{G}_k+\lambda_k\boldsymbol{I}$ 也是半正定矩阵。

当 $\|\boldsymbol{d}_k\|_2=h_k$ 时，由 $h_k>0$ 知 $\boldsymbol{d}_k\neq\boldsymbol{0}$。根据式(1.423)中的第 1 式，对于一切 $\boldsymbol{d}$，有

$$\begin{aligned}\varphi_k(\boldsymbol{d})-\varphi_k(\boldsymbol{d}_k)&=\boldsymbol{g}_k^{\mathrm{T}}(\boldsymbol{d}-\boldsymbol{d}_k)+\frac{1}{2}\boldsymbol{d}^{\mathrm{T}}\boldsymbol{G}_k\boldsymbol{d}-\frac{1}{2}\boldsymbol{d}_k^{\mathrm{T}}\boldsymbol{G}_k\boldsymbol{d}_k\\&=\frac{1}{2}(\boldsymbol{d}-\boldsymbol{d}_k)^{\mathrm{T}}(\boldsymbol{G}_k+\lambda_k\boldsymbol{I})(\boldsymbol{d}-\boldsymbol{d}_k)+\frac{\lambda_k}{2}\left(\boldsymbol{d}_k^{\mathrm{T}}\boldsymbol{d}_k-\boldsymbol{d}^{\mathrm{T}}\boldsymbol{d}\right)\end{aligned} \tag{1.424}$$

因为 $\boldsymbol{d}_k$ 为子问题的全局极小点，故

$$\varphi_k(\boldsymbol{d})\geqslant\varphi_k(\boldsymbol{d}_k),\quad \forall\boldsymbol{d}_2\leqslant\boldsymbol{d}_{k2}$$

于是由式(1.424)知

$$\frac{1}{2}(\boldsymbol{d}-\boldsymbol{d}_k)^{\mathrm{T}}(\boldsymbol{G}_k+\lambda_k\boldsymbol{I})(\boldsymbol{d}-\boldsymbol{d}_k)\geqslant 0,\quad \forall\boldsymbol{d}_2=\boldsymbol{d}_{k2} \tag{1.425}$$

对于任意 $\boldsymbol{p}$，若 $\boldsymbol{p}^{\mathrm{T}}\boldsymbol{d}_k\neq 0$，取

$$t=-\frac{\boldsymbol{p}_2^2}{2\boldsymbol{p}^{\mathrm{T}}\boldsymbol{d}_k},\quad \boldsymbol{d}=\frac{1}{\boldsymbol{p}_2^2}\left(\boldsymbol{p}^{\mathrm{T}}\boldsymbol{p}\boldsymbol{d}_k-2\boldsymbol{p}^{\mathrm{T}}\boldsymbol{d}_k\boldsymbol{p}\right)$$

则有

$$\boldsymbol{p}=t(\boldsymbol{p}-\boldsymbol{d}_k),\quad \boldsymbol{d}_2=\boldsymbol{d}_{k2}$$

从而由式(1.425)可得

$$\boldsymbol{p}^{\mathrm{T}}(\boldsymbol{G}_k+\lambda_k\boldsymbol{I})\boldsymbol{p}\geqslant 0 \tag{1.426}$$

若 $\boldsymbol{p}^{\mathrm{T}}\boldsymbol{d}_k=0$，令

$$\boldsymbol{p}_m=\boldsymbol{p}-\frac{1}{m}\boldsymbol{d}_k,\quad m=1,2,\cdots$$

则 $\lim\limits_{m\to\infty}\boldsymbol{p}_m=\boldsymbol{p}$，且由 $\boldsymbol{d}_k\neq\boldsymbol{0}$ 知 $\boldsymbol{p}_m^{\mathrm{T}}\boldsymbol{d}_k\neq 0$。根据前面的讨论，有

$$\boldsymbol{p}_m^{\mathrm{T}}(\boldsymbol{G}_k+\lambda_k\boldsymbol{I})\boldsymbol{p}_m\geqslant 0,\quad m=1,2,\cdots$$

在上式中，令 $m\to\infty$，即知式(1.426)也成立。于是 $\boldsymbol{G}_k+\lambda_k\boldsymbol{I}$ 是半正定的。

充分性。设 $\boldsymbol{d}_k$ 是信赖域子问题的可行点，且存在数 $\lambda_k\geqslant 0$，使得式(1.423)成立，而 $\boldsymbol{G}_k+\lambda_k\boldsymbol{I}$ 是半正定矩阵。

当 $\|\boldsymbol{d}_k\|_2<h_k$ 时，$\lambda_k=0$，故 $\overline{\boldsymbol{G}}$ 是半正定矩阵，从而 $\varphi_k(\boldsymbol{d})$ 是凸函数，并且由式(1.423)有

$$\nabla\varphi_k\left(\boldsymbol{d}_k\right)=\boldsymbol{g}_k+\boldsymbol{G}_k\boldsymbol{d}_k=0$$

于是，$\boldsymbol{d}_k$ 是凸函数 $\varphi_k\left(\boldsymbol{d}\right)$ 的全局极小点，即知 $\boldsymbol{d}_k$ 为子问题的全局极小点。

当 $\left\|\boldsymbol{d}_k\right\|_2=h_k$ 时，根据式(1.424)，并注意到 $\boldsymbol{G}_k+\lambda_k\boldsymbol{I}$ 是半正定矩阵，$\lambda_k\geqslant 0$，因此，对于子问题的任何可行点 $\boldsymbol{d}$，即 $\left\|\boldsymbol{d}_k\right\|_2\leqslant h_k=\left\|\boldsymbol{d}_k\right\|_2$，均有 $\varphi_k(\boldsymbol{d})-\varphi_k(\boldsymbol{d}_k)\geqslant 0$。这表明 $\boldsymbol{d}_k$ 是子问题的全局极小点。

根据此定理，我们可以通过求解方程组

$$(\boldsymbol{G}_k+\lambda_k\boldsymbol{I})\boldsymbol{d}_k=-\boldsymbol{g}_k,\quad \lambda_k\geqslant 0 \tag{1.427}$$

来确定信赖域子问题的解：如果矩阵 $\boldsymbol{G}_k+\lambda_k\boldsymbol{I}$ 正定，则此方程组的解为

$$\boldsymbol{d}_k=-\left(\boldsymbol{G}_k+\lambda_k\boldsymbol{I}\right)^{-1}\boldsymbol{g}_k$$

满足 $\left\|\boldsymbol{d}_k\right\|_2\leqslant h_k$，那么 $\boldsymbol{d}_k$ 是子问题的全局极小点。特别地，当 $\boldsymbol{G}_k$ 是正定矩阵，且 $\boldsymbol{G}_k^{-1}\boldsymbol{g}_{k2}\leqslant h_k$ 时，

$$\boldsymbol{d}_k=-\boldsymbol{G}_k^{-1}\boldsymbol{g}_k$$

为子问题的唯一的全局极小点。

定理 1.72 设 $\boldsymbol{G}_k+\lambda_k\boldsymbol{I}$ 是正定矩阵，则

$$\left\|\boldsymbol{d}_k\right\|_2=\left\|\left(\boldsymbol{G}_k+\lambda_k\boldsymbol{I}\right)^{-1}\boldsymbol{g}_k\right\|_2$$

是 λ_k 的单调减小函数。

证明 设对称矩阵 $\boldsymbol{G}_k$ 的特征值为 $\mu_1,\mu_2,\cdots,\mu_n$，则存在正交矩阵 $\boldsymbol{A}$，使得

$$\boldsymbol{A}^{\mathrm{T}}\boldsymbol{G}_k\boldsymbol{A}=\mathrm{diag}(\mu_1,\mu_2,\cdots,\mu_n)$$

已知正交矩阵 $\boldsymbol{A}^{\mathrm{T}}\boldsymbol{A}=\boldsymbol{I}$，则有

$$\boldsymbol{A}^{\mathrm{T}}\boldsymbol{d}_k=-\boldsymbol{A}^{\mathrm{T}}\left(\boldsymbol{G}_k+\lambda_k\boldsymbol{I}\right)^{-1}\boldsymbol{A}\boldsymbol{A}^{\mathrm{T}}\boldsymbol{g}_k=-\left(\boldsymbol{A}^{\mathrm{T}}\boldsymbol{G}_k\boldsymbol{A}+\lambda_k\boldsymbol{I}\right)^{-1}\boldsymbol{A}^{\mathrm{T}}\boldsymbol{g}_k$$

记 $\boldsymbol{A}^{\mathrm{T}}\boldsymbol{g}_k=\left(z_1,z_2,\cdots,z_n\right)^{\mathrm{T}}$，可得

$$\begin{aligned}\boldsymbol{A}^{\mathrm{T}}\boldsymbol{d}_{k2}^{2}&=\left(\boldsymbol{A}^{\mathrm{T}}\boldsymbol{d}_k\right)^{\mathrm{T}}\boldsymbol{A}^{\mathrm{T}}\boldsymbol{d}_k\\&=\boldsymbol{d}_{k2}^{2}\\&=\left(\boldsymbol{A}^{\mathrm{T}}\boldsymbol{G}_k\boldsymbol{A}+\lambda_k\boldsymbol{I}\right)^{-1}\boldsymbol{A}^{\mathrm{T}}\boldsymbol{g}_{k2}^{2}\\&=\sum_{i=1}^{n}\frac{z_i^2}{\left(\mu_i+\lambda_k\right)^2}\end{aligned}$$

即得

$$\boldsymbol{d}_{k2}=\left(\sum_{i=1}^{n}\frac{z_i^2}{\left(\mu_i+\lambda_k\right)^2}\right)^{1/2}$$

由此即知，$\left\|\boldsymbol{d}_k\right\|_2$ 是 λ_k 的单调减小函数。

由此定理可知，调整 h_k 可以通过调整 λ_k 来实现：增大 λ_k 相当于减小 h_k，减小 λ_k 相

当于增大 h_k,当 $\lambda_k \to \infty$ 时，有

$$\boldsymbol{d}_k = -\frac{\boldsymbol{g}_k}{\lambda_k}$$

即 $\boldsymbol{d}_k$ 接近最速下降方向。当 $\lambda_k \to 0$ 时，$\boldsymbol{d}_k$ 接近牛顿方向，即

$$\boldsymbol{d}_k = -\boldsymbol{G}_k^{-1}\boldsymbol{g}_k$$

因此，当信赖域半径 h_k 由小到大逐渐增大时，$\boldsymbol{d}_k$ 在最速下降方向与牛顿方向之间连续变化。

根据信赖域法，我们给出信赖域 LM 法的具体步骤。

算法 1.6.12 (信赖域 LM 法)

(1) 选取初始数据。选取初始点 $\boldsymbol{x}_0$，选取 $\lambda_k > 0$，给定允许误差 $\varepsilon > 0$，$0 < \beta < \gamma < 1$，$0 < \theta < 1$，$\rho > 1$，令 $k = 0$。

(2) 检验是否满足终止准则。计算 $\boldsymbol{g}_k$ 和 $\boldsymbol{G}_k$，若 $\|\boldsymbol{g}_k\| < \varepsilon$，迭代终止，$\boldsymbol{x}_k$ 为近似最优解；否则，转(3)。

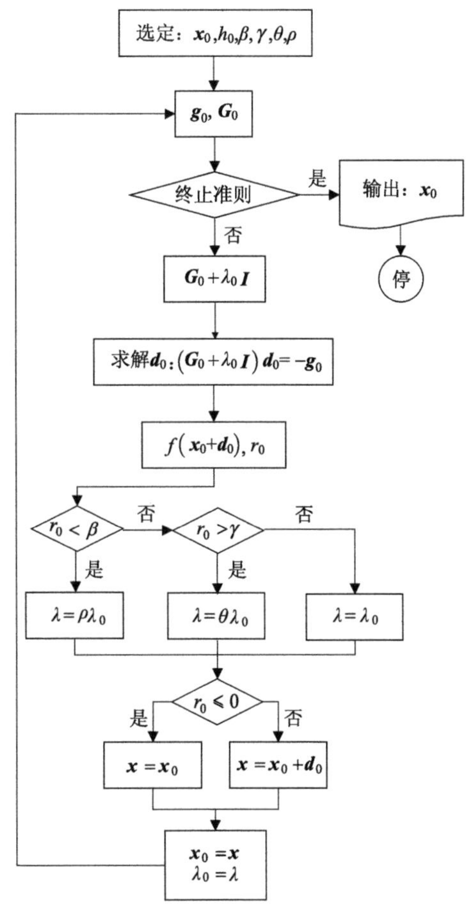

图 1.56　信赖域 LM 法的计算框图

(3) 构造矩阵 $\boldsymbol{G}_k+\lambda_k\boldsymbol{I}$，若矩阵不正定，令 $\lambda_k:=\rho\lambda_k$，重复(3)；否则，转(4)。

(4) 求解方程组 $(\boldsymbol{G}_k+\lambda_k\boldsymbol{I})\boldsymbol{d}_k=-\boldsymbol{g}_k$，得到解 $\boldsymbol{d}_k$。

(5) 计算 $f(\boldsymbol{x}_k+\boldsymbol{d}_k)$ 和 r_k 值。

(6) 若 $r_k<\beta$，则令 $\lambda_{k+1}=\rho\lambda_k$；若 $r_k>\gamma$，令 $\lambda_{k+1}=\theta\lambda_k$；否则，令 $\lambda_{k+1}=\lambda_k$。

(7) 若 $r_k\leqslant 0$，令 $\boldsymbol{x}_{k+1}=\boldsymbol{x}_k$；否则，令 $\boldsymbol{x}_{k+1}=\boldsymbol{x}_k+\boldsymbol{d}_k$。

(8) 令 $k:=k+1$，转(2)。

同样，信赖域 LM 法中的参数可按经验选取，一般取 $\beta=0.25$，$\gamma=0.75$，$\rho=4$，$\theta=0.5$，而通常取 λ_0 为一个较大值。信赖域 LM 法在 Hessian 矩阵 $\boldsymbol{G}_k$ 基础上加上一个约束正定矩阵 $\lambda_k\boldsymbol{I}$，使之成为正定矩阵 $\boldsymbol{G}_k+\lambda_k\boldsymbol{I}$，从而弥补了 $\boldsymbol{G}_k$ 可能不正定的缺陷。

信赖域 LM 法的计算框图如图 1.56 所示。

1.7 非线性最小二乘问题

非线性最小二乘问题在数据拟合、参数估计和函数逼近等方面有广泛应用。非线性最小二乘问题的一般形式为

$$\min_{\boldsymbol{x}\in\mathbb{R}^n}\varphi(\boldsymbol{x})=\frac{1}{2}\boldsymbol{f}(\boldsymbol{x})^{\mathrm{T}}\boldsymbol{f}(\boldsymbol{x})=\frac{1}{2}\sum_{i=1}^{m}f_i(\boldsymbol{x})^2 \tag{1.428}$$

其中，$\boldsymbol{f}(\boldsymbol{x})=\left[f_1(\boldsymbol{x}),f_2(\boldsymbol{x}),\cdots,f_m(\boldsymbol{x})\right]^{\mathrm{T}}$ 为非线性函数向量。每个 $f_i(\boldsymbol{x})$ 都是线性函数时称为线性最小二乘问题。

非线性最小二乘问题可以看成无约束极小化的特殊情形，又可以看成解方程组

$$f_i(\boldsymbol{x})=0,\quad i=1,2,\cdots,m \tag{1.429}$$

$f_i(\boldsymbol{x})$ 称为残量函数。当 $m>n$ 时，称为超定方程组；当 $m=n$ 时，称为确定方程组；当 $m<n$ 时，称为欠定方程组，有无穷解。

由于最小二乘问题的特殊形式，故根据前面介绍的最优化方法，进一步推导，可以得到适合最小二乘问题的更为简便有效的方法。

设 $\boldsymbol{J}(\boldsymbol{x})$ 是 $\boldsymbol{f}(\boldsymbol{x})$ 的 Jacobi 矩阵，

$$\boldsymbol{J}(\boldsymbol{x})=\nabla\boldsymbol{f}(\boldsymbol{x})=\begin{pmatrix}\nabla f_1(\boldsymbol{x})\\ \vdots\\ \nabla f_m(\boldsymbol{x})\end{pmatrix}=\begin{pmatrix}\dfrac{\partial f_1}{\partial x_1} & \cdots & \dfrac{\partial f_1}{\partial x_n}\\ \vdots & & \vdots\\ \dfrac{\partial f_m}{\partial x_1} & \cdots & \dfrac{\partial f_m}{\partial x_n}\end{pmatrix} \tag{1.430}$$

则 $\varphi(\boldsymbol{x})$ 的梯度为

$$\boldsymbol{g}(\boldsymbol{x})=\nabla\varphi(\boldsymbol{x})=\sum_{i=1}^{m}f_i(\boldsymbol{x})\nabla f_i(\boldsymbol{x})=\boldsymbol{J}(\boldsymbol{x})^{\mathrm{T}}\boldsymbol{f}(\boldsymbol{x}) \tag{1.431}$$

$\varphi(\boldsymbol{x})$ 的 Hessian 矩阵为

$$\begin{aligned}\boldsymbol{G}(\boldsymbol{x})=\nabla \boldsymbol{g}(\boldsymbol{x})&=\nabla\left(\sum_{i=1}^{m} f_i(\boldsymbol{x})\nabla f_i(\boldsymbol{x})\right)\\&=\sum_{i=1}^{m}\left[\nabla f_i(\boldsymbol{x})\nabla f_i(\boldsymbol{x})^{\mathrm{T}}+f_i(\boldsymbol{x})\nabla^2 f_i(\boldsymbol{x})\right]\\&=\boldsymbol{J}(\boldsymbol{x})^{\mathrm{T}}\boldsymbol{J}(\boldsymbol{x})+\boldsymbol{S}(\boldsymbol{x})\end{aligned}\tag{1.432}$$

其中

$$\boldsymbol{S}(\boldsymbol{x})=\sum_{i=1}^{m} f_i(\boldsymbol{x})\nabla^2 f_i(\boldsymbol{x})\tag{1.433}$$

因此，非线性最小二乘目标函数 $\varphi(\boldsymbol{x})$ 的二阶近似为

$$\begin{aligned}\varphi(\boldsymbol{x})&=\varphi(\boldsymbol{x}_k)+\boldsymbol{g}(\boldsymbol{x}_k)^{\mathrm{T}}(\boldsymbol{x}-\boldsymbol{x}_k)+\frac{1}{2}(\boldsymbol{x}-\boldsymbol{x}_k)^{\mathrm{T}}\boldsymbol{G}(\boldsymbol{x}_k)(\boldsymbol{x}-\boldsymbol{x}_k)\\&=\frac{1}{2}\boldsymbol{f}(\boldsymbol{x}_k)^{\mathrm{T}}\boldsymbol{f}(\boldsymbol{x}_k)+\left[\boldsymbol{J}(\boldsymbol{x}_k)^{\mathrm{T}}\boldsymbol{f}(\boldsymbol{x}_k)\right]^{\mathrm{T}}(\boldsymbol{x}-\boldsymbol{x}_k)\\&\quad+\frac{1}{2}(\boldsymbol{x}-\boldsymbol{x}_k)^{\mathrm{T}}\left[\boldsymbol{J}(\boldsymbol{x}_k)^{\mathrm{T}}\boldsymbol{J}(\boldsymbol{x}_k)+\boldsymbol{S}(\boldsymbol{x}_k)\right](\boldsymbol{x}-\boldsymbol{x}_k)\end{aligned}\tag{1.434}$$

从而解非线性最小二乘问题的牛顿法为

$$\boldsymbol{x}_{k+1}=\boldsymbol{x}_k-\left[\boldsymbol{J}(\boldsymbol{x}_k)^{\mathrm{T}}\boldsymbol{J}(\boldsymbol{x}_k)+\boldsymbol{S}(\boldsymbol{x}_k)\right]^{-1}\boldsymbol{J}(\boldsymbol{x}_k)^{\mathrm{T}}\boldsymbol{f}(\boldsymbol{x}_k)\tag{1.435}$$

上述牛顿法的主要问题是 Hessian 矩阵 $\boldsymbol{G}(\boldsymbol{x})$ 中 $\boldsymbol{f}(\boldsymbol{x})$ 的二阶信息项 $\boldsymbol{S}(\boldsymbol{x})$ 通常难以计算或者花费的工作量很大。因为在计算梯度 $\boldsymbol{g}(\boldsymbol{x})$ 时已经得到 $\boldsymbol{J}(\boldsymbol{x})$，这样，$\boldsymbol{G}(\boldsymbol{x})$ 中 $\boldsymbol{f}(\boldsymbol{x})$ 的一阶信息项 $\boldsymbol{J}(\boldsymbol{x})^{\mathrm{T}}\boldsymbol{J}(\boldsymbol{x})$ 几乎是现成的。因此，为了简化计算，获得有效的算法，我们或者忽略 $\boldsymbol{S}(\boldsymbol{x})$，或者用一阶导数信息逼近 $\boldsymbol{S}(\boldsymbol{x})$。由式(1.432)可知，对于所有的 $i=1,2,\cdots m$，$f_i(\boldsymbol{x})$ 接近于零或者 $f_i(\boldsymbol{x})$ 接近线性函数时，即 $\nabla^2 f_i(\boldsymbol{x})$ 接近于零时，$\boldsymbol{S}(\boldsymbol{x})$ 才可以忽略。对于 $\boldsymbol{S}(\boldsymbol{x})$ 可以忽略的问题，通常称为小残量问题，否则，称为大残量问题。

1.7.1　高斯-牛顿(Gauss-Newton)法

高斯-牛顿(Gauss-Newton)法相当于在非线性最小二乘目标函数 $\varphi(\boldsymbol{x})$ 二阶近似式中忽略 $\boldsymbol{G}(\boldsymbol{x})$ 中 $\boldsymbol{f}(\boldsymbol{x})$ 的二阶信息项 $\boldsymbol{S}(\boldsymbol{x})$，即将 $\boldsymbol{f}(\boldsymbol{x})$ 线性化，把非线性最小二乘问题转换为线性最小二乘问题并迭代求解。因此，Gauss-Newton 法只适合求解小残量或者线性最小二乘问题。由此，$\varphi(\boldsymbol{x})$ 的二阶近似改写为

$$\begin{aligned}\varphi(\boldsymbol{x})&=\frac{1}{2}\left[\boldsymbol{f}(\boldsymbol{x}_k)+\boldsymbol{J}(\boldsymbol{x}_k)(\boldsymbol{x}-\boldsymbol{x}_k)\right]^{\mathrm{T}}\left[\boldsymbol{f}(\boldsymbol{x}_k)+\boldsymbol{J}(\boldsymbol{x}_k)(\boldsymbol{x}-\boldsymbol{x}_k)\right]\\&=\frac{1}{2}\boldsymbol{f}(\boldsymbol{x}_k)^{\mathrm{T}}\boldsymbol{f}(\boldsymbol{x}_k)+\left[\boldsymbol{J}(\boldsymbol{x}_k)^{\mathrm{T}}\boldsymbol{f}(\boldsymbol{x}_k)\right]^{\mathrm{T}}(\boldsymbol{x}-\boldsymbol{x}_k)\\&\quad+\frac{1}{2}(\boldsymbol{x}-\boldsymbol{x}_k)^{\mathrm{T}}\boldsymbol{J}(\boldsymbol{x}_k)^{\mathrm{T}}\boldsymbol{J}(\boldsymbol{x}_k)(\boldsymbol{x}-\boldsymbol{x}_k)\end{aligned}\tag{1.436}$$

从而，Gauss-Newton 法第 k 次迭代为

$$\boldsymbol{x}_{k+1}=\boldsymbol{x}_k-\left[\boldsymbol{J}\left(\boldsymbol{x}_k\right)^{\mathrm{T}}\boldsymbol{J}\left(\boldsymbol{x}_k\right)\right]^{-1}\boldsymbol{J}\left(\boldsymbol{x}_k\right)^{\mathrm{T}}\boldsymbol{f}\left(\boldsymbol{x}_k\right) \tag{1.437}$$

向量

$$\boldsymbol{d}_k=-\left[\boldsymbol{J}\left(\boldsymbol{x}_k\right)^{\mathrm{T}}\boldsymbol{J}\left(\boldsymbol{x}_k\right)\right]^{-1}\boldsymbol{J}\left(\boldsymbol{x}_k\right)^{\mathrm{T}}\boldsymbol{f}\left(\boldsymbol{x}_k\right) \tag{1.438}$$

称为 Gauss-Newton 方向。

Gauss-Newton 法是解非线性最小二乘问题最基本的方法。Gauss-Newton 法不需要一维搜索，即 $\boldsymbol{s}_k=\boldsymbol{d}_k$，仅需 $\boldsymbol{f}(\boldsymbol{x})$ 的一阶导数信息，又 $\boldsymbol{J}\left(\boldsymbol{x}_k\right)^{\mathrm{T}}\boldsymbol{J}\left(\boldsymbol{x}_k\right)$ 为对称矩阵自动满足半正定性，故处理小残量问题十分简单有效。Gauss-Newton 法在解线性最小二乘问题时一步即可达到极小点。由于牛顿法在标准假设下是局部二阶收敛的，很容易证明：假定 $\bar{\boldsymbol{x}}$ 为局部极小点，如果 $\boldsymbol{S}(\bar{\boldsymbol{x}})=0$，则 Gauss-Newton 法也是二阶收敛的；如果 $\boldsymbol{S}(\bar{\boldsymbol{x}})$ 相对于 $\boldsymbol{J}(\bar{\boldsymbol{x}})^{\mathrm{T}}\boldsymbol{J}(\bar{\boldsymbol{x}})$ 是小的，则 Gauss-Newton 法是局部 Q 线性收敛。但是，如果 $\boldsymbol{S}(\bar{\boldsymbol{x}})$ 太大，则 Gaus-Newton 法可能不收敛。

由于 Gauss-Newton 法对大残量问题通常收敛较慢甚至不收敛，$\boldsymbol{J}(\bar{\boldsymbol{x}})^{\mathrm{T}}\boldsymbol{J}(\bar{\boldsymbol{x}})$ 为半正定矩阵，不能保证满秩，其逆矩阵可能不存在，导致迭代无法进行。实际应用中，与阻尼 Newton 法一样，我们往往在 Gauss-Newton 法中加上线性搜索策略，即

$$\boldsymbol{x}_{k+1}=\boldsymbol{x}_k-\alpha_k\left[\boldsymbol{J}\left(\boldsymbol{x}_k\right)^{\mathrm{T}}\boldsymbol{J}\left(\boldsymbol{x}_k\right)\right]^{-1}\boldsymbol{J}\left(\boldsymbol{x}_k\right)^{\mathrm{T}}\boldsymbol{f}\left(\boldsymbol{x}_k\right) \tag{1.439}$$

其中，α_k 是一维搜索因子。这种方法称为阻尼 Gauss-Newton 法。

算法 1.7.1 (阻尼 Gauss-Newton 法)

(1) 选取初始数据。选取初始点 $\boldsymbol{x}_0$，给定允许误差 $\varepsilon>0$，令 $k=0$。

(2) 检验是否满足终止准则。计算 $\boldsymbol{f}\left(\boldsymbol{x}_k\right)$ 和 $\boldsymbol{J}\left(\boldsymbol{x}_k\right)$，若 $\left\|\boldsymbol{J}\left(\boldsymbol{x}_k\right)^{\mathrm{T}}\boldsymbol{f}\left(\boldsymbol{x}_k\right)\right\|_2<\varepsilon$，迭代终止，$\boldsymbol{x}_k$ 为近似最优解；否则，转(3)。

(3) 构造 Gauss-Newton 方向。计算 $\left[\boldsymbol{J}\left(\boldsymbol{x}_k\right)^{\mathrm{T}}\boldsymbol{J}\left(\boldsymbol{x}_k\right)\right]^{-1}$，取

$$\boldsymbol{d}_k=-\left[\boldsymbol{J}\left(\boldsymbol{x}_k\right)^{\mathrm{T}}\boldsymbol{J}\left(\boldsymbol{x}_k\right)\right]^{-1}\boldsymbol{J}\left(\boldsymbol{x}_k\right)^{\mathrm{T}}\boldsymbol{f}\left(\boldsymbol{x}_k\right)$$

(4) 进行一维搜索。求 α_k 和 $\boldsymbol{x}_{k+1}$，使得 $\varphi\left(\boldsymbol{x}_k+\alpha_k\boldsymbol{d}_k\right)=\min\limits_{\alpha\geqslant 0}\varphi\left(\boldsymbol{x}_k+\alpha\boldsymbol{d}_k\right)$，$\boldsymbol{x}_{k+1}=\boldsymbol{x}_k+\alpha_k\boldsymbol{d}_k$，令 $k=k+1$，转(2)。

阻尼 Gauss-Newton 法由于采用了线性搜索，保证了目标函数每一步下降，对于几乎所有非线性最小二乘问题，都具有局部收敛性。事实上，从一维搜索理论我们可以得出，与阻尼 Newton 法一样，阻尼 Gauss-Newton 法也是全局收敛的。尽管如此，由于二阶信息 $\boldsymbol{S}(\boldsymbol{x})$ 的忽略，对于某些问题，仍然可能收敛很慢，且 $\boldsymbol{J}(\bar{\boldsymbol{x}})^{\mathrm{T}}\boldsymbol{J}(\bar{\boldsymbol{x}})$ 奇异的问题仍然存在。

阻尼 Gauss-Newton 法的计算框图如图 1.57 所示。

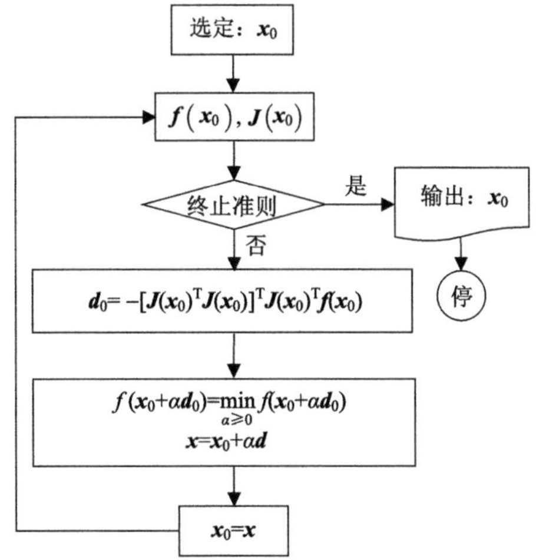

图 1.57　阻尼 Gauss-Newton 法的计算框图

下面为 Gauss-Newton 法的 Matlab 程序。

(1) Gauss-Newton 法。

```
function [x,minf] = minGN(f,x0,var,eps)
format long;
if nargin == 3
    eps = 1.0e-6;
end
S = transpose(f)*f;
k = length(f);
n = length(x0);
x0 = transpose(x0);
tol = 1;
A = jacobian(f,var);
while tol>eps
    Fx = zeros(k,1);
    for i=1:k
        Fx(i,1) = subs(f(i),var,x0);
    end
    Sx = subs(S,var,x0);
    Ax = double(subs(A,var,x0));
    gSx = double(transpose(Ax)*Fx);
    dx = -transpose(Ax)*Ax\gSx;
    x0 = x0 + dx;
    tol = norm(gSx);
%     tol = norm(dx);
```

```
end
x = x0;
minf = double(subs(S,var,x));
```

(2) 程序调用。

```
syms t;
f=[t+1;0.5*t^2+t-1];
[x,mf]=minGN(f,1,[t])
```

1.7.2　利文贝格-马夸特(Levenberg-Marquardt)法

在 Gauss-Newton 法中，要求$\boldsymbol{J}(\bar{\boldsymbol{x}})^{\mathrm{T}}\boldsymbol{J}(\bar{\boldsymbol{x}})$是满秩的。遗憾的是，$\boldsymbol{J}(\bar{\boldsymbol{x}})^{\mathrm{T}}\boldsymbol{J}(\bar{\boldsymbol{x}})$奇异的情形并不罕见，这种情况会导致算法无法继续迭代。为了克服这些困难，采用信赖域策略。其理由是：通常$\boldsymbol{f}(\boldsymbol{x})$是非线性函数，而 Gauss-Newton 法用线性化函数代替$\boldsymbol{f}(\boldsymbol{x})$，得到线性最小二乘问题，这种线性化并不对所有$\boldsymbol{x}-\boldsymbol{x}_k$都成立，因此，必须约束$\boldsymbol{x}-\boldsymbol{x}_k$在一定范围内才能使线性化成立，即可以写成信赖域形式：

$$\begin{cases}\min\dfrac{1}{2}\left\|\boldsymbol{f}(\boldsymbol{x}_k)+\boldsymbol{J}(\boldsymbol{x}_k)(\boldsymbol{x}-\boldsymbol{x}_k)\right\|_2^2\\ \text{s.t.}\left\|\boldsymbol{x}-\boldsymbol{x}_k\right\|_2\leqslant h_k\end{cases}\tag{1.440}$$

这个模型的解可以由解方程组(1.441)来表征。

$$\left[\boldsymbol{J}(\boldsymbol{x}_k)^{\mathrm{T}}\boldsymbol{J}(\boldsymbol{x}_k)+\lambda_k\boldsymbol{I}\right](\boldsymbol{x}-\boldsymbol{x}_k)=-\boldsymbol{J}(\boldsymbol{x}_k)^{\mathrm{T}}\boldsymbol{f}(\boldsymbol{x}_k)\tag{1.441}$$

令

$$\boldsymbol{d}_k=-\left[\boldsymbol{J}(\boldsymbol{x}_k)^{\mathrm{T}}\boldsymbol{J}(\boldsymbol{x}_k)+\lambda_k\boldsymbol{I}\right]^{-1}\boldsymbol{J}(\boldsymbol{x}_k)^{\mathrm{T}}\boldsymbol{f}(\boldsymbol{x}_k)\tag{1.442}$$

$$\boldsymbol{x}_{k+1}=\boldsymbol{x}_k+\boldsymbol{d}_k\tag{1.443}$$

由上两式确定的迭代算法称为利文贝格-马夸特(Levenberg-Marquardt)法，简称为最小二乘 LM 法，也称为阻尼最小二乘法。$\boldsymbol{d}_k$称为 LM 方向，λ_k为阻尼因子或正则化因子。

容易知道，正则化因子$\lambda_k>0$时，$\boldsymbol{J}(\boldsymbol{x}_k)^{\mathrm{T}}\boldsymbol{J}(\boldsymbol{x}_k)+\lambda_k\boldsymbol{I}$必为正定矩阵，$\boldsymbol{d}_k$是$\varphi(\boldsymbol{x})$在点$\boldsymbol{x}_k$处的下降方向；$\lambda_k=0$时，LM 方向$\boldsymbol{d}_k$变为 Gauss-Newton 方向。随着$\lambda_k$的增大，LM 方向逐步向$-\nabla\varphi(\boldsymbol{x})$偏移，当$\lambda_k$充分大时便充分接近$\varphi(\boldsymbol{x})$在点$\boldsymbol{x}_k$处的最速下降方向。因此，在最小二乘 LM 法的迭代中要限制λ_k值的增大，否则，会减慢算法的收敛速度。另外，如果λ_k太小，则不能保证在迭代过程中使目标函数值下降。所以，正则化因子λ_k的选取是 LM 法的一个重要问题。

算法 1.7.2 (最小二乘 LM 法)

(1) 选取初始数据。选取初始点$\boldsymbol{x}_0$，给定初始参数$\lambda_0>0$，放大因子$\beta>1$，允许误差$\varepsilon>0$。

(2) 求初始目标函数值。计算$\boldsymbol{f}(\boldsymbol{x}_0)$及$\varphi(\boldsymbol{x}_0)$，令$k=0$。

(3) 求 Jacobi 矩阵。计算 $\boldsymbol{J}(\boldsymbol{x}_k)$。

(4) 检验是否满足终止准则。若 $\left\|\boldsymbol{J}(\boldsymbol{x}_k)^{\mathrm{T}}\boldsymbol{f}(\boldsymbol{x}_k)\right\|_2<\varepsilon$，迭代终止，$\boldsymbol{x}_k$ 为近似最优解；否则，转(5)。

(5) 构造 LM 方向。计算 $\left[\boldsymbol{J}(\boldsymbol{x}_k)^{\mathrm{T}}\boldsymbol{J}(\boldsymbol{x}_k)+\lambda_k\boldsymbol{I}\right]^{-1}$，取

$$\boldsymbol{d}_k=-\left[\boldsymbol{J}(\boldsymbol{x}_k)^{\mathrm{T}}\boldsymbol{J}(\boldsymbol{x}_k)+\lambda_k\boldsymbol{I}\right]^{-1}\boldsymbol{J}(\boldsymbol{x}_k)^{\mathrm{T}}\boldsymbol{f}(\boldsymbol{x}_k)$$

(6) 检查目标函数。计算 $\boldsymbol{f}(\boldsymbol{x}_k+\boldsymbol{d}_k)$ 及 $\varphi(\boldsymbol{x}_k+\boldsymbol{d}_k)$，若 $\varphi(\boldsymbol{x}_k+\boldsymbol{d}_k)<\varphi(\boldsymbol{x}_k)$，转(8)；否则，转(7)。

(7) 放大参数。令 $\lambda_k=\beta\lambda_k$，返回(5)。

(8) 缩小参数。令 $\boldsymbol{x}_{k+1}=\boldsymbol{x}_k+\boldsymbol{d}_k$，$\lambda_{k+1}=\lambda_k/\beta$，$k:=k+1$，返回(3)。

对于初始参数 λ_0 和放大因子 β，根据经验选取适当数值，一般 λ_0 取较大值，β 取 2~10。此算法的正则化因子 λ_k 选取策略既简单又有效，是目前比较常用的策略。

最小二乘 LM 法的计算框图如图 1.58 所示。

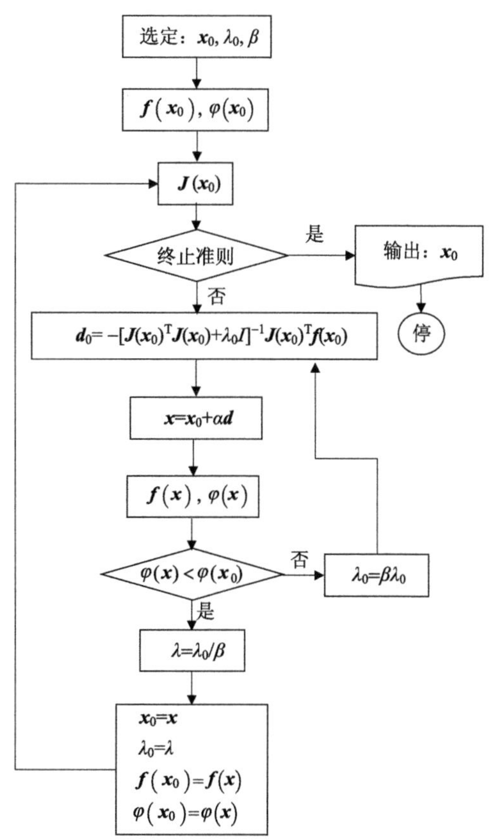

图 1.58　最小二乘 LM 法的计算框图

下面为最小二乘 LM 法的 Matlab 程序。

1) 最小二乘 LM 法

```
function [x,minf] = minLM(f,x0,beta,u,v,var,eps)
format long;
if nargin == 6
   eps = 1.0e-6;
end
S = transpose(f)*f;
k = length(f);
n = length(x0);
x0 = transpose(x0);
A = jacobian(f,var);
tol = 1;

while tol>eps
    Fx = zeros(k,1);
    for i=1:k
        Fx(i,1) = subs(f(i),var,x0);
    end
    Sx = double(subs(S,var,x0));
    Ax = double(subs(A,var,x0));
    gSx = transpose(Ax)*Fx;
    Q = transpose(Ax)*Ax;
    while 1
        dx = -(Q+u*eye(size(Q)))\gSx;
        x1 = x0 + dx;
        for i=1:k
            Fx1(i,1) = subs(f(i),var,x1);
        end
        Sx1 = double(subs(S,var,x1));
        tol = norm(gSx);
        if tol<=eps
            break;
        end
        if Sx1 >= Sx+beta*transpose(gSx)*dx
            u = v*u;
            continue;
        else
```

```
            u = u/v;
            break;
        end
    end
    x0 = x1;
end
x = x0;
minf = double(subs(S,var,x));
format short;
```

2) 程序调用

```
syms t;
f=[t^2+t-1;2*t^2-3];
[x,mf]=minLM(f,5,0.4,2,1.5,[t])
```

为了选取更加合理的正则化因子 λ_k，可以使用一些其他策略，一般都是需要多次求解 LM 方向 $\boldsymbol{d}_k$ 的，故是通过增加较多计算量来达到选取正则化因子 λ_k 的目的。实际应用经验表明，迭代结果对正则化因子 λ_k 的选取要求并不高，对于规模比较大的问题，为了提高计算效率反而需要简单有效且计算量小的选取策略。下面介绍几种正则化因子 λ_k 的选取策略。

1) 策略 I

取 $\lambda_k^0=\lambda_{k-1}$，解出 $\boldsymbol{d}_k^0$。若 $\varphi\left(\boldsymbol{x}_k+\boldsymbol{d}_k^0\right)\leqslant\varphi\left(\boldsymbol{x}_k\right)$，则取 $\lambda_k^1=\lambda_k^0/\beta$，解出 $\boldsymbol{d}_k^1$，如亦有 $\varphi\left(\boldsymbol{x}_k+\boldsymbol{d}_k^1\right)\leqslant\varphi\left(\boldsymbol{x}_k\right)$，则可取 $\lambda_k=\lambda_k^1$。若 $\varphi\left(\boldsymbol{x}_k+\boldsymbol{d}_k^1\right)>\varphi\left(\boldsymbol{x}_k\right)$，则取 $\lambda_k=\lambda_k^0$。若 $\varphi\left(\boldsymbol{x}_k+\boldsymbol{d}_k^0\right)>\varphi\left(\boldsymbol{x}_k\right)$，则需增大 λ_k，可取 $\lambda_k^1=\beta\lambda_k^0$，解出 $\boldsymbol{d}_k^1$，若 $\varphi\left(\boldsymbol{x}_k+\boldsymbol{d}_k^1\right)>\varphi\left(\boldsymbol{x}_k\right)$，则取 $\lambda_k^2=\beta\lambda_k^1$，解出 $\boldsymbol{d}_k^2$，如此循环，取 $\lambda_k^m=\beta\lambda_k^{m-1}$，直至 $\varphi\left(\boldsymbol{x}_k+\boldsymbol{d}_k^m\right)\leqslant\varphi\left(\boldsymbol{x}_k\right)$，取 $\lambda_k=\lambda_k^m$。

2) 策略 II

取 $\lambda_k^0=\lambda_{k-1}$，$\lambda_k^1=\lambda_{k-1}/\beta$，解出 $\boldsymbol{d}_k^0$，$\boldsymbol{d}_k^1$。若 $\varphi\left(\boldsymbol{x}_k+\boldsymbol{d}_k^1\right)\leqslant\varphi\left(\boldsymbol{x}_k\right)$，则取 $\lambda_k=\lambda_k^1$。若 $\varphi\left(\boldsymbol{x}_k+\boldsymbol{d}_k^0\right)<\varphi\left(\boldsymbol{x}_k\right)$，又有 $\varphi\left(\boldsymbol{x}_k\right)<\varphi\left(\boldsymbol{x}_k+\boldsymbol{d}_k^1\right)$ 或有 $\varphi\left(\boldsymbol{x}_k+\boldsymbol{d}_k^0\right)<\varphi\left(\boldsymbol{x}_k+\boldsymbol{d}_k^1\right)$，则取

$$\lambda_k=-2\frac{\left[\varphi\left(\boldsymbol{x}_k+\boldsymbol{d}_k^0\right)-\varphi\left(\boldsymbol{x}_k\right)\right]/\lambda_k^1-\left[\varphi\left(\boldsymbol{x}_k+\boldsymbol{d}_k^1\right)-\varphi\left(\boldsymbol{x}_k\right)\right]/\lambda_k^0}{\left[\varphi\left(\boldsymbol{x}_k+\boldsymbol{d}_k^1\right)-\varphi\left(\boldsymbol{x}_k\right)\right]/\left(\lambda_k^0\right)^2-\left[\varphi\left(\boldsymbol{x}_k+\boldsymbol{d}_k^0\right)-\varphi\left(\boldsymbol{x}_k\right)\right]/\left(\lambda_k^1\right)^2}\tag{1.444}$$

若 $\varphi\left(\boldsymbol{x}_k+\boldsymbol{d}_k^0\right)>\varphi\left(\boldsymbol{x}_k\right)$，$\varphi\left(\boldsymbol{x}_k+\boldsymbol{d}_k^1\right)>\varphi\left(\boldsymbol{x}_k\right)$，则需增大 λ_k，可取 $\lambda_k^1=\beta\lambda_k^0$，解出 $\boldsymbol{d}_k^1$，若 $\varphi\left(\boldsymbol{x}_k+\boldsymbol{d}_k^1\right)>\varphi\left(\boldsymbol{x}_k\right)$，则取 $\lambda_k^2=\beta\lambda_k^1$，解出 $\boldsymbol{d}_k^2$，如此循环，取 $\lambda_k^m=\beta\lambda_k^{m-1}$，直至 $\varphi\left(\boldsymbol{x}_k+\boldsymbol{d}_k^m\right)\leqslant\varphi\left(\boldsymbol{x}_k\right)$，取 $\lambda_k=\lambda_k^m$。

3) 策略III

给定常数 $0<\sigma<\rho<1$ (一般情况下: $\sigma=0.25$，$\rho=0.75$)，$\lambda_c>0$(取适当的小值)。取

$\lambda_k = \lambda_{k-1}$，解出 $\boldsymbol{d}_k$。计算

$$R = \frac{\varphi(\boldsymbol{x}_k + \boldsymbol{d}_k) - \varphi(\boldsymbol{x}_k)}{2\boldsymbol{d}_k^{\mathrm{T}}\boldsymbol{J}(\boldsymbol{x})^{\mathrm{T}}\boldsymbol{f}(\boldsymbol{x}) + \boldsymbol{d}_k^{\mathrm{T}}\boldsymbol{J}(\boldsymbol{x})^{\mathrm{T}}\boldsymbol{J}(\boldsymbol{x})\boldsymbol{d}_k} \tag{1.445}$$

若 $R > \rho$，则取 $\lambda_k = \lambda_k / 2$。此时，若 $\lambda_k < \lambda_c$，则取 $\lambda_k = 0$。若 $\sigma \leqslant R \leqslant \rho$，则 λ_k 不变。若 $R<\sigma$，此时 $\lambda_k = 0$，则取 $\lambda_k = \lambda_c$，否则计算

$$\beta = 2 - \left[\varphi(\boldsymbol{x}_k + \boldsymbol{d}_k) - \varphi(\boldsymbol{x}_k)\right] / \left[\boldsymbol{d}_k^{\mathrm{T}}\boldsymbol{J}(\boldsymbol{x})^{\mathrm{T}}\boldsymbol{f}(\boldsymbol{x})\right] \tag{1.446}$$

若 $\beta < 2$，则取 $\beta = 2$；若 $\beta > 10$，则取 $\beta = 10$；若 $2 \leqslant \beta \leqslant 10$，则 β 不变。此时，若 $\varphi(\boldsymbol{x}_k + \boldsymbol{d}_k) < \varphi(\boldsymbol{x}_k)$，则取 $\lambda_k = \beta\lambda_k$，否则，取 $\lambda_k = \beta\lambda_k$，并重新计算 R，循环策略直至选出满足条件的 λ_k。

4) 策略Ⅳ

前三种策略都不需要明确给出信赖域半径 h_k，只是用正则化因子 λ_k 约束到一定的合理范围。下面给出一种明确给出信赖域半径 h_k，再通过 h_k 计算出被接受的正则化因子 λ_k 的策略。

根据信赖域算法可知，我们用实际下降量与预测下降量的比值来衡量近似二次函数与目标函数的近似程度，再根据该比值及缩小放大因子确定信赖域半径。因此，确定信赖域半径 h_k 的过程就是计算近似程度比值和确定缩放因子的过程。

那么，对于非线性最小二成问题，实际下降量与预测下降量的比值可表示为

$$r_k = \frac{\left\|\boldsymbol{f}(\boldsymbol{x}_k)\right\|_2^2 - \left\|\boldsymbol{f}(\boldsymbol{x}_k + \boldsymbol{d}_k)\right\|_2^2}{\left\|\boldsymbol{f}(\boldsymbol{x}_k)\right\|_2^2 - \left\|\boldsymbol{f}(\boldsymbol{x}_k) + \boldsymbol{J}(\boldsymbol{x}_k)\boldsymbol{d}_k\right\|_2^2} \tag{1.447}$$

此式表明了非线性函数 $\boldsymbol{f}(\boldsymbol{x})$ 的线性化近似程度。当 $\boldsymbol{f}(\boldsymbol{x})$ 为线性函数时，$r_k = 1$。假设 $\boldsymbol{g}(\boldsymbol{x}) \neq 0$，那么当 $\left\|\boldsymbol{d}_k\right\|_2 \to 0$ 时，$r_k \to 1$。此外，$\left\|\boldsymbol{f}(\boldsymbol{x}_k + \boldsymbol{d}_k)\right\|_2 \geqslant \left\|\boldsymbol{f}(\boldsymbol{x}_k)\right\|_2$，即不收敛时，$r_k \leqslant 0$。

由于舍入误差的影响，利用式(1.447)直接计算分母可能为零，导致 $r_k = \infty$，需将式(1.447)写成一个保险的形式。已知 LM 方向 $\boldsymbol{d}_k$ 满足

$$\left[\boldsymbol{J}(\boldsymbol{x}_k)^{\mathrm{T}}\boldsymbol{J}(\boldsymbol{x}_k) + \lambda_k \boldsymbol{I}\right]\boldsymbol{d}_k = -\boldsymbol{J}(\boldsymbol{x}_k)^{\mathrm{T}}\boldsymbol{f}(\boldsymbol{x}_k)$$

则两边同乘以 $2\boldsymbol{d}_k^{\mathrm{T}}$，得

$$-2\boldsymbol{f}(\boldsymbol{x}_k)^{\mathrm{T}}\boldsymbol{J}(\boldsymbol{x}_k)\boldsymbol{d}_k = 2\boldsymbol{d}_k^{\mathrm{T}}\boldsymbol{J}(\boldsymbol{x}_k)^{\mathrm{T}}\boldsymbol{J}(\boldsymbol{x}_k)\boldsymbol{d}_k + 2\lambda_k\boldsymbol{d}_k^{\mathrm{T}}\boldsymbol{d}_k$$

整理可得

$$\left\|\boldsymbol{f}(\boldsymbol{x}_k)\right\|_2^2 - \left\|\boldsymbol{f}(\boldsymbol{x}_k) + \boldsymbol{J}(\boldsymbol{x}_k)\boldsymbol{d}_k\right\|_2^2 = \left\|\boldsymbol{J}(\boldsymbol{x}_k)\boldsymbol{d}_k\right\|_2^2 + 2\lambda_k\left\|\boldsymbol{d}_k\right\|_2^2 \tag{1.448}$$

将上式代入式(1.447)，得

$$r_k = \frac{1-\left(\frac{\left\|\boldsymbol{f}\left(\boldsymbol{x}_k+\boldsymbol{d}_k\right)\right\|_2}{\left\|\boldsymbol{f}\left(\boldsymbol{x}_k\right)\right\|_2}\right)^2}{\left(\frac{\left\|\boldsymbol{J}\left(\boldsymbol{x}_k\right)\boldsymbol{d}_k\right\|_2}{\left\|\boldsymbol{f}\left(\boldsymbol{x}_k\right)\right\|_2}\right)^2+2\lambda_k\left(\frac{\left\|\boldsymbol{d}_k\right\|_2}{\left\|\boldsymbol{f}\left(\boldsymbol{x}_k\right)\right\|_2}\right)^2} \tag{1.449}$$

实际上，信赖域半径的确定只与 $r_k>0$ 的情况有关，故当 $\left\|\boldsymbol{f}\left(\boldsymbol{x}_k+\boldsymbol{d}_k\right)\right\|_2>\left\|\boldsymbol{f}\left(\boldsymbol{x}_k\right)\right\|_2$ 时，只需令 $r_k=0$ 即可，无须计算。

我们知道，校正信赖域半径 h_k 的方法是：当 r_k 靠近 1(如 $r_k>0.75$)时，用一个放大因子乘以 h_k 以增加 h_k；当 r_k 不靠近 1(如 $r_k\leqslant 0.25$)时，用一个缩小因子乘以 h_k 以减少 h_k。缩小因子更需要慎重选择，因为若信赖域半径 h_k 缩小不够，则算法不收敛，若缩小太多，则搜索步长太短、收敛速度过慢，无谓地增加计算量。考虑减少 h_k 的情形，采用两点二次插值法产生一个缩小因子。考虑如下函数

$$\delta(\rho)=\frac{1}{2}\left\|\boldsymbol{f}\left(\boldsymbol{x}_k+\rho\boldsymbol{d}_k\right)\right\|_2^2 \tag{1.450}$$

利用 $\delta(0)$，$\delta(1)$ 和 $\delta'(0)$ 构造二次插值函数 $q(\rho)$，插值条件满足

$$q(0)=\delta(0),\quad q(1)=\delta(1),\quad q'(0)=\delta'(0)$$

这样，可用二次插值函数 $q(\rho)$ 的极小点 ρ 近似作为 $\delta(\rho)$ 的极小点，此时 ρ 即为减少 h_k 的缩小因子。但如果 $\rho\notin[0.1,0.5]$，则用上述区间靠近 ρ 的端点代替 ρ。为了使得 ρ 的计算稳定，定义

$$\omega=\frac{\boldsymbol{f}\left(\boldsymbol{x}_k\right)^{\mathrm{T}}\boldsymbol{J}\left(\boldsymbol{x}_k\right)\boldsymbol{d}_k}{\left\|\boldsymbol{f}\left(\boldsymbol{x}_k\right)\right\|_2^2}=\left(\frac{\left\|\boldsymbol{J}(\boldsymbol{x}_k)\boldsymbol{d}_k\right\|_2}{\left\|\boldsymbol{f}\left(\boldsymbol{x}_k\right)\right\|_2}\right)^2+\lambda_k\left(\frac{\left\|\boldsymbol{d}_k\right\|_2}{\left\|\boldsymbol{f}\left(\boldsymbol{x}_k\right)\right\|_2}\right)^2 \tag{1.451}$$

并且 $\omega\in[-1,0]$。由两点二次插值法可得

$$\rho=\frac{\omega\left\|\boldsymbol{f}\left(\boldsymbol{x}_k\right)\right\|_2^2}{(2\omega+1)\left\|\boldsymbol{f}\left(\boldsymbol{x}_k\right)\right\|_2^2-\left\|\boldsymbol{f}\left(\boldsymbol{x}_k+\boldsymbol{d}_k\right)\right\|_2^2} \tag{1.452}$$

这样，如果 $\left\|\boldsymbol{f}\left(\boldsymbol{x}_k+\boldsymbol{d}_k\right)\right\|_2\leqslant\left\|\boldsymbol{f}\left(\boldsymbol{x}_k\right)\right\|_2$，令 $\rho=0.5$；如果 $\left\|\boldsymbol{f}\left(\boldsymbol{x}_k+\boldsymbol{d}_k\right)\right\|_2\leqslant 10\left\|\boldsymbol{f}\left(\boldsymbol{x}_k\right)\right\|_2$，利用式(1.452)计算 ρ；否则，令 $\rho=0.1$。

下面介绍求正则化因子 λ_k 的方法。

假设被接受的 $\lambda_k>0$ 满足

$$\left\|\boldsymbol{x}-\boldsymbol{x}_k\right\|_2\leqslant(1+\sigma)h_k,\quad \sigma\in(0,1) \tag{1.453}$$

其中，σ 表征能被接受的信赖域约束 $\left\|\boldsymbol{x}-\boldsymbol{x}_k\right\|_2\leqslant h_k$ 的相对误差。设函数为

$$\phi\left(\lambda_k\right)=\left\|\boldsymbol{x}-\boldsymbol{x}_k\right\|_2=\left\|\left[\boldsymbol{J}\left(\boldsymbol{x}_k\right)^{\mathrm{T}}\boldsymbol{J}\left(\boldsymbol{x}_k\right)+\lambda_k\boldsymbol{I}\right]^{-1}\boldsymbol{J}\left(\boldsymbol{x}_k\right)^{\mathrm{T}}\boldsymbol{f}\left(\boldsymbol{x}_k\right)\right\|_2 \tag{1.454}$$

如果 $\phi(0)\leqslant h_k$，则 $\lambda_k=0$ 必是所要求的参数。于是，我们仅需讨论 $\phi(0)>h_k$ 的情形。由

于$\phi(\lambda_k)$在$[0,+\infty)$上是连续的、严格下降的函数，当$\lambda_k \to \infty$时，$\phi(\lambda_k) \to 0$。因此，存在唯一的$\overline{\lambda_k} > 0$，使得$\phi(\overline{\lambda_k}) \to h_k$。为了确定 LM 参数，我们从初始$\lambda_k^0 > 0$出发，产生一个序列$\{\lambda_k^m\} \to \overline{\lambda}_k$。

由奇异值分解，$\boldsymbol{J}(\boldsymbol{x}_k) = \boldsymbol{U}\Sigma\boldsymbol{V}^{\mathrm{T}}$，其中，$\boldsymbol{U}$和$\boldsymbol{V}$为酉矩阵，$\Sigma$是由$\boldsymbol{J}(\boldsymbol{x}_k)$的奇异值构成的对角矩阵。于是，

$$\phi(\lambda_k^m) = \sum_{i=1}^{n}\left(\frac{\delta_i^2 z_i^2}{(\delta_i^2 + \lambda_k^m)}\right)^{1/2} \tag{1.455}$$

其中$\boldsymbol{z} = \boldsymbol{U}^T \boldsymbol{f}(\boldsymbol{x}_k)$，$\delta_1, \delta_2, \cdots, \delta_n$是$\boldsymbol{J}(\boldsymbol{x}_k)$的奇异值。因此，可以定义函数

$$\tilde{\phi}(\lambda_k^m) = \frac{a}{b + \lambda_k^m} \tag{1.456}$$

选择a和b使得$\tilde{\phi}(\lambda_k^m) = \phi(\lambda_k^m)$，$\tilde{\phi}'(\lambda_k^m) = \phi'(\lambda_k^m)$。于是，如果

$$\lambda_k^{m+1} = \lambda_k^m - \frac{\phi(\lambda_k^m) - h_k}{h_k}\frac{\phi(\lambda_k^m)}{\phi'(\lambda_k^m)} \tag{1.457}$$

$$\phi'(\lambda_k^m) = \frac{\boldsymbol{d}_k^{\mathrm{T}}\left[\boldsymbol{J}(\boldsymbol{x}_k)^{\mathrm{T}}\boldsymbol{J}(\boldsymbol{x}_k) + \lambda_k^m \boldsymbol{I}\right]^{-1}\boldsymbol{d}_k}{\|\boldsymbol{d}_k\|_2} \tag{1.458}$$

则$\tilde{\phi}(\lambda_k^{m+1}) = 0$。为了保证上式计算的$\lambda_k^{m+1}$安全可靠，给出计算$\lambda_k^{m+1}$的算法。

设

$$u_0 = \frac{\left\|\boldsymbol{J}(\boldsymbol{x}_k)^{\mathrm{T}}\boldsymbol{f}(\boldsymbol{x}_k)\right\|}{h_k}, \quad l_0 = \begin{cases} -\dfrac{\phi(0)}{\phi'(0)}, 若\boldsymbol{J}(\boldsymbol{x}_k)奇异 \\ 0 \end{cases}, \quad m = 0$$

(1) 如果$\lambda_k^m \notin (l_m, u_m)$，令$\lambda_k^m = \max\left\{0.001u_m, (l_m u_m)^{1/2}\right\}$。

(2) 计算$\phi(\lambda_k^m)$和$\phi'(\lambda_k^m)$。判断是否满足式(1.7.26)的条件，若满足，终止循环，否则，校正u_m：

$$u_{m+1} = \begin{cases} \lambda_k^m, & 若\phi(\lambda_k^m) < 0 \\ u_m \end{cases}$$

校正l_m：

$$l_{m+1} = \max\left\{l_m, \lambda_k^m - \frac{\phi(\lambda_k^m)}{\phi'(\lambda_k^m)}\right\}$$

(3) 由式(1.457)计算λ_k^{m+1}。$m = m+1$，转(1)。

在上述算法中，给出了λ_k上下界。(1)表明如果λ_k不在(l_m, u_m)中，则用(l_m, u_m)中的一个点代替λ_k，这个点倾向于l_k。在(2)中$\phi(\lambda_k)$的凸性保证了牛顿代可以用来校正l_k。

由上述算法产生的序列$\left\{\lambda_k^m\right\}$将收敛到$\overline{\lambda_k}$。实际上，当取$\sigma=0.1$时，平均不超过两步迭代就满足式(1.453)所示条件。

除此之外，还有很多其他的策略，例如L曲线法，该方法基于最小二乘项和参数约束项在不同正则化因子λ_k下，当λ_k值较小时，最小二乘项较小参数约束项较大，而当λ_k值较大时，最小二乘项较大参数约束项较小，故往往呈现L曲线特征。因此，L曲线拐点处的λ_k值就是最优值，因为该处最小二乘项和参数约束项都达到了比较小数值，也就是说参数约束项不仅最大化地发挥了作用，还对最小二乘项的拟合影响最小。该策略的缺点是需要取较多的λ_k值并计算相应的LM方向$\boldsymbol{d}_k$，才能找到比较好的λ_k，计算量较大，但L曲线特征也是一个理想化的特征。另外，奥卡姆(Occam)最优化算法是一种非常稳定的算法，利用该算法求λ_k值的方法是，在每次迭代中，用一维搜索找到一个$\overline{\lambda_k}$，使得最小二乘项最小，这种策略显然也需要求多个λ_k的LM方向$\boldsymbol{d}_k$。

值得注意的是，信赖域对参数$\boldsymbol{x}$的约束中包含两个待确定的因素，即信赖域半径h_k和参数约束的范数$\|\cdot\|$。由前面讨论可知，调整h_k可以通过调整λ_k来实现，即增大λ_k相当于减小h_k、减小λ_k相当于增大h_k，而参数约束的范数$\|\cdot\|$也是非常重要的，通常情况下取l_2范数$\|\cdot\|_2$和椭球向量范数$\|\cdot\|_{\boldsymbol{A}}$，而$\|\cdot\|_2$与椭球范数在取$\boldsymbol{A}=\boldsymbol{I}$时等价，即$\|\cdot\|_2=\|\cdot\|_{\boldsymbol{I}}$，故$l_2$范数也是椭球范数的一种特殊形式。另外，信赖域约束并非只有一个约束可以有多个，不同的约束代表需要参数$\boldsymbol{x}$满足的物理意义也不一样，故应该根据实际情况慎重选取。正则化因子λ_k和参数约束的范数$\|\cdot\|$都会对$\boldsymbol{d}_k$的长度和方向产生影响，但因正则化因子λ_k主要影响$\boldsymbol{d}_k$的长度，参数约束的范数$\|\cdot\|$主要影响$\boldsymbol{d}_k$的方向，故参数约束的范数$\|\cdot\|$的选取对$\boldsymbol{J}(\boldsymbol{x})^{\mathrm{T}}\boldsymbol{J}(\boldsymbol{x})$奇异本就多解的欠定问题的最优解产生了很大的影响。因此，在实际应用中，合理地选取正则化因子λ_k和参数约束个数及范数$\|\cdot\|$，是寻找我们想要的最优解的非常有效的手段。

1.7.3　拟牛顿法

从前文介绍的方法可知，对于大残量问题(即$\boldsymbol{f}(\boldsymbol{x})$很大或$\boldsymbol{f}(\boldsymbol{x})$非线性程度很高)，阻尼Gauss-Newton法和Levenberg-Marquardt方法可能收敛很慢，这主要是因为这些方法没有利用Hessian矩阵$\boldsymbol{G}(\boldsymbol{x})$中$\boldsymbol{f}(\boldsymbol{x})$的二阶信息项$\boldsymbol{S}(\boldsymbol{x})$。虽然$\boldsymbol{S}(\boldsymbol{x})$通常难以计算或者计算量很大，但可以用拟牛顿法构造$\boldsymbol{G}(\boldsymbol{x})$的近似。

首先，非线性最小二乘问题的Hessian矩阵为

$$\boldsymbol{G}(\boldsymbol{x}_k)=\boldsymbol{J}(\boldsymbol{x}_k)^{\mathrm{T}}\boldsymbol{J}(\boldsymbol{x}_k)+\boldsymbol{S}(\boldsymbol{x}_k) \tag{1.459}$$

根据上式可知，构造$\boldsymbol{G}(\boldsymbol{x}_k)$的近似矩阵可以有两种方式，一是直接对$\boldsymbol{G}(\boldsymbol{x}_k)$利用各种拟牛顿校正公式构造，二是通过构造$\boldsymbol{S}(\boldsymbol{x}_k)$的近似矩阵来间接构造$\boldsymbol{G}(\boldsymbol{x}_k)$。

设$\boldsymbol{B}_k$是$\boldsymbol{S}(\boldsymbol{x}_k)$的近似矩阵，则拟牛顿迭代为

$$\left[\boldsymbol{J}(\boldsymbol{x}_k)^{\mathrm{T}}\boldsymbol{J}(\boldsymbol{x}_k)+\boldsymbol{B}_k\right]\boldsymbol{d}_k=-\boldsymbol{J}(\boldsymbol{x}_k)^{\mathrm{T}}\boldsymbol{f}(\boldsymbol{x}_k) \tag{1.460}$$

又知

$$\boldsymbol{S}\left(\boldsymbol{x}_{k+1}\right)=\sum_{i=1}^{m} f_i\left(\boldsymbol{x}_{k+1}\right)\nabla^2 f_i\left(\boldsymbol{x}_{k+1}\right) \tag{1.461}$$

故可用

$$\boldsymbol{B}_{k+1}=\sum_{i=1}^{m} f_i\left(\boldsymbol{x}_{k+1}\right)\left(\boldsymbol{H}_i\right)_{k+1} \tag{1.462}$$

去近似$\boldsymbol{S}\left(\boldsymbol{x}_{k+1}\right)$。这里$\left(\boldsymbol{H}_i\right)_{k+1}$是$\nabla^2 f_i\left(\boldsymbol{x}_{k+1}\right)$的拟牛顿近似。令$\boldsymbol{s}_k=\boldsymbol{x}_{k+1}-\boldsymbol{x}_k$，有

$$\left(\boldsymbol{H}_i\right)_{k+1}\boldsymbol{s}_k=\nabla f_i\left(\boldsymbol{x}_{k+1}\right)-\nabla f_i\left(\boldsymbol{x}_k\right) \tag{1.463}$$

于是

$$\begin{aligned}
\boldsymbol{B}_{k+1}\boldsymbol{s}_k&=\sum_{i=1}^{m} f_i\left(\boldsymbol{x}_{k+1}\right)\left(\boldsymbol{H}_i\right)_{k+1} s_k\\
&=\sum_{i=1}^{m} f_i\left(\boldsymbol{x}_{k+1}\right)\left[\nabla f_i\left(\boldsymbol{x}_{k+1}\right)-\nabla f_i\left(\boldsymbol{x}_k\right)\right]\\
&=\left[\boldsymbol{J}(\boldsymbol{x}_{k+1})-\boldsymbol{J}(\boldsymbol{x}_k)\right]^{\mathrm{T}}\boldsymbol{f}\left(\boldsymbol{x}_{k+1}\right)\\
&=\boldsymbol{y}_k
\end{aligned} \tag{1.464}$$

这就是$\boldsymbol{B}_{k+1}$满足的拟牛顿条件。

结合拟牛顿条件，再利用各种拟牛顿校正公式，就可以得到$\boldsymbol{B}_k$的近似矩阵。此外，也可以用下面的校正公式：

$$\boldsymbol{B}_{k+1}=\boldsymbol{B}_k+\frac{\left(\boldsymbol{y}_k-\boldsymbol{B}_k\boldsymbol{s}_k\right)\boldsymbol{v}_k^{\mathrm{T}}+\boldsymbol{v}_k\left(\boldsymbol{y}_k-\boldsymbol{B}_k\boldsymbol{s}_k\right)^{\mathrm{T}}}{\boldsymbol{s}_k^{\mathrm{T}}\boldsymbol{v}_k}-\frac{\boldsymbol{s}_k^{\mathrm{T}}\left(\boldsymbol{y}_k-\boldsymbol{B}_k\boldsymbol{s}_k\right)}{\left(\boldsymbol{s}_k^{\mathrm{T}}\boldsymbol{v}_k\right)^2}\boldsymbol{v}_k\boldsymbol{v}_k^{\mathrm{T}} \tag{1.465}$$

$$\boldsymbol{v}_k=\boldsymbol{J}(\boldsymbol{x}_{k+1})^{\mathrm{T}}\boldsymbol{f}\left(\boldsymbol{x}_{k+1}\right)-\boldsymbol{J}(\boldsymbol{x}_k)^{\mathrm{T}}\boldsymbol{f}\left(\boldsymbol{x}_k\right) \tag{1.466}$$

常规的拟牛顿迭代需要进行线性搜索，如果不用线性搜索，也可以采用信赖域策略，即在每一步求解信赖域子问题

$$\begin{cases}
\min & \dfrac{1}{2}\boldsymbol{f}\left(\boldsymbol{x}_k\right)^{\mathrm{T}}\boldsymbol{f}\left(\boldsymbol{x}_k\right)+\left[\boldsymbol{J}\left(\boldsymbol{x}_k\right)^{\mathrm{T}}\boldsymbol{f}\left(\boldsymbol{x}_k\right)\right]^{\mathrm{T}}\left(\boldsymbol{x}-\boldsymbol{x}_k\right)\\
& +\dfrac{1}{2}\left(\boldsymbol{x}-\boldsymbol{x}_k\right)^{\mathrm{T}}\left[\boldsymbol{J}\left(\boldsymbol{x}_k\right)^{\mathrm{T}}\boldsymbol{J}\left(\boldsymbol{x}_k\right)+\boldsymbol{B}_k\right]\left(\boldsymbol{x}-\boldsymbol{x}_k\right)\\
\text{s.t.} & \left\|\boldsymbol{x}-\boldsymbol{x}_k\right\|_2\leqslant h_k
\end{cases} \tag{1.467}$$

从而有

$$\boldsymbol{x}_{k+1}=\boldsymbol{x}_k-\left[\boldsymbol{J}\left(\boldsymbol{x}_k\right)^{\mathrm{T}}\boldsymbol{J}\left(\boldsymbol{x}_k\right)+\boldsymbol{B}_k+\lambda_k\boldsymbol{I}\right]^{-1}\boldsymbol{J}\left(\boldsymbol{x}_k\right)^{\mathrm{T}}\boldsymbol{f}\left(\boldsymbol{x}_k\right) \tag{1.468}$$

拟牛顿法适合大残量问题，但计算量较大，可以与阻尼 Gauss-Newton 法结合形成一种综合方法。根据每次迭代的结果来决定采用阻尼 Gauss-Newton 法还是拟牛顿法。简单的准则为

$$\varphi(\boldsymbol{x}_k)-\varphi(\boldsymbol{x}_{k+1})\geqslant\tau\varphi(\boldsymbol{x}_k),\quad \tau\in(0,1) \tag{1.469}$$

如果上述不等式满足，则采用 Gauss-Newton 法，否则采用拟牛顿法。通常$\tau=0.2$。

第 2 章　线性正则化反演理论

在地球物理学中，数学物理模型扮演着至关重要的角色，它们是连接观测数据与地球物理模型参数的数学桥梁。这些模型因地球物理问题的性质和观测方式的不同而有所差异。即使是同一个地球物理问题，随着观测方式的变化或近似条件的调整，其对应的数学物理模型也会相应变化。尽管地球物理问题千差万别，但将观测数据与物理模型参数联系起来的数学表达式主要分为两大类：线性和非线性。

如以 x 表示模型参数，y 表示观测数据，F 表示联系 x 和 y 的函数或泛函表达式，则满足

$$\begin{cases} F\left(x_1+x_2\right)=F\left(x_1\right)+F\left(x_2\right)=y \\ F\left(ax\right)=aF\left(x\right)=y \end{cases} \tag{2.1}$$

两个条件时，称 F 为线性函数或线性泛函，其中 a 为常数。在地下结构被假设为长方体剖分的情况下，地面观测到的重力场与地下物质的密度，以及地面磁场与地下物质的磁化率之间，通常能够建立如下的线性关系：

$$D=Gm$$

其中，G 是数据核，m 是模型，D 是正演响应。

不言而喻，凡是不满足式(2.1)的函数或泛函就是非线性的。在地球物理学中，绝大多数观测数据和模型参数之间都不满足线性关系。但是，在一定近似条件下均可简化或近似简化为线性关系。因此，线性反演问题是地球物理学家最关心的问题之一。

2.1　非线性问题的线性化

级数理论告诉我们，任何一个函数 $f(x)$，如果满足条件：

(1) 在点 a 的某邻域 $|x-a|<\delta$ 内有定义；

(2) 在此邻域内从 1 阶一直到 $(n-1)$ 阶的导数 $f'(x),\cdots,f^{n-1}(x)$ 存在；

(3) 在 a 处有 n 阶导数 $f^{(n)}(a)$，那么 $f(x)$ 在点 a 的邻域内可表示成如下泰勒级数；

$$f(x)=f(a)+f'(a)(x-a)+\frac{1}{2!}f''(a)(x-a)^2+\cdots+\frac{1}{n!}f^{(n)}(a)(x-a)^n+o(|x-a|^n)$$

其中，$o(|x-a|^n)$ 为高阶无穷小。如果仅取前两项作为 $f(x)$ 的一阶近似，则有

$$f(x)=f(a)+f'(a)(x-a)+o'(|x-a|)$$

忽略上式中的一阶无穷小，则有

$$f(x)\approx f(a)+f'(a)(x-a) \tag{2.2}$$

如果 x 是 N 维向量，则有

$$f(\boldsymbol{x})=f(\boldsymbol{a})+\sum_{i=1}^{N}\frac{\partial f(\boldsymbol{a})}{\partial \boldsymbol{a}_i}(\boldsymbol{x}_i-\boldsymbol{a}_i) \tag{2.3}$$

式中，

$$\boldsymbol{x}=\begin{bmatrix}x_1\\x_2\\\vdots\\x_N\end{bmatrix};\quad \boldsymbol{a}=\begin{bmatrix}a_1\\a_2\\\vdots\\a_N\end{bmatrix}$$

将式(2.3)应用于非线性地球物理问题，则有

$$d_j=d_j^0+\sum_{i=1}^{N}\left(\frac{\partial f_i}{\partial m_i}\right)^0\Delta m_j,\quad j=1,2,\cdots,M$$

或

$$\Delta d_j=\sum_{i=1}^{N}\left(\frac{\partial f_i}{\partial m_i}\right)^0\Delta m_i \tag{2.4}$$

式中，d_j为第j个观测数据，且

$$d_j=f(\boldsymbol{m},\lambda_j),\quad j=1,2,\cdots,M$$

是一个非线性函数，$\boldsymbol{m}$是N维模型向量；$\left(\dfrac{\partial f_i}{\partial m_i}\right)^0$代表在起始模型$\boldsymbol{m}^0$处，第$j$个观测值$f_j$(或$d_j$)对第$i$个模型参数$m_i$的偏导数；$\Delta m_i=m_i-m_i^0$，即第$j$个模型参数的增量；$\Delta d_j=d_j-d_j^0$，是第$j$个观测数据$d_j$和在$\boldsymbol{m}^0$处的理论数据$d_j^0$之差，即观测数据的增量。

将式(2.4)改写为矩阵方程，即有

$$\Delta\boldsymbol{d}=\boldsymbol{G}\Delta\boldsymbol{m}$$

式中，

$$\Delta\boldsymbol{d}=\begin{bmatrix}\Delta d_1\\\Delta d_2\\\vdots\\\Delta d_M\end{bmatrix},\quad \Delta\boldsymbol{m}=\begin{bmatrix}\Delta m_1\\\Delta m_2\\\vdots\\\Delta m_N\end{bmatrix}$$

和

$$\Delta\boldsymbol{d}_j=\begin{bmatrix}\left(\dfrac{\partial f_1}{\partial m_1}\right)^0 & \left(\dfrac{\partial f_1}{\partial m_2}\right)^0 & \cdots & \left(\dfrac{\partial f_1}{\partial m_N}\right)^0\\ \left(\dfrac{\partial f_2}{\partial m_1}\right)^0 & \left(\dfrac{\partial f_2}{\partial m_2}\right)^0 & \cdots & \left(\dfrac{\partial f_2}{\partial m_N}\right)^0\\ \vdots & \vdots & & \vdots\\ \left(\dfrac{\partial f_M}{\partial m_1}\right)^0 & \left(\dfrac{\partial f_M}{\partial m_2}\right)^0 & \cdots & \left(\dfrac{\partial f_M}{\partial m_N}\right)^0\end{bmatrix} \tag{2.5}$$

由此可见，将非线性地球物理响应函数线性化，可以得到形如式(2.5)所示的矩阵方程。到此为止，我们通过泰勒级数展开法，将非线性问题化为式(2.5)所示的线性问题。因而，不难用线性反演理论，经反复迭代求出拟合观测资料的一个模型。

将式(2.3)应用于目标函数(或方差函数)将非线性的目标函数线性化，也可利用线性反演理论，实现观测资料的反演。

设目标函数为

$$\boldsymbol{\Psi}=\sum_{j=1}^{M}\left(\frac{d_j-d_j^0}{d_j}\right)^2,\quad j=1,2,\cdots,M \tag{2.6}$$

将它在初始模型 $\boldsymbol{m}^0$ 附近按泰勒级数展开，并略去三次以上的高阶项，则有

$$\boldsymbol{\Psi}=\boldsymbol{\Psi}^0+\sum_{i=1}^{N}\left(\frac{\partial\boldsymbol{\Psi}}{\partial m_i}\right)^0\Delta m_i+\frac{1}{2}\sum_{i=1}^{N}\sum_{t=1}^{N}\left(\frac{\partial^2\boldsymbol{\Psi}}{\partial m_i\partial m_i}\right)\Delta m_i\Delta m_i$$

式中，角标“0”为在初始模型处之值。若将上式写成矩阵，则得

$$\boldsymbol{\Psi}=\boldsymbol{\Psi}^0+\Delta\boldsymbol{\Psi}^{\mathrm{T}}\boldsymbol{m}+\Delta\boldsymbol{m}+\Delta\boldsymbol{m}^{\mathrm{T}}\boldsymbol{Q}\Delta\boldsymbol{m} \tag{2.7}$$

式中，

$$\Delta\boldsymbol{\Psi}=\begin{bmatrix}\left(\dfrac{\partial\boldsymbol{\Psi}}{\partial m_1}\right)^0\\ \left(\dfrac{\partial\boldsymbol{\Psi}}{\partial m_2}\right)^0\\ \vdots\\ \left(\dfrac{\partial\boldsymbol{\Psi}}{\partial m_N}\right)^0\end{bmatrix},\quad \Delta\boldsymbol{m}=\begin{bmatrix}\Delta m_1\\ \Delta m_2\\ \vdots\\ \Delta m_N\end{bmatrix} \tag{2.8}$$

$$\boldsymbol{Q}=\begin{bmatrix}\left(\dfrac{\partial^2\boldsymbol{\Psi}}{\partial m_1\partial m_1}\right)^0 & \left(\dfrac{\partial^2\boldsymbol{\Psi}}{\partial m_1\partial m_2}\right)^0 & \cdots & \left(\dfrac{\partial^2\boldsymbol{\Psi}}{\partial m_1\partial m_N}\right)^0\\ \left(\dfrac{\partial^2\boldsymbol{\Psi}}{\partial m_2\partial m_1}\right)^0 & \left(\dfrac{\partial^2\boldsymbol{\Psi}}{\partial m_1\partial m_1}\right)^0 & \cdots & \left(\dfrac{\partial^2\boldsymbol{\Psi}}{\partial m_2\partial m_N}\right)^0\\ \vdots & \vdots & & \vdots\\ \left(\dfrac{\partial^2\boldsymbol{\Psi}}{\partial m_N\partial m_1}\right)^0 & \left(\dfrac{\partial^2\boldsymbol{\Psi}}{\partial m_N\partial m_2}\right)^0 & \cdots & \left(\dfrac{\partial^2\boldsymbol{\Psi}}{\partial m_N\partial m_N}\right)^0\end{bmatrix}\times\frac{1}{2} \tag{2.9}$$

目标函数式(2.7)极值存在的必要条件是

$$\frac{\partial\boldsymbol{\Psi}}{\partial\Delta\boldsymbol{m}}=0$$

故式(2.7)变为

$$\Delta\boldsymbol{\Psi}=\boldsymbol{Q}\Delta\boldsymbol{m} \tag{2.10}$$

显然，式(2.10)和式(2.5)在形式上完全相同。应该指出，对线性方程(2.5)和(2.10)求解可以得到$\Delta \boldsymbol{m}$，即求得参数的校正向量。它们还不是待求的模型参数 $\boldsymbol{m}$，还必须对初始模型进行校正。校正后的模型也不一定就是待求的模型(不一定能拟合观测数据)。因此，还必须以校正后的模型作为初始模型，重复上述步骤，反复迭代，直至拟合观测数据为止。

2.2 线性反演问题的解

2.2.1 超定问题的最小方差解

在线性反演问题中，如果观测数据的个数多于模型参数的个数，更准确地说，在$M > N = r$的情况下，最简单常用的反演方法是最小方差法。这里 r 是数据方程

$$\underset{(M\times 1)}{\boldsymbol{d}} = \underset{(M\times N)}{\boldsymbol{G}}\ \underset{(N\times 1)}{\boldsymbol{m}} \tag{2.11}$$

中数据核 $\boldsymbol{G}$ 的秩。

设 $\boldsymbol{e}$ 为观测数据 $\boldsymbol{d}$ 与理论计算值 $\boldsymbol{Gm}$ 的误差向量，则方差(即目标函数)为

$$\boldsymbol{E} = \boldsymbol{e}^{\mathrm{T}}\boldsymbol{e} = (\boldsymbol{d} - \boldsymbol{Gm})^{\mathrm{T}}(\boldsymbol{d} - \boldsymbol{Gm}) \tag{2.12}$$

式中，

$$\boldsymbol{e} = \begin{bmatrix} d_1 - \sum\limits_{i=1}^{M} G_{1i}m_i \\ d_2 - \sum\limits_{i=1}^{M} G_{2i}m_i \\ \vdots \\ d_M - \sum\limits_{i=1}^{M} G_{Mi}m_i \end{bmatrix} \tag{2.13}$$

将式(2.12)展开得

$$\begin{aligned} \boldsymbol{E} &= (\boldsymbol{d}^{\mathrm{T}} - \boldsymbol{m}^{\mathrm{T}}\boldsymbol{G}^{\mathrm{T}})(\boldsymbol{d} - \boldsymbol{Gm}) \\ &= \boldsymbol{d}^{\mathrm{T}}\boldsymbol{d} - \boldsymbol{m}^{\mathrm{T}}\boldsymbol{G}^{\mathrm{T}}\boldsymbol{d} - \boldsymbol{d}^{\mathrm{T}}\boldsymbol{Gm} + \boldsymbol{m}^{\mathrm{T}}\boldsymbol{G}^{\mathrm{T}}\boldsymbol{Gm} \end{aligned}$$

最小方差解必须满足

$$\frac{\partial \boldsymbol{E}}{\partial \boldsymbol{m}^{\mathrm{T}}} = -\boldsymbol{G}^{\mathrm{T}}\boldsymbol{d} + \boldsymbol{G}^{\mathrm{T}}\boldsymbol{Gm} = 0$$

所以

$$\boldsymbol{m} = (\boldsymbol{G}^{\mathrm{T}}\boldsymbol{G})^{-1}\boldsymbol{G}^{\mathrm{T}}\boldsymbol{d} \tag{2.14}$$

或对 $\boldsymbol{m}$ 求偏导数，并令其为 0，则有

$$\frac{\partial \boldsymbol{E}}{\partial \boldsymbol{m}^{\mathrm{T}}} = -\boldsymbol{d}^{\mathrm{T}}\boldsymbol{G} + \boldsymbol{m}^{\mathrm{T}}\boldsymbol{G}^{\mathrm{T}}\boldsymbol{G} = 0$$

同理，可得知式(2.14)所示正态方程。

讨论：

(1)从线性代数基本理论可知，在线性方程

$$G^{\mathrm{T}}GM = G^{\mathrm{T}}d$$

中，如果系数矩阵 $G^{\mathrm{T}}G(N \times N)$ 的秩 $r < N$，则方程是奇异的，即使 $M > N$，此时在 M 个观测数据中，没有能确定 N 个未知参数的有用的观测数据，或者说，观测数据没有提供确定 N 个模型参数的独立的信息。线性方程是奇异的，意味着 $G^{\mathrm{T}}G$ 或 G 是奇异的，奇异阵是无常规意义下的解。这种情况在地球物理资料的反演中是经常遇到的。

(2)当 $G^{\mathrm{T}}G$ 有零特征值存在时，数据方程(2.11)是奇异的，无法求解；当 $G^{\mathrm{T}}G$ 的特征值很小时，方程(2.11)是病态的，会使解变得极不稳定，从而使反演非常困难，甚至无法收敛。这也是在地球物理资料反演中经常遇到的问题。因此，克服反演过程中的奇异和病态问题就成了反演理论必须解决的重要课题。

2.2.2　欠定问题的简单模型解

所谓纯欠定问题，是指在式(2.11)中，未知参数的个数 N 大于观测数据的个数 M，且矩阵 G 的秩 $r > M$ 的情况。换言之，在 M 个方程中，既无相关方程也无矛盾方程存在。从线性代数理论可知，此时有无限多个解能满足线性方程(2.11)，且其误差均为零。这是因为，虽然观测数据提供了一些确定模型参数的信息，但其数量不足以全部确定模型参数或得到未提供确定模型参数的足够充分的信息。因此，解不是唯一的，甚至有无限多能拟合观测数据的解。

为了求得反演问题的一个解，我们必须从无限多个能拟合观测数据的解中挑选出一个我们所需要的特定解。因此，解方程(2.11)时，必须加上一些在观测数据中未包含的信息。

所谓最简单是指在保留实际地球物理模型基本特征不变的情况下，对地球物理模型的一种简化。解的长度，比如说解的欧几里得长度为最小的模型，$E = m^{\mathrm{T}}m$，应该是一种最简单的模型。

设式(2.11)是一纯欠定问题，此时的目标函数在式(2.11)约束下有极小，即

$$E = m^{\mathrm{T}}m$$

在式(2.11)约束下为极小。

根据极值理论，必须引入拉格朗日算子 λ 将条件极值问题化为无条件极值问题。因此，目标函数应为

$$E = m^{\mathrm{T}}m + \lambda^{\mathrm{T}}(d - Gm) \tag{2.15}$$

显然，求上述目标函数的极小值问题，可以化为求

$$\frac{\partial E}{\partial m} = m^{\mathrm{T}} - \lambda^{\mathrm{T}}G = 0$$

的解，故

$$m = G^{\mathrm{T}}\lambda \tag{2.16}$$

将式(2.16)代入式(2.11)，则

$$d = GG^{\mathrm{T}}\lambda \tag{2.17}$$

故

$$\boldsymbol{\lambda} = (\boldsymbol{G}\boldsymbol{G}^{\mathrm{T}})^{-1}\boldsymbol{d} \tag{2.18}$$

再将式(2.18)代入式(2.16)，得纯欠定问题的正态方程：

$$\boldsymbol{m} = \boldsymbol{G}^{\mathrm{T}}(\boldsymbol{G}\boldsymbol{G}^{\mathrm{T}})^{-1}\boldsymbol{d} \tag{2.19}$$

欠定问题在地球物理资料的反演中是经常遇到的。如果比较一下式(2.19)和式(2.14)，会发现在最小方差解的超定问题中，需求对称矩阵$\boldsymbol{G}^{\mathrm{T}}\boldsymbol{G}$的逆，这里矩阵$\boldsymbol{G}^{\mathrm{T}}\boldsymbol{G}$为$N \times N$阶方阵。而在解纯欠定问题时，需求对称矩阵 $\boldsymbol{G}\boldsymbol{G}^{\mathrm{T}}$的逆，它是$M \times M$阶方阵。和超定问题一样，解欠定问题时，也存在方程(2.11)的“奇异”和“病态”两种棘手问题。所谓奇异问题是指$\boldsymbol{G}\boldsymbol{G}^{\mathrm{T}}$的特征值中有为零的问题；病态问题是指$\boldsymbol{G}\boldsymbol{G}^{\mathrm{T}}$中有小特征值的问题。这都是在解欠定问题时必须认真对待的。

2.2.3 混定问题的解——马夸特解

当线性反演问题

$$\underset{(M\times 1)}{\boldsymbol{d}} = \underset{(M\times N)}{\boldsymbol{G}}\ \underset{(N\times 1)}{\boldsymbol{m}}$$

呈现$\min(M,N) > r$的情况时，称为混定问题。解混定问题的方法，通常称马夸特法，或岭回归(ridge regression)法，又称为阻尼最小二乘法(damping RMS)。

从M、N和r的关系看，由于矩阵 $\boldsymbol{G}$的秩r 意味着在方程(2.11)中只有r个线性无关的方程，只能确定r个非零的解。因此，$M > r$是超定问题，而$N > r$又是欠定问题。许多地球物理线性反演问题既不完全是超定问题，也不完全是欠定问题，常常表现为一种混定形式(即混定问题)。

鉴于混定问题的特殊性，它既有超定问题的性质，也有欠定问题的性质，因此不难设想其目标函数应兼有方差项$(\boldsymbol{d}-\boldsymbol{G}\boldsymbol{m})^{\mathrm{T}}(\boldsymbol{d}-\boldsymbol{G}\boldsymbol{m})$和模型长度项$\boldsymbol{m}^{\mathrm{T}}\boldsymbol{m}$，即

$$\begin{aligned} E &= (\boldsymbol{d}-\boldsymbol{G}\boldsymbol{m})^{\mathrm{T}}(\boldsymbol{d}-\boldsymbol{G}\boldsymbol{m}) + \varepsilon^2\boldsymbol{m}^{\mathrm{T}}\boldsymbol{m} \\ &= \boldsymbol{d}^{\mathrm{T}}\boldsymbol{d} - \boldsymbol{m}^{\mathrm{T}}\boldsymbol{G}^{\mathrm{T}}\boldsymbol{d} - \boldsymbol{d}^{\mathrm{T}}\boldsymbol{G}\boldsymbol{m} + \boldsymbol{m}^{\mathrm{T}}\boldsymbol{G}^{\mathrm{T}}\boldsymbol{G}\boldsymbol{m} + \varepsilon^2\boldsymbol{m}^{\mathrm{T}}\boldsymbol{m} \end{aligned} \tag{2.20}$$

求E相对于$\boldsymbol{m}$或$\boldsymbol{m}^{\mathrm{T}}$的偏导数，并设其为零，简化后得

$$\left(\boldsymbol{G}^{\mathrm{T}}\boldsymbol{G} + \varepsilon^2\boldsymbol{I}\right)\boldsymbol{m} = \boldsymbol{G}^{\mathrm{T}}\boldsymbol{d} \tag{2.21}$$

因而

$$\boldsymbol{m} = (\boldsymbol{G}^{\mathrm{T}}\boldsymbol{G} + \varepsilon^2\boldsymbol{I})^{-1}\boldsymbol{G}^{\mathrm{T}}\boldsymbol{d} \tag{2.22}$$

式中，ε^2为阻尼系数或加权因子，它决定了预测误差项$(\boldsymbol{d}-\boldsymbol{G}\boldsymbol{m})^{\mathrm{T}}(\boldsymbol{d}-\boldsymbol{G}\boldsymbol{m})$和模型 L_2范数长度($\boldsymbol{m}^{\mathrm{T}}\boldsymbol{m}$)项在极小化目函数 E时各自的相对重要性。如果ε^2足够大，则模型的L_2范数长度在极小化过程中起着主要作用，或者说是极小解的欠定部分；如果ε^2为零，则极小的是方差部分，或者说解的超定部分。然而，对大多数地球物理反演问题而言，ε^2为零或足够大都难以取得模型的最优解。要寻找一种折中方案，找到一个合适的ε^2值，就需要在迭代过程中不断修改ε^2的大小。这里不存在一种简单的计算最佳阻尼系数ε^2的方法，只能在反演过中用“尝试法”确定。实质上，在对目标函数E全面最优解的搜

索过程中，调节 ε^2 的大小，就调整了搜索的方向和步长。

式(2.22)中的 ε^2 又叫正则化参数，所谓正则化反演都是围绕该参数的选取进行的。

2.3　先验信息在模型构制中的应用

2.3.1　对模型参数的限制

在特定情况下，将 $E=\boldsymbol{m}^{\mathrm{T}}\boldsymbol{m}$ 最小作为模型长度定义的首选标准可能并不完全适用。以解决岩石物理性质在空间中变化的问题为例，我们的目标并非在 E 趋近于零的意义上获得最小化的岩石物性，而是希望找到一种解，使得岩石物性值在其平均值附近达到最小偏差。在这种情况下，应该重新考虑模型长度的定义，以适应这种特定的优化需求。此时，长度的定义可以表述为

$$E=(\boldsymbol{m}-\langle\boldsymbol{m}\rangle)^{\mathrm{T}}(\boldsymbol{m}-\langle\boldsymbol{m}\rangle) \tag{2.23}$$

这里平均值或数字期望 $\langle\boldsymbol{m}\rangle$ 就是另一种形式的先验信息。

但是，令 $E=\boldsymbol{m}^{\mathrm{T}}\boldsymbol{m}$ 为最小作为求取模型参数的测度，有时也不完全合理。有的学者认为以 $E=\boldsymbol{m}'^{\mathrm{T}}\boldsymbol{m}'$ 或 $E=\boldsymbol{m}''^{\mathrm{T}}\boldsymbol{m}''$ 为最小作为求取模型参数的测度更为合理。这里“′ ”和“ ″”分别表示模型相对于深度的一阶、二阶偏导数。

另外，也可以认为某些模型参数重要，而另一些模型参数不重要，因而引入加权因子的概念，定义一种新的测度：

$$E=(\boldsymbol{Dm})^{\mathrm{T}}(\boldsymbol{Dm})=\boldsymbol{m}^{\mathrm{T}}\boldsymbol{D}^{\mathrm{T}}\boldsymbol{Dm}=\boldsymbol{m}^{\mathrm{T}}\boldsymbol{W}_m\boldsymbol{m} \tag{2.24}$$

式中，矩阵 $\boldsymbol{W}_m=\boldsymbol{D}^{\mathrm{T}}\boldsymbol{D}$ 就是加权因子。式(2.24)定义的是一种加权测度，此时的欠定问题的最小长度解为

$$\boldsymbol{m}=\boldsymbol{W}_m\boldsymbol{G}^{\mathrm{T}}\left(\boldsymbol{G}\boldsymbol{W}_m\boldsymbol{G}^{\mathrm{T}}\right)^{-1}\boldsymbol{d}$$

与式(2.23)对应的欠定问题的最小长度解为

$$\boldsymbol{m}=\langle\boldsymbol{m}\rangle+\boldsymbol{G}^{\mathrm{T}}[\boldsymbol{G}\boldsymbol{G}^{\mathrm{T}}]^{-1}[\boldsymbol{d}-\boldsymbol{G}\langle\boldsymbol{m}\rangle] \tag{2.25}$$

如将式(2.23)修改为

$$E=[\boldsymbol{m}-\langle\boldsymbol{m}\rangle]^{\mathrm{T}}\boldsymbol{W}_m[\boldsymbol{m}-\langle\boldsymbol{m}\rangle]$$

则式(2.25)相应修改为

$$\boldsymbol{m}=\langle\boldsymbol{m}\rangle+\boldsymbol{W}_m\boldsymbol{G}^{\mathrm{T}}[\boldsymbol{G}\boldsymbol{W}_m\boldsymbol{G}^{\mathrm{T}}]^{-1}[\boldsymbol{d}-\boldsymbol{G}\langle\boldsymbol{m}\rangle] \tag{2.26}$$

2.3.2　对观测数据的限制

如是 $\boldsymbol{d}=\boldsymbol{Gm}$ 是一个超定系统，在解超定问题时，可以根据观测数据的精度或重要程度加以相应的权，则目标函数为

$$E=[\boldsymbol{d}-\boldsymbol{Gm}]^{\mathrm{T}}\boldsymbol{W}_\varepsilon[\boldsymbol{d}-\boldsymbol{Gm}] \tag{2.27}$$

其最小方差解为

$$\boldsymbol{m}=[\boldsymbol{G}^{\mathrm{T}}\boldsymbol{W}_e\boldsymbol{G}]^{-1}\boldsymbol{G}^{\mathrm{T}}\boldsymbol{W}_\varepsilon\boldsymbol{d} \tag{2.28}$$

式中，$\boldsymbol{W}_e$ 为观测数据的加权因子。

对于混定问题，如极小目标函数

$$E=[\boldsymbol{d}-\boldsymbol{G}\boldsymbol{m}]^{\mathrm{T}}\boldsymbol{W}_{\varepsilon}[\boldsymbol{d}-\boldsymbol{G}\boldsymbol{m}]+\varepsilon^{2}\boldsymbol{m}^{\mathrm{T}}\boldsymbol{W}_{m}\boldsymbol{m} \tag{2.29}$$

则其解为

$$\boldsymbol{m}=[\boldsymbol{G}^{\mathrm{T}}\boldsymbol{W}_{\varepsilon}\boldsymbol{G}+\varepsilon^{2}\boldsymbol{W}_{m}]^{-1}\boldsymbol{G}^{\mathrm{T}}\boldsymbol{W}_{\varepsilon}\boldsymbol{d} \tag{2.30}$$

如极小为

$$\begin{aligned}\boldsymbol{E}=&[\boldsymbol{d}-\boldsymbol{G}(\boldsymbol{m}-\langle\boldsymbol{m}\rangle)]^{\mathrm{T}}\boldsymbol{W}_{\varepsilon}[\boldsymbol{d}-\boldsymbol{G}(\boldsymbol{m}-\langle\boldsymbol{m}\rangle)]\\&+\varepsilon^{2}[\boldsymbol{m}-\langle\boldsymbol{m}\rangle]^{\mathrm{T}}\boldsymbol{W}_{m}[\boldsymbol{m}-\langle\boldsymbol{m}\rangle]\end{aligned} \tag{2.31}$$

则其解为

$$\boldsymbol{m}=\langle\boldsymbol{m}\rangle+\boldsymbol{W}_{m}\boldsymbol{G}^{\mathrm{T}}[\boldsymbol{G}\boldsymbol{W}_{m}\boldsymbol{G}^{\mathrm{T}}+\varepsilon^{2}\boldsymbol{W}_{\varepsilon}]^{-1}[\boldsymbol{d}-\boldsymbol{G}\langle\boldsymbol{m}\rangle] \tag{2.32}$$

或

$$\boldsymbol{m}=\langle\boldsymbol{m}\rangle+[\boldsymbol{G}^{\mathrm{T}}\boldsymbol{W}_{r}\boldsymbol{G}+\varepsilon^{2}\boldsymbol{W}_{m}]^{-1}\boldsymbol{G}^{\mathrm{T}}\boldsymbol{W}_{e}[\boldsymbol{d}-\boldsymbol{G}\langle\boldsymbol{m}\rangle] \tag{2.33}$$

由此可见，在构制模型时，既可以对观测误差加权，也可以对模型参数加权。加权就是强加一些已知的先验信息。先验信息不同，权系数变化所得到的模型自然会有差异。但是，它们有一个共同的特点：都能拟合观测数据。这就说明对同一组地球物理观测数据，有许多可以拟合这组观测数据的模型与之对应。这就是解的非唯一性。

2.4　观测数据和模型参数估算值的方差

在前面讨论中，不管是超定问题、欠定问题还是混定问题，均未涉及观测数据的统计特征。在实际地球物理资料的反演中，观测数据是有误差的。若有误差，就要遵守一定的统计特性。

假定观测数据服从高斯分布，具有零平均值，在方差为σ_{d}的条件下，分析在反演映射过程中观测数据的误差对模型参数的影响。

因为

$$\boldsymbol{d}+\boldsymbol{d}\boldsymbol{\sigma}=\boldsymbol{G}\boldsymbol{m}+\boldsymbol{G}\boldsymbol{\sigma}_{\mathrm{m}} \tag{2.34}$$

式中，

$$\boldsymbol{\sigma}_{\mathrm{d}}=\begin{bmatrix}\boldsymbol{\sigma}_{\mathrm{d1}}\\\boldsymbol{\sigma}_{\mathrm{d2}}\\\vdots\\\boldsymbol{\sigma}_{\mathrm{d}M}\end{bmatrix},\quad \boldsymbol{\sigma}_{\mathrm{m}}=\begin{bmatrix}\boldsymbol{\sigma}_{\mathrm{m1}}\\\boldsymbol{\sigma}_{\mathrm{m2}}\\\vdots\\\boldsymbol{\sigma}_{\mathrm{m}M}\end{bmatrix}$$

式中，$\boldsymbol{\sigma}_{\mathrm{d}}$、$\boldsymbol{\sigma}_{\mathrm{m}}$ 分别为观测数据和模型参数的方差向量，而 $\boldsymbol{\sigma}_{\mathrm{d}j}$、$\boldsymbol{\sigma}_{\mathrm{m}j}$ 分别为第 j 个观测数据和第 j 个模型参数的方差。

利用数据方程(2.11)，则式(2.34)可化为

$$\boldsymbol{\sigma}_{\mathrm{d}}=\boldsymbol{G}\boldsymbol{\sigma}_{\mathrm{m}} \tag{2.35}$$

故在最小方差意义下，有

$$\boldsymbol{\sigma}_{\mathrm{m}}=[\boldsymbol{G}^{\mathrm{T}}\boldsymbol{G}]^{-1}\boldsymbol{G}^{\mathrm{T}}\boldsymbol{\sigma}_{\mathrm{d}} \tag{2.36}$$

由此可知，最小方差解 $\boldsymbol{m}=[\boldsymbol{G}^{\mathrm{T}}\boldsymbol{G}]^{-1}\boldsymbol{G}^{\mathrm{T}}d$ 的协方差矩阵为

$$[\mathrm{cov}\,\boldsymbol{m}]=\boldsymbol{\sigma}_{\mathrm{m}}\boldsymbol{\sigma}_{\mathrm{m}}^{\mathrm{T}}=[\boldsymbol{G}^{\mathrm{T}}\boldsymbol{G}]^{-1}\boldsymbol{G}^{\mathrm{T}}[\mathrm{cov}\,\boldsymbol{d}][(\boldsymbol{G}^{\mathrm{T}}\boldsymbol{G})^{-1}\boldsymbol{G}^{\mathrm{T}}]^{\mathrm{T}} \tag{2.37}$$

在模型最小长度解的意义下，

$$\boldsymbol{\sigma}_{\mathrm{m}}=\boldsymbol{G}^{\mathrm{T}}[\boldsymbol{G}\boldsymbol{G}^{\mathrm{T}}]^{-1}\boldsymbol{\sigma}_{\mathrm{d}} \tag{2.38}$$

其解(2.19)的协方差矩阵为

$$[\mathrm{cov}\,\boldsymbol{m}]=\boldsymbol{\sigma}_{\mathrm{m}}\boldsymbol{\sigma}_{\mathrm{m}}^{\mathrm{T}}=[\boldsymbol{G}^{\mathrm{T}}[\boldsymbol{G}\boldsymbol{G}^{\mathrm{T}}]^{-1}[\mathrm{cov}\,\boldsymbol{d}]\boldsymbol{G}^{\mathrm{T}}[\boldsymbol{G}\boldsymbol{G}^{\mathrm{T}}]^{-1}]^{\mathrm{T}} \tag{2.39}$$

式中，

$$[\mathrm{cov}\,\boldsymbol{d}]=\boldsymbol{\sigma}_{\mathrm{d}}\boldsymbol{\sigma}_{\mathrm{d}}^{\mathrm{T}} \tag{2.40}$$

如果说观测数据是相互独立的，且均为单位标准方差，则

$$[\mathrm{cov}\,\boldsymbol{d}]=\sigma_{\mathrm{d}}^{2}\boldsymbol{I} \tag{2.41}$$

因而，式(2.37)和式(2.39)分别简化为

$$\begin{aligned}[\mathrm{cov}\,\boldsymbol{m}]&=[[\boldsymbol{G}^{\mathrm{T}}\boldsymbol{G}]^{-1}\boldsymbol{G}^{\mathrm{T}}]\boldsymbol{\sigma}_{\mathrm{d}}^{2}\boldsymbol{I}[[\boldsymbol{G}^{\mathrm{T}}\boldsymbol{G}]^{-1}\boldsymbol{G}^{\mathrm{T}}]^{\mathrm{T}}\\&=\boldsymbol{\sigma}_{\mathrm{d}}^{2}[\boldsymbol{G}^{\mathrm{T}}\boldsymbol{G}]^{-1}\end{aligned} \tag{2.42}$$

或

$$\begin{aligned}[\mathrm{cov}\,\boldsymbol{m}]&=[\boldsymbol{G}^{\mathrm{T}}[\boldsymbol{G}\boldsymbol{G}^{\mathrm{T}}]^{-1}]\boldsymbol{\sigma}_{\mathrm{d}}^{2}\boldsymbol{I}[\boldsymbol{G}^{\mathrm{T}}[\boldsymbol{G}\boldsymbol{G}^{\mathrm{T}}]^{-1}]^{\mathrm{T}}\\&=\boldsymbol{\sigma}_{\mathrm{d}}^{2}\boldsymbol{G}^{\mathrm{T}}[\boldsymbol{G}\boldsymbol{G}^{\mathrm{T}}]^{-2}\boldsymbol{G}\end{aligned} \tag{2.43}$$

从式(2.42)和式(2.43)可以看出，不管是最小方差解还是模型最小长度解，模型估计值的方差主要取决于矩阵$[\boldsymbol{G}^{\mathrm{T}}\boldsymbol{G}]$，或$[\boldsymbol{G}\boldsymbol{G}^{\mathrm{T}}]$的特征值。即特征值越小，引起的方差越大。由此可见，小特征值对模型参数的方差起着决定性的作用。

2.5　广义逆与广义逆反演法

本章前几节分别讨论了非线性问题的线性化、超定线性问题的最小方差解、欠定问题的最简单解、解的方差，以及数据加权和模型加权等问题。从本节开始，我们将从另一个角度，即广义逆矩阵的角度来讨论线性反演问题，并称基于广义逆矩阵建立起来的线性反演法为广义反演(generalized inversion)法，或广义线性反演(generalized linear inversion, GLI)法。

2.5.1　广义逆矩阵的概念

设线性反演问题：

$$\underset{(M\times 1)}{\boldsymbol{d}}=\underset{(M\times N)}{\boldsymbol{G}}\ \underset{(N\times 1)}{\boldsymbol{m}}$$

如果把 $\boldsymbol{G}$ 看成是一个映射算子，那么正演问题就是通过算子 $\boldsymbol{G}$ 将模型空间($\mathbb{R}^N$)中的模型 $\boldsymbol{m}$ 映射到数据空间($\mathbb{R}^M$)中的观测数据 $\boldsymbol{d}$ 的一种运算；而反问题则是通过$\boldsymbol{G}^{-R}$将数据空间中的观测数据 $\boldsymbol{d}$ 映射到模型空间($\mathbb{R}^N$)中的模型 $\boldsymbol{m}$ 的一种运算，如图 2.1 所示。

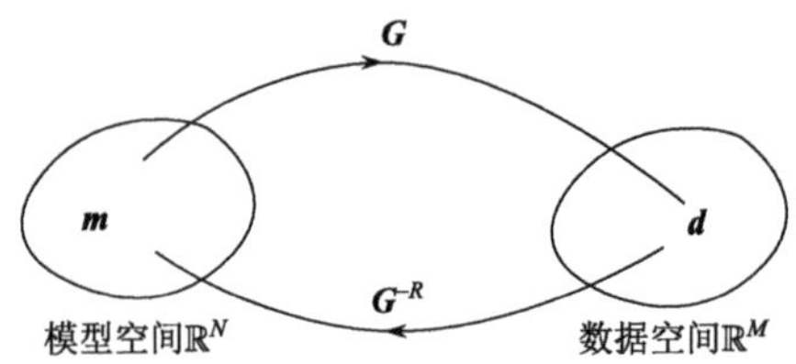

图 2.1　模型空间和数据空间的映射

与 $\boldsymbol{d}=\boldsymbol{Gm}$ 相应，有

$$\boldsymbol{m}=\boldsymbol{G}^{-R}\boldsymbol{d} \tag{2.44}$$

由矩阵理论可知，若 $\boldsymbol{G}$ 是非奇异矩阵，那么 $\boldsymbol{G}^{-R}=\boldsymbol{G}^{-1}$ 。这里 $\boldsymbol{G}^{-1}$ 是 $\boldsymbol{G}$ 的逆矩阵，且有

$$\boldsymbol{G}\boldsymbol{G}^{-1}=\boldsymbol{G}^{-1}\boldsymbol{G}=\boldsymbol{I} \tag{2.45}$$

式中，$\boldsymbol{I}$ 为单位矩阵；矩阵 $\boldsymbol{G}$ 的 $\boldsymbol{G}^{-1}$ 的求法在关于线性代数的书中均可找到。

在 $\boldsymbol{G}$ 是奇异矩阵的情况下，$\boldsymbol{G}$ 的逆 $\boldsymbol{G}^{-1}$ 并不存在，故我们称式(2.44)中的 $\boldsymbol{G}^{-R}$ 为矩阵 $\boldsymbol{G}$ 的广义逆。所谓广义逆，是矩阵 $\boldsymbol{G}$ 在常规意义下的逆的推广。普通逆矩阵只是广义逆矩阵的一种特殊形式。

显然，在奇异矩阵情况下，

$$\boldsymbol{G}\boldsymbol{G}^{-R}\neq\boldsymbol{I}_M,\quad \boldsymbol{G}^{-R}\boldsymbol{G}\neq\boldsymbol{I}_N \tag{2.46}$$

下面分析广义逆矩阵的形式:

(1) 当 $M\times N$ ，且 $\det|\boldsymbol{G}|\neq 0$ 时， $\boldsymbol{G}^{-R}=\boldsymbol{G}^{-1}$ ，且式(2.45)存在，反演问题的解是唯一的；

(2) 当 $M>N$ ，即 $\boldsymbol{G}$ 为超定系统的情况下，比较式(2.44)和式(2.14)可知，

$$\boldsymbol{G}^{-R}=\left[\boldsymbol{G}^{\mathrm{T}}\boldsymbol{G}\right]^{-1}\boldsymbol{G}^{\mathrm{T}} \tag{2.47}$$

且式(2.46)成立；

(3)当 $M<N$ ，即 $\boldsymbol{G}$ 为欠定系统的情况下，由式(2.44)和式(2.19)知，

$$\boldsymbol{G}^{-R}=\boldsymbol{G}^{\mathrm{T}}[\boldsymbol{G}\boldsymbol{G}^{\mathrm{T}}]^{-1} \tag{2.48}$$

且式(2.46)成立。

根据 Penros 的定义，凡满足以下四个条件：

$$\begin{aligned}&\text{(a) } \boldsymbol{G}\boldsymbol{G}^{-R}\boldsymbol{G}=\boldsymbol{G}\\&\text{(b) } \boldsymbol{G}^{-R}\boldsymbol{G}\boldsymbol{G}^{-R}=\boldsymbol{G}^{-R}\\&\text{(c) } (\boldsymbol{G}\boldsymbol{G}^{-R})^{\mathrm{T}}=\boldsymbol{G}\boldsymbol{G}^{-R}\\&\text{(d) } (\boldsymbol{G}^{-R}\boldsymbol{G})^{\mathrm{T}}=\boldsymbol{G}^{-R}\boldsymbol{G}\end{aligned} \tag{2.49}$$

的广义逆，必然是唯一的。一般把满足 Penros 四个条件的广义逆记为 $\boldsymbol{G}^{+}$ 。显然，$\boldsymbol{G}^{-1}$ 最小方差解以及模型的最小欧几得长度解式(2.47)和式(2.48)都是 Penros 的广义逆。

满足式(2.49)中四个条件的广义逆存在，当然，满足其中部分条件的广义逆也必然存在。但是，满足部分条件的广义逆并不是唯一的，因此不是这里所说的 Penros 逆。

2.5.2 奇异值分解和自然逆

为了更好地了解在线性反演中应用相当普遍的奇异矩阵的奇异值分解(singular value decomposition, SVD)，让我们先从矩阵分解讲起。

(1) 若 $\boldsymbol{G}$ 为 $M\times M$ 阶实对非奇异阵，则总存在正交阵 U 使

$$\boldsymbol{U}^{\mathrm{T}}\boldsymbol{G}\boldsymbol{U}=\boldsymbol{\Lambda}=\mathrm{diag}(\lambda_1,\lambda_2,\cdots,\lambda_M) \tag{2.50}$$

其中，λ_i 是矩阵 $\boldsymbol{G}$ 的第 i 个特征值；$\boldsymbol{\Lambda}$ 是由 $\boldsymbol{G}$ 的 M 个特征值组成的对角线矩阵，且

$$\Lambda=\begin{bmatrix}\lambda_1 & & & 0\\ & \lambda_2 & & \\ & & \ddots & \\ 0 & & & \lambda_M\end{bmatrix} \tag{2.51}$$

而 $\boldsymbol{U}$ 是 $\boldsymbol{G}$ 的 M 个特征向量组成的特征向量矩阵。显然，它是一个正交向量。

$$\boldsymbol{U}^{\mathrm{T}}\boldsymbol{U}=\boldsymbol{U}\boldsymbol{U}^{\mathrm{T}}=\boldsymbol{I}_M \tag{2.52}$$

由式(2.50)知，

$$\boldsymbol{G}=\boldsymbol{U}\boldsymbol{\Lambda}\boldsymbol{\Lambda}^{\mathrm{T}} \tag{2.53}$$

这就是实对称矩阵的正交分解。任何一个实对称矩阵 $\boldsymbol{G}$ 均可分解为三个矩阵的连乘积，第一和第三个矩阵分别为 $\boldsymbol{G}$ 的特征向量矩阵 $\boldsymbol{U}$ 和它的转置 $\boldsymbol{G}^{\mathrm{T}}$，而第二个矩阵则是 $\boldsymbol{G}$ 的特征值构成的对角线矩阵 $\boldsymbol{\Lambda}$。

(2) 如果 $\boldsymbol{G}$ 是非奇异非对称阵，那么上述正交分解不成立。可以证明，此时存在两个正交矩阵 $\boldsymbol{U}$ 和 $\boldsymbol{V}$，且

$$\boldsymbol{U}^{\mathrm{T}}\boldsymbol{G}\boldsymbol{V}=\Lambda=\mathrm{diag}(\lambda_1,\lambda_2,\cdots,\lambda_M) \tag{2.54}$$

式中，$\boldsymbol{\Lambda}$ 为 $\boldsymbol{G}^{\mathrm{T}}\boldsymbol{G}$ 或 $\boldsymbol{G}\boldsymbol{G}^{\mathrm{T}}$ 特征值的正根组成的对角线矩阵，$\lambda_i>0$；$\boldsymbol{U}$ 和 $\boldsymbol{V}$ 分别为对称矩阵 $\boldsymbol{G}\boldsymbol{G}^{\mathrm{T}}$ 和 $\boldsymbol{G}^{\mathrm{T}}\boldsymbol{G}$ 的特征向量组成的特征向量矩阵，且

$$\begin{aligned}\boldsymbol{U}^{\mathrm{T}}\boldsymbol{U}&=\boldsymbol{U}\boldsymbol{U}^{\mathrm{T}}=\boldsymbol{I}_M\\ \boldsymbol{V}^{\mathrm{T}}\boldsymbol{V}&=\boldsymbol{V}\boldsymbol{V}^{\mathrm{T}}=\boldsymbol{I}_N\end{aligned} \tag{2.55}$$

但

$$\boldsymbol{V}^{\mathrm{T}}\boldsymbol{U}\neq\boldsymbol{U}^{\mathrm{T}}\boldsymbol{V}\neq\boldsymbol{I}$$

由式(2.54)知

$$\boldsymbol{G}=\boldsymbol{U}\boldsymbol{\Lambda}\boldsymbol{V}^{\mathrm{T}} \tag{2.56}$$

这就是非奇异且非对称矩阵的分解。

式(2.56)和式(2.53)形式相同，但各个阵的含义却不尽相同。式(2.56)说明，任何一个非奇异非对称 $\boldsymbol{G}$ 可分解为三个 $\boldsymbol{U}$、$\boldsymbol{\Lambda}$ 和 $\boldsymbol{V}^{\mathrm{T}}$ 之积，其中 U 和 V 分别为对称阵 $\boldsymbol{G}\boldsymbol{G}^{\mathrm{T}}$ 和 $\boldsymbol{G}^{\mathrm{T}}\boldsymbol{G}$ 的特征向量矩阵，而 $\boldsymbol{\Lambda}$ 是 $\boldsymbol{G}\boldsymbol{G}^{\mathrm{T}}$ 或 $\boldsymbol{G}^{\mathrm{T}}\boldsymbol{G}$ 特征值的正根 $\lambda_i(i=1,2,\cdots,M)$ 组成的对角线矩阵。

(3) 若 $\boldsymbol{G}$ 是 $M\times N$ 阶奇异阵，此时也可以进行分解，即

$$\boldsymbol{G}=\boldsymbol{U}_r\boldsymbol{\Lambda}_r\boldsymbol{V}_r^{\mathrm{T}} \tag{2.57}$$

我们称式(2.57)为奇异阵 $\boldsymbol{G}$ 的奇异值分解。其中，$\boldsymbol{\Lambda}_r$ 是由 $\boldsymbol{G}^{\mathrm{T}}\boldsymbol{G}$ 或 $\boldsymbol{G}\boldsymbol{G}^{\mathrm{T}}$ 的 r 个非零特征值的正根组成的对角线矩阵，即

$$\boldsymbol{\Lambda}_r = \begin{bmatrix} \lambda_1 & & & 0 \\ & \lambda_2 & & \\ & & \ddots & \\ 0 & & & \lambda_M \end{bmatrix} \tag{2.58}$$

式中，r 为矩阵 $\boldsymbol{G}$ 的秩；$\boldsymbol{U}$ 为矩阵 $\boldsymbol{G}\boldsymbol{G}^{\mathrm{T}}$ 的 $M\times r$ 阶特征向量矩阵；$\boldsymbol{V}_r$ 为矩阵 $\boldsymbol{G}^{\mathrm{T}}\boldsymbol{G}$ 的 $N\times r$ 阶特征向量矩阵，且它们都是半正交矩阵，即

$$\begin{aligned} \boldsymbol{U}_r^{\mathrm{T}}\boldsymbol{U}_r = \boldsymbol{I}_r, \quad \boldsymbol{U}_r\boldsymbol{U}_r^{\mathrm{T}} \neq \boldsymbol{I}_r \\ \boldsymbol{V}_r^{\mathrm{T}}\boldsymbol{V}_r = \boldsymbol{I}_r, \quad \boldsymbol{V}_r\boldsymbol{V}_r^{\mathrm{T}} \neq \boldsymbol{I}_r \end{aligned} \tag{2.59}$$

现在来证明式(2.57)。

组成一个($M\times N$)阶方阵 S(埃尔米特(Hermitian)矩阵)，即

$$S = \begin{bmatrix} 0 & \boldsymbol{G} \\ \boldsymbol{G}^{\mathrm{T}} & 0 \end{bmatrix} \begin{matrix} M \\ N \end{matrix} \tag{2.60}$$
$$\quad M \quad N$$

由矩阵代数可知，方阵 $\boldsymbol{S}$ 的特征值 λ_i 和特征向量 $\boldsymbol{\varpi}_i$ 满足

$$\boldsymbol{S}\boldsymbol{\varpi}_i = \lambda_i\boldsymbol{\varpi}_i \tag{2.61}$$

式中，$\boldsymbol{\varpi}_i$ 为 $M+N$ 维向量；λ_i 为对应的特征值。

若把 $\boldsymbol{\varpi}_i$ 分为 $\boldsymbol{U}_i$(M 维向量)和 $\boldsymbol{V}_i$(N 维)两部分，则式(2.61)可改为

$$\begin{bmatrix} 0 & \boldsymbol{G} \\ \boldsymbol{G}^{\mathrm{T}} & 0 \end{bmatrix} \begin{bmatrix} \boldsymbol{U}_i \\ \boldsymbol{V}_i \end{bmatrix} = \lambda_i \begin{bmatrix} \boldsymbol{U}_i \\ \boldsymbol{V}_i \end{bmatrix} \tag{2.62}$$

由式(2.62)可以看出，对于 $M+N$ 阶奇异矩阵 $\boldsymbol{G}$，可以找到两个特征向量 $\boldsymbol{U}_i$ 和 $\boldsymbol{V}_i$，使下式成立，即

$$\begin{aligned} \boldsymbol{G}\boldsymbol{V}_i = \lambda_i\boldsymbol{U}_i \\ \boldsymbol{G}^{\mathrm{T}}\boldsymbol{U}_i = \lambda_i\boldsymbol{V}_i \end{aligned} \tag{2.63}$$

用 $\boldsymbol{G}^{\mathrm{T}}$ 和 $\boldsymbol{G}$ 分别左乘式(2.63)第一式和第二式，并利用第二式和第一式进行 h 变换，最后得

$$\begin{aligned} \boldsymbol{G}^{\mathrm{T}}\boldsymbol{G}\boldsymbol{V}_i = \lambda_i\boldsymbol{G}^{\mathrm{T}}\boldsymbol{U}_i = \lambda_i^2\boldsymbol{V}_i, \quad i = 1,2,\cdots,N \\ \boldsymbol{G}\boldsymbol{G}^{\mathrm{T}}\boldsymbol{U}_i = \lambda_i\boldsymbol{G}^{\mathrm{T}}\boldsymbol{V}_i = \lambda_i^2\boldsymbol{U}_i, \quad i = 1,2,\cdots,M \end{aligned} \tag{2.64}$$

由于 $\boldsymbol{G}^{\mathrm{T}}\boldsymbol{G}$ 和 $\boldsymbol{G}\boldsymbol{G}^{\mathrm{T}}$ 都是实对称矩阵，其特征值 λ_i^2 均为正值，且特征向量矩阵 $\boldsymbol{V}$ 和 $\boldsymbol{U}$ 都是正交矩阵，即有

$$\begin{aligned} \boldsymbol{U}^{\mathrm{T}}\boldsymbol{U} = \boldsymbol{U}\boldsymbol{U}^{\mathrm{T}} = \boldsymbol{I}_M \\ \boldsymbol{V}^{\mathrm{T}}\boldsymbol{V} = \boldsymbol{V}\boldsymbol{V}^{\mathrm{T}} = \boldsymbol{I}_N \end{aligned} \tag{2.65}$$

如果矩阵 $\boldsymbol{G}$ 的秩是 r，当 $i\leqslant r$ 时，$\lambda_i > 0$；当 $i>r$ 时，$\lambda_i = 0$。所以，矩阵 $\boldsymbol{U}$ 可以分解成 $\boldsymbol{U}_r$ 和 $\boldsymbol{U}_0$，矩阵 $\boldsymbol{V}$ 可以分解成 $\boldsymbol{V}_r$ 和 $\boldsymbol{V}_0$。其中，$\boldsymbol{U}_r$ 和 $\boldsymbol{V}_r$ 分别是 r 个非零特征值对应的 r

个特征向量构成的矩阵；$\boldsymbol{U}_0$ 和 $\boldsymbol{V}_0$ 是以零特征值对应的 $M-r$ 个特征向量 $\boldsymbol{U}_i$ 和 $N-r$ 个特征向量 $\boldsymbol{V}_i$ 所构成的矩阵。由式(2.63)的第一式知，这时，

$$\boldsymbol{GV}=\boldsymbol{U\Lambda} \tag{2.66}$$

可以改写为

$$\underset{(M\times N)}{\boldsymbol{G}}\begin{bmatrix}\underset{(N\times r)}{\boldsymbol{V}_r} & \underset{(N\times(N-r))}{\boldsymbol{V}_0}\end{bmatrix}=\begin{bmatrix}\underset{(M\times r)}{\boldsymbol{U}_r} & \underset{(M\times(M-r))}{\boldsymbol{U}_0}\end{bmatrix}\begin{bmatrix}\boldsymbol{\Lambda}_r & 0\\ 0_r^{\mathrm{T}} & \underset{(M-r)}{0}\end{bmatrix}^{r}_{(M-r)}\quad \begin{matrix} r & (M-r)\end{matrix} \tag{2.67}$$

上式两端右乘以 $\boldsymbol{V}^{\mathrm{T}}=\begin{bmatrix}\boldsymbol{V}_r^{\mathrm{T}}\\ \boldsymbol{V}_0^{\mathrm{T}}\end{bmatrix}$，并利用特征向量矩阵 $\boldsymbol{V}$ 的正交性，即 $\boldsymbol{VV}^{\mathrm{T}}=\boldsymbol{I}$，则有

$$\boldsymbol{GVV}^{\mathrm{T}}=[\boldsymbol{U}_r\boldsymbol{U}_0]\begin{bmatrix}\boldsymbol{\Lambda}_r & 0\\ 0_r^{\mathrm{T}} & 0\end{bmatrix}\begin{bmatrix}\boldsymbol{V}_r^{\mathrm{T}}\\ \boldsymbol{V}_0^{\mathrm{T}}\end{bmatrix}$$

所以

$$\boldsymbol{G}=\boldsymbol{U}_r\boldsymbol{\Lambda}_r\boldsymbol{V}_r^{\mathrm{T}} \tag{2.68}$$

同理，从式(2.63)的第二式知，

$$\boldsymbol{G}^{\mathrm{T}}\boldsymbol{U}=\boldsymbol{V\Lambda} \tag{2.69}$$

可以改写为

$$\underset{(N\times M)}{\boldsymbol{G}}\begin{bmatrix}\underset{(M\times r)}{\boldsymbol{U}_r} & \underset{(M\times(M-r))}{\boldsymbol{U}_0}\end{bmatrix}=\begin{bmatrix}\underset{(N\times r)}{\boldsymbol{V}_r} & \underset{(N\times(N-r))}{\boldsymbol{V}_0}\end{bmatrix}\begin{bmatrix}\boldsymbol{\Lambda}_r & 0\\ 0_r^{T} & \underset{(N-r)}{0}\end{bmatrix}^{r}_{(N-r)}\quad \begin{matrix} r & (N-r)\end{matrix} \tag{2.70}$$

上式两端右乘以 $\boldsymbol{U}^{\mathrm{T}}=\begin{bmatrix}\boldsymbol{U}_r^{\mathrm{T}}\\ \boldsymbol{U}_0^{\mathrm{T}}\end{bmatrix}$，并利用 $\boldsymbol{U}$ 的正交性，即 $\boldsymbol{UU}^{\mathrm{T}}=\boldsymbol{I}$，则有

$$\boldsymbol{G}^{\mathrm{T}}\boldsymbol{UU}^{\mathrm{T}}=[\boldsymbol{V}_r\boldsymbol{V}_0]\begin{bmatrix}\boldsymbol{\Lambda}_0 & 0\\ 0 & 0\end{bmatrix}\begin{bmatrix}\boldsymbol{U}_r^{\mathrm{T}}\\ \boldsymbol{U}_0^{\mathrm{T}}\end{bmatrix}$$

同样可得式(2.68)，即

$$\boldsymbol{G}=\boldsymbol{U}_r\boldsymbol{\Lambda}_r\boldsymbol{V}_r^{\mathrm{T}}$$

式(2.68)就是奇异矩阵 $\boldsymbol{G}$ 的奇异值分解，式中

$$\boldsymbol{\Lambda}_r=\begin{bmatrix}\lambda_1 & & & 0\\ & \lambda_2 & & \\ & & \ddots & \\ 0 & & & \lambda_r\end{bmatrix} \tag{2.71}$$

以上就是 Lanczos 的奇异值分解理论，据此，任何一个 $M\times N$ 阶的矩阵 $\boldsymbol{G}$ 均可分解为式(2.31)，即可分解为三个矩阵 $\boldsymbol{U}_r$、$\boldsymbol{\Lambda}_r$ 和 $\boldsymbol{V}_r^{\mathrm{T}}$ 的乘积。取

$$G_L = V_r \Lambda_r^{-1} U_r^{\mathrm{T}} \tag{2.72}$$

为矩阵 $\boldsymbol{G}$ 的逆算子，它被 Lanczos 称为“自然逆”(natural inverse)。Jackson 又将它称为 Lanczos 逆。尔后，大多数学者(如 Aki)，包括 Penros 在内，都把它称为广义逆。而把基于式(2.72)建立起来的解线性反演问题的方法统称为广义反演法，因而 $\boldsymbol{Gm} = \boldsymbol{d}$ 的解为

$$\boldsymbol{m} = \boldsymbol{G}_{\mathrm{L}} \boldsymbol{d} = \boldsymbol{V}_r \boldsymbol{\Lambda}_r^{-1} \boldsymbol{U}_r^{\mathrm{T}} \boldsymbol{d} \tag{2.73}$$

可以证明式(2.72)定义的自然逆满足 Penros 给出的四个条件：

(a) $\boldsymbol{G}\boldsymbol{G}_{\mathrm{L}}\boldsymbol{G} = \boldsymbol{U}_r\boldsymbol{\Lambda}_r\boldsymbol{V}_r^{\mathrm{T}}\boldsymbol{V}_r\boldsymbol{\Lambda}_r^{-1}\boldsymbol{U}_r^{\mathrm{T}}\boldsymbol{U}_r\boldsymbol{\Lambda}_r\boldsymbol{V}_r^{\mathrm{T}} = \boldsymbol{U}_r\boldsymbol{\Lambda}_r\boldsymbol{V}_r^{\mathrm{T}} = \boldsymbol{G}$；

(b) $\boldsymbol{G}_{\mathrm{L}}\boldsymbol{G}\boldsymbol{G}_{\mathrm{L}} = \boldsymbol{V}_r\boldsymbol{\Lambda}_r^{-1}\boldsymbol{U}_r^{\mathrm{T}}\boldsymbol{U}_r\boldsymbol{\Lambda}_r\boldsymbol{V}_r^{\mathrm{T}}\boldsymbol{V}_r\boldsymbol{\Lambda}_r^{-1}\boldsymbol{U}_r^{\mathrm{T}} = \boldsymbol{V}_r\boldsymbol{\Lambda}_r^{-1}\boldsymbol{U}_r^{\mathrm{T}} = \boldsymbol{G}_L$；

(c) $\left[\boldsymbol{G}\boldsymbol{G}_{\mathrm{L}}\right]^{\mathrm{T}} = \left[\boldsymbol{U}_r\boldsymbol{\Lambda}_r\boldsymbol{V}_r^{\mathrm{T}}\boldsymbol{V}_r\boldsymbol{\Lambda}_r^{-1}\boldsymbol{U}_r^{\mathrm{T}}\right]^{\mathrm{T}} = \boldsymbol{U}_r\boldsymbol{\Lambda}_r\boldsymbol{V}_r^{\mathrm{T}}\boldsymbol{V}_r\boldsymbol{\Lambda}_r^{-1}\boldsymbol{U}_r^{\mathrm{T}} = \boldsymbol{G}\boldsymbol{G}_L$；

(d) $\left[\boldsymbol{G}_{\mathrm{L}}\boldsymbol{G}\right]^{\mathrm{T}} = \left[\boldsymbol{V}_r\boldsymbol{\Lambda}_r^{-1}\boldsymbol{U}_r^{\mathrm{T}}\boldsymbol{U}_r\boldsymbol{\Lambda}_r\boldsymbol{V}_r^{\mathrm{T}}\right]^{\mathrm{T}} = \boldsymbol{V}_r\boldsymbol{\Lambda}_r^{-1}\boldsymbol{U}_r^{\mathrm{T}}\boldsymbol{U}_r\boldsymbol{\Lambda}_r\boldsymbol{V}_r^{\mathrm{T}} = \boldsymbol{G}_L\boldsymbol{G}$。

因此，$\boldsymbol{G}_{\mathrm{L}}$ 也是广义逆 $\boldsymbol{G}^+$。

2.5.3 广义逆反演法

在本节中，我们只涉及基于 Lanczos 自然逆而建立起来的广义反演法，而不讨论基于一般广义逆(即不全部满足 Penros 定义的四个条件的逆)的所谓广义反演法。

设线性反演问题为

$$\boldsymbol{Gm} = \boldsymbol{d}$$

根据自然逆的定义，有

$$\boldsymbol{m} = \boldsymbol{G}_{\mathrm{L}}\boldsymbol{d}$$

下面我们从如下四种情况分别论述之。

(1) 当 $M = N = r$ 时，$\boldsymbol{U}_0$ 和 $\boldsymbol{V}_0$ 均不存在，即 $\boldsymbol{U}_r$ 和 $\boldsymbol{V}_r$ 都是标准的正交矩阵，且

$$\boldsymbol{G}\boldsymbol{G}_{\mathrm{L}} = \left[\boldsymbol{U}_r\boldsymbol{\Lambda}_r\boldsymbol{V}_r^{\mathrm{T}}\boldsymbol{V}_r\boldsymbol{\Lambda}_r^{-1}\boldsymbol{U}_r^{\mathrm{T}}\right] = \boldsymbol{G}_{\mathrm{L}}\boldsymbol{G} = \boldsymbol{I}_r$$

因此，

$$\boldsymbol{G}_{\mathrm{L}} = \boldsymbol{G}^{-1}$$

则用式(2.73)求得的 $\boldsymbol{m}$ 就是数据方程 $\boldsymbol{Gm} = \boldsymbol{d}$ 的唯一解。

(2) 当 $r = N > M$ 时，$\boldsymbol{Gm} = \boldsymbol{d}$ 是超定方程。此时，$\boldsymbol{V}_0$ 不复存在，但 $\boldsymbol{U}_0$ 存在，此时 $\boldsymbol{V}_r$ 是正交矩阵，即

$$\boldsymbol{V}_r^{\mathrm{T}}\boldsymbol{V}_r = \boldsymbol{V}_r\boldsymbol{V}_r^{\mathrm{T}} = \boldsymbol{I}_r$$

而 $\boldsymbol{U}_r$ 是半正交矩阵，即

$$\boldsymbol{U}_r^{\mathrm{T}}\boldsymbol{U}_r = \boldsymbol{I}_r, \quad \boldsymbol{U}_r\boldsymbol{U}_r^{\mathrm{T}} \neq \boldsymbol{I}_r$$

这时，

$$\begin{aligned}\boldsymbol{G}_{\mathrm{L}} &= \boldsymbol{V}_r\boldsymbol{\Lambda}_r^{-1}\boldsymbol{U}_r^{\mathrm{T}} = \boldsymbol{V}_r\boldsymbol{\Lambda}_r^{-2}\boldsymbol{V}_r^{\mathrm{T}}\boldsymbol{V}_r\boldsymbol{\Lambda}_r\boldsymbol{U}_r^{\mathrm{T}} \\ &= (\boldsymbol{G}^{\mathrm{T}}\boldsymbol{G})^{-1}\boldsymbol{G}^{\mathrm{T}}\end{aligned}$$

因此，在这种情况下，广义反演法的解为

$$\boldsymbol{m}=\boldsymbol{G}_{\mathrm{L}}\boldsymbol{d}=(\boldsymbol{G}_{\mathrm{L}}\boldsymbol{G})^{-1}\boldsymbol{G}^{\mathrm{T}}\boldsymbol{d}$$

这就是最小方差解，且具有唯一性。

(3) 当 $r=N<M$ 时，$\boldsymbol{Gm}=\boldsymbol{d}$ 是欠定方程。此时，$\boldsymbol{U}_0$ 不复存在，而 $\boldsymbol{V}_0$ 存在。$\boldsymbol{U}_r$ 是正交矩阵，且

$$\boldsymbol{U}_r^{\mathrm{T}}\boldsymbol{U}_r=\boldsymbol{U}_r\boldsymbol{U}_r^{\mathrm{T}}=\boldsymbol{I}_r$$

而 $\boldsymbol{V}_r$ 是半正交矩阵，即

$$\boldsymbol{V}_r^{\mathrm{T}}\boldsymbol{V}_r=\boldsymbol{I}_r,\quad \boldsymbol{V}_r\boldsymbol{V}_r^{\mathrm{T}}\neq\boldsymbol{I}_r$$

这时，有

$$\begin{aligned}\boldsymbol{G}_{\mathrm{L}}&=\boldsymbol{V}_r\boldsymbol{\Lambda}_r^{-1}\boldsymbol{U}_r^{\mathrm{T}}\\&=\boldsymbol{V}_r\boldsymbol{\Lambda}_r\boldsymbol{U}_r^{\mathrm{T}}\boldsymbol{U}_r\boldsymbol{\Lambda}_r\boldsymbol{U}_r^{\mathrm{T}}\\&=\boldsymbol{G}^{\mathrm{T}}(\boldsymbol{G}\boldsymbol{G}^{\mathrm{T}})^{-1}\end{aligned}$$

因此，广义反演法的解为

$$\boldsymbol{m}=\boldsymbol{G}_{\mathrm{L}}\boldsymbol{d}=\boldsymbol{G}^{\mathrm{T}}(\boldsymbol{G}\boldsymbol{G}^{\mathrm{T}})^{-1}\boldsymbol{d}$$

这就是欠定问题的最小长度解，而且解是唯一的。

(4) 当 $r<\min(M,N)$ 时，$\boldsymbol{U}_0$ 和 $\boldsymbol{V}_0$ 都存在。因此，可以把广义反演解看成是同时在 $\boldsymbol{U}$ 空间极小 $\|\boldsymbol{d}=\boldsymbol{Gm}\|$ 和在 $\boldsymbol{V}$ 空间极小 $\|\boldsymbol{m}\|$ 的结果。

2.6　广义逆反演解的评价

用广义反演法解线性反演问题，不但可以求得一个拟合观测数据的模型 m，而且可以获得一些与观测数据和模型参数有关的辅助信息，如数据分辨矩阵 (data resolution matrix)、参数分辨矩阵(parameter resolution matrix)和模型方差等信息。

2.6.1　数据分辨矩阵

假定已经求得式(2.73)所示的模型，即

$$\hat{\boldsymbol{m}}=\boldsymbol{G}_{\mathrm{L}}\boldsymbol{d}=\boldsymbol{V}_r\boldsymbol{\Lambda}_r^{-1}\boldsymbol{U}_r^{\mathrm{T}}\boldsymbol{d}$$

这里，用“$\hat{\boldsymbol{m}}$”表示由广义反演法构制的模型，以区别于真实模型 $\boldsymbol{m}$。试问，$\hat{\boldsymbol{m}}$ 能拟合观测数据吗？也就是说，把 $\hat{\boldsymbol{m}}$ 代入线性方程

$$\boldsymbol{d}=\boldsymbol{Gm}$$

能获得与 $\boldsymbol{d}$ 相同的重建数据吗？若用 $\hat{\boldsymbol{d}}$ 表示重建数据，则有

$$\hat{\boldsymbol{d}}=\boldsymbol{G}\boldsymbol{G}_{\mathrm{L}}\boldsymbol{d}=\boldsymbol{U}_r\boldsymbol{\Lambda}_r\boldsymbol{V}_r^{\mathrm{T}}\boldsymbol{V}_r\boldsymbol{\Lambda}_r^{-1}\boldsymbol{U}_r^{\mathrm{T}}\boldsymbol{d}=\boldsymbol{U}_r\boldsymbol{U}_r^{\mathrm{T}}\boldsymbol{d}=\boldsymbol{F}\boldsymbol{d}\tag{2.74}$$

式中，

$$\boldsymbol{F}=\boldsymbol{U}_r\boldsymbol{U}_r^{\mathrm{T}}\tag{2.75}$$

是($r\times r$)阶方阵，叫数据分辨矩阵(data resolution matrix)或信息密度矩阵(information density matrix)，它是 $\hat{\boldsymbol{m}}$ 拟合观测数据 $\boldsymbol{d}$ 好坏程度的标志，如 $\boldsymbol{F}=\boldsymbol{I}_M$，则 $\hat{\boldsymbol{d}}=\boldsymbol{d}$，即 $\hat{\boldsymbol{m}}$ 完

全拟合观测数据 $\boldsymbol{d}$，观测数据的方差为

$$E=\sum_{i=1}^{M}e_i^2=\left[\widehat{\boldsymbol{d}}-\boldsymbol{d}\right]^{\mathrm{T}}\left[\boldsymbol{d}-\widehat{\boldsymbol{d}}\right]=0$$

如 $\boldsymbol{F}\neq\boldsymbol{I}_M$，则 $\widehat{\boldsymbol{d}}\neq\boldsymbol{d}$，重建数据与观测数据之间有误差，则 $E\neq 0$。

如图 2.2 所示，矩阵 $\boldsymbol{F}$ 的第 i 行中诸要素 f_{ii} 接近于 1，则 $\widehat{\boldsymbol{d}}_i$ 越接近于 $\boldsymbol{d}_i$，即分辨力越高。因为

$$\widehat{\boldsymbol{d}}_i=\sum_{j=1}^{M}f_{ij}\boldsymbol{d}_j \tag{2.76}$$

可见，$\widehat{\boldsymbol{d}}_j$ 是 $\boldsymbol{d}_j(j=1,2,\cdots,M)$ 的加权平均，而权系数就是 f_{ii}，j 是矩阵 F 的元素。

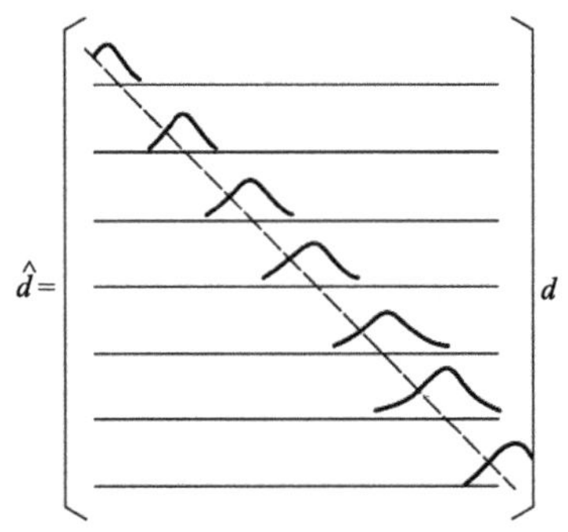

图 2.2　数据分辨矩阵

如果 $f_{ij}(j=1,2,\cdots,M)$ 的峰值虽在第 i 个位置上，但变化比较缓慢不接近于 δ 函数，$\widehat{\boldsymbol{d}}_j$ 对 $\boldsymbol{d}_i$ 的分辨力不高。f_{ii} 虽有峰值，但不位于第 i 个位置上，或具有多个峰值，说明数据之间存在相关性，数据分辨矩阵分辨力很差，这种情况在地球物理资料反演中经常可见。

由于数据分辨矩阵 $\boldsymbol{F}$ 主对角线要素 f_{ii} 表明 $\widehat{\boldsymbol{d}}_i$ 接近 $\boldsymbol{d}_i$ 的程度，或者 $\boldsymbol{d}_i$ 在 $\widehat{\boldsymbol{d}}_j$ 中所占比例(或权)的大小，因此，又定义 $\boldsymbol{F}$ 的对角线矩阵 $\boldsymbol{f}$，即

$$\boldsymbol{f}=\mathrm{diag}(\boldsymbol{F}) \tag{2.77}$$

为重要性(importance)矩阵。

由前面的讨论可知，当 $\boldsymbol{U}_0=0$ 时，$\boldsymbol{U}_r\boldsymbol{U}_r^{\mathrm{T}}=\boldsymbol{I}$，或者说，当 $r=M<N$ 时，在纯欠定的情况下，分辨矩阵 $\boldsymbol{F}$ 的分辨力最高。

显然，分辨矩阵 $\boldsymbol{F}$ 不是观测数据 $\boldsymbol{d}$ 的函数而仅仅是数据核 $\boldsymbol{G}$ 和解反演问题时所附加先验信息的函数。在进行实际观测之前就可以把 $\boldsymbol{F}$ 计算出来，从而可以根据 $\boldsymbol{F}$ 的性态选择一组最佳的观测方式，获得一组分辨力最高的观测数据，这就是所谓的实验设计。

不难理解，当 $\boldsymbol{F}=\boldsymbol{I}$ 时，数据分辨矩阵的分辨力最高，其观测数据 $d_i(i=1,2,\cdots,M)$ 之间是独立的、无关的。此时，观测数据的利用率最高，所以

$$g_{ki}=\sum_{j=1}^{M}\left(\sum_{i=1}^{M}U_{ki}U_{ji}-\delta_{kj}\right)^2 \tag{2.78}$$

描述了数据的利用率，即 g_k 越小，利用率越高。

2.6.2　参数分辨矩阵

和数据分辨矩阵一样，参数分辨矩阵也是广义反演法获得的另一重要辅助信息。

试问：由广义反演法构制出来的模型 $\hat{\boldsymbol{m}}=\boldsymbol{G}_{\mathrm{L}}\boldsymbol{d}=\boldsymbol{V}_r\boldsymbol{\Lambda}_r^{-1}\boldsymbol{U}_r^{\mathrm{T}}\boldsymbol{d}$ 是真正的模型 $\boldsymbol{m}$ 吗？为回答这一问题，可先将 $\boldsymbol{d}=\boldsymbol{Gm}=\boldsymbol{U}_r\boldsymbol{\Lambda}_r\boldsymbol{V}_r^{\mathrm{T}}\boldsymbol{m}$ 代入上式，则得

$$\begin{aligned}\hat{\boldsymbol{m}}&=\boldsymbol{G}_{\mathrm{L}}\boldsymbol{Gm}\\&=\boldsymbol{V}_r\boldsymbol{\Lambda}_r^{-1}\boldsymbol{U}_r^{\mathrm{T}}\boldsymbol{U}_r\boldsymbol{\Lambda}_r\boldsymbol{V}_r^{\mathrm{T}}\boldsymbol{m}\\&=\boldsymbol{V}_r\boldsymbol{V}_r^{\mathrm{T}}\boldsymbol{m}\\&=\boldsymbol{Rm}\end{aligned} \tag{2.79}$$

式中，$\boldsymbol{R}$ 为$(N\times N)$阶方阵，称为参数分辨矩阵或模型分辨矩阵(model resolution matrix)。它是由广义反演法构制的模型 $\hat{\boldsymbol{m}}$ 和真正地球物理模型 $\boldsymbol{m}$ 接近程度的一种重要标志。

当 $\boldsymbol{R}=\boldsymbol{I}_N$ 时，$\hat{\boldsymbol{m}}=\boldsymbol{m}$。当 $r=N<M$ 时，即在纯超定情况下，$V_0=0$，才有 $\boldsymbol{V}_r\boldsymbol{V}_r^{\mathrm{T}}=\boldsymbol{I}_N$。这时 $\boldsymbol{R}$ 的分辨力最高。

当 $\boldsymbol{V}_0=0$ 存在时，$\boldsymbol{R}=\boldsymbol{V}_r\boldsymbol{V}_r^{\mathrm{T}}\neq\boldsymbol{I}_N$，所以 $\hat{\boldsymbol{m}}\neq\boldsymbol{m}$。$\hat{\boldsymbol{m}}$ 的每一个要素 m_i 均可视为 $\boldsymbol{m}$ 各要素加权的结果。这是因为

$$\hat{\boldsymbol{m}}_i=\sum_{j=1}^{M}r_{ij}m_j \tag{2.80}$$

式中，r_{ij} 为矩阵 $\boldsymbol{R}$ 第 i 行、第 j 列的元素。只有当 $r_{ij}=\delta_{ij}(i,j=1,2,\cdots,N)$ 时，$\hat{\boldsymbol{m}}_i=\boldsymbol{m}$，矩阵 $\boldsymbol{R}$ 的分辨力最高。

如果 $r_{ij}=(i,j=1,2,\cdots,N)$，虽有峰值，但变化比较缓慢，或者其峰值不在 $\boldsymbol{R}$ 的主对角线上，则 $\boldsymbol{R}$ 的分辨力不高。分辨力越低，说明模型参数之间越存在相关。

和数据分辨矩阵相似，参数分辨矩阵也只是数据核 $\boldsymbol{G}$ 和反演时所加先验信息的函数，而与观测数据 $\boldsymbol{d}$ 无关。因此，$\boldsymbol{R}$ 阵也是实验设计的重要依据。

同样，可以定义

$$h_{ki}=\sum_{j=1}^{N}\left(\sum_{i=1}^{N}V_{ki}V_{ji}-\delta_{kj}\right)^2 \tag{2.81}$$

为分辨核。h_k 越小，$\boldsymbol{R}$ 的分能越高。一般取其倒数 h_k^{-1} 作为分能力的(欲称分辨力)的定量度量。

2.6.3　数据重建、模型分辨以及解的误差与特征值(奇异值)的关系

将数据核矩阵 $\boldsymbol{G}$ 作奇异值分解，并代入数据方程得

$$\hat{\boldsymbol{d}}=\boldsymbol{U}_r\boldsymbol{\Lambda}_r\boldsymbol{V}_r^{\mathrm{T}}\boldsymbol{m}$$

如用求和形式书写，则有

$$\hat{d}_i = \sum_{j=1}^{r} U_{ij}\lambda_j \sum_{k=1}^{N} V_{jk} m_k \tag{2.82}$$

由上式可见，特征值越大，其对重建观测数据的贡献越大；相反，λ_j 越小，其对 $\hat{\boldsymbol{d}}_i$ 的贡献也越小。当反演中大小特征值相差非常大时，小特征值对重建观测数据几乎毫无作用，甚至将它们去掉也不会影响观测数据的重建精度。

另外，有

$$\hat{\boldsymbol{m}} = \boldsymbol{V}_r \boldsymbol{\Lambda}_r^{-1} \boldsymbol{U}_r^{\mathrm{T}} \boldsymbol{d}$$

其求和形式为

$$\hat{\boldsymbol{m}}_i = \sum_{j=1}^{r} V_{ij}\lambda_j \sum_{k=1}^{N} U_{jk} m_k \tag{2.83}$$

结论和式(2.82)完全相反，即特征值越小，它对构制的模型参数 $\hat{\boldsymbol{m}}_i$ 影响越大。换言之，λ_j 的微小变化会导致模型参数 $\hat{\boldsymbol{m}}_i$ 的巨大变化，使解变得极不稳定。

如果观测数据具有误差 $\delta\boldsymbol{d}$，当然用广义反演法所得的结果也有误差 $\delta\boldsymbol{m}$，且满足

$$\delta\boldsymbol{m} = \boldsymbol{G}_{\mathrm{L}}\delta\boldsymbol{d} \tag{2.84}$$

因此，解的协方差矩阵为

$$\begin{aligned}\mathrm{cov}[\boldsymbol{m}] &= \boldsymbol{E}(\delta\boldsymbol{m}\delta\boldsymbol{m}^{\mathrm{T}}) \\ &= \boldsymbol{E}[\boldsymbol{G}_{\mathrm{L}}\delta\boldsymbol{d}\delta\boldsymbol{d}^{\mathrm{T}}\boldsymbol{G}_{\mathrm{L}}^{\mathrm{T}}] \\ &= \boldsymbol{G}_{\mathrm{L}}\mathrm{cov}[\boldsymbol{d}]\boldsymbol{G}_{\mathrm{L}}^{\mathrm{T}}\end{aligned} \tag{2.85}$$

如果观测数据是统计且独立的，并有相同的方差，则

$$\mathrm{cov}[\boldsymbol{d}] = \sigma^2 \boldsymbol{I}_m$$

故

$$\mathrm{cov}[\boldsymbol{m}] = \sigma^2 \boldsymbol{G}_{\mathrm{L}}\boldsymbol{G}_{\mathrm{L}}^{\mathrm{T}} \tag{2.86}$$

单位协方差矩阵为

$$\mathrm{cov}[\boldsymbol{m}] = \boldsymbol{G}_{\mathrm{L}}\boldsymbol{G}_{\mathrm{L}}^{\mathrm{T}} \tag{2.87}$$

讨论：

(1) 当 $M = N = r$ 即 $\boldsymbol{U}_0 = \boldsymbol{V}_0 = 0$ 时，$\boldsymbol{G}_L = \boldsymbol{G}^{-1}$，则有

$$\mathrm{cov}[\boldsymbol{m}] = \sigma^2 \boldsymbol{G}^{-1}\boldsymbol{G}^{-1\mathrm{T}} = \sigma^2(\boldsymbol{G}^{\mathrm{T}}\boldsymbol{G})^{-1} = \sigma^2(\boldsymbol{V}\boldsymbol{\Lambda}^{-2}\boldsymbol{V}^{\mathrm{T}}) \tag{2.88}$$

(2) 当 $r = N \leqslant M$ 时，$\boldsymbol{V}_0 = 0 \quad \boldsymbol{U}_0 \neq 0$，$\boldsymbol{G}_{\mathrm{L}} = (\boldsymbol{G}^{\mathrm{T}}\boldsymbol{G})^{-1}\boldsymbol{G}^{\mathrm{T}}\boldsymbol{V}_0$，

$$\begin{aligned}\mathrm{cov}[\boldsymbol{m}] &= \sigma^2(\boldsymbol{G}^{\mathrm{T}}\boldsymbol{G})^{-1}\boldsymbol{G}^{\mathrm{T}}\boldsymbol{G}(\boldsymbol{G}^{\mathrm{T}}\boldsymbol{G})^{-1} \\ &= \sigma^2(\boldsymbol{G}^{\mathrm{T}}\boldsymbol{G})^{-1} \\ &= \sigma^2(\boldsymbol{V}_r\boldsymbol{\Lambda}_r^{-2}\boldsymbol{V}_r^{\mathrm{T}})\end{aligned} \tag{2.89}$$

(3) 当 $r = M < N$ 时，$\boldsymbol{U}_0 = 0 \quad \boldsymbol{V}_0 \neq 0$，$\boldsymbol{G}_{\mathrm{L}} = \boldsymbol{G}^{\mathrm{T}}(\boldsymbol{G}\boldsymbol{G}^{\mathrm{T}})^{-1}\boldsymbol{U}_0$，则有

$$\begin{aligned}\text{cov}[\boldsymbol{m}] &= \sigma^2\boldsymbol{G}^{\mathrm{T}}(\boldsymbol{G}\boldsymbol{G}^{\mathrm{T}})^{-1}(\boldsymbol{G}\boldsymbol{G}^{\mathrm{T}})^{-1}\boldsymbol{G} \\ &= \sigma^2\boldsymbol{G}^{\mathrm{T}}(\boldsymbol{G}\boldsymbol{G}^{\mathrm{T}})^{-2}\boldsymbol{G} \\ &= \sigma^2\boldsymbol{V}_r\boldsymbol{\Lambda}_r^{-2}\boldsymbol{V}_r^{\mathrm{T}}\end{aligned} \tag{2.90}$$

从式(2.88)、式(2.89)、式(3.90)可知，它们的一般形式为

$$\text{Var}[\boldsymbol{m}]_i = \sigma^2\sum_{k=1}^{r}V_{ik}^2\big/\lambda_k^2 \tag{2.91}$$

显然，λ_k 越小，所对应的模型参数 $\boldsymbol{m}$ 方差越大。为了减少解的方差影响，Wiggins 和 Jackson (1972)建议删去一些小的特征值，因为小特征值与高分辨力相对应。删去一些小特征值就意味着以牺牲一些分辨力为代价来换取较小的方差。要使得分辨力高、方差又小的解，即所谓“最优解”是不可能的，只能在分辨力和方差这一对矛盾中取折中，求得方差合理、分辨力不低的最佳折中解。

解的方差 Var[$\boldsymbol{m}_i$]对了解反演结果的质量有重要意义。根据广义反演法的辅助信息，由特征值 $\lambda_i = (i = 1,2,\cdots,r)$ 和特征向量矩阵 $\boldsymbol{V}$，可以求得待求模型参数 $\boldsymbol{m}_i$ 的方差 Var[$\boldsymbol{m}_i$]。因此，这也是一种十分重要的辅助信息。

2.6.4　最佳折中解

在大多数地球物理反演问题中，矩阵 $\boldsymbol{G}$ 的条件数都很差，最大与最小奇异值有时相差几十个级次。我们知道，小的奇异值会引起模型参数的很大误差，却能保证模型参数的高分辨能力。分辨率和方差是一对矛盾，分辨率高，方差必然大；反之，分辨率低，方差也小。因此，二者不可兼得，只能取其折中，或者以牺牲一些分辨率为代价换取较低的方差，或者以较大的方差为代价获得较高的分辨率。

Wiggins 和 Jackson(1972)建议，用广义反演法求解时，设一个最大允许方差 t，使

$$\text{Var}[\boldsymbol{m}_k] < t,\quad \text{Var}[\boldsymbol{m}_{k+1}] \geqslant t \tag{2.92}$$

即可截断或摒弃小于 λ_k 的特征值。这里 t 为“方差门”值。若特征值按大小顺序排列，即

$$\lambda_1 > \lambda_2 > \lambda_1 > \cdots > \lambda_k > \cdots > \lambda_r$$

其中仅保留 k 个大特征值，而截断 $r-k$ 个小特征值。显然，应按以下方法计算观测数据的有效自由度 q，即有

$$\text{Var}[\boldsymbol{m}_k] = \sigma^2\sum_{i=1}^{q}\left(\frac{V_{ki}}{\lambda_i}\right)^2 < t \tag{2.93}$$

式中，V_{ki} 为矩阵 $\boldsymbol{V}$ 的要素；去掉 $(r-q)$ 个奇异值相当于把矩阵 $\boldsymbol{U}$ 和 $\boldsymbol{V}$ 中最后 $(r-q)$ 个向用零向量代替。因而，相对应的数据分辨矩阵 $\boldsymbol{F}$ 和参数分辨矩阵 $\boldsymbol{R}$ 都发生了变化，设为 $\boldsymbol{F}_k$ 和 $\boldsymbol{R}_k$，则有

$$\boldsymbol{F}_k = \boldsymbol{V}_k\boldsymbol{F}_k^{\mathrm{T}},\quad \boldsymbol{R}_k = \boldsymbol{U}_k\boldsymbol{U}_k^{\mathrm{T}}$$

此时，相应的广义逆变为

$$\boldsymbol{G}_{\mathrm{L}} = \boldsymbol{V}_k\boldsymbol{\Lambda}_k^{-1}\boldsymbol{U}_k^{\mathrm{T}} \tag{2.94}$$

由于将小特征值截断的结果，式(2.79)定义的分辨力降低了，而式(2.93)的方差却大大降低。图 2.3 是方差和选用特征值的示意图。分辨力式(2.81)随 k 的增加而提高(即 h_k 降低)，而方差则随 k 的增大而增大；反演时，令 k 值从小到大变化，计算 $h_k(k)$和 $\mathrm{Var}[\boldsymbol{m}_k]$，以 h_k 和 $\mathrm{Var}[\boldsymbol{m}_k]$分别为纵、横坐标，作出如图 2.4 所示不同 k 值的折中曲线，并由此选择最佳折中 k 值。

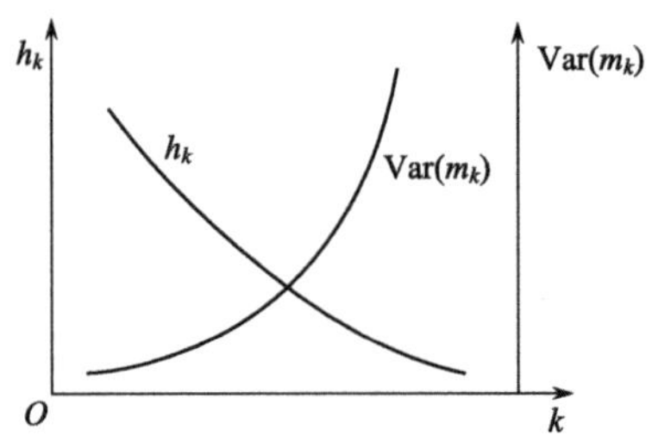

图 2.3　方差和选用特征值

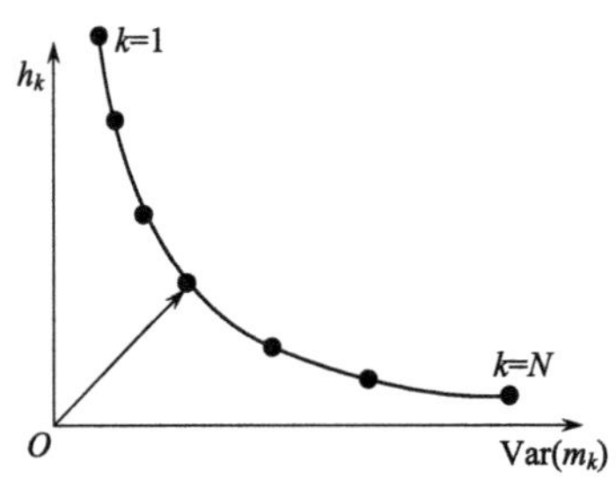

图 2.4　折中曲线

2.7　奥卡姆(Occam)反演算法

Tikhonov 正则化理论在众多应用中以 Occam 反演算法最为典型。与常规的反演算法不同，Occam 反演并不在模型方差和模型分辨率之间寻求平衡，而是致力于寻找一个在满足数据拟合条件下的最平滑解，即使这意味着要牺牲一定的分辨率。本节将首先概述 Occam 反演算法的核心思想；其次，结合 Occam 反演程序，详细讨论一维频率域电磁反演方法(Constable et al., 1987; de Groot-Hedlin，1991, 1995)和大地电磁二维反演(de Groot-Hedlin and constable，1990)；最后，介绍一些改进的方法，旨在进一步提升 Occam 反演算法的性能和适用性。

2.7.1　Occam 反演算法概述

根据地质结构的假设来寻找既能满足数据拟合又具有明确结构特征的模型，往往能够得到更加令人满意的结果。相比之下，仅仅追求数据一致性的模型可能无法充分揭示地质结构的真实特征。一种更为客观的方法是将模型划分为比数据自由度更多的单元，以此来更细致地描述模型结构。然而，如果模型参数过少，可能会导致重要的地质结构特征被忽略。相反，如果模型参数过多，再结合最小二乘反演，可能会导致解不稳定，甚至可能引入大的振荡，尤其是在极端情况下，最小二乘拟合得到的模型可能比实际地质结构更加粗糙(Parker，1994)。为了得到稳定的解，可以在模型上施加平滑约束(Rodi et al.，1984；Sasaki，1989)。尽管如此，除非明确寻求最平滑的模型，否则对于数据并不支持的结构特征仍然可能会出现。

Occam 反演算法则采取了一种不同的策略，旨在寻找既满足数据拟合要求，同时又具有最简单结构特征的模型。这种方法的命名来源于现代科学中广为接受的“Occam 剃刀”原则。其核心思想是：在所有能够解释数据的解中，最简单的解往往是最佳的。虽然这些模型并不一定比其他同样能够拟合数据的模型更接近真实情况，但它们提供了一种结构的下限。真实的地质模型和这些模型一样复杂。此外，平滑的模型还能展示出探测方法的分辨率，因为数据本身无法区分平滑模型和包含尖锐结构特征的模型。

2.7.2　Occam 反演中求取拉格朗日乘子方法的改进

1. Occam 反演算法及拉格朗日乘子求取方法

Occam 反演的核心目标是在满足特定拟合误差标准的前提下，寻求模型粗糙度最小的解决方案。因此，构建反演目标函数时，需要综合考虑模型的粗糙度、数据的拟合误差，以及拉格朗日乘子的影响。

$$U(\boldsymbol{m}) = \|\nabla \boldsymbol{m}\|^2 + \mu^{-1}\left\{\|\boldsymbol{Wd} - \boldsymbol{W}F(\boldsymbol{m})\|^2 - X_*^2\right\} \tag{2.95}$$

其中，$\boldsymbol{m}$ 为模型向量；$\|\nabla \boldsymbol{m}\|^2$ 为模型粗糙度；$\boldsymbol{d}$ 为观测数据向量；F 为正演算子；$\boldsymbol{W}$ 为利用数据标准差进行规一化的矩阵；$\|\boldsymbol{Wd} - \boldsymbol{W}F(\boldsymbol{m})\|$ 为数据拟合差(以下用 X 表示)；X_* 为拟合差的期望值；μ 为拉格朗日乘子。

这里模型向量的泛函是非线性的，为此，在初始模型 $\boldsymbol{m}_1$ 附近作线性化，用迭代方法求解。第二次迭代模型近似为

$$\boldsymbol{m}_2 = \left[\mu \nabla^{\mathrm{T}} \nabla + (\boldsymbol{WJ}_1)^{\mathrm{T}} \boldsymbol{WJ}_1\right]^{-1} (\boldsymbol{WJ}_1)^{\mathrm{T}} \boldsymbol{W} \hat{\boldsymbol{d}}_1 \tag{2.96}$$

其中，$\hat{\boldsymbol{d}}_1 = \boldsymbol{d} - F(\boldsymbol{m}_1) + \boldsymbol{J}_1 \boldsymbol{m}_1$，$\boldsymbol{J}_1$ 为模型 $\boldsymbol{m}_1$ 的偏导数矩阵。为了根据式(2.96)修改模型，首先需要确定 μ 值。

由式(2.96)可知，$\boldsymbol{m}_2$ 为 μ 的函数，数据拟合差也是 μ 的函数。从 $\boldsymbol{m}_1$ 得到 $\boldsymbol{m}_2$ 时，随 μ 值从 0 到无穷大变化，模型 $\boldsymbol{m}_2$ 沿模型空间中的一定轨道移动。模型空间中的每个模型都对应相应的拟合差，所以可以得到模型空间中的拟合差等值线(图 2.5)。

Occam2DMT 首先用 Brent 方法(Press et al.，1997)找到一个 μ_2，使得数据拟合差极小，即

$$X(\mu_2) = \min \|\boldsymbol{Wd} - \boldsymbol{W}F(\boldsymbol{m}_2(\mu_2))\| \tag{2.97}$$

Brent 方法需要事先确定包含极小值的区间 (a,b)，为此，在初始 μ_0 附近找到 a、b 及 $\mu_1(\mu_1 \in (a,b))$，令

$$X(a) > X(\mu_1),\quad X(b) > X(\mu_1) \tag{2.98}$$

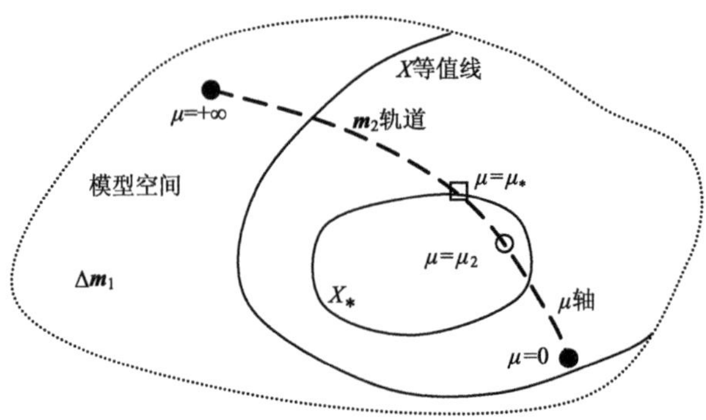

图 2.5　μ 值和拟合差的关系

若 $X(\mu_1)$ 或 $X(\mu_2)$ 小于误差限，利用 van Wijngaarden–Dekker–Brent 方法(Press et al.，1997)搜索 $\boldsymbol{m}_2$ 轨道与误差限等值线交叉的最大的 μ 值，令 μ_* 为此值，即

$$\mu_* = \max\left\{\mu \middle| X(\mu) = X_*, \mu > \mu_2\right\} \tag{2.99}$$

若 $X(\mu_2) = X_*$，令 μ_* 为 μ_2。

模型 $\boldsymbol{m}_2$ 取决于初始模型 $\boldsymbol{m}_1$(Δ表示)和 μ 值，若对应使得 X 函数极小的 μ_2 值的模型(○表示)位于 X_* 等值线区域内，$\boldsymbol{m}_2$ 轨道和 X_* 等值线的交叉点中最大的 μ_* 值(□表示)是最合适的选择。

此 μ_* 值是最佳拉格朗日乘子。按上述原理，Occam2DMT 求取 μ_* 的方法由以下 3 个步骤组成。

①确定极小值区间：找到满足式(2.98)的 a、b 及 μ_1。若 $X(\mu_1) \geqslant X_*$，转移到步骤②；否则转移到步骤③。

②X 极小化：在区间 (a,b) 中，用 Brent 方法搜索满足式(2.97)的极小点 μ_2。若 $X(\mu_2) < X_*$，转移到步骤③；否则令 $\mu_* = \mu_2$，终止。

③交叉点搜索：用 WDB(Wiggins-Dalgaard-Bjoerck)方法搜索满足式(2.99)的 μ_*。

经以上 3 个步骤确定 μ_* 之后，将此值代入式(2.96)计算 $\boldsymbol{m}_2$。以上 3 个步骤需要进行反复正演，正演次数直接关系到反演的计算量。

2. 改进的拉格朗日乘子求取方法

通常 Occam 反演过程分为两个主要阶段：首先是将拟合误差降至期望水平，其次是在维持这一期望误差的同时，寻找具有最小粗糙度的模型。在 Occam2DMT 算法中，这两个阶段均利用上述 3 步法策略来确定正则化参数 μ_*。

在第 1 阶段的每次迭代中，除了最后迭代，拟合差都未达到期望值，所以在模型空间中 $\boldsymbol{m}_2$ 轨道未交叉 X_* 等值线，未经过步骤③，搜索 μ_2 达到目的。但在第 1 阶段的最后迭代和第 2 阶段的每次迭代中，都经过步骤③，因此目的是搜索 μ_*。此时能够优化求取 μ_* 的方法。

(a) 在步骤①中计算点 1,2 等中有一点(比如点 k)的 X 函数值小于误差限时，不必确定极小值区间；

(b) 如果步骤①未找到拟合差小于目标级的点，就需进行步骤②。步骤②只找误差限内的一个点 μ_2，也就是说 μ_2 并非 $X(\mu)$ 的极小值点。

实际上，步骤①的目的只是求函数 $X(\mu)$ 的极小值点。若在步骤①的反复计算中，有一点的 X 函数值小于误差限[图 2.6(a)]，尽管未确定极小值区间，也可以直接转移到步骤③搜索大于 μ_1 的交叉点 μ_*。如此，可以排除不必要的计算，且结果 μ_* 值不受任何影响。

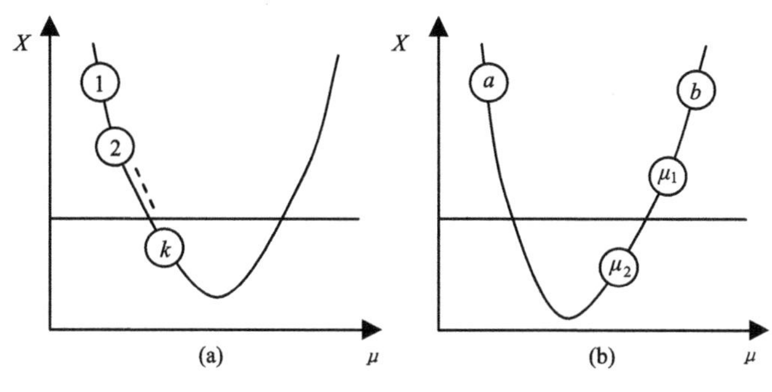

图 2.6　求取拉格朗日乘子

在第 2 阶段中，虽然模型 $\boldsymbol{m}_1$ 的相应拟合差小于误差限，但也有步骤①a、b 及 μ_1 的相应拟合差都大于误差限[图 2.2(b)]，此时得进行步骤②。不过步骤②不必找到极小点，只需要有一个点函数值小于 X_*。因此，在步骤②的反复计算中，一旦有一点的 X 函数值小于误差限，就可以终止 X 函数极小化，开始搜索交叉点。如此，既未影响 μ_* 值，也排除了多余的计算。

很明显，上述改进更符合 Occam 思想，并且其求解空间与原方法一致。

下一个问题是如何设定每次迭代的初始 μ_0。也许 μ_0 越接近最佳值 μ_*，计算量越少。第一迭代的初始值 $\mu_0^{(1)}$ 由使用者预定，第一迭代以后，Occam2DMT 令 μ_0 为前次迭代的 μ_2。由于在反演的第一阶段中 μ_2 与 μ_* 一致，因此这种选择是适当的。但在反演第二阶段中，μ_2 与 μ_* 稍有差别，所以这种选择可能不恰当。

根据模型实例，在模型光滑阶段中 μ_* 值的变化较小，因此令初始 μ_0 为前次迭代的 μ_* 也许更合理。笔者考虑到试算模型的 μ_* 值变化特征，将模型光滑阶段中第 i 次迭代的初始 $\mu_0^{(i)}$ 值设定为 $[\mu_*^{(i-1)}+\mu_*^{(i-2)}]/2$，其中 $\mu_*^{(i-1)}$，$\mu_*^{(i-2)}$ 为前两次迭代的 μ_* 值。若 $i<3$，令 $\mu_*^{(-1)}=\mu_*^{(0)}=\mu_*^{(1)}$。

经计算，本方法与 Occam2DMT 求取的 μ_* 的误差很小(小于 10^{-5})，而且能够排除多余的正演计算。本方法的算法如图 2.7 所示。

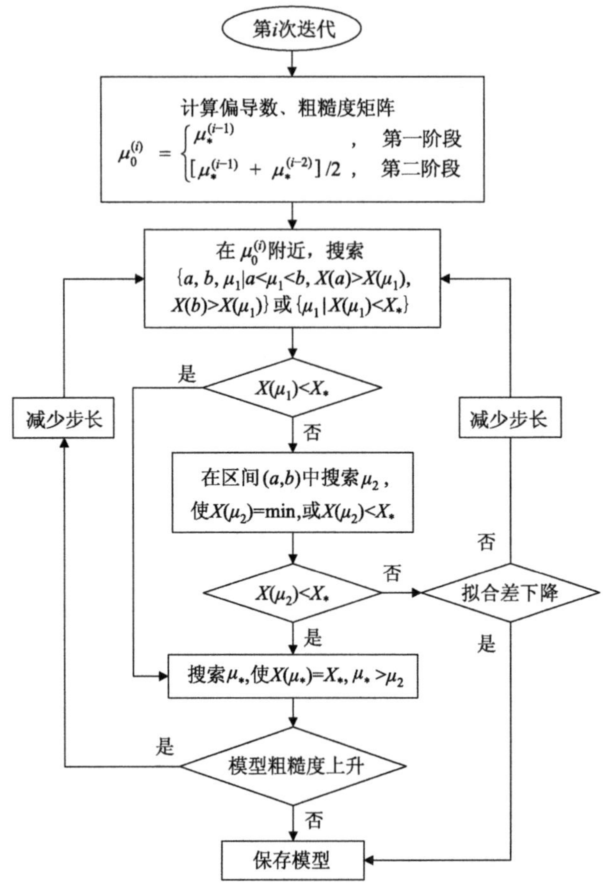

图 2.7　改进的 Occam 第 i 次迭代的算法

未经改进的 Occam 反演一次迭代过程源代码：

```
!-------------------------------------------------------------
   subroutine compOccamIteration(tolreq,tobt,ifftol,pmu,rlast,stepsz,konv)
   !-----------------------------------------------------------
   ! Occam 3.0 Package
   ! Steven Constable, Kerry Key, David Myer IGPP/SIO La Jolla, CA
92093-0225
   ! Subroutine revision 3.0, November 2006
   ! Subroutine revision 2.01, 20 Jan 1993
   ! Occam 执行一次寻找平滑模型的迭代
   ! 输入变量:
   !     tolreq = 要求的 rms 残差
   !     Tobt = 上一次迭代的rms 残差 (初始比较大)
   !     ifftol = 记录是否找到了可行模型 (0=no,
   !         1=Yes). 初始置 0 ，以后自便。
```

```
! KWK now in module:    nit = 以前迭代的次数，首次迭代置0，在反演中不断更新
!      pmu = 用于寻找的拉格朗日乘子的常用对数，初始时置很大一个数，以后则为了效率
! 取上次迭代值。
!      Rlast = 模型的粗糙度， 首次迭代至很大的数，以后自便保留。
! 关于输出:
!      pm(nParams) = 更新的模型参数向量
!      Dm(ndata+) =新模型近似响应的向量
!  变量:
!      Tobt = 新模型响应的rms 拟合差。
!      Nit = 反演中先前调用Occam反演迭代的次数。
!      Stepsz = 模型参数变化的rms 两度。
!      Konv = 状态标志:
!          0 = 正常退出,
!          1 = 找到了符合容限的平滑模型,
!          2 = 收敛出现问题， 没有找到拟合差小于上次迭代拟合差的模型,
!          3 = 收敛出现问题，没有找到拟合差小于要求残差并且比上次迭代更平滑的模型。
! 要调用的子程序:
!   Makptp, 产生粗糙度矩阵乘以其转值,
!   Tofmu(amu), 一个函数，返回用amu解出的模型的响应与观测值的rms 拟合差,
!   该函数调用cholin,cholsl,computefwd,anorm子程序。
!   Trmult, mult, atamult and anorm, 矩阵运算子程序
!   Fminocc, 寻找单变量函数的极小点
!   Froot, 寻找一个单变量函数的根
!   Minbrk, 寻找一个单变量函数极小的区间
!   Scanmu, 当ibug > 0时，产生一个拟合差列表
!  其他要提供的程序:
!  Computefwd: 计算模型pm()的正演响应dm()按数据参数dp()，同时有选择地返回
!  导数矩阵wj(nd,nParams)。
!  constructPenaltyMat(), 装配奖惩矩阵 (依据模型类型与维度)
! Arguments:
     integer ifftol,konv
     real(RealPrec) tolreq,tobt,pmu,rlast,stepsz
! Local variables:
     real(RealPrec) tol0, tmin, tint
     real(RealPrec) amu1, amu2, amu3, tamu1, tamu2, tamu3
     real(RealPrec) ruf, pmu2


! Local parameters
```

```
    real(RealPrec) tolm, toli
! Tolm and toli are the tolerances for fminocc and froot respectively
! Decreasing them will improve accuracy at the cost of more forward
! Calculations
    parameter (tolm= 0.1, toli = 0.001)

!------------------------------------------------------------
    if (abs(idebug) >= 1) write(*,*) ' Entering Occam iteration...'
! Set things up for this iteration:
    konv = 0
! Frac controls the step size; normally will remain at 1.0 Unless we have
! Convergence problems
    frac = 1.0
! Construct wjtwj, wjtwd, and find initial misfit
    if (abs(idebug) >= 1) write(*,*) &
   & ' Constructing derivative dependent matrices...'
    call makjtj(tol0)

    write(ioUnitOccamLogFile,*) 'Starting R.M.S. = ',tol0
    if (nCurrentIter == 0) then
       if ((tol0 <= tolreq) .and. (ifftol == 0)) then
         if (abs(idebug) >= 1) &
            write(*,*) ' Tolerance met. This iteration begins smoothing.'
         ifftol = 1
       end if
    end if
    if (abs(idebug) >= 1) then
      write(*,fmt='(a,1x,g12.5)')' Staring misfit:',tol0!,'Mu:', 10**pmu
    endif
    write(ioUnitOccamLogFile,*) '** Iteration ',nCurrentIter+1,' **'

! Construct the penalty matrix multiplied into its transpose
    if (abs(idebug) >= 1) write(*,*)' Constructing penalty matrix...'
    call makptp()

! The next block of code controls the selection of the lagrange
multiplier,
! pmu:
```

```
      if (abs(idebug) >= 1) write(*,*) ' Searching Lagrange multiplier...'

120   nfor = 0
! Produce the misfit function if required (this will be used to bracket min)
      if (abs(idebug) >= 1) write(*,*) ' Bracketing minimum...'
      if (abs(idebug) >= 2) then
        call scanmu(amu1,amu2,amu3,tamu2,tolreq)
      else
! Bracket the minimum using minbrk and two guesses
        amu1 = pmu - 1.0
        amu2 = pmu

        ! In: minbrk( mu guess #1, #2, ..., Functional to calc rms)
        ! Out: amu1,3 - brackets around amu2 - the minimum mu
        !      Tamux = tofmu( amux ) -- the value of the rms misfit
        call minbrk(amu1,amu2,amu3,tamu1,tamu2,tamu3,tofmu)
      end if

! Find the minimum
      if (tamu2 < tolreq) then
! We've been lucky and found an acceptable minimum using minbrk
        tmin = tamu2
        pmu = amu2
        write(ioUnitOccamLogFile,*) 'Minimum tol from minbrk is at mu =',pmu
      else
        if (abs(idebug) >= 1) write(*,*) ' Finding minimum...'

        tmin = fminocc(amu1,amu2,amu3,tamu2,tofmu,tolm,pmu)

        write(ioUnitOccamLogFile,*) 'Minimum tol from fminocc is at mu =',pmu
      end if
      write(ioUnitOccamLogFile,*) 'and is =',tmin
      write(ioUnitOccamLogFile,*)  'using  ',nfor,'  evaluations  of
function'

! If the new minimum tolerance is greater than the tolerance from the
! Previous model, we are having convergence problems. Cut the step size
! tol0 is tol of the previous model.
```

```
    ! tolreq is the target tol.
         if( (  ((tmin >= tol0)  .and. (ifftol == 0))    & ! Misfit greater
than starting value
           .Or. ((tmin > tolreq) .and. (ifftol == 1))    & ! Starting model
reached target, but current model doesn't
             ) .and. idebug >= 0 ) then
           !   .Or. ( (Abs(tmin - tol0) < .01) .and. (ifftol == 0)  )    &  !
Mistfit nearly the same as starting value

           write(ioUnitOccamLogFile,*) 'Divergence problems, cutting step
size'
           if (abs(idebug) >= 1)  write(*,*) ' Divergence problems, cutting
stepsize..'
           Frac = frac*2.0

           ! We have cut step size a lot to no effect: give up
           if (frac >= 2**nfractimes) then
             konv = 2
             nCurrentIter = nCurrentIter + 1     ! Dgm nov 2006 - must increment
or previous iter file will be overwritten
             return
           else
             goto 120
           end if
         end if

         if (tmin < tolreq) then
           if (abs(idebug) >= 1) write(*,*) ' Finding intercept...'
    ! Tolerance is below that required; find intercept.
    ! The lower value of mu bracketing the intercept is easily found: it is
    ! Just the minimum
           amu1 = pmu
           tamu1 = tmin
    ! The upper bound is found by testing successively greater mu
           amu2 = pmu
           tamu2 = tmin
           nfor = 0
           do while (tamu2 < tolreq)
```

```
! Successively double Mu:
          amu2 = amu2 + 0.30103 ! Log10(2x) = log10(x) + (0.30103)
          Tamu2 = tofmu(amu2)
        enddo

        pmu2 = froot(tofmu,amu1,amu2,tamu1,tamu2,tolreq,toli)

        tint = tamu2 + tolreq
        write(ioUnitOccamLogFile,*) 'Intercept is at mu = ',pmu2
        write(ioUnitOccamLogFile,*) 'and is = ',tint
        write(ioUnitOccamLogFile,*) 'using ',nfor,' function evaluations'

        if (abs(idebug) >= 1) write(*,'(a,g16.8)') ' Optimal Mu: ', 10**pmu2
      else
! Tolerance is not yet small enough. We will keep the minimum.
! Since fminocc returns with pwk1() instead of pwk2() we need this copy
        pwk2 = pwk1     ! Array math
        dm = dwk1       ! Array math
        if (npm_assoc > 0) then
           pm_assoc  = dwk1_assoc
        endif
        if (abs(idebug) >= 1) write(*,'(a,g12.5)') ' Optimal Mu: ', 10**pmu
      end if
!***End lagrange multiplier selection

! Compute roughness.  We do this by a function call to avoid having the penalty
! Matrix hang around taking up memory.
      if (abs(idebug) >= 1) write(*,*) ' Computing roughness...'
      Ruf = fndruf()

! If we attained the intercept last iteration but the model is getting
! Rougher we have problems with convergence.
! DGM 11/2010 Occam has had a problem for some years where it will reach the
! target RMS but not converge and the roughness will slowly creep upwards.
! Taking out the 1.01 factor to force the roughness to always decline.
!       If ((ruf>1.01*Rlast) .and. (ifftol==1) .and. (idebug>=0)) then
      if ((ruf >= Rlast) .and. (ifftol==1) .and. (idebug>=0)) then
        write(ioUnitOccamLogFile,*) 'Roughness problems, cutting step size'
```

```
              frac = frac*2.0
        ! Check to see if all is hopeless
              if (frac >= 2**nfractimes) then   ! > 1.0E+05) then
                 if (abs(idebug) >= 1) &
     &           write(*,*) 'Roughness problem not resolved by small steps'
                 konv = 3
                 nCurrentIter = nCurrentIter + 1    ! Dgm nov 2006 - must increment
or previous iter file will be overwritten
                 return
              end if
        ! Otherwise plow on
              if (abs(idebug) >= 1) then
                 write(*,*) 'Roughness growing! Cut step size & recalc mu'
                 write(*,*) '     roughness =', ruf
              endif
              goto 120
            end if

        ! Save new model and compute step size
            if (abs(idebug) >= 1) write(*,*) ' Computing model stepsize...'
            pwk3 = pwk2 - pm      ! Array math -- may have memory allocation drawback!
            pm = pwk2             ! Array math

        ! The stepsize is the actual change in the model, normalized by nParams:
            stepsz = sqrt(anorm(nParams,pwk3)/nParams)
            write(ioUnitOccamLogFile,*) 'Stepsize is = ',stepsz
            write(ioUnitOccamLogFile,*) 'Roughness is = ',ruf
            write(ioUnitOccamLogFile,*) ' '
        ! Tidy up
            nCurrentIter = nCurrentIter + 1
            rlast = ruf
            if (tmin < tolreq) then
              if (abs(idebug) >= 1 .and. ifftol == 0) &
     &        write(*,*) ' Tolerance met. Next iteration begins smoothing.'
              ifftol = 1
              tobt = tint
            else
              tobt = tmin
```

```
         ! DGM Sept 2009 - not converged normally.  Check the auto-converge
         ! setting and set a konv code if necessary.
         ! NB: If no auto-converge specified, then rDeltaMisfit == 0.0
         if (abs(tobt - tol0) < rDeltaMisfit) then
            konv = 4
         endif
       end if
  ! See if we have a perfectly smooth model that fits data:
       if (ruf < 1.0E-5 .and. Tobt <= 1.01*tolreq) konv = 1
       if (abs(idebug) >= 1) write(*,*) ' Leaving Occam iteration'
       write(*,*) ''
       return
  end subroutine compOccamIteration
```

参考文献

Constable S C, Parker R L, Constable C G. 1987. Occam's Inversion: A practical algorithm for generating smooth models from electromagnetic sounding data. Geophysics, 52(3): 289-300.

de Groot-Hedlin C D. 1991. Removal of static shift in two dimensions by regularized inversion. Geophysics, 56(12): 2102-2106.

de Groot-Hedlin C D. 1995. Inversion for regional 2-D resistivity structure in the presence of galvanic scatterers. Geophys. J. Int., 122(3): 877-888.

de Groot-Hedlin C D, Constable S C. 1990. Occam's Inversion to generate smooth two dimensional models from magnetotelluric data. Geophysics, 55(12): 1613-1624.

de Groot-Hedlin C D, Constable S C. 2004. Inversion of magnetotelluric data for 2D structure with sharp resistivity contrasts. Geophysics, 69(1): 78-86.

Parker J R. 1997. Algorithms for Image Processing and Computer Vision. New York: John Wiley.

Parker R L. 1994. Geophysical Inverse Theory. New Jersey: Princeton University Press.

Press H W, Teukolsky A S, Vetterling T W, et al. 1997. Numerical Recipes in Fortran 77. New York: Cambridge University Press.

Rodi W L, Swanger H J, Minster J B. 1984. ESPIMT: an interactive system for two-dimensional magnetotelluric inversion. Geophysics, 49: 611.

Sasaki Y. 1989. Two-dimensional joint inversion of magnetotelluric and dipole-dipole resistivity data. Geophysics, 54(2): 254-262.

Wiggins R A, Jackson D D. 1972. The general linear inverse problem: Implication of surface waves and free oscillations for Earth structure. Reviews of Geophysics, 10(1): 251-285.

应　用　篇

第3章　2.5维复电阻率法反演理论及应用

目前复电阻率法的反演方案大致可分为三类：第一类是利用科尔-科尔(Cole-Cole)模型建立视谱和真谱的近似关系式，仅通过拟合视谱来反演真谱参数，这种方法对于解释复杂异常体及复电阻率参数的空间分布具有局限性；第二类是从直流电法的微分方程出发，代入 Cole-Cole 模型后在各频率下完成正演模拟，并在此基础上反演地下单元的复电阻率参数，但是这种方法忽略了电磁耦合的影响；第三类是基于引入 Cole-Cole 模型的频率域电磁法正演模拟建立起来的反演，这种方法既考虑了激电效应和电磁效应的影响，又能确定极化体的位置和几何特征。

本章的复电阻率反演将采用上述第三类反演方案。但就实用性的角度考虑，该反演方案仍存在几个方面的问题。①这类反演问题的欠定性严重、计算规模庞大，虽然一些二维和三维的反演已实现，但却仅限于对极化体和围岩的小规模局部反演。②一些研究认为，复电阻率参数中的极化率与时间常数的相关性很强，不能同时反演出四个参数。因此，在反演时需要预先已知一种或两种参数，仅对其他参数进行反演。其问题在于，在实际反演应用时，我们很难预先得知地下某类谱感应极化(spectral induced polarization, SIP)参数的准确信息。③现有的反演研究大都直接用电、磁场作为拟合数据。其问题在于，这种方法将实数域的反演解空间扩展到了复数域，极大地增加了反演的多解性，很容易导致反演失败。针对以上问题，本章从实际应用的角度出发，提出了电场振幅和电场相位的联合反演方法，在考虑电磁效应的情况下，直接反演二维地质断面上所有单元的四种复电阻率参数。

本章首先描述了适用于任意类型数据的复电阻率广义最小二乘反演理论，以此为基础，提出了电场振幅和电场相位的联合反演算法，并将其扩展至多排列观测数据的情况。用观测偶极的中心电场近似计算电势时，该反演算法可直接用于实测数据的处理。针对复电阻率反演的不适定问题，给出了模型光滑约束和参数界限约束的施加方案。然后，推导了联合反演的灵敏度解析表达式，并给出了互换定理在 2.5 维反演中计算灵敏度矩阵的方法。通过多个理论模型的反演算例对反演的稳定性及效果进行了验证，并就反演分辨率的差异问题进行分析。最后，对沙溪斑岩铜矿区的实测 SIP 数据进行了反演成像，并与已知钻井资料及可控源音频大地电磁(CSAMT)反演结果做了对比分析，验证了 SIP 联合反演方法的应用效果。

3.1　复电阻率法反演理论

地球物理中的反演问题，其目的是利用观测数据来确定相应的地球物理模型。因此，首先需要确定观测数据和模型参数间的函数关系。而大部分的地球物理反演问题均是非线性问题，即反演函数是非线性的。求解这类反演问题有两种方法：其一是先将非线性问题做线性化近似，在每次迭代中求解反演线性方程组，最终得到非线性问题的解(Marquardt，1963，1970；杨文采，1996)；其二是直接求解非线性问题(姚姚，2002；王家映，2002)。

本章讨论的 2.5 维复电阻率反演问题，本质上是主动源频率域电磁法的反演问题，其观测数据和模型参数之间的反演函数是非线性关系。目前，在二维和三维的电磁反演方法中，基于非线性共轭梯度(NLCG)反演(Rodi and Mackie，2001；Newman and Hoversten，2000)是比较理想的选择，它不需要直接求取灵敏度矩阵，仅通过伪正演计算灵敏度矩阵与向量的乘积，能在节约内存空间的同时极大地提高反演效率。然而，在 2.5 维 SIP 反演问题中，正演计算、灵敏度计算等都是在各个波数下独立完成的，最终还需要通过反傅里叶变换将其转换回空间域，所以这类非线性反演算法在此情况下并不适用。对此，本章采用线性化的反演策略。目前，经典的最小二乘法是非线性问题线性化的最主要方法，其应用广泛、适用性强，是解决非线性反演问题的一个重要途径，因此本章的反演就使用这种方法。

3.1.1　广义最小二乘反演

计算复电阻率法的反问题时，我们可以采用任意类型的观测数据，如复型场值、场相位、视电阻率或视相位等，但无论选择哪种数据，其最小二乘反演的基本原理都可以通过下述过程统一描述。

假设复电阻率法在某个观测排列下共有 N 个数据，则定义数据向量 $\boldsymbol{f}$ 为

$$\boldsymbol{f}=\left[\boldsymbol{f}_1\cdots\boldsymbol{f}_i\cdots\boldsymbol{f}_N\right]^{\mathrm{T}} \tag{3.1}$$

式中，i 表示每个观测点或工作频率点。

将模型空间离散成 M 个反演单元，每个单元上有 4 种 SIP 参数，则定义模型参数向量 $\boldsymbol{m}$ 为

$$\boldsymbol{m}=\left[\boldsymbol{m}_1\cdots\boldsymbol{m}_{kl}\cdots\boldsymbol{m}_{4M}\right]^{\mathrm{T}} \tag{3.2}$$

式中，$\boldsymbol{m}_{kl}$ 为第 k 块单元上的第 l 种 SIP 参数。

定义 $F(\boldsymbol{m})$ 为正演函数，则正演数据与观测数据的相对误差向量可写为

$$\boldsymbol{\varepsilon}=\boldsymbol{W}_f\left[\boldsymbol{f}-F(\boldsymbol{m})\right] \tag{3.3}$$

式中，$\boldsymbol{\varepsilon}$ 是 N 维的相对误差列向量；$\boldsymbol{W}_f$ 是由观测数据构建的归一化对角矩阵，其结构为

$$\boldsymbol{W}_f=\begin{bmatrix}\boldsymbol{f}_1 & & & & \\ & \ddots & & & \\ & & \boldsymbol{f}_i & & \\ & & & \ddots & \\ & & & & \boldsymbol{f}_N\end{bmatrix}_{N\times N}$$

对式(3.3)取 L_2 范数，构建以下反演目标函数 Φ：

$$\Phi = \left\| \boldsymbol{W}_f - \boldsymbol{W}_f F(\boldsymbol{m}) \right\|^2 \tag{3.4}$$

式中，正演函数 $F(\boldsymbol{m})$ 是非线性的，因而目标函数也是非线性的，所以需要将 $F(\boldsymbol{m})$ 做线性化近似。在某初始模型 $\boldsymbol{m}^0$ 处，对向量值函数 $F(\boldsymbol{m})$ 进行 Taylor 展开，并省略二阶以上的余项，有

$$F(\boldsymbol{m}) = F(\boldsymbol{m}^0) + \boldsymbol{J} \cdot \Delta \boldsymbol{m} \tag{3.5}$$

其中，$\boldsymbol{J}$ 为偏导数矩阵，其元素为 $\boldsymbol{J}_{i,kl} = \dfrac{\partial F_i(\boldsymbol{m}^0)}{\partial \boldsymbol{m}_{kl}}$；$\Delta \boldsymbol{m} = \boldsymbol{m} - \boldsymbol{m}^0$ 为模型的修正向量。将式(3.5)代入式(3.4)，可得到线性化的目标函数：

$$\begin{aligned}\Phi &= \left\| \boldsymbol{W}_f (\boldsymbol{f} - F(\boldsymbol{m}^0) - \boldsymbol{J} \cdot \Delta \boldsymbol{m}) \right\|^2 \\ &= [\boldsymbol{W}_f (\Delta \boldsymbol{d} - \boldsymbol{J} \cdot \Delta \boldsymbol{m})]^{\mathrm{H}} \left[\boldsymbol{W}_f (\Delta \boldsymbol{d} - \boldsymbol{J} \cdot \Delta \boldsymbol{m}) \right]\end{aligned} \tag{3.6}$$

式中，$\Delta \boldsymbol{d} = \boldsymbol{f} - F(m^0)$，算符“H”表示共轭转置。

此时，目标函数 Φ 是以 $\Delta \boldsymbol{m}$ 为自变量的向量值函数，对其取极值条件，即令 $\nabla \Phi = 0$ 最终得到最小二乘反演线性方程：

$$(\boldsymbol{W}_f \boldsymbol{J})^{\mathrm{H}} (\boldsymbol{W}_f \boldsymbol{J}) \Delta \boldsymbol{m} = (\boldsymbol{W}_f \boldsymbol{J})^{\mathrm{H}} (\boldsymbol{W}_f \, \Delta \boldsymbol{d}) \tag{3.7}$$

当初始模型为 $\boldsymbol{m}^0$ 时，求解方程(3.7)可得到本次迭代的模型修正量 $\Delta \boldsymbol{m}$，同时得到模型参数向量 $\boldsymbol{m} = \Delta \boldsymbol{m} + \boldsymbol{m}^0$，并计算反演拟合误差。再以 $\boldsymbol{m}$ 作为初始模型，以相同的过程完成下次反演迭代，直到反演拟合误差小于给定的阈值为止，此时的 $\boldsymbol{m}$ 便为最终的反演结果。

3.1.2　电场振幅与电场相位联合反演

复电阻率法的野外观测数据一般为视电阻率和视相位。从上文的正演模拟结果中已经知道，这两种数据中携带的 SIP 异常信息不同，所以在反演时应尽量同时使用。如果令式(3.1)中的 $N = 1$，那么利用视电阻率和视相位数据就可以近似计算出观测偶极中心处的电场值。这种情况下，对视电阻率或视相位的反演拟合，本质上就是对电场振幅或电场相位的反演拟合。因此，下文给出的反演算法均以电场进行推导。

如果直接以电场作为拟合数据，就意味着将从复型的目标函数出发，推导出的式(3.7)为复系数的反演方程，每次迭代得到的模型更新量为 $\Delta \boldsymbol{m} = \mathrm{Re}(\Delta \boldsymbol{m}) + \mathrm{i}\mathrm{Im}(\Delta \boldsymbol{m})$。显然，这种方法将实数域的反演解空间扩展到了复数域，但这无疑增加了反演的多解性。为解决上述问题，本章提出了电场振幅和电场相位联合反演的策略。

建立联合反演的目标函数如下：

$$\Phi = \Phi_a + \Phi_\phi \tag{3.8}$$

其中，Φ_a 和 Φ_ϕ 分别代表电场振幅和电场相位的目标函数，具体为

$$\begin{cases} \Phi_a = \left\| \boldsymbol{W}_a a - \boldsymbol{W}_a A(x) \right\|^2 \\ \Phi_\phi = \left\| \boldsymbol{W}_\phi \phi - \boldsymbol{W}_\phi \varphi(x) \right\|^2 \end{cases} \tag{3.9}$$

式中，a 和 ϕ 分别为观测电场的振幅与相位；$A(x)$ 和 $\varphi(x)$ 分别为电场振幅与相位的正演函数；$\boldsymbol{W}_a$ 和 $\boldsymbol{W}_\phi$ 分别是由观测电场的振幅和电场相位构建的归一化对角阵。

参考前文的广义最小二乘反演的推导过程，将式(3.8)线性化近似，并取极值条件后，最终得到联合反演的线性方程组：

$$[(\boldsymbol{W}_a\boldsymbol{J}_A)^{\mathrm{T}}(\boldsymbol{W}_a\boldsymbol{J}_A)+(\boldsymbol{W}_\phi\boldsymbol{J}_\varphi)^{\mathrm{T}}(\boldsymbol{W}_\phi\boldsymbol{J}_\varphi)]\Delta\boldsymbol{m}=(\boldsymbol{W}_a\boldsymbol{J}_A)^{\mathrm{T}}(\boldsymbol{W}_a\Delta\boldsymbol{d}_A)+(\boldsymbol{W}_\phi\boldsymbol{J}_\varphi)^{\mathrm{T}}(\boldsymbol{W}_\phi\Delta\boldsymbol{d}_\varphi) \tag{3.10}$$

式中，$\boldsymbol{J}_A$、$\boldsymbol{J}_\varphi$ 分别为电场振幅和电场相位的灵敏度矩阵；$\Delta\boldsymbol{d}_A$、$\Delta\boldsymbol{d}_\varphi$ 分别为电场振幅和电场相位的绝对误差向量。分别将灵敏度相关项和右端项合并后，上式可简写成

$$\boldsymbol{P}\Delta\boldsymbol{m}=\boldsymbol{S} \tag{3.11}$$

其中，$\boldsymbol{P}$ 为反演系数矩阵；$\boldsymbol{S}$ 为右端项。

在每次反演迭代时，以联合反演的目标函数作为反演拟合误差，即

$$\mathrm{RMS}=\varPhi \tag{3.12}$$

从以上推导过程可以看出，式(3.8)给出的目标函数为实函数，这也就等价于将反演的解空间限定在实数域内。因此，在反演迭代时，利用方程(3.11)直接在实数域内求解SIP参数，可以降低反演的多解性。

3.1.3 多个排列数据的联合反演

前面给出的反演算法适用于单个排列时的情况，而实际工作中往往采用多个排列分别观测。为了提高反演结果的分辨率和可靠性，需要在反演过程中使用尽可能多的测量数据，下面将介绍适用于多个排列数据的反演算法。

假设共 n 个排列，根据联合反演的方法建立目标函数：

$$\varPhi=(\varPhi_{a,1}+\varPhi_{\phi,1})+\cdots+(\varPhi_{a,n}+\varPhi_{\phi,n}) \tag{3.13}$$

式中，$\varPhi_a$、$\varPhi_\phi$ 分别表示由任一排列的电场振幅和电场相位构建的目标函数。

对式(3.13)线性化并取极值条件，最终得到的联合反演线性方程为

$$\boldsymbol{Q}\Delta\boldsymbol{m}=\boldsymbol{T} \tag{3.14}$$

其中，$\boldsymbol{Q}=\boldsymbol{P}_1+\boldsymbol{P}_2+\cdots+\boldsymbol{P}_n$，$\boldsymbol{T}=\boldsymbol{S}_1+\boldsymbol{S}_2+\cdots+\boldsymbol{S}_n$，矩阵 $\boldsymbol{P}$ 和向量 $\boldsymbol{S}$ 参见式(3.11)。

由此可见，反演方程组(3.14)其实是每个排列下的式(3.11)的线性扩展。因此，后文的模型参数约束以及灵敏度计算等推导过程均以单排列下的反演为例。

3.2 反演模型参数约束

3.2.1 模型光滑度约束

复电阻率法的反演问题通常为混定问题，因此，使用最小二乘法推导的反演方程组(3.11)能够求解的前提是：灵敏度矩阵的各列向量线性无关，且系数矩阵 $\boldsymbol{P}$ 是正定的。而实际反演过程中，由于模型参数之间存在相关性、数据提供的参数信息不足以及观测误差等原因，系数矩阵 $\boldsymbol{P}$ 的条件数巨大，所以无法直接求解方程组。

根据(Tikhonov and Arsenin，1977)的理论，通过在最小二乘反演中引入正则化约束

条件，可将其转化为适定问题求解。在此基础上，一些学者在最小二乘反演中引入模型光滑度的概念(Constable et al.，1987，Oldenburg et al.，1993)，并在二维、三维反演中获得了成功的应用。

因此，将联合反演目标函数式(3.8)改写为

$$\Phi = (\Phi_a + \Phi_\phi) + \mu\lambda\Phi_{\mathrm{m}} \tag{3.15}$$

式中，λ 为正则化因子或 Lagrange 因子，其作用是调节目标函数的权重；μ 为正则化因子的缩放系数，在每次迭代中控制 λ 的大小；Φ_{m} 为模型光滑度约束目标函数。经推导后，得到正则化的联合反演方程为

$$(\boldsymbol{P} + \mu\lambda\boldsymbol{R})\Delta\boldsymbol{m} = \boldsymbol{S} \tag{3.16}$$

显然，上式仅比原反演方程(3.11)多了一个光滑度项。式中，$\boldsymbol{R} = \|W_x\partial_x\|^2 + \|W_z\partial_z\|^2$ 为复电阻率模型参数的光滑度矩阵，W_x、W_z 表示加权因子，∂_x、∂_z 分别表示 x 向和 z 向的光滑度，其定义为

$$\partial_x = \begin{bmatrix} \partial_x^1 & & & \\ & \partial_x^2 & & \\ & & \partial_x^3 & \\ & & & \partial_x^4 \end{bmatrix}_{4M\times4M} \tag{3.17}$$

$$\partial_z = \begin{bmatrix} \partial_z^1 & & & \\ & \partial_z^2 & & \\ & & \partial_z^3 & \\ & & & \partial_z^4 \end{bmatrix}_{4M\times4M} \tag{3.18}$$

其中，反演单元的总数为M个，反演参数总数为 4M个。对于所有反演单元，第 l 种 SIP 参数的光滑度可由二阶差分近似为

$$\partial_x^l = \begin{bmatrix} -1 & 2 & -1 & 0 & \cdots & \cdots & 0 \\ & -1 & 2 & -1 & 0 & \cdots & 0 \\ & & \ddots & \ddots & \ddots & & \\ & & & & -1 & 2 & -1 \end{bmatrix}_{M\times M} \tag{3.19}$$

$$\partial_z^l = \begin{bmatrix} -1 & 0 & \cdots & 2 & 0 & -1 & 0 & 0 \\ & -1 & 0 & \ddots & 2 & 0 & -1 & \\ & & & \ddots & \ddots & \ddots & & \\ & & & & 0 & 0 & 0 & -1 \end{bmatrix}_{M\times M} \tag{3.20}$$

通过上述方法，就可以将模型各参数的光滑度作为约束条件引入反演计算中，保证了每次迭代的反演方程组在满足对角占优的情况下得到最光滑模型的解。

3.2.2 模型参数界限约束

前面给出的联合反演算法将模型的解向量限制在实数空间域内，但我们知道，模型的 SIP 参数均为正实数，并且这些参数仅在一定范围内变化[见式(3.16)]。因此，可以将此作为一种约束条件，直接施加在反演方程组中。下面首先给出模型对数归一化的推导过程，然后在此基础上应用模型参数界限约束。

将原正演函数写为

$$F(\boldsymbol{m}) = F(\boldsymbol{\rho}_{0,1},\cdots,\boldsymbol{\rho}_{0,M},\boldsymbol{\tau}_1,\cdots,\boldsymbol{\tau}_M,\boldsymbol{m}_1,\cdots,\boldsymbol{m}_M,\boldsymbol{c}_1,\cdots,\boldsymbol{c}_M) \tag{3.21}$$

定义约束化参数向量 $\boldsymbol{x}=\left(\boldsymbol{x}_{\rho 0},\boldsymbol{x}_{\tau},\boldsymbol{x}_m,\boldsymbol{x}_c\right)$，其与模型 SIP 参数向量 $\boldsymbol{m}$ 的关系为

$$\begin{cases} \boldsymbol{x}_{\rho 0} = \ln\left(\boldsymbol{\rho}_0\right) \\ \boldsymbol{x}_r = \ln\left(\boldsymbol{\tau}\right) \\ \boldsymbol{x}_m = \ln\left(\boldsymbol{m}\right) \\ \boldsymbol{x}_c = \ln\left(\boldsymbol{c}\right) \end{cases} \Leftrightarrow \begin{cases} \boldsymbol{\rho}_0 = \exp\left(\boldsymbol{x}_{\rho 0}\right) \\ \boldsymbol{\tau} = \exp\left(\boldsymbol{x}_{\tau}\right) \\ \boldsymbol{m} = \exp\left(\boldsymbol{x}_m\right) \\ \boldsymbol{c} = \exp\left(\boldsymbol{x}_c\right) \end{cases}$$

将其代入式(3.21)，原正演函数变成以向量 $\boldsymbol{x}$ 为自变量的向量值函数，可写成

$$F(x) = F(\boldsymbol{x}_{\rho 0,1},\cdots,\boldsymbol{x}_{\rho 0,M},\boldsymbol{x}_{\tau,1},\cdots,\boldsymbol{x}_{\tau,M},\boldsymbol{x}_{m,1},\cdots\boldsymbol{x}_{m,M},\boldsymbol{x}_{c,1},\cdots,\boldsymbol{x}_{c,M}) \tag{3.22}$$

这样，经对数归一化后，在每次反演迭代中，解向量 $\boldsymbol{x}=\Delta\boldsymbol{x}+\boldsymbol{x}^0$。

若进行更新，则模型 SIP 参数向量以

$$\boldsymbol{m} = \boldsymbol{m}^0 \cdot \exp(\Delta\boldsymbol{m}) \tag{3.23}$$

进行更新，这样就保证了模型参数总为正值。

根据以上对数化模型参数总为正的思想，可同时引入上、下限约束。本章采用(Kim et al.，1995；Commer and Newman，2008)提出的方法，定义约束化参数向量 $\boldsymbol{x}$ 作为反演的解向量，它与模型参数向量 $\boldsymbol{m}$ 有以下关系：

$$\boldsymbol{x} = \ln\frac{\boldsymbol{m}-m_{\min}}{m_{\max}-\boldsymbol{m}},\quad \boldsymbol{m} = \frac{m_{\min}+m_{\max}\exp(\boldsymbol{x})}{1+\exp(\boldsymbol{x})} \tag{3.24}$$

式中，$\boldsymbol{m}\in\left(m_{\min},\ m_{\max}\right)$。

利用式(3.24)，可得到约束化参数修正量 $\Delta\boldsymbol{x}$ 与 SIP 参数修正量 $\Delta\boldsymbol{m}$ 的变换关系：

$$\Delta\boldsymbol{x} = \frac{m_{\max}-m_{\min}}{(m_{\max}-\boldsymbol{m})(\boldsymbol{m}-m_{\min})}\Delta\boldsymbol{m} \tag{3.25}$$

根据以上关系，在每次反演迭代中，模型 SIP 参数向量的更新公式为

$$\boldsymbol{m} = \frac{m_{\min}(m_{\max}-\boldsymbol{m}^0)+m_{\max}(\boldsymbol{m}^0-m_{\min})\exp(\Delta\boldsymbol{x})}{(m_{\max}-\boldsymbol{m}^0)+(\boldsymbol{m}^0-m_{\min})\exp(\Delta\boldsymbol{x})} \tag{3.26}$$

显然，式(3.26)将模型的 SIP 参数限定在区间 $m_{\min}\sim m_{\max}$，并以这种方式将参数界限约束施加到反演中，有效地改善了多解性的问题。

3.3　灵敏度矩阵的推导与计算

3.3.1　电场振幅和电场相位灵敏度表达式

对联合反演方程(3.10)施加参数界限约束后，其灵敏度元素的表达式为

$$\begin{cases} J_{A,i,kl} = \dfrac{\partial |E_i|}{\partial x_{kl}} = \dfrac{\partial |E_i|}{\partial m_{kl}} \cdot \dfrac{\partial m_{kl}}{\partial x_{kl}} \\ J_{\phi,i,kl} = \dfrac{\partial \phi_i}{\partial x_{kl}} = \dfrac{\partial \phi_i}{\partial m_{kl}} \cdot \dfrac{\partial m_{kl}}{\partial x_{kl}} \end{cases} \tag{3.27}$$

式中，$J_{A,i,kl}$、$J_{\phi,i,kl}$ 分别表示第 i 个观测点的电场振幅和电场相位对第 k 块单元上第 l 个约束化参数的灵敏度；$|E_i|$、ϕ_i 分别表示第 i 个观测点的电场振幅和电场相位；x_{kl}、m_{kl} 分别为第 k 块单元上的第 l 个约束化模型参数和 SIP 模型参数。

可以看出，公共项 $\dfrac{\partial m_{kl}}{\partial x_{kl}}$ 可利用式(3.24)解析获得。所以，计算式(3.27)的关键是得到 $\dfrac{\partial |E_i|}{\partial m_{kl}}$ 和 $\dfrac{\partial \phi_i}{\partial m_{kl}}$ 的表达式，对此，本章采用电场的灵敏度形式推导。

根据欧拉(Euler)辐角公式，在频率域内，观测点处的电场可表示成

$$E = |E| \cdot \mathrm{e}^{\mathrm{i}\phi} \tag{3.28}$$

因此，第 i 个观测点处的电场对第 k 块单元上第 l 个 SIP 参数的灵敏度为

$$\begin{aligned} \frac{\partial E_i}{\partial m_{kl}} &= \mathrm{e}^{\mathrm{i}\phi_i} \frac{\partial |E_i|}{\partial m_{kl}} + \mathrm{i}|E_i|\mathrm{e}^{\mathrm{i}\phi_i} \frac{\partial \phi_i}{\partial m_{kl}} \\ &= \frac{E_i}{|E_i|} \frac{\partial |E_i|}{\partial m_{kl}} + \mathrm{i}E_i \frac{\partial \phi_i}{\partial m_{kl}} \end{aligned} \tag{3.29}$$

整理后

$$\frac{1}{E_i}\frac{\partial E_i}{\partial m_{kl}} = \frac{1}{|E_i|}\frac{\partial |E_i|}{\partial m_{kl}} + \mathrm{i}\frac{\partial \phi_i}{\partial m_{kl}} \tag{3.30}$$

对上式分别取实部和虚部，就得到电场振幅和电场相位的灵敏度表达式分别为

$$\begin{cases} \dfrac{\partial |E_i|}{\partial m_{ml}} = |E_i| \mathrm{Re}\left(\dfrac{1}{E_i} \dfrac{\partial E_i}{\partial m_{kl}} \right) \\ \dfrac{\partial \phi_i}{\partial m_{kl}} = \mathrm{Im}\left(\dfrac{1}{E_i} \dfrac{\partial E_i}{\partial m_{kl}} \right) \end{cases} \tag{3.31}$$

再利用复合函数求导法则，将上式右端的公共导数项展开，有

$$\frac{\partial E_i}{\partial m_{kl}} \frac{\partial E_i}{\partial \sigma_k} \frac{\partial \sigma_k}{\partial \rho_k} \cdot \frac{\partial \rho_k}{\partial m_{kl}} = -(\sigma_k)^2 \frac{\partial E_i}{\partial \sigma_k} \frac{\partial \rho_k}{\partial m_{kl}} \tag{3.32}$$

式中，σ_k 和 ρ_k 分别为第 k 块单元的复电导率和复电阻率；$\dfrac{\partial \rho_k}{\partial m_{kl}}$ 为复电阻率对 SIP 参数

的偏导数，第 4 章将解析获得；$\dfrac{\partial E_i}{\partial \sigma_k}$ 为电场对复电导率的偏导数，第 4 章将用互换定理数值求取。

3.3.2 科尔-科尔(Cole-Cole)模型偏导数表达式

地下各反演单元的复电阻率可用式(3.16)描述 Cole-Cole 模型表示，为方便推导，将其分解为实、虚部结合的形式：

$$\rho(\mathrm{i}\omega)=\rho_0\left(1-\boldsymbol{m}+\frac{\boldsymbol{m}R}{R^2+I^2}-\mathrm{i}\frac{\boldsymbol{m}I}{R^2+I^2}\right) \tag{3.33}$$

式中

$$\begin{aligned}R&=1+(\omega\tau)^c\cos\frac{\pi c}{2}\\ I&=(\omega\tau)^c\sin\frac{\pi c}{2}\end{aligned} \tag{3.34}$$

对式(3.33)求导，就得到了复电阻率对 SIP 参数的偏导数解析式：

$$\begin{aligned}\frac{\partial\rho(\mathrm{i}\omega)}{\partial m}&=\rho_0\left(\frac{R}{R^2+I^2}-1-\mathrm{i}\frac{I}{R^2+I^2}\right)\\ \frac{\partial\rho(\mathrm{i}\omega)}{\partial m}&=\boldsymbol{m}\rho_0\left(\frac{I^2-R^2}{R^2+I^2}\cdot\frac{\partial R}{\partial c}-\frac{2IR}{R^2+I^2}\cdot\frac{\partial I}{\partial c}\right)\\ &\quad+\mathrm{i}\left[\frac{2IR}{(R^2+I^2)^2}\cdot\frac{\partial R}{\partial c}+\frac{I^2-R^2}{R^2+I^2}\cdot\frac{\partial I}{\partial c}\right]\\ \frac{\partial\rho(\mathrm{i}\omega)}{\partial \tau}&=\boldsymbol{m}\rho_0\left(\frac{I^2-R^2}{R^2+I^2}\cdot\frac{\partial R}{\partial \tau}-\frac{2IR}{R^2+I^2}\cdot\frac{\partial I}{\partial \tau}\right)\\ &\quad+\mathrm{i}\left[\frac{2IR}{(R^2+I^2)^2}\cdot\frac{\partial R}{\partial \tau}+\frac{I^2-R^2}{R^2+I^2}\cdot\frac{\partial I}{\partial \tau}\right]\\ \frac{\partial\rho(\mathrm{i}\omega)}{\partial \rho_0}&=1-\boldsymbol{m}+\frac{\boldsymbol{m}R}{R^2+I^2}-\mathrm{i}\frac{\boldsymbol{m}l}{R^2+I^2}\end{aligned} \tag{3.35}$$

其中，

$$\begin{cases}\dfrac{\partial R}{\partial c}=(\omega\tau)^c\left[\ln(\omega\tau)\cos\dfrac{\pi c}{2}-\dfrac{\pi}{2}\sin\dfrac{\pi c}{2}\right]\\ \dfrac{\partial I}{\partial c}=(\omega\tau)^c\left[\ln(\omega\tau)\sin\dfrac{\pi c}{2}+\dfrac{\pi}{2}\cos\dfrac{\pi c}{2}\right]\\ \dfrac{\partial R}{\partial \tau}=\dfrac{c}{\tau}(\omega\tau)^c\cos\dfrac{\pi c}{2}\\ \dfrac{\partial I}{\partial \tau}=\dfrac{c}{\tau}(\omega\tau)^c\sin\dfrac{\pi c}{2}\end{cases}$$

3.3.3　互换定理计算灵敏度

对于式(3.32)，3.3.2 节已经给出了$\partial\rho/\partial m$的解析式，因此，还需计算$\partial E/\partial\sigma$才能得到反演灵敏度矩阵。

根据第 3 章的内容，将 2.5 维 SIP 正演线性方程组写为

$$\boldsymbol{K}\hat{\boldsymbol{F}} = \boldsymbol{B} \tag{3.36}$$

式中，$\boldsymbol{K}$为正演系数矩阵；$\hat{\boldsymbol{F}}$为波数域电、磁主场向量；$\boldsymbol{B}$为源项。

对式(3.36)取第 k 块单元复电导率(σ_k)的偏导数，因为发射源不随地下单元的复电导率变化，所以有

$$K\frac{\partial \hat{F}}{\partial \sigma_k} = -\frac{\partial K}{\partial \sigma_k}\hat{F} \tag{3.37}$$

式中，$\partial\hat{F}/\partial\sigma_k$ 表示波数域的电、磁主场关于σ_k的灵敏度向量，具体为

$$\frac{\partial \hat{F}}{\partial \sigma_k} = \left[\left(\frac{\partial \hat{E}_y}{\partial \sigma_k}\right)^{\mathrm{T}}, \left(\frac{\partial \hat{H}_y}{\partial \sigma_k}\right)^{\mathrm{T}}\right] \tag{3.38}$$

并且，$\partial K/\partial\sigma_k$ 是正演系数矩阵对σ_k的偏导数，其仅在第 k 单元的各节点处有非 0 值，它与$\hat{\boldsymbol{F}}$合成的式(3.37)的右端向量可表示为

$$\frac{\partial K}{\partial \sigma_k}\hat{\boldsymbol{F}} = \left[\left(\frac{\partial K}{\partial \sigma_k}\hat{\boldsymbol{E}}_y\right)^{\mathrm{T}}, \left(\frac{\partial K}{\partial \sigma_k}\hat{\boldsymbol{H}}_y\right)^{\mathrm{T}}\right]^{\mathrm{T}} \tag{3.39}$$

可以看出，式(3.37)与正演方程组的系数矩阵相同，如果将其右端项视为源项，那么通过求解式(3.37)就能得到灵敏度解向量$\partial\hat{\boldsymbol{F}}/\partial\boldsymbol{\sigma}_k$，这种类似正演的过程叫做伪正演。然而，一次伪正演只能得到空间所有节点(假设共 ND 个节点)的波数域场对一块单元的灵敏度，要得到所有单元(共 M 个)的灵敏度就要计算 M 次伪正演。对此，我们将互换定理应用于式(3.37)中，这样，仅通过一次伪正演计算就能得到单个观测点对空间所有单元的灵敏度。

令向量$\hat{\boldsymbol{F}}' = \dfrac{\partial \hat{F}}{\partial \sigma_k}$，$\boldsymbol{b}^E = -\dfrac{\partial k}{\partial \sigma_k}\hat{E}_y$，$\boldsymbol{b}^H = -\dfrac{\partial k}{\partial \sigma_k}\hat{H}_y$，可将式(3.37)表示为

$$\boldsymbol{K}\cdot\hat{\boldsymbol{F}} = \begin{bmatrix} b^E \\ 0 \end{bmatrix} + \begin{bmatrix} 0 \\ b^H \end{bmatrix} \tag{3.40}$$

本章的正演算法中，每个单元上有 8 个插值节点，所以将上式的右端项展开，有

$$\boldsymbol{K}\cdot\hat{\boldsymbol{F}}=b_1^E\begin{bmatrix}0\\1\\0\\\vdots\\0\\\vdots\\\vdots\\0\end{bmatrix}+\cdots+b_j^E\begin{bmatrix}0\\\vdots\\1\\0\\0\\\vdots\\\vdots\\0\end{bmatrix}+\cdots+b_8^E\begin{bmatrix}0\\\vdots\\0\\1\\0\\\vdots\\\vdots\\0\end{bmatrix}+b_1^H\begin{bmatrix}0\\\vdots\\\vdots\\0\\1\\0\\\vdots\\0\end{bmatrix}+\cdots+b_j^H\begin{bmatrix}0\\\vdots\\0\\0\\\vdots\\0\\1\\0\end{bmatrix}+\cdots+b_8^H\begin{bmatrix}0\\\vdots\\0\\1\\0\\\vdots\\\vdots\\0\end{bmatrix} \tag{3.41}$$

可以看出，上式的右端项为 16 个单位列向量的加权累加。如果将这些单位列向量当成伪正演中放置于 k 单元各节点上的单位源，那么就可以将 F' 看成 16 个单位源分别在空间所有节点上产生的单位场向量，再由系数 $b_1^E\cdots b_8^E$、$b_1^H\cdots b_8^H$ 加权累加而成。

根据互换定理(de Lugao and Wannamaker，1996)：源与接收器的位置互换，接收器在互换前后这两次观测的场值相同。据此，对于式(3.41)，k 块单元第 j 个节点的单位源在接收点 i 处产生的场等于接收点 i 的单位源在节点 j 产生的场(如图 3.1 所示，$s1$ 为单位源，$\hat{F}_{s1}$ 为单位源产生的场)，并且空间各节点与接收点 i 之间都满足该互换关系。由此可知，如果将单位源置于接收点 i 处，那么仅通过一次伪正演就能够得到 i 点对空间所有节点的单位灵敏度，再由各单元节点的系数加权累加，就得到了 i 点对空间所有单元的灵敏度值。

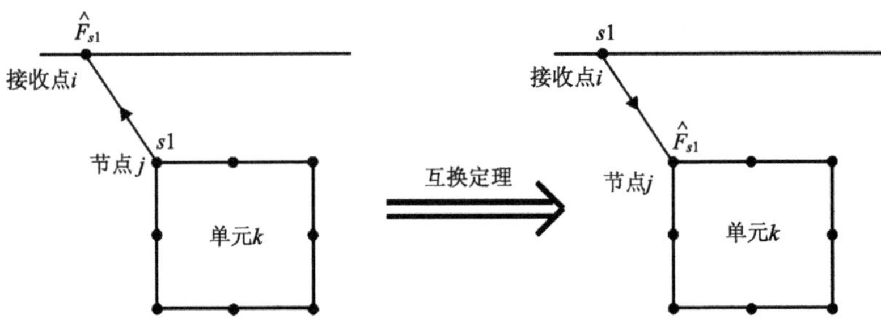

图 3.1　互换定理的物理描述

以上是 2.5 维反演中利用互换定理计算电、磁主场灵敏度的过程。对于辅助场的灵敏度，依然可以采用相同的互换过程进行计算。下面就以$\hat{E}_x$灵敏度计算为例对其进行详细介绍。

对$\hat{E}_x$表达式求偏导，可得到$\hat{\boldsymbol{E}}_x$对σ_k的灵敏度表达式：

$$\frac{\partial\hat{E}}{\partial\sigma_k}=\frac{\mathrm{i}\omega\mu}{\left(K_{\mathrm{e}}^2\right)^2}\left(\mathrm{i}k_y\frac{\partial\hat{E}_y}{\partial x}+\hat{Z}\frac{\partial\hat{H}_y}{\partial z}+\hat{Z}\hat{j}_{sx}\right)-\frac{1}{k_{\mathrm{e}}^2}\left(\mathrm{i}k_y\frac{\partial\hat{E}_y}{\partial x}+\hat{Z}\frac{\partial\hat{H}_y}{\partial z}\right) \tag{3.42}$$

可以看出，上式的右端第二项中含有电、磁主场灵敏度的方向导数，因此$\dfrac{\partial\hat{\boldsymbol{E}}_x}{\partial\sigma_k}$的重点在

于计算 $\dfrac{\partial \hat{\boldsymbol{E}}_y'}{\partial x}$ 和 $\dfrac{\partial \hat{\boldsymbol{H}}_y'}{\partial z}$ 。本章的正演模拟中，在任意节点处，函数的方向导数均用附近同向的 5 个节点($ni=1,2,\cdots,5$)的插值函数表示，因此有

$$\begin{cases}\dfrac{\partial \hat{E}_y}{\partial x}=\displaystyle\sum_{ni=1}^{5}\hat{E}_{y,ni}\frac{\partial N_{x,ni}}{\partial x}\\[2ex] \dfrac{\partial \hat{H}_y}{\partial z}=\displaystyle\sum_{ni=1}^{5}\hat{H}_{y,ni}\frac{\partial N_{z,ni}}{\partial z}\end{cases}\tag{3.43}$$

其中， $N_{x,ni}$ 和 $N_{z,ni}$ 分别为 x 向和 z 向的插值基函数，可将上式简写为

$$\begin{cases}\dfrac{\partial \hat{E}_y}{\partial x}=\displaystyle\sum_{ni=1}^{5}\hat{E}_{y,ni}A_{x,ni}\\[2ex] \dfrac{\partial \hat{H}_y}{\partial z}=\displaystyle\sum_{ni=1}^{5}\hat{H}_{y,ni}A_{z,ni}\end{cases}\tag{3.44}$$

因此，式(3.42)的右端第二项可由上式表示为

$$\frac{1}{k_{\mathrm{e}}^2}\left(\mathrm{i}k_y\frac{\partial \hat{E}_y}{\partial x}+\hat{z}\frac{\partial \hat{H}_y}{\partial z}\right)=\sum_{ni=1}^{5}\left(\frac{\mathrm{i}k_yA_{x,ni}}{k_{\mathrm{e}}^2}\right)\hat{E}_{y,ni}+\sum_{ni=1}^{5}\left(\frac{\hat{z}A_{z,ni}}{k_{\mathrm{e}}^2}\right)\hat{H}_{y,ni}'\tag{3.45}$$

将电、磁主场的伪正演方程(3.40)代入上式中，有

$$K\begin{bmatrix}\displaystyle\sum_{ni=1}^{5}\left(\frac{\mathrm{i}k_yA_{x,ni}}{k_{\mathrm{e}}^2}\right)\hat{E}_{y,ni}'\\ \displaystyle\sum_{ni=1}^{5}\left(\frac{\hat{z}A_{z,ni}}{k_{\mathrm{e}}^2}\right)\hat{H}_{y,ni}'\end{bmatrix}=\sum_{ni=1}^{5}\left(\frac{\mathrm{i}k_yA_{x,ni}}{k_{\mathrm{e}}^2}\right)\begin{bmatrix}b^E\\ b^H\end{bmatrix}+\sum_{ni=1}^{5}\left(\frac{\hat{z}A_{z,ni}}{k_{\mathrm{e}}^2}\right)\begin{bmatrix}b^E\\ b^H\end{bmatrix}\tag{3.46}$$

将上式按式(3.41)的形式展开后，采用与主场灵敏度计算相同的方式应用互换定理，但需要将强度为 $\dfrac{ik_yA_{x,ni}}{k_{\mathrm{e}}^2}$ 、 $\dfrac{\hat{z}A_{z,ni}}{k_{\mathrm{e}}^2}$ 的源同时置于 10 个节点($ni=1,2,\cdots,5$)上，这样仅需要一次伪正演就可以计算出 10 个节点对空间所有单元节点的响应之和，再经各单元节点的系数加权累加后就计算出式(3.45)的值，最后将其代入式(3.42)就得到了节点 i 处的 $\hat{E}_x$ 对地下所有单元的灵敏度表达式。

以上应用互换定理求取灵敏度的过程均在波数域内进行，最后还需要进行反傅里叶变换才能得到空间域的灵敏度。

3.4　理论模型反演算例

本节将通过多个理论模型的反演算例来检验联合反演算法的稳定性及效果。在反演时，对反演区域内所有单元的四种复电阻率参数同时进行反演计算。

在以下三个算例中，反演数据为视电阻率和视相位，测量方式为偶极-偶极。观测参数为：发射、接收偶极长度均为 100m，间隔系数 n=1～10，观测频率为 6 个，分别是

0.02Hz、0.1Hz、1.0Hz、8.0Hz、32.0Hz、128.0Hz。其中，算例 1 的观测排列数为 6 个，算例 2 和算例 3 观测排列数为 7 个，相邻排列间距均为 100m。反演区域划分的单元个数均为 50×20 个。

3.4.1　山谷地形下低阻极化体反演

模型如图 3.2 所示，在山谷地形下存在一个矩形的低阻极化体。极化围岩的复电阻率为 $\rho_b(i\omega)$，其 Cole-Cole 模型参数值分别是：ρ_0=200 Ω·m，m=0.1，c=0.2，τ=5s；异常体的复电阻率为 $\rho_1(i\omega)$，Cole-Cole 模型参数值分别是：ρ_0=40 Ω·m，m=0.6，c=0.6，τ=50s。该算例中，观测数据共 720 个(振幅+相位)，而需要反演的参数为 4000 个，反演问题的欠定性非常严重。

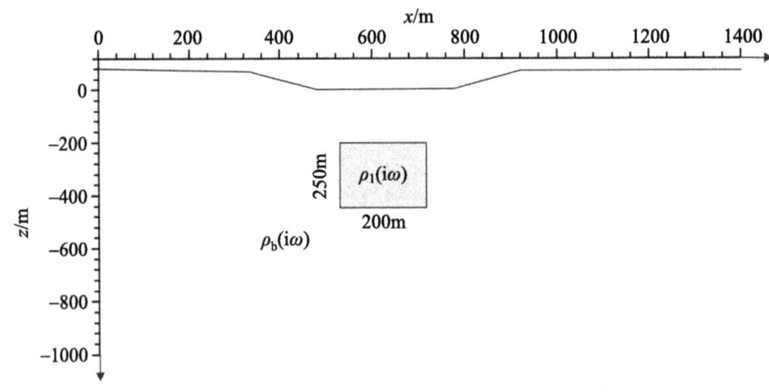

图 3.2　山谷地形下单低阻极化体模型

设定反演的初始模型为均匀极化半空间，其 Cole-Cole 模型参数为：ρ_0=100 Ω·m，m=0.25，c=0.3，τ=10s，设定反演拟合误差的阈值为 0.08。利用本章的算法进行全区反演计算，反演拟合误差曲线如图 3.3 所示，初始拟合误差为 239.95，经 19 次迭代后，

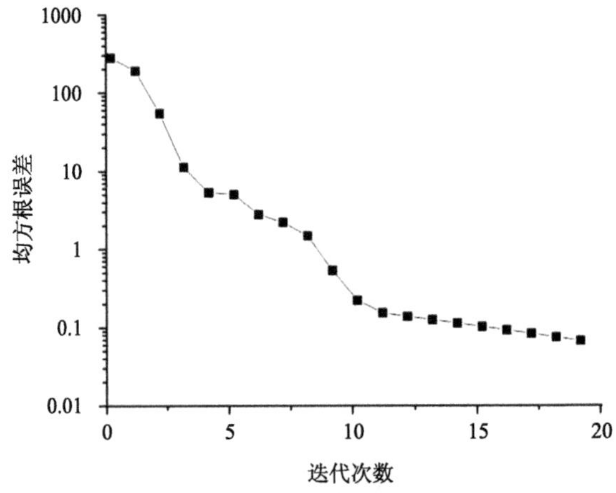

图 3.3　反演拟合误差随迭代次数的变化曲线

拟合误差稳定收敛至 0.0791，当小于给定的阈值后，反演结束。此时的视电阻率和视相位数据的拟合情况见图 3.4 和图 3.5，可以看出，理论模型与反演模型的正演视电阻率和视相位并无明显差异，说明数据的拟合情况较好。

反演结果如图 3.6～图 3.9 所示，可以看出，由四个参数的反演结果均能明显地分辨出模型的结构特征。其中，零频电阻率的反演效果最好，其背景和低阻异常体的零频电阻率值均接近模型真值，深部反演的结果也比较准确，并且异常体的形态及位置也能被清晰地刻画出来。极化率的反演效果稍差一些，异常体的几何形状存在些许偏差，但其轮廓清晰，异常体的大小和位置也比较精准。然而，背景的分辨率随着深度的增加有所下降，尤其是在 800m 深度以下的左右两侧，极化率值仍在给定的反演初值附近变化。

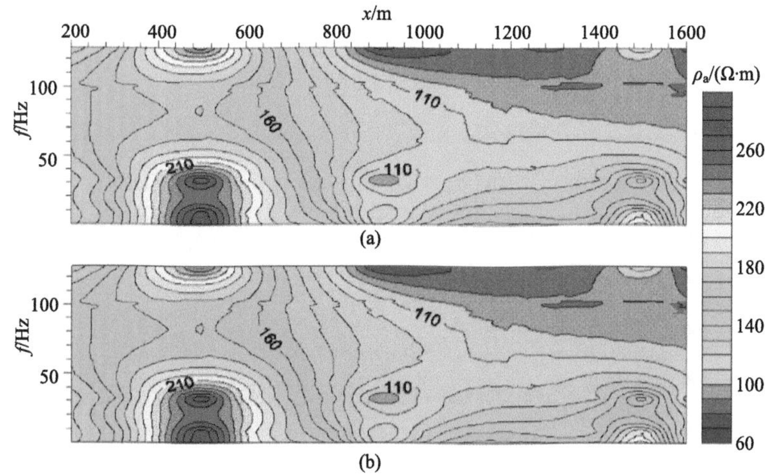

图 3.4　频率-视电阻率断面对比结果

(a)理论模型；(b)反演模型

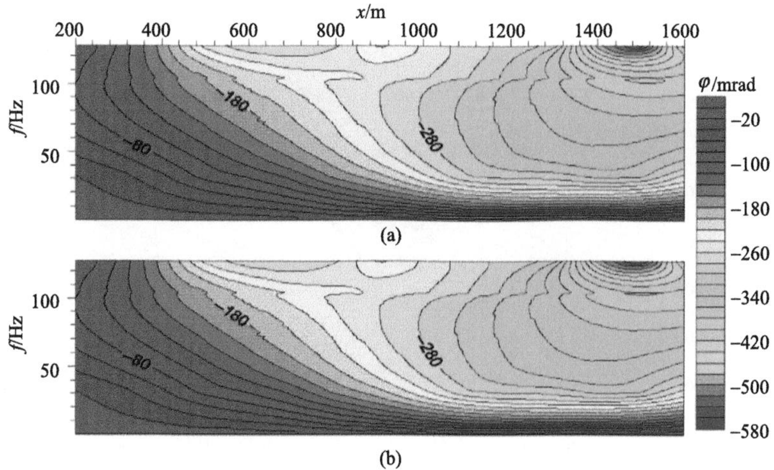

图 3.5　频率-视相位断面对比结果

(a)理论模型；(b)反演模型

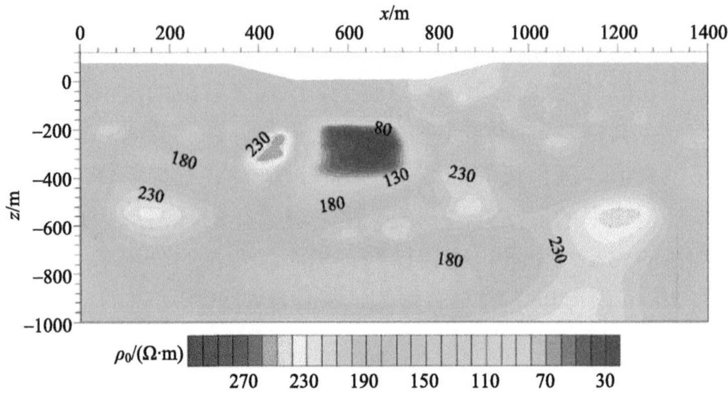

图 3.6　零频电阻率反演结果

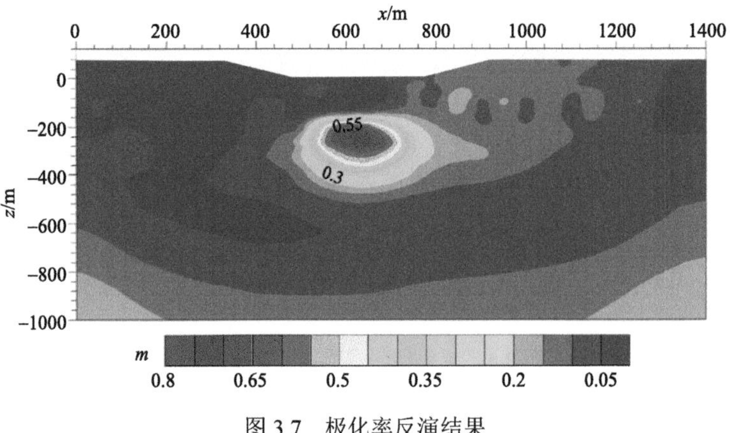

图 3.7　极化率反演结果

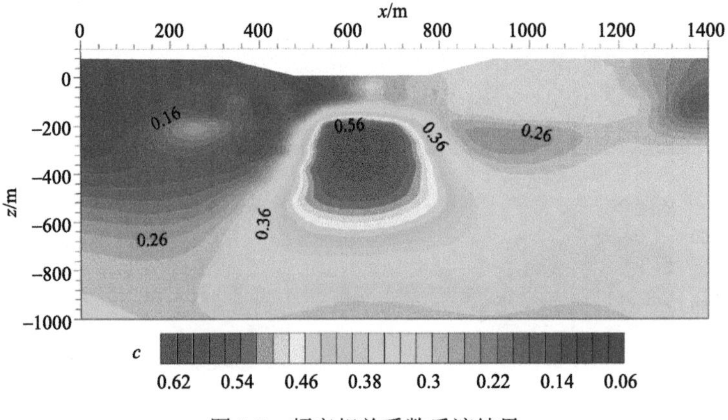

图 3.8　频率相关系数反演结果

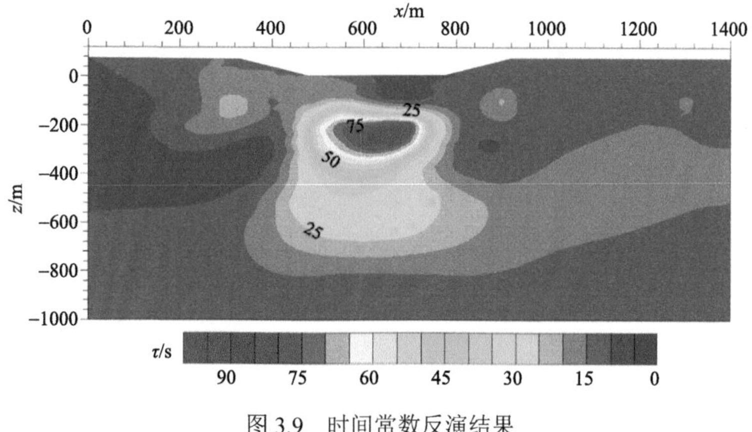

图 3.9　时间常数反演结果

相比之下，频率相关系数和时间常数的反演效果最差，反演得到的异常体范围较大，导致其纵向分辨率降低，并且背景值与真值的逼近程度也相对较差。即便如此，时间常数和频率系数的反演结果仍足以将异常体与背景区分开来，并能大概判断出异常体的水平位置及性质特征。

3.4.2　倾斜地形下高阻极化体反演

该算例检验算法反演高阻极化异常时的情况。模型如图 3.10 所示，在倾斜地形下存在一个菱形的高阻极化体。背景极化围岩的复电阻率为 $\rho_b(i\omega)$，Cole-Cole 模型参数值分别是：$\rho_0=100\,\Omega\cdot m$，$m=0.02$，$c=0.5$，$\tau=0.1s$。高阻极化体的复电阻率为 $\rho_1(i\omega)$，Cole-Cole 模型参数值分别是：$\rho_0=800\,\Omega\cdot m$，$m=0.5$，$c=0.25$，$\tau=20s$。本算例中，观测数据共 840 个(比上一算例多一个观测排列)，需要反演的参数为 4000 个。

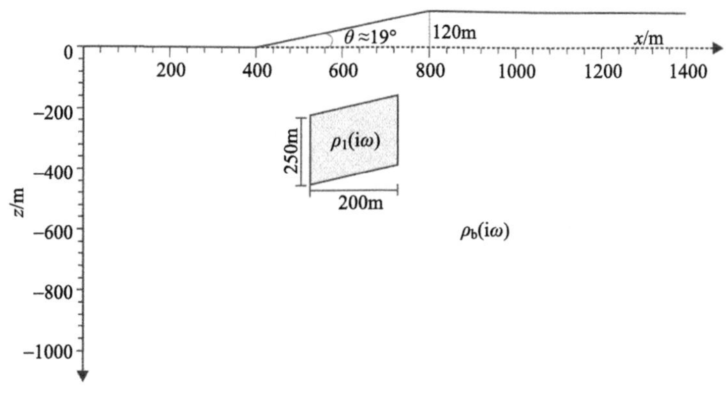

图 3.10　倾斜地形下单高阻极化体模型

初始模型仍为均匀极化半空间，Cole-Cole 模型参数为：$\rho_0=200\,\Omega\cdot m$，$m=0.3$，$c=0.3$，$\tau=5s$，反演拟合误差的阈值为 0.08。反演拟合误差曲线如图 3.11 所示，共迭代 25 次，初始拟合误差为 257.17，最终拟合误差为 0.0734。此时，理论模型与反演模型的数据拟合程度较高(图 3.12 和图 3.13)。

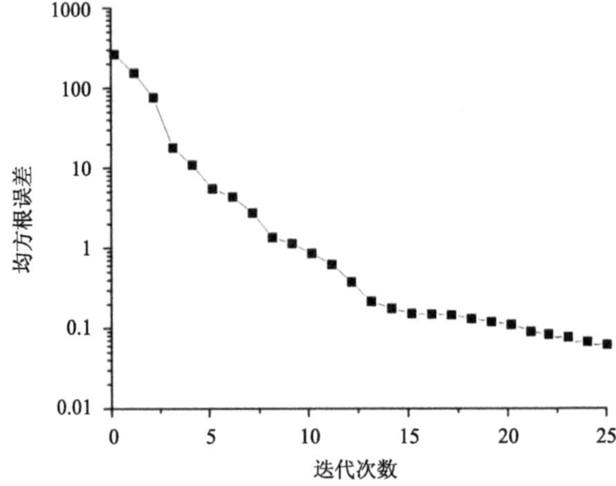

图 3.11　反演拟合误差随迭代次数的变化曲线

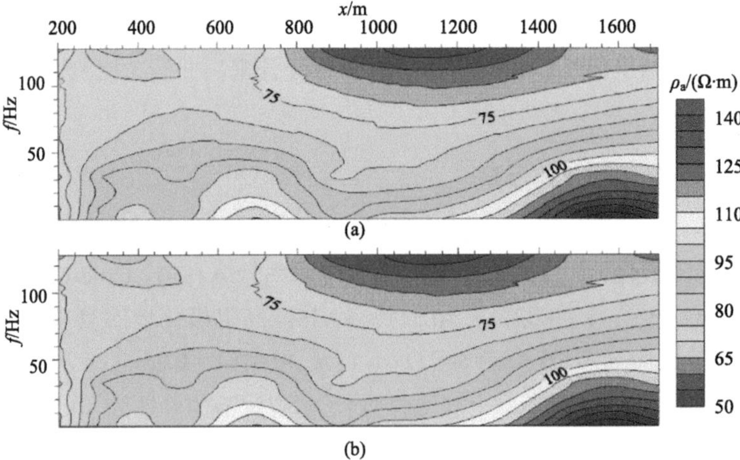

(b)

图 3.12　频率-视电阻率断面对比结果

(a)理论模型；(b)反演模型

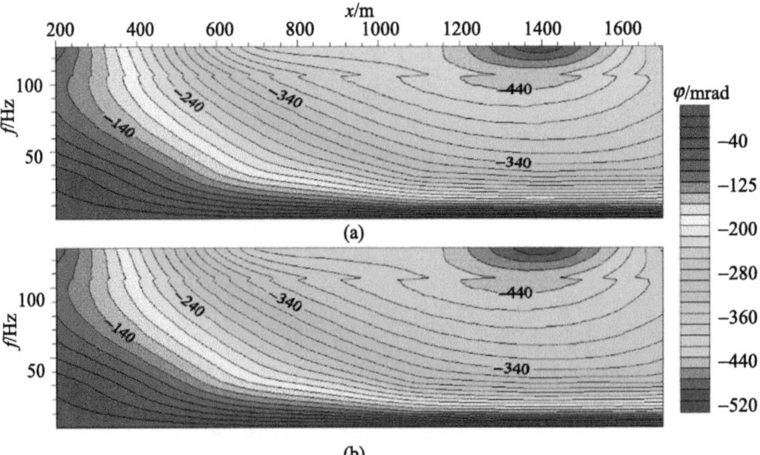

(b)

图 3.13　频率-视相位断面对比结果

(a)理论模型；(b)反演模型

因为该模型中设计的异常体极化率和时间常数比背景值大得多，为了突出局部异常特征，对这两个参数的反演结果取对数等值线图。从反演结果可以看出(图 3.14～图 3.17)，四种参数的反演结果都可以明显地将高阻极化异常体的特征与背景围岩区别开来。其中，零频电阻率的反演分辨率最高，极化率次之，频率相关系数和时间常数的分辨率最低，这一规律与上一反演算例相同。

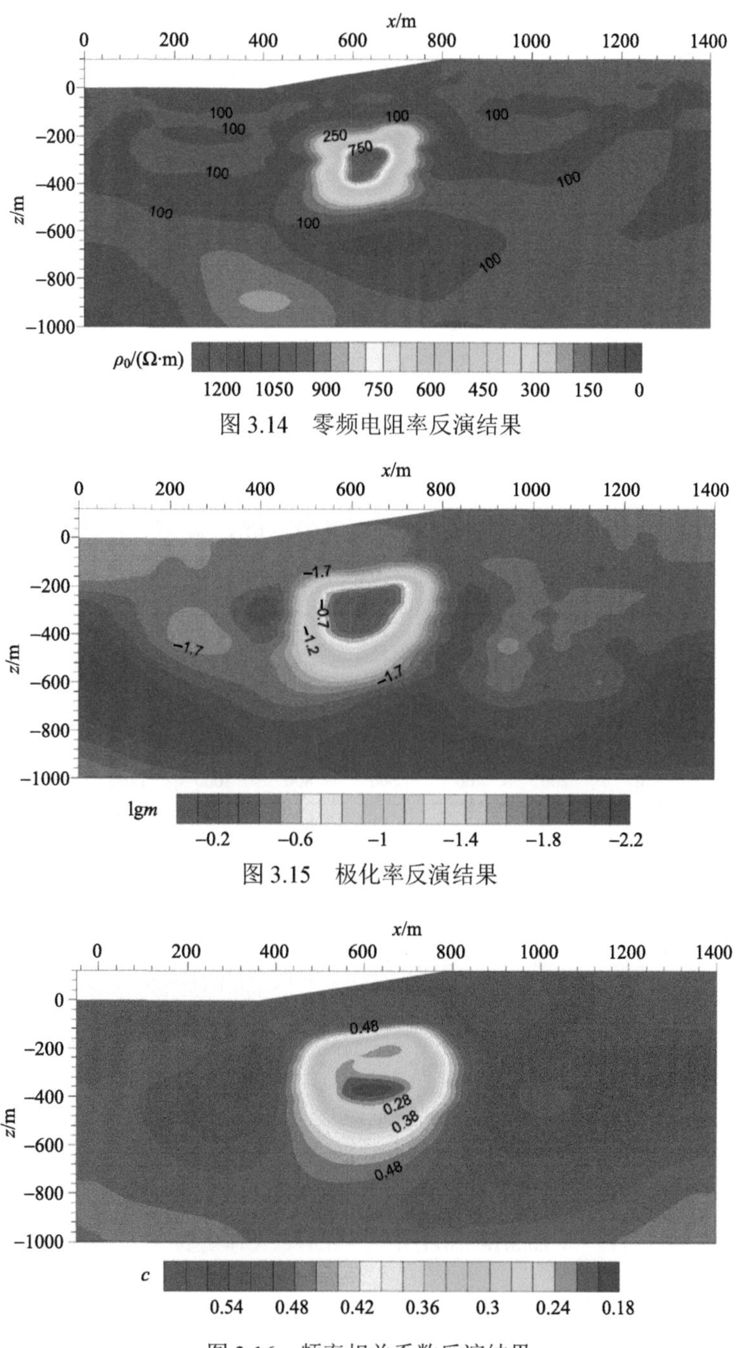

图 3.14　零频电阻率反演结果

图 3.15　极化率反演结果

图 3.16　频率相关系数反演结果

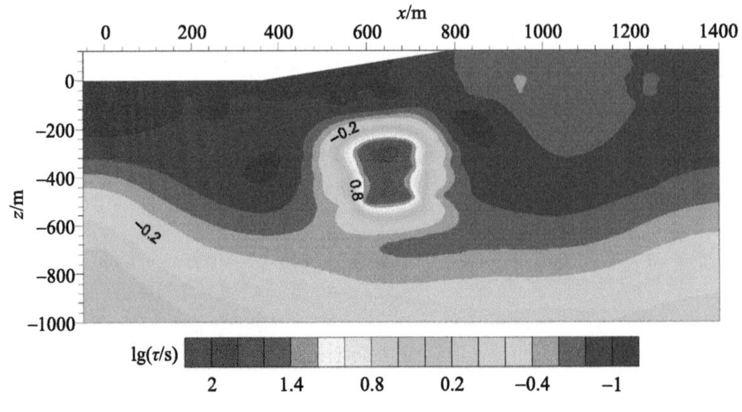

图 3.17　时间常数反演结果

3.4.3　山脊地形下组合极化体反演

前面的两个例子对不同地形下仅存在单个极化异常体的模型做了反演试算，并取得了较好的反演效果。为了进一步检验算法的可靠性与稳定性，本算例中设计了一个高、低阻极化体组合模型，并在反演数据中加入了 5% 随机噪声。

模型如图 3.18 所示，在山脊地形的极化背景下存在两个菱形的极化异常体：左侧为高阻极化体，Cole-Cole 参数值分别是：$\rho_0 = 1000\,\Omega\cdot\text{m}$，$m=0.5$，$c=0.5$，$\tau=50\text{s}$；右侧为低阻极化体，Cole-Cole 参数值分别是：$\rho_0=80\,\Omega\cdot\text{m}$，$m=0.3$，$c=0.3$，$\tau=30\text{s}$。背景围岩呈中低阻极化特征，其 Cole-Cole 参数值为：$\rho_0=200\,\Omega\cdot\text{m}$，$m=0.1$，$c=0.1$，$\tau=5\text{s}$。在该算例中，观测数据共 840 个(振幅+相位)，需要反演的参数为 4000 个，反演问题的欠定性依然非常严重。

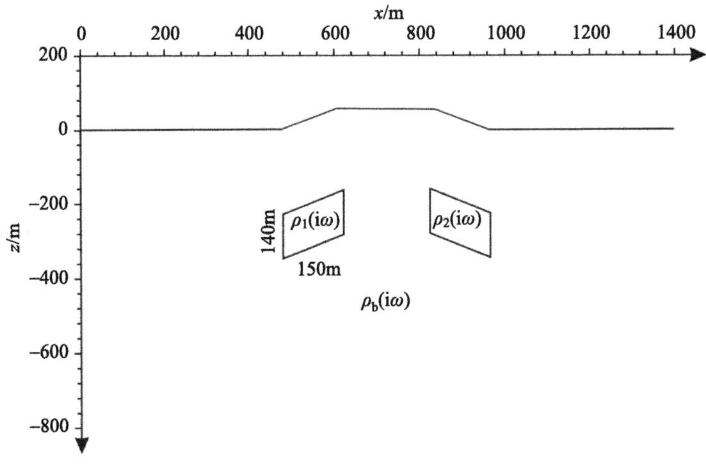

图 3.18　山脊地形下组合极化体模型

设定反演的初始模型为均匀极化半空间，其 Cole-Cole 模型参数为：$\rho_0=500\,\Omega\cdot\text{m}$，$m=0.2$，$c=0.2$，$\tau=10\text{s}$，反演拟合误差的阈值设置为 0.08。反演拟合误差曲线如图 3.19

所示，由于初始模型与真实模型的差别较大，所以反演初始拟合误差达到了 388.67，但经 27 次迭代后，最终拟合误差稳定收敛至 0.0711，反演结束。视电阻率和视相位数据的拟合情况如图 3.20 和图 3.21 所示，可以看出，理论模型与反演模型的正演视电阻率和视相位并无明显差异，说明数据的拟合情况较好。

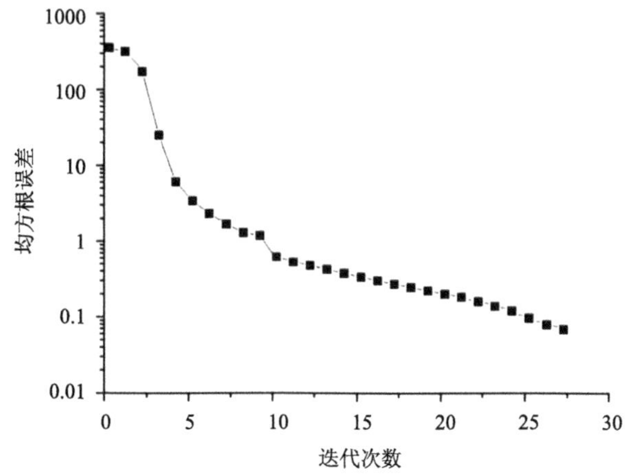

图 3.19　反演拟合误差随迭代次数的变化曲线

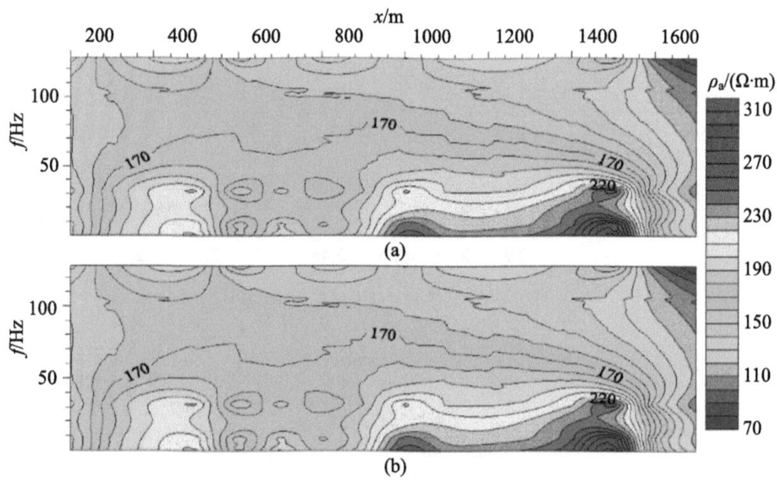

图 3.20　频率-视电阻率断面对比结果

(a)理论模型(含随机噪声)；(b)反演模型

反演结果见图 3.22～图 3.25 所示，可以看出，随机误差并未对反演造成较大影响，由四个参数的反演结果均能明显分辨出两个极化异常体和背景围岩的复电性特征。不同参数的结果对比发现，反演的零频电阻率和极化率对两个异常体的形态刻画得十分清晰，并能在背景围岩中将异常体准确定位。相比之下，频率相关系数和时间常数将异常体勾勒得范围过大，甚至有相互连通之处，尤其是时间常数，其反演结果的纵向分辨率最低。

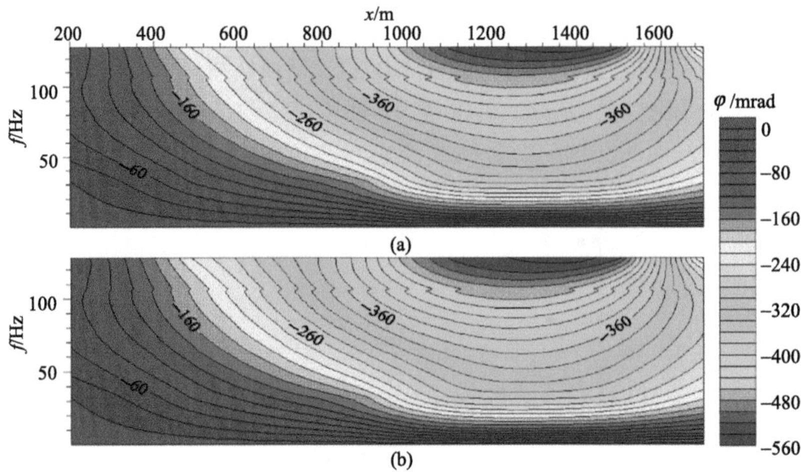

图 3.21　频率-视相位断面对比结果

(a)理论模型(含随机噪声)；(b)反演模型

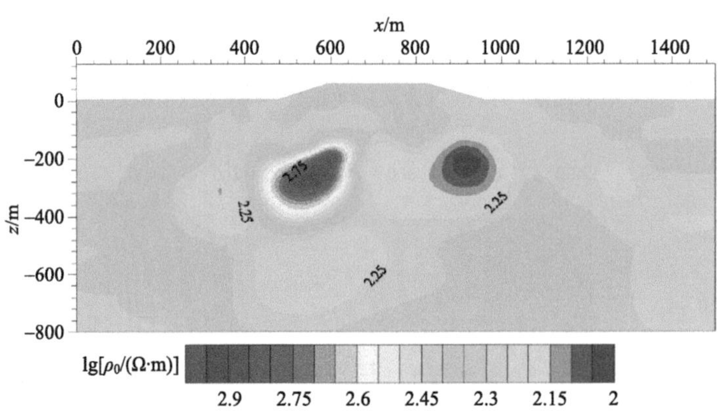

图 3.22　零频电阻率反演结果

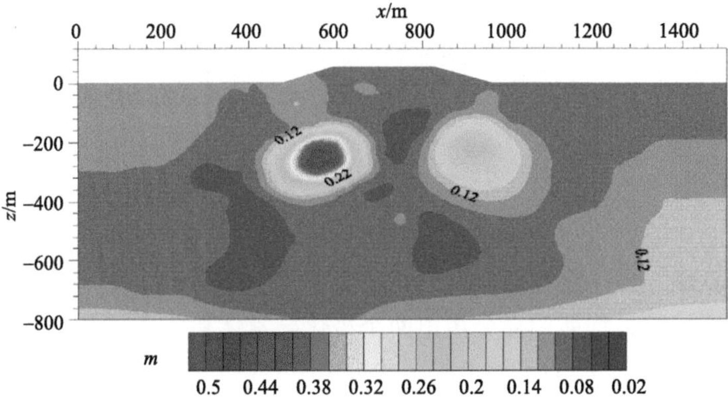

图 3.23　极化率反演结果

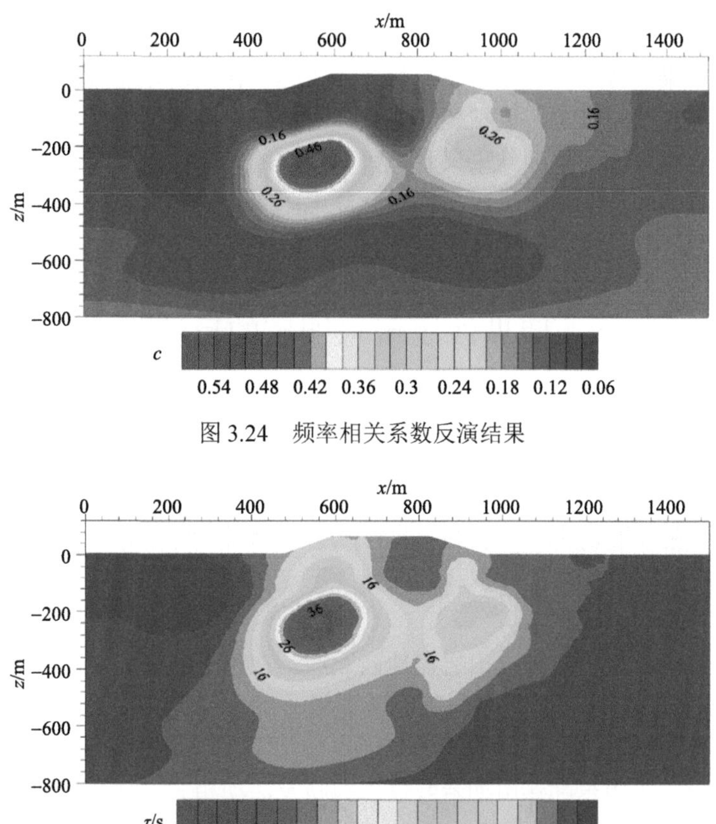

图 3.24　频率相关系数反演结果

图 3.25　时间常数反演结果

3.4.4　反演结果的分析与讨论

本节给出的三个反演算例，分别考虑了不同地形、不同复电性异常结构时的大尺度反演问题，利用视电阻率和视相位的联合反演方法均能将全区反演单元上的所有复电阻率参数同时反演出来。反演方法受初始模型的影响较小，迭代步数较少，且具备一定的噪声压制能力，即使反演的初值为均匀半空间，并在数据中加入随机噪声，该算法依旧能快速、准确地恢复真实模型，说明了本章的联合反演算法是稳定和可靠的。

从三个算例的结果分析中不难发现，不同类型参数的反演分辨率有明显的区别，大体规律是：零频电阻率和极化率的反演分辨率最高，时间常数和频率相关系数的分辨率相对较差。造成这种现象的主要原因是不同参数间的灵敏度值存在明显差异，即零频电阻率和极化率的灵敏度值较大，时间常数和频率相关系数的灵敏度值较小。所以在反演迭代的过程中，各类参数的灵敏度值在雅可比矩阵中所占的比重不同，模型的光滑度对灵敏度比重较小的参数起到了更大的压制作用，最终导致反演中不同参数的分辨率存在明显差异。虽然这种差异在更多次的迭代后将逐渐缩小，但是就复电阻率法的反演过程而言，迭代次数却不宜过多，只在一定程度上拟合即可。因为电磁法本身的分辨率毕竟有限，况且以少量的数据信息反演大量的模型参数，基本上不可能无差别地还原真实模型，所以反演结果的可靠性与分辨率是相互矛盾的，尤其是在实测数据的反演中，数据通常受较大的观测误差影响，太精确的拟合反而会导致反演结果中出现虚假构造。

但是综合三个算例的反演结果来看，虽然反演的时间常数和频率相关系数的分辨率相对较低，但它们的反演结果仍可作为判断复电阻率体的几何参数及复电性特征的有效依据。

3.5 庐枞沙溪斑岩铜矿的反演应用

3.4 节已通过理论模型算例验证了反演的可靠性及稳定性。在此基础上，本节将对沙溪斑岩铜矿区的实测 SIP 数据进行反演成像，以检验算法在实际生产中的应用效果。数据由国家级项目“深部探测技术与实验研究”专项(SinoProbe)所属项目三“深部矿产资源立体探测技术及实验研究”(SinoProbe-03)提供。

3.5.1 矿床地质概况

沙溪斑岩铜矿床位于庐枞火山岩盆地西北缘，在构造上属扬子准地台、华北地台及秦岭-大别山碰撞造山带与北北东向郯庐断裂带、矾-铜断裂带的复合部位(常印佛等，1991；任启江等，1991；杨晓勇等，2002)。

矿床的形成与中国东部燕山期岩浆侵入与喷发活动相关，是东部地区一个典型的岩浆热液型矿床。矿区地层结构简单，主要有第四系(Q)、志留系高家边组(S_1g)、白垩系杨湾组(K_1y)、坟头组(S_2f)、早侏罗统磨山组(J_1m)和中侏罗统罗岭组(J_2l)地层以及早白垩纪龙门院组和浮山组火山岩系(陈向斌，2012)。

矿区构造主要为褶皱和断裂两种类型。高家边组和坟头组地层组成 NNE 向背斜，背斜上断裂交汇处为铜矿的有利富集部位。由于区内岩浆活动强烈，形成了一套以石英闪长斑岩和黑云母石英闪长斑岩为主的钙碱性系列的中酸性岩体，总体呈北东向分布。侵入于志留系和侏罗系地层中的石英闪长斑岩、黑云母石英闪长斑岩等为主要容矿岩体(徐文艺等，1999)。

区内矿石、矿物成分简单，主要金属矿物有黄铁矿、黄铜矿、斑铜矿、辉钼矿、磁铁矿、辉铜矿等；非金属矿物除原岩蚀变矿物及交代残余矿物外，还有石英和长石等。矿石构造以浸染状、细脉状和细脉浸染状为主，其中含铜斑岩型矿石普遍为浸染状矿化叠加疏密不等的细脉状矿化(陈向斌，2012)。

3.5.2 野外数据采集

在矿区进行数据采集时，选择了一条由多个钻孔资料控制的剖面，测量仪器为加拿大凤凰(Phoenix)地球物理公司生产的 V8 多功能电法仪。采用的观测方式为偶极-偶极，其中发射偶极(AB)长 200m，接收偶极(MN)长 50m，共有 16 个排列的数据观测，每个排列有 12 个观测道，采样频率共 25 个(0.0313～128Hz)。

在反演前对原始数据进行了质量筛选，共挑选出 14 个观测排列。

3.5.3　反演结果与分析

反演拟合情况如图 3.26~图 3.29 所示。其中，图 3.26 和图 3.27 分别为 1Hz 的视电阻率和视相位拟断面图；图 3.28 和图 3.29 分别为 16Hz 的视电阻率和视相位拟断面图。经过对比，两个频率的反演拟合情况大致相当，总体拟合程度较好，仅局部存在微小的差异。但视相位较视电阻率的拟合程度稍差，其原因可由第 3 章的正演算例分析得出，即视相位对参数的变化更为敏感，同时也说明视相位数据提供了更多的 SIP 异常信息，在反演中起了更为关键的作用。

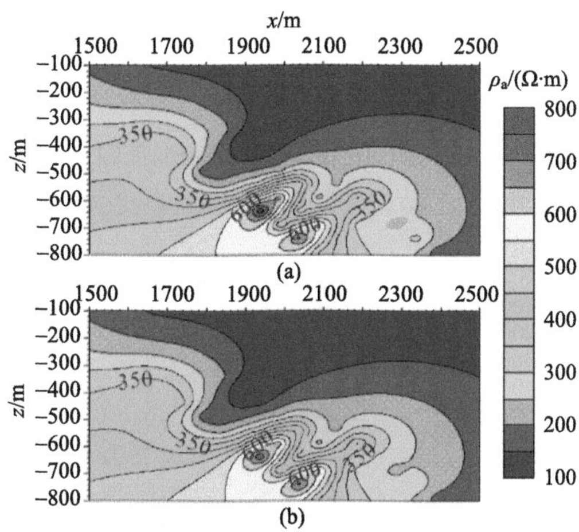

图 3.26　1Hz 视电阻率拟断面图

(a) 观测数据；(b) 正演数据

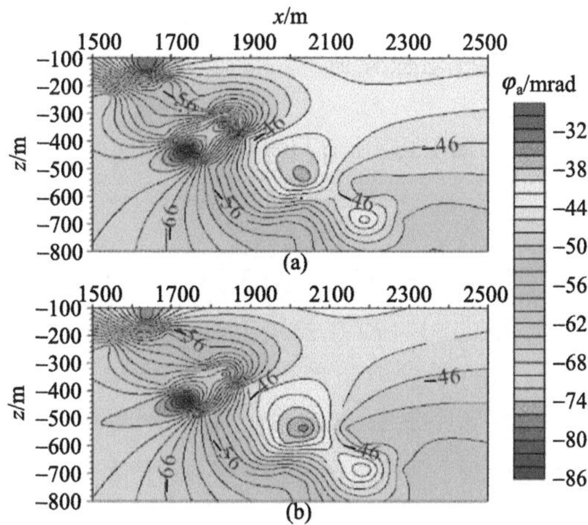

图 3.27　1Hz 视相位拟断面图

(a) 观测数据；(b) 正演数据

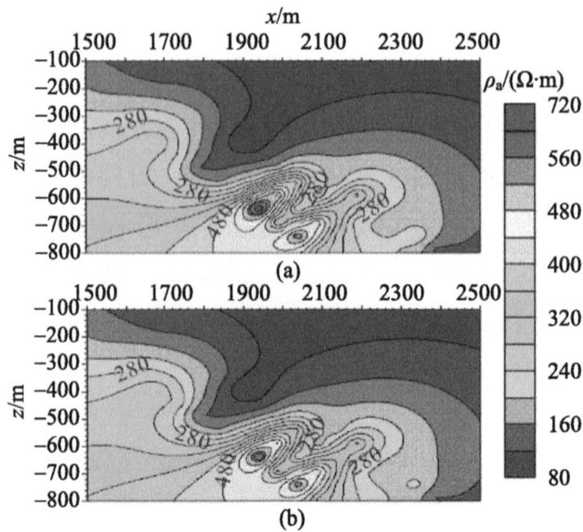

图 3.28　16Hz 视电阻率拟断面图

(a) 观测数据；(b) 正演数据

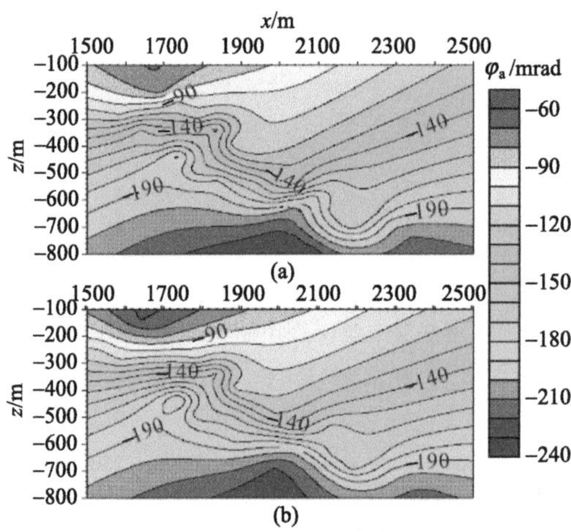

图 3.29　16Hz 视相位拟断面图

(a) 观测数据；(b) 正演数据

复电阻率各参数的反演结果见图 3.30～图 3.34，图中白线围成的封闭区域为钻井控制的矿体范围。图 3.34 是该剖面的可控源音频大地电磁(CSAMT)法二维反演结果。从对比情况可以看出，SIP 法反演的零频电阻率剖面与 CSAMT 法反演的电阻率剖面吻合较好，主体及部分电阻率异常基本一致，并且 SIP 反演结果的分辨率相对更高。反演的电阻率结构可以反映出矿区的地层、岩体及背斜构造。主体高阻区是含矿岩体的反映，分支的高阻体应该是岩支的表现，而低阻区域在主体上应该是志留系地层的表现。对于矿体而言，主体矿体具有较高的电阻率，这与矿床的类型和含矿体的电阻率测量结果是一致的(表 3.1)。斑岩型矿体一般具有高的电阻率，特别是石英斑岩具有比其他斑岩更大的电阻率值。

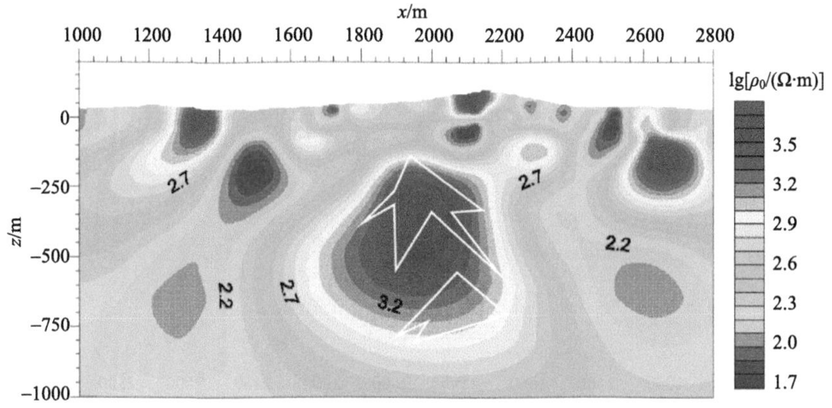

图 3.30　零频电阻率反演结果

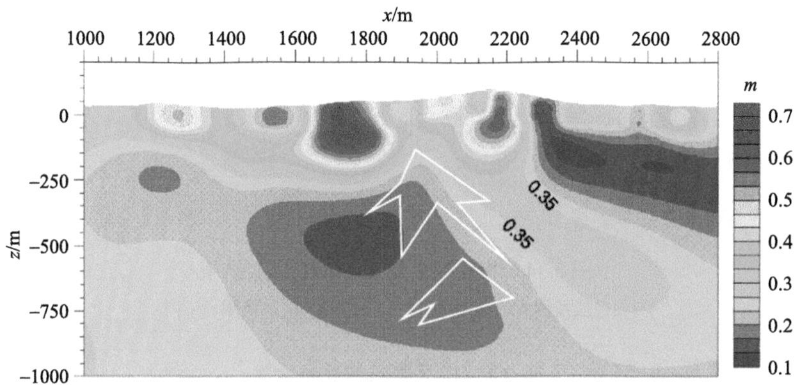

图 3.31　极化率反演结果

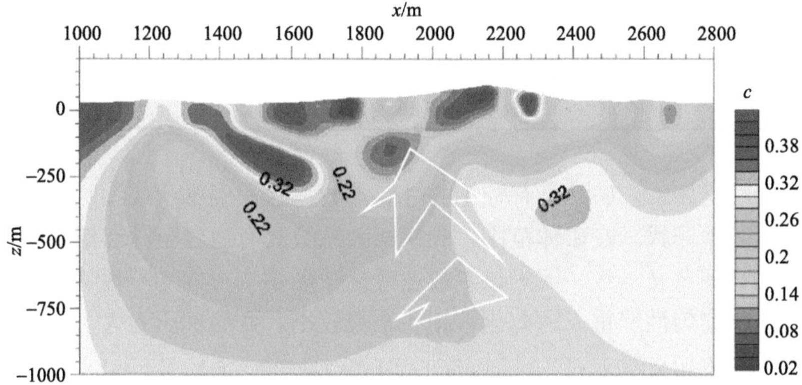

图 3.32　频率相关系数反演结果

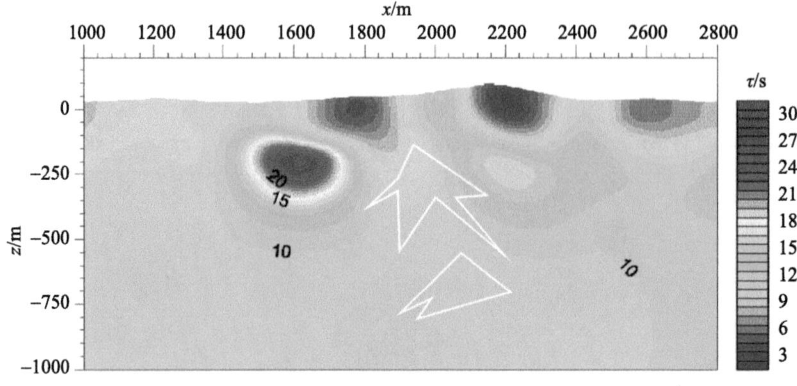

图 3.33　时间常数反演结果

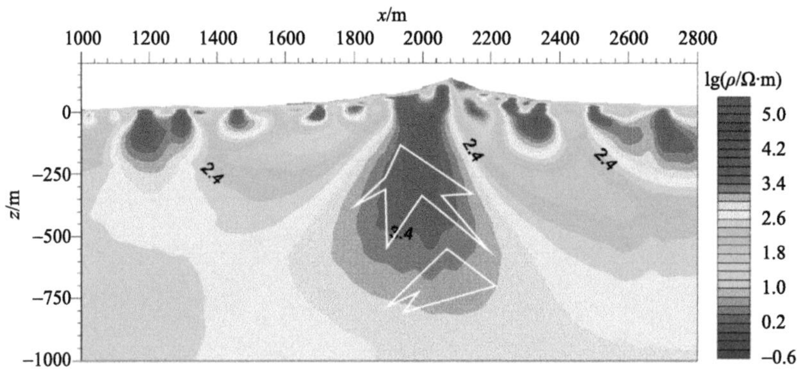

图 3.34　相同剖面的 CSAMT 反演结果

(白色实线围成的封闭区域为钻井控制的矿体范围，下同)

表 3.1　矿区岩石物性参数表

岩石类型	电阻率(ρ)/($\Omega\cdot$m)	极化率(η)/%
闪长斑岩	＞620	—
含矿石英闪长斑岩	300～600	18.0
不含矿石英闪长斑岩	500～1000	10.7
黏土质粉砂岩	100～500	7.0

SIP 反演结果显示，矿体具有较小的时间常数，这与侵染状或细脉状矿石的时间常数较小的特征基本一致。在矿体范围，频率相关系数具有由浅至深逐渐变大的趋势，这也同该参数的物理意义一致，因为该参数主要反映矿物颗粒的均一性特征。矿体的浅部由于埋藏浅，不均匀性严重，因此频率相关系数较小，而深部压力大，形成的颗粒更均质，频率相关系数相对较大。

反演的极化率在矿体上约为 20.0%，与标本测量结果基本一致，但并没有出现预期的相对高极化异常。相反，志留系地层则表现出较高的极化特征，这同黏土质粉砂岩标本相对较低的极化率(7.0%)相矛盾。我们认为，可能是黏土质粉砂岩标本的代表性出现了问题，志留系砂泥岩可能存在较多的炭质成分，在后期岩体侵入过程中发生接触变质，因此应该表现出较成矿岩体更高的极化特征。

就该区的斑岩型铜矿而言，从 SIP 的反演结果中可以看出，该矿体具有高电阻率、相对低极化、中等频率相关系数和较小的时间常数的特点。基于如上认识，推测反演剖面右侧(水平坐标 2600m，深度约 200m)的异常可能是矿致异常，同样，左侧(水平坐标 1200m，深度约 200m)也可能是相同类型的矿致异常。

对于剖面上其他参数组合的异常，我们也进行了分析和推断。在水平坐标 1500m，深度约 200m 处存在的异常，表现为电阻率低、极化率较低、频率相关系数高和时间常数高的特点，推断为隐伏角砾岩。浅地表的相对高阻(相对于围岩地层)、高极化率、低频率相关系数和低时间常数的异常，推断为斑岩型铜矿的外围似千枚岩化蚀变带(黄铁矿化，石英和绢云母化)。

3.6　本 章 小 结

本章实现了基于电场振幅和电场相位的复电阻率联合反演，在考虑电磁效应的情况下能够同时反演出二维地电断面上所有单元的复电阻率参数。并且，在用观测偶极的中心电场近似计算电势的情况下，该方法可直接用于实测数据的反演计算。在反演算法中施加的模型光滑度约束和参数界限约束，能够有效降低反演多解性并增加反演的稳定性。对于反演中的雅可比矩阵的计算问题，本章借助了电场的偏导数形式，给出了灵敏度元素的解析表达式，并应用互换定理对其直接进行求解，极大地减少了反演过程中的“伪正演”次数，提高了反演效率。

理论模型的反演结果表明，该方法受初始模型影响较小，迭代步数较少，并且具备一定的噪声压制能力，即使反演的初始值为均匀半空间，并且数据中包含了随机噪声的影响，但依旧可以快速、准确地恢复真实模型，说明了本章的联合反演算法是稳定的和可靠的。

反演应用实例表明，通过与 CSAMT 的反演结果、钻探资料和物性资料对比验证，该反演方法可成功地圈定矿区的地质构造及矿体范围，使按结构区分矿与非矿成为可能，展示了良好的应用效果。同时也可以看出，即使 SIP 的多参数反演能够提供更为丰富的异常信息，但在实际生产中，地质情况往往更加复杂，还需紧密结合实际地质资料进行综合分析，才能更准确地实现矿床的定位和预测。

参 考 文 献

常印佛，刘湘培，吴言昌. 1991. 长江中下游铜铁成矿带. 北京：地质出版社.

陈向斌. 2012. 庐枞火山岩盆地电性结构及深部找矿方法试验研究. 北京：中国地质科学院.

任启江，邱检生，徐兆文，等. 1991. 安徽沙溪斑岩铜(金)矿床矿化小岩体的形成条件. 矿床地质，10(3): 232-241.

王家映. 2002. 地球物理反演理论. 北京：高等教育出版社.

徐文艺，徐兆文，顾连兴，等. 1999. 安徽沙溪斑岩铜(金)矿床成岩成矿热历史探讨. 地质论评，45(4):

361-367.

杨文采. 1996. 地球物理反演的理论与方法. 北京: 地质出版社.

杨晓勇, 王奎仁, 孙立广, 等. 2002. 沙溪斑岩型铜(金)矿床成矿地球化学研究及靶区圈定. 大地构造与成矿学, 26 (3): 263-270.

姚姚. 2002. 地球物理反演基本理论与应用方法. 北京: 中国地质大学出版社.

Commer M, Newman G A. 2008. New advances in three-dimensional controlled-source electromagnetic inversion. Geophys. J. Int., 172(2): 513-535.

Constable S, Parker R, Constable C. 1987. Occam' inversion: A practical algorithm for generating a smooth models form electromagnetic sounding data. Geophysics, 52(3): 289-300.

de Lugao P P, Wannamaker P E. 1996. Calculating the two-dimensional magnetotelluric Jacobian in finite elements using reciprocity. Geophys. J. Int., 127(3): 806-810.

Kim H J, Song Y, Lee K H. 1995. Inequality constraint in leas-squares inversion of geophysical data. Earth Planets Space, 51: 255-259.

Marquardt D W.1963. An algorithm for least-squares estimation of non-linear parameters. Soc. Indust. App. Math., 11(2): 431-441.

Marquardt D W. 1970. Generalized inverses, ridge regression, biased linear estimation, and nonlinear estimation. Technometrics, 12(3): 591-612.

Newman G A, Hoversten G M. 2000. Solution strategies for 2D and 3D EM inverses problems. Inv. Prob., 16: 1357-1375.

Oldenburg D W, McGillivray P R, Ellis R G. 1993. Generalized subspace methods for large-scale inverse problems. Geophys. J. Int.,114(1):12-20.

Rodi W, Mackie R. 2001. Nonlinear conjugate gradients algorithm for 2-D magnetotelluric inversion. Geophysics, 66(1): 174-187.

Tikhonov A N, Arsenin V Y. 1977. Solution of Ill-posed Problems[M]. Washington D.C: V.H.Winston & Sons.

第 4 章　带地形三维大地电磁法反演理论及应用

4.1　大地电磁测深法三维共轭梯度反演

大地电磁三维反演问题等价于利用最优化方法寻求目标函数的极小值。传统的三维大地电磁反演方法包括高斯-牛顿(GN)法(Sasaki, 2001; Haber, 2005)、共轭梯度(CG)法(Mackie et al., 1993；吴小平和徐果明，1999；林昌洪等，2008)、有限内存拟牛顿(L-BFGS)法(Avdeev and Avdeeva, 2009；阮帅，2015；秦策等，2017；曹晓月等, 2018; 余辉等，2019；邓琰等，2019)、非线性共轭梯度(NLCG)法(Rodi and Mackie, 2001; Newman and Boggs, 2004; Commer and Newman, 2007; Kelbert et al., 2008; Commer and Newman, 2009；张昆等，2013；董浩等，2014)及数据空间 Occam 法(Data-space Occam)(Siripunvaraporn et al., 2005; Siripunvaraporn and Egbert, 2000, 2007, 2009)。各种反演方法都有其各自的优势和不足(Avdeev, 2005; 汤井田等，2007；Börner, 2010; Everett and Mukherjee, 2011; Siripunvaraporn, 2012)。作为一种可行的反演方法，其求解获得的模型不仅可以拟合观测数据，同时也要尽可能符合探测区的地质情况；另外，从反演技术的实用性角度来看，计算效率、对复杂地电结构的适应性等因素也是三维反演方法研究需要重点考虑的内容。

共轭梯度(CG)法在反演过程中不需要直接计算雅可比偏导数矩阵的值，只需计算雅可比偏导数矩阵和一个矢量的乘积，以及雅可比矩阵的转置和一个矢量的乘积。雅可比偏导数矩阵与一个矢量的乘积以及雅可比偏导数矩阵的转置与一个矢量的乘积可以转换为两个不同虚场源的正演问题(Rodi and Mackie, 2001)，即“拟正演”问题。在三维大地电磁(MT)反演中，引入快速三维正演算法可以有效解决雅可比矩阵存储需求大和计算耗时长的问题。基于此，本研究采用了共轭梯度法进行带地形三维 MT 反演。

4.1.1　目标函数

根据 Tikhonov 正则化理论(Tikhonov and Arsenin,1977)，定义三维带地形的 MT 反演问题的目标函数(Newman and Alumbaugh，2000)为

$$\begin{aligned}\varphi &= \varphi_{\mathrm{d}} + \lambda\varphi_{\mathrm{m}} \\ &= (\boldsymbol{d}^{\mathrm{obs}} - \boldsymbol{d}^{\mathrm{fwd}})^{\mathrm{H}} \boldsymbol{W}_{\mathrm{d}}^{-1} (\boldsymbol{d}^{\mathrm{obs}} - \boldsymbol{d}^{\mathrm{fwd}}) + \lambda(\boldsymbol{m}^{\mathrm{ref}} - \boldsymbol{m})^{\mathrm{T}} \boldsymbol{W}_{\mathrm{m}}^{\mathrm{T}} \boldsymbol{W}_{\mathrm{m}} (\boldsymbol{m}^{\mathrm{ref}} - \boldsymbol{m})\end{aligned} \tag{4.1}$$

目标函数的第一部分 φ_{d} 表征数据的拟合情况，第二部分 φ_{m} 表征模型的光滑度。λ 是平衡数据拟合和模型光滑度的正则化因子，$\boldsymbol{d}^{\mathrm{obs}}$ 是观测数据向量，采用张量阻抗的四个元素的值或者归一化阻抗值，$\boldsymbol{d}^{\mathrm{fwd}}$ 是当前模型正演数据向量，$\boldsymbol{W}_{\mathrm{d}}$ 为观测数据的方差，$\boldsymbol{m}$ 是模型向量，取 $\boldsymbol{m} = \ln\sigma$ (σ 为网格单元的电导率)，$\boldsymbol{m}^{\mathrm{ref}}$ 为先验模型向量，$\boldsymbol{W}_{\mathrm{m}}$ 为模型光滑度矩阵，一般可取为二阶微分算子（如拉普拉斯算子），上标 H 表示共轭转置，上标 T 表示转置。

采用高斯-牛顿法求取目标函数的极小值，第 k 次迭代模型的修改量等价于求下述方程的解：

$$(\boldsymbol{J}^{\mathrm{H}}\boldsymbol{W}_{\mathrm{d}}^{-1}\boldsymbol{J}+\lambda\boldsymbol{W}_{\mathrm{m}}^{\mathrm{T}}\boldsymbol{W}_{\mathrm{m}})\cdot\delta\boldsymbol{m}_k=\boldsymbol{J}^{\mathrm{H}}\boldsymbol{W}_{\mathrm{d}}^{-1}(\boldsymbol{d}^{\mathrm{obs}}-\boldsymbol{d}^{\mathrm{fwd}})+\lambda\boldsymbol{W}_{\mathrm{m}}^{\mathrm{T}}\boldsymbol{W}_{\mathrm{m}}(\boldsymbol{m}^{\mathrm{ref}}-\boldsymbol{m}_k) \tag{4.2}$$

式中，$\boldsymbol{J}$ 为雅可比偏导数矩阵，$\boldsymbol{J}=(\boldsymbol{J}_{ij})=\left(\dfrac{\partial\boldsymbol{d}_i^{\mathrm{fwd}}}{\partial\boldsymbol{m}_j}\right)$；下标 k 表示迭代次数；$\delta\boldsymbol{m}_k$ 表示第 k 次迭代模型的修改量。

当式(4.2)左边部分 $(\boldsymbol{J}^{\mathrm{H}}\boldsymbol{W}_{\mathrm{d}}^{-1}J+\lambda\boldsymbol{W}_{\mathrm{m}}^{\mathrm{T}}\boldsymbol{W}_{\mathrm{m}})\cdot\delta\boldsymbol{m}_k$ 括号中的矩阵为奇异矩阵时，采用 Marquardt、陈小斌等的方法增加一个阻尼因子(Marquardt, 1963；陈小斌等，2005；Shi et al., 2009; Siripunvaraporn, 2012)，即将方程(4.2)改为下述方程：

$$(\boldsymbol{J}^{\mathrm{H}}\boldsymbol{W}_{\mathrm{d}}^{-1}\boldsymbol{J}+\lambda\boldsymbol{W}_{\mathrm{m}}^{\mathrm{T}}\boldsymbol{W}_{\mathrm{m}}+\varepsilon\boldsymbol{I})\cdot\delta\boldsymbol{m}_k=\boldsymbol{J}^{\mathrm{H}}\boldsymbol{W}_{\mathrm{d}}^{-1}\Delta\boldsymbol{d}+\lambda\boldsymbol{W}_{\mathrm{m}}^{\mathrm{T}}\boldsymbol{W}_{\mathrm{m}}\Delta\boldsymbol{m} \tag{4.3}$$

式中，ε为阻尼因子；$\boldsymbol{I}$ 为单位矩阵；$\Delta\boldsymbol{d}=\boldsymbol{d}^{\mathrm{obs}}-\boldsymbol{d}^{\mathrm{fwd}}$ 表示观测数据与预测数据的残差；$\Delta\boldsymbol{m}=\boldsymbol{m}^{\mathrm{ref}}-\boldsymbol{m}_k$ 表示预测模型与先验模型的残差。

4.1.2 反演流程

共轭梯度(CG)法的基本思想是把共轭性和梯度法结合，利用已知点处的梯度方向构造一组共轭方向，并沿这组方向进行搜索，求出目标函数的极小点。其实质是采用该方法求解高斯-牛顿反演方程，不需要直接计算雅可比偏导数矩阵的值，只需计算雅可比偏导数矩阵和一个矢量的乘积以及雅可比矩阵的转置和一个矢量的乘积。根据互换原理(Madden, 1972；Parasnis, 1988; Rodi, 1976)，雅可比偏导数矩阵与一个矢量的乘积以及雅可比偏导数矩阵的转置与一个矢量的乘积可以转换为两个不同虚场源的正演问题(Newman and Alumbaugh, 2000；Rodi and Mackie, 2001)，即“拟正演”问题，从而克服带地形三维 MT 反演问题中雅可比矩阵存储量大和计算时间长两大困难。反演算法的流程(图 4.1)描述如下：

(1)输入初始模型、反演数据和模型剖分参数等；

(2)设置迭代次数 k=1 和最大迭代次数 niters；

(3)正演计算当前模型，并计算数据残差向量 $\Delta\boldsymbol{d}_k=\boldsymbol{d}^{\mathrm{obs}}-\boldsymbol{d}_k^{\mathrm{fwd}}(\boldsymbol{m}_k)$；

(4)计算方差$\|\Delta\boldsymbol{d}_k\|$，如果方差小于或等于阈值，反演结束，否则，转下一步；

(5)简记式(4.3)为 $\boldsymbol{Ax}=\boldsymbol{b}$，则 $\boldsymbol{b}=\boldsymbol{J}^{\mathrm{H}}\boldsymbol{W}_{\mathrm{d}}^{-1}(\Delta\boldsymbol{d}_k)+\lambda\boldsymbol{W}_{\mathrm{m}}^{\mathrm{T}}\boldsymbol{W}_{\mathrm{m}}(\boldsymbol{m}^{\mathrm{ref}}-\boldsymbol{m}_k)$；

(6)通过“拟正演”求取右端项 $\boldsymbol{b}$；

(7)初始化共轭梯度的条件：$\boldsymbol{x}_0=0,\boldsymbol{r}_0=\boldsymbol{b}$；

(8)令共轭梯度的迭代次数 $i=1$，最大迭代次数为 ncgs；

(9)计算共轭梯度修改量：

$$\boldsymbol{\beta}_i=\begin{cases}0, & i=1\\ \dfrac{\boldsymbol{r}_{i-1}^{\mathrm{T}}\boldsymbol{r}_{i-1}}{\boldsymbol{r}_{i-2}^{\mathrm{T}}\boldsymbol{r}_{i-2}}, & 2<i<\mathrm{ncgs}\end{cases}$$

$$\boldsymbol{p}_i = \boldsymbol{r}_{i-1} + \boldsymbol{\beta}_i \boldsymbol{p}_{i-1}$$

$\boldsymbol{\beta}_i$ 为共轭梯度方向更新因子， $\boldsymbol{p}_i$ 为第 i 次迭代搜索方向；

$$\boldsymbol{A}\boldsymbol{p}_i = (\boldsymbol{J}^{\mathrm{H}}\boldsymbol{W}_{\mathrm{d}}^{-1}\boldsymbol{J} + \lambda \boldsymbol{W}_{\mathrm{m}}^{\mathrm{T}}\boldsymbol{W}_{\mathrm{m}} + \varepsilon \boldsymbol{I})\boldsymbol{p}_i \quad \text{(两次拟正演)}$$

$$\alpha_i = \frac{\boldsymbol{r}_{i-1}^{\mathrm{T}}\boldsymbol{r}_{i-1}}{\boldsymbol{p}_i^{\mathrm{T}}\boldsymbol{A}\boldsymbol{p}_i} \quad \text{(更新搜索步长)}$$

$$\boldsymbol{x}_i = \boldsymbol{x}_{i-1} + \alpha_i \boldsymbol{p}_i \quad \text{(更新模型参数修改量)}$$

$$\boldsymbol{r}_i = \boldsymbol{r}_{i-1} - \alpha_i \boldsymbol{A}\boldsymbol{p}_i \quad \text{(更新残差)}$$

(9)若达到最大迭代次数 ncgs，结束 CG 迭代，求得 $\boldsymbol{x}$，即 $\delta\boldsymbol{m}_k$，进入下一步反演；否则，回步骤(8)，继续共轭迭代；

(10)计算模型修改量： $\boldsymbol{m}_{k+1} = \boldsymbol{m}_k + \delta\boldsymbol{m}_k$；

(11)若达到反演最大迭代次数 niters，结束反演；否则，回到步骤(2)，继续迭代反演。

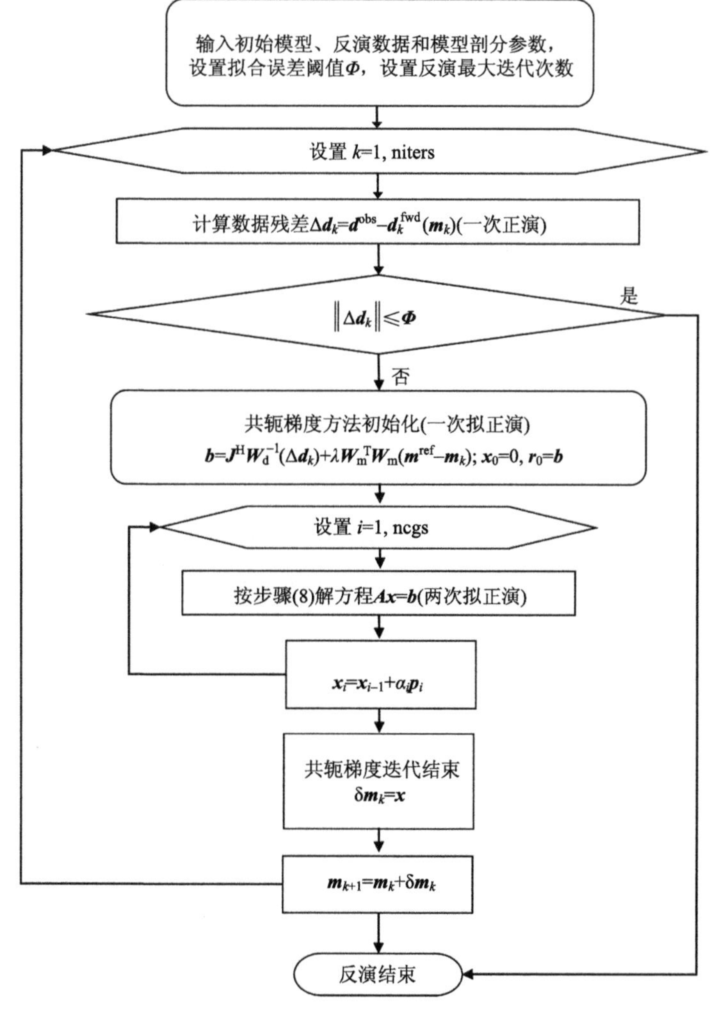

图 4.1　带地形三维 MT 共轭梯度反演流程图

从上述反演算法流程可以看出，在每一次反演迭代过程中求数据的残差 $\Delta \boldsymbol{d}_k$ 需要进行一次正演。由于雅可比矩阵的共轭转置与一个矢量的乘积为 $\boldsymbol{J}^{\mathrm{H}}\boldsymbol{y}=(\boldsymbol{J}^{\mathrm{T}}\boldsymbol{y}^*)^*$，实际上就是求雅可比矩阵的转置与一个共轭向量的乘积，然后求其共轭，所以求反演方程的右端项 $\boldsymbol{b}$ 即为计算雅可比矩阵的转置和一个矢量的乘积，相当于一次“拟正演”。利用共轭梯度法计算模型修改量，即为计算 $\boldsymbol{A}\boldsymbol{p}_i=(\boldsymbol{J}^{\mathrm{H}}\boldsymbol{W}_{\mathrm{d}}^{-1}\boldsymbol{J}+\lambda\boldsymbol{W}_{\mathrm{m}}^{\mathrm{T}}\boldsymbol{W}_{\mathrm{m}}+\varepsilon\boldsymbol{I})\boldsymbol{p}_i$，这个过程相当于两次“拟正演”。因此，上述反演方法迭代一次所需要的正演次数为 $[2+2\times(\mathrm{ncgs}-1)]\times\mathrm{nf}$，ncgs 为共轭梯度的最大迭代次数，nf 为频点数。由于三维 MT 的正演必须计算两种独立极化场源，上述算法实际的正演计算量需要乘以 2。可以看出，共轭梯度法三维反演的主要计算量在于正演问题的求解，为了实现快速三维正演，将并行直接稀疏求解器(PARDISO)引入三维正演问题的求解中，以提高三维反演计算的效率。

4.1.3 基于矢量有限元的雅可比偏导数计算

从共轭梯度反演算法可知，在求取反演方程(4.3)右端项 $\boldsymbol{b}$ 和计算模型修改量的过程中 $\boldsymbol{A}\boldsymbol{p}_i$ 均涉及雅可比矩阵 $\boldsymbol{J}$，从 $\boldsymbol{b}$ 和 $\boldsymbol{A}\boldsymbol{p}_i$ 表达式的形式上看，只需计算出 $\boldsymbol{J}$ 后直接代入两者相应的表达式即可，$\boldsymbol{J}$ 的具体计算过程(Rodi, 1976；Newman and Alumbaugh, 2000；Shi et al., 2009)如下：

假设两种线性无关的场源激发的表面电场和磁场分别为 $\boldsymbol{E}_{x1}$，$\boldsymbol{E}_{y1}$，$\boldsymbol{H}_{x1}$，$\boldsymbol{H}_{y1}$，$\boldsymbol{E}_{x2}$，$\boldsymbol{E}_{y2}$，$\boldsymbol{H}_{x2}$，$\boldsymbol{H}_{y2}$，由此可以计算三维 MT 的张量阻抗(Newman and Alumbaugh, 2000；谭捍东等，2004)：

$$\boldsymbol{Z}=\begin{bmatrix}\boldsymbol{Z}_{xx} & \boldsymbol{Z}_{xy}\\ \boldsymbol{Z}_{yx} & \boldsymbol{Z}_{yy}\end{bmatrix} \tag{4.4}$$

张量阻抗的每一个分量可表示成

$$\boldsymbol{Z}_{xx}=\frac{\boldsymbol{E}_{x1}\boldsymbol{H}_{y2}-\boldsymbol{E}_{x2}\boldsymbol{H}_{y1}}{\boldsymbol{H}_{x1}\boldsymbol{H}_{y2}-\boldsymbol{H}_{x2}\boldsymbol{H}_{y1}} \tag{4.5a}$$

$$\boldsymbol{Z}_{xy}=\frac{\boldsymbol{E}_{x2}\boldsymbol{H}_{x1}-\boldsymbol{E}_{x1}\boldsymbol{H}_{x2}}{\boldsymbol{H}_{x1}\boldsymbol{H}_{y2}-\boldsymbol{H}_{x2}\boldsymbol{H}_{y1}} \tag{4.5b}$$

$$\boldsymbol{Z}_{yx}=\frac{\boldsymbol{E}_{y1}\boldsymbol{H}_{y2}-\boldsymbol{E}_{y2}\boldsymbol{H}_{y1}}{\boldsymbol{H}_{x1}\boldsymbol{H}_{y2}-\boldsymbol{H}_{x2}\boldsymbol{H}_{y1}} \tag{4.5c}$$

$$\boldsymbol{Z}_{yy}=\frac{\boldsymbol{E}_{y2}\boldsymbol{H}_{x1}-\boldsymbol{E}_{y1}\boldsymbol{H}_{x2}}{\boldsymbol{H}_{x1}\boldsymbol{H}_{y2}-\boldsymbol{H}_{x2}\boldsymbol{H}_{y1}} \tag{4.5d}$$

其中，下标 1、2 表示极化模式，下标 x、y 分别表示 x、y 分量，$\boldsymbol{E}$ 表示电场，$\boldsymbol{H}$ 表示磁场，$\boldsymbol{Z}$ 表示阻抗。式(4.5b)和式(4.5c)定义的响应分别称为 *XY* 和 *YX* 模式响应。

对于 $\partial\boldsymbol{Z}/\partial\boldsymbol{m}_k$，具体到 $\boldsymbol{Z}$ 的某个分量($\boldsymbol{Z}_{xx}$，$\boldsymbol{Z}_{xy}$，$\boldsymbol{Z}_{yx}$，$\boldsymbol{Z}_{yy}$)，根据式(4.5a)~式(4.5d)，可以得到其相对 $\boldsymbol{m}_k$ 的导数。以 $\boldsymbol{Z}_{yx}$ 为例，令 $(\boldsymbol{J}_{xy})_{ij}=\dfrac{\partial\boldsymbol{Z}_{xy}^i}{\partial\boldsymbol{m}_j}$ (i 表示第 i 个测点，j 表示第 j 个模型)，将 i,j 忽略，则有

$$\begin{aligned}
\boldsymbol{J}_{xy} &= \frac{\partial \boldsymbol{Z}_{xy}}{\partial \boldsymbol{m}} \\
&= \left[(\boldsymbol{H}_{x1}\boldsymbol{H}_{y2} - \boldsymbol{H}_{x2}\boldsymbol{H}_{y1}) \times \left(\boldsymbol{H}_{x1} \frac{\partial \boldsymbol{E}_{x2}}{\partial \boldsymbol{m} + \boldsymbol{E}_{x2} \frac{\partial \boldsymbol{H}_{x1}}{\partial \boldsymbol{m}}} \right) \right. \\
&\quad - \boldsymbol{H}_{x2} \frac{\partial \boldsymbol{E}_{x1}}{\partial \boldsymbol{m} - \boldsymbol{E}_{x1} \frac{\partial \boldsymbol{H}_{x2}}{\partial \boldsymbol{m}}} - (\boldsymbol{E}_{x2}\boldsymbol{H}_{x1} - \boldsymbol{E}_{x1}\boldsymbol{H}_{x2}) \\
&\quad \times \left(\boldsymbol{H}_{y2} \frac{\partial \boldsymbol{H}_{x1}}{\partial \boldsymbol{m} + \boldsymbol{H}_{x1} \frac{\partial \boldsymbol{H}_{y2}}{\partial \boldsymbol{m} - \boldsymbol{H}_{y1} \frac{\partial \boldsymbol{H}_{x2}}{\partial \boldsymbol{m}}}} \right) \\
&\quad \left. - \boldsymbol{H}_{x2} \frac{\partial \boldsymbol{H}_{y1}}{\partial \boldsymbol{m}} \right] / (\boldsymbol{H}_{x1}\boldsymbol{H}_{y2} - \boldsymbol{H}_{x2}\boldsymbol{H}_{y1})^2
\end{aligned} \tag{4.6}$$

设地表观测点的电场值为 $\boldsymbol{E}_{x1}$、$\boldsymbol{E}_{x2}$、$\boldsymbol{E}_{y1}$ 和 $\boldsymbol{E}_{y2}$，磁场值为 $\boldsymbol{H}_{x1}$、$\boldsymbol{H}_{x2}$、$\boldsymbol{H}_{y1}$、$\boldsymbol{H}_{y2}$、$\boldsymbol{H}_{z1}$ 和 $\boldsymbol{H}_{z2}$，据文献(Rodi，1976；吴小平和徐果明，1999)，地面电磁场可表示为

$$\begin{aligned}
&\boldsymbol{E}_{x1} = \boldsymbol{a}_x \boldsymbol{E}_1, \quad \boldsymbol{E}_{x2} = \boldsymbol{a}_x \boldsymbol{E}_2 \\
&\boldsymbol{E}_{y1} = \boldsymbol{a}_y \boldsymbol{E}_1, \quad \boldsymbol{E}_{y2} = \boldsymbol{a}_y \boldsymbol{E}_2 \\
&\boldsymbol{H}_{x1} = \boldsymbol{b}_x \boldsymbol{E}_1, \quad \boldsymbol{H}_{x2} = \boldsymbol{b}_x \boldsymbol{E}_2 \\
&\boldsymbol{H}_{y1} = \boldsymbol{b}_y \boldsymbol{E}_1, \quad \boldsymbol{H}_{y2} = \boldsymbol{b}_y \boldsymbol{E}_2 \\
&\boldsymbol{H}_{z1} = \boldsymbol{b}_z \boldsymbol{E}_1, \quad \boldsymbol{H}_{z2} = \boldsymbol{b}_z \boldsymbol{E}_2
\end{aligned} \tag{4.7}$$

式中，$\boldsymbol{a}_x$，$\boldsymbol{a}_y$，$\boldsymbol{b}_x$，$\boldsymbol{b}_y$ 和 $\boldsymbol{b}_z$ 为与测点位置有关的行向量；下标 1 和 2 分别表示 *Ex* 和 *Ey* 极化模式；$\boldsymbol{E}_1$、$\boldsymbol{E}_2$ 为地球内部主场矢量。

将式(4.5)代入式(4.4)，对相同极化模式的同类项合并，可简化为

$$\boldsymbol{J}_{xy} = \boldsymbol{c}^{xy1} \cdot \frac{\partial \boldsymbol{E}_1}{\partial \boldsymbol{m}} + \boldsymbol{c}^{xy2} \cdot \frac{\partial \boldsymbol{E}_2}{\partial \boldsymbol{m}} \tag{4.8}$$

其中，

$$\begin{aligned}
\boldsymbol{c}^{xy1} = &[(\boldsymbol{H}_{x1}\boldsymbol{H}_{y2} - \boldsymbol{H}_{x2}\boldsymbol{H}_{y1}) \times (\boldsymbol{E}_{x2}\boldsymbol{b}_x - \boldsymbol{H}_{x2}\boldsymbol{a}_x) \\
&- (\boldsymbol{E}_{x2}\boldsymbol{H}_{x1} - \boldsymbol{E}_{x1}\boldsymbol{H}_{x2}) \times (\boldsymbol{H}_{y2}\boldsymbol{b}_x - \boldsymbol{H}_{x2}\boldsymbol{b}_y)] / (\boldsymbol{H}_{x1}\boldsymbol{H}_{y2} - \boldsymbol{H}_{x2}\boldsymbol{H}_{y1})^2
\end{aligned} \tag{4.9a}$$

$$\begin{aligned}
\boldsymbol{c}^{xy2} = &[(\boldsymbol{H}_{x1}\boldsymbol{H}_{y2} - \boldsymbol{H}_{x2}\boldsymbol{H}_{y1}) \times (\boldsymbol{H}_{x1}\boldsymbol{a}_x - \boldsymbol{E}_{x1}\boldsymbol{b}_x) \\
&- (\boldsymbol{E}_{x2}\boldsymbol{H}_{x1} - \boldsymbol{E}_{x1}\boldsymbol{H}_{x2}) \times (\boldsymbol{H}_{x1}\boldsymbol{b}_y - \boldsymbol{H}_{y1}\boldsymbol{b}_x)] / (\boldsymbol{H}_{x1}\boldsymbol{H}_{y2} - \boldsymbol{H}_{x2}\boldsymbol{H}_{y1})^2
\end{aligned} \tag{4.9b}$$

Ex 和 *Ey* 极化模式的电场满足

$$\boldsymbol{K} \cdot \boldsymbol{E}_1 = \boldsymbol{s}_1 \tag{4.10a}$$

$$\boldsymbol{K} \cdot \boldsymbol{E}_2 = \boldsymbol{s}_2 \tag{4.10b}$$

将式(4.10a)和式(4.10b)两边对网格单元参数 $\boldsymbol{m}$ 求导，可得

$$\frac{\partial \boldsymbol{K}}{\partial \boldsymbol{m}}\boldsymbol{E}_1+\boldsymbol{K}\frac{\partial \boldsymbol{E}_1}{\partial \boldsymbol{m}}=\frac{\partial \boldsymbol{s}_1}{\partial \boldsymbol{m}} \tag{4.11a}$$

$$\frac{\partial \boldsymbol{K}}{\partial \boldsymbol{m}}\boldsymbol{E}_2+\boldsymbol{K}\frac{\partial \boldsymbol{E}_2}{\partial \boldsymbol{m}}=\frac{\partial \boldsymbol{s}_2}{\partial \boldsymbol{m}} \tag{4.11b}$$

将式(4.11a)和式(4.11b)两边同乘以 $\boldsymbol{K}^{-1}$，可得

$$\frac{\partial \boldsymbol{E}_1}{\partial \boldsymbol{m}}=\boldsymbol{K}^{-1}\left(\frac{\partial \boldsymbol{s}_1}{\partial \boldsymbol{m}}-\frac{\partial \boldsymbol{K}}{\partial \boldsymbol{m}}\boldsymbol{E}_1\right) \tag{4.12a}$$

$$\frac{\partial \boldsymbol{E}_2}{\partial \boldsymbol{m}}=\boldsymbol{K}^{-1}\left(\frac{\partial \boldsymbol{s}_2}{\partial \boldsymbol{m}}-\frac{\partial \boldsymbol{K}}{\partial \boldsymbol{m}}\boldsymbol{E}_2\right) \tag{4.12b}$$

式中，$\boldsymbol{K}$ 为矢量有限元的总体刚度矩阵，上标–1 表示求逆运算，$\frac{\partial \boldsymbol{K}}{\partial \boldsymbol{m}}$ 可解析求取。对于指定的第 j 个网格单元，由于 $\boldsymbol{m}_j=\ln\sigma_j$，因而 $\frac{\partial \boldsymbol{K}}{\partial \boldsymbol{m}_j}=\frac{\partial \boldsymbol{K}}{\partial \sigma_j}\cdot\frac{\partial \sigma_j}{\partial \boldsymbol{m}_j}=\sigma_j\cdot\frac{\partial \boldsymbol{K}}{\partial \sigma_j}$。对于第 j 个网格单元以外的网格单元，$\frac{\partial \boldsymbol{K}}{\partial \boldsymbol{m}}=0$。$\boldsymbol{E}_1$ 和 $\boldsymbol{E}_2$ 分别为 Ex 和 Ey 极化模式已经求出的电场值，$\frac{\partial \boldsymbol{s}_1}{\partial \boldsymbol{m}}$ 与 $\frac{\partial \boldsymbol{s}_2}{\partial \boldsymbol{m}}$ 可取为 0。

令

$$\tilde{\boldsymbol{E}}_1=\frac{\partial \boldsymbol{E}_1}{\partial \boldsymbol{m}} \tag{4.13a}$$

$$\tilde{\boldsymbol{E}}_2=\frac{\partial \boldsymbol{E}_2}{\partial \boldsymbol{m}} \tag{4.13b}$$

$$\tilde{\boldsymbol{s}}_1=\frac{\partial \boldsymbol{s}_1}{\partial \boldsymbol{m}}-\frac{\partial \boldsymbol{K}}{\partial \boldsymbol{m}}\cdot\boldsymbol{E}_1 \tag{4.13c}$$

$$\tilde{\boldsymbol{s}}_2=\frac{\partial \boldsymbol{s}_2}{\partial \boldsymbol{m}}-\frac{\partial \boldsymbol{K}}{\partial \boldsymbol{m}}\cdot\boldsymbol{E}_2 \tag{4.13d}$$

则式(4.10a)和式(4.10b)可变形为

$$\boldsymbol{K}\cdot\tilde{\boldsymbol{E}}_1=\tilde{\boldsymbol{s}}_1 \tag{4.14a}$$

$$\boldsymbol{K}\cdot\tilde{\boldsymbol{E}}_2=\tilde{\boldsymbol{s}}_2 \tag{4.14b}$$

通过解方程(4.14a)和(4.14b)可求取 $\tilde{\boldsymbol{E}}_1$ 和 $\tilde{\boldsymbol{E}}_2$，将获得的解代入式(4.6)，进而可求得 $\frac{\partial \boldsymbol{Z}_{xy}}{\partial \boldsymbol{m}}$。以上求雅可比矩阵的方法，也可用于 $\frac{\partial \boldsymbol{Z}_{xx}}{\partial \boldsymbol{m}}$、$\frac{\partial \boldsymbol{Z}_{yx}}{\partial \boldsymbol{m}}$ 和 $\frac{\partial \boldsymbol{Z}_{yy}}{\partial \boldsymbol{m}}$ 的求取，其推导过程类似。可以看出，求电场对模型参数 $\boldsymbol{m}$ 的偏导数相当于一次“拟正演”，只不过其源项发生了改变。对于待反演的 M 个网格单元，求雅可比偏导数矩阵需要进行 M 次正演。

4.1.4 雅可比偏导数矩阵与一个向量乘积的“拟正演”问题

由上面雅可比偏导数的计算可以看出，计算雅可比偏导数矩阵 $\boldsymbol{J}$ ($\boldsymbol{J}$ 的阶数为 $N\times M$ ， N 为观测数据的个数， M 为模型个数)，需要进行 M 次正演(M 为模型个数)，其计算量相当巨大。为了减少共轭梯度法反演的计算量，有必要避免直接求取雅可比矩阵 $\boldsymbol{J}$ ，而只需要将 $\boldsymbol{J}$ 与向量的乘积和 $\boldsymbol{J}^{\mathrm{T}}$ 与向量的乘积转换为两次“拟正演”，下面介绍如何通过解“拟正演”问题来直接计算出 $\boldsymbol{J}$ 或 $\boldsymbol{J}^{\mathrm{T}}$ 与向量的乘积。

将雅可比矩阵与向量的乘积简记为 $\boldsymbol{J}\cdot\boldsymbol{x}$ ，采用向量($\boldsymbol{J}$ 的阶数为 $N\times M$ ， N 为观测数据的个数， M 为模型个数)表示，则有

$$
\begin{aligned}
\boldsymbol{J}_{N\times M}\cdot\boldsymbol{x}_{M\times 1} &= \begin{pmatrix} \boldsymbol{J}_{11} & \boldsymbol{J}_{12} & \cdots & \boldsymbol{J}_{1M} \\ \boldsymbol{J}_{21} & \boldsymbol{J}_{22} & \cdots & \boldsymbol{J}_{2M} \\ \vdots & \vdots & & \vdots \\ \boldsymbol{J}_{N1} & \boldsymbol{J}_{N2} & \cdots & \boldsymbol{J}_{NM} \end{pmatrix}\cdot\begin{pmatrix} \boldsymbol{x}_1 \\ \boldsymbol{x}_2 \\ \vdots \\ \boldsymbol{x}_M \end{pmatrix} \\
&= \begin{pmatrix} \boldsymbol{J}_{11}\cdot\boldsymbol{x}_1+\boldsymbol{J}_{12}\cdot\boldsymbol{x}_2+\cdots+\boldsymbol{J}_{1M}\cdot\boldsymbol{x}_M \\ \boldsymbol{J}_{21}\cdot\boldsymbol{x}_1+\boldsymbol{J}_{22}\cdot\boldsymbol{x}_2+\cdots+\boldsymbol{J}_{2M}\cdot\boldsymbol{x}_M \\ \vdots \\ \boldsymbol{J}_{N1}\cdot\boldsymbol{x}_1+\boldsymbol{J}_{N2}\cdot\boldsymbol{x}_2+\cdots+\boldsymbol{J}_{NM}\cdot\boldsymbol{x}_M \end{pmatrix}
\end{aligned}
\tag{4.15}
$$

将式(4.8)代入式(4.15)，则 $\boldsymbol{J}\cdot\boldsymbol{x}$ 的任意行即第 i 行可写成

$$
\begin{aligned}
&\boldsymbol{J}_{i1}\boldsymbol{x}_1+\boldsymbol{J}_{i2}\boldsymbol{x}_2+\cdots+\boldsymbol{J}_{iM}\boldsymbol{x}_M \\
&=\boldsymbol{c}_i^{xy1}\frac{\partial\boldsymbol{E}_1}{\partial\boldsymbol{m}_1}\boldsymbol{x}_1+\boldsymbol{c}_i^{xy2}\frac{\partial\boldsymbol{E}_2}{\partial\boldsymbol{m}_1}\boldsymbol{x}_1+\cdots+\boldsymbol{c}_i^{xy1}\frac{\partial\boldsymbol{E}_1}{\partial\boldsymbol{m}_M}\boldsymbol{x}_M+\boldsymbol{c}_i^{xy2}\frac{\partial\boldsymbol{E}_2}{\partial\boldsymbol{m}_M}\boldsymbol{x}_M \\
&=\underbrace{\boldsymbol{c}_i^{xy1}\frac{\partial\boldsymbol{E}_1}{\partial\boldsymbol{m}_1}\boldsymbol{x}_1+\cdots+\boldsymbol{c}_i^{xy1}\frac{\partial\boldsymbol{E}_1}{\partial\boldsymbol{m}_M}\boldsymbol{x}_M}_{Ex\text{极化模式}}+\underbrace{\boldsymbol{c}_i^{xy2}\frac{\partial\boldsymbol{E}_2}{\partial\boldsymbol{m}_1}\boldsymbol{x}_1+\cdots+\boldsymbol{c}_i^{xy2}\frac{\partial\boldsymbol{E}_2}{\partial\boldsymbol{m}_M}\boldsymbol{x}_M}_{Ey\text{极化模式}}
\end{aligned}
\tag{4.16}
$$

将式(4.12a)和式(4.12b)代入式(4.16)，可得 Ex 、 Ey 极化模式的 $\boldsymbol{J}\cdot\boldsymbol{x}$ 计算公式为

$$
Ex\text{极化：}\ \boldsymbol{c}_i^{xy1}\boldsymbol{K}^{-1}\left(-\frac{\partial\boldsymbol{K}}{\partial\boldsymbol{m}_1}\boldsymbol{E}_1\right)\boldsymbol{x}_1+\cdots+\boldsymbol{c}_i^{xy1}\boldsymbol{K}^{-1}\left(-\frac{\partial\boldsymbol{K}}{\partial\boldsymbol{m}_M}\boldsymbol{E}_1\right)\boldsymbol{x}_M=\boldsymbol{c}_i^{xy1}\boldsymbol{K}^{-1}\tilde{\boldsymbol{x}}_1 \tag{4.17a}
$$

$$
Ey\text{极化：}\ \boldsymbol{c}_i^{xy2}\boldsymbol{K}^{-1}\left(-\frac{\partial\boldsymbol{K}}{\partial\boldsymbol{m}_1}\boldsymbol{E}_2\right)\boldsymbol{x}_1+\cdots+\boldsymbol{c}_i^{xy2}\boldsymbol{K}^{-1}\cdot\left(-\frac{\partial\boldsymbol{K}}{\partial\boldsymbol{m}_M}\boldsymbol{E}_2\right)\boldsymbol{x}_M=\boldsymbol{c}_i^{xy2}\boldsymbol{K}^{-1}\tilde{\boldsymbol{x}}_2 \tag{4.17b}
$$

令

$$
\tilde{\boldsymbol{x}}_1=\left(-\frac{\partial\boldsymbol{K}}{\partial\boldsymbol{m}_1}\boldsymbol{E}_1\right)\boldsymbol{x}_1+\cdots+\left(-\frac{\partial\boldsymbol{K}}{\partial\boldsymbol{m}_M}\boldsymbol{E}_1\right)\boldsymbol{x}_M \tag{4.18a}
$$

$$
\tilde{\boldsymbol{x}}_2=\left(-\frac{\partial\boldsymbol{K}}{\partial\boldsymbol{m}_1}\boldsymbol{E}_2\right)\boldsymbol{x}_1+\cdots+\left(-\frac{\partial\boldsymbol{K}}{\partial\boldsymbol{m}_M}\boldsymbol{E}_2\right)\boldsymbol{x}_M \tag{4.18b}
$$

式中，$\dfrac{\partial \boldsymbol{K}}{\partial \boldsymbol{m}_1},\cdots,\dfrac{\partial \boldsymbol{K}}{\partial \boldsymbol{m}_M}$为系统刚度矩阵对模型参数的导数值，可以解析求取；$\boldsymbol{x}_1,\cdots,\boldsymbol{x}_M$为向量$\boldsymbol{x}$的元素值，$\tilde{\boldsymbol{x}}_1$，$\tilde{\boldsymbol{x}}_2$也是一个$M\times 1$的向量，因此可以解析求取。

令

$$\begin{aligned}\boldsymbol{K}^{-1}\tilde{\boldsymbol{x}}_1 &= \boldsymbol{u}_1\\ \boldsymbol{K}^{-1}\tilde{\boldsymbol{x}}_2 &= \boldsymbol{u}_2\end{aligned}\tag{4.19}$$

式(4.19)两端同乘以系数矩阵$\boldsymbol{K}$，则变为

$$\begin{aligned}\boldsymbol{K}\boldsymbol{u}_1 &= \tilde{\boldsymbol{x}}_1\\ \boldsymbol{K}\boldsymbol{u}_2 &= \tilde{\boldsymbol{x}}_2\end{aligned}\tag{4.20}$$

由式(4.20)可以看出，求$\boldsymbol{u}_1$和$\boldsymbol{u}_2$的过程就相当于把$\tilde{\boldsymbol{x}}_1$，$\tilde{\boldsymbol{x}}_2$分别当作场源项，进行一次正演。求得$\boldsymbol{u}_1$，$\boldsymbol{u}_2$后代入式(4.17a)和式(4.17b)，可以计算出第i行$\boldsymbol{J}\cdot\boldsymbol{x}$的值。由于$i$为任意行，$\boldsymbol{u}_1$，$\boldsymbol{u}_2$的求取与行号没有关系，因此，求$\boldsymbol{J}\cdot\boldsymbol{x}$的整个过程只相当于一次正演的计算量。以上求$\boldsymbol{J}\cdot\boldsymbol{x}$的方法，也可用于$\boldsymbol{J}^{\mathrm{T}}\cdot\boldsymbol{x}$的求取，其推导过程类似，在此不再赘述。

4.2　理论模型反演算例

4.2.1　山谷地形下含低阻体模型

设计的地电模型为山谷地形下的单个低阻棱柱体模型(图 4.2)，其地形的谷深相对于地面为2.4km，山谷底部的宽度为6km，地形倾角约为18°。低阻棱柱体的规模为10km×10km×2km，顶界面距山谷底部 1.9km，底界面距山谷底部 3.9km，其电阻率为$10\Omega\cdot\mathrm{m}$，围岩电阻率为$100\Omega\cdot\mathrm{m}$。

网格剖分采用 36×36×32(z 方向包括 5 层空气层，本书后面 3 个模型算例的空气层数设置与此相同，不再单独说明)，测点设为网格单元中间，观测数据采用算区中间的 28×28 个测点，在每个测点上大地电磁测深观测信号的频率范围为 100 ~ 0.1Hz，共取 7 个频点，反演输入的数据为xy和yx模式的阻抗，并施加 5%的随机噪声。反演参数设置为：正则化因子$\lambda=10^{-3}$，阻尼因子$\varepsilon=10^{-5}$，共轭梯度内部迭代次数设为 6 次。

反演迭代 20 次耗时约 88 个小时(3.7 天)，图 4.3 是反演拟合误差(RMS)下降曲线图，拟合误差计算表达式为$\mathrm{RMS}=\sqrt{\sum_{i=1}^{n}\left\|\boldsymbol{d}_i^{\mathrm{obs}}-\boldsymbol{d}_i^{\mathrm{fwd}}\right\|^2/2N}$ ($\boldsymbol{d}_i^{\mathrm{obs}}$为实测数据，$\boldsymbol{d}_i^{\mathrm{fwd}}$为模型响应数据，$N$为实测数据个数)。由图 4.3 可以看出，在迭代第 10 次以后，RMS 基本上在 0.6 附近稳定不变。

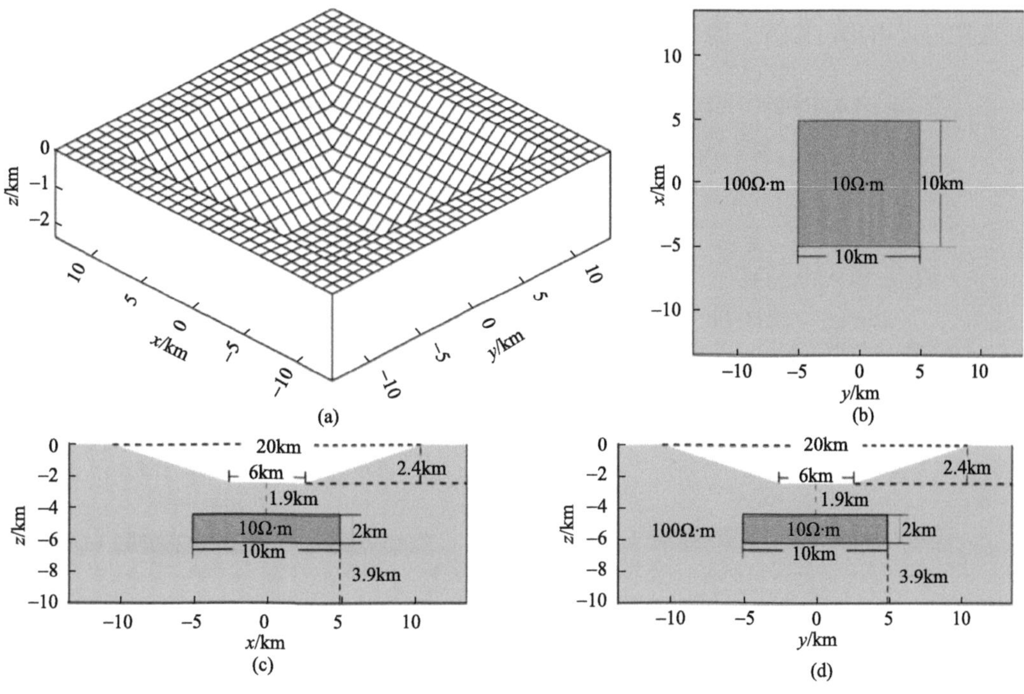

图 4.2　山谷地形下的单个低阻棱柱体模型

(a) 三维山谷地形示意图；(b) x-y 平面图；(c) x-z 方向剖面图；(d) y-z 方向剖面图

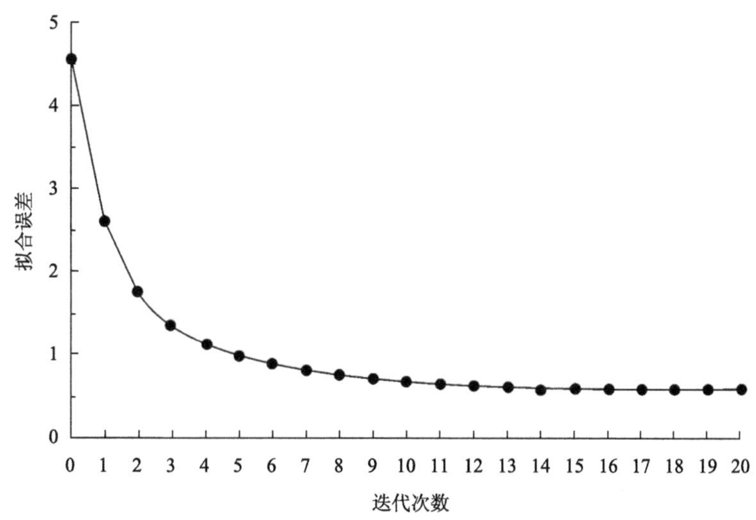

图 4.3　反演拟合误差下降曲线图

图 4.4 为主剖面(x=0km，穿过山谷中心点)处山谷地形下低阻体模型合成数据(带 5%噪声)与三维带地形反演模型响应的拟断面图对比。可以看出，反演模型的响应数据拟断面与原始数据(带 5%噪声的合成数据)拟断面形态相似，数值范围相当，说明数据拟合得较好，反演模型受到了数据的良好约束。从图 4.4 中的模型响应视电阻率和阻抗相位拟

断面图可以看出，山谷下的低阻棱柱体响应在 1Hz 频率及以下表现明显。

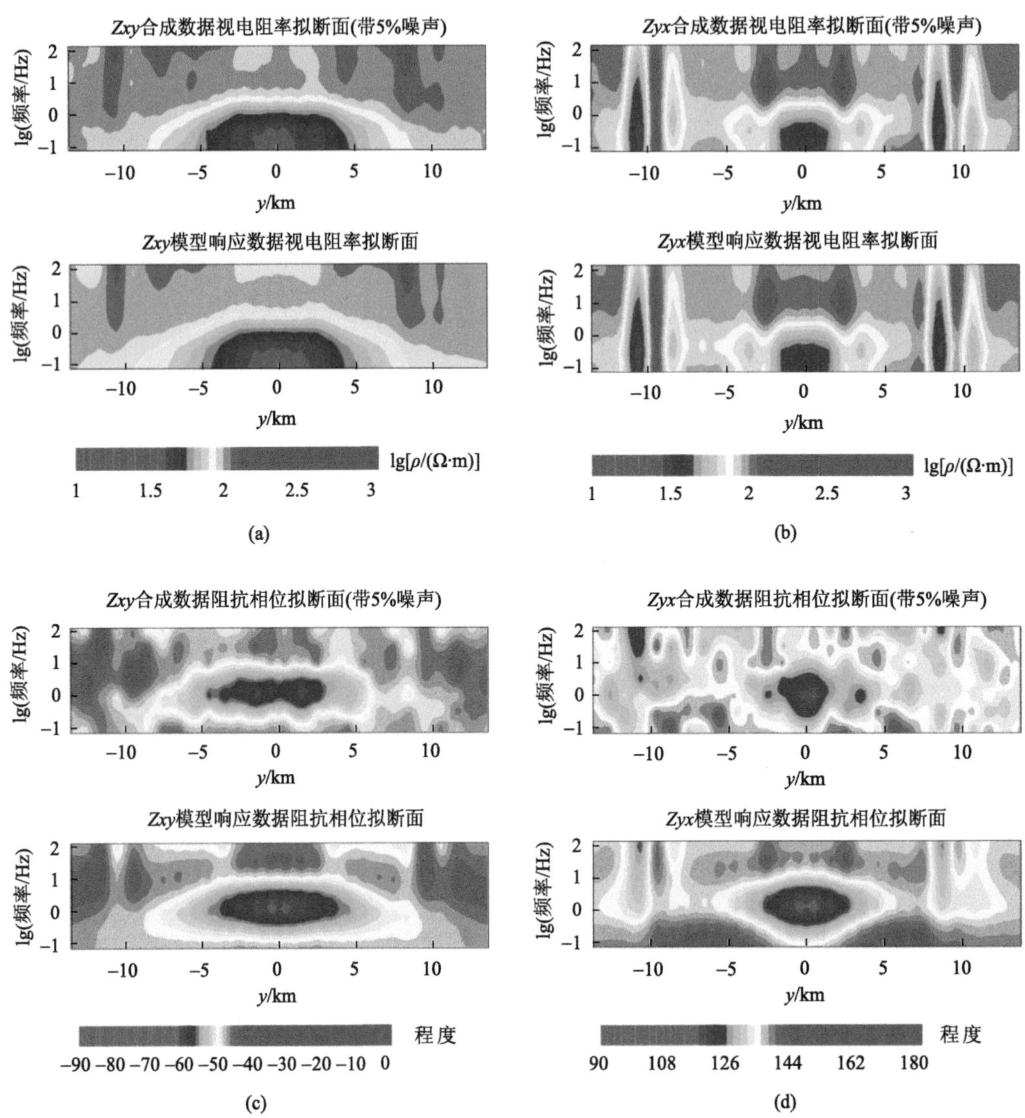

图 4.4　主剖面(x=0km)处山谷地形下低阻体模型合成数据(带 5%噪声)与三维带地形反演模型响应数据的拟断面图对比

(a)*Zxy* 合成数据（带 5%噪声）和模型响应数据视电阻率拟断面；(b)*Zyx* 合成数据（带 5%噪声）和模型响应数据视电阻率拟断面；(c)*Zxy* 合成数据（带 5%噪声）和模型响应数据阻抗相位拟断面；(d)*Zyx* 合成数据（带 5%噪声）和模型响应数据阻抗相位拟断面

图 4.5 和图 4.6 分别是频率为 10Hz 和 1Hz 时山谷地形下低阻体模型合成数据(带 5%噪声)与三维带地形反演模型响应数据的平面图对比。可以看出，反演模型的响应视电阻率数据与原始视电阻率数据(带 5% 噪声的合成数据)平面图形态相似(图 4.5(a)、(b))，数值相差甚微，说明数据拟合得较好，反演模型被数据良好约束。原始相位数据由于施加

了 5%随机噪声，从而导致原始相位数据平面图与模型响应相位平面图形态相似程度不高，但正演响应相位平面图符合山谷地形的响应相位特征，说明本书的反演算法对噪声的依赖程度不大。同时，当观测频率为 10Hz 时，从图 4.5 中的视电阻率和阻抗相位平面图可以看出，主要反映山谷地形的响应特征，山谷下的低阻棱柱体响应几乎无反应；当观测频率为 1Hz 时，从图 4.6 的视电阻率和阻抗相位平面图可以看出，山谷下的低阻棱柱体的响应反应明显，符合大地电磁频率测深的特点—即通过改变观测频率达到不同的探测深度。

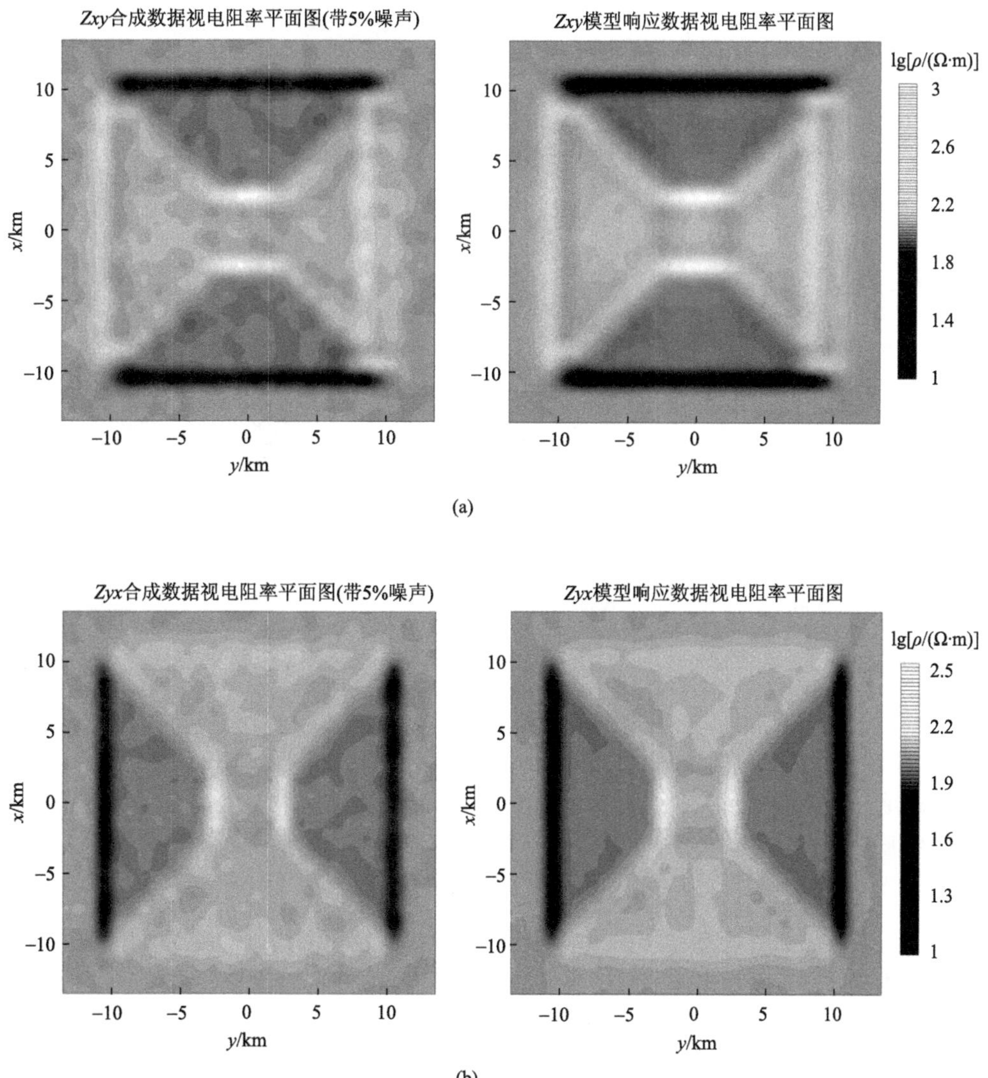

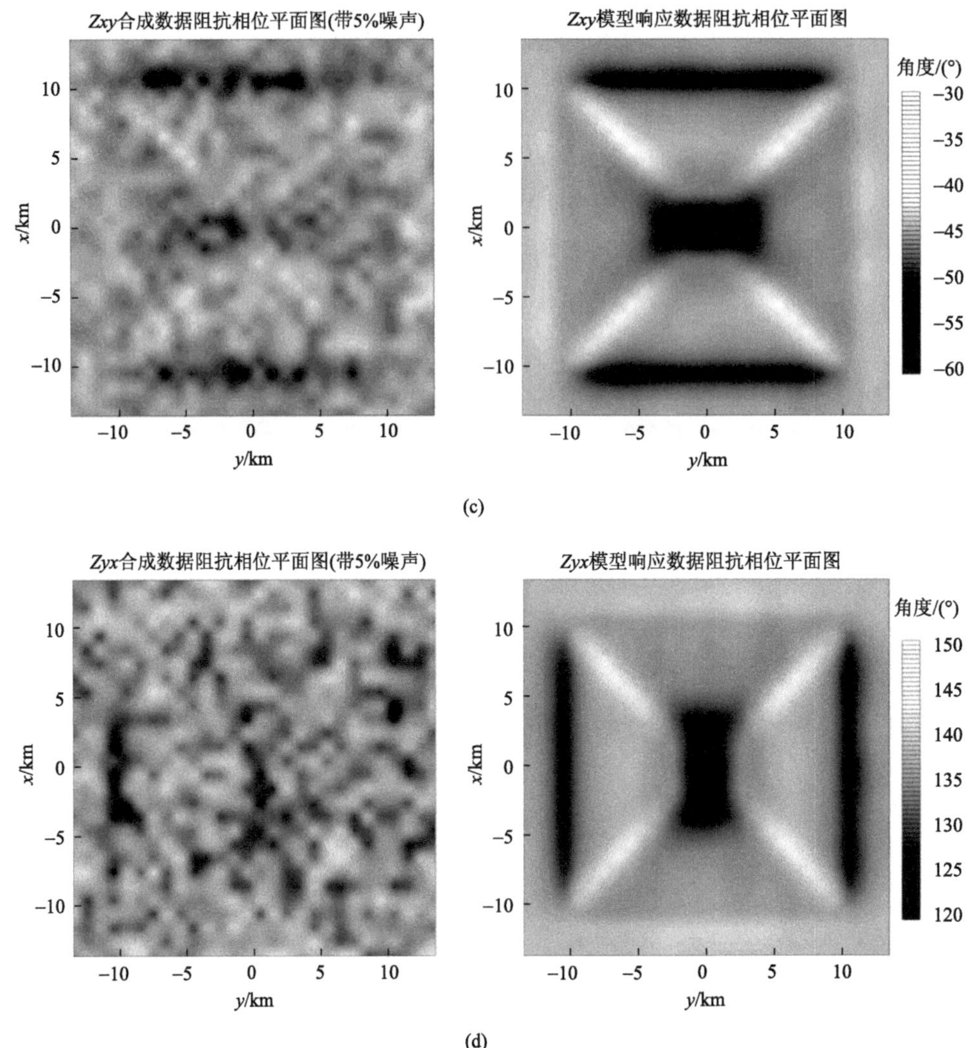

(c)

(d)

图 4.5　频率为 10Hz 时山谷地形下低阻体模型合成数据(带 5%噪声)与三维带地形反演模型响应数据的平面图对比

(a)*Zxy* 合成数据（带 5%噪声）和模型响应数据在 10Hz 处的视电阻率平面图；(b)*Zyx* 合成数据（带 5%噪声）和模型响应数据在 10Hz 处的视电阻率平面图；(c)*Zxy* 合成数据（带 5%噪声）和模型响应数据在 10Hz 处的阻抗相位平面图；(d)*Zyx* 合成数据（带 5%噪声）和模型响应数据在 10Hz 处的阻抗相位平面图

图 4.7 为迭代 20 次的反演电阻率模型图，可以看出，采用本书所研发的大地电磁测深带地形三维反演程序所获得的三维反演模型的电性结构特征与理论模型结构(图 4.2)吻合。

4.2.2　山峰地形下含高阻体模型

设计的地电模型为山峰地形下的单个高阻棱柱体模型(图 4.8)，其地形的峰高相对于地面为 2.4km，山峰顶部的宽度为 4km，地形倾角约为 18°。高阻棱柱体的规模为 10km×10km×1.8km，顶界面距水平地表 0.9km，底界面距水平地表 2.7km，其电阻率为 $100\Omega\cdot m$，围岩电阻率为$10\Omega\cdot m$。

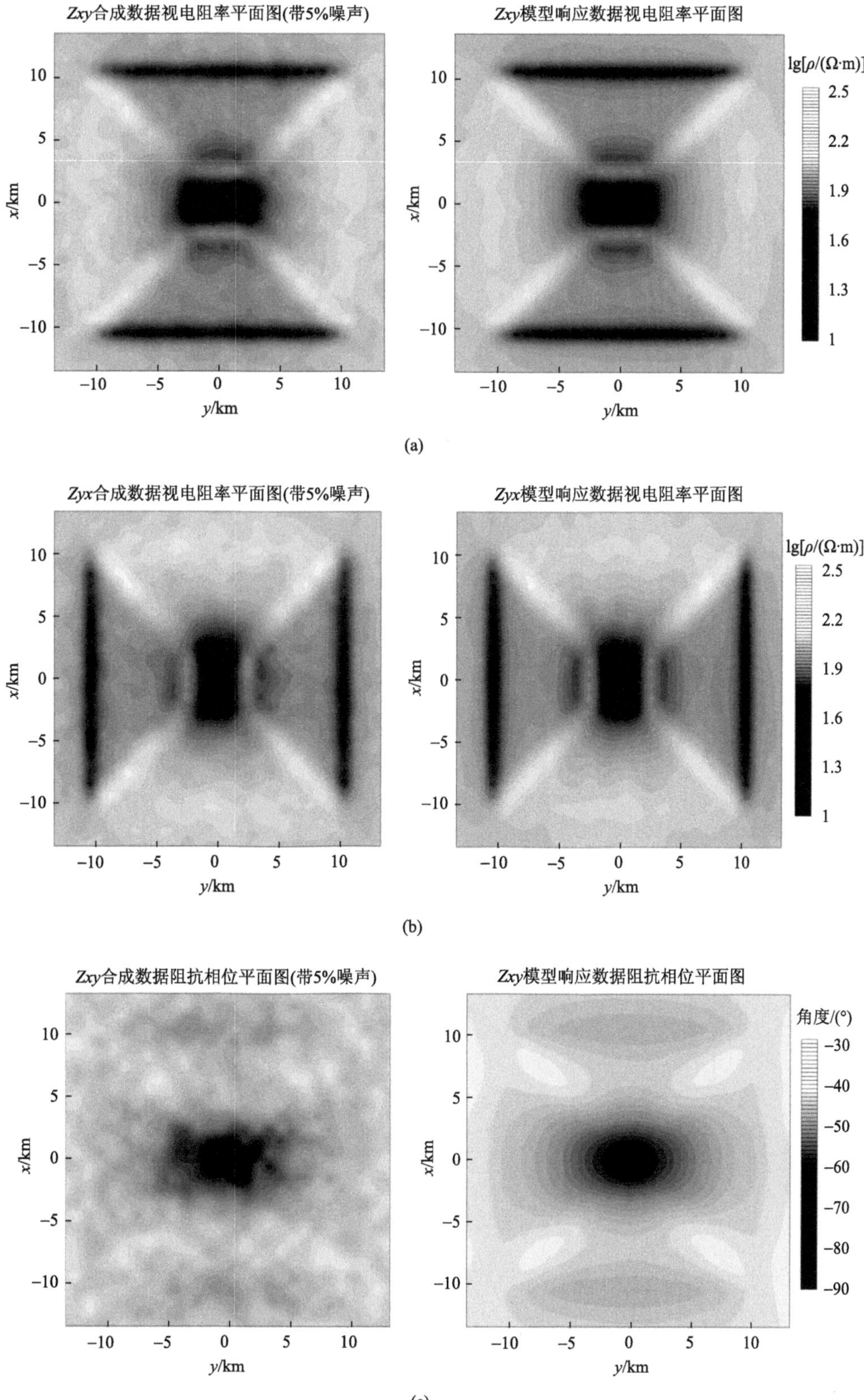
Zxy合成数据视电阻率平面图(带5%噪声)
Zxy模型响应数据视电阻率平面图
lg[ρ/(Ω·m)]
2.5
2.2
1.9
1.6
1.3
1
x/km
y/km
(a)
Zyx合成数据视电阻率平面图(带5%噪声)
Zyx模型响应数据视电阻率平面图
lg[ρ/(Ω·m)]
(b)
Zxy合成数据阻抗相位平面图(带5%噪声)
Zxy模型响应数据阻抗相位平面图
角度/(°)
-30
-40
-50
-60
-70
-80
-90
(c)

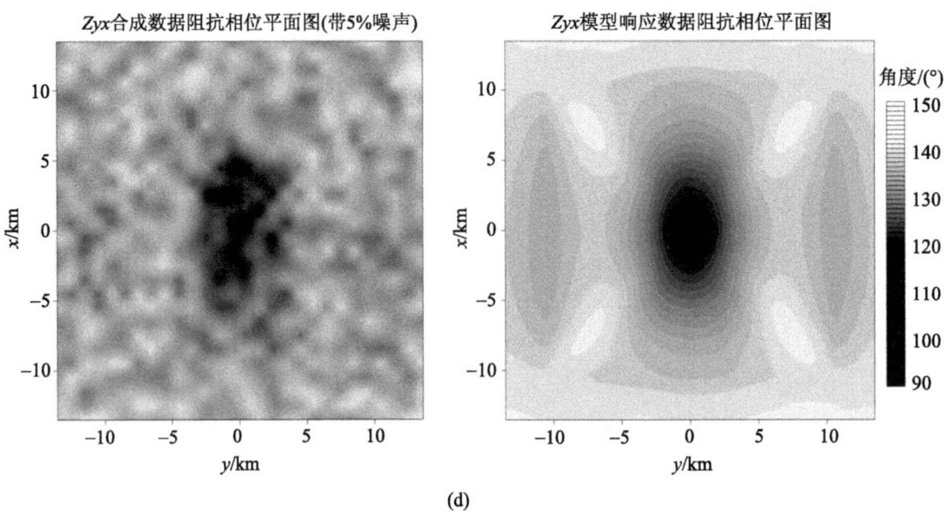

图4.6　频率为1Hz时山谷地形下低阻体模型合成数据(带5%噪声)与三维带地形反演模型响应数据的平面图对比

(a)*Zxy* 合成数据（带 5%噪声）和模型响应数据在 1Hz 处的视电阻率平面图；(b)*Zyx* 合成数据（带 5%噪声）和模型响应数据在 1Hz 处的视电阻率平面图；(c)*Zxy* 合成数据（带 5%噪声）和模型响应数据在 1Hz 处的阻抗相位平面图；(d)*Zyx* 合成数据（带 5%噪声）和模型响应数据在 1Hz 处的阻抗相位平面图

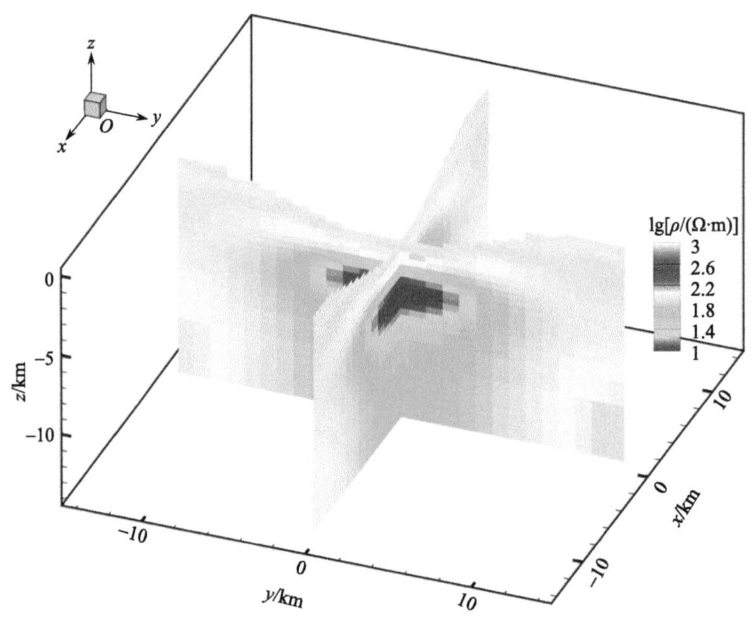

图 4.7　山谷地形下低阻体模型三维反演结果

网格剖分采用 36×36×32，观测数据采用算区中间的 28×28 个测点，在每个测点上大地电磁测深观测信号的频率范围为 100～0.1Hz，共取 7 个频点，反演输入的数据为 *xy* 和 *yx* 模式的阻抗，并施加 5%的随机噪声。

迭代反演 10 次耗时约 34h(1.4 天)，图 4.9 为迭代 10 次的反演电阻率模型图，可以看出，反演结果能较好地反映出高阻异常体模型的空间位置和形态，与理论模型电性结构吻合(图 4.8)。

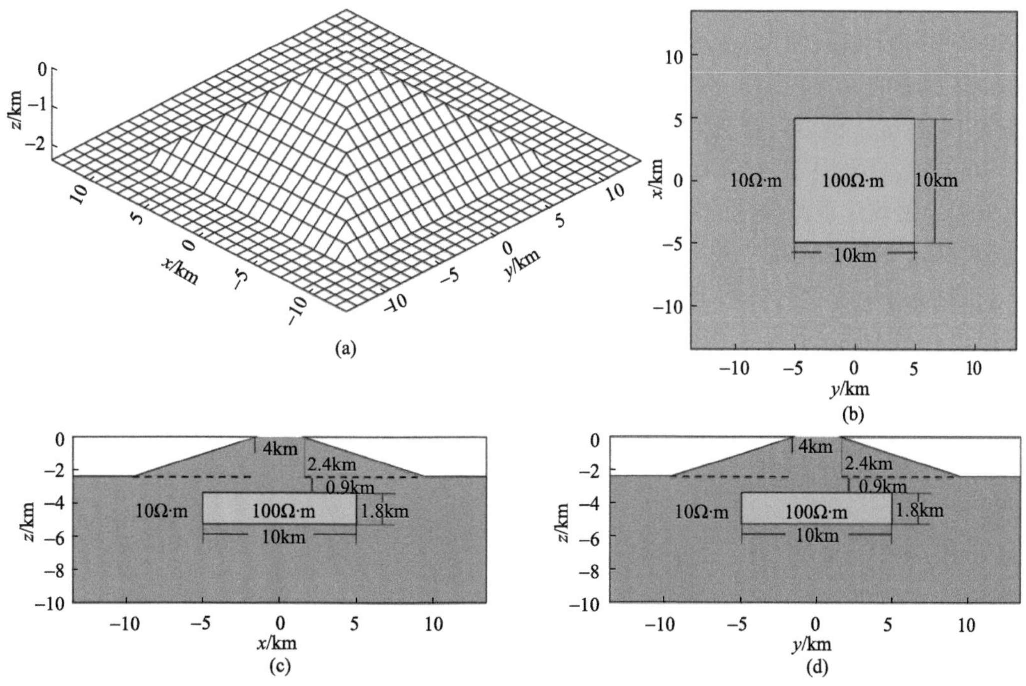

图 4.8　山峰地形下的单个高阻棱柱体模型

(a) 三维山峰地形示意图；(b) x-y 平面图；(c) x-z 方向剖面图；(d) y-z 方向剖面图

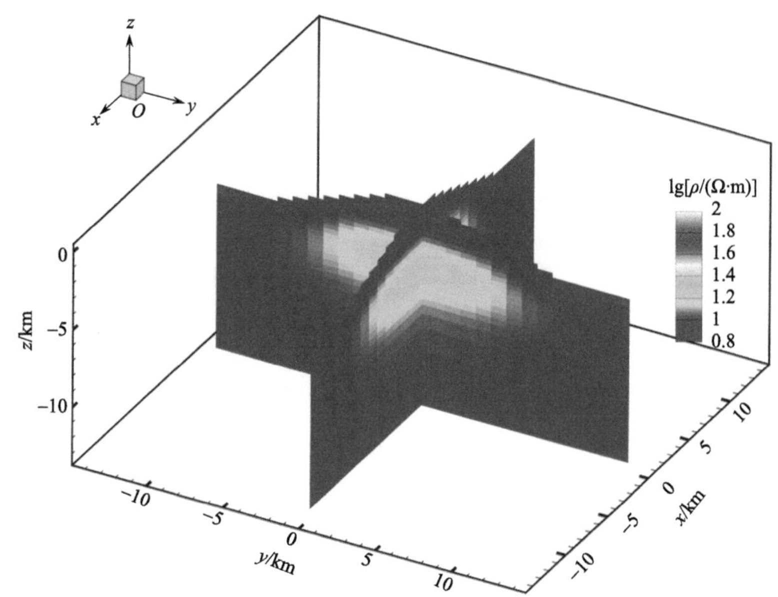

图 4.9　山峰地形下高阻体模型三维反演结果

4.2.3　峰谷组合地形下含低阻体模型

设计的地电模型为峰谷组合地形下含两个低阻棱柱体模型(图 4.10)，其地形的峰高和谷深相对于地面均为 1.5km，山峰顶部和山谷底部的宽度分别为 4km 和 6km，在山峰和山谷地形的下方各设计了两个规模均为 10km×10km×1.5km 的低阻棱柱体，其电阻率为 10Ω·m，围岩电阻率为 100Ω·m。

网格剖分采用 50×50×32，观测数据采用算区中间的 42×42 个测点，在每个测点上大地电磁测深观测信号的频率范围为 100～0.01Hz，共取 10 个频点，反演输入的数据为 *xy* 和 *yx* 模式的阻抗，并施加了 5%的随机噪声。

迭代反演 10 次耗时约 172h(约 7 天)，图 4.11 为迭代 10 次的反演电阻率模型图，不难看出，两个低阻异常体在横向和纵向都得到了很好的归位，反演的地电断面与理论模型吻合[图 4.10(b)]。

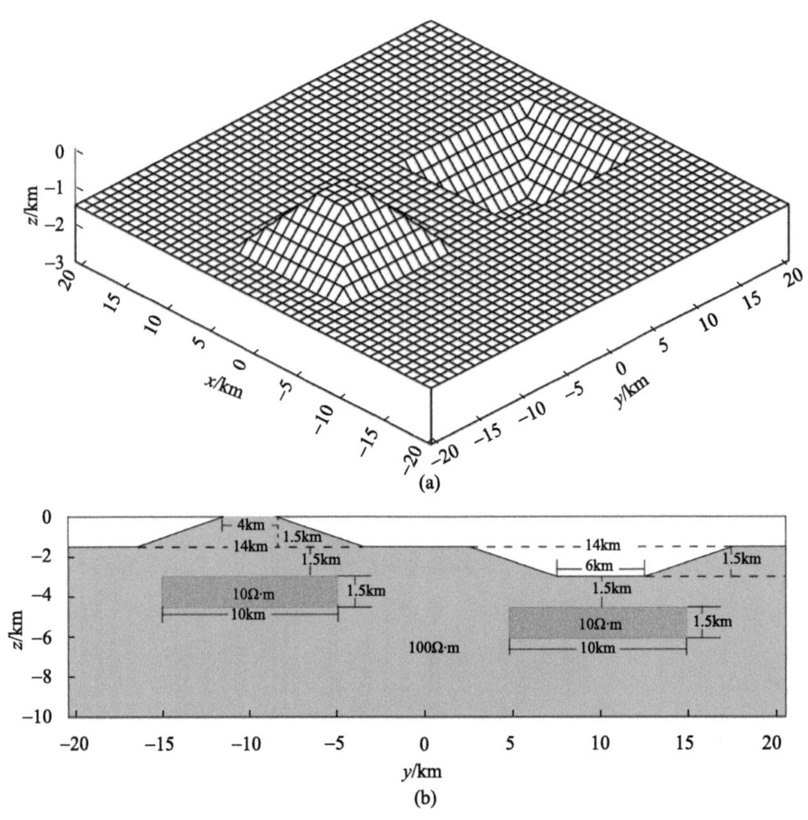

图 4.10　峰谷组合地形下含两个低阻棱柱体模型

(a) 三维峰谷组合地形示意图；(b) 三维峰谷组合地形下含低阻体 *y-z* 方向剖面图

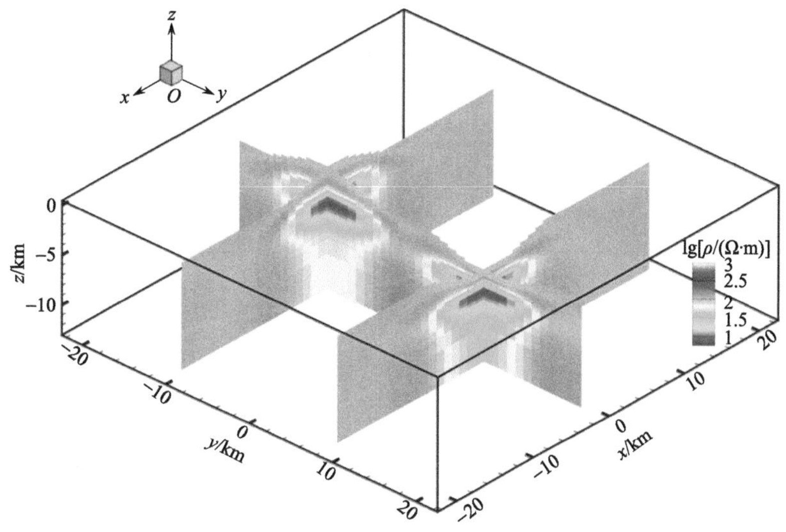

图 4.11　峰谷组合地形下含两个低阻体模型三维反演结果

4.2.4　数据含 10%高斯噪声的三维反演

设计一例起伏地形下较为复杂地电模型，并对该模型正演合成数据施加 10%的高斯噪声，以实验本反演方法对观测数据噪声的依赖程度，为该反演方法后续应用于野外实测数据的反演解释提供可行性依据。设计的地电模型为峰谷组合地形下含低阻体和高阻体模型，其中的低阻体和高阻体处于接触状态(图 4.12)，其地形起伏状况与以上峰谷组合下低阻体模型完全相同。该模型的围岩导电性为两层结构，上层电阻率为 $500\,\Omega\cdot\text{m}$，下层产状为两边倾斜的高阻基底，其电阻率为 $2000\,\Omega\cdot\text{m}$。在围岩上下接触层之间存在一个梯形台柱体，其电阻率为 $20\,\Omega\cdot\text{m}$，该台柱体与下层高阻基岩顶界面接触。

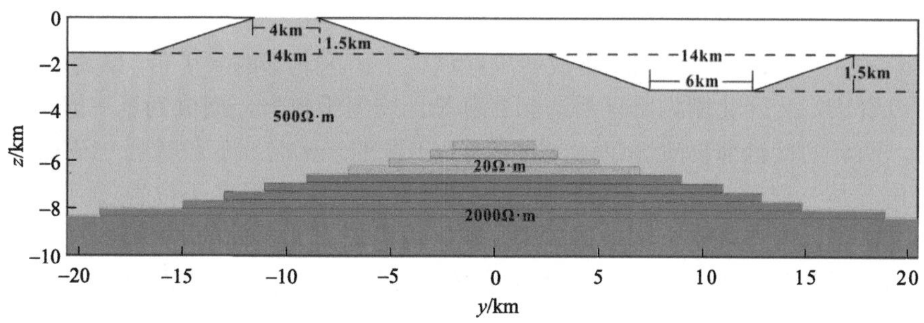

图 4.12　三维峰谷组合地形下高低阻体接触模型 y-z 方向剖面图

网格剖分采用 50×50×38，观测数据采用算区中间的 42×42 个测点，在每个测点上大地电磁测深观测信号的频率范围为 100～0.01Hz，共取 10 个频点，反演输入的数据为 xy 和 yx 模式的阻抗，并对阻抗数据施加 10%的高斯噪声。

迭代反演 10 次耗时约 282h(约 12 天)，图 4.13 为含 10%噪声的阻抗数据反演电阻率模型图。由图 4.13 可以看出，围岩的二层结构特征、两边产状倾斜的高阻基底以及低阻异常体与高阻基岩的接触状态在反演断面中均得到了很好的重现；同时，反演模型中低阻异常体的规模和位置、高阻基底的深度与理论模型基本一致。反演的电性结构与理论模型吻合(图 4.10)，表明本书中的电阻率三维反演结果可靠，反演方法对观测数据的噪声依赖性不大，具备应用于实测数据反演的可行性。

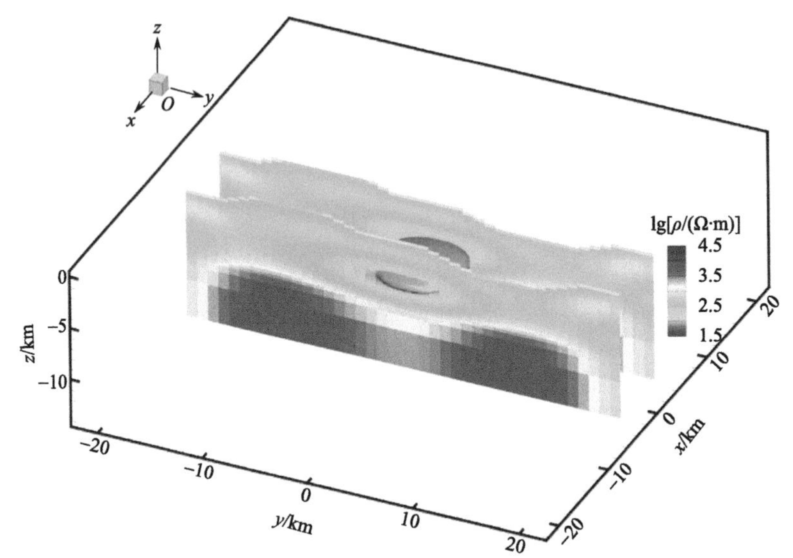

图 4.13　引入 10%观测误差时三维峰谷组合地形下高低阻体接触模型三维反演结果

4.3　某矿区实测资料的三维反演应用

4.3.1　关于某矿区资料

该矿区分为一、二、三矿带，本次研究区域位于矿区北部的一矿带，据测区地质图(图 4.14)可以看出，测区北侧为震旦系洗肠井群第四岩组千枚岩，南侧为第三岩组大理岩、千枚岩，两者的接触部位(近东西错动断裂)为矿区的一矿带赋存位置。二矿带位于测区的东南角，是三岩组第二岩性段千枚岩与第三岩性段大理岩夹千枚岩过渡部位。测区南端为三矿带，测点未完全覆盖该矿带。测区内沿近南北走向的 F3 构造与东西向错动断裂带相交叉，为后期的断裂带，也是岩体入侵通道，与矿体的走向与产状有重要的关系。

相对地层与岩体而言，磁黄铁矿、黄铁矿与铅锌矿均具有低电阻率的特征，这可以作为本区找矿的地球物理标志。千枚岩本身与大理岩的电阻率差别不大，但是含炭千枚岩具有低电阻率的特征，连同测区北部的炭质板岩容易成为找矿的干扰因素(龚胜平等，2018)。

为了进一步查明本区矿体赋存的有利部位，在研究区开展大地电磁探测工作，垂直于一矿带接触带构造方向布置 9 条大地电磁测线，测线方位为北偏东 16°，测线从西至东依次编号为 L240~L400(图 4.14)，测线间距为 200m。在每条测线上分布 29 个测点，点距为 50m。测点呈规则网格状分布，观测区共 261 个测点。

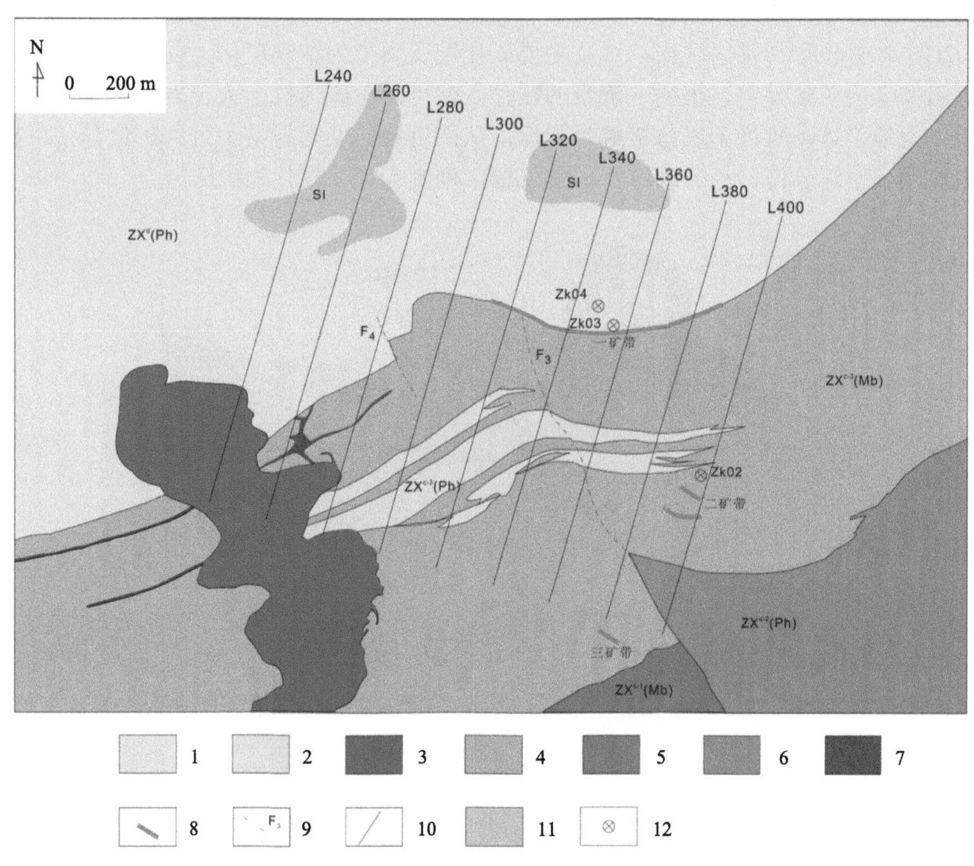

图 4.14　测区地质图与大地电磁测线布置

1. 震旦系洗肠井群四岩组千枚岩；2. 震旦系洗肠井群三岩组三岩性段千枚岩；3. 印支期花岗岩；4. 震旦系洗肠井群三岩组三岩性段大理岩；5. 震旦系洗肠井群三岩组二岩性段大理岩；6. 震旦系洗肠井群三岩组二岩段千枚岩；7. 花岗斑岩脉；8. 矿带；9. 断裂；10. 测线；11. 板岩；12. 钻孔

4.3.2　对反演所得三维电阻率模型初步分析

为了获得本研究区的三维精细电性结构，利用本书的三维反演程序对该区观测的大地电磁数据进行了三维反演。网格剖分采用 41×41×31，观测数据采用观测区的 9×29 个测点，每个测点上大地电磁观测信号的频率范围为 10000 ~ 5.86Hz，共取 33 个频点，反演输入的数据为 *xy* 和 *yx* 模式的阻抗。根据观测数据的视电阻平均值，将初始模型电阻率设置为 $500\Omega\cdot\text{m}$，迭代反演 10 次耗时约 183h(约 7.6 天)。图 4.15 为该测区的三维反演电阻率模型，从图中可以看出，测区的整体电性结构为北部呈现低阻特征、南部表现为高阻特征。结合测区地质图(图 4.14)可知，北部的低阻带为含炭质的千枚岩，南部的高阻带为大理岩，三维电性结构展示了大理岩与千枚岩的接触关系，并清晰地刻画出接触带由南西向至北东向延伸的展布特征。从分立于测区西北角和东北角两个低阻体的规模和形态可以看出，近南北走向的断裂 F3 对地层的破坏作用相当明显，成为岩体入侵的主要通道，与矿体的产状和走向有重要关系。图 4.15 中异常①、②和③是电阻率为 30 Ω· m 的低阻体，异常①和②都处于大理岩与千枚岩两种岩体的接触带附近，钻孔 ZK02(图 4.14)位于异常②区内，该孔主要矿化蚀变类型为黄铁矿化、弱褐铁矿化，可认为低阻体②为矿致异常。根据一矿带的赋存条件可知，矿体位于大理岩与千枚岩的接触部位，而异常体①正处于岩体接触带附近，从而可推断低阻异常①也为矿致异常。异常③没有钻孔资料验证，由于临近三矿带位置，推测为隐伏硫化物矿床。

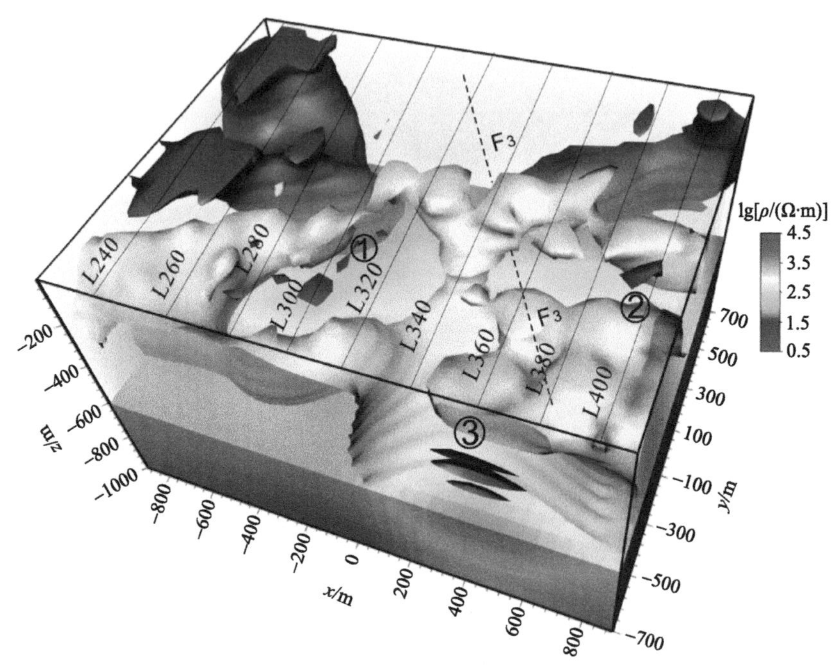

图 4.15　某矿区大地电磁观测数据三维反演结果

依据本次反演获得的三维精细电性结构，揭示了研究区大理岩与千枚岩两大岩体的接触关系，并清晰地刻画了接触带的展布特征，查明已知断裂的走向及其与岩体的接触关系，推断矿致异常赋存的有利部位，在一定程度上有助于深化对研究区成矿作用的认识，为容矿有利层位的寻找、矿区潜在矿产资源的评价提供依据。

4.3.3　新疆某地区实测资料的三维反演

工作区位于新疆克拉玛依地区，2016 年依托于国家重大科学仪器设备开发专项“大深度三维电磁探测技术工程化开发”项目，在该区开展三维地质填图试验工作，其工作目的是利用电磁探测方法获得地下三维电性结构，结合地质资料对地下三维地质结构进行解译，查明该工作区的断裂、地层、岩体的空间分布特征。

1. 工作区地质与岩石电性特征

工作区的区域构造总体上以北东向为主，晚古生代地层在区域内往北东方向上延伸，区域内存在达尔布特深大断裂(如图 4.16 所示，方框内即为研究区域)，达尔布特断裂两侧的构造方向很不相同，北部基本是 NE 向，是由很多平行分布，呈迭瓦式推覆组合形成的次级断裂构成，而南部的构造则基本是 NS 向，广泛形成中等紧闭褶皱和断裂，上面的断裂控制着区域内的地层、岩浆岩及其构造形态、成矿的空间分布。

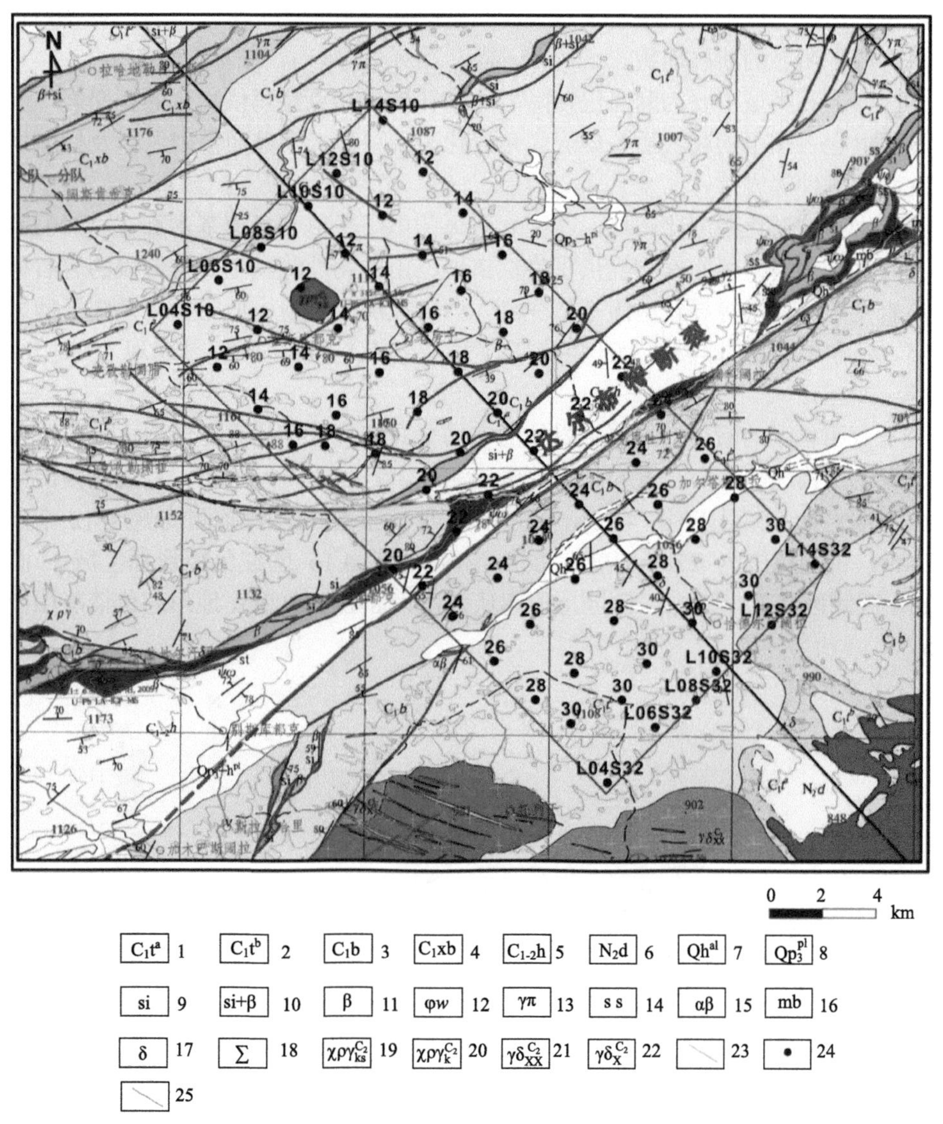

图 4.16　测区地质图与大地电磁测点布置图

1. 太勒古拉组下段；2. 太勒古拉组中段；3. 包古图组；4. 希贝库拉斯组；5. 哈拉阿拉特组；6. 上新世独山子组；7. 全新世冲积物；8. 晚更新世洪积物；9. 硅质岩；10. 玄武岩夹硅质岩；11. 玄武岩；12. 蛇纹岩；13. 花岗斑岩；14. 砂岩；15. 玄武安山岩；16. 大理岩；17. 闪长岩；18. 未分类超基性岩；19. 华力西期库什库都克碱长花岗岩；20. 华力西期克拉玛依碱长花岗岩；21. 华力西期小西湖花岗闪长岩；22. 华力西期夏尔蒲花岗闪长岩；23. 断裂；24. MT 测量点；25. 已知勘探线

达尔布特断裂位于包古图地区北部，是测区内大型的剪切走滑断裂，其走向为北东50°左右，北东向延展超过200km，断面走向连续弯曲，达尔布特断裂倾向北西，浅部断面倾角一般在50°～80°之间。断裂面岩石强烈破碎，破碎带宽度为50m到100m不等，最宽的地方达 4km。断裂带内方解石脉、方解石-石英脉广泛发育。断裂两侧，挤压片理、裂隙及褶皱广泛发育(宋会侠等，2007)。冯鸿儒等(1990)认为断裂系的形成、发育是由于碰撞后的西伯利亚、哈萨克斯坦和塔里木 3 个大陆板块在早石炭世以后仍在不断地相向运动。其早期是以左行陡倾的走滑断层形式出现，中期受陆内俯冲作用的影响被强烈的推覆构造改造成上陡下缓的犁状断层；近时期，断裂处于引张状态，表现为正断层性质，形成了明显的断层地貌。

测区内岩石类型主要为阿克巴斯陶岩体的花岗岩和克拉玛依岩体的花岗岩，围岩包括早石炭世包古图组的凝灰质粉砂岩、角岩化凝质粉砂岩及硅质砂岩，以及蛇绿岩在内的基性、超基性等岩片。

测区岩石的矿化程度比较低，花岗岩岩体的电阻率值常见值基本都在 1000Ω·m 以上，为后期花岗岩岩体的探测提供了物性依据，由于物性测量主要是地表的岩石标本，地表砂岩受风化作用等导致电阻率值变高。砂岩在深部表现为低阻主要是由于砂岩孔隙度较高，经流体填充后即表现为低阻特征，而花岗岩孔隙度低，在深部表现为高阻特征(刘文才等，2015)。

为了查明本区的断裂、地层、岩体的空间分布特征，在研究区开展大地电磁探测工作，垂直于主构造线方向布置 6 条大地电磁测线，测线方向为 135°，测线从西南向至东北向依次编号为 L04~L14(图 4.16)，测量网度为 2km×2km，每条测线测点 12 个，测线长 22km。试验范围为 22km×10km 的矩形区域(图 4.16 的红色矩形框区域)，面积为 220km^2，观测区共 72 个测点。测区地形起伏范围为 840～1180m，地形起伏情况如图 4.17 所示。

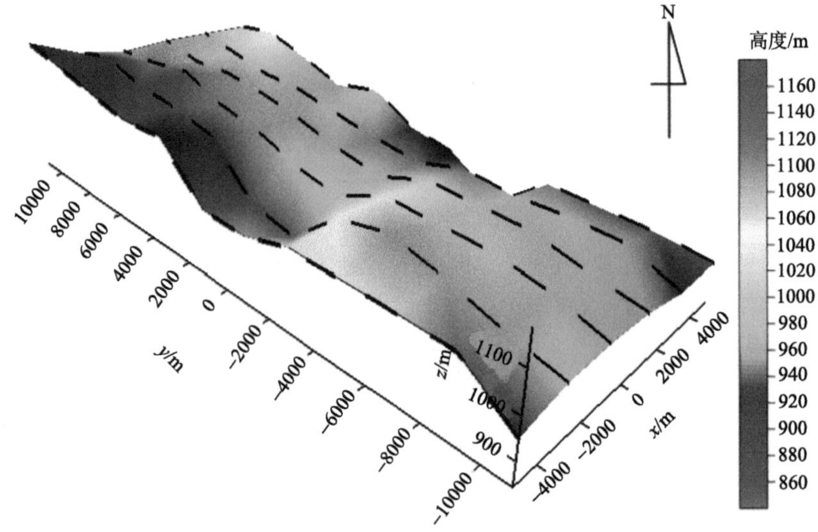

图 4.17　MT 观测区三维地形示意图

2. 反演结果分析

为了获得本研究区的三维电性结构，利用本书的三维反演程序对该区观测的大地电磁数据进行了带地形三维反演。网格剖分采用 20×20×42(z 方向包括 10 层空气层)，起伏地形采用 12 个纵向(深度方向)网格单元的划分，空气层以下第一层网格间距设置为 5m，然后将浅部至深部的网格间距以 1.286 的比例递增(h_{i+1}/h_i=1.286，h为纵向层厚度)。

观测数据采用观测区的 6×12 个测点，每个测点上大地电磁观测信号的频率范围为 20000~0.000694Hz，共取 66 个频点，反演输入的数据为 xy 和 yx 模式的阻抗。根据观测数据的视电阻平均值，将初始模型电阻率设置为 800Ω·m，迭代反演 10 次耗时约 765min(约 12.75h)。

图 4.18 为该测区的三维反演电阻率模型，从图中可以看出，测区的整体电性结构由北西向至南东向浅部呈现为高阻—低阻—高阻—低阻—高阻的变化，深部呈现为低阻—高阻特征，深部电性结构较为简单，低阻区域为原始沉积层，其岩性为砂岩，砂岩由于孔隙度较高，经流体填充后即表现为低阻特征；高阻区域为地下花岗岩体，花岗岩孔隙度低，在深部表现为高阻特征。浅部电性变化较为复杂，与断裂切割和地下岩浆侵入有关，结合前人地质资料(图 4.18)推断：北部高阻体为阿克巴斯陶花岗岩体，与其南部相邻的低阻体为受上侵岩浆岩改造的原始地层，其岩性与深部原始沉积地层岩性类似，同

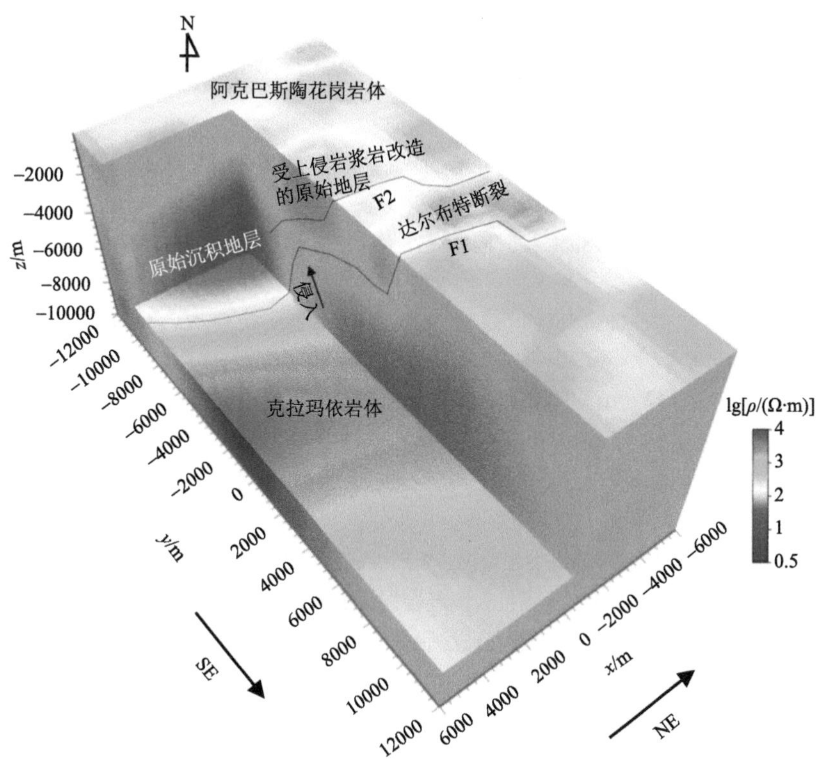

图 4.18　新疆某地区大地电磁观测数据三维反演结果

属砂岩；达尔布特断裂带(F1 和 F2)处于高低阻接触带，F1 和 F2 的走向为北东向，断面走向连续弯曲，浅部倾向陡立，向深部产状迅速变缓，这与前人对该断裂带的阐述(冯鸿儒等，1990)相符；南部的高阻区域属于克拉玛依花岗岩体。岩浆在测区东南部有一个主要上升通道，分布在达尔布特断裂南侧，岩体向北侧侵入，由于被达尔布特断裂切断，未出露地表且只在少部分区域与阿克巴斯陶花岗岩体相连；同时，由于断裂和地下岩浆的侵入，砂岩型地层被切割为浅部和深部两部分。

依据本次反演获得的三维电性结构可知，达尔布特断裂作为区域性大断裂，横贯测区(图 4.18)所有测线，断裂和岩浆侵入是控制区域内的地层、岩体及其构造形态的主要因素。

利用本书的反演方法获得地下三维电性结构，并结合地质资料对地下三维地质结构进行解译，初步查明了该工作区的断裂、地层、岩体的空间分布特征，可为该地区的三维地质填图工作提供地球物理依据。

参 考 文 献

曹晓月, 殷长春, 张博, 等. 2018. 基于非结构网格的三维大地电磁法有限内存拟牛顿反演研究. Applied Geophysics, 15(Z1):556-565.

陈小斌, 赵国泽, 汤吉, 等. 2005. 大地电磁自适应正则化反演算法. 地球物理学报, 48(4): 937-946.

邓琰, 汤吉, 阮帅. 2019. 三维大地电磁自适应正则化有限内存拟牛顿反演. 地球物理学报, 62(9): 3601-3614.

董浩, 魏文博, 叶高峰, 等. 2014. 基于有限差分正演的带地形三维大地电磁反演方法. 地球物理学报, 57(3): 939-952.

冯鸿儒, 李旭, 刘继庆. 1990. 西准噶尔达拉布特断裂系构造演化特征. 长安大学学报(地球科学版), 1990(2): 46-55.

龚胜平, 杨亚斌, 张光之, 等. 2018. 三维时间域激发极化法探测花牛山铅锌矿的试验研究. 科学技术与工程, 18(18): 16-24.

林昌洪, 谭捍东, 佟拓. 2008. 大地电磁法三维共轭梯度反演研究. Applied Geophysics, 5(4): 314-321+351-352.

刘文才, 张胜业, 杨龙彬, 等. 2015. 西准噶尔阿克巴斯陶地区三维电性结构和深部地质特征. 地球科学(中国地质大学学报), 40(3): 441-447.

秦策, 王绪本, 赵宁. 2017. 基于二次场方法的并行三维大地电磁正反演研究. 地球物理学报, 60(6): 2456-2468.

阮帅. 2015. 三维大地电磁有限内存拟牛顿反演. 成都：成都理工大学.

宋会侠, 刘玉琳, 屈文俊, 等. 2007. 新疆包古图斑岩铜矿矿床地质特征. 岩石学报, (8): 1981-1988.

谭捍东, 魏文博, 邓明, 等. 2004. 大地电磁法张量阻抗通用计算公式. 石油地球物理勘探, 39(1): 113-116.

汤井田, 任政勇, 化希瑞. 2007. 地球物理学中的电磁场正演与反演. 地球物理学进展, (4): 1181-1194.

吴小平, 徐果明. 1999. 电阻率三维反演中偏导数矩阵的求取与分析. 石油地球物理勘探, 34(4): 363-372.

余辉, 邓居智, 陈辉, 等. 2019. 起伏地形下大地电磁 L-BFGS 三维反演方法. 地球物理学报, 62(8):

3175-3188.

张昆, 董浩, 严加永, 等. 2013. 一种并行的大地电磁场非线性共轭梯度三维反演方法. 地球物理学报, 56(11): 3922-3931.

Avdeev D B. 2005. Three-dimensional electromagnetic modelling and inversion from theory to application. Surveys in Geophysics, 26(6): 767-799.

Avdeev D, Avdeeva A. 2009. 3D magnetotelluric inversion using a limited-memory quasi-Newton optimization. Geophysics, 74(3): 45-57.

Börner R U. 2010. Numerical modelling in geo-electromagnetics: advances and challenges. Surveys in Geophysics, 31: 225-245.

Commer M, Newman G A. 2007. New advances in three-dimensional controlled-source electromagnetic inversion. Geophys. J. Int., 172(2): 513-535.

Commer M, Newman G A. 2009. Three-dimensional controlled-source electromagnetic and Magnetotelluric joint inversion . Geophys. J. Int., 178: 1305-1316.

Everett M E, Mukherjee S. 2011. 3D controlled-source electromagnetic edge-based finite element modeling of conductive and permeable heterogeneities. Geophysics, 76: 215-226.

Haber E. 2005. Quasi-Newton methods for large-scale electromagnetic inverse problems. Inverse Problems, 21: 305-323.

ISiripunvaraporn W, Egbert G. 2007. Data space conjugate gradient inversion for 2-D magnetotelluric data. Geophysical Journal International, 170(3): 986-994.

Kelbert A, Gary D, Egbert G D, et al. 2008.Non-linear conjugate gradient inversion for global EM induction: resolution studies. Geophys. J. Int., 173(2): 365-381.

Mackie R L, Madden T R, Wannamaker P. 1993. 3-D magnetotelluric modeling using dif ference equations-theory and comparisons to integral equation solutions. Geophysics, 58: 215 - 226.

Madden T R.1972. Transmission systems and network analogies to geophysical forward and inverse problems. Technical Report NOW-14-67-A-0204-0045, M.Z.T. Report No.72-3, Dept. of Earth and Planetary Sciences, Massachusetts Institute of Technology.

Marquardt D W.1963. An algorithm for least-squares estimation of nonlinear parameters. J. Soc. Indust. Appi. Math, 11(2): 431-441.

Newman G A, Alumbaugh D L. 2000. Three-dimensional magnetotelluric inversion using non-linear conjugate gradients. Geophys. J. Int., 140: 410-424.

Newman G A, Boggs P T. 2004. Solution accelerators for large-scale three-dimensionalelectromagnetic inverse problems . Inverse Problems, 20: s151-s170.

Parasnis D S.1988. Reciprocity theorems in geoelectric and geoelectromagnetic work. Geoexploration, 25(3): 177-198.

Rodi W L, Mackie R L. 2001. Nonlinear conjugate gradients algorithm for 2-D magnetotelluric inversion. Geophysics, 66(1): 174-187.

Rodi W L. 1976. A technique for improving the accuracy of finite element solutions for magnetotelluric data. Geophys. J . R. Astr. SOC, 44: 483-506.

Sasaki Y. 2001. Full 3D inversion of electromagnetic data on PC. Journal of Applied Geophysics, 46: 45-54.

Shi X, Utada H, Wang J. 2009. 3-D Magnetotelluric Forward Modeling And Inversion Incorporating

Topography By Using Vector Finite-Element Method Combined With Divergence Corrections Based On The Magnetic Field (VFEH++). //2009, American Geophysical Union, Fall Meeting 2009, abstractid. GP33A-0739.

Siripunvaraporn W. 2012. Three-dimensional magnetotelluric inversion: an introductory guide for developers and users. Surveys in Geophysics, 33(1): 5-27.

Siripunvaraporn W, Egbert G. 2000. An efficient data - subspace inversion method for 2-D magnetotelluric data. Geophysics, 65: 791-803.

Siripunvaraporn W, Egbert G. 2009. WSINV3DMT: Vertical magnetic field transfer function inversion and parallel implementation. Physics of the Earth and Planetary Interiors, 173(3-4): 317-329.

Siripunvaraporn W, Egbert G, Lenbury Y, Uyeshima M. 2005. Three-dimensional magnetotelluric inversion: Data-space method. Physics of the Earth and Planetary Interiors, 150(1-3): 3-14.

Tikhonov A N, Arsenin V Y. 1977. Solutions to Ill-posed Problems. New York: John Wiley and Sons.

第 5 章　带地形三维可控源电磁法反演理论

反演过程的本质在于运用最优化算法来最小化目标函数，从而实现理论数据与实际观测数据的紧密拟合，进而获得地下物性参数的可靠分布。近年来，可控源电磁法的反演技术主要分为数值最优化反演和概率最优化反演两大类，这两类方法在过去十几年中均取得了显著的进步和发展。

常见的概率最优化反演方法包括蒙特卡罗方法、模拟退火算法、神经网络算法、量子遗传算法、蚁群算法、粒子群反演方法、模拟原子跃迁反演法和 Bayes 方法等(Buland and Kolbjørnsen，2012；王家映 2007，2008；罗红明等，2008；王书明等，2009；易远元和王家映，2009；师学明和王家映，2010)。这些方法的优势在于能够避免陷入局部最优解，从而有更高的概率寻找到全局最优解。这降低了反演过程对初始模型的依赖性，并减少了多解性问题。然而，这些方法也存在明显的缺点。在反演过程中，它们需要执行大量的正演计算，这会消耗较多的计算资源。尤其是在处理三维地球物理问题时，这类反演方法的计算时间通常较长，需要依赖于超大规模的并行计算能力。因此，在三维反演的应用中，这些方法的使用相对有限。

数值最优化反演方法发展得较早，且计算时间较短，因此已经广泛地应用到三维可控源电磁法的反演中。常见的数值最优化方法有最小二乘法、OCCAM 方法(Groothedlin and Constable，2012)、数据空间法(Siripunvaraporn et al.，2005)、共轭梯度法(朱培民和王家映，2008；林昌洪，2009)、非线性共轭梯度法(翁爱华等，2012)和拟牛顿法(Newman and Boggs，2004；刘云鹤和殷长春，2013)等。但是需要指出的是，这些方法容易陷入局部极小值，并且对初始模型的依赖性较大。这限制了它们在某些情况下的应用效果。

考虑到地形因素会增加反演的复杂性和计算量，本章选择了在三维电磁反演领域表现卓越、发展成熟且算法稳定的非线性共轭梯度法作为研究工具。这种方法能够有效应对带地形反演的挑战，确保了研究结果的准确性和可靠性。

5.1　可控源电磁法三维共轭梯度反演

5.1.1　反演目标函数

三维电磁反演问题本质上是一个利用最优化方法解决反问题的过程。在反演之前，需要构建目标函数，以判断实际数据和理论数据的拟合程度。目标函数可以定义为(Newman and Boggs，2004；Commer and Newman，2008)：

$$\phi(\boldsymbol{m})=\phi_{\mathrm{d}}+\lambda\phi_{\mathrm{m}}=\frac{1}{2}[D(\boldsymbol{d}^{\mathrm{obs}}-\boldsymbol{d})^{\mathrm{T}*}][D(\boldsymbol{d}^{\mathrm{obs}}-\boldsymbol{d})]+\frac{1}{2}\lambda[\boldsymbol{W}(\boldsymbol{m}-\boldsymbol{m}_0)]^{\mathrm{T}}[\boldsymbol{W}(\boldsymbol{m}-\boldsymbol{m}_0)] \tag{5.1}$$

式中，ϕ_{d} 表示实际数据和理论数据的拟合差；ϕ_{m} 为整个计算区间电阻率模型的光滑度；λ是在反演过程中自适应变化的正则化因子，用于平衡数据拟合差和模型光滑度在反演过程中所占的比重(Kelbert et al.，2008)； T^* 代表矩阵共轭转置算符。

假设反演中共有 N 个实测数据， $\boldsymbol{d}_{N\times l}^{\mathrm{obs}}$ 为实际数据列向量， $\boldsymbol{d}_{N\times l}$ 是由正演计算得到的电场分量，本章使用的反演数据均为各实测点处电场的x分量， $\boldsymbol{D}_{N\times N}$ 为数据误差矩阵。假设参与反演的计算网格的数目为 M, $\boldsymbol{m}_{M\times l}$ 为反演迭代中得到的电阻率模型向量, $\boldsymbol{m}_{0_{M\times l}}$ 为由反演区域已知的地质情况决定的先验模型向量， $\boldsymbol{W}_{M\times M}$ 为一阶模型光滑度矩阵。

在构建目标函数之后，可以选择合适的最优化方法在迭代过程中求取目标函数$\phi(m)$的极小值。本章挑选的是发展较为成熟的非线性共轭梯度法(NLCG)。

5.1.2 非线性共轭梯度法

NLCG 主要是利用目标函数的梯度信息和线性搜索求取步长来逐步减小目标函数，本章的 NLCG 算法主要参考 Newman 和 Alumbaugh(2002)的研究，其算法流程如下：

(1) 令$i=1$，选择初始模型 $\boldsymbol{m}_i$ ，并计算梯度 $\boldsymbol{r}_i=-\nabla\phi(\boldsymbol{m}_i)$ ；

(2) 如果$\|r_i\|$很小则停止，否则令 $\boldsymbol{u}_i=\boldsymbol{M}_i^{-1}\boldsymbol{r}_i$ ，$\boldsymbol{M}$为预处理矩阵；

(3) 搜索步长 $\boldsymbol{a}_i$ 使目标函数 $\phi(\boldsymbol{m}_i+\boldsymbol{a}_i\boldsymbol{u}_i)$ 最小化，当步长 $\boldsymbol{a}_i$ 过小时减小正则化因子λ，如果λ达到预设的阈值则反演终止；

(4) 令 $\boldsymbol{m}_{i+1}=\boldsymbol{m}_i+\boldsymbol{a}_i\boldsymbol{u}_i$ 和 $\boldsymbol{r}_{i+1}=-\nabla\phi(\boldsymbol{m}_{i+1})$ ；

(5) 如果$\|\boldsymbol{r}_{i+1}\|$很小则停止，否则向下继续执行；

(6) 令 $\beta_{i+1}=\dfrac{\boldsymbol{r}_{i+1}\boldsymbol{M}_{i+1}^{-1}\boldsymbol{r}_{i+1}-\boldsymbol{r}_{i+1}^{\mathrm{T}}\boldsymbol{M}_i^{-1}\boldsymbol{r}_i}{\boldsymbol{r}_i^{\mathrm{T}}\boldsymbol{M}_i^{-1}\boldsymbol{r}_i}$ ；

(7) 计算 $\boldsymbol{u}_{i+1}=\boldsymbol{M}_{i+1}^{-1}\boldsymbol{r}_{r+1}+\beta_{i+1}^{\mathrm{T}}\boldsymbol{u}_i$ ， 同时令i=i+1，然后跳到第(3)步。

在上述反演过程中，预处理矩阵 $\boldsymbol{M}$ 在初次迭代时为单位对角矩阵，随着反演迭代的进行，可以将近似目标函数的 Hessian 矩阵的对角阵视为每次反演的预处理矩阵，其更新公式如下(Newman and Alumbaugh，2002)：

$$\boldsymbol{M}_{i+1}=\boldsymbol{M}_i+\frac{\nabla\phi(\boldsymbol{m}_{(i)})\nabla\phi(\boldsymbol{m}_{(i)})^{\mathrm{T}}}{\nabla\phi(\boldsymbol{m}_{(i)})^{\mathrm{T}}\boldsymbol{u}_{(i)}}+\frac{\boldsymbol{y}_{(i)}\boldsymbol{y}_{(i)}{}^{\mathrm{T}}}{\boldsymbol{a}_{(i)}\boldsymbol{y}_{(i)}{}^{T}\boldsymbol{u}_{(i)}} \tag{5.2}$$

其中， $\boldsymbol{y}_{(i)}=\nabla\phi(\boldsymbol{m}_{(i+1)})-\nabla\phi(\boldsymbol{m}_{(i)})$ 。需要注意的是，在反演过程中，如果 $\boldsymbol{M}_{i+1}$ 中出现了负值，则不再更新预处理矩阵，而是重新使用初始的预处理矩阵 $\boldsymbol{M}_i$ 。

从 NLCG 反演流程中可以看出，目标函数梯度 $\boldsymbol{r}_i$ 的计算和每次反演步长α_i的确定是反演流程中两个最重要和计算量最大的部分，因此下面将详细讨论这两部分的求取过程。

5.1.3 目标函数的梯度计算

NLCG 法的优点是计算速度快，占用内存小，这是因为它在反演过程中并不需要计算占用大量内存和计算时间的雅可比矩阵，而是利用伴随正演的方式，通过一次拟正演计算得到目标函数的梯度矩阵，极大地减小了计算内存和反演时间。

首先，利用目标函数式(5.1)对模型电阻率 $\boldsymbol{m}$ 进行求导，得到

$$\nabla\phi = \nabla\phi_{\mathrm{d}} + \lambda\nabla\phi_{\mathrm{m}} \tag{5.3}$$

式中，$\nabla\phi_{\mathrm{m}}$ 是模型部分的梯度，可以直接计算得到

$$\nabla\phi_{\mathrm{m}} = \boldsymbol{W}^{\mathrm{T}}\boldsymbol{W}(\boldsymbol{m}-\boldsymbol{m}_0) \tag{5.4}$$

另一项数据部分的梯度可以表示为

$$\nabla\phi_{\mathrm{d}} = -\mathrm{Re}\left(\left\{\boldsymbol{D}\frac{\partial \boldsymbol{d}}{\partial m}\right\}^{\mathrm{T}}\{\boldsymbol{D}(\boldsymbol{d}^{\mathrm{obs}}-\boldsymbol{d})^*\}\right) \tag{5.5}$$

式中，*代表矩阵的复共轭算子；Re 指取实部；$\frac{\partial \boldsymbol{d}}{\partial m}$ 为各点$\boldsymbol{E_x}$电场的分量对各计算单元电导率的导数所形成的矩阵，相当于雅可比矩阵。如果直接计算该式，则需要大量计算时间和内存，因此本章选用伴随正演的方式来求取 $\nabla\phi_{\mathrm{d}}$。

将雅可比矩阵中的单一元素表示为

$$\frac{\partial \boldsymbol{d}}{\partial \boldsymbol{m}_k} = \frac{\boldsymbol{Q}\partial \boldsymbol{E}}{\partial \boldsymbol{m}_k} \tag{5.6}$$

其中，$\boldsymbol{Q}$ 是插值算子，可以由网格计算节点的电场插值得出任意位置观测点处的电场，在反演过程中，由于一次场与计算单元的电导率无关，所以只需考虑二次电场对电阻率的偏导 $\frac{\partial \boldsymbol{E}_s}{\partial \boldsymbol{m}_k}$ 的计算。

将正演的线性方程写为 $\boldsymbol{K}\boldsymbol{E}_s = \boldsymbol{S}$，该式两侧对某一计算单元的电阻率 $\boldsymbol{m}_k$ 求偏导，得到 $\frac{\partial \boldsymbol{E}_s}{\partial \boldsymbol{m}_k} = \boldsymbol{K}^{-1}\left(\frac{\partial \boldsymbol{S}}{\partial \boldsymbol{m}_k} - \frac{\partial \boldsymbol{K}}{\partial \boldsymbol{m}_k}\boldsymbol{E}_s\right)$，代入式(5.6)有 $\frac{\partial \boldsymbol{d}}{\partial \boldsymbol{m}_k} = \boldsymbol{Q}\boldsymbol{K}^{-1}\left(\frac{\partial \boldsymbol{S}}{\partial \boldsymbol{m}_k} - \frac{\partial \boldsymbol{K}}{\partial \boldsymbol{m}_k}\boldsymbol{E}_s\right)$。

为简化书写，定义

$$\boldsymbol{G}_{N\times M} = \left\{\left(\frac{\partial \boldsymbol{S}}{\partial \boldsymbol{m}_1} - \frac{\partial \boldsymbol{K}}{\partial \boldsymbol{m}_1}\boldsymbol{E}_s\right),\left(\frac{\partial \boldsymbol{S}}{\partial \boldsymbol{m}_2} - \frac{\partial \boldsymbol{K}}{\partial \boldsymbol{m}_2}\boldsymbol{E}_S\right),\cdots,\left(\frac{\partial \boldsymbol{S}}{\partial \boldsymbol{m}_M} - \frac{\partial \boldsymbol{K}}{\partial \boldsymbol{m}_M}\boldsymbol{E}_s\right)\right\}$$

所以 $\frac{\partial \boldsymbol{d}}{\partial \boldsymbol{m}_k} = \boldsymbol{Q}\boldsymbol{K}^{-1}\boldsymbol{G}$，又由于线性算子 $\boldsymbol{K}$ 是对称的，则 $\left(\frac{\partial \boldsymbol{d}}{\partial \boldsymbol{m}_k}\right)^{\mathrm{T}} = \boldsymbol{G}^{\mathrm{T}}\boldsymbol{K}^{-1}\boldsymbol{Q}^{\mathrm{T}}$。

数据部分的梯度式(5.5)可以展开为

$$\nabla\phi_{\mathrm{d}} = -\mathrm{Re}(\boldsymbol{G}^{\mathrm{T}}\boldsymbol{K}^{-1}\boldsymbol{Q}^{\mathrm{T}}\boldsymbol{D}^{\mathrm{T}}\{\boldsymbol{D}(\boldsymbol{d}^{\mathrm{obs}}-\boldsymbol{Q}\boldsymbol{E})^*\}) \tag{5.7}$$

为求解上式，定义 $\boldsymbol{u} = \boldsymbol{K}^{-1}\boldsymbol{Q}^{\mathrm{T}}\boldsymbol{D}^{\mathrm{T}}\{\boldsymbol{D}(\boldsymbol{d}^{\mathrm{obs}}-\boldsymbol{Q}\boldsymbol{E})^*\}$，并且两侧左乘线性算子 $\boldsymbol{K}$，得到

$$\boldsymbol{K}\boldsymbol{u} = \boldsymbol{Q}^{\mathrm{T}}\boldsymbol{D}^{\mathrm{T}}\{\boldsymbol{D}(\boldsymbol{d}^{\mathrm{obs}}-\boldsymbol{Q}\boldsymbol{E})^*\} \tag{5.8}$$

式(5.8)和正演算法的线性方程组在本质上是一致的，$\boldsymbol{K}$ 为稀疏对称矩阵，右侧相当于正演计算的右端项向量，故可以通过正演中使用的 QMR 迭代算法解得 $\boldsymbol{u}$，最终将 $\boldsymbol{u} = \boldsymbol{K}^{-1}\boldsymbol{Q}^{\mathrm{T}}\boldsymbol{D}^{\mathrm{T}}\{\boldsymbol{D}(\boldsymbol{d}^{\mathrm{obs}}-\boldsymbol{Q}\boldsymbol{E})^*\}$ 代回式(5.7)求得 $\nabla\phi_{\mathrm{d}}$。

分析求解数据部分梯度的过程会发现，该部分主要的计算量产生在两处：第一处是计算式(5.7)中的理论电场 $\boldsymbol{E}$，需要一次正演计算；另一处是伴随正演求解式(5.8)，同样需要求解一次线性方程组。因此，在计算梯度时需要两次正演的计算量。

对于可控源电磁法这种具有多频率发射源的方法，只需先分别计算不同发射源和频率的 $\nabla\phi_{\mathrm{d}}$，然后求和，再作为总的数据部分的梯度代入目标函数的梯度表达式(5.3)。

为了保证反演的稳定性和消除灵敏度随深度变化的不均匀性，本章在计算梯度时还用到了 Commer 等(2011)提出的梯度随深度加权的方式，其原理如下。在进入线性搜索之前，给目标函数的梯度矢量添加一个合适的加权算子 $f(z)$：

$$\nabla\tilde{\phi} = f(z)\nabla\phi \tag{5.9}$$

由于在可控源电磁法的反演过程中近地表的灵敏度远大于地下深部的灵敏度，因此，挑选加权算子的主要原则是，随着深度的加深，$f(z)$ 也逐渐增大，但是最大不能超过 1。因此，定义加权算子的形式为

$$f(z) = \frac{a + \exp\left(r\dfrac{z - z_1}{\mathrm{d}z}\right)}{1 + \exp\left(r\dfrac{z - z_1}{\mathrm{d}z}\right)} \tag{5.10}$$

$f(z)$的变化区间是 a 到 1，并且它的变化速度的快慢可以通过调整 z_1 实现，即 z_1 越大，表示 $f(z)$ 随深度变化越缓慢，z_1 越小，$f(z)$变化越快。在上式中，dz 是垂向的反演区域的范围，r 取一个比较大的值，用于保证 $f(z=0)\approx a$。

5.1.4　反演步长的线性搜索

除了计算目标函数的梯度外，5.1.2 节中的 NLCG 算法流程中还要求计算反演每次迭代更新的步长。Nocedal 和 Wright(1999)提出了多次试算目标函数，求取一个满足下降条件的反演步长的方法。

首先，步长线性搜索要求目标函数 $\phi(m_i + a_i\boldsymbol{u}_i)$ 在每次反演迭代时都要满足充分下降条件，即

$$\phi(\boldsymbol{m}_i + \boldsymbol{a}_i\boldsymbol{u}_i) \leqslant \phi(\boldsymbol{m}_i) + c_1 a_i \phi(\boldsymbol{m}_i)^{\mathrm{T}}\boldsymbol{u}_i \tag{5.11}$$

上式表明，所求的步长必须保证当前反演迭代的目标函数小于上步反演迭代目标函数与一个很小的量之和。为了保证这个量很小，通常取 $c_1 = 10^{-4}$。

当反演开始进行第一次迭代，确定初始步长 a_1^0 时，可以令它近似等于一个比较小的值 $(a_1^0 = 0.01)$，以保证目标函数满足充分下降条件，使反演顺利进行下去。之后，随着反演迭代次数的增加，可以通过利用当前和上步反演的目标函数和梯度信息，插值计算出一个满足充分条件的步长：$a_i^0 = \dfrac{2[\phi(\boldsymbol{m}_i) - \phi(\boldsymbol{m}_{i-1})]}{\nabla\phi(\boldsymbol{m}_{i-1})^{\mathrm{T}}\boldsymbol{u}_i}$。此外，在反演中需要给每次的步长设置一个上限，防止因为单次反演迭代的步长过大导致反演陷入局部极小值中。因此，当上式求得步长后，可以取 $a_i^0 = \min(1, a_i^0)$。

通常情况下，利用目标函数值和梯度信息求得的步长即可保证目标函数充分下降。但是随着迭代步数的增加，当目标函数逐渐接近极小值时，该步长可能并不能满足充分下降条件。为此我们设置一个判断标准：将步长 a_i^0 代入式(5.11)，如果满足该式，则终止线性搜索；如果不满足充分下降条件，则需要构建二次插值函数，求得一个在区间

$\left[0, a_i^0\right]$内的步长α_i^1。

与之前相似，将a_i^1代入充分下降条件式(5.11)，如果成立，则终止线性搜索；如果不成立，则构建三次插值函数，求得一个在区间$\left[0, a_i^1\right]$内的步长a_i^2。一般情况下，a_i^2可以满足充分下降条件，搜索终止，返回步长值。

5.2　理论模型反演算例

本章设计了两个地形相同、地下异常体位置以及电阻率值不同的理论模型，利用接收点的电场分量E_x直接验证考虑地形因素的异常体反演方法的准确性。

图 5.1 和图 5.2 分别是反演模型在x方向的剖面图和在z方向的俯视图，O是空间的原点，设其坐标为(0,0,0)，地面上存在着两个大小和形状相同、位置不同的四棱台山峰，山峰顶界面是边长为 100m 的正方形，底界面是边长为 400m 的正方形，顶底界面之间的距离为 200m，两个四棱柱山峰底界面的中心点坐标分别为(–300,0,0)和(300,0,0)。发射源是长度为 1000m，供电电流为 10A，水平放置于地表的长直导线源，与y=0 方向平行，导线中心点的坐标为(0,4000,0)，共接收激发四个频率：16Hz，64Hz，256Hz，2048Hz。

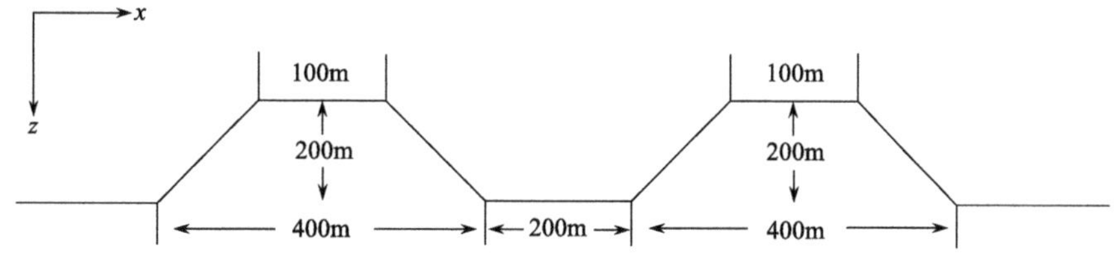

图 5.1　反演模型x方向剖面图

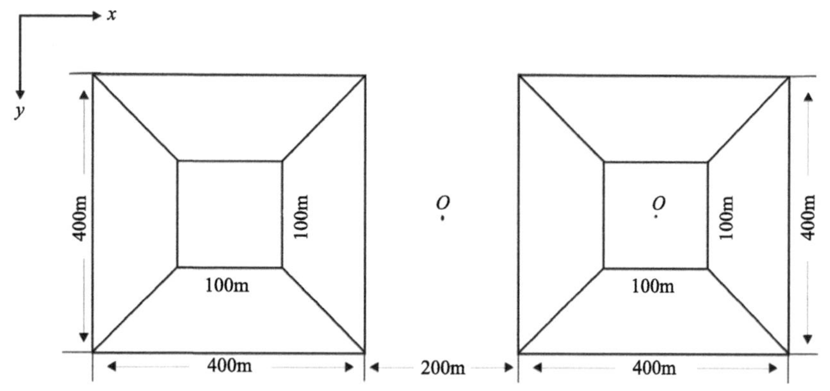

图 5.2　反演模型z方向俯视图

图 5.3 展示接收点在地表的位置，每条测线均沿x方向布置，共计 15 条平行于y=0 测线(y={–475,–375,–275,–225,–175,–125,–75,–25,25,75,125,175, 225,375,475})，其中每条测线均匀分布 24 个测点，在x = –575m 至 575m 的范围内，每隔 50m 分布一个接收点。为了进一步说明测点的位置，详细绘制了过原点O的测线上的各接收点位置(图 5.4)，其

他测线与该测线的情况相似，只是随地形高度变化，接收点的 z 坐标相应变化。反演所使用的网格为$40 \times 40 \times 40$，计算中心的最小网格为 50m 的正方体，反演范围在 x，y 方向上均为–800m 至 800m，z 向反演区域为地形至 800m 的区域。

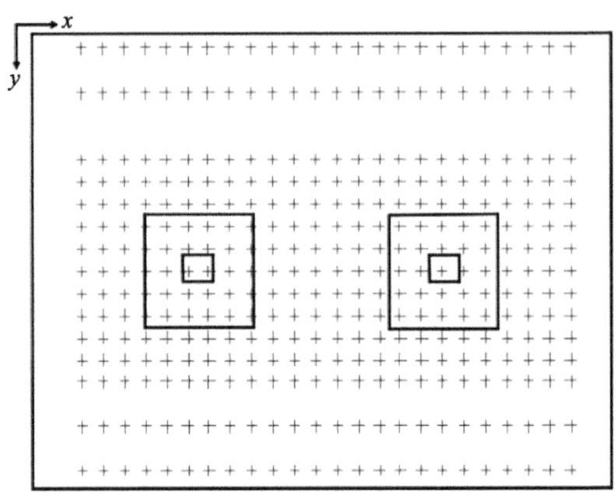

图 5.3　反演模型 xy 平面接收点位置示意图

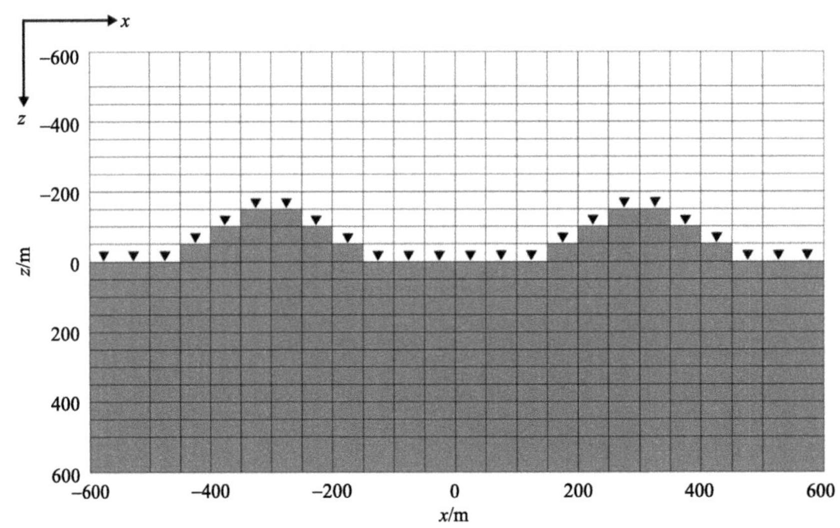

图 5.4　反演模型过原点 O 测线内各接收点位置示意图

5.2.1　模型 1

本章的反演验证模型的地形起伏和收发设置均采用上述形式，图 5.5 是理论模型 1 沿 x 方向的切片示意图，切片的位置是 y= –350,–250,⋯,150,250。均匀大地和地形部分的电阻率为 $100\,\Omega\cdot\mathrm{m}$，地表之下含有三块边长为 100m 的正方体异常，其中红色的两块异常体是电阻率为 $1000\,\Omega\cdot\mathrm{m}$ 的高阻异常体，中心点坐标分别为(–300,0,100)和(300,0,100)；蓝色的异常体是电阻率为 $10\,\Omega\cdot\mathrm{m}$ 的低阻异常体，中心点坐标为(0,0,200)。

在观测数据电场 E_x 中添加 1%的白噪声，反演的初始模型设定为均匀空间，经过 150 次反演迭代，得到如图 5.6 所示的反演模型。从反演结果中可以看出，高阻异常体主要分布在浅部区域，低阻异常埋藏较深，与理论模型(图 5.5)中异常体的形态和位置基本吻合。在电阻率真值恢复方面，反演的低阻异常体的电阻率值与理论异常体的电阻率值差异较小，高阻异常体的反演结果与理论值有一定的差异，这说明可控源电磁法对于地下低阻异常体的敏感程度要高于高阻异常体，因此想要完全反演得到高阻异常体的电阻率真值有一定的困难。

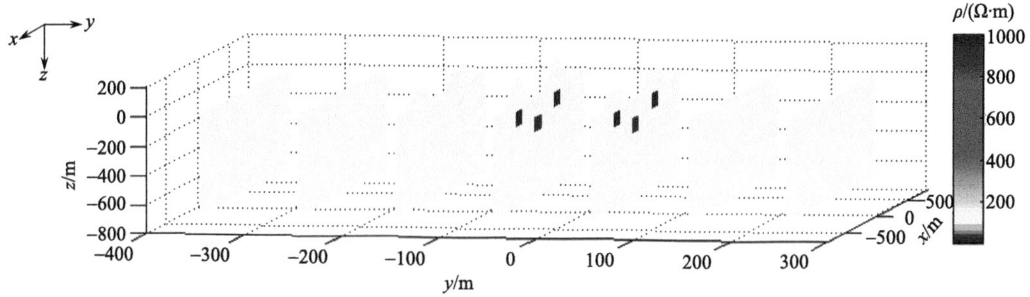

图 5.5　理论模型 1 沿 x 方向的切片示意图

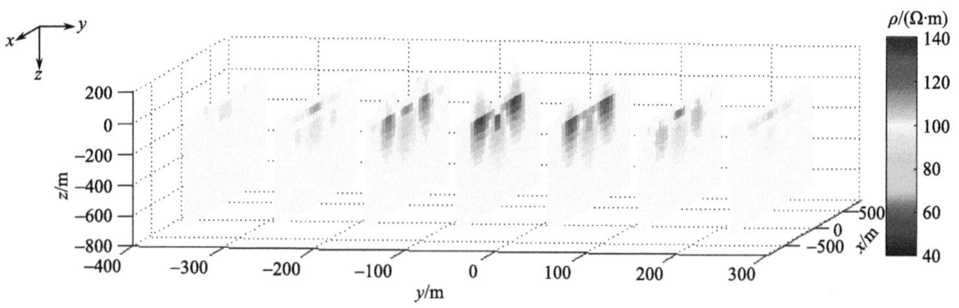

图 5.6　反演模型 1 沿 x 方向的切片示意图

5.2.2　模型 2

同样地，模型 2 也采用和模型 1 一样的收发设置，异常体的大小和位置与模型 1 相同，只是电阻率值稍有变化。图 5.7 是理论模型 2 沿 x 方向的切片示意图，切片的位置是 $y = -350,-250,\cdots,150,250$。均匀大地和地形部分的电阻率为 $100\,\Omega\cdot\text{m}$，地表之下含有三块边长为 100m 的正方体异常，其中红色的异常体是电阻率为 $1000\,\Omega\cdot\text{m}$ 的高阻异常体，中心点坐标为(0,0,200)；蓝色的异常体是电阻率为 $10\,\Omega\cdot\text{m}$ 的低阻异常体，中心点坐标分别为(−300,0,100)和(300,0,100)。

向观测数据电场 E_x 中添加 1%振幅的白噪声，反演的初始模型设定为均匀空间，经过近 150 次反演迭代，得到如图 5.8 所示的反演模型。反演结果与理论模型(图 5.7)中异常体的形态和位置基本吻合，只是异常体在 y 方向上略有拉长，这是因为我们只使用了电场的E_x分量进行反演，在 y 方向上信息不足。除此之外，在反演目标函数中使用了一阶光滑模型约束，会导致在反演结果中异常体的形态发生拉伸，其规模相对理论模型变大，也会对异常体形态和电阻率值的恢复产生一定的影响。

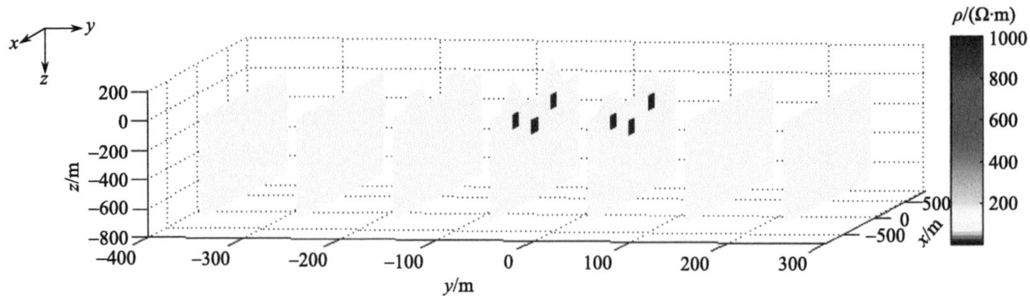

图 5.7　理论模型 2 沿 x 方向的切片示意图

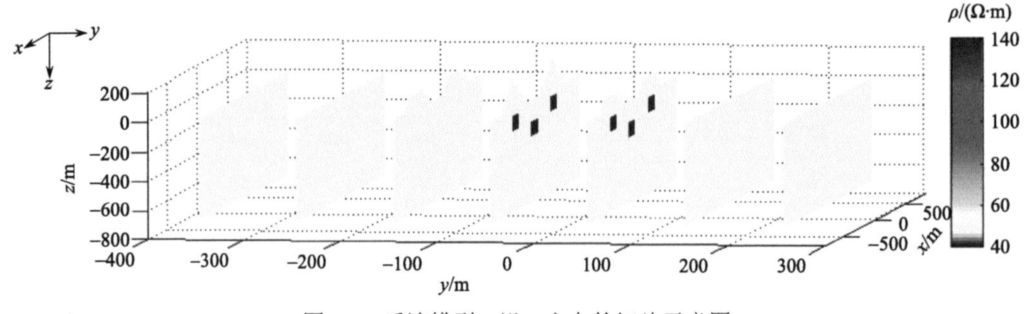

图 5.8　反演模型 2 沿 x 方向的切片示意图

5.3　误 差 分 析

为了进一步验证反演程序的准确性，本章利用误差计算公式$\varepsilon_i = \dfrac{E_{xi}^{\mathrm{d}} - E_{xi}}{E_{xi}^{\mathrm{d}}} \times 100\%$，计算得到了过中心点测线上各接收点电场的实虚部误差。其中，E_{xi}^{d}是观测数据，E_{xi}是反演得到的数据，对应的误差用ε_i表示。

相对误差的结果见图 5.9 和图 5.10，反演数据电场实虚部的最大误差没有超过±2.5%，这说明反演数据和观测数据的拟合程度比较高，证明本章的算法是可信的。此

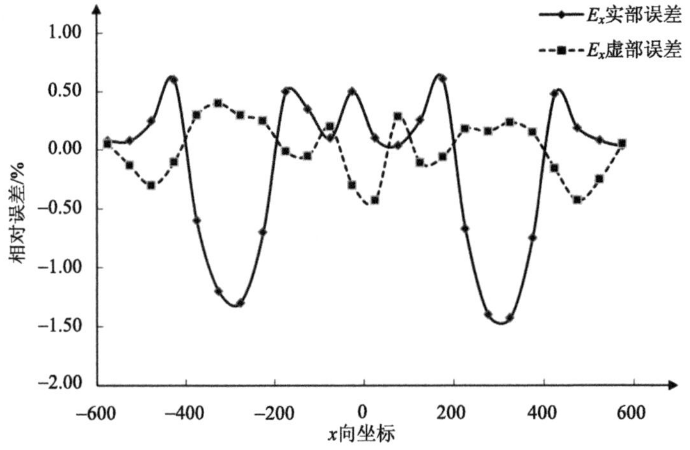

图 5.9　模型 1 过地形中心点正演数据和反演拟合数据实虚部相对误差剖面图

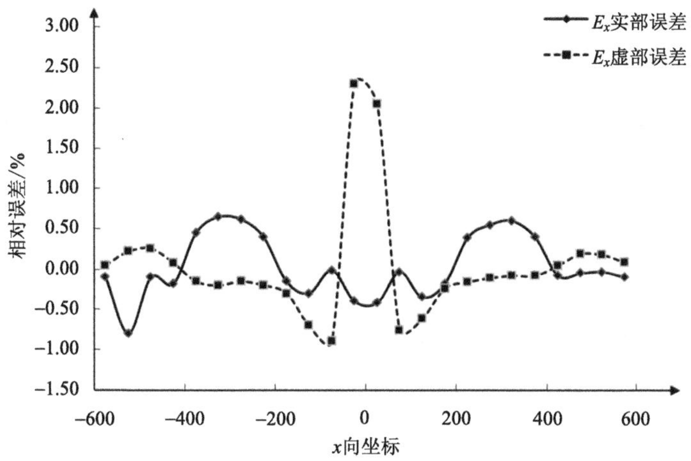

图 5.10　模型 2 过地形中心点正演数据和反演拟合数据实虚部相对误差剖面图

外，可以发现误差值较高的接收点多集中在地形起伏区域和高阻体埋藏区域的地表处，例如模型 1 中的−400~ −200 和 200~400 区域，模型 2 中的−100~100 区域，这些区域的相对误差都要比其他地区的误差大得多。这也从侧面说明了高阻异常体和起伏地形的反演难度要远高于低阻异常体和平地形情况下的反演。

参 考 文 献

林昌洪. 2009. 大地电磁张量阻抗三维共轭梯度反演研究. 北京: 中国地质大学.

刘云鹤, 殷长春. 2013. 三维频率域航空电磁反演研究. 地球物理学报, 56(12): 4278-4287.

罗红明, 王家映, 师学明, 等. 2008. 地球物理资料非线性反演方法讲座(八)——量子遗传算法. 工程地球物理学报, 5(6): 635-642.

师学明, 王家映. 2010. 地球物理资料非线性反演方法讲座(十一)模拟原子跃迁反演法. 工程地球物理学报, 7(2): 127-137.

王家映. 2007. 地球物理资料非线性反演方法讲座(一)地球物理反演问题概述. 工程地球物理学报, 4(1): 1-3.

王家映. 2008. 地球物理资料非线性反演方法讲座(五)人工神经网络反演法. 工程地球物理学报, 5(3): 255-265.

王书明, 刘玉兰, 王家映. 2009. 地球物理资料非线性反演方法讲座(九)——蚁群算法. 工程地球物理学报, (2): 131-136.

翁爱华, 刘云鹤, 贾定宇, 等. 2012. 地面可控源频率测深三维非线性共轭梯度反演. 地球物理学报, 55(10): 3506-3515.

易远元, 王家映. 2009. 地球物理资料非线性反演方法讲座(十)粒子群反演方法. 工程地球物理学报, 6(4): 385-389.

朱培民, 王家映. 2008. 地球物理资料非线性反演方法讲座(六)——共轭梯度法. 工程地球物理学报, 5(4): 381-386.

Buland A, Kolbjørnsen O. 2012. Bayesian inversion of CSEM and magnetotelluric data. Geophysics, 77(1): E33.

Commer M, Newman G A. 2008. New advances in three-dimensional controlled-source electromagnetic inversion. Geophysical Journal International, 172(2): 513-535.

Commer M, Newman G A, Williams K H, et al. 2011. 3D induced-polarization data inversion for complex resistivity. Geophysics, 76(3): 395-398.

Groothedlin C D D, Constable S C. 2012. Occam's inversion to generate smooth, two-dimensional models from magnetotelluric data. Geophysics, 55(55): 1613-1624.

Kelbert A, Egbert G D, Schultz A. 2008. Non-linear conjugate gradient inversion for global EM induction: Resolution studies. Geophysical Journal International, 173(173): 365-381.

Newman G A, Alumbaugh D L. 2002. Three-dimensional magnetotelluric inversion using non-linear conjugate gradients. Geophysical Journal International, 140(2): 410-424.

Newman G A, Boggs P T. 2004. Solution accelerators for large-scale three-dimensional electromagnetic inverse problems. Inverse Problems, 20(6): S151-S170.

Nocedal J，Wright S J. 1999. Numerical Optimization Second Edition. Berlin: Springer.

Siripunvaraporn W, Egbert G, Lenbury Y, et al. 2005a. Three-dimensional magnetotelluric: data space method. Physics of the Earth & Planetary Interiors, 150(1): 3-14.

Siripunvaraporn W, Egbert G, Uyeshima M. 2005b. Interpretation of two-dimensional magnetotelluric profile data with three-dimensional inversion: Synthetic examples. Geophysical Journal International, 160(3): 804-814.

第 6 章　三维复电阻率反演理论及应用

6.1　拟线性反演

拟线性近似方法的精度和计算速度在前面已经讨论过，它因计算速度在三维正、反演的研究、应用等领域非常受欢迎。根据拟线性近似理论，异常区域的异常场 $\boldsymbol{E}^{\mathrm{a}}$ 可以通过反射系数的作用近似地与背景场 $\boldsymbol{E}^{\mathrm{b}}$ 建立线性的关系：

$$\boldsymbol{E}_{\mathrm{QL}}^{\mathrm{a}} = \lambda \boldsymbol{E}^{\mathrm{b}} \tag{6.1}$$

对于地面接收点上的二次场，本章用 $\boldsymbol{d}$ 表示：

$$\boldsymbol{d} = \boldsymbol{G}_{\mathrm{E}}\left[\Delta\sigma(1+\lambda)\boldsymbol{E}^{\mathrm{b}}\right] \tag{6.2}$$

在这里引入一个新的变量 $\boldsymbol{m}$ ：

$$\boldsymbol{m} = \Delta\sigma(1+\lambda) \tag{6.3}$$

$\boldsymbol{m}$ 为介质的性质参数。对于反演来说，$\boldsymbol{m}$ 的引入可以将求解 $\Delta\sigma$ 的非线性问题转变为求解 $\boldsymbol{m}$ 的线性问题。

$$\boldsymbol{d} = \boldsymbol{G}_{\mathrm{E}}\left(\boldsymbol{E}^{\mathrm{b}}\right)\boldsymbol{m} \tag{6.4}$$

当通过反演得到 $\boldsymbol{m}$ 之后，建立 $\boldsymbol{m}$ 与反射系数 λ 的关系式，在异常区域内：

$$\lambda \boldsymbol{E}^{\mathrm{b}} = \boldsymbol{G}_{\mathrm{E}}\left(\boldsymbol{m}\cdot\boldsymbol{E}^{\mathrm{b}}\right) \tag{6.5}$$

根据式(6.5)可以求出各个异常单元的反射系数，然后通过式(6.3)就能够得到异常电导率 $\Delta\sigma$，那么异常区域的电导率则为异常电导率与背景电导率之和。

这是拟线性反演的大体步骤，对于复电阻率反演还需要通过复电导率 $\hat{\sigma}$ 确定 Cole-Cole 参数，因为 Cole-Cole 参数有四个，所以至少需要四个频率的 $\hat{\sigma}$ 来确定。

本章首先利用共轭梯度方法通过四个频率的数据来反演 $\boldsymbol{m}$，然后通过式(6.5)和式(6.3)计算出各个异常单元的复电导率 $\hat{\sigma}$，最后根据四个频率的 $\hat{\sigma}$ 再利用共轭梯度法反演 Cole-Cole 参数(刘永亮等，2015)。

6.1.1　反演物质性质系数

对于给定的背景电导率 σ^{b}，本章根据观测的电场振幅和相位计算出二次场，那么

$$\boldsymbol{d}\left(\boldsymbol{r}_j\right) \approx \boldsymbol{E}_{\mathrm{QA}}^{\mathrm{a}}\left(\boldsymbol{r}_j\right) = \boldsymbol{G}_{\mathrm{E}}\left(\boldsymbol{m}(\boldsymbol{r})\boldsymbol{E}^{\mathrm{b}}(\boldsymbol{r})\right) \tag{6.6}$$

其中，$\boldsymbol{d}$ 为二次场数据；$\boldsymbol{E}_{\mathrm{QA}}^{\mathrm{a}}$ 为理论数据；$\boldsymbol{G}_{\mathrm{E}}$ 为格林线性算子；$\boldsymbol{E}^{\mathrm{b}}$ 为单元一次场。

由于三维反演的多解性尤为严重，本章采用光滑约束反演方法。建立的目标函数如下：

$$\varphi=\left(\boldsymbol{W}_{\mathrm{d}}\boldsymbol{d}-\boldsymbol{W}_{\mathrm{d}}\boldsymbol{G}\boldsymbol{m}\right)^{*}\left(\boldsymbol{W}_{\mathrm{d}}\boldsymbol{d}-\boldsymbol{W}_{\mathrm{d}}\boldsymbol{G}\boldsymbol{m}\right)+\lambda_{\mathrm{L}}\boldsymbol{m}^{*}\boldsymbol{R}^{\mathrm{T}}\boldsymbol{R}\boldsymbol{m} \tag{6.7}$$

这里，*表示复数的共轭；$\boldsymbol{W}_{\mathrm{d}}$ 为数据方差向量；λ_{L} 为拉格朗日因子；$\boldsymbol{R}$ 为光滑度矩阵；$\boldsymbol{G}=\boldsymbol{G}_{\mathrm{E}}\left(\boldsymbol{E}^{\mathrm{b}}\left(\boldsymbol{r}\right)\right)$。上式对 $\boldsymbol{m}$ 求导取极小得到反演方程：

$$\left(\boldsymbol{G}^{*}\boldsymbol{W}_{\mathrm{d}}^{2}\boldsymbol{G}+\lambda_{\mathrm{L}}\boldsymbol{R}^{\mathrm{T}}\boldsymbol{R}\right)\Delta\boldsymbol{m}=\boldsymbol{G}^{*}\boldsymbol{W}_{\mathrm{d}}^{2}\Delta\boldsymbol{d} \tag{6.8}$$

其中，$\Delta\boldsymbol{d}$ 为观测数据与正演理论数据的残差向量；$\Delta\boldsymbol{m}$ 为模型修正量。

拟合误差计算表达式为

$$\mathrm{RMS}=\sqrt{\Delta\boldsymbol{d}^{\mathrm{T}}\Delta\boldsymbol{d}/k} \tag{6.9}$$

其中，k 为数据个数。

三维反演的计算量是非常大的，所以本章采用比较节省内存的共轭梯度法，反演流程如下：

(1)给定初始模型 $\boldsymbol{m}_0$ 及拉格朗日因子 λ_{L}；

(2)计算右端项 $\boldsymbol{td}_i$，$\boldsymbol{td}_i=\boldsymbol{G}_{\mathrm{E}}^{*}\boldsymbol{W}_{\mathrm{d}}^{2}\Delta\boldsymbol{d}$，令 $\boldsymbol{r}_i=\boldsymbol{td}_i$；

(3)计算 $\boldsymbol{p}=\boldsymbol{G}_{\mathrm{E}}^{*}\boldsymbol{W}_{\mathrm{d}}^{2}\boldsymbol{G}+\lambda_{\mathrm{L}}\boldsymbol{R}^{\mathrm{T}}\boldsymbol{R}$，保存待用；

(4) $\boldsymbol{hp}_i=\boldsymbol{p}\cdot\boldsymbol{td}_i$；

(5)计算步长 $\boldsymbol{tp}_i$，$\boldsymbol{tp}_i=\left(\boldsymbol{r}_i^{*}\cdot\boldsymbol{r}_i\right)/\left(\boldsymbol{td}_i^{*}\cdot\boldsymbol{hp}_i\right)$；

(6)更新模型，$\boldsymbol{m}_i=\boldsymbol{m}_i+\boldsymbol{tp}_i\cdot\boldsymbol{td}_i$，计算拟合差，达到给定精度或 λ_{L} 小于阈值则跳出循环，否则继续；

(7) $\boldsymbol{r}_{i+1}=\boldsymbol{r}_i+\boldsymbol{tp}_i\cdot\boldsymbol{hp}_i$；

(8) $\beta_i=\left(\boldsymbol{r}_{i+1}^{*}\cdot\boldsymbol{r}_{i+1}\right)/\left(\boldsymbol{r}_i^{*}\cdot\boldsymbol{r}_i\right)$；

(9) $\boldsymbol{td}_{i+1}=\boldsymbol{r}_{i+1}+\beta_i\cdot\boldsymbol{td}_i$；

(10) 令 $i=i+1$,然后跳到(4)。

对于拉格朗日因子 λ_{L}，反演中采取自适应方式进行选择(刘云鹤和殷长春，2013)，其做法如下：初始给定的 λ_{L} 值相对较大，当反演步长小到某种程度时，将 λ_{L} 值变为原来的1/10，当 λ_{L} 值或拟合差小于阈值时终止迭代。

反演得到 $\boldsymbol{m}$ 之后，通过式(6.5)和式(6.3)计算各个异常单元的复电导率 $\hat{\sigma}$。

6.1.2 科尔-科尔(Cole-Cole)模型参数的确定

在反演 Cole-Cole 模型参数时，进行逐块反演。任意单元的 Cole-Cole 模型参数可以由下式确定：

$$\left\|\frac{1}{\sigma(\mathrm{i}\omega)}-\rho_0\left\{1-\eta\left[1-\frac{1}{1+(\mathrm{i}\omega\tau)^{\mathrm{c}}}\right]\right\}\right\|_{L_2(\omega)}=\min \tag{6.10}$$

这里，$\sigma(\mathrm{i}\omega)=\sigma^{\mathrm{b}}(\mathrm{i}\omega)+\Delta\sigma(\mathrm{i}\omega)$，$\sigma^{\mathrm{b}}(\mathrm{i}\omega)$ 为背景复电导率，$\Delta\sigma(\mathrm{i}\omega)$ 为异常复电导率。

对于式(6.10)，通过四个频率列出非线性方程组，利用共轭梯度迭代求解出 Cole-Cole 模型参数。考虑到 Cole-Cole 模型参数均为正实数，且在一定范围内变化，在这里引入

Commer 和 Newman(2008)给出的约束函数：

$$\boldsymbol{x}=\frac{\boldsymbol{x}_{\min}\left(\boldsymbol{x}_{\max}-\boldsymbol{x}^{0}\right)+\boldsymbol{x}_{\max}\left(\boldsymbol{x}^{0}-\boldsymbol{x}_{\min}\right)\exp(\Delta\boldsymbol{x})}{\left(\boldsymbol{x}_{\max}-\boldsymbol{x}^{0}\right)+\left(\boldsymbol{x}^{0}-\boldsymbol{x}_{\min}\right)\exp(\Delta\boldsymbol{x})} \tag{6.11}$$

其中，$\boldsymbol{x}$ 代表 Cole-Cole 模型参数；$\Delta\boldsymbol{x}$ 为反演参数修正量；$\boldsymbol{x}^0$ 为初始模型。这样就将模型 $\boldsymbol{x}$ 限定在 $(\boldsymbol{x}_{\min},\boldsymbol{x}_{\max})$ 范围内，能够有效改善反演的多解性。

6.1.3　偏导数矩阵

在反演 $\boldsymbol{m}$ 时，$\boldsymbol{m}$ 与二次场 $\boldsymbol{d}$ 是线性关系，其偏导数很容易求取，$\boldsymbol{d}$ 对 $\boldsymbol{m}$ 的偏导数为

$$\frac{\partial\boldsymbol{d}(\boldsymbol{i})}{\partial\boldsymbol{m}(\boldsymbol{j})}=G_{xx}\left(\boldsymbol{r}_i^{\mathrm{m}}/\boldsymbol{r}_j^{\mathrm{n}}\right)\cdot\boldsymbol{E}_x^{\mathrm{b}}(\boldsymbol{i})+G_{xy}\left(\boldsymbol{r}_i^{\mathrm{m}}/\boldsymbol{r}_j^{\mathrm{n}}\right)\cdot\boldsymbol{E}_y^{\mathrm{b}}(\boldsymbol{i})+G_{xz}\left(\boldsymbol{r}_i^{\mathrm{m}}/\boldsymbol{r}_j^{\mathrm{n}}\right)\cdot\boldsymbol{E}_z^{\mathrm{b}}(i) \tag{6.12}$$

其中，r_i^{m} 为接收点位置；r_j^{n} 为异常单元位置。

反演 Cole-Cole 模型参数时，分解为实虚部的形式：

$$\rho(\mathrm{i}\omega)=\rho_0\left(1-m+\frac{mR}{R^2+I^2}-\mathrm{i}\frac{mI}{R^2+I^2}\right) \tag{6.13}$$

其中，$\rho(\mathrm{i}\omega)=\dfrac{1}{\sigma(\mathrm{i}\omega)}$。

$$R=1+(\omega\tau)^c\cos\frac{\pi c}{2} \tag{6.14}$$

$$I=(\omega\tau)^c\sin\frac{\pi c}{2} \tag{6.15}$$

这样就可以求出复电阻率对各个 Cole-Cole 参数的偏导数：

$$\frac{\partial\rho(\mathrm{i}\omega)}{\partial m}=\rho_0\left(\frac{R}{R^2+I^2}-1-\mathrm{i}\frac{I}{R^2+I^2}\right) \tag{6.16}$$

$$\begin{aligned}\frac{\partial\rho(\mathrm{i}\omega)}{\partial c}=m\cdot\rho_0\Bigg\{&\left[\frac{I^2-R^2}{R^2+I^2}\cdot\frac{\partial R}{\partial c}-\frac{2RI}{\left(R^2+I^2\right)^2}\cdot\frac{\partial I}{\partial c}\right]\\&+\mathrm{i}\left[\frac{2RI}{\left(R^2+I^2\right)^2}\cdot\frac{\partial R}{\partial c}+\frac{I^2-R^2}{\left(R^2+I^2\right)^2}\cdot\frac{\partial I}{\partial c}\right]\Bigg\}\end{aligned} \tag{6.17}$$

$$\begin{aligned}\frac{\partial\rho(\mathrm{i}\omega)}{\partial \tau}=m\cdot\rho_0\Bigg\{&\left[\frac{I^2-R^2}{R^2+I^2}\cdot\frac{\partial R}{\partial \tau}-\frac{2RI}{\left(R^2+I^2\right)^2}\cdot\frac{\partial I}{\partial \tau}\right]\\&+\mathrm{i}\left[\frac{2RI}{\left(R^2+I^2\right)^2}\cdot\frac{\partial R}{\partial \tau}+\frac{I^2-R^2}{\left(R^2+I^2\right)^2}\cdot\frac{\partial I}{\partial \tau}\right]\Bigg\}\end{aligned} \tag{6.18}$$

$$\frac{\partial \rho(\mathrm{i}\omega)}{\partial \rho_0}=1-m+\frac{mR}{R^2+I^2}-\mathrm{i}\frac{mI}{R^2+I^2} \tag{6.19}$$

$$\begin{cases}\dfrac{\partial \boldsymbol{R}}{\partial c}=(\omega\tau)^{\tau}\left[\ln(\omega\tau)\cdot\cos\dfrac{\pi c}{2}-\dfrac{\pi}{2}\sin\dfrac{\pi c}{2}\right]\\ \dfrac{\partial \boldsymbol{I}}{\partial \boldsymbol{c}}=(\omega\tau)^{\tau}\left[\ln(\omega\tau)\cdot\cos\dfrac{\pi c}{2}-\dfrac{\pi}{2}\sin\dfrac{\pi c}{2}\right]\\ \dfrac{\partial \boldsymbol{B}}{\partial \tau}=\dfrac{c}{\tau}(\omega\tau)^{\tau}\cdot\cos\dfrac{\pi c}{2}\\ \dfrac{\partial \boldsymbol{I}}{\partial \tau}=\dfrac{c}{\tau}(\omega\tau)^{\tau}\cdot\sin\dfrac{\pi c}{2}\end{cases} \tag{6.20}$$

6.2　理论模型反演算例

6.2.1　轴向偶极-偶极数据反演

对于轴向偶极-偶极数据，为达到测深的目的，以往在主测线上采用移动式的单发多收装置，如图 6.1(b)所示，这种方法获得的数据多用于二维反演，同样也适用于三维反演，缺点是工作量大，浪费经费，优点是不存在视电阻率畸变的现象，场强也比较强。下面通过这种方法来测试拟线性反演方法的性能。

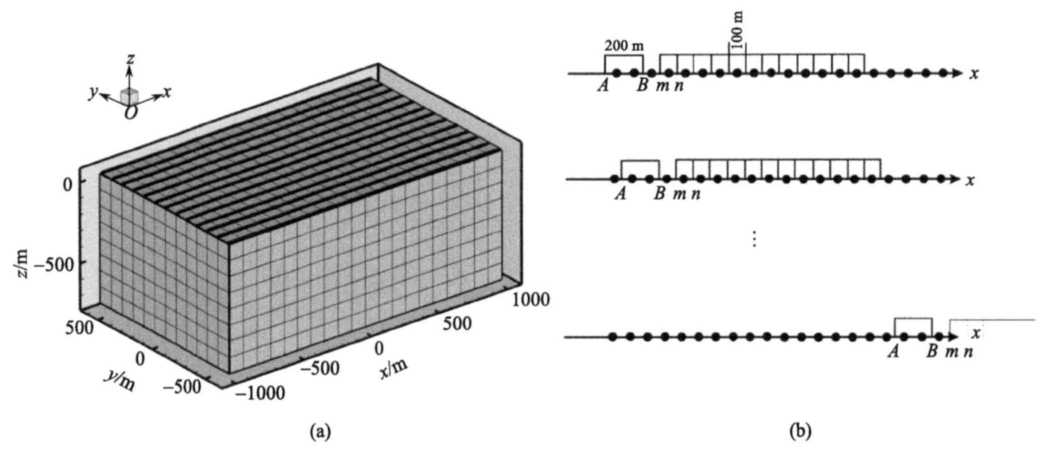

图 6.1　目标区域(a)及数据观测方式(b)

模型设置：如图 6.2 所示，在极化半空间介质中存在一个高阻极化异常体和一个低阻极化异常体，两个异常体相距 1000m，图中左侧为低阻异常体，右侧为高阻异常体，两个异常体大小和埋深都相同。

反演区域如图 6.1 所示，将反演区域均匀剖分成 1920 块，在地面设置 260 个观测点，平均分布在 13 条线上，线距 100m，一次发射接收 12 道数据，每条线换源 22 次，通过 0.1Hz、1Hz、4Hz 及 16Hz 四个频率进行反演试算，在数据中加入 1%的高斯噪声进行反演。

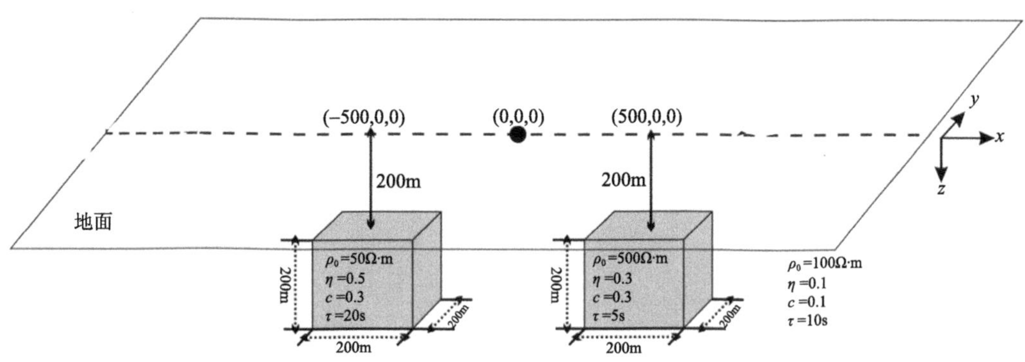

图 6.2　三维模型

设定初始模型及初始值：在第一步反演时，所有异常单元的 m 初值均为 0，因为通过反演来拟合二次场，最终的反演结果是异常部分，通过式(6.5)和式(6.3)计算出异常电导率 $\Delta\sigma(\mathrm{i}\omega)$；第二步反演则是反演 Cole-Cole 模型参数，反演之前需要加入背景复电导率以得到异常单元的复电导率 $\Delta\sigma(\mathrm{i}\omega)$，再将 $\Delta\sigma(\mathrm{i}\omega)$ 作为数据反演 Cole-Cole 参数，给定 Cole-Cole 参数初始模型为 $\rho_0=100\Omega\cdot\mathrm{m}$，$\eta=10^{-5}$，$c=0.1$，$\tau=10$。由于 Cole-Cole 模型各参数变化范围大致为 $\eta=0\sim0.98$，$\tau=10^{-3}\sim5\times10^{3}\mathrm{s}$，$c=0.1\sim0.6$，$\rho_0=10^{-4}\sim10^{5}\Omega\cdot\mathrm{m}$，因此限定各参数的最大值分别为 $\rho_{0\max}=10^{5}\Omega\cdot\mathrm{m}$，$\eta_{\max}=0.98$，$c_{\max}=0.6$，$\tau_{\max}=5\times10^{3}\mathrm{s}$，最小值分别为 $\rho_{0\min}=10^{-4}\Omega\cdot\mathrm{m}$，$\eta_{\min}=0$，$c_{\min}=0.1$，$\tau_{\min}=10^{-3}\mathrm{s}$。给定初始拉格朗日因子值为 $\lambda_{\mathrm{L}}=10$，随着反演的进行，λ_{L} 随着迭代步长变小而逐渐减小，当达到给定精度或 λ_{L} 低于阈值时终止迭代。设定的精度为 10^{-5}，λ_{L} 阈值设定为 10^{-4}。

图 6.3 是对图 6.1 模型响应反演的结果。因为高阻体的灵敏度比低阻体的灵敏度低，由结果只能大致看出异常的位置，就线性搜索梯度方向的迭代反演方法来说，目前利用其反演结果只能做定性解释。而 Cole-Cole 参数之间灵敏度差异很大，其中零频电阻率的灵敏度最高，时间常数的灵敏度最低，Cole-Cole 参数灵敏性的失衡造成了时间常数的反演结果较差，无法准确反演出异常体的时间常数。

从图 6.4 所示的迭代拟合曲线中可以看出反演稳定，只是共轭梯度法的迭代次数较多。表 6.1 给出反演 $\boldsymbol{m}$ 的时间及占用内存情况；在反演 Cole-Cole 模型参数时，反演迅速，一般需要几十秒至几分钟的时间。虽然共轭梯度法的迭代次数较多，但总体反演时间短，在三维反演领域内，该反演在速度上具有较大优势，而且占用的内存小(刘永亮等，2015)。

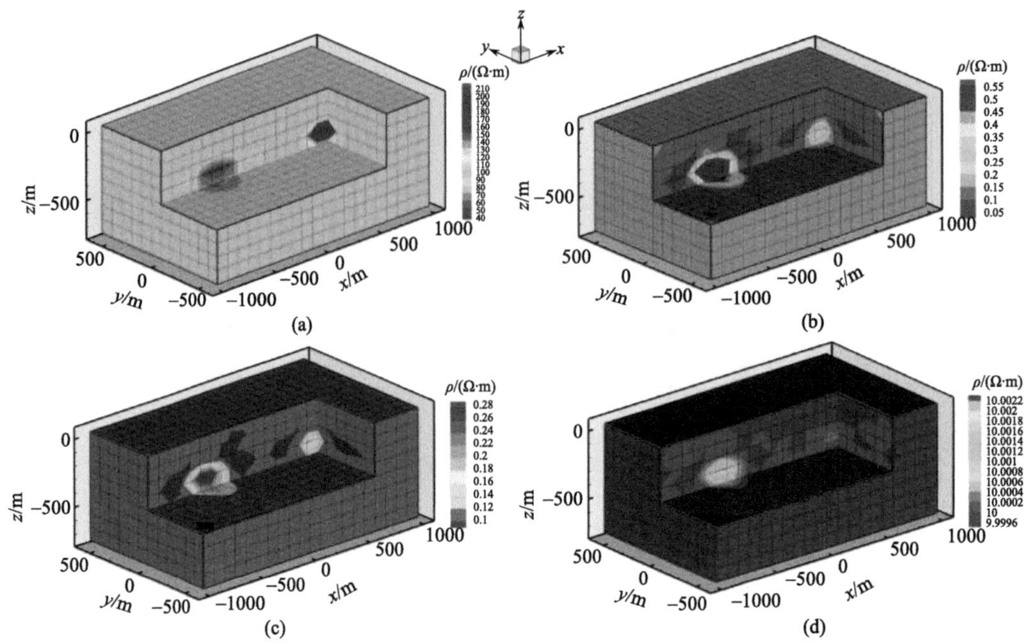

图 6.3　反演结果

(a) 电阻率；(b) 极化率；(c) 频率相关系数；(d) 时间常数

表 6.1　反演 *m* 的时间及占用的内存

频率/Hz	时间/min	内存/KB	迭代次数
0.1	1.56	138852	406
1	1.64	138848	416
4	1.48	138888	435
16	1.42	138884	438

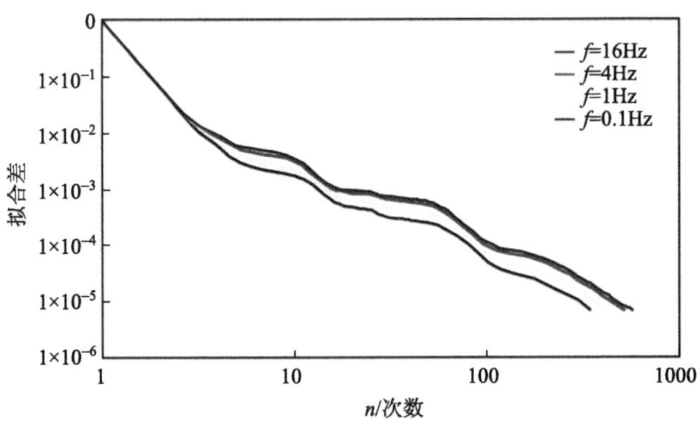

图 6.4　迭代拟合曲线

下面以廊坊所在野外采集数据的装置(图 6.5，AB 为发射源，通过 5 次激发源，在蓝色点区域采集数据)为例给出两个模型的反演算例。

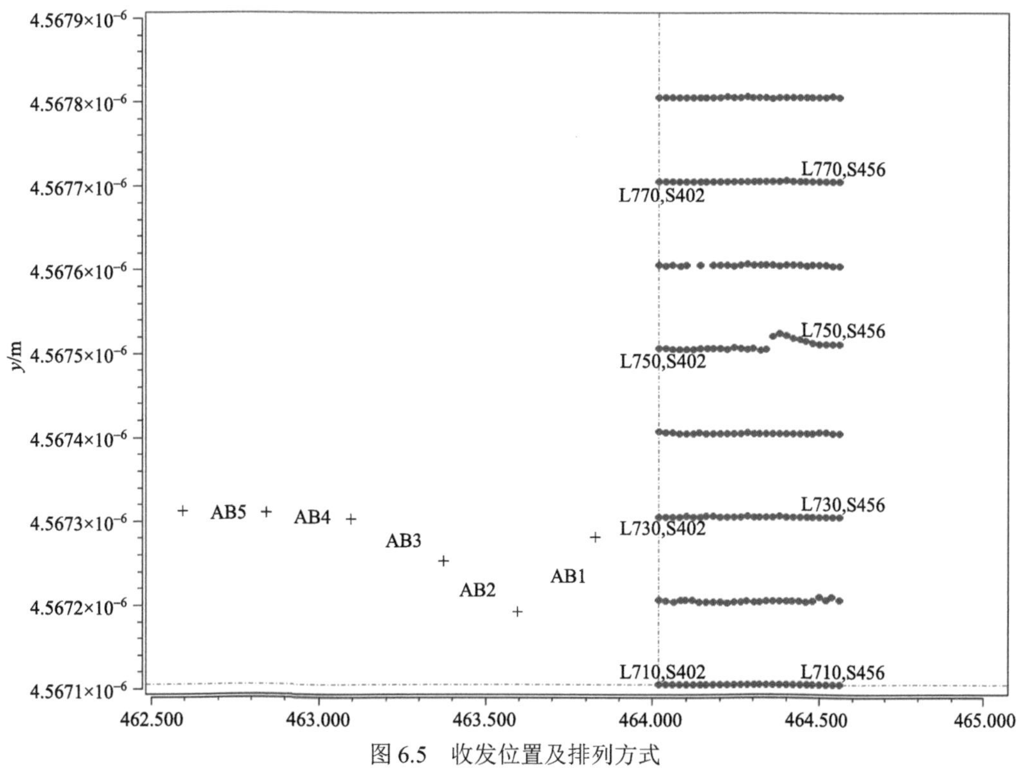

图 6.5　收发位置及排列方式

模型 1：如图 6.6(a)所示，均匀半空间电阻率为 $2000\Omega\cdot m$，其中存在一个低阻极化矩形异常体，异常体零频电阻率为 $200\Omega\cdot m$，极化率为 0.5，频率相关系数为 0.3，时间常数为 20s，大小为 $160m\times80m\times80m$，顶面埋深 120m。

模型 2：如图 6.6(b)所示，极化均匀半空间零频电阻率为 $2000\Omega\cdot m$、极化率为 0.1，频率相关系数为 0.1，时间常数为 10s，其中存在一个倾斜的低阻极化异常体，异常体零频电阻率为 $200\Omega\cdot m$，极化率为 0.3，频率相关系数为 0.5，时间常数为 20s。

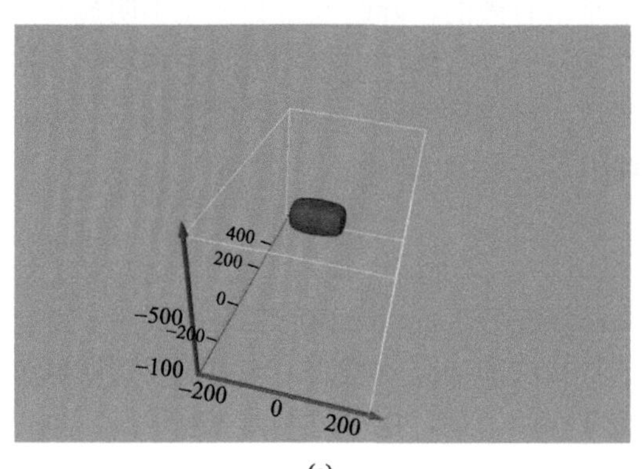

(a)

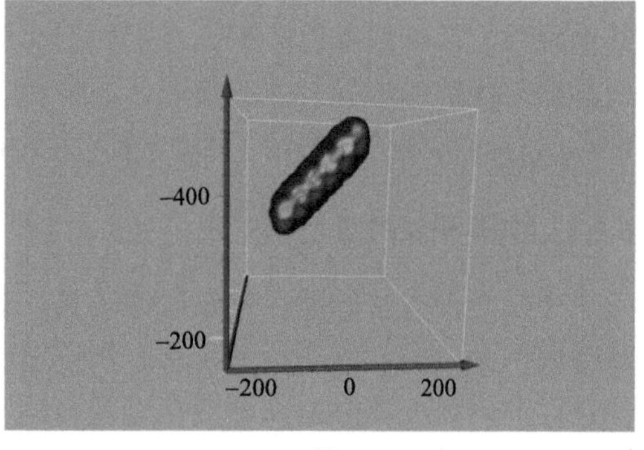

(b)

图 6.6　模型 1(a)和模型 2(b)

考虑到拟线性近似方法存在一些误差，本章用基于积分方程法的三维复电阻率法对上面两个模型进行正演模拟，以得到的电场响应结果作为数据，再利用拟线性反演方法进行反演，在图 6.7 中给出模型 1 的反演结果，在图 6.8 中给出模型 2 的反演结果。

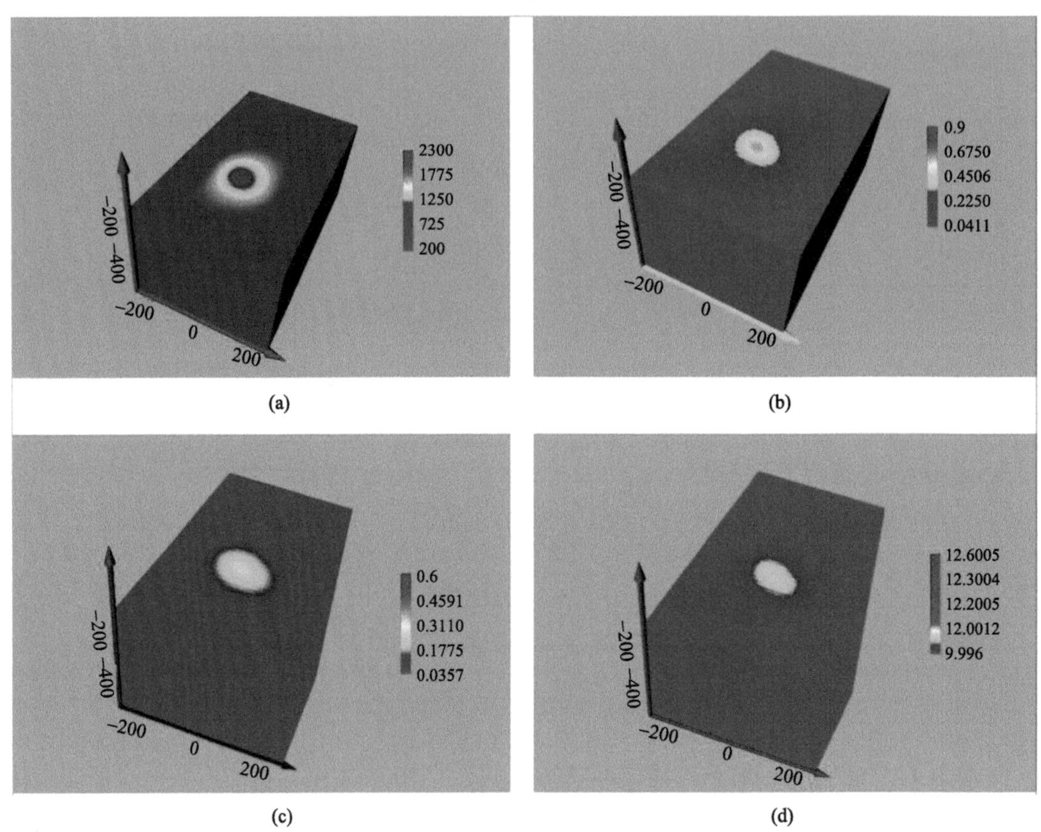

图 6.7　对模型 1 的反演结果

(a)零频电阻率(Ω·m)；(b)极化率；(c)频率相关系数；(d)时间常数(s)

这两个反演结果的初始模型均是电阻率为 1900 Ω·m 的不极化均匀半空间模型。拟线性反演方法对模型 1 这种小型嵌入体的反演是很有效的，除时间常数变化不明显外，其他参数反演结果都比较好。对于模型 2 这种倾斜的异常体，由零频电阻率和极化率的反演结果能够看出异常体的形态，而后两个参数本身灵敏度较弱，随着深度加深，拟线性反演对异常体的频率特征和时间特性渐渐地失去了分辨能力。

6.2.2　中梯测深数据反演

中梯测深方法的特点是发射源较长，观测区域在源的赤道方向。相对于偶极子源，长导线源激发的电磁场较强，这有利于电磁信号探测和增强信噪比，但由于发射源穿过测区，源附近的场强的剧烈变化以及高频电磁效应的干扰，视电阻率会严重偏高。本章从考虑电磁效应的 Maxwell 方程组出发，实现的正演方法能够准确模拟实际情况的电磁耦合，那么从理论上基于此的拟线性反演就可以去除电磁效应的影响而得到真实的地电结构。另外，拟线性反演以电场强度作为数据，视电阻率计算的准确与否不会影响反演结果。下面通过理论模型反演试验来检测该反演能否从中梯数据中得到准确的结果。

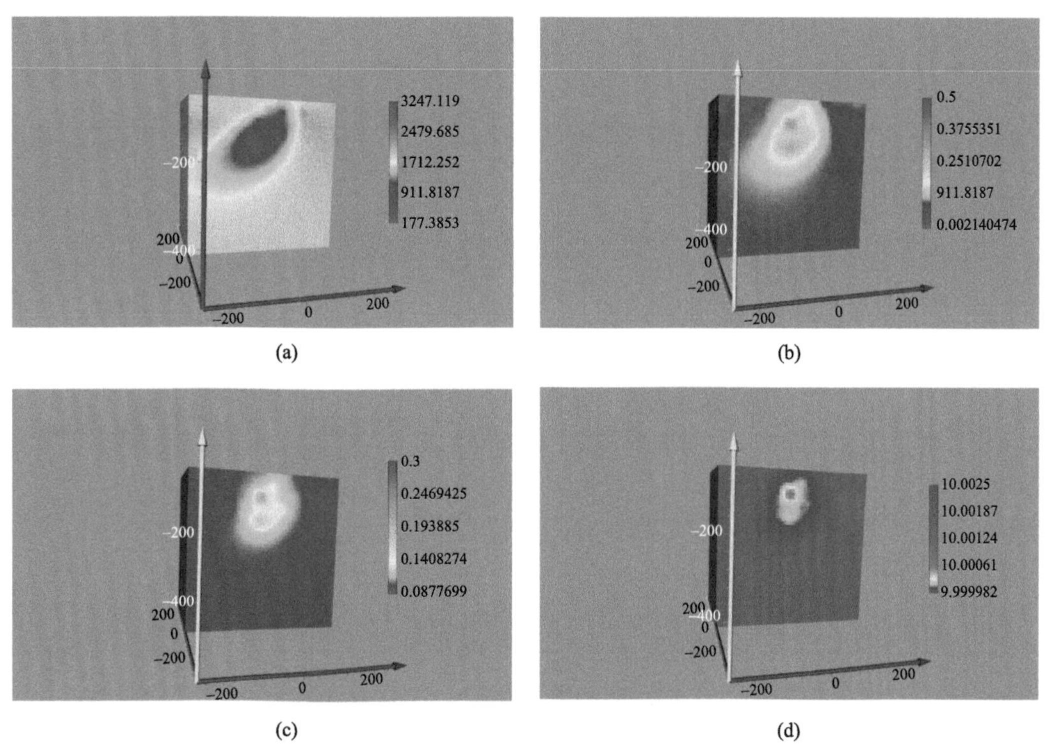

(a)　(b)　(c)　(d)

图 6.8　对模型 2 的反演结果

(a)零频电阻率(Ω·m)；(b)极化率；(c)频率相关系数；(d)时间常数(s)

模型设置：如图 6.9(a)所示，均匀半空间背景中存在一个倒 T 形的低阻极化异常体，背景不极化，电阻率为 $100\,\Omega\cdot\text{m}$，异常体零频电阻率、极化率、频率相关系数和时间常数分别为 $50\,\Omega\cdot\text{m}$、0.5、0.3、20s。给定发射源长 2000m，位于地面 y=0 的线上，中心坐标为(0,0,0)。

在异常体正上方设置 13 条线，线距 40m，每条线 41 个测点，点距 40m，共 533 个测点，对该模型通过 1Hz、4Hz、16Hz 及 64Hz 四个频率进行正演模拟，给定电流 10A 激发该发射源。通过公式 $R_{视}=K_{MN}\dfrac{U}{I}$ 计算的视电阻率结果见图 6.9(b)，在 1Hz 时，从视电阻率中可以看出激电异常，随频率的增高，整个区域视电阻率越来越高，异常也消失不见。

将上面正演得到的视电阻率和相位转化成电场 $\boldsymbol{E}_x$ 作为数据进行反演。将反演区域均匀剖分成 $x\times y\times z=20\times12\times10=2400$ 块，单元为正方体，边长 40m。

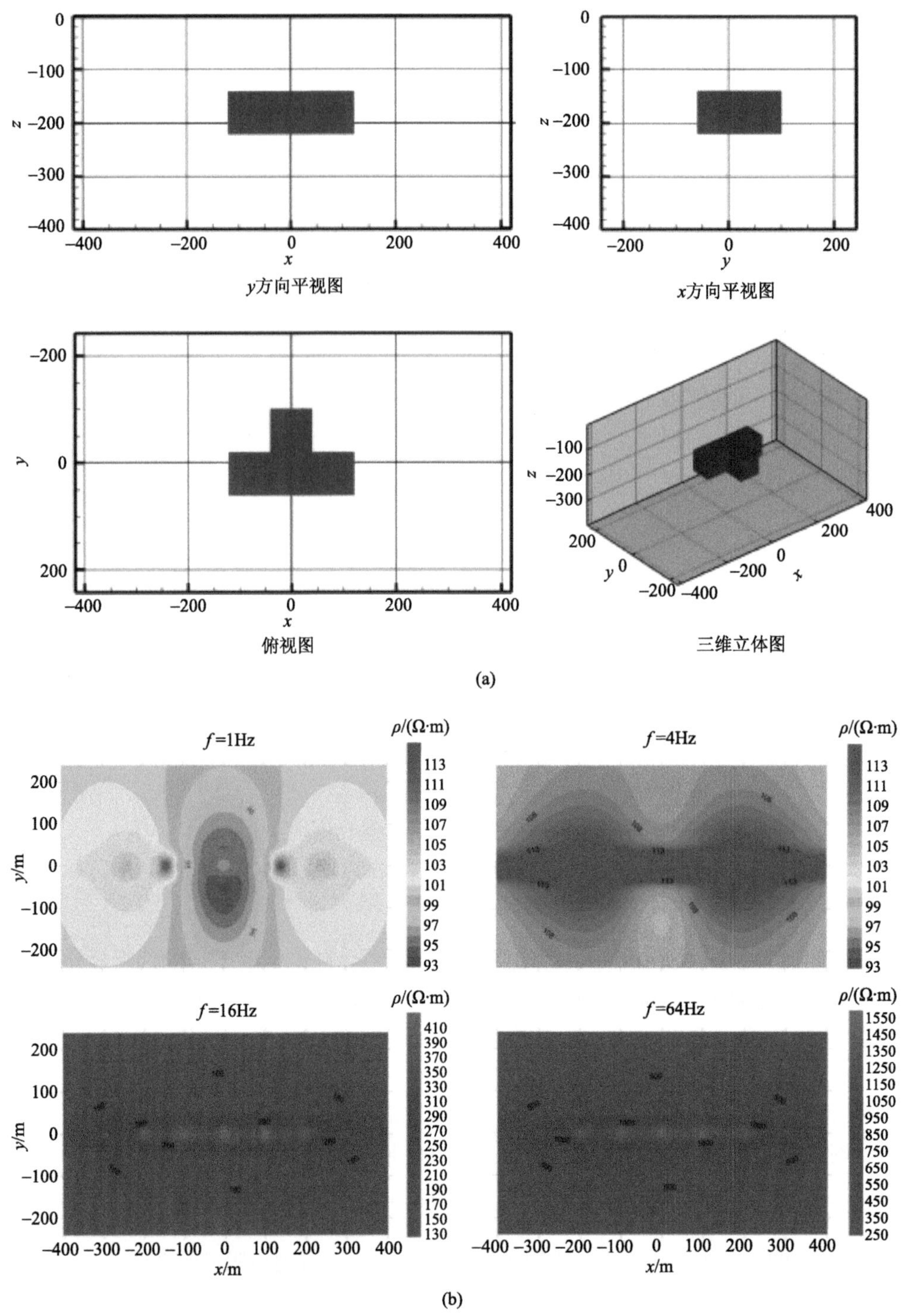

图 6.9　模型(a)及视电阻率响应结果(b)

主要研究的内容有三点：①中梯模式复电阻率反演的可行性；②初始模型的选取对反演结果的影响及原因；③中梯测深拟线性反演对噪声的抵抗能力。给定不同的初始模型以及在数据中加入不同水平的随机噪声的反演结果见图 6.10，初始模型和噪声设定与反演结果的对应关系见表 6.2。

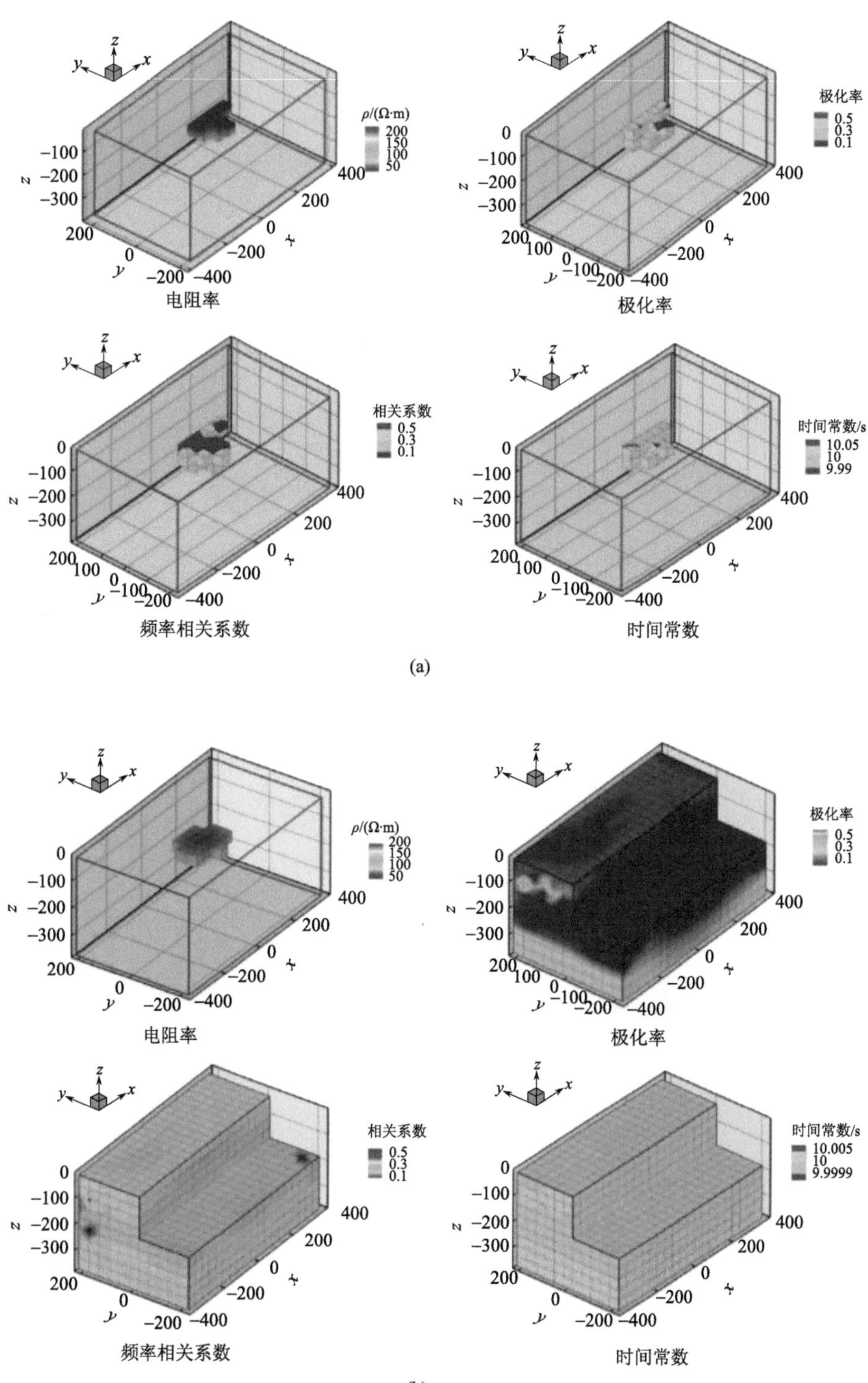

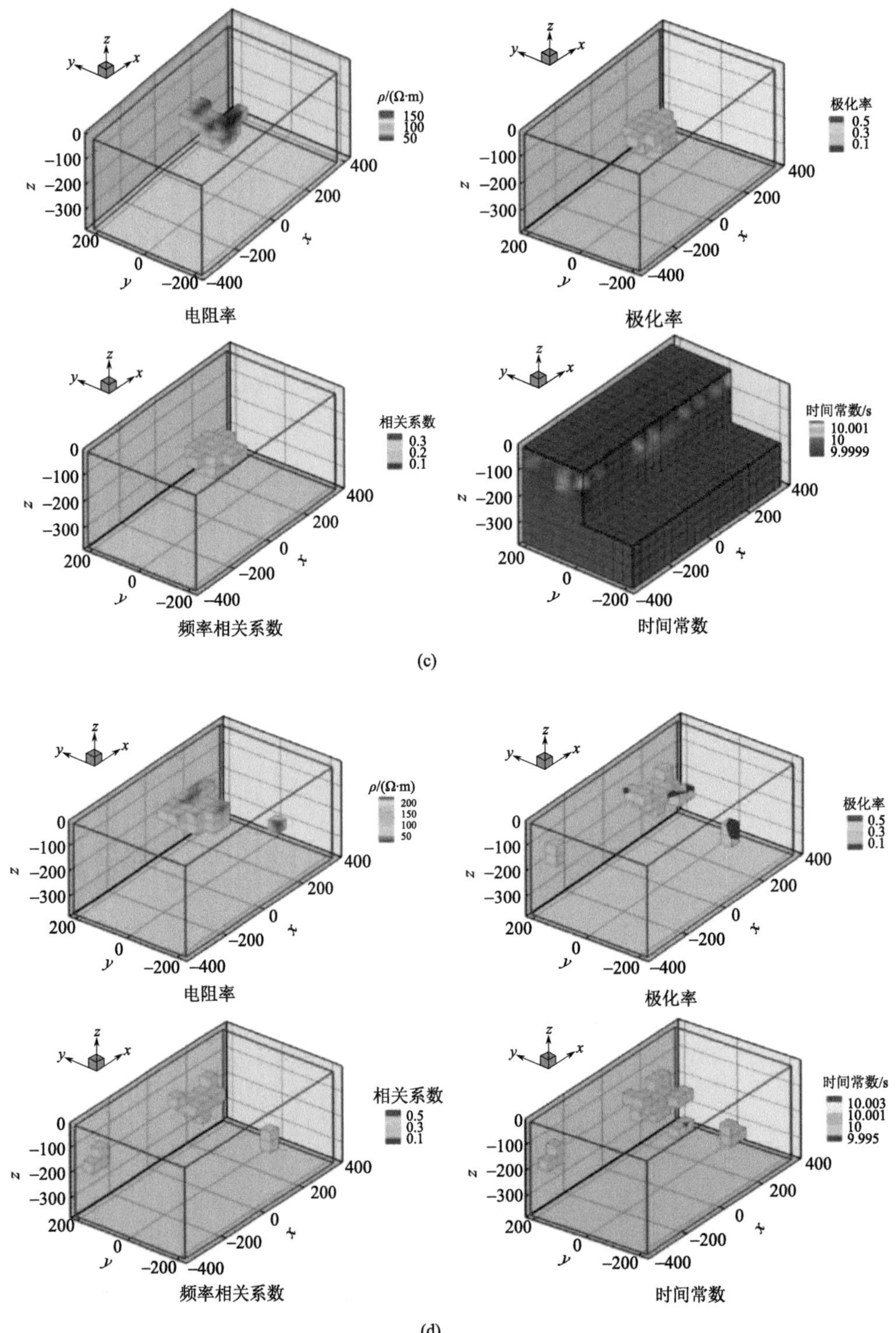

图 6.10　反演结果

表 6.2　初始模型和噪声设定与反演结果的对应关系

初始模型(均匀半空间)	随机噪声		
	无噪声	3%噪声	5%噪声
$\rho_0 = 100\Omega\cdot\mathrm{m}$ ，$\eta = 10^{-5}$ ，$c = 0.1$ ，$\tau = 10$	图 6.10(a)	图 6.10 (c)	图 6.10 (d)
$\rho_0 = 150\Omega\cdot\mathrm{m}$ ，$\eta = 0.3$ ，$c = 0.2$ ，$\tau = 10$	图 6.10(b)		

对无噪声中梯复电阻率数据的反演，如果选取的初始模型更贴近背景模型，那么反演所要拟合的只有 T 形异常体产生的异常，这对三维反演来说是非常有利的。而如果选取的初始模型与背景模型相差较大，那么所有的剖分单元都会有较大的异常电导率 $\Delta\sigma$ 产生，从图 6.10(b)的反演结果可以看到，除了最深部的 100 多米区域因为灵敏度弱保持初始状态外，大部分区域可以基本恢复真实背景模型，但对于 T 形异常体来说，只能模糊地恢复它的电阻率特征。由对有噪声数据反演的结果图 6.10(c)和(d)，从 3%噪声数据的反演结果能模糊地看出电阻率、极化率及频率相关系数的异常特征，但 5%噪声数据通过该反演方法反演只能大致恢复其电阻率异常特征，其他参数受噪声影响出现一些假异常，结果已失去可靠性。从正演所得数据分析，T 形异常体产生的异常场占总场的比重最大约为 8%，那么如果噪声水平超过异常场最大值的一半，拟线性反演就不能分辨出这个异常。因此，噪声的存在不仅会使反演结果出现假异常，也会降低中梯反演的分辨率。

基于共轭梯度法的拟线性反演结果受初始模型选取的影响很大，这是任何线性反演方法都存在的缺陷，但该反演方法速度快，如果初始模型选取得当，仍然能取得好的反演结果。对三维数据反演的初始模型的选取，本章参考该数据的一维或二维反演结果。而对于噪声的处理，本章只在反演中加入数据的误差项，以降低噪声对反演的干扰，但这种方法只能弱化噪声的影响，反演结果仍然会出现假异常。对此，有两个解决问题的方向：第一，寻找更适用于拟线性反演的数据加权方式，增加该反演对噪声的抵抗能力；第二，研究数据预处理方法，将数据中的噪声剔除。

6.3　实测数据反演

6.3.1　区域地质背景及矿区地质特征

花牛山矿区位于北山造山带南部，大地构造位置属塔里木古陆东北部敦煌地块(塔里木前陆基底)北缘双鹰山早古生代裂谷型被动陆缘带内的中元古生代裂谷中。北部为一早古生代被动边缘裂谷裂陷带，其中夹杂有微陆块(荒草滩)和中古元代裂谷；南部为一古生代多期陆内裂谷带，二者之间以红柳园微陆块相隔。敦煌陆块主要由太古界敦煌群深变质岩构成，西以阿尔金断裂为界与塔里木陆块为邻，东部由推测的黑河断裂与阿拉善陆块相隔。中元古代古陆裂解阶段，具有伸展盆地性质，发育有一套浅海相含炭细碎屑岩-碳酸盐岩建造，其中夹有少量中基性火山岩和硅质岩，厚度和岩相变化大，成为沉积喷流(SEDEX)型矿床的含矿层位。自中元古代以来，包括调查区在内的整个北山地区是在前寒武纪稳定陆块基础上发育起来的多阶段构造—岩浆岩带，一直处于强烈频繁的构造活动状态(伸展—收缩)，先后经历了晚元古代、早古生代和晚古生代多期“手风琴式”开合深化，至古生代晚期，随着两大板块的对接碰撞和陆内造山，产生了一系列逆冲推覆、高角度大规模左行走滑断层，不同时代地层以构造岩片、岩块的形式表现出来，脆韧性断裂、斜歪、倒转褶皱非常发育。正是由于这种构造的活动性，造就了本区复杂的地质构造背景，此种地质构造背景在成矿作用过程中无疑起到积极的作用，不但提供了成矿物质的来源和成矿的能源，而且提供了成矿物质运移通道，同时提供了成矿物质聚集的场所(中国地质调查局西安地质调查中心提供)。

6.3.2 花牛山矿区地质概况

本区地层由于岩浆侵入和断裂破坏，导致出露残缺不全。地层分布主要包括蓟县系平头山群(Jxpm)，震旦系洗肠井群(Zxc)，寒武系中、上统西双鹰山群($€_{2\text{-}3}xs$)，奥陶系中统花牛山群(O_2hn)，志留系下统斜山群(S_1xs)及中上统公婆泉群($S_{2\text{-}3}gn$)。这些地层属于中、晚元古代和早古生代的沉积变质岩及火山岩，还包括部分第三、第四纪新生代的沉积岩。特别地，震旦系和奥陶系较为发育，它们主要与金银、铅、锌、钨、钼以及锡、铜、铁等矿产资源有关；志留系下统斜山群与铁、铜矿有关，蓟县系平头山群与铁矿、白云岩有关，第四系全新统与砂金矿有关。

本区地质构造极为复杂，以花西滩—东大泉压(扭)性深断裂为主导，形成了南北两侧的东西向构造带。地层、岩体、褶皱和冲断裂多呈东西向或近东西向分布，构成了区内主要的地质构造框架，是地层建造、成岩、成矿的主要控制因素。此外，还伴随有与区域构造线平行的次级压(扭)性构造、斜交的北西和北东向扭性构造，以及近直交的张(扭)性构造。褶皱构造主要包括由震旦系洗肠井群构成的石人子井—五井河向斜、五井河—长黑山向斜，中奥陶统花牛山群构成的南倾单斜构造，以及本区南侧由志留系构成的白石岭向斜核部和北翼，西北角由蓟县系平头山群构成的大泉东山向斜构造等。这些褶皱多伴随东西向断裂带发育，形成了紧密的线状褶皱。次级结构面与区域构造相伴生，控制了本区矿床、矿化点的空间分布。

三个矿区的矿石类型、矿石组构、矿物成分、化学成分以及伴生组分基本相同，但三矿区的伴生金含量较高，同时砷和铜的含量也较高。

矿石类型主要分为原生矿石和氧化矿石。原生矿石主要是硫化矿石，可以进一步细分为黄铁矿—磁黄铁矿—闪锌矿—方铅矿矿石，具有块状-条带状构造、同生变形构造、溶蚀和压碎结构，以及脉状-网脉状和分散条带状构造、粒状-压碎状结构；磁黄铁矿—闪锌矿—方铅矿矿石，具有块状构造和粒状-溶蚀结构；闪锌矿—方铅矿矿石，具有块状构造；方铅矿矿石，具有浸染状构造和粒状结构；闪锌矿矿石，具有块状构造等。在三矿区，矿石类型最为复杂，包括铅矿石、锌矿石、金矿石和银矿石等。其中，块状和条带状构造是该矿床最典型的构造类型，也是喷流沉积型 SEDEX 矿床的特征组构之一。

矿石矿物主要为黄铁矿、磁黄铁矿、闪锌矿、方铅矿，次为毒砂、黄铜矿、硫锑铅矿等，金矿物为自然金，银矿物有金银矿、银黝铜矿、深红银矿、辉银矿等。闪锌矿富 Fe、Mn，低 Cd，Fe 和 Mn 的含量和为 12%，Cd 平均含量为 0.2%，应属成矿温度较高的铁闪锌矿。方铅矿中银含量较高，Ag 平均含量为 0.15%(中国地质调查局西安地质调查中心提供)。

6.3.3　反演结果及分析

图 6.11 中黑框范围为 SIP 测区，红框范围为 TDIP 测区。

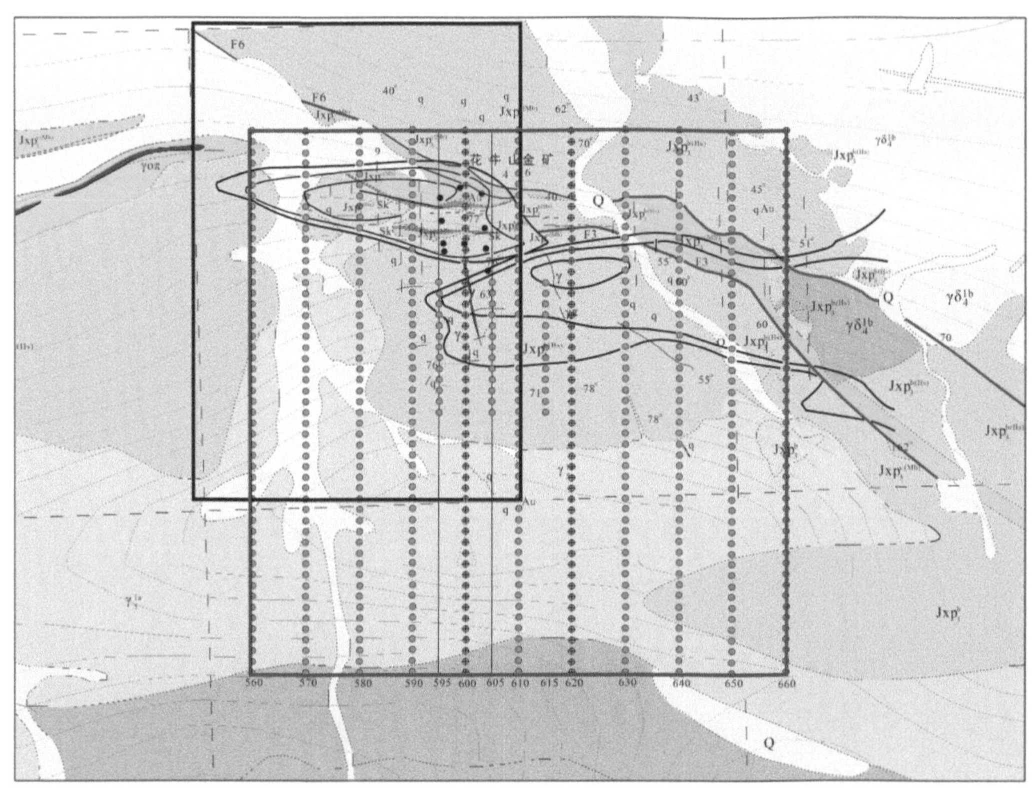

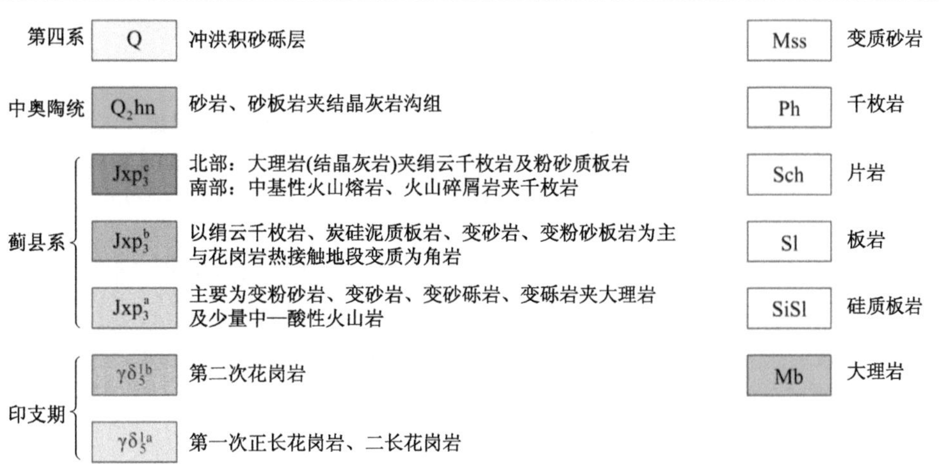

图 6.11　花牛山矿区地质图(中国地质调查局西安地质调查中心提供)

在图 6.12 中给出了本章反演方法(即激发极化(SIP))及时间域激发极化(TDIP)反演方法对花牛山地区实测数据的电阻率及极化率反演结果，为对比分析，其重叠区域已经用红线框大致圈出。从对比结果来看，区内电阻率变化规律和范围基本一致，中间部位和南部为高阻体，两边和北部为低阻体，这与地质图中的岩性分布对应较好，高阻体对应花岗岩，而低阻体对应蓟县系沉积地层。这两种岩性的接触带存在一定的极化性。

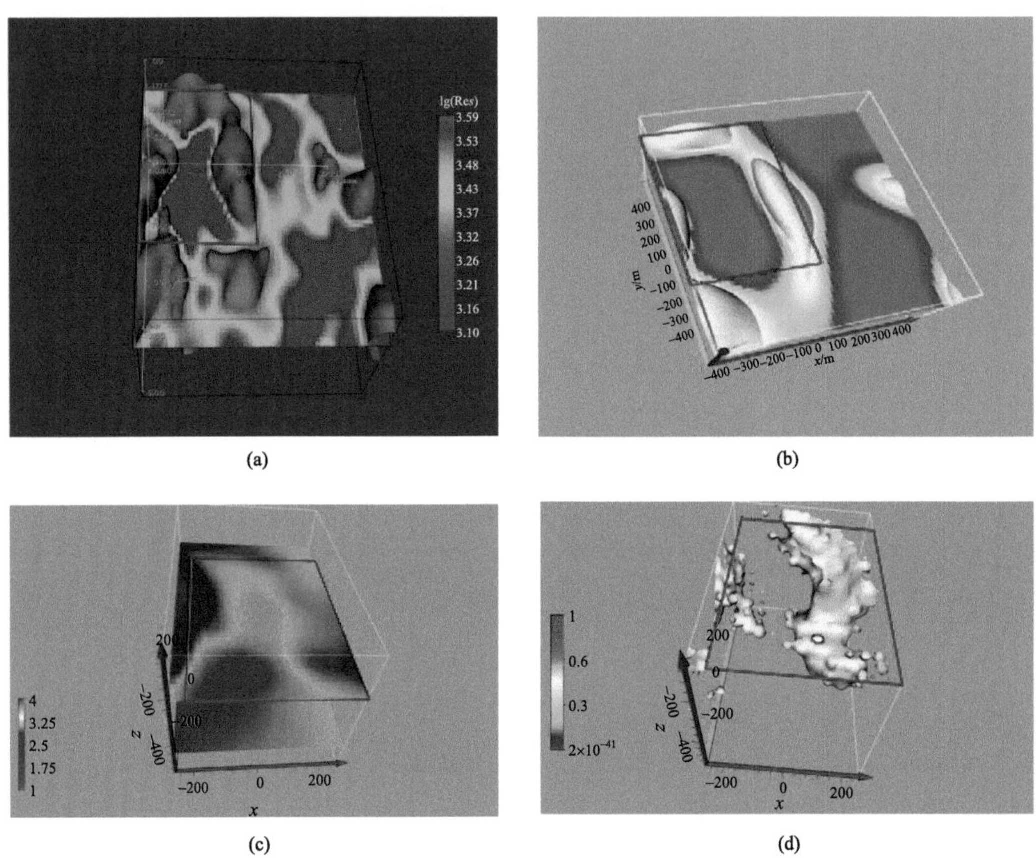

图 6.12　激发极化(SIP)与时间域激发极化(TDIP)反演结果对比

(a)TDIP 电阻率反演结果(中国地质调查局勘探技术研究所提供)；(b)TDIP 极化率反演结果(中国地质调查局勘探技术研究所提供)；(c)SIP 电阻率反演结果(本章反演结果)；(d)SIP 极化率反演结果(本章反演结果)

在图 6.13 中给出了电阻率、频率相关系数和时间常数反演结果的三个切面。从中可以看出沉积地层的频率相关系数和时间常数较大，说明沉积地层均质度较高。而测区中间及南部区域由于花岗岩的侵入打破了原来的地层结构，使岩体的均质性受到破坏，因此花岗岩的这两个参数值较低。

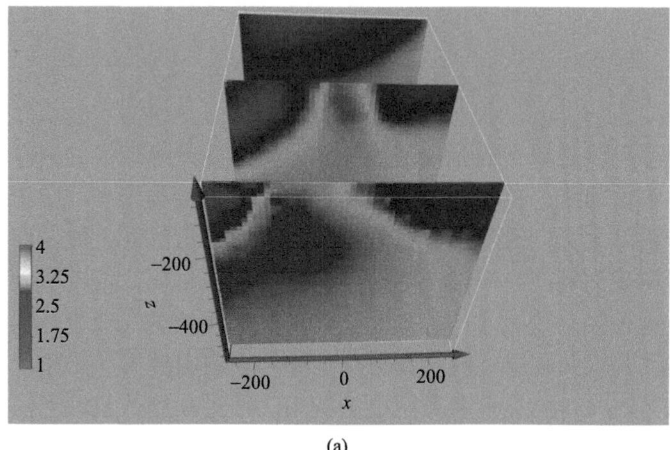

(a)

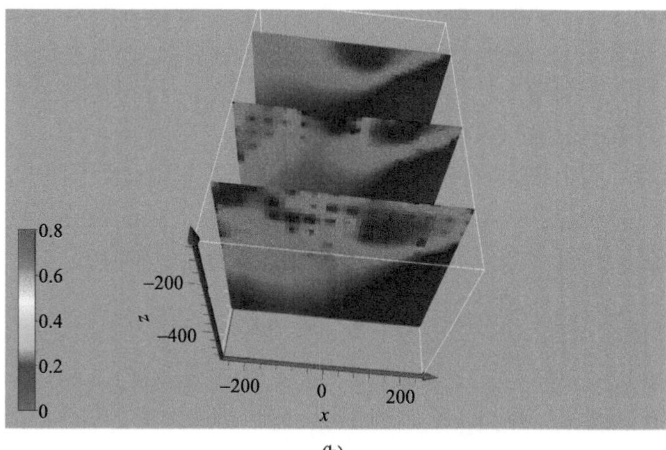

(b)

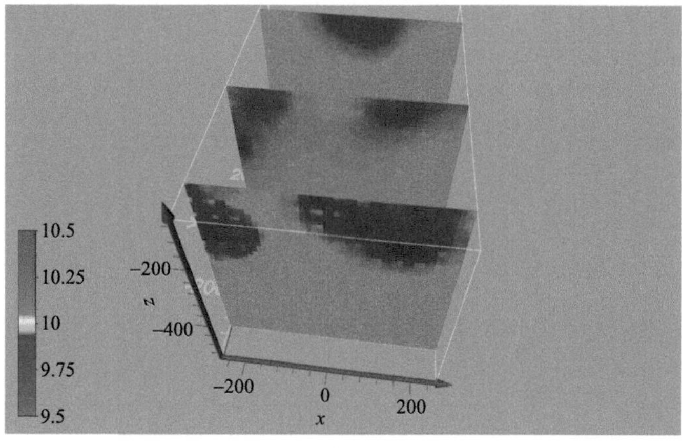

(c)

图 6.13　SIP 反演结果

(a)电阻率；(b)频率相关系数；(c)时间常数

6.4 小　结

三维复电阻率反演是一个极具挑战性的问题，需要处理庞大的内存和计算量，同时面临着严重的多解性问题。特别是由于涉及的物理参数种类繁多，对正演和反演方法的性能要求极为严格。本章针对复电阻率数据，基于快速拟线性近似正演方法，推导出了一种三维复电阻率反演算法。反演过程分为两个步骤：首先，通过引入物质性质参数，将非线性反演方程转换为线性方程，从而显著提高了反演迭代速度，并引入光滑约束以改善多解性问题；其次，利用反射系数与复电导率之间的关系，计算出 Cole-Cole 参数，反演过程中加入了对 Cole-Cole 参数范围的约束。通过采用该反演方法对激电法轴向偶极-偶极观测数据和中梯方式观测数据进行理论试算，并选取几个有代表性的模型进行反演，以考察拟线性反演方法的性能。结果表明，该方法快速且稳定，对零频电阻率、极化率和频率相关系数的反演效果较好。然而，也存在问题：各激电参数的灵敏性差异显著，频率相关系数和时间常数的灵敏度远低于其他参数，特别是时间常数的灵敏度几乎为零，这导致各参数的反演效果出现较大差异。

从实测数据的反演结果来看，它与 TDIP 反演结果以及地质图中的岩性特征对应良好，这表明该反演方法能够提供可靠的反演结果。此外，频率相关系数和时间常数是区分岩体与沉积地层的重要参数，因此，SIP 反演能够为地质解释提供更丰富的信息。

参 考 文 献

刘永亮，李桐林，胡英才，等. 2015. 快速拟线性近似方法及三维频谱激电反演研究. 地球物理学报, 58(12): 4709-4717; 56(12): 4278-4287.

刘云鹤，殷长春. 2013. 三维频率域航空电磁反演研究. 地球物理学报, 56(12): 4278-4287.

Commer M, Newman G A. 2008. New advances in three-dimensional controlled-source electromagnetic inversion. Geophysical Journal International, 172(2): 513-535.

第 7 章　远震层析成像方法理论及应用

地震层析成像是利用地震记录中的信息来研究地球内部结构的方法。层析成像技术具有探测深度大和探测精度高的优点，因而被广泛地用于研究地球深部结构。按照研究尺度的大小划分，地震层析成像包含地区层析成像、区域层析成像和全球层析成像；按照反演的物性参数分类，地震层析成像包括走时层析成像、衰减层析成像和各向异性层析成像；按照方法原理分类，地震层析成像分为传统射线理论层析成像、波动方程层析成像和有限频层析成像。Aki(1980)率先采用地震层析成像方法研究了加利福尼亚州下方的三维速度结构，数据是 60 个地震台站观测到的 32 个近震事件的走时数据(Aki and Lee, 1976)。紧接着又采用远震层析成像技术对挪威东南部地震阵列下方的速度结构进行了研究(Aki et al., 1977)。Aki 的早期工作促进了随后利用地震层析成像方法开展的地壳和岩石圈结构研究。同样具有重要意义的工作是 Dziewanski 等(1977)利用近 700000 个来自国际地震中心(International Seismological Center, ISC)的 P 波走时残差开展的地幔速度结构研究。地震层析成像研究地球内部结构的过程与医学层析成像类似，从医学成像引入地震成像的反向投影反演方法比基于梯度的反演方法更受欢迎，相关的方法还有波动方程层析成像，该方法试图尽可能多地利用地震记录中的信息(Pratt and Worthington, 1988; Pratt and Goulty, 1991; Song et al., 1995; Pratt and Shipp, 1999)。还有其他类型的起源于勘探的地震层析成像，包括反射层析成像和广角(折射和广角反射)层析成像，它们使用爆炸、气枪和可控震源等人工震源来产生地震能量。Bishop 等(1985)最早实现了反射层析成像，随后也有相关研究者开展了类似的工作(Williamson, 1990)。走时-振幅联合反演(Wang and Pratt, 1997; Wang et al., 2000)、反射-广角走时反演(Wang and Braile, 1996; McCaughey and Singh, 1997)和全波形反演(Hicks and Pratt, 2001)等方法的提出主要是为了解决反射层析成像中仅凭走时无法很好均衡界面深度和层速度的问题。广角层析成像与反射层析成像类似，不同点在于偏移距更大，主要是为了探测来自重要深度的折射射线。该方法已经被广泛应用于探测大陆和大陆边缘的地壳结构(Korenaga et al., 2000; Morgan et al., 2000; Bleibinhaus and Gebrande, 2006)。

远震层析成像被广泛应用于刻画岩石圈和地壳三维速度结构(Graeber et al., 2002; Rawlinson et al., 2006a, 2006b; Rawlinson et al., 2008)。相比 Aki 使用的方法，大部分远震层析成像是基于三维射线追踪或波前面追踪及迭代非线性反演方法的(van Decar and Snieder, 1994; Rawlinson et al., 2006a, 2006b)。目前，大部分远震层析成像研究都是基于相对走时残差开展的各向同性模型反演。

本章利用 Rawlinson 教授的远震层析成像方法(fast marching teleseismic tomography, FMTT)对南海周边东南亚地区的上地幔三维速度结构进行研究。下面基于 FMTT 程序介绍波前面追踪走时层析成像的基本原理。图 7.1 展示了远震事件的射线在震源和地震台站之间的传播路径，并刻画了射线在研究区内的分布情况。在远震层析成像中，为了保证射线能够从研究区的底部穿过，震源与地震台站之间需要保持非常远的距离。远震层析成像中研究范围是地震台站所覆盖的研究区下方的地壳与上地幔。假设在研究区以外的区域所有射线穿过的区域是均匀的地下结构，此时影响地震波走时的主要因素就是研究区下方的壳幔结构。研究区以外的区域需要计算的参数是射线传播到研究区底部的时间和倾角，这两个参数的计算依靠全球一维平均速度模型获得(Rawlinson and Sambridge, 2003)。远震走时层析成像使用的数据是各个震相的相对走时残差。相对走时残差是利用射线理论走时和观测走时计算得到的。理论走时通常是根据全球一维平均速度参考模型计算得到，常用的速度模型有 IASP91、ak135、PREM 等。FMTT 方法使用的是 ak135 一维速度模型。

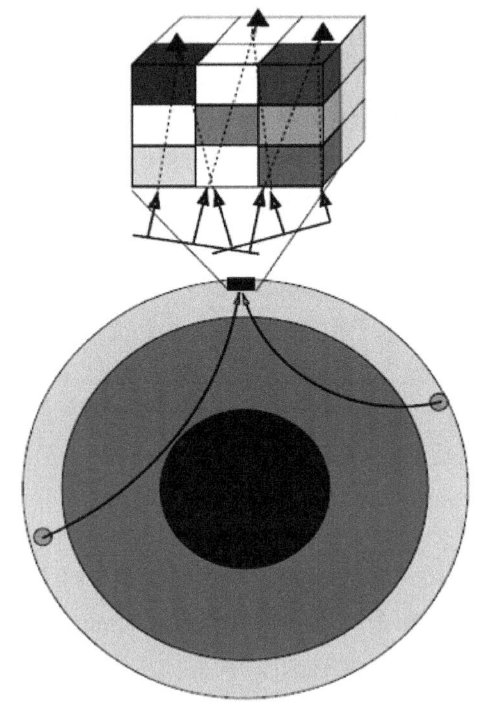

图 7.1　远震事件、研究区下方模型与射线入射示意图

7.1　模型参数化

层析成像反演的第一步是建立合理高效的速度模型，这个过程被称为模型参数化。远震层析成像最早的模型参数化是将研究区的地下结构剖分为很多个速度为常量的规则块体(Aki et al., 1977) [图 7.2(a)]。地震射线在这些块体中沿直线传播，这种模型参数化方法适用于反演地下速度结构变化平缓的区域。然而，地球上大部分区域的地下速度结构可能是连续变化的，上述模型参数化方法无法适用于这种地下结构的研究。为了满足复杂连续变化地下结构的研究需要，有研究者提出在规则速度模型的网格节点上添加速度

节点的方法 (Thunber and Clifford, 1983) [图 7.2(b)]，并通过线性插值的方法计算节点之间的速度值。Zhao 等(1994)将这种方法应用到远震层析成像中。在速度节点模型中，任意一点的速度值的表达形式如下。

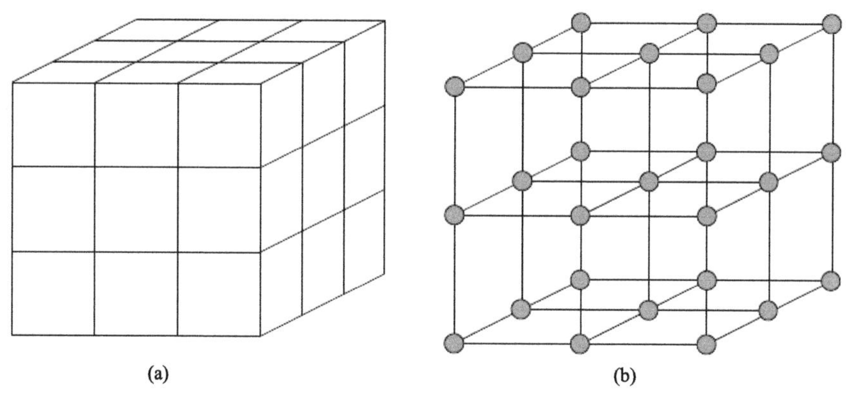

图 7.2　常速度块体模型(a)和速度节点模型(b)

为了描述添加速度节点后的模型中各处的速度，使用下列线性插值函数：

$$\boldsymbol{v}(x,y,z)=\sum_{i=1}^{2}\sum_{j=1}^{2}\sum_{k=1}^{2}\boldsymbol{V}(x_i,y_j,z_k)\left(1-\left|\frac{x-x_i}{x_2-x_1}\right|\right)\left(1-\left|\frac{y-y_i}{y_2-y_1}\right|\right)\left(1-\left|\frac{z-z_i}{z_2-z_1}\right|\right) \tag{7.1}$$

$\boldsymbol{V}(x_i,y_j,z_k)$ 代表 (x,y,z) 周围八个网格节点的速度。使用式(7.1)的形式能够确保剖分后研究区内连续的速度场，尽管每个单元之间的速度梯度是不连续的。Zhao 等(1994)对式(7.1)的形式进行改写后推广到球坐标下，并应用到远震层析成像中。在极坐标下，式(7.1)的表达形式可改写为

$$\boldsymbol{V}(\varphi,\lambda,h)=\sum_{i=1}^{2}\sum_{j=1}^{2}\sum_{k=1}^{2}\boldsymbol{V}(\varphi_i,\lambda_j,h_k)\left(1-\left|\frac{\varphi-\varphi_i}{\varphi_2-\varphi_1}\right|\right)\left(1-\left|\frac{\lambda-\lambda_i}{\lambda_2-\lambda_1}\right|\right)\left(1-\left|\frac{h-h_i}{h_2-h_1}\right|\right) \tag{7.2}$$

φ,λ,h 分别代表纬度、经度和深度，各个节点的速度值如图 7.3 所示。

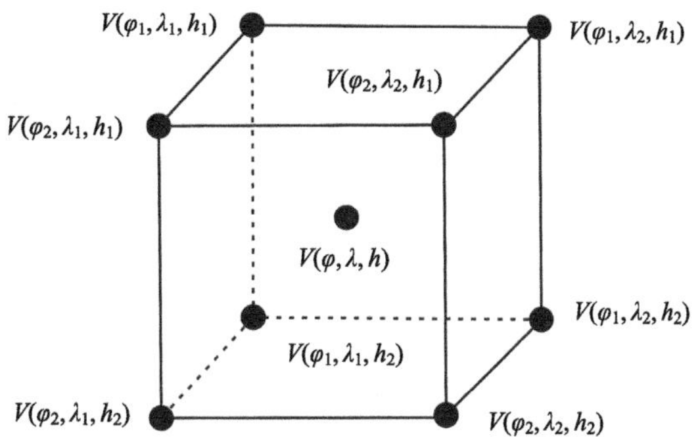

图 7.3　极坐标下的空间网格节点示意图

射线追踪方法要求速度场必须有连续的一阶导数和二阶导数，因此需要使用高阶插值函数对其进行插值。使用三次样条函数进行插值，三维球坐标对称网格内网格节点的慢度形式如下(Thomson and Gubbins, 1982)：

$$\boldsymbol{s}(r,\theta,\phi)=\sum_{i,j,k=1}^{4}S_{ijk}C_i(R)C_j(\Theta)C_k(\Phi) \tag{7.3}$$

其中，S_{ijk} 代表节点(r,θ,ϕ)周围 4×4×4 个节点上的慢度；$C_i(R)$，$C_j(\Theta)$，$C_k(\Phi)$为基样条函数，R、Θ和Φ 分别为局部坐标中的r,θ,ϕ。FMTT 方法使用三次 B 样条函数进行插值，形式与式(7.3)类似。

7.2 正 演 计 算

反演问题中的正演步骤是为了确定地震波穿过给定的地震台站和震源之间的地下介质的走时。地震波在震源 S 与台站 R 之间的走时通常用如下形式表示：

$$t=\int_S^R \frac{1}{v(\boldsymbol{x})}\mathrm{d}l \tag{7.4}$$

其中，$\mathrm{d}l$ 表示差分射线长度；$\boldsymbol{x}$ 是位置矢量；v 是速度。进行上述积分的主要困难在于地震波的传播路径取决于速度结构，只有知道速度结构才能计算式(7.4)的积分。对于弹性介质，地震波波前的传播可以用下面的式子表示：

$$(\nabla_{\boldsymbol{x}}T)=\frac{1}{[v(\boldsymbol{x})]^2} \tag{7.5}$$

其中，T代表地震波走时。式(7.5)有一个前提条件：地震波的波长应该远远小于它所穿过的介质的速度变化的尺度。如果在时间保持不变的情况下，用$T=T(\boldsymbol{x})$描述地震走时，则$T_A=T(\boldsymbol{x})$是T_A时刻的波前的隐式方程。如果时间从T_A增加到T_B，则方程$T_B=T(\boldsymbol{x})$可以用来描述T_B时刻波前的新几何结构和位置。如果用$\boldsymbol{x}=\boldsymbol{x}(T)$描述地震波上的一个恒定相位的点，则描述波前的方程不再是隐式方程，这时就可以刻画各个时刻的射线路径。射线在任何位置都是垂直于波前面的。通过考虑时间 $\mathrm{d}t$ 的微小变化如何影响波前上的点 x，可以从 Eikonal 方程导出控制射线路径几何结构的方程(Aki et al., 1977)，用如下形式表示：

$$\frac{\mathrm{d}}{\mathrm{d}l}=\left(\frac{1}{v(\boldsymbol{x})}\frac{\mathrm{d}\boldsymbol{x}}{\mathrm{d}l}\right)=\nabla\left(\frac{1}{v(\boldsymbol{x})}\right) \tag{7.6}$$

式(7.6)可以用来描述任何给定速度场$v(\boldsymbol{x})$的射线路径。式(7.6)的结果是费马原理，即在速度介质中连接两点 A 和 B 的所有路径中，真实射线路径在时间上是静止的。

确定震源和台站之间的射线路径是一个边界值问题。传统的方法是射线追踪，主要有打靶法(Aki et al., 1977)和弯曲法(Um and Thurder, 1987；Zhao et al., 1992)。射线追踪法具有计算结果准确的优点，但计算速度相对较慢。另一种计算速度较快的方法是快速行进法(FMM)，该方法通过追踪与速度垂直方向的波前面来获得走时，相比射线追踪法具有计算速度快的优点，同时还能够兼顾计算空间的稳定性。通过迎风差分计算 Eikonal 方程(程函方程)的时间梯度，从而获得射线路径。走时场的 Eikonal 方程可表示为如下形式：

$$\left|\nabla_{\boldsymbol{x}} T\right| = s(\boldsymbol{x}) \tag{7.7}$$

式(7.7)左侧为走时场梯度的范数，右侧 s 为慢度。引入有限差分迎风算子以后，走时场的 Eikonal 方程可以用如下形式表述：

$$\begin{bmatrix} \max\left(D_a^{-r}T, -D_b^{+r}T, 0\right)^2 \\ \max\left(D_c^{-\theta}T, -D_d^{+\theta}T, 0\right)^2 \\ \max\left(D_e^{-\phi}T, -D_f^{+\phi}T, 0\right)^2 \end{bmatrix}_{i,j,k}^{\frac{1}{2}} = S_{i,j,k} \tag{7.8}$$

其中，i, j, k 代表任何正交坐标系下的节点位置；a,b,c,d,e,f 代表有限差分算子的阶数。如果 (r,θ,ϕ) 表示球坐标，一阶精度和二阶精度的有限差分算子形式如下：

$$\begin{aligned} D_1^{-r}T_{i,j,k} &= \frac{T_{i,j,k} - T_{i-1,j,k}}{\delta r} \\ D_2^{-r}T_{i,j,k} &= \frac{3T_{i,j,k} - 4T_{i-1,j,k} + T_{i-2,j,k}}{2\delta r} \\ D_1^{-\theta}T_{i,j,k} &= \frac{T_{i,j,k} - T_{i,j-1,k}}{r\delta\theta} \\ D_2^{-\theta}T_{i,j,k} &= \frac{3T_{i,j,k} - 4T_{i,j-1,k} + T_{i,j-2,k}}{2r\delta\theta} \\ D_1^{-\phi}T_{i,j,k} &= \frac{T_{i,j,k} - T_{i,j,k-1}}{r\cos\theta\delta\phi} \\ D_2^{-\phi}T_{i,j,k} &= \frac{3T_{i,j,k} - 4T_{i,j,k-1} + T_{i,j,k-2}}{2r\cos\theta\delta\phi} \end{aligned} \tag{7.9}$$

公式(7.8)的差分格式是根据计算点附近的波前的到达情况来选取差分方向。在计算节点 (i, j, k) 处的走时值 $T_{i,j,k}$ 时：

$$\max\left(D_1^{-r}T, -D_1^{+r}T, 0\right) = \begin{cases} D_1^{-r}T_{i,j,k}\text{、}T_{i,j-1,k}\text{、}T_{i,j+1,k}\text{均已知，且}T_{i,j-1,k} \leqslant T_{i,j+1,k} \\ -D_1^{+r}T_{i,j,k}\text{、}T_{i,j-1,k}\text{、}T_{i,j+1,k}\text{均已知，且}T_{i,j-1,k} \geqslant T_{i,j+1,k} \\ D_1^{-r}T_{i,j,k}, T_{i,j-1,k}\text{已知且}T_{i,j+1,k}\text{未知} \\ -D_1^{+r}T_{i,j,k}, T_{i,j+1,k}\text{已知且}T_{i,j-1,k}\text{未知} \\ 0, T_{i,j-1,k}\text{、}T_{i,j+1,k}\text{均未知} \end{cases} \tag{7.10}$$

同理，可知 $\max\left(D_n^{-\phi}T, -D_n^{+\phi}T, 0\right)$。$r$、$\phi$ 方向上的差分格式的选择不可能同时为零，若都为零，式(7.8)不成立，无法计算。由于待计算的点附近的节点中必然存在一个局部走时最小的点，该点的走时值一定是已知的。将两个方向上选取的差分格式代入式(7.8)中，通过求解方程即可计算出点 (i, j, k) 的走时值。需要注意的是，将 r、ϕ 方向上的差分格式都代入 Eikonal 方程求解时会有两个解，迎风差分法往往选取的是较大的那个解，其目的是确保地震波的传播总是从走时较小的节点向走时较大的节点。

窄带法是用来近似模拟波前面的一种方法，图 7.4 是窄带技术的原理示意图。快速行进法(FMM)采用模拟波前扩展并计算网格节点的走时，窄带技术符合地震波在传播过程的“熵守恒”原理。窄带技术按照其计算原理将网格节点分为三种类型，分别是上风区的Alive point(已完成走时计算的节点)、下风区的Far point (尚未完成走时计算的节点)，以及 Close point(窄带中正在计算走时的节点)。最开始的时候，将震源设为唯一的已经完成走时计算的节点，而震源周边的节点则作为开始计算的窄带点，其他的节点则是待计算走时的节点。

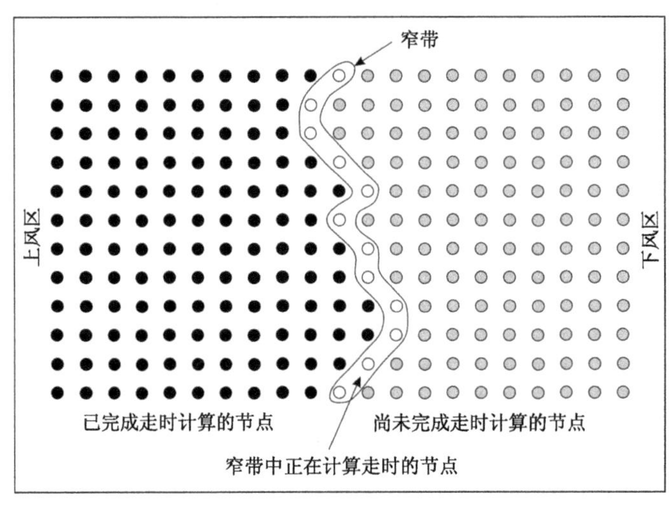

图 7.4　窄带方法追踪波前面原理示意图

窄带技术的具体步骤如下：

(1) 首先从窄带内选取波前面上的子震源，子震源往往是窄带中走时最小的点，选出子震源后要修改其属性为完成点。

(2) 接下来需要对子震源邻近网格节点的属性进行判别，并根据属性判别结果进行分类。若判断为处于下风的远离点，就将其纳入窄带并修改其属性为窄带点，通过迎风差分格式计算走时；若判断为处于窄带中的点，则保持其属性不变，但需要通过迎风差分格式重新计算其走时，若重新计算的走时比原来的走时小，则采用新的走时，否则保持不变；若判断为处于上风的完成点，则保持其属性和走时不变。

(3) 对窄带作判断，若窄带内部为空则结束计算，若不为空则跳回到第一步重复上述步骤。

7.3　反 演 计 算

地震层析成像的反演问题可以表述为一个最优化问题。反演过程是不断调整模型参

数 m 到更好的水平，使其更好地满足观测数据，二者之间存在 $\boldsymbol{d}=g(\boldsymbol{m})$ 的关系。当观测数据是地震走时，模型参数是速度时，由于射线路径取决于穿过介质的速度结构，g 是非线性的。因此，反演过程中必须要考虑这种非线性。解反演问题常用的方法有反投影法、梯度法和全局最优法。本章采用的子空间方法是梯度法的一种，故下文主要介绍梯度法。

求解反问题的最终目的是使一个由数据残差项和一个或多个正则化因子组成的目标函数取得最小值。$\boldsymbol{d}$ 表示一个长度为 N 的数据向量，它的长度取决于长度为 M 的模型向量 $\boldsymbol{m}$，即 $\boldsymbol{d}=g(\boldsymbol{m})$。对于模型参数的初始估计值 $\boldsymbol{m}_0$，将 $\boldsymbol{d}=g(\boldsymbol{m}_0)$ 与观测到的移动时间 $\boldsymbol{d}_{\text{obs}}$ 进行比较，可以评价模型的准确性。误差可以通过构建一个目标函数 $S(\boldsymbol{m})$ 来量化。

目标函数的一个重要组成部分是衡量观测数据和预测数据之间差异的项 $\varPsi(\boldsymbol{m})$。如果假设关系中的误差 $\boldsymbol{d}_{\text{obs}}=g(\boldsymbol{m}_{\text{true}})$ 是高斯误差，就可以用最小二乘法或 L_2 来衡量这一差异：

$$\varPsi(\boldsymbol{m})=\left\|g(\boldsymbol{m})-\boldsymbol{d}_{\text{obs}}\right\|^2 \tag{7.11}$$

如果对观察到的数据进行不确定性估计，那么更精确的数据在目标函数中的权重更大，可写成 $\varPsi(\boldsymbol{m})$：

$$\varPsi(\boldsymbol{m})=\left[g(\boldsymbol{m})-\boldsymbol{d}_{\text{obs}}\right]^{\mathrm{T}}\boldsymbol{C}_{\mathrm{d}}^{-1}\left[g(\boldsymbol{m})-\boldsymbol{d}_{\text{obs}}\right] \tag{7.12}$$

其中，$\boldsymbol{C}_{\mathrm{d}}$ 为数据协方差矩阵。如果假设误差是不相关的，那么 $\boldsymbol{C}_{\mathrm{d}}=\left[\delta_{ij}\left(\sigma_{\mathrm{d}}^{j}\right)^2\right]$，其中 σ_{d}^{j} 是第 j^{th} 个行程时间的不确定性。

地震层析成像反演过程中的一个常见问题是，并非所有的模型参数能被数据很好地约束。通常在目标函数中加入正则化项 $\varPhi(\boldsymbol{m})$，以提供额外的模型参数约束，从而减少解的非唯一性。正则化项常用下列形式表示：

$$\varPhi(\boldsymbol{m})=(\boldsymbol{m}-\boldsymbol{m}_0)^{\mathrm{T}}\boldsymbol{C}_{\mathrm{m}}^{-1}(\boldsymbol{m}-\boldsymbol{m}_0) \tag{7.13}$$

其中，$\boldsymbol{C}_{\mathrm{m}}$ 为先验模型协方差矩阵。如果假设初始模型中的不确定性是不相关的，那么 $\boldsymbol{C}_{\mathrm{m}}=\left[\delta_{ij}\left(\sigma_{\mathrm{m}}^{j}\right)^2\right]$，其中 σ_{m}^{j} 是与初始模型第 j^{th} 个模型参数相关的不确定性。这一项的作用是使模型 $\boldsymbol{m}$ 更接近参考模型 $\boldsymbol{m}_0$。

正则化的另一种方法是最小结构解 (Sambridge, 1990)，它试图在满足数据和找到结构变化最小的模型之间找到一个可接受的平衡点。在目标函数中加入这一条件的方法是使用下面的式子(Blundell, 1993)：

$$\varOmega(\boldsymbol{m})=\boldsymbol{m}^{\mathrm{T}}\boldsymbol{D}_n^{\mathrm{T}}\boldsymbol{D}_n\boldsymbol{m} \tag{7.14}$$

其中，$\boldsymbol{D}_n\boldsymbol{m}$ 是第 n^{th} 次空间导数的有限差分估计。当 $n=1$ 时，目标是最小化梯度；当 $n=2$ 时，目标是最小化曲率(即平滑)。使用上述式(7.12)～式(7.14)中描述的 L_2 项，目标函数 $S(\boldsymbol{m})$ 可以表述为如下形式：

$$S(\boldsymbol{m})=\varPsi(\boldsymbol{m})+\varepsilon\varPhi(\boldsymbol{m})+\eta\varOmega(\boldsymbol{m}) \tag{7.15}$$

其中，ε 称为阻尼因子；η 称为平滑因子(当 $n=2$ 时，在式(7.14)中，这些因子制约着解 $\boldsymbol{m}_{\text{est}}$ 对数据的满足程度、$\boldsymbol{m}_{\text{est}}$ 与 $\boldsymbol{m}_0$ 的接近程度以及 $\boldsymbol{m}_{\text{est}}$ 的平滑性)。

在下面关于目标函数最小化方法的描述中，将 $S(\boldsymbol{m})$ 代入其中，其中平滑因子 η 为零，从而得到如下形式的目标函数：

$$S(\boldsymbol{m})=\left[g(\boldsymbol{m})-\boldsymbol{d}_{\text{obs}}\right]^{\text{T}}\boldsymbol{C}_{\text{d}}^{-1}\left[g(\boldsymbol{m})-\boldsymbol{d}_{\text{obs}}\right]+\varepsilon(\boldsymbol{m}-\boldsymbol{m}_0)^{\text{T}}\boldsymbol{C}_{\text{m}}^{-1}(\boldsymbol{m}-\boldsymbol{m}_0) \tag{7.16}$$

基于梯度的反演方法使用的是模型空间中指定点的 $S(\boldsymbol{m})$ 导数。所有实际的梯度方法都满足一个基本假设，即 $S(\boldsymbol{m})$ 足够平滑，可以验证关于某个当前模型的局部二次近似。

$$S(\boldsymbol{m}+\delta\boldsymbol{m})\approx S(\boldsymbol{m})+\hat{\boldsymbol{\gamma}}\delta\boldsymbol{m}+\frac{1}{2}\delta\boldsymbol{m}^{\text{T}}\hat{\boldsymbol{H}}\delta\boldsymbol{m} \tag{7.17}$$

其中，$\delta\boldsymbol{m}$ 是对当前模型的扰动；$\hat{\boldsymbol{\gamma}}=\partial\boldsymbol{S}/\partial\boldsymbol{m}$ 和 $\hat{\boldsymbol{H}}=\partial^2\boldsymbol{S}/\partial\boldsymbol{m}^2$ 分别是梯度向量和 Hessian 矩阵。对这些偏导数进行评价可得(Tarantola, 1987)

$$\hat{\boldsymbol{\gamma}}=\boldsymbol{G}^{\text{T}}\boldsymbol{C}_{\text{d}}^{-1}\left[g(\boldsymbol{m})-\boldsymbol{d}_{\text{obs}}\right]+\varepsilon\boldsymbol{C}_{\text{m}}^{-1}(\boldsymbol{m}-\boldsymbol{m}_0) \tag{7.18}$$

$$\hat{\boldsymbol{H}}=\boldsymbol{G}^{\text{T}}\boldsymbol{C}_{\text{d}}^{-1}\boldsymbol{G}+\nabla_{\text{m}}\boldsymbol{G}^{\text{T}}\boldsymbol{C}_{\text{d}}^{-1}\left[g(\boldsymbol{m})-\boldsymbol{d}_{\text{obs}}\right]+\varepsilon\boldsymbol{C}_{\text{m}}^{-1} \tag{7.19}$$

其中，$\boldsymbol{G}=\partial g/\partial m$ 是在解决正演问题时计算的局部导数的 Fréchet 矩阵。对于常慢度块体，$\boldsymbol{G}=\left[l_{ij}\right]$，其中 l_{ij} 是第 j^{th} 个块中第 i^{th} 条射线的射线长度。通常，$\hat{\boldsymbol{H}}$ 中的二次导数项被忽略，因为它的评估很耗时，而且如果 $g(\boldsymbol{m})=\boldsymbol{d}_{\text{obs}}$ 很小，或者如果正演问题是准线性的$(\nabla_{\text{m}}\boldsymbol{G}\approx 0)$，它的影响就很小。$\hat{\boldsymbol{\gamma}}$ 和 $\hat{\boldsymbol{H}}$ 都不在模型空间中，而是在模型空间的二元空间中(Tarantola, 1987)。如果 $\boldsymbol{\gamma}$ 是模型空间中的最速上升向量，那么 $\boldsymbol{\gamma}=\boldsymbol{C}_{\text{m}}\hat{\boldsymbol{\gamma}}$，$H$ 是模型空间的曲率算子且 $\boldsymbol{H}=\boldsymbol{C}_{\text{m}}\hat{\boldsymbol{H}}$。

由于 g 一般是非线性的，所以求方程(7.16)的最小值需要代入下面的关系：

$$\boldsymbol{m}_{n+1}=\boldsymbol{m}_n+\delta\boldsymbol{m}_n \tag{7.20}$$

式(7.16)中的 $\boldsymbol{m}_0$ 为初始模型。在每一步中，目标函数对当前的射线路径估计值进行最小化，产生 $\boldsymbol{m}_{n+1}$，之后为下一次迭代计算新的射线路径。当地震走时满足或 $S(\boldsymbol{m})$ 随迭代的变化变得足够小时，迭代就会停止。

梯度反演方法包括高斯-牛顿法、阻尼最小二乘法、最速下降法、共轭梯度法和子空间法，这些反演方法均可用来求 $\delta\boldsymbol{m}_n$。

子空间法在每次迭代时都会进行线性最小化。一般来说，子空间法最小化是在以下情况下进行的：同时沿着几个搜索方向进行搜索，这些搜索方向共同跨越模型的子空间。这里只介绍一般子空间反演法的基本理论，详细理论可参考 Kennett 等(1988)、Sambridge(1990)和 Williamson(1990)。

在每次迭代时，子空间法 $S(\boldsymbol{m})$ 的二次近似的最小值均在模型空间的 n 维子空间中，使扰动 $\delta\boldsymbol{m}$ 发生在一组 n 个 M 维基向量 $\left\{\boldsymbol{a}^j\right\}$ 所跨越的空间中。

$$\delta\boldsymbol{m}=\sum_{j=1}^{n}\mu_j\boldsymbol{a}^j=\boldsymbol{A}\mu \tag{7.21}$$

其中，$\boldsymbol{A}=\left[\boldsymbol{a}^{j}\right]$是$M\times n$的投影矩阵。分量$\mu_j$决定了相应向量$\boldsymbol{a}^{j}$的长度，它使$S(\boldsymbol{m})$的二次形式在$\boldsymbol{a}^{j}$所跨越的空间中达到最小。因此，将方程(7.21)代入方程 (7.20)就可以找到μ，从而得到求和式：

$$S(\boldsymbol{m}+\delta\boldsymbol{m})\approx S(\boldsymbol{m})+\sum_{j=1}^{n}\mu_j\hat{\boldsymbol{\gamma}}\boldsymbol{a}^{j}+\frac{1}{2}\sum_{j=1}^{n}\sum_{k=1}^{n}\mu_j\mu_k\left[\boldsymbol{a}^{k}\right]^{\mathrm{T}}\hat{\boldsymbol{H}}\left[\boldsymbol{a}^{j}\right] \tag{7.22}$$

找出S相对于μ的最小值：

$$\frac{\partial S(\boldsymbol{m})}{\partial\mu_q}=\hat{\boldsymbol{\gamma}}^{\mathrm{T}}\boldsymbol{a}^{q}+\sum_{k=1}^{n}\mu_k\left[\boldsymbol{a}^{k}\right]^{\mathrm{T}}\hat{\boldsymbol{H}}\left[\boldsymbol{a}^{j}\right]=0 \tag{7.23}$$

当$q=1,\cdots,n$ 时，对式(7.23)变形得到

$$\mu=-\left[\boldsymbol{A}^{\mathrm{T}}\hat{\boldsymbol{H}}\boldsymbol{A}\right]^{-1}\boldsymbol{A}^{\mathrm{T}}\hat{\boldsymbol{\gamma}} \tag{7.24}$$

由于$\delta\boldsymbol{m}=\boldsymbol{A}\mu$，将$\hat{\boldsymbol{H}}=\boldsymbol{G}^{\mathrm{T}}\boldsymbol{C}_{\mathrm{d}}^{-1}\boldsymbol{G}+\varepsilon\boldsymbol{C}_{\mathrm{m}}^{-1}$代入式(7.24)，最终得到如下形式的解：

$$\delta\boldsymbol{m}=-\boldsymbol{A}\left[\boldsymbol{A}^{\mathrm{T}}\left(\boldsymbol{G}^{\mathrm{T}}\boldsymbol{C}_{d}^{-1}\boldsymbol{G}+\varepsilon\boldsymbol{C}_{m}^{-1}\right)\boldsymbol{A}\right]^{-1}\boldsymbol{A}^{\mathrm{T}}\hat{\boldsymbol{\gamma}} \tag{7.25}$$

可以按照等式(7.20)规定的方式反复迭代。在连续的迭代之间，$\boldsymbol{A}$、$\hat{\boldsymbol{\gamma}}$和$\boldsymbol{G}$被重新评估。大多数子空间方法的实现都是根据模型空间中最速上升矢量$\boldsymbol{\gamma}$及其变化率来构建基向量$\left\{\boldsymbol{a}^{j}\right\}$ (Kennett et al., 1988; Sambridge, 1990; Williamson, 1990; Blundell, 1993)。

首先，$\delta\boldsymbol{m}_n$的确定只需要解一个相对较小的$n\times n$线性方程组。其次，它提供了一种处理多参数集的方式。如果基向量$\left\{\boldsymbol{a}^{j}\right\}$选择如下：每个向量只存在于特定参数类所跨越的空间中，那么最小化将考虑到$S(\boldsymbol{m})$对参数集的不同灵敏度以平衡的方式使用不同的参数类(图 7.5)。不同物理维度的参数混合的其他梯度方法可能会表现出缓慢的收敛性，并且强烈依赖于不同参数类型的相对比例(Kennett et al., 1988)。

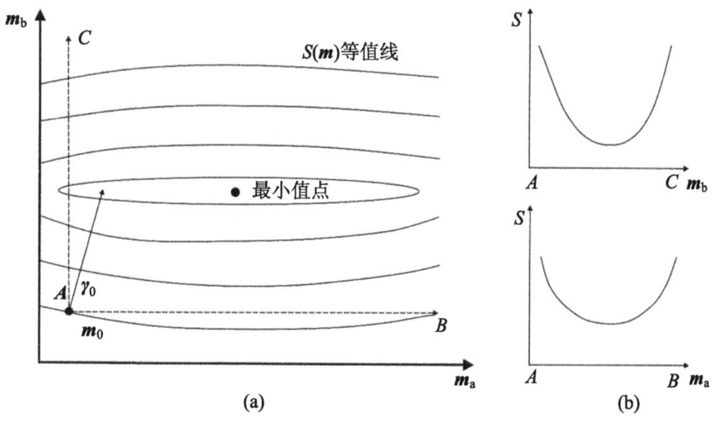

图 7.5　子空间方法的原理

(a)$S(\boldsymbol{m})$的等值线，它是两个物理尺寸不同的参数的函数；(b)$S(\boldsymbol{m})$对$\boldsymbol{m}_{\mathrm{b}}$的敏感度大于$\boldsymbol{m}_{\mathrm{a}}$(Rawlinson et al., 2001)

所有梯度方法都需要计算 Fréchet 矩阵 $\boldsymbol{G}=\partial g/\partial \boldsymbol{m}$，它描述了每个走时相对于每个模型参数的变化率，该矩阵的计算通常在正演计算过程中完成。下式表示走时残差和慢度扰动之间的关系：

$$\delta t=\int_{L_0}\delta s(\boldsymbol{x})\mathrm{d}l+O\left(\delta s(\boldsymbol{x})^2\right) \tag{7.26}$$

由上述形式可以得到速度 $v(\boldsymbol{x})$ 的等效表达式：

$$\delta t=-\int_{L(v_0)}\frac{\delta \boldsymbol{v}}{v_0^2}\mathrm{d}l \tag{7.27}$$

其中，$\delta \boldsymbol{v}$ 为速度扰动；v_0 为参考速度场。如果速度场由速度节点网格定义，那么一阶精确的 Fréchet 导数可用如下形式表示：

$$\frac{\partial t}{\partial v_n}=-\int_{L(v_0)}v_0^{-2}\frac{\partial \boldsymbol{v}}{\partial v_n}\mathrm{d}l \tag{7.28}$$

其中，v_n 是某一节点的速度；$\partial \boldsymbol{v}/\partial v_n$ 是沿射线速度 v_n 的变化。如果速度插值函数 $v=f(v_n)$ 有一个简单的形式，式(7.28)通常很容易计算。大多数使用梯度方法和速度节点网格模型参数化的作者都使用公式(7.28)计算 Fréchet 导数(White, 1989; Lutter and Nowack, 1990; Sambridge, 1990)。

当模型参数描述界面深度时，也可以得到 Fréchet 导数的一阶精度表达式。基本方法是对问题进行分割：

$$\frac{\partial t}{\partial z_n}=\frac{\mathrm{d}t}{\mathrm{d}h_{\text{int}}\dfrac{\mathrm{d}h_{\text{int}}}{\mathrm{d}z_{\text{int}}\dfrac{\partial z_{\text{int}}}{\partial z_n}}} \tag{7.29}$$

其中，z_n 为界面节点的深度坐标；h_{int} 为射线在交点处对界面法线的位移；z_{int} 为交点的深度坐标。通过假设局部线性波前和界面，式(7.29)中的两个总导数可以被计算出来，达到一阶精度(Bishop et al., 1985; Nowack and Lyslo, 1989; White, 1989; Sambridge, 1990; Zelt and Smith, 1992; Blundell, 1993)。

图 7.6 展示了一个平面波撞击在平面界面上，受到距离 Δh 的扰动。射线 A 和 B 显示了扰动前后波所走的路径。射线 A 和 B 从位置 1 到位置 2 的移动时间 Δt 的差值为

$$\Delta t=\frac{a}{v_j}-\frac{b}{v_{j+1}} \tag{7.30}$$

由于 $a=-w_j\cdot w_n\Delta h$ 和 $b=-w_{j+1}\cdot w_n\Delta h$，代入式(7.30)得到如下等式：

$$\Delta t=\left(\frac{w_{j+1}\cdot w_n}{v_{j+1}}-\frac{w_j\cdot w_n}{v_j}\right)\Delta h \tag{7.31}$$

局部偏导数近似形式如下：

$$\frac{\partial t}{\partial h_{\text{int}}}\approx\frac{w_{j+1}\cdot w_n}{v_{j+1}}-\frac{w_j\cdot w_n}{v_j} \tag{7.32}$$

式 (7.29)中的第二项可以通过 $w_n\cdot w_z=-\Delta h/\Delta z$ 得到，因此局部偏导数可表示为

$$\frac{\partial h_{\text{int}}}{\partial z_{\text{int}}} \approx -w_n \cdot w_z \tag{7.33}$$

将上述两个偏导数代入式(7.29)可以得到如下等式：

$$\frac{\partial t}{\partial z_m} \approx \left(\frac{w_j \cdot w_n}{v_j} - \frac{w_{j+1} \cdot w_n}{v_{j+1}} \right) (w_n \cdot w_z) \frac{\partial z_{\text{int}}}{\partial z_n} \tag{7.34}$$

式(7.29)适用于任何射线方向，只要 w_j 总是指向界面的方向， w_{j+1} 总是指向远离界面的方向，无论射线是向上还是向下。

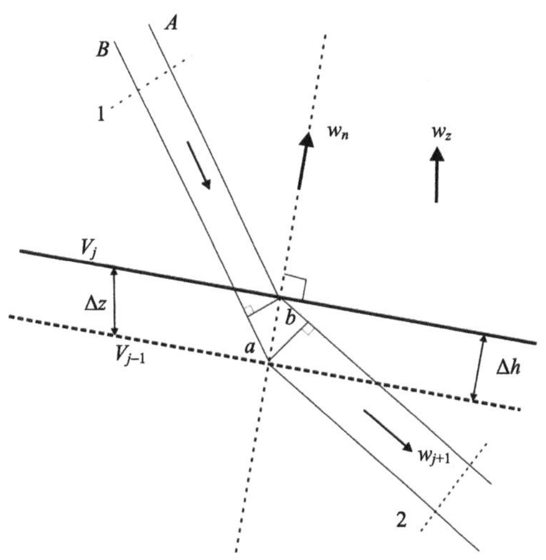

图 7.6　平面波入射在扰动平面界面上的示意图

7.4　棋盘格测试与误差分析

Backus 和 Gilbert (1968)最早对地球物理反演问题中解的评价和分辨率进行了研究，并提出了 Backus-Gilbert 理论，简称 BG 理论。地震层析成像结果能够反映地球内部速度结构变化，存在多解性问题，为了保证反演结果的可靠性，必须对其反演结果进行分辨率和误差分析，否则无法保证反演结果的实际价值。分辨率反映的是地球物理反演结果的可靠性。地震层析成像研究中常用的分辨率分析方法有：射线密度法(赵永贵和任汉章，1996)、线性反演理论方法(Backus and Gilbert, 1968)、尖峰试验法、棋盘分辨率试验法(Humphreys and Clayton, 1988)和恢复分辨率试验法(Zhao et al., 1992)，其中应用较为广泛的是棋盘分辨率试验法和恢复分辨率试验法。

棋盘分辨率试验法的原理是用合成的理论数据代替实际观测数据。先选定一个一维速度模型，在此基础上生成特定的三维网格模型。为了便于分析，在该三维网格模型中加入正负交替分布的速度扰动，棋盘测试也因此得名。然后，计算射线在该三维网格模型中的路径和走时，生成合成数据。最后，对合成数据进行反演计算，将反演结果与棋盘模型进行对比分析，反演结果的三维速度结构与棋盘模型相似度越高，说明反演结果越可靠。因此，通过上述过程对反演结果的可靠性和分辨率有了一个直观的认识。

恢复分辨率试验法的原理是用反演结果替代合成模型作为初始模型，计算地震波在该模型中的传播路径和走时，与此同时，还要在该数据中加入随机误差用以生成合成数据，然后对上述合成数据进行反演，再将合成数据的反演结果与之前的反演结果进行对比，分析速度异常恢复情况。上述两种分辨率试验法中，棋盘分辨率试验法的结果较为直观，容易分析和对比，而恢复分辨率试验法则更接近地下真实情况，缺点是结果不够直观，不容易做对比和分析。

7.5 南海周边东南亚地区实际数据处理

南海在构造位置上地处欧亚板块、澳大利亚板块和太平洋板块的交接处，其形成和演化过程受到这三大板块的影响。南海新生代演化模式及动力学机制是南海地区构造演化研究中重要的问题之一，探究其演化过程对于研究海底扩张动力学具有重要的科学意义；南海海盆扩张过程中形成了丰富的油气矿产资源，研究南海新生代构造演化过程并分析其对油气资源的影响，对南海油气矿产资源勘探具有重要的现实意义。目前，国内外研究者对于南海新生代演化模式尚未形成统一的认识。南海地区复杂的构造演化背景孕育了一系列复杂的深部构造，对这些深部构造进行研究，能够为探究南海海盆新生代演化过程提供支持。下面的实际算例是石会彦(2022)年的研究结果。

7.5.1 数据

研究区范围是(15°S~30°N，90°E~130°E)。使用研究区内高质量的相对走时残差数据反演南海及周边地区上地幔三维速度结构。地震台站覆盖了华南板块、印支地块、苏门答腊岛及菲律宾岛弧等区域。远震数据由两部分构成。一是2006～2020年国际地震中心(ISC)的数据中心筛选出的375个地震台站记录的13480个远震事件，共176169条相对走时残差数据；二是从2003～2004年、2008年5月至2009年5月和2017年10月至2019年10月美国地震学研究联合会(Incorporated Research Institutions for Seismology, IRIS)数据库中筛选出的80个地震台站记录的531个远震事件，共6114条相对走时残差数据。

7.5.2 棋盘测试与精度分析

在进行层析成像反演前，先使用棋盘分辨率测试法测试观测系统的稳定性，并确定反演最佳分辨率(Rawlinson et al., 2001; Rawlinson and Sambridge, 2003)。棋盘测试的步骤如下：①先生成初始模型，命名为模型1，然后向模型1中加入棋盘状分布的正负速度扰动，命名为模型2；②分别以模型1和模型2作为输入模型，将它们置于由研究区的地震台站以及远震事件共同构成的观测系统之中，从而获取它们在该观测系统下的理论走时以及射线路径，模型2与模型1的理论走时之差为相对走时残差；③以模型1为初始模型，利用步骤②中得到的相对走时残差恢复棋盘模型，反演得到的模型命名为模型3，将模型3和模型2进行对比就可以确定研究区各区域的分辨率。后面的反演结果主要讨论分辨率较高区域的深部结构，这些区域的反演结果可信度更高。

在棋盘测试中，在生成的合成模型中加入了正负 5%的速度扰动生成棋盘模型，棋盘模型的网格间距为 1.6°。图 7.7 是深度为 100km 处的输入棋盘测试初始模型。利用 FMTT(Rawlinson and Sambridge, 2003; Rawlinson and Sambridge, 2005; Rawlinson et al., 2006a)方法对棋盘模型异常进行反演，棋盘测试结果如图 7.8 所示，结果表明，研究区内大部分区域的模型分辨率较高。南海海盆区由于地震台站和远震事件较少，因此该区域 300km 以上的上地幔分辨率较差，当深度大于 300km 时，随着深度变深，射线交叉情况得以改善，因此南海海盆的分辨率也有提高，而在华南板块、印支半岛等大陆区域和苏门答腊、菲律宾等岛弧区，台站分布较为密集，因此这些区域的射线交叉情况较为良好，几乎所有深度的速度异常都能得以恢复。

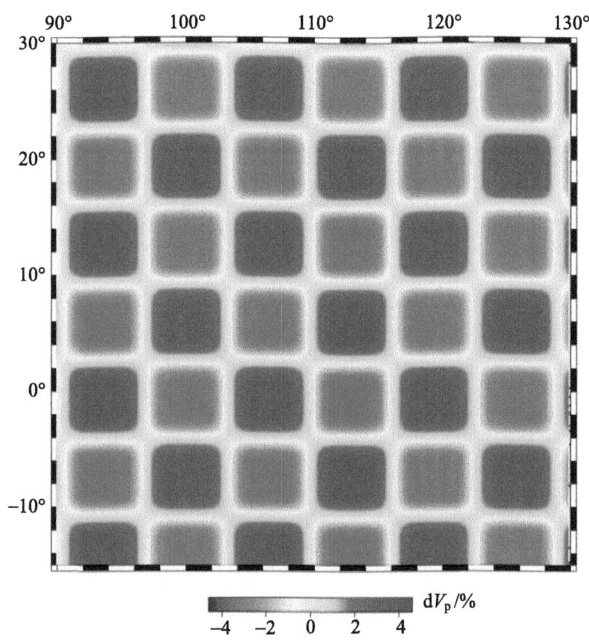

图 7.7　棋盘测试初始模型 100km 处深度切片

7.5.3　层析成像结果与分析

根据棋盘测试的结果，获得南海周边地区横向分辨率可达 160km 的三维速度模型。图 7.9 为研究区三维速度模型在 9 个典型深度上的 P 波速度异常。由图 7.9 可见，总体来看，P 波速度扰动与构造单元之间呈现出一定的对应关系。俯冲板块分布的区域表现为从浅部向深部延伸的高速异常，最深可达地幔转换带下界面以下，主要包括缅甸地块、印尼和菲律宾等区域；俯冲板块前缘则表现为低速异常。

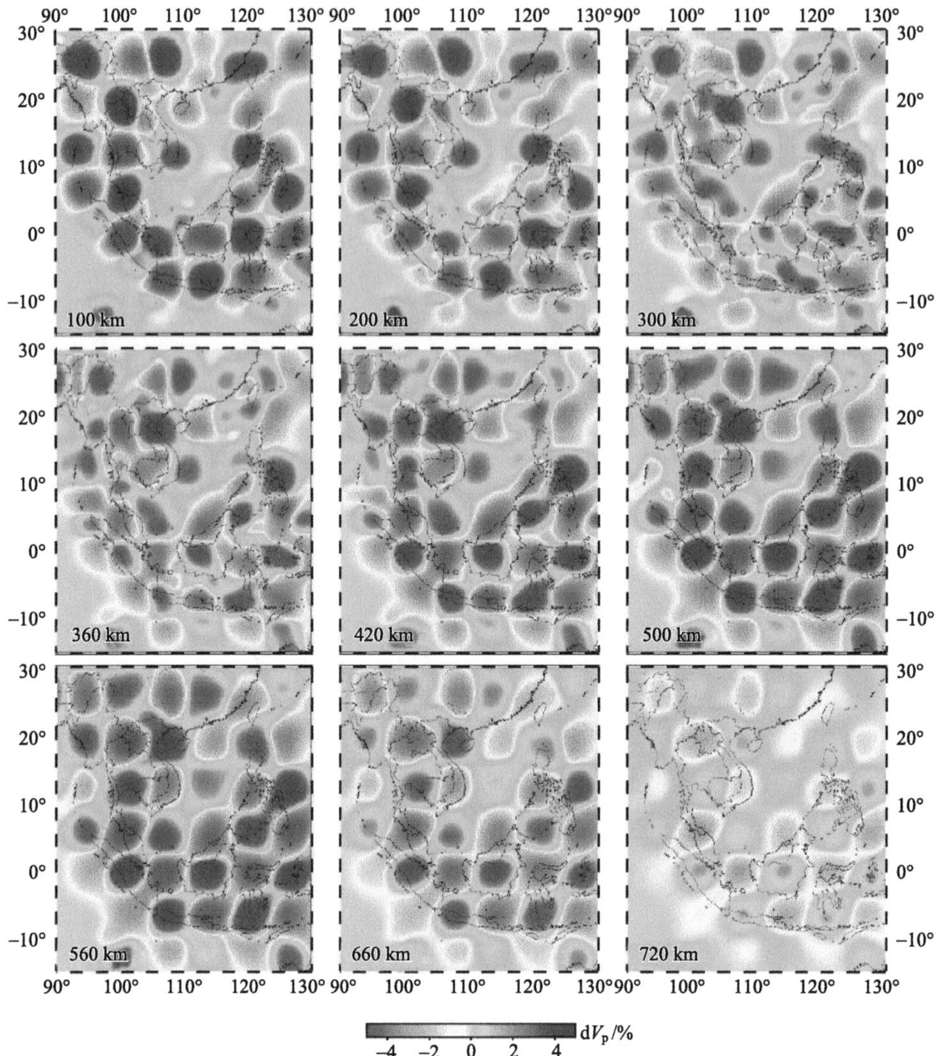

图 7.8　棋盘测试结果典型深度切片(石会彦，2022)

当深度为 100km 时，研究区有 5 处高速异常值得注意，其中标注序号 1、2、3 和 4 是较为连续完整的高速异常，分别代表缅甸俯冲板片、印-澳俯冲板片、澳大利亚俯冲板片和南海俯冲板片，印-澳俯冲板片和澳大利亚俯冲板片呈弧形展布，二者之间被低速异常隔断，低速异常位于苏门答腊岛中部；标注序号 5 的高速异常在印支半岛，其形状不连续，呈近南北向展布，且向北延伸至青藏高原，推断其可能是古特提斯残留板片。菲律宾和中国台湾存在醒目的高速异常，揭示了菲律宾海板块的俯冲。南海海盆区域深度射线交叉情况较差，这里不做讨论。

当深度增加至 200km 时，速度异常分布情况整体上与 100km 相似。代表缅甸俯冲板片的高速异常无变化；代表印-澳俯冲板片和澳大利亚俯冲板片的高速异常之间低速异常较少；代表南海俯冲板片的高速异常水平位置发生向东的移动，说明南海板块是倾斜

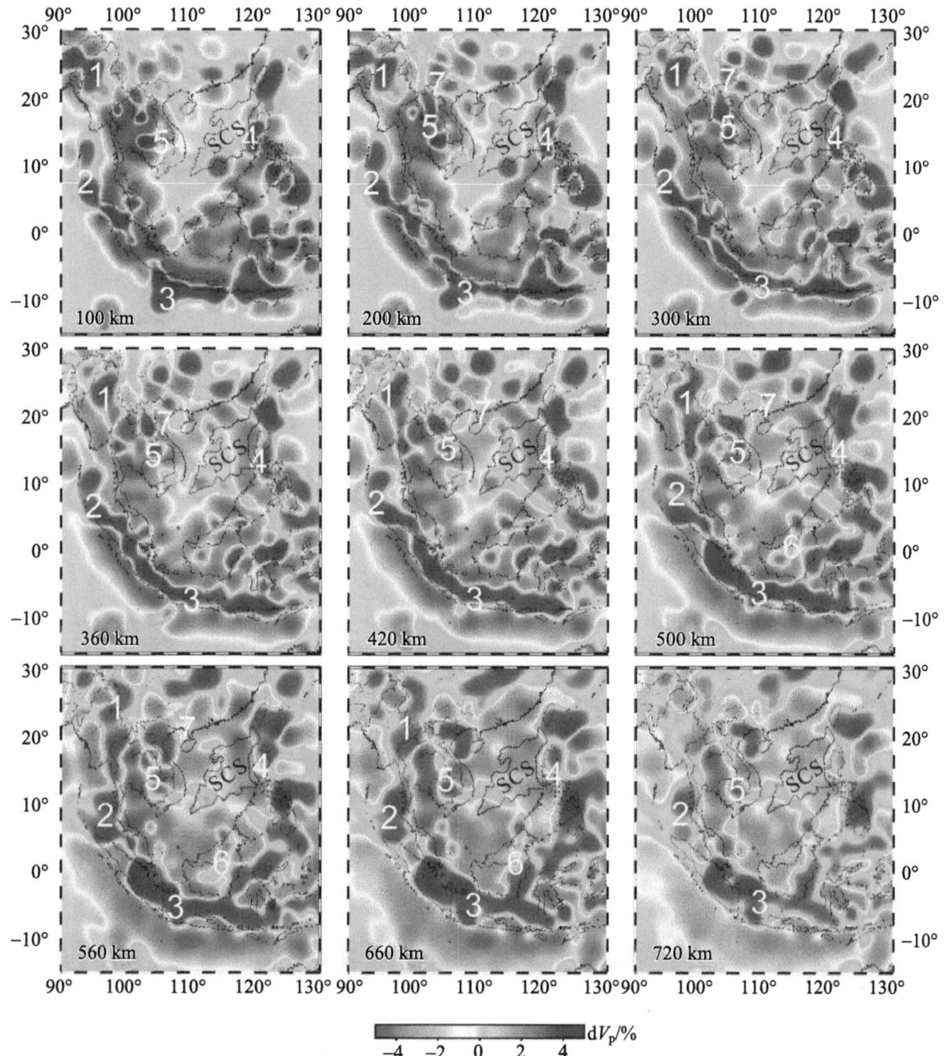

图 7.9　三维速度模型典型深度 P 波速度异常切片(石会彦，2022)

红色表示低速异常，蓝色表示高速异常

向东俯冲至菲律宾下方。印支半岛的高速异常也无大的变化。在青藏高原东南部和南海之间(图 7.9 中序号 7 所在位置)，发现向南海延伸的低速异常，该低速异常沿着红河断裂进入南海。前人也发现了这一现象(Li et al., 2006; Huang et al., 2015a, 2015b)，普遍认为该低速异常代表青藏高原流向南海的地幔流。

当深度增加至 300km 时，代表缅甸俯冲板片的高速异常水平位置发生向东移动，揭示了其向东俯冲。印-澳俯冲板片和澳大利亚俯冲板片的高速异常连接到一起，表明二者之间在苏门答腊岛中部 300km 以上的部分被低速异常覆盖，类似的异常特征前人也有发现(Huang et al., 2015a; Li et al., 2018)，可能是该区域的俯冲板片在俯冲过程中发生了撕裂，导致岩浆上涌造成的(Zhao et al., 2015)。代表南海俯冲板片的高速异常水平位置相对较浅位置继续向东偏移；印支半岛的高速异常面积较浅部有所增加；沿红河断裂延伸的低速异常面积也有所增加，进入南海后主要分布在南海北部。

深度为 360km 和 420km 处的异常总体特征类似。代表缅甸俯冲板片的高速异常水平位置不再向东偏移，其分布范围则向南延伸，表现出与印-澳俯冲板片高速异常相连的趋势。印-澳俯冲板片和澳大利亚俯冲板片的高速异常依旧连接在一起，其水平位置也向东北方偏移，揭示了印度-澳大利亚板块的俯冲方向。南海俯冲板片的高速异常与台湾的高速异常连为一体，揭示了该区域与菲律宾海板块双向俯冲的复杂构造环境。当深度在 500～600km 时，速度异常揭示的是研究区地幔转换带的速度结构。在这一深度，缅甸俯冲板片、印-澳俯冲板片和澳大利亚俯冲板片已经连接在一起，异常范围较浅部有所增加，水平位置也沿着俯冲方向发生进一步的偏移。南海俯冲板片的高速异常已经完全与菲律宾海板块的高速异常混合。印支半岛的高速异常在印支半岛最南端，婆罗洲则出现弧形分布的高速异常(图 7.9 中序号 6 所在位置)，联系前人发现的南海南部蛇绿岩的分布情况，推断二者存在联系。红河断裂带由低速异常变为高速异常，南海海盆表现为高速异常。

之前已经有很多学者对研究区地下三维速度结构进行了研究(Tang and Chan, 2013; Zenonous et al., 2019; Wei and Zhao, 2020)。然而大部分学者的研究主要是聚焦在中国大陆、青藏高原等区域的壳幔结构，对南海深部构造及其与周边板块的关联的讨论则较少。将获得的东南亚三维 P 波速度模型与前人获得的亚洲或全球地震层析成像结果进行比较(Fukao, 1992; Lebedev and Nolet, 2003; Simmons et al., 2012; Fukao and Obayashi, 2013; Zhao et al., 2015; Huang et al., 2015a; Zenonous et al., 2019; Wei and Zhao, 2020)，发现两者基本一致：在青藏高原东南部、华南板块、菲律宾、苏门答腊和爪哇等区域发现从浅部向深部延伸的高速异常，在俯冲区域前缘和南海海盆发现低速异常，揭示了从青藏高原向南海流动的地幔流(Huang et al., 2015a)。不同点在于认为该地幔流在南海北部发生分流，分别向东和东南流动，最终汇入南海，可能是南海张开的主要动力；在婆罗洲和菲律宾岛弧地幔转换带中发现古南海滞留板片。因此，地震层析成像用于研究地球内部结构具有重要意义。

参 考 文 献

石会彦. 2022. 南海重-震地学断面与远震层析成像综合研究. 吉林: 吉林大学.

张培震，邓起东，张国民，等. 2003. 中国大陆的强震活动与活动地块. 中国科学 D 辑, 33(z1): 12-20.

赵永贵，任汉章. 1996. 地震在寻找隐伏铜镍矿中的应用. 地球物理学报, 39(2): 172-178.

Aki K. 1980. A new approach to the prediction of earthquake strong motion. In Earthquake Hazos Mithgaf Shtin (Grant Number 8005720). National Science Foundation.

Aki K, Christoffersson A, Husebye E S. 1977. Determination of the three-dimensional seismic structure of the lithosphere. J. Geophys. Res. , 82: 277-296.

Aki K, Lee W H K. 1976. Determination of the 3-dimensional anomalies under a seismic array using first P arrival Times from local earthquakes, 1. a Homogeneous initial model. J. Geophys. Res., 81(23): 4381-4399.

Backus G, Gilbert F. 1968. The resolving power of gross earth data. Geophys JR Astron Soc, 16: 169-205.

Bird P. 2003. An updated digital model of plate boundaries. Geochem. Geophys. Geosystems, 4(3): 1027.

Bishop T P, Bube K P, Cutler R T, et al. 1985. Tomographic determination of velocity and depth in laterally varying media. Geophys. , 50: 903-923.

Bleibinhaus F, Gebrande H. 2006. Crustal structure of the eastern Alps along the TRANSALP profile from wide-angle seismic tomography. Tectonophysics, 414: 51-69.

Blundell C A. 1993. Resolution Analysis of Seismic P-Wave Velocity Estimates Using Reflection Tomographic Inversion. Ph. D. Thesis, Monash University, Victoria, Australia.

Dickson W R, Snyder W S. 1979. Deometry of subducted slabs related to San Andreas transform. Geology, 87: 609-627.

Dziewonski A M, Hager B H, O'Connell R J. 1977. Large-scale heterogeneities in the lower mantle. Journal of Geophysical Research, 82 (2): 239-255.

Fukao Y, Obayashi M. 2013. Subducted slabs stagnant above, penetrating through, and trapped below the 660 km discontinuity. J. Geophys. Res. Solid Earth, 118, 5920-5938.

Fukao Y. 1992. Seismic tomogram of the Earth's mantle: geodynamic implications. Science, 258(5082): 625-630.

Graeber F M, Houseman G A, Greenhalgh S A. 2002. Regional teleseis-mic tomography of the western Lachlan Orogen and the Newer Volcanic Province, southeast Australia. Geophys. J. Int., 149: 249-266.

Hicks G, Pratt R G. 2001. Reflection waveform inversion using local descent methods: Estimating attenuation and velocity over a gas-sand deposit. Geophys., 66: 598-612.

Huang Z, Wang P, Xu M, et al. 2015a. Mantle structure and dynamics beneath SE Tibet revealed by new seismic images. Earth Planet. Sci. Lett., 411: 100-111.

Huang Z, Zhao D, Wang L. 2015b. P wave tomography and anisotropy beneath Southeast Asia: Insight into mantle dynamics. J. Geophys. Res. Solid Earth, 120: 5154-5174.

Humphreys E, Clayton R W. 1988. Adaption of back projection tomography to seismic travel time problems. J. Geophys. Res. , 93: 1073-1085.

Kennett B N L, Sambridge M, Williamson P R. 1988. Subspace methods for large scale inverse problems involving multiple parameter classes. Geophys. J. Int., 94: 237-247.

Korenaga J, Holbrook W S, Kent G M, et al. 2000. Crustal structure of the southeast Greenland margin from joint refraction and reflection tomography. J. Geophys. Res., 105(21): 591-614.

Lebedev S, Nolet G. 2003. Upper mantle beneath Southeast Asia from S velocity tomography. Geophys. Res, 108: 2048.

Li C, Van Der Hilst R D, Toksöz M N, et al. 2006. Constraining P-wave velocity variations in the upper mantle beneath Southeast Asia. Phys. Earth Planet. Inter., 154(2): 180-195.

Li X, Hao T, Li Z. 2018. Upper mantle structure and geodynamics of the Sumatra subduction zone from 3-D teleseismic P-wave tomography. J. Asian Earth Sci., 161: 25-34.

Lutter W J, Nowack R L. 1990. Inversion for crustal structure using reflections from the PASSCAL Ouachita experiment. J. Geophys. Res., 95: 4633-4646.

McCaughey M, Singh S C. 1997. Simultaneous velocity and interface tomography of normal-incidence and wide-aperture seismic traveltime data. Geophys. J. Int. , 131: 87-99.

Morgan R P L, Barton P J, Warner M, et al. 2000. Lithospheric structure north of Scotland. I. P-wave modelling, deep reflection profiles and gravity. Geophys. J. Int., 142: 716-736.

Nowack R L, Lyslo J. 1989. A. Fr′echet derivatives for curved interfaces in the ray approximation. Geophys. J. Int., 97: 497-509.

Pratt R G, Goulty N R. 1991. Combining wave-equation imaging with traveltime tomography to form high-resolution images from crosshole data. Geophys., 56: 208-224.

Pratt R G, Shipp R M. 1999. Seismic waveform inversion in the frequency domain. Part 2. Fault delineation in sediments using crosshole data. Geophys, 64: 902-914.

Pratt R G, Worthington M H. 1988. The application of diffraction tomography to cross-hole seismic data. Geophys, 53: 1284-1294.

Rawlinson N, Sambridge M. 2005. The fast marching method: An effective tool for tomographic imaging and tracking multiple phases in complex layered Media. Exploration Geophysics, 36(4): 341-350.

Rawlinson N, Houseman G A, Collins C D N. 2001. Inversion of seismic refraction and wide-angle reflection travel times for three-dimensional layered crustal structure. Geophysical Journal International, 145(2): 381-400.

Rawlinson N, Sambridge M. 2003. Seismic traveltime tomography of the crust and lithosphere. Adv. Geophys, 46: 81-198.

Rawlinson N, De Kool M, Sambridge M. 2006a. Seismic wavefront tracking in 3D heterogeneous media: Applications with multiple data classes. Explor. Geophys, 37: 322-330.

Rawlinson N, Kennett B L N, Heintz M. 2006b. Insights into the structure of the upper mantle beneath the Murray basin from 3D teleseismic tomography. Aust. J. Earth Sci.,: 53, 595-604.

Rawlinson N, Sambridge M, Saygin E. 2008. A dynamic objective function technique for generating multiple solution models in seismic tomography. Geophys. J. Int., 174: 295-308.

Sambridge M S. 1990. Non-linear arrival time inversion: Constraining velocity anomalies by seeking smooth models in 3-D. Geophys. J. Int., 102: 653-677.

Simmons N A, Myers S C, Johannesson G, et al. 2012. LLNL-G3Dv3: Global P wave tomography model for improved regional and teleseismic travel time prediction. J. Geophys. Res., 117, B10302.

Song Z M, Williamson P R, Pratt R G. 1995. Frequency-domain acoustic-wave modelling and inversion of cross-hole data. Part II. Inversion method, synthetic experiments and real-data results. Geophys, 60: 796-809.

Tang Q, Chan Z. 2013. Crust and upper mantle structure and its tectonic implication in the SCS and adjacent regions. J. Asian Earth Sci., 62: 510-525.

Tarantola A. 1987. Inverse Problem Theory, Elsevier: Amsterdam, The Netherlands.

Thomson C J, Gubbins D. 1982. Three-dimensional lithospheric modelling at NORSAR: Linearity of the method and amplitude variations from the anomalies. Geophys. J. R. Astr. Soc., 71: 1-36.

Thunber C H, Clifford H. 1983. Earthquake locations and three-dimensional crustal structure in the Coyote Lake Area, central California. J. Geophys. Res., 88(B10): 8226.

Um J, Thurber C. 1987. A fast algorithm for two-point ray tracing. Bulletin of the Ssmological Society of America, 77(3): 972-986.

van Decar J C, Crosson R S. 1990. Determination of teleseismic arrival times using multi-channel cross-correlation and least squares. Bull. Seismol. Soc. Am., 80: 150-169.

van Decar J C, Snieder R. 1994. Obtaining smooth solutions to large, linear, inverse problems. Geophysics, 59: 818-829.

Wang B, Braile L W. 1996. Simultaneous inversion of reflection and refraction seismic data and application to field data from the northern Rio Grande rift. Geophys. J. Int., 125: 443-458.

Wang Y, Pratt R G. 1997. Sensitivities of seismic traveltimes and amplitudes in reflection tomography. Geophys. J. Int., 131: 618-642.

Wang Y, White R E, Pratt R G. 2000. Seismic amplitude inversion for interface geometry: practical approach for application. Geophys. J. Int., 142: 162-172.

Wei W, Zhao D. 2020. Intraplate volcanism and mantle dynamics of Mainland China: New constraints from shear-wave tomography. J. Asian Earth Sci., 188: 104103.

White D J. 1989. Two-dimensional seismic refraction tomography. Geophys. J. Int., 97: 223-245.

Williamson P R. 1990. Tomographic inversion in reflection seismology. Geophys. J. Int., 100: 255-274.

Zelt C A, Smith R B. 1992. Seismic traveltime inversion for 2-D crustal velocity structure. Geophys. J. Int., 108(1): 16-34.

Zenonous A, De Siena L, Widiyantoro S, et al. 2019. P and S wave travel time tomography of the SE Asia-Australia collision zone. Phys. Earth Planet. Inter., 293: 106267.

Zhao D, Hasegawa A, Kanamori H. 1994. Deep structure of Japan subduction zone as derived from local, regional, and teleseismic events. J. Geophys. Res. Space Phys., 99: 22313-22329.

Zhao D P, Hasegawa A, Horiuchi S. 1992. Tomographic imaging of P and S wave velocity structure beneath northeastern Japan. J. Geophys. Res., 97(B13): 19909-19928.

Zhao D, Yu S, Liu X. 2016. Seismic anisotropy tomography: New insight into subduction dynamics. Gondwana Research, 2016, 33: 24-43.

第 8 章　联合反演理论及应用

地球物理方法各有其独特性，每种方法都能从特定角度对地下介质进行评估。然而，单一方法往往只能提供部分信息，限制了对地下介质地质情况的全面理解。为了克服这一局限，综合多角度评价可以更全面地揭示地下介质的地质信息。然而，由于观测数据的有限性、离散化、随机噪声以及地球物理场的等效性等因素，单独的反演过程常常面临严重的多解性问题。这导致单纯将不同方法的反演结果进行综合时，很难得到结构一致的地质-地球物理模型。为了解决这一挑战，联合反演方法应运而生，并受到了广泛关注。本章首先介绍了两种方法间的联合反演算法，例如重力与磁法、重力与大地电磁(MT)、MT 与地震、MT 与磁法等组合，接着，进一步开发了基于归一化交叉梯度约束的二维大地电磁、重力、磁法和地震初至波走时法的多物性参数联合反演算法，通过理论模型的试算，验证了二维多物性参数联合反演算法的正确性、有效性及其优势。这种方法不仅提高了反演结果的可靠性，还增强了对地下介质地质结构解释的准确性和深度。

8.1　双物性单约束的交叉梯度联合反演

通常大多数联合反演(Gallardo and Meju, 2004; Gallardo, 2007; Fregoso and Gallardo, 2009; Gao et al., 2012; Hu et al., 2009)只针对双物性参数和单一的交叉梯度约束条件，通过两种地球物理方法的数据拟合项和模型约束项来构建联合反演目标函数，其表达式为

$$\boldsymbol{\Phi} = \boldsymbol{\Phi}_d + \boldsymbol{\Phi}_m \tag{8.1}$$

$$\boldsymbol{\Phi}_d = \left[\boldsymbol{d}_1 - \boldsymbol{f}_1(\boldsymbol{m}_1)\right]^{\mathrm{T}} \cdot \boldsymbol{C}_{d_1}^{-1} \cdot \left[\boldsymbol{d}_1 - \boldsymbol{f}_1(\boldsymbol{m}_1)\right] + \left[\boldsymbol{d}_2 - \boldsymbol{f}_2(\boldsymbol{m}_2)\right]^{\mathrm{T}} \cdot \boldsymbol{C}_{d_2}^{-1} \cdot \left[\boldsymbol{d}_2 - \boldsymbol{f}_2(\boldsymbol{m}_2)\right] \tag{8.2}$$

$$\begin{aligned}\boldsymbol{\Phi}_m = {} & \alpha_1 \cdot \left(\boldsymbol{m}_1 - \boldsymbol{m}_{1\_\mathrm{ref}}\right)^{\mathrm{T}} \cdot \boldsymbol{C}_{m_1}^{-1} \cdot \left(\boldsymbol{m}_1 - \boldsymbol{m}_{1\_\mathrm{ref}}\right) \\ & + \alpha_2 \cdot \left(\boldsymbol{m}_2 - \boldsymbol{m}_{2\_\mathrm{ref}}\right)^{\mathrm{T}} \cdot \boldsymbol{C}_{m_2}^{-1} \cdot \left(\boldsymbol{m}_2 - \boldsymbol{m}_{2\_\mathrm{ref}}\right)\end{aligned} \tag{8.3}$$

约束条件为

$$\boldsymbol{\tau}(\boldsymbol{m}_1,\boldsymbol{m}_2) = \nabla \boldsymbol{m}_1 \times \nabla \boldsymbol{m}_2 = 0 \tag{8.4}$$

其中，$\boldsymbol{d}_1$ 和 $\boldsymbol{d}_2$ 代表观测数据；$\boldsymbol{m}_1$ 和 $\boldsymbol{m}_2$ 代表模型参数；$\boldsymbol{m}_{1\_\mathrm{ref}}$ 和 $\boldsymbol{m}_{2\_\mathrm{ref}}$ 代表参考模型；$f_1(\boldsymbol{m}_1)$ 和 $f_2(\boldsymbol{m}_2)$ 分别代表模型参数 $\boldsymbol{m}_1$ 和 $\boldsymbol{m}_2$ 的正演响应；α_1 和 α_2 代表正则化因子；$\boldsymbol{C}_{d_1}$ 代表观测数据 $\boldsymbol{d}_1$ 的数据协方差矩阵；$\boldsymbol{C}_{d_2}$ 代表观测数据 $\boldsymbol{d}_2$ 的数据协方差矩阵；$\boldsymbol{C}_{m_1}$ 代表模型参数 $\boldsymbol{m}_1$ 的模型协方差矩阵；$\boldsymbol{C}_{m_2}$ 代表模型参数 $\boldsymbol{m}_2$ 的模型协方差矩阵；∇ 代表梯度，$\boldsymbol{\tau}$ 代表交叉梯度约束项。

Gallardo 和 Meju(2003)定义了三维交叉梯度函数，表达式如下：

$$\boldsymbol{\tau}(x,y,z) = \nabla \boldsymbol{m}_1(x,y,z) \times \nabla \boldsymbol{m}_2(x,y,z) \tag{8.5}$$

其中，$\nabla \boldsymbol{m}_1(x,y,z)$和$\nabla \boldsymbol{m}_2(x,y,z)$分别表示物性参数$\boldsymbol{m}_1$和$\boldsymbol{m}_2$在任意一点$(x,y,z)$处的梯度。

交叉梯度函数的 x, y, z 三个分量表达式如下：

$$\tau_x(\boldsymbol{m}_1,\boldsymbol{m}_2)=\frac{\partial \boldsymbol{m}_2(y,z)}{\partial z}\frac{\partial \boldsymbol{m}_1(y,z)}{\partial y}-\frac{\partial \boldsymbol{m}_2(y,z)}{\partial y}\frac{\partial \boldsymbol{m}_1(y,z)}{\partial z} \tag{8.6}$$

$$\tau_y(\boldsymbol{m}_1,\boldsymbol{m}_2)=\frac{\partial \boldsymbol{m}_2(x,z)}{\partial x}\frac{\partial \boldsymbol{m}_1(x,z)}{\partial z}-\frac{\partial \boldsymbol{m}_2(x,z)}{\partial z}\frac{\partial \boldsymbol{m}_1(x,z)}{\partial x} \tag{8.7}$$

$$\tau_z(\boldsymbol{m}_1,\boldsymbol{m}_2)=\frac{\partial \boldsymbol{m}_2(x,y)}{\partial y}\frac{\partial \boldsymbol{m}_1(x,y)}{\partial x}-\frac{\partial \boldsymbol{m}_2(x,y)}{\partial x}\frac{\partial \boldsymbol{m}_1(x,y)}{\partial y} \tag{8.8}$$

本章只针对二维情况开展研究，假设走向沿 y 方向，那么模型参数对 y 方向的偏导数为零，也就意味着 x, z 两个方向的交叉梯度函数值将为零，此时只有 y 方向存在交叉梯度函数值。本章采用向前差分法对 y 方向的交叉梯度函数进行离散化，其表达式如下：

$$\boldsymbol{\tau}_y \approx \frac{1}{\Delta x\Delta z}\left[\boldsymbol{m}_{1\mathrm{c}}(\boldsymbol{m}_{2\mathrm{b}}-\boldsymbol{m}_{2\mathrm{r}})+\boldsymbol{m}_{1\mathrm{r}}(\boldsymbol{m}_{2\mathrm{c}}-\boldsymbol{m}_{2\mathrm{b}})+\boldsymbol{m}_{1\mathrm{b}}(\boldsymbol{m}_{2\mathrm{r}}-\boldsymbol{m}_{2\mathrm{c}})\right] \tag{8.9}$$

二维地下网格化剖分如图 8.1 所示，$m_{\mathrm{c}}, m_{\mathrm{r}}, m_{\mathrm{b}}$ 分别为中心单元、右边单元和下边单元的物性参数；Δx 和 Δz 分别为网格单元的宽度和高度。

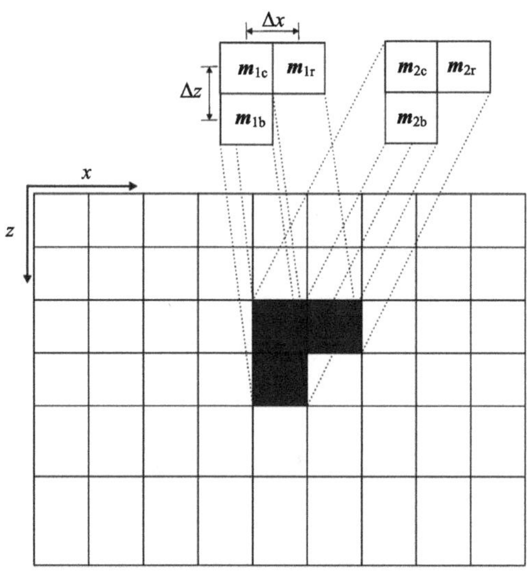

图 8.1　二维地下网格化剖分

对式(8.9)求偏导数，表达式为

$$\frac{\partial \boldsymbol{\tau}_y}{\partial \boldsymbol{m}_{1\mathrm{c}}}\approx\frac{1}{\Delta x\Delta z}(\boldsymbol{m}_{2\mathrm{b}}-\boldsymbol{m}_{2\mathrm{r}}),\frac{\partial \boldsymbol{\tau}_y}{\partial \boldsymbol{m}_{1\mathrm{r}}}\approx\frac{1}{\Delta x\Delta z}(\boldsymbol{m}_{2\mathrm{c}}-\boldsymbol{m}_{2\mathrm{b}}),\frac{\partial \boldsymbol{\tau}_y}{\partial \boldsymbol{m}_{1\mathrm{b}}}\approx\frac{1}{\Delta x\Delta z}(\boldsymbol{m}_{2\mathrm{r}}-\boldsymbol{m}_{2\mathrm{c}}) \tag{8.10}$$

$$\frac{\partial \boldsymbol{\tau}_y}{\partial \boldsymbol{m}_{2\mathrm{c}}}\approx\frac{1}{\Delta x\Delta z}(\boldsymbol{m}_{1\mathrm{r}}-\boldsymbol{m}_{1\mathrm{b}}),\frac{\partial \boldsymbol{\tau}_y}{\partial \boldsymbol{m}_{2\mathrm{r}}}\approx\frac{1}{\Delta x\Delta z}(\boldsymbol{m}_{1\mathrm{b}}-\boldsymbol{m}_{1\mathrm{c}}),\frac{\partial \boldsymbol{\tau}_y}{\partial \boldsymbol{m}_{2\mathrm{b}}}\approx\frac{1}{\Delta x\Delta z}(\boldsymbol{m}_{1\mathrm{c}}-\boldsymbol{m}_{1\mathrm{r}}) \tag{8.11}$$

目标函数中正演响应(式(8.2))和交叉梯度函数(式(8.4))都为非线性函数，因此需要将非线

性问题转为线性问题，通常采用 Taylor 级数展开法，忽略高阶项，即

$$f_1(\boldsymbol{m}_1)\approx f(\boldsymbol{m}_{1\_0})+\boldsymbol{A}_1\cdot(\boldsymbol{m}_1-\boldsymbol{m}_{1\_0}) \tag{8.12}$$

$$f_2(\boldsymbol{m}_2)\approx f(\boldsymbol{m}_{2\_0})+\boldsymbol{A}_2\cdot(\boldsymbol{m}_2-\boldsymbol{m}_{2\_0}) \tag{8.13}$$

$$\boldsymbol{\tau}(\boldsymbol{m}_1,\boldsymbol{m}_2)\cong\boldsymbol{\tau}(\boldsymbol{m}_{1\_0},\boldsymbol{m}_{2\_0})+\boldsymbol{B}\cdot\begin{pmatrix}\boldsymbol{m}_1-\boldsymbol{m}_{1\_0}\\ \boldsymbol{m}_2-\boldsymbol{m}_{2\_0}\end{pmatrix} \tag{8.14}$$

其中，$\boldsymbol{A}_1$ 和 $\boldsymbol{A}_2$ 为雅可比矩阵；$\boldsymbol{m}_{1\_0}$ 和 $\boldsymbol{m}_{2\_0}$ 分别为初始模型参数；$\boldsymbol{B}$ 为交叉梯度的导数。

将线性化后的式(8.12)～式(8.14)代入目标函数式(8.1)中，

$$\begin{aligned}\boldsymbol{\Phi}=&\left[d_1-f(\boldsymbol{m}_{1\_0})-\boldsymbol{A}_1\cdot(\boldsymbol{m}_1-\boldsymbol{m}_{1\_0})\right]^{\mathrm{T}}\cdot\boldsymbol{C}_{\boldsymbol{d}_1}^{-1}\cdot\left[d_1-f(\boldsymbol{m}_{1\_0})-\boldsymbol{A}_1\cdot(\boldsymbol{m}_1-\boldsymbol{m}_{1\_0})\right]\\&+\left[d_2-f(\boldsymbol{m}_{2\_0})-\boldsymbol{A}_2\cdot(\boldsymbol{m}_2-\boldsymbol{m}_{2\_0})\right]^{\mathrm{T}}\cdot\boldsymbol{C}_{\boldsymbol{d}_2}^{-1}\cdot\left[d_2-f(\boldsymbol{m}_{2\_0})-\boldsymbol{A}_2\cdot(\boldsymbol{m}_2-\boldsymbol{m}_{2\_0})\right]\\&+\alpha_1\cdot(\boldsymbol{m}_1-\boldsymbol{m}_{1\_\mathrm{ref}})^{\mathrm{T}}\cdot\boldsymbol{C}_{\boldsymbol{m}_1}^{-1}\cdot(\boldsymbol{m}_1-\boldsymbol{m}_{1\_\mathrm{ref}})\\&+\alpha_2\cdot(\boldsymbol{m}_2-\boldsymbol{m}_{2\_\mathrm{ref}})^{\mathrm{T}}\cdot\boldsymbol{C}_{\boldsymbol{m}_2}^{-1}\cdot(\boldsymbol{m}_2-\boldsymbol{m}_{2\_\mathrm{ref}})\end{aligned} \tag{8.15}$$

约束条件为

$$\boldsymbol{\tau}(\boldsymbol{m}_{1\_0},\boldsymbol{m}_{2\_0})+\boldsymbol{B}\cdot\begin{pmatrix}\boldsymbol{m}_1-\boldsymbol{m}_{1\_0}\\ \boldsymbol{m}_2-\boldsymbol{m}_{2\_0}\end{pmatrix} \tag{8.16}$$

为了方便起见，本章将模型和数据向量进行整合，令 $\boldsymbol{m}=\left[\boldsymbol{m}_1^{\mathrm{T}},\boldsymbol{m}_2^{\mathrm{T}}\right]^{\mathrm{T}}$，$\boldsymbol{d}=\left[\boldsymbol{d}_1^{\mathrm{T}},\boldsymbol{d}_2^{\mathrm{T}}\right]^{\mathrm{T}}$，然后目标函数式(8.1)可以重新定义为

$$\begin{aligned}\boldsymbol{\Phi}=&\left[\boldsymbol{d}-\boldsymbol{f}(\boldsymbol{m}_0)-\boldsymbol{A}\cdot(\boldsymbol{m}-\boldsymbol{m}_0)\right]^{\mathrm{T}}\cdot\boldsymbol{C}_{\boldsymbol{d}}^{-1}\cdot\left[\boldsymbol{d}-\boldsymbol{f}(\boldsymbol{m}_0)-\boldsymbol{A}\cdot(\boldsymbol{m}-\boldsymbol{m}_0)\right]\\&+\alpha\cdot(\boldsymbol{m}-\boldsymbol{m}_{\mathrm{ref}})^{\mathrm{T}}\cdot\boldsymbol{C}_{\boldsymbol{m}}^{-1}\cdot(\boldsymbol{m}-\boldsymbol{m}_{\mathrm{ref}})\end{aligned} \tag{8.17}$$

约束条件为

$$\boldsymbol{\tau}(\boldsymbol{m}_0)+\boldsymbol{B}\cdot(\boldsymbol{m}-\boldsymbol{m}_0)=0 \tag{8.18}$$

其中，

$$\boldsymbol{m}_0=\left[\boldsymbol{m}_{1\_0}^{\mathrm{T}},\boldsymbol{m}_{2\_0}^{\mathrm{T}}\right]^{\mathrm{T}},\quad \boldsymbol{m}_{\mathrm{ref}}=\left[\boldsymbol{m}_{1\_\mathrm{ref}}^{\mathrm{T}},\boldsymbol{m}_{2\_\mathrm{ref}}^{\mathrm{T}}\right]^{\mathrm{T}},\quad f(\boldsymbol{m}_0)=\left[f_1^{\mathrm{T}}(\boldsymbol{m}_{1\_0}),f_2^{\mathrm{T}}(\boldsymbol{m}_{2\_0})\right]^{\mathrm{T}}$$

$$\boldsymbol{W}_{\boldsymbol{d}}=\mathrm{diag}\left[\boldsymbol{W}_{d_1},\boldsymbol{W}_{d_2}\right],\quad \boldsymbol{W}_{\boldsymbol{m}}=\mathrm{diag}\left[\boldsymbol{W}_{m_1},\boldsymbol{W}_{m_2}\right],\quad \alpha=[\alpha_1,\alpha_2],\quad \boldsymbol{A}=\mathrm{diag}[\boldsymbol{A}_1,\boldsymbol{A}_2]$$

将约束条件式(8.18)通过拉格朗日算子法加入目标函数式(8.17)中，然后对目标函数求极值

$$\frac{\partial}{\partial\boldsymbol{m}}\left\{\begin{aligned}&\left[d-f(\boldsymbol{m}_0)-\boldsymbol{A}\cdot(\boldsymbol{m}-\boldsymbol{m}_0)\right]^{\mathrm{T}}\cdot\boldsymbol{C}_{\boldsymbol{d}}^{-1}\cdot\left[d-f(\boldsymbol{m}_0)-\boldsymbol{A}\cdot(\boldsymbol{m}-\boldsymbol{m}_0)\right]\\&+\alpha\cdot(\boldsymbol{m}-\boldsymbol{m}_{\mathrm{ref}})^{\mathrm{T}}\cdot\boldsymbol{C}_{\boldsymbol{m}}^{-1}\cdot(\boldsymbol{m}-\boldsymbol{m}_{\mathrm{ref}})+2\varGamma\cdot\left[\boldsymbol{\tau}(\boldsymbol{m}_0)+\boldsymbol{B}\cdot(\boldsymbol{m}-\boldsymbol{m}_0)\right]\end{aligned}\right\}=0 \tag{8.19}$$

$$\boldsymbol{\tau}(\boldsymbol{m}_0)+\boldsymbol{B}\cdot(\boldsymbol{m}-\boldsymbol{m}_0)=0 \tag{8.20}$$

将式(8.19)和式(8.20)联立，可以得到拉格朗日算子的表达式

$$\varGamma=\left(\boldsymbol{B}\cdot\boldsymbol{X}^{-1}\cdot\boldsymbol{B}^{\mathrm{T}}\right)^{-1}\left[\tau(\boldsymbol{m}_0)+\boldsymbol{B}\cdot\boldsymbol{X}^{-1}\cdot\boldsymbol{Y}\right] \tag{8.21}$$

最终获得模型表达式

$$m = X^{-1} \cdot Y - X^{-1} \cdot B^{\mathrm{T}} \cdot \Gamma + m_0 \tag{8.22}$$

其中，

$$X = A^{\mathrm{T}} \cdot C_d^{-1} \cdot A + \alpha \cdot C_m^{-1}; Y = A^{\mathrm{T}} \cdot C_d^{-1} \cdot \left[d - f\left(m_0\right)\right]$$

式(8.22)右边第一项为最小二乘模型解(无交叉梯度约束)，第二项为交叉梯度约束模型解。

8.2　双物性联合反演理论模型试验

为了证明双物性联合反演相较于单独反演的优势，本节分别进行了大地电磁和地震走时、大地电磁和磁法的联合反演理论模型试算。

8.2.1　大地电磁和地震走时联合反演

本节设计了一个双异常体模型，异常体间距较小，大小均为 700m×700m，物性值如图 8.2(a)和(b)所示。测线长度为 8km，共有 29 个大地电磁观测点等间距分布，频率范围

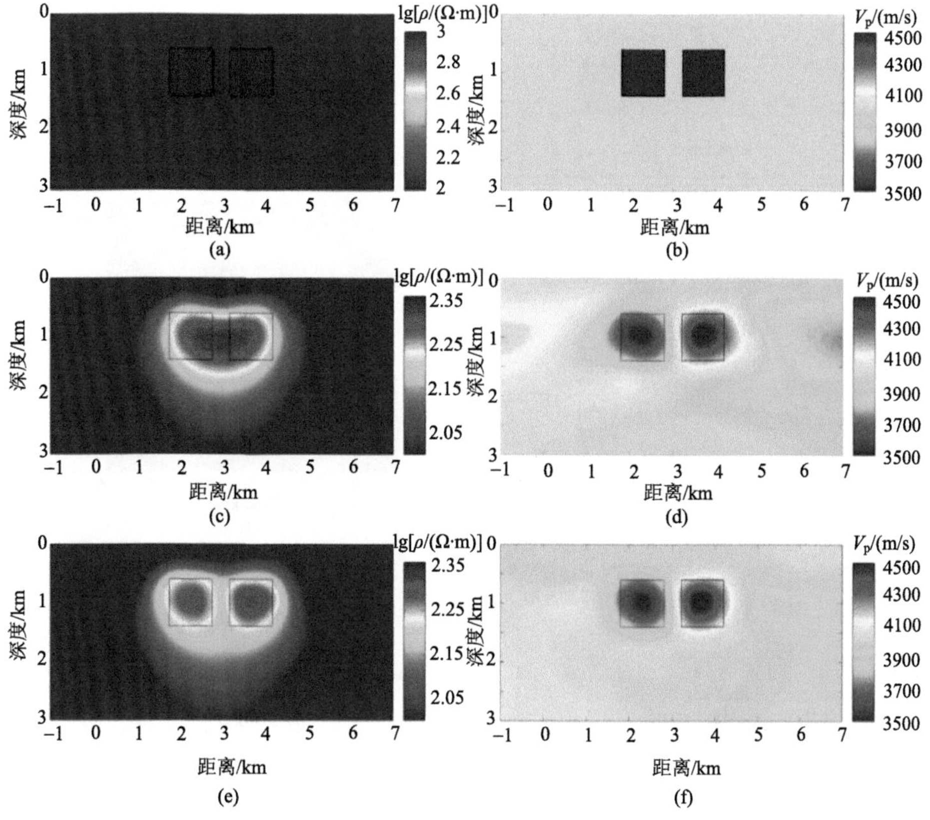

图 8.2　大地电磁和地震走时的联合反演结果图

(a)、(b)理论模型; (c)、(d)单独反演; (e)、(f)联合反演; (a)、(c)、(e)电阻率模型; (b)、(d)、(f)速度模型

为 1～1000Hz，共采集 10 个频率，大地电磁观测数据包括在两种极化模式下的视电阻率和视相位。地震方法将震源埋深于地下 50m 处，共有 19 个震源，30 个检波器分别放置于两口井中，井的位置分别为 2.4km 和 8.6km，检波器间距为 100m。大地电磁(MT)地下正演网格剖分个数为 196×74，地震方法地下正演网格剖分个数为 180×60，联合反演网格剖分个数为 90×30。

采用理论模型中的均匀半空间模型作为单独和联合反演的初始模型。图 8.3 为理论模型、单独反演和联合反演模型对应的视电阻率和地震走时正演响应。对于单独反演，MT 和地震走时方法最终反演迭代的数据拟合差分别为 0.41、0.30，单独反演结果如图 8.2(c)和(d)所示。在电阻率反演结果中，我们注意到 MT 单独反演无法识别出双异常体，表现出单一高阻异常现象，主要是因为 MT 方法水平分辨能力受限于观测点间距大小，而本节设计的模型异常体间距较小，从而导致 MT 单独反演无法分辨出双异常体的边界位置。在速度反演结果中，地震单独反演可以恢复出异常体大致的空间位置和形状，但是反演结果会出现假异常现象，主要出现在地震走时射线未传播的区域。从单独反演的结果我们可以发现，MT 和地震走时单独反演都存在一定的局限性，反演获得的结果与真实理论模型相差较大。

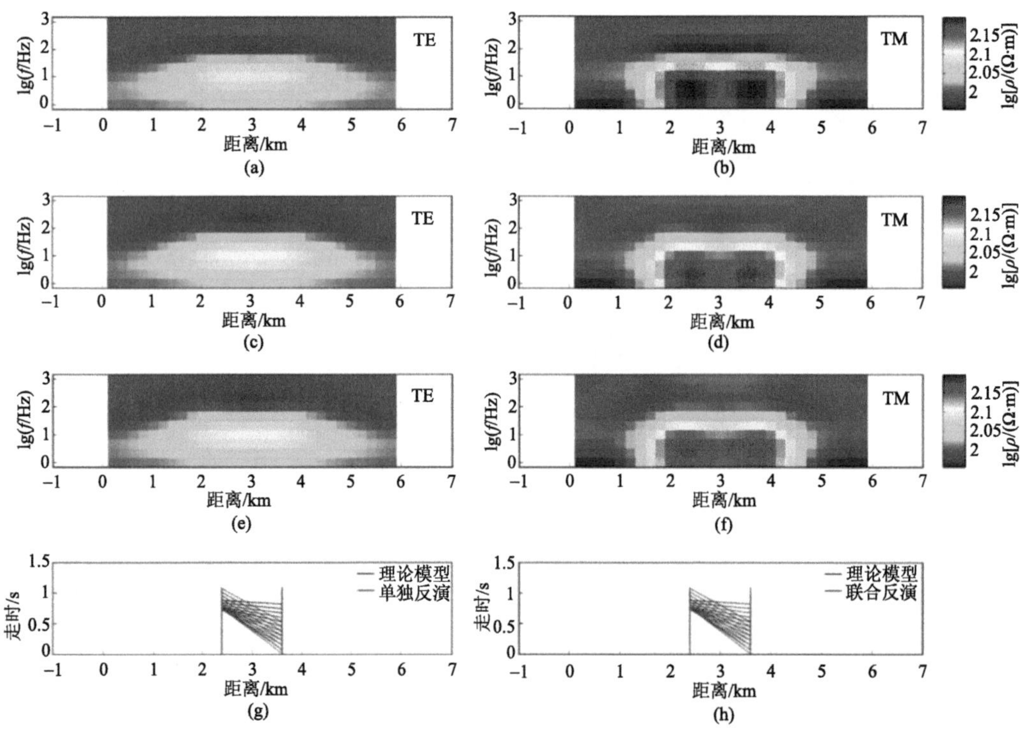

图 8.3　大地电磁和地震走时的正演响应图

(a)、(b)理论模型; (c)、(d)单独反演; (e)、(f)联合反演; (a)、(c)、(e)TE 模式下的视电阻率响应; (b)、(d)、(f)TM 模式下的视电阻率响应; (g)、(h)地震走时响应对于联合反演，MT 和地震走时方法最终迭代的数据拟合差分别为 0.46、0.26，联合反演结果如图 8.2(e)和(f)所示。我们发现双高阻异常体边界被识别出来，反演恢复出与真实理论模型相吻合的电阻率异常结构，这主要是由于速度模型结构相似性约束间接的贡献，从而导致电阻率模型的水平分辨能力得到了显著提升。同时，速度模型中的假异常现象消失，速度模型与真实理论模型更接近，这反映了电阻率模型通过交叉梯度结构约束的间接贡献，从而提高了地震方法的水平和垂直分辨率。

本节计算了单独和联合反演结果的交叉梯度函数值，如图 8.4 所示，由图可以发现联合反演产生了比单独反演更小的交叉梯度值，这是一个定量的证据，证明了由联合反演方法可以获得结构一致性更高的反演结果。

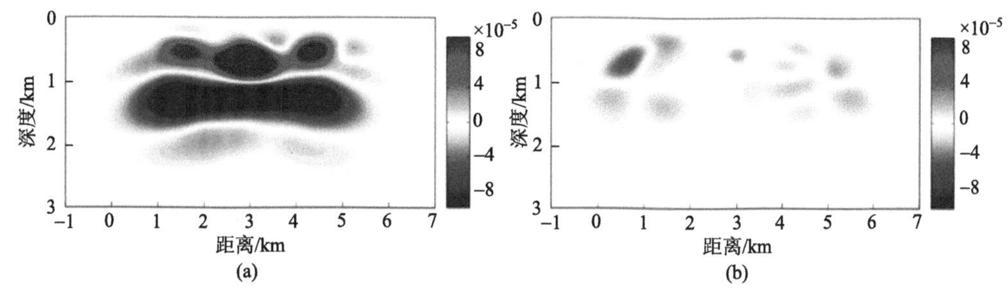

图 8.4　单独和联合反演结果的交叉梯度函数值对比图

(a)单独反演; (b)联合反演

8.2.2　大地电磁和磁法联合反演

本节设计了一个双异常体模型，异常体大小均为 700m×700m，物性值如图 8.5(a)和(b)所示。磁法在地表观测，共有 29 个观测点，观测点间距为 200m。大地电磁法共有 29 个等间距分布观测点，每个观测点采集 10 个频率，频率范围设置为 1～1000Hz，两种极化模式下的视电阻率和视相位组成了大地电磁的观测数据。磁法地下正演网格单元剖分个数为 140×60，MT 正演网格单元剖分个数为 156×74，联合反演网格单元剖分区域和磁法重合，水平和纵向剖分个数分别为 70×30。

采用理论模型中的均匀半空间模型作为单独和联合反演的初始模型。图 8.6 为理论模型、单独反演和联合反演模型对应的视电阻率和磁异常正演响应。对于单独反演，MT 和磁法最终反演迭代的数据拟合差分别为 0.53、0.37，单独反演结果如图 8.5(c)、(d)所示。在磁化率反演结果中，我们会注意到高、低磁化率异常体下部出现大面积的模糊发散现象，无法识别出异常体下边界的位置，这也反映出磁数据有限的纵向分辨率。在电阻率反演结果中，MT 单独反演能够分辨出双异常体的位置和大小，主要是因为理论模型中的异常体间距远远大于观测点距，MT 方法的水平分辨能力能满足该理论模型反演的需求。

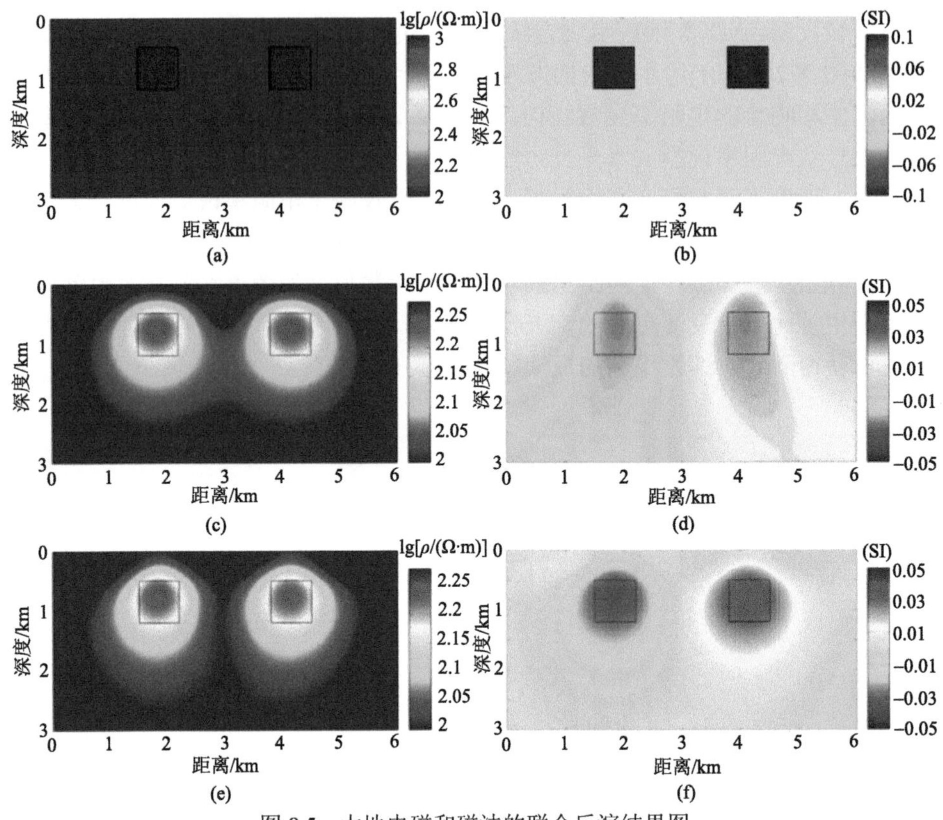

图 8.5　大地电磁和磁法的联合反演结果图

(a)、(b)理论模型; (c)、(d)单独反演; (e)、(f)联合反演; (a)、(c)、(e)电阻率模型; (b)、(d)、(f)磁化率模型

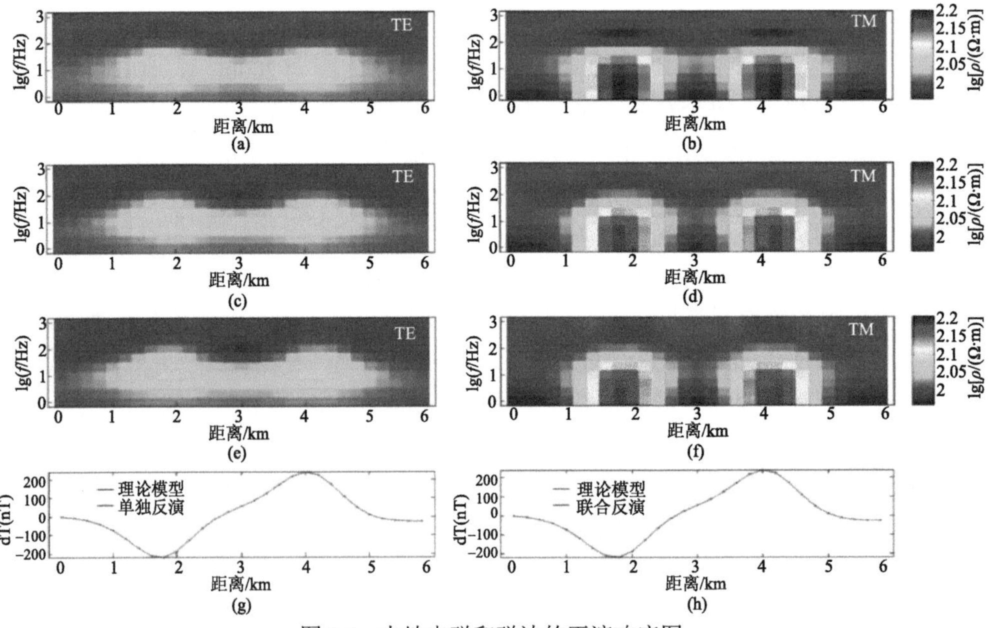

图 8.6　大地电磁和磁法的正演响应图

(a)、(b)理论模型; (c)、(d)单独反演; (e)、(f)联合反演; (a)、(c)、(e)TE 模式下的视电阻率响应; (b)、(d)、(f)TM 模式下的视电阻率响应; (g)、(h)磁异常响应

对于联合反演，MT 和磁法方法最终迭代的数据拟合差分别为 0.56、0.49，联合反演结果如图 8.5(e)和(f)所示。我们发现高、低磁化率异常体下部大面积模糊发散现象消失，磁化率恢复出与真实理论模型相吻合的磁化率异常结构，这主要是由于电阻率模型结构相似性约束的间接贡献，从而使得电阻率模型的纵向分辨能力显著提升。同时，双电阻率异常体分界更加明显，这反映了磁化率模型通过交叉梯度结构约束的间接贡献，从而提高了 MT 方法的水平分辨率。

本节还计算了单独和联合反演结果的交叉梯度函数值，如图 8.7 所示，我们发现联合反演相比于单独反演可以获得更小的交叉梯度值，进一步说明了联合反演方法可以获得结构一致性更高的反演结果。

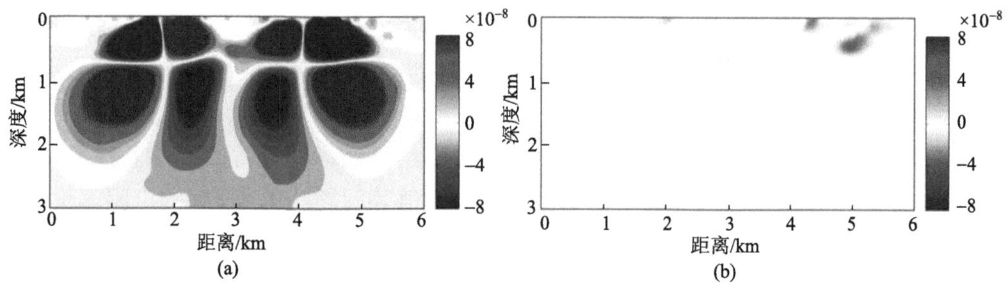

图 8.7　单独反演和联合反演交叉梯度函数值对比图

(a)单独反演; (b)联合反演

8.2.3　大地电磁和重力与大地电磁和重力梯度联合反演对比分析

本节对比分析了重力和重力梯度方法分别与 MT 方法联合反演的效果，对新兴方法在双物性联合反演中的优势开展了理论研究。

本节设计了一个复杂的组合模型，与真实的地下结构更加相似，包括一些具有代表性的地质体和构造结构(图 8.8)。在均匀半空间 E 中埋藏了四个不同大小的异常体，其中，不同埋深的异常体 A、B、C 为独立的岩体，异常体 D 埋藏于深部区域，异常体左侧为

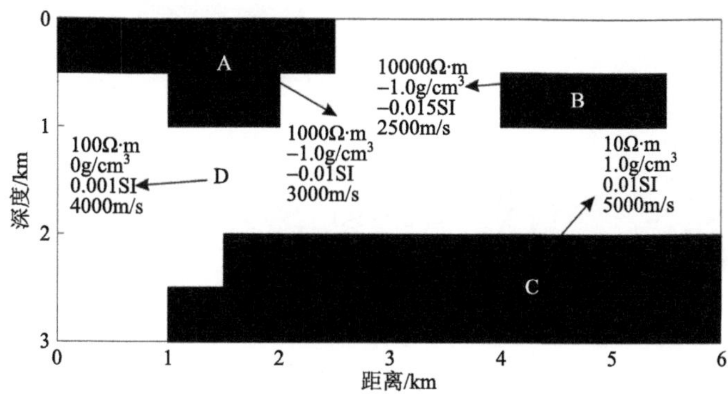

图 8.8　电阻率和密度复杂理论模型图

断裂结构。重力和重力梯度方法采用相同的观测点，点间距为 0.2km，观测点数为 30 个。大地电磁法共有 29 个等间距分布观测点，每个观测点采集 10 个频率，频率范围设置为 1～1000Hz，两种极化模式下的视电阻率和视相位组成了大地电磁的观测数据。密度模型和电阻率模型在联合反演区域采用相同的网格剖分(140×60)，在联合反演区域外，电阻率模型还需要扩展网格大小(156×76)。为了模拟有噪声的数据，在大地电磁测深、重力和重力梯度的正演响应数据中加入 5%的随机高斯噪声。

采用理论模型中的均匀半空间模型作为反演密度和电阻率的初始模型。参考模型设置为初始模型。图 8.9 和图 8.10 分别为采用不同方法的电阻率和密度模型正演响应结果。单独反演和联合反演得到的正演响应与理论模型响应基本一致。单独反演结果如图 8.11 所示，MT、重力和重力梯度单独反演最终迭代拟合差分别为 0.95、0.71、0.80，反演迭代曲线如图 8.12(a)所示。重力反演结果(图 8.11(b))无法恢复出异常体真实的地下结构，反演结果的垂向分辨率很差，低密度异常体很难识别出来。然而，重力梯度反演结果(图 8.11(c))可以大致恢复出真实异常体的空间位置和几何形态，相比于重力反演结果，地下异常体的分布情况得到了改善，但是重力梯度反演结果仍存在异常体中心上移、异常体与围岩边界划分模糊及异常体无法恢复到真实物性值等问题。单独反演的电阻率模型(图 8.11(a))比密度模型(图 8.11(b)、(c))更能恢复出模型的总体地下结构，因为大地电磁数据包含了丰富的频率信息来识别深部异常体。

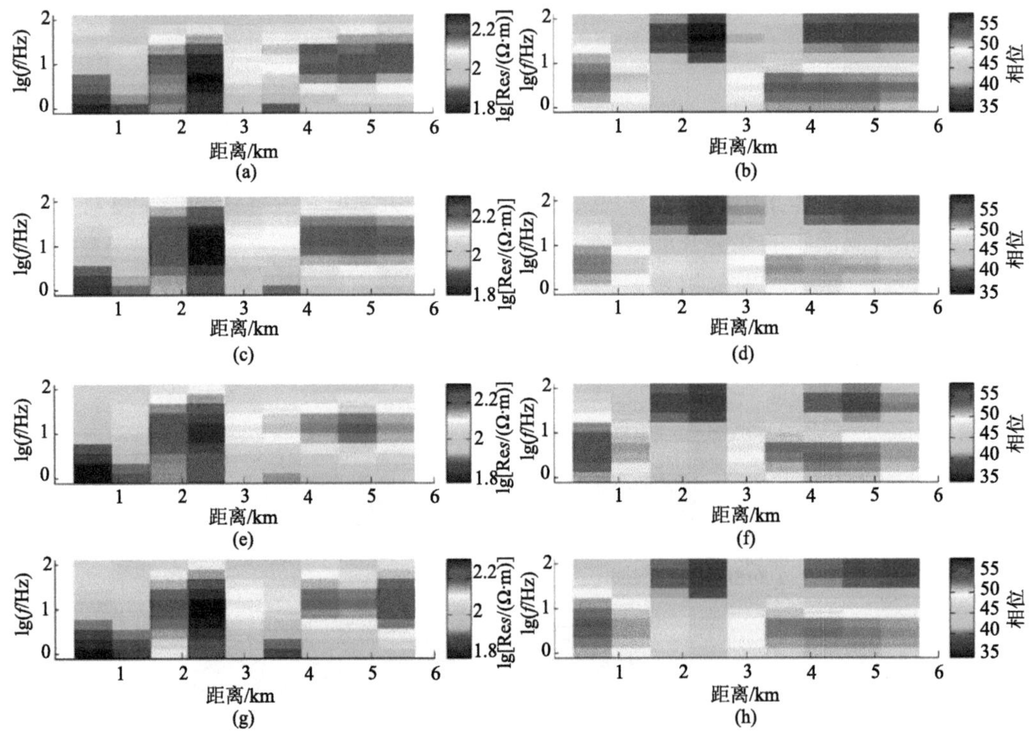

图 8.9 TM 模式下的视电阻率和视相位拟断面图

(a)、(c)、(e)、(g)视电阻率; (b)、(d)、(f)、(h)视相位; (a)、(b)理论模型正演响应; (c)、(d)单独反演正演响应; (e)、(f)大地电磁和重力联合反演正演响应; (g)、(h)大地电磁和重力梯度联合反演正演响应

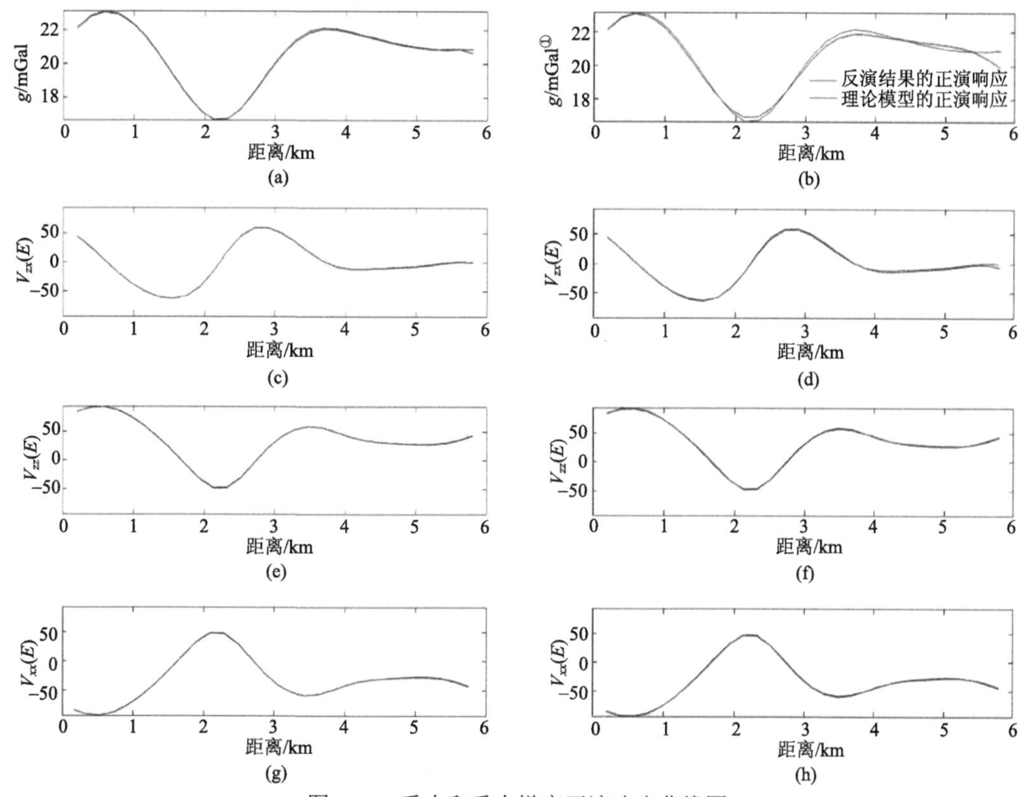

图 8.10　重力和重力梯度正演响应曲线图

(a)重力单独反演; (c)、(e)、(g)重力梯度单独反演; (b)MT 和重力联合反演; (d)、(f)、(h)MT 和重力梯度联合反演; 蓝线表示理论模型的正演响应，红线表示反演模型的正向响应

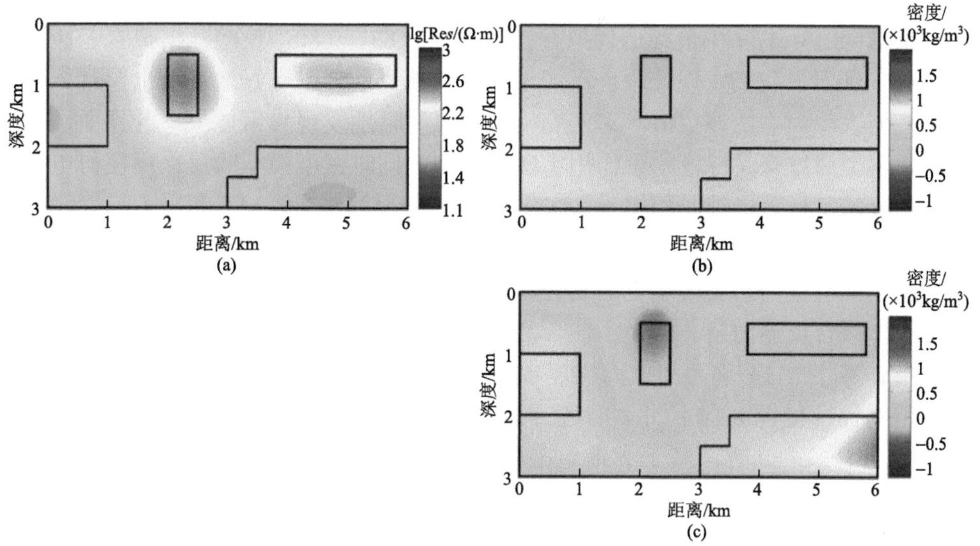

图 8.11　单独反演结果

(a)MT 单独反演结果; (b)重力单独反演结果; (c)重力梯度单独反演结果; (a)电阻率模型; (b)、(c)密度模型

① 1 Gal=1 cm/s^2。

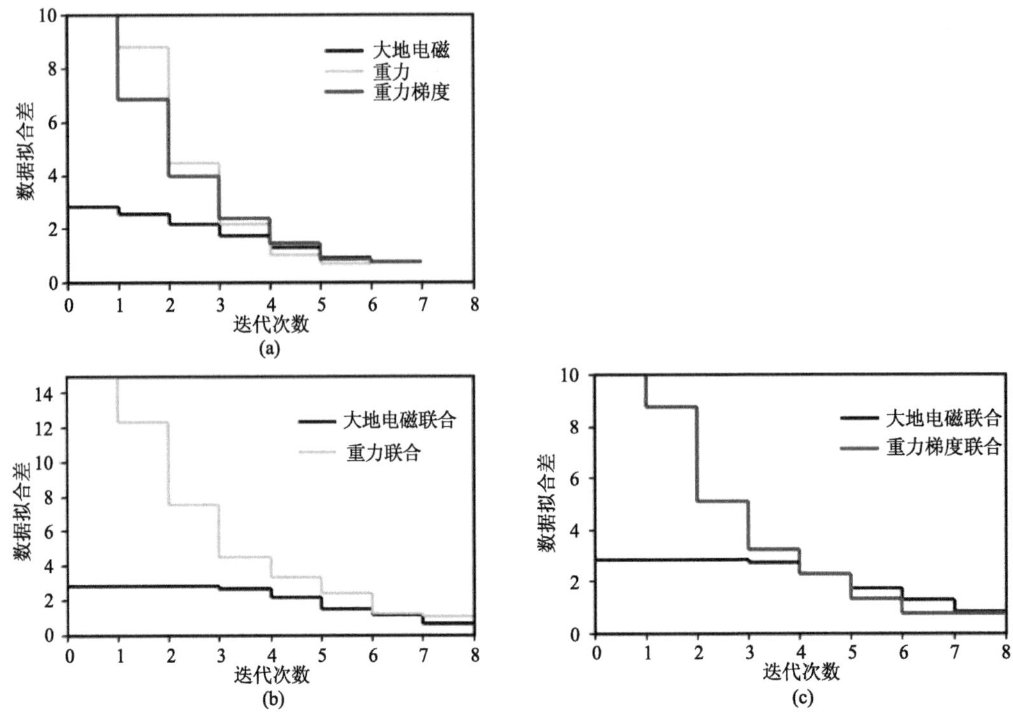

图 8.12　反演数据拟合差迭代曲线图

(a)单独反演; (b)大地电磁和重力联合反演; (c)大地电磁和重力梯度联合反演

联合反演结果如图 8.13 所示，MT 和重力联合反演结果(图 8.13(a)、(b))最终迭代拟合差分别为 0.66、1.0，反演数据拟合差迭代曲线如图 8.12(b)所示；MT 和重力梯度联合反演结果(图 8.13(c)、(d))最终迭代拟合差分别为 0.83、0.80，反演数据拟合差迭代曲线如图 8.12(c)所示。我们发现，联合反演相比于单独反演可以更好地恢复出异常体的边界位置、几何大小和物性参数值，对密度模型可以清晰地发现异常体上下分界面，主要由于电阻率模型通过交叉梯度约束作用于密度模型，同时密度模型的反作用使得电阻率模型的水平分辨率显著提升。相比于 MT 与重力联合反演结果，MT 和重力梯度联合反演结果可以更好地恢复出异常体的物理属性，并且能清晰区分出异常体边界，异常体的几何形态和空间位置与真实模型更加吻合，重力梯度与 MT 联合反演结果优于单独反演和重力与 MT 联合反演结果。

本节计算了 MT、重力和重力梯度单独反演和联合反演每对模型的交叉梯度值，交叉梯度值对比图如图 8.14 所示。注意到，联合反演获得的每对模型交叉梯度值都比单独反演的小得多。同时，基于大地电磁和重力梯度联合反演的交叉梯度值小于基于大地电磁和重力的联合反演的交叉梯度值，进一步说明了 MT 和重力梯度联合反演方法可以获得结构一致性更高的反演结果，相较 MT 和重力联合反演而言表现出更高的分辨能力。

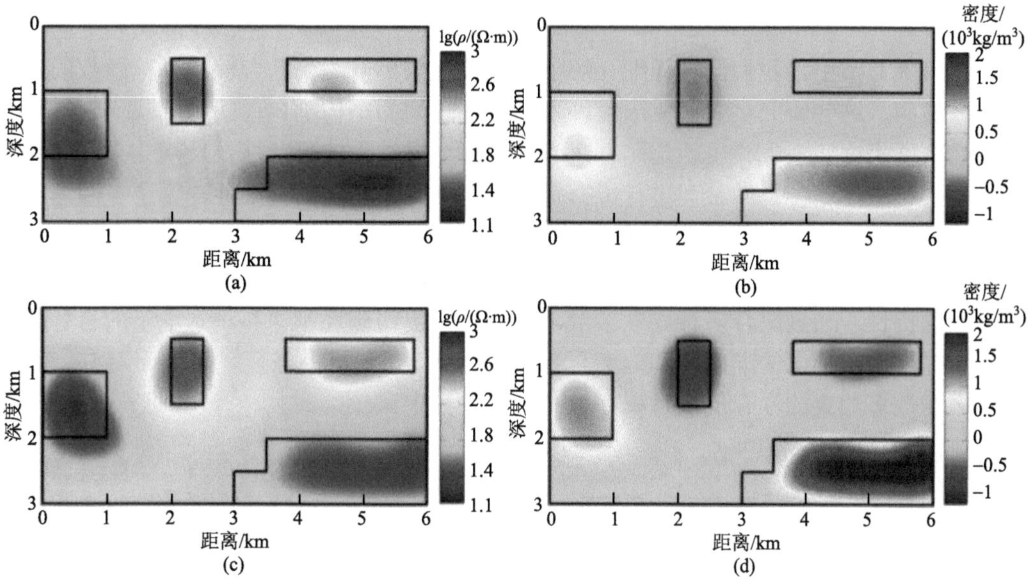

图 8.13　联合反演结果

(a), (b)重力和大地电磁联合反演; (c), (d)大地电磁和重力梯度联合反演; (a), (c)电阻率模型;(b), (d) 密度模型

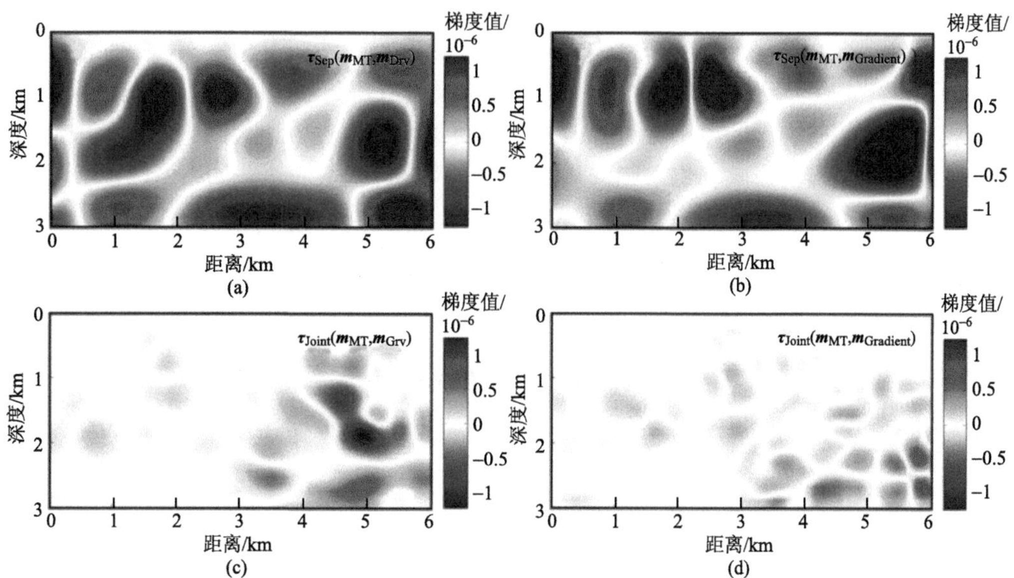

图 8.14　单独反演和联合反演交叉梯度值对比图

(a)重力和大地电磁单独反演; (b)重力梯度和大地电磁单独反演; (c)大地电磁和重力联合反演; (d)大地电磁联合反演和重力梯度

8.3　多物性多约束的交叉梯度联合反演

在第 8.1 节中，我们已经详细介绍了双物性参数单一约束联合反演目标函数的求解过程。然而，这些研究主要聚焦于两种物性参数之间的结构耦合，限制了我们仅能从两个物性角度来评估地下介质的信息。考虑到地下地质结构的复杂性及反演结果固有的多解性，依赖于这两种物性参数进行综合解释可能会带来一定的局限性。为了克服这一局限，本节将扩展研究范围，开展基于多交叉梯度约束的多物性参数联合反演研究。这种方法允许我们从多个角度和方向对地下介质进行综合评估，从而更全面地理解和解释地下介质的特性。通过联合多种物性参数，我们可以更精确地勘探和识别地下的目标体，这对于提高地质勘探的准确性和效率具有重要意义。

多物性多约束的联合反演目标函数的表达式如下：

$$\varPhi=\sum_{i=1}^{4}\left[\boldsymbol{d}_i-f_i\left(\boldsymbol{m}_i\right)\right]^{\mathrm{T}}\cdot\boldsymbol{C}_{d_i}^{-1}\cdot\left[\boldsymbol{d}_i-f_i\left(\boldsymbol{m}_i\right)\right]+\alpha_i\left(\boldsymbol{m}_i-\boldsymbol{m}_{i\_\mathrm{ref}}\right)^{\mathrm{T}}\cdot\boldsymbol{C}_{m_i}^{-1}\cdot\left(\boldsymbol{m}_i-\boldsymbol{m}_{i\_\mathrm{ref}}\right)\tag{8.23}$$

约束条件为

$$\tau\left(\boldsymbol{m}_i,\boldsymbol{m}_j\right)=\nabla\boldsymbol{m}_i\times\nabla\boldsymbol{m}_j=0,\quad i,j=1,2,3,4,\quad i<j\tag{8.24}$$

式(8.24)采用了 Gallardo 和 Meju 提出的无归一化的交叉梯度函数作为地下异常体空间结构相似性的约束条件。我们发现，地下介质不同物性参数的数量级和单位表现出较大的差异(例如，地下介质的速度与电阻率、磁化率的数量级相差较大)，如果将不同物性参数直接耦合，可能会导致个别物性的联合反演结果无法获得其他物性传递的结构相似性约束，最终联合反演结果相比于单独反演结果没有得到显著的改善。基于上述思想，本节我们将传统的交叉梯度函数进行改进，在交叉梯度函数中加入归一化算子来消失不同物性参数间差异的影响。加入归一化算子的交叉梯度函数表达式如下：

$$\tau\left(\boldsymbol{m}_i,\boldsymbol{m}_j\right)=\nabla\left(\boldsymbol{\kappa}_i^{-1}\boldsymbol{m}_i\right)\times\nabla\left(\boldsymbol{\kappa}_j^{-1}\boldsymbol{m}_j\right)=0,\quad i,j=1,2,3,4,i<j\tag{8.25}$$

其中，$\boldsymbol{m}_i$ 为第 i 种物性参数向量；κ_i 为第 i 种物性参数的归一化算子，对于本章的模型试算，归一化算子可以表示为

$$\kappa_i=\mathrm{Max}\left(\boldsymbol{m}_{\mathrm{sep}}^i\right)-\mathrm{Min}\left(\boldsymbol{m}_{\mathrm{sep}}^i\right),\quad i=1,2,3,4\tag{8.26}$$

其中，Max 和 Min 分别表示最大值和最小值；$\boldsymbol{m}_{\mathrm{sep}}^i$ 为第 i 种物性方法获得的单独反演模型。

为了方便起见，我们将模型向量进行整合，

$$\boldsymbol{m}=\left[\frac{\boldsymbol{m}_1^{\mathrm{T}}}{\kappa_1},\frac{\boldsymbol{m}_2^{\mathrm{T}}}{\kappa_2},\frac{\boldsymbol{m}_3^{\mathrm{T}}}{\kappa_3},\frac{\boldsymbol{m}_4^{\mathrm{T}}}{\kappa_4}\right]^{\mathrm{T}}$$

$$\boldsymbol{m}_{\mathrm{ref}}=\left[\frac{\boldsymbol{m}_{1\_\mathrm{ref}}^{\mathrm{T}}}{\kappa_1},\frac{\boldsymbol{m}_{2\_\mathrm{ref}}^{\mathrm{T}}}{\kappa_2},\frac{\boldsymbol{m}_{3\_\mathrm{ref}}^{\mathrm{T}}}{\kappa_3},\frac{\boldsymbol{m}_{4\_\mathrm{ref}}^{\mathrm{T}}}{\kappa_4}\right]^{\mathrm{T}}$$

然后，目标函数式(8.23)可以重新改写为

$$\Phi=\left[\boldsymbol{d}-f(m)\right]^{\mathrm{T}}\cdot\boldsymbol{C}_d^{-1}\cdot\left[\boldsymbol{d}-f(\boldsymbol{m})\right]+\alpha\cdot(\boldsymbol{m}-\boldsymbol{m}_{\mathrm{ref}})\cdot\boldsymbol{C}_m^{-1}\cdot(\boldsymbol{m}-\boldsymbol{m}_{\mathrm{ref}}) \tag{8.27}$$

约束条件为

$$\tau(\boldsymbol{m})=0 \tag{8.28}$$

其中，

$$\tau(m)=\begin{bmatrix}\nabla(\boldsymbol{m}_1/\kappa_1)\times\nabla(\boldsymbol{m}_2/\kappa_2)\\ \nabla(\boldsymbol{m}_1/\kappa_1)\times\nabla(\boldsymbol{m}_3/\kappa_3)\\ \nabla(\boldsymbol{m}_1/\kappa_1)\times\nabla(\boldsymbol{m}_4/\kappa_4)\\ \nabla(\boldsymbol{m}_2/\kappa_2)\times\nabla(\boldsymbol{m}_3/\kappa_3)\\ \nabla(\boldsymbol{m}_2/\kappa_2)\times\nabla(\boldsymbol{m}_4/\kappa_4)\\ \nabla(\boldsymbol{m}_3/\kappa_3)\times\nabla(\boldsymbol{m}_4/\kappa_4)\end{bmatrix}=0$$

$$\boldsymbol{d}=\left[\boldsymbol{d}_1^{\mathrm{T}},\boldsymbol{d}_2^{\mathrm{T}},\boldsymbol{d}_3^{\mathrm{T}},\boldsymbol{d}_4^{\mathrm{T}}\right]^{\mathrm{T}},\quad f(\boldsymbol{m})=\left[f_1^{\mathrm{T}}(\boldsymbol{m}_1),f_2^{\mathrm{T}}(\boldsymbol{m}_2),f_3^{\mathrm{T}}(\boldsymbol{m}_3),f_4^{\mathrm{T}}(m_4)\right]^{\mathrm{T}}$$

$$\boldsymbol{C}_d=\mathrm{diag}\left[\boldsymbol{C}_{d_1},\boldsymbol{C}_{d_2},\boldsymbol{C}_{d_3},\boldsymbol{C}_{d_4}\right],\qquad \boldsymbol{C}_m=\mathrm{diag}\left[\boldsymbol{C}_{m_1},\boldsymbol{C}_{m_2},\boldsymbol{C}_{m_3},\boldsymbol{C}_{m_4}\right]$$

$$\alpha=\left[\alpha_1,\alpha_2,\alpha_3,\alpha_4\right]$$

多物性参数联合反演和双物性参数联合反演的主要区别在于，交叉梯度函数约束项从一项增加到多项，即每种物性参数之间都需要结构相似性的约束，因此可以更大程度地降低反演多解性问题，获得的相似结构模型更有利于转换成地质模型，从而为地质学家的解释工作提供了帮助。

对多物性多约束的联合反演目标函数进行优化求解，首先采用 Taylor 级数展开法对目标函数和交叉梯度约束函数进行线性化转换，将非线性问题转换成线性问题。然后，通过拉格朗日算子法将约束问题转变成无约束问题(Tarantola, 1987)，从而将交叉梯度约束函数加入目标函数(8.27)中：

$$\begin{aligned}\Psi=&\left(\hat{\boldsymbol{d}}-\boldsymbol{A}\cdot(\boldsymbol{m}-\boldsymbol{m}_0)\right)^{\mathrm{T}}\cdot\boldsymbol{C}_d^{-1}\cdot\left(\hat{\boldsymbol{d}}-\boldsymbol{A}\cdot(\boldsymbol{m}-\boldsymbol{m}_0)\right)+\alpha(\boldsymbol{m}-\boldsymbol{m}_{\mathrm{ref}})^{\mathrm{T}}\cdot\boldsymbol{C}_m^{-1}\cdot(\boldsymbol{m}-\boldsymbol{m}_{\mathrm{ref}})\\&+2\boldsymbol{\Lambda}\cdot\left(\hat{\tau}+\boldsymbol{B}\cdot(\boldsymbol{m}-\boldsymbol{m}_0)\right)\end{aligned} \tag{8.29}$$

其中，

$$\hat{\boldsymbol{d}}=\boldsymbol{d}-f(\boldsymbol{m}_0),\qquad \hat{\tau}=\tau(m_0)$$

$$\boldsymbol{A}=\begin{bmatrix}\cdots&\cdots&\cdots\\ \cdots&\boldsymbol{A}_{ij}&\cdots\\ \cdots&\cdots&\cdots\end{bmatrix},\quad \boldsymbol{A}_{ij}=\frac{\partial f_i(\boldsymbol{m})}{\partial \boldsymbol{m}_j} \tag{8.30}$$

$$\boldsymbol{B}=\frac{\partial\boldsymbol{\tau}}{\partial\boldsymbol{m}}=\begin{bmatrix}\frac{\partial\boldsymbol{\tau}_{12}}{\partial\boldsymbol{m}_1} & \frac{\partial\boldsymbol{\tau}_{12}}{\partial\boldsymbol{m}_2} & & \\ \frac{\partial\boldsymbol{\tau}_{13}}{\partial\boldsymbol{m}_1} & & \frac{\partial\boldsymbol{\tau}_{13}}{\partial\boldsymbol{m}_3} & \\ \frac{\partial\boldsymbol{\tau}_{14}}{\partial\boldsymbol{m}_1} & & & \frac{\partial\boldsymbol{\tau}_{14}}{\partial\boldsymbol{m}_4} \\ & \frac{\partial\boldsymbol{\tau}_{23}}{\partial\boldsymbol{m}_2} & \frac{\partial\boldsymbol{\tau}_{23}}{\partial\boldsymbol{m}_3} & \\ & \frac{\partial\boldsymbol{\tau}_{24}}{\partial\boldsymbol{m}_2} & & \frac{\partial\boldsymbol{\tau}_{24}}{\partial\boldsymbol{m}_4} \\ & & \frac{\partial\boldsymbol{\tau}_{34}}{\partial\boldsymbol{m}_3} & \frac{\partial\boldsymbol{\tau}_{34}}{\partial\boldsymbol{m}_4}\end{bmatrix} \tag{8.31}$$

其中，$\boldsymbol{\Lambda}$代表拉格朗日算子；$\boldsymbol{A}$ 代表雅可比矩阵；$\boldsymbol{B}$ 代表归一化交叉梯度约束函数 $\boldsymbol{\tau}(\boldsymbol{m})$ 的偏导数。

对目标函数式(8.29)求极值 $\partial\Psi/\partial m=0$ 可得

$$\begin{aligned}&\frac{\partial}{\partial\boldsymbol{m}}\Big\{\big[\boldsymbol{d}-f(\boldsymbol{m}_0)-\boldsymbol{A}\cdot(\boldsymbol{m}-\boldsymbol{m}_0)\big]^{\mathrm{T}}\cdot\boldsymbol{C}_d^{-1}\cdot\big[\boldsymbol{d}-f(\boldsymbol{m}_0)-\boldsymbol{A}\cdot(\boldsymbol{m}-\boldsymbol{m}_0)\big]\\&+\alpha\cdot(\boldsymbol{m}-\boldsymbol{m}_{\mathrm{ref}})^{\mathrm{T}}\times\boldsymbol{C}_m^{-1}\cdot(\boldsymbol{m}-\boldsymbol{m}_{\mathrm{ref}})+2\boldsymbol{\Lambda}\cdot\big[\boldsymbol{\tau}(\boldsymbol{m})+\boldsymbol{B}\cdot(\boldsymbol{m}-\boldsymbol{m}_0)\big]\Big\}=0\end{aligned} \tag{8.32}$$

$$\boldsymbol{\tau}(\boldsymbol{m}_0)+\boldsymbol{B}\cdot(\boldsymbol{m}-\boldsymbol{m}_0)=0 \tag{8.33}$$

将式(8.32)和式(8.33)联立，可以得到拉格朗日算子的表达式

$$\boldsymbol{\Lambda}=\left(\boldsymbol{B}\cdot\boldsymbol{N}^{-1}\cdot\boldsymbol{B}^{T}\right)^{-1}\left(\hat{\boldsymbol{\tau}}+\boldsymbol{B}\cdot\boldsymbol{N}^{-1}\cdot\boldsymbol{n}\right) \tag{8.34}$$

$$\boldsymbol{N}=\boldsymbol{A}^{\mathrm{T}}\cdot\boldsymbol{C}_d^{-1}\cdot\boldsymbol{A}+\alpha\cdot\boldsymbol{C}_m^{-1} \tag{8.35}$$

$$\boldsymbol{n}=\boldsymbol{A}^{\mathrm{T}}\cdot\boldsymbol{C}_d^{-1}\cdot\hat{\boldsymbol{d}} \tag{8.36}$$

$$\Delta\boldsymbol{m}=\boldsymbol{N}^{-1}\cdot\left(\boldsymbol{n}-\boldsymbol{B}^{\mathrm{T}}\cdot\boldsymbol{\Lambda}\right) \tag{8.37}$$

最终获得的模型改变量为

$$\begin{aligned}\Delta\boldsymbol{m}=&\left(\boldsymbol{A}^{\mathrm{T}}\cdot\boldsymbol{C}_d^{-1}\cdot\boldsymbol{A}+\alpha\cdot\boldsymbol{C}_m^{-1}\right)^{-1}\cdot\boldsymbol{A}^{\mathrm{T}}\cdot\boldsymbol{C}_d^{-1}\cdot\hat{\boldsymbol{d}}\\&-\left(\boldsymbol{A}^{\mathrm{T}}\cdot\boldsymbol{C}_d^{-1}\cdot\boldsymbol{A}+\alpha\cdot\boldsymbol{C}_m^{-1}\right)^{-1}\cdot\boldsymbol{B}^{\mathrm{T}}\cdot\boldsymbol{\Lambda}\end{aligned} \tag{8.38}$$

8.4 多物性联合反演理论模型试验

8.4.1 多物性多约束联合反演的优势分析

为了验证多物性多约束联合反演的优势，本节我们对两种、三种和四种不同物性方法的联合反演进行了对比测试。我们设计了一个上下不同大小的异常体模型，如图 8.15 所示。测线长度为 6 km，共有 29 个大地电磁观测点等间距分布，频率范围为 1～1000Hz，

共采集 10 个频率，TE 和 TM 极化模式下的视电阻率和视相位组成了大地电磁观测数据。重力和磁法分别等间距采集了 29 个重力和磁法异常数据；地震方法将震源埋深于地下 50m 处，共有 9 个震源，10 个检波器分别放置于两口井中，井的位置分别为 2km 和 4km，检波器间距为 200m。密度模型、磁化率模型、速度模型和电阻率模型在联合反演区域采用相同的网格剖分(140×60)，在联合反演区域外，电阻率模型还需要扩展网格大小(174×74)。

采用理论模型的均匀半空间模型作为单独和联合反演各物性参数的初始模型。对于单独反演，MT、重力、磁法和地震走时方法最终迭代的数据拟合差分别为 0.84、0.48、0.65 和 0.42，反演结果如图 8.15(e)、(f)、(g)、(h)所示。正如预期所料，相比于密度和磁化率模型，电阻率和速度模型可以有效地恢复出地下异常体模型的空间结构，主要是因为大地电磁深部频率信息丰富、地震射线覆盖面积广。尽管大地电磁和地震方法可以分辨出深部异常体的中心位置，但是仍然呈现出异常延伸的导电体和低速体。在密度和磁化率模型中，反演结果表现出大面积的模糊发散现象，无法识别出上下异常体的位置和边界，这也反映出重、磁数据有限的深度分辨率。

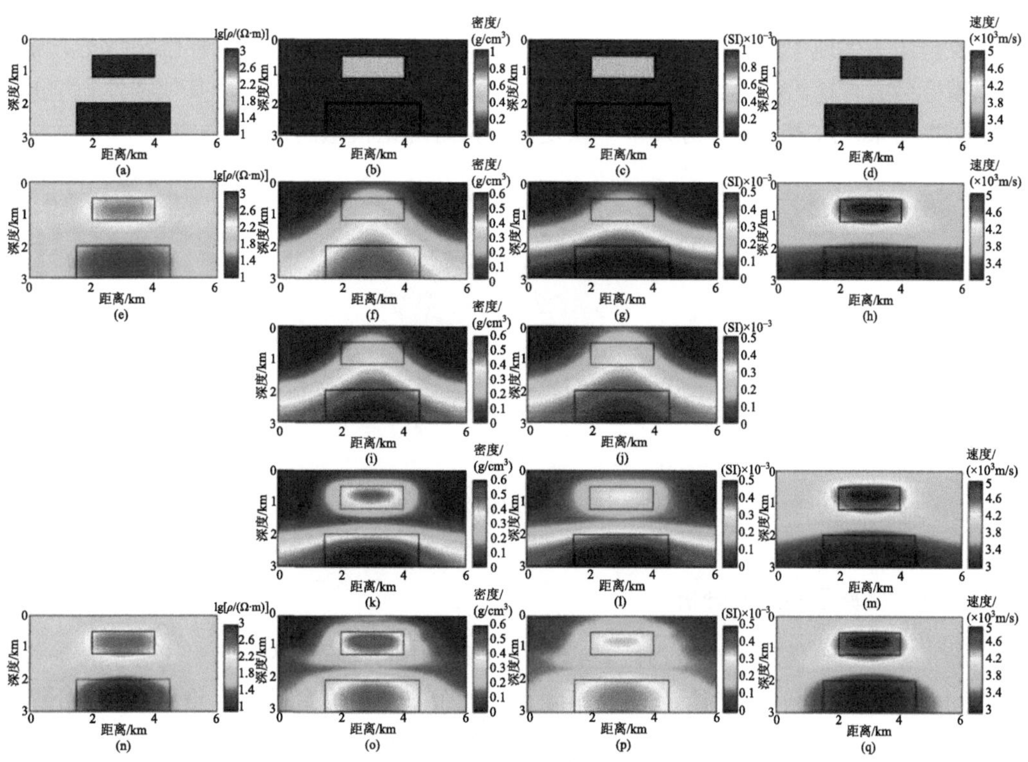

图 8.15　多物性联合反演结果对比图

(a)、(b)、(c)、(d)理论模型；(e)、(f)、(g)、(h)单独反演结果；(i)、(j)重力和磁法联合反演结果；(k)、(l)、(m)重力、磁法和地震走时联合反演结果图；(n)、(o)、(p)、(q)大地电磁、重力、磁法和地震走时联合反演结果图；(a)、(e)、(n)电阻率模型；(b)、(f)、(i)、(k)、(o)密度模型；(c)、(g)、(j)、(l)、(p)磁化率模型；(d)、(h)、(m)、(q)速度模型对于重力和磁法联合反演，密度和磁化率模型的最终迭代数据拟合差分别为 0.40 和 0.52，反演结果如图 8.15(i)和(j) 所示。我们发现，重磁联合反演结果得到了结构相似的密度和磁化率模型，主要是因为目标函数中加入了交叉梯度函数的贡献，但是反演结果仍无法识别出上下异常体，即使加入交叉梯度约束，也无法改善位场数据深度分辨率差的问题。对于重力、磁法和地震走时联合反演，密度、磁化率和速度模型的最终迭代数据拟合差分别为 0.66、0.76 和 0.48，反演结果如图 8.15(k), (l), (m)所示。密度和磁化率模型可以恢复出浅层和深层异常体，主要是速度模型通过交叉梯度约束传播的间接贡献。同时，由于密度模型和磁化率模型的结构约束，低速异常体的发散现象得到改善。然而，深层异常体的左右边界仍无法得到显著改善，主要是因为地震射线无法传播到深部低速层边界区域，射线覆盖范围不足，导致无法准确地识别出深部异常体边界，图 8.16 为地震射线分布示意图。对于大地电磁、重力、磁法和地震联合反演，电阻率、密度、磁化率和速度模型的最终迭代数据拟合差分别为 0.79、0.67、0.77 和 0.45，反演结果如图 8.15(n)、(o)、(p)、(q)所示。相比于上述所有反演结果，四种物性方法的联合反演结果获得的异常体空间几何形态和物性属性值都更吻合于理论模型，在重力、磁法和地震联合反演结果中的深部异常体延伸发散问题得到了有效解决，恢复出异常体真实的分界面，这主要是由于大地电磁数据包含了更丰富的深部分辨信息，通过交叉梯度函数可以将电阻率模型信息传递给其他物性模型，同时，电阻率模型又间接得到了其他物性模型的结构相似性约束，改善了水平分辨率，恢复出更接近理论模型的物性值。

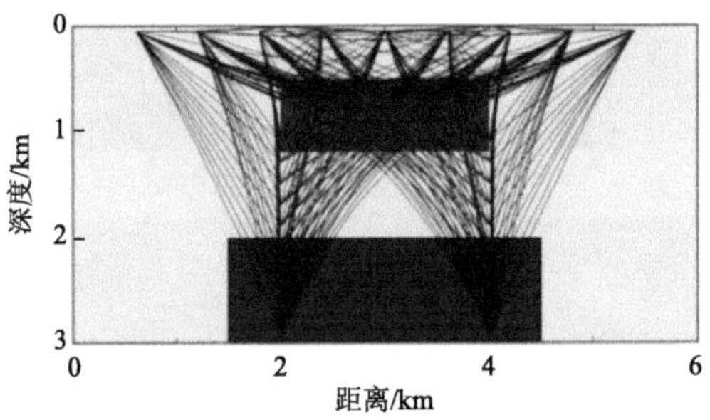

图 8.16　地震射线分布示意图

8.4.2　归一化算子的影响分析

为了验证归一化算子在多物性多约束联合反演中的影响，本节将对比分析未加入和加入归一化算子的联合反演结果。本节设计了一个复杂的组合模型，与真实的地下结构更加相似，包括了一些具有代表性的地质体和构造结构(图 8.17)。三个大小不同的异常体埋藏于均匀半空间 D 中，其中不同埋深的异常体 A、B 为独立的岩体，且异常体 A 在地表出露，深部表现出锯齿型断裂结构；异常体 C 埋藏于深部区域，左侧为台阶型断裂结构。重力和磁法采用相同的观测点，点间距为 0.2km，观测点数为 29 个。大地电磁法共有 29 个等间距分布观测点，每个观测点采集 10 个频率，频率范围设置为 1～1000Hz，TE、TM 极化模式下的视电阻率和视相位组成了大地电磁的观测数据。地震方法将震源埋深于地下 50m 处，共有 9 个震源，10 个检波器分别放置于两口井中，井的位置分别为 2.3km 和 8.7km，检波器间距为 200m。密度模型、磁化率模型、速度模型和电阻率模型在联合反演区域采用相同的网格剖分(140×60)，在联合反演区域外，电阻率模型还需要扩展网格大小(174×74)。

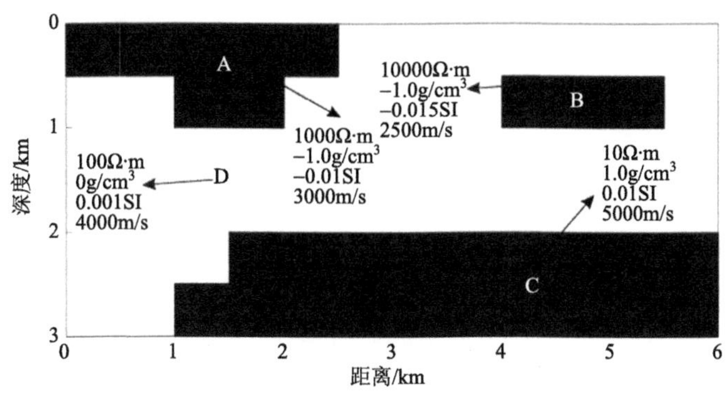

图 8.17 复杂理论模型

本节首先对四种物性参数方法进行单独反演，接下来采用相同的观测数据分别进行未加入和加入归一化算子的交叉梯度联合反演。采用理论模型中的均匀半空间模型作为单独和联合反演的初始模型。大地电磁、重力、磁法和地震的单独反演结果如图 8.18(a)、(b)、(c)、(d)所示，最终的迭代数据拟合差分别为 0.98、0.84、0.72 和 0.80。正如预期所料，电阻率模型(图 8.18(a))可以准确地恢复出异常体的几何位置和大小，特别是深部异常体的边界，主要是由于大地电磁包含丰富的频率信息，表现出很高的纵向分辨能力，但是深部异常体 C 左侧的断裂边界较模糊，表现出较低的水平分辨率。在密度和磁化率模型中(图 8.18(b)、(c))，反演结果表现出大面积的模糊发散现象，无法识别出深部异常体的位置和边界，这也反映出重、磁数据有限的深度分辨率。速度模型(图 8.18(d))可以恢复出异常体的大致空间形态，但是由于深部地震射线覆盖范围小，无法准确地恢复出深部异常体 C 左侧的台阶型断裂结构，呈现出异常延伸的高速体。

未加入归一化算子的联合反演最终迭代数据拟合差分别为 0.98、1.35、0.75 和 0.85，联合反演结果如图 8.18(e)、(f)、(g)、(h)所示，与单独反演结果具有很大的结构差异，尤其是密度和速度模型得到了显著改善，恢复出真实异常体的边界，主要是由于电阻率模型结构相似性约束间接的贡献。然而，在磁化率模型中，联合反演结果与单独反演获得的磁化率模型基本相似，联合反演磁化率模型没有获得其他方法结构相似性约束的间接贡献。我们发现反演结果中磁化率模型的变化范围远远小于其他方法物性的变化范围，磁化率联合反演得到交叉梯度结构相似性约束的贡献很弱，因此磁化率模型无法得到改善。

加入归一化算子的联合反演最终迭代数据拟合差分别为 0.97、1.14、1.15 和 0.84，联合反演结果如图 8.18(i)、(j)、(k)、(l)所示。加入归一化算子的联合反演结果获得了结构相似性更高的模型结果。电阻率模型可以清晰地恢复出深部异常体 C 左侧的台阶型断裂边界，提升了深部区域的水平分辨能力；速度模型显著改善了深部高速体延伸的现象，识别出深部异常体 C 的断裂结构；由于归一化算子的加入，密度和磁化率模型在很大程度上避免了纵向分辨能力弱和趋肤效应的问题，可以准确地识别出独立异常体 B 的中心位置，尤其是磁化率模型获得了与其他参数模型结构一致的结果。通过上述反演结果可以说明，将不同量级、不同单位的模型参数转换成相同数量级、无量纲的模型参数，可以消除因不同模型参数差异引起的影响。

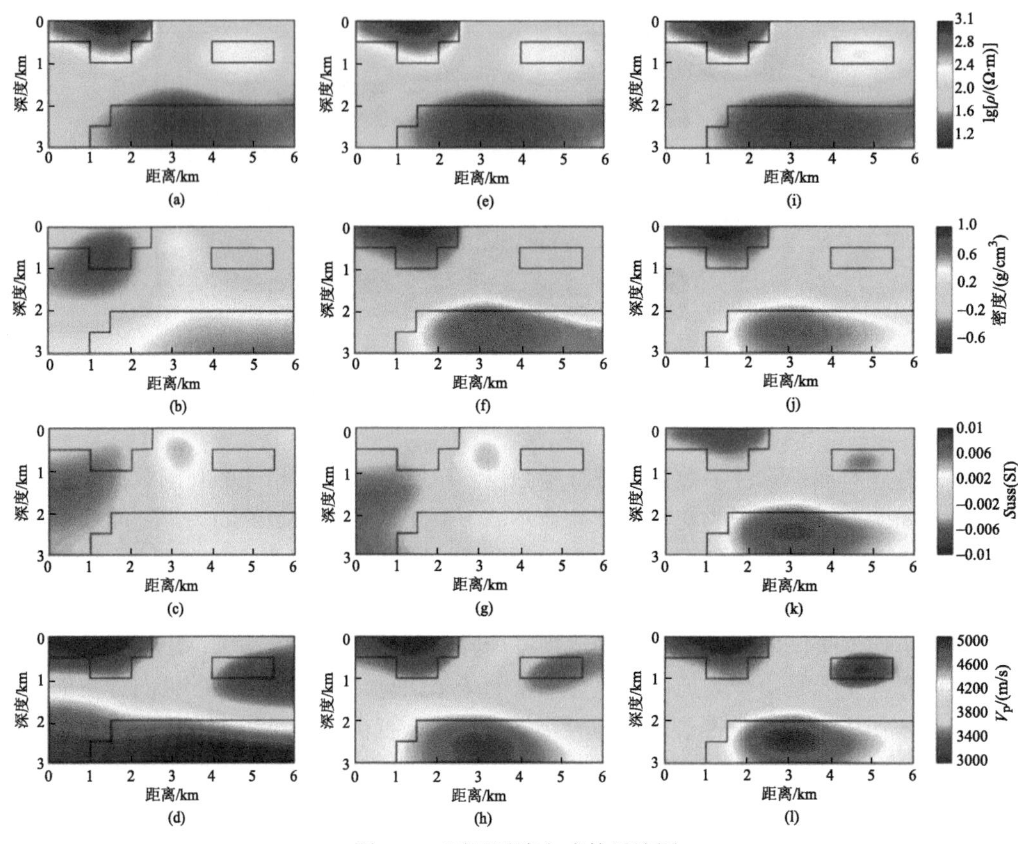

图 8.18　不同反演方式的反演图

(a), (b), (c), (d)单独反演; (e), (f), (g), (h)未加入归一化的联合反演; (i), (j), (k), (l)加入归一化的联合反演; (a), (e), (i)电阻率模型; (b), (f), (j)密度模型; (c), (g), (k)磁化率模型; (d), (h), (l)速度模型

8.5　RGB 合成图

RGB(红-绿-蓝)模式合成图技术是将三种颜色(红色、绿色和蓝色)叠加在一起获得一种混合颜色的方法。我们可以将 RGB 方法推广到地球物理联合反演综合解释的领域，联合反演得到的电阻率、密度和速度模型合并成一个(红-绿-蓝)模式的 RGB 合成图，将电阻率设定为红色，电阻率值越大则颜色越红；将剩余密度设定为绿色，剩余密度值越大则颜色越绿；将蓝色设定为速度，速度越大则颜色越蓝。将多物性反演结果整合到一张 RGB 图像上，可以有效地降低地质解释工作者的工作量，因此 RGB 方法是一种高效的地球物理反演综合解释工具。

为了说明 RGB 方法的有效性和适用性，我们对 8.4.2 节设计的复杂模型进行测试，将未加入归一化算子的联合反演模型(图 8.18(e)、(f)、(g)、(h))和加入归一化算子的联合反演模型(图 8.18(i)、(j)、(k)、(l))重新组合编码，生成相对应的 RGB 合成图(图 8.19)。我们会注意到，未加入归一化联合反演的 RGB 合成图与真实模型不吻合，RGB 合成图出现了多余的假异常体，主要是由于四种物性参数模型表现出结构不一致的结果。然而，加入归一化联合反演的 RGB 合成图未出现多余的假异常体，与真实模型异常体的位置和大小都非常接近，进一步验证了加入归一化算子可以获得更准确的联合反演结果。RGB 模式合成图可以有效地将多种物性参数模型混合叠加到一起，可以更清晰直观地分析地下介质的结构情况，有助于更好地开展地质解释工作。

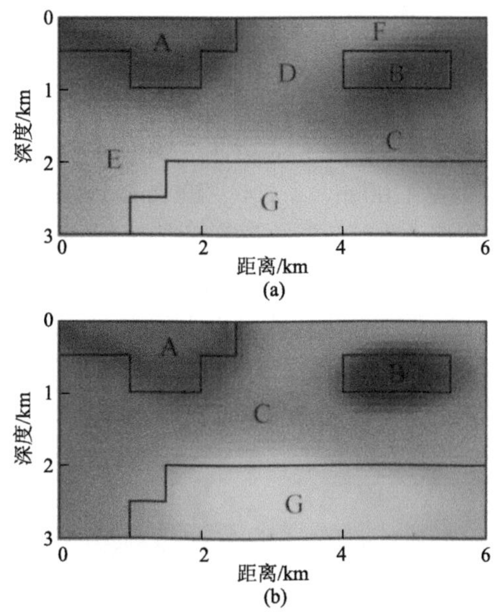

图 8.19　单独反演(a)和联合反演(b)的 RGB 合成图

8.6　实测数据反演

中国东北部本溪-集安地区横跨两个不同地质构造单元，一是太古代古陆核，由太古代变质岩组成，其控矿作用明显；二是元古代辽吉古裂谷带，其内矿产资源十分丰富。研究区太古代的含矿建造除了在研究区的北部出露地表外，大部分都处于隐伏状态，元古代辽吉古裂谷带沉积巨厚并且被古生代、中新生代沉积盖层覆盖，且无论是太古代含矿建造还是辽吉古裂谷带都经历了多期构造与岩浆侵入活动。因此，查明该区深部地质结构与构造，对在研究区找矿具有非常重要的意义(张宏嘉，2013)。为此在研究区共完成了十几条重、磁、大地电磁综合剖面。使用的仪器是加拿大某公司 V5–2000 系列电磁仪、美国 BURRIS 型高精度金属弹簧重力仪和加拿大某公司 GSM–19T 微机质子磁力仪。此外，对研究区涉及的主要地质体的物性也进行了测量。

将本章提出的重磁电数据二维联合反演算法应用于本溪集安地区的 10 号测线中(图

8.20)。测线方向大致从北西到南东，测线长度为 97 km。在测线上共有大地电磁法 48 个测点，测点之间平均距离为 2km，测量数据中采取了 15 个频点(360.0～0.02Hz 的对数间隔)的 TM 极化模式视电阻率(图 8.21(a))。从重磁观测数据得到布格异常和磁异常，其中采集 189 个观测数据(图 8.22(a)和(b)中的圆形)。

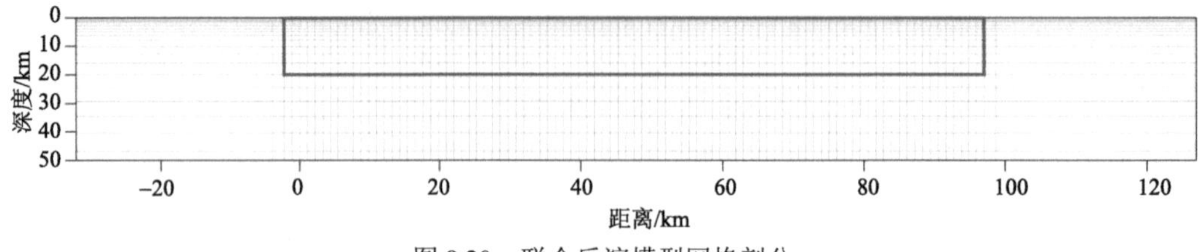

图 8.20　联合反演模型网格剖分

虚线为密度及磁化率模型的边缘，灰色网格部分为电阻率模型剖分，交叉梯度约束只用于虚线区域内

密度与磁化率模型的深度设定为 20 km。对于电阻率模型，考虑电磁场的衰减，用对数间隔单元沿着水平方向和深度方向扩展了模型(图 8.20)。主要解释区域(图 8.20 中虚线表示的区域)网格单元大小设定为宽 1100 m，高 200～4000m。反演初始模型为 300 Ω·m、0g/cm^3 及 0 SI 的均匀介质。重磁正演及雅可比矩阵计算根据多边形异常体公式(Singh，2002)。

本次研究主要关心深度为 10 km 以内的地质结构，因此图 8.21(a)中只画出了深度到 10km 的剖面。联合反演过程在第 6 次迭代时以 1.52(电)、0.81(重)、1.38(磁)的数据拟合差结束。最终模型响应分别为图 8.21(b)的拟断面(TM 视电阻率)和图 8.22(a)(布格异常)、图 8.22(b)(磁异常)的实线。

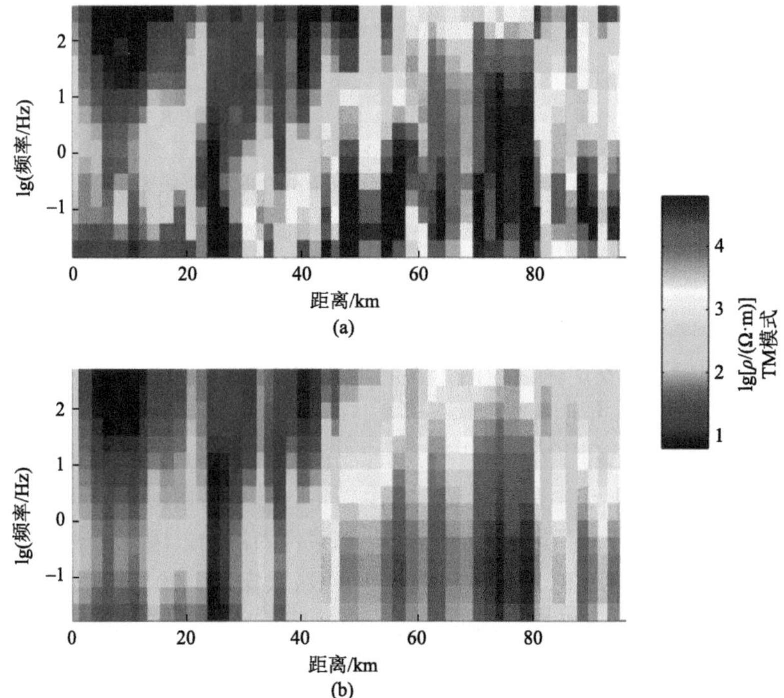

图 8.21　本溪集安地区 10 号测线观测数据及反演模型响应（关于大地电磁）

(a)观测 TM 视电阻率；(b)图 8.23(a)中电阻率模型的 TM 视电阻率响应

联合反演获得了结构上相似的电阻率、密度及磁化率模型(图 8.23)。根据物性范围，可清晰地划分出不同的地质体。结合地表地质情况(图 8.24(a))和物性测量数据作进一步解释，得到每个地质体的位置和物性范围，推断出各地质体的属性以及断层构造。综合解释剖面图(图 8.24(b))与 10 号测线附近地表地质(图 8.24(a))和联合反演剖面(图 8.23)基本吻合，其中水平位置为 72～76km、深度为 1～6km 的地质体没有出现在地表地质图上，但是根据其物性范围和在地质图外部浪子山组邻接的地层及侵入岩属性，推测该地质体为古元古代盖县组。10 号测线剖面可以分出两个地质单元，第一段为 0～50km 区间的桓仁地块，主要岩性由早白垩纪梨树沟组、小岭组火山沉积层、古元古代大石桥组组成；第二段为 50～95km 区间的集安地块，主要岩性为早白垩纪小岭组火山沉积层、古元古代盖县组、浪子山组、早白垩纪侵入岩。测线下伏岩体为古元古代时期生成的辽吉花岗岩。根据综合解释剖面和联合反演结果推测的每个地质体的物性范围及属性如表 8.1 所示。

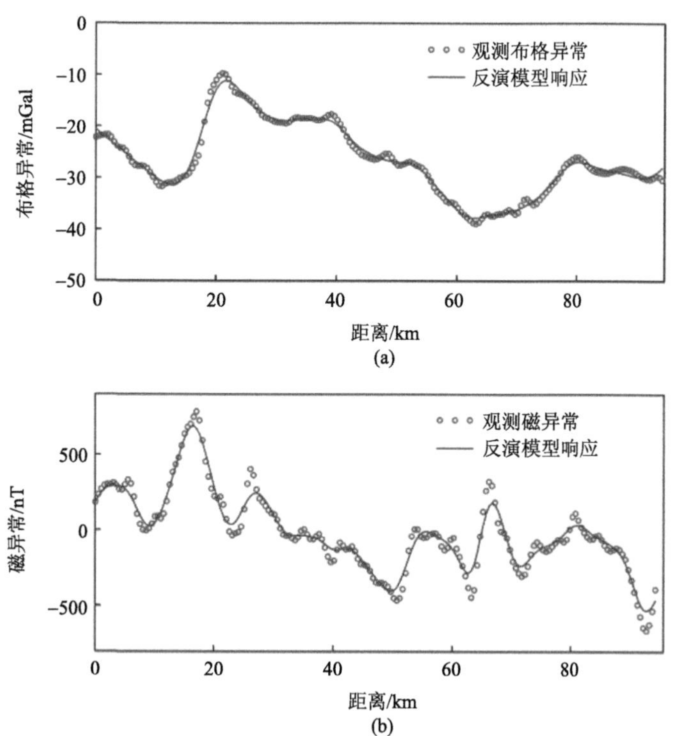

图 8.22　本溪集安地区 10 号测线观测数据及反演模型响应（关于重力和磁法）

(a)和(b)分别为观测布格异常和磁异常及图 8.23(b)和(c)中密度和磁化率模型的正演响应

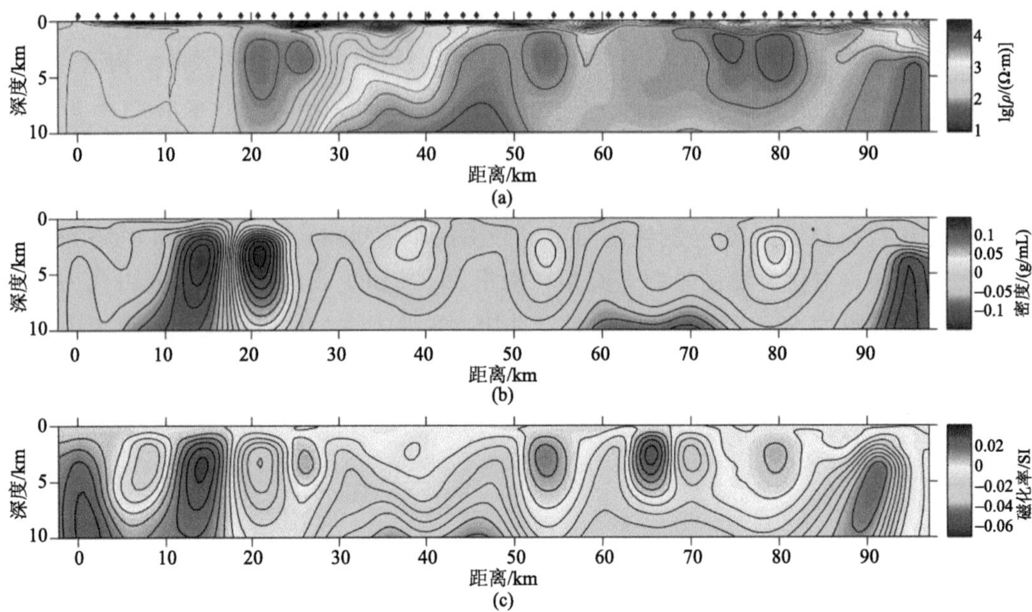

图 8.23　10 号测线联合反演结果图

(a)电阻率模型; (b)密度模型; (c)磁化率模型

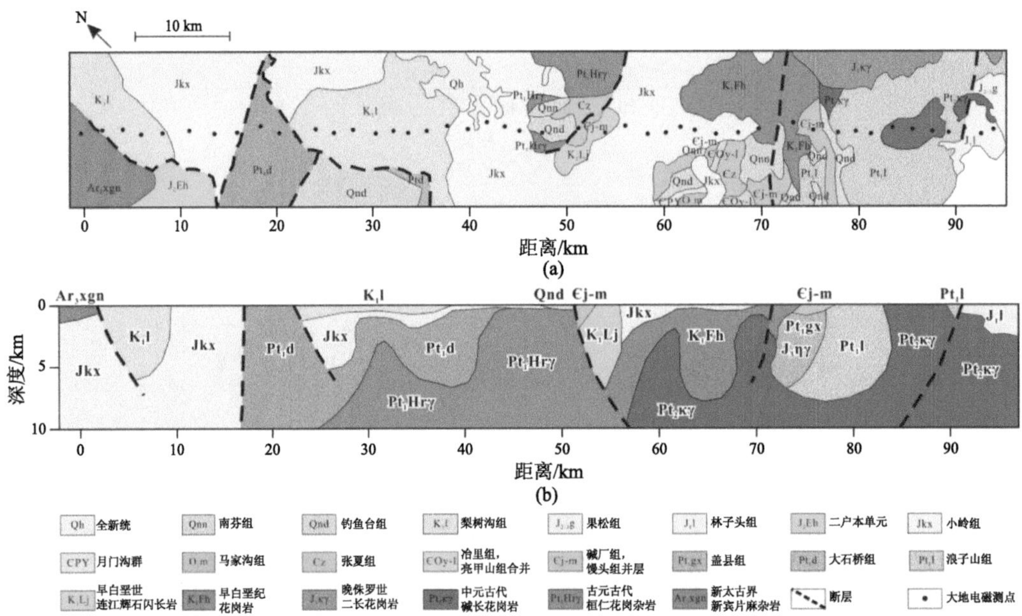

图 8.24　联合反演综合解释剖面图

(a)地表地质图; (b)推测的地下地层分布图

表 8.1　地质体物性范围及属性

地质体	lg[ρ/(Ω·m)]	密度异常/(g/cm^3)	磁化率异常/SI	地质属性
K_1l	2.0～2.3	−0.03～0.01	−0.017～0.000	早白垩纪梨树沟组
Jkx	1.7～2.2	−0.12～0.00	0.000～0.030	晚侏罗纪—早白垩纪小岭组
Pt_1gx	3.7～3.9	−0.02～−0.01	−0.001～0.000	古元古代盖县组
Pt_1d	1.8～2.5	0.02～0.14	−0.029～−0.004	古元古代大石桥组
Pt_1l	3.6～3.9	0.00～0.05	0.000～0.007	古元古代浪子山组
K_1Fh	3.5～3.6	−0.02～−0.01	0.003～0.025	早白垩纪花岗岩
K_1Lj	3.5～3.8	−0.01～0.03	0.000～0.015	早白垩纪连江辉石闪长岩
$Pt_2\kappa\gamma$	3.3～3.5	−0.06～−0.01	−0.021～0.001	中元古代碱长花岗岩
$Pt_1Hr\gamma$	3.3～3.8	−0.03～−0.02	−0.035～−0.013	古元古代桓仁花岗杂岩

8.7　小　结

本章以结构相似性为基础，提出了一种多物性多约束的归一化交叉梯度联合反演算法。该算法首先对双物性单约束的交叉梯度联合反演算法进行了深入研究，构建了一个将两种方法的物性参数与观测数据融合的目标函数。在交叉梯度恒等式为零的约束下，通过同步迭代求解实现目标函数的优化。通过理论模型的分析和测试，我们发现每种单一方法都有其固有的局限性。联合反演策略能够有效地整合各种方法的优势，弥补单一反演的不足，降低多解性，并提高模型间的结构一致性。然而，如果联合反演仅考虑两种物性参数的结构耦合，那么评估地下介质的信息将局限于这两个角度。鉴于地下地质结构的复杂性和反演结果的多解性，仅凭两种物性参数进行综合解释可能存在片面性。为了解决这一问题，本章进一步开展了多物性多约束联合反演算法的研究。该算法在目标函数中纳入了多种物性参数模型约束项和观测数据拟合项，并在多个交叉梯度等于零的约束条件下进行同步迭代求解。值得注意的是，不同物性参数在数量级和单位上存在显著差异，直接耦合这些参数可能会导致联合反演结果无法有效传递结构相似性约束，从而无法显著改善单一反演结果。针对这一挑战，本章对传统的交叉梯度函数进行了改进，引入归一化算子以消除不同物性参数间的差异影响。模型试算分析结果表明，随着参与反演的物性方法数量的增加，联合反演结果与理论模型的吻合度提高，表明观测数据量的增加有助于降低反演的多解性。因此，在勘探同一地下区域时，采用的物性方法越多，联合反演结果的准确性越高。此外，通过将交叉梯度函数中的不同量级、不同单位的模型参数转换为相同数量级、无量纲的参数，可以有效消除直接耦合不同模型参数所引起的偏差。最后，本章将重磁电交叉梯度约束联合反演算法应用于本溪-集安地区的实际案例，通过该算法获得的电阻率、密度和磁化率模型在结构上具有相似性，这些模型较好地反映了该区域的深部地质结构，为确定深部地质体的性质提供了有力的地质依据。

参 考 文 献

李桐林，张镕哲，朴英哲，等. 2016. 部分区域约束下的交叉梯度多重地球物理数据联合反演. 地球物理学报, 59(8): 2979-2988.

张宏嘉. 2013. 本溪—集安地区三维地质结构重磁电综合解释. 吉林: 吉林大学.

Fregoso E, Gallardo L A. 2009. Cross-gradients joint 3D inversion with applications to gravity and magnetic data. Geophysics, 74(4): L31-L42.

Gallardo L A. 2007a. Multiple cross-gradient joint inversion for geospectral imaging. Geophys. Res. Lett., 34(19): L19301.

Gallardo L A. 2007b. Generalised joint inversion of multiple subsurface data under a common structural framework. paper presented at 69th EAGE Conference and Exhibition, London.

Gallardo L A, Meju M A. 2003. Characterization of heterogeneous near-surface materials by joint 2-D inversion of dc resistivity and seismic data. Geophys. Res. Lett., 30(13): 183-196.

Gallardo L A, Meju M A. 2004. Joint two-dimensional DC resistivity and seismic traveltime inversion with cross-gradients constraints. J. Geophys. Res., 109(B3): 3311-3315.

Gao G, Abubakar A, Habashy T M. 2012. Joint petrophysical inversion of electromagnetic and full-waveform seismic data. Geophysics, 77(3): WA3-WA18.

Hu W Y, Abubakar A, Habashy T M. 2009. Joint electromagnetic and seismic inversion using structural constraints. Geophysics, 74(6): R99-R109.

Singh B. 2002. Simultaneous computation of gravity and magnetic anomalies resulting from a 2D object. Geophysics, 67: 801-806.

Tarantola A. 1987. Inversion problem theory: Methods for data fitting and model parameter estimation. Phys. Earth Planet. Inter., 57(3): 350-351.

Zhang R Z, Li T L. 2019. Joint inversion of 2D gravity gradiometry and magnetotelluric data in mineral exploration. Minerals, 9: 541.

Zhang R Z, Li T L, Zhou S, et al. 2019. Joint MT and gravity inversion using structural constraints: A case study from the Linjiang copper mining area, Jilin, China. Minerals, 9: 407.

Zhang R Z, Li T L, Deng X H, et al. 2020. Two-dimensional data-space joint inversion of magnetotelluric, gravity, magnetic and seismic data with cross-gradient constraints. Geophysical Prospecting , 68(2): 721-731.

结 束 语

《地球物理反演理论、算法及应用》一书至此画上了句号。在这部书中，我们分享了对反演理论、算法及其应用的深入理解和实践经验。然而，对于反演问题的探讨，众说纷纭，观点各异。我们希望通过对这些问题的进一步思考，激发更多的讨论和思考，以期达到启发和促进学术界及实践领域进一步探索反演问题的目的。

1. 反演问题是信息论问题

在地球物理学中，反演问题与医学领域的计(CT)成像有着相似之处，但在医学成像中很少遇到多解性或非唯一性的问题。这其中的差异主要源于地球物理方法与医学成像在信息获取量上的不同。在医学成像中，源和接收器的位置可以任意选择，能够实现全方位的发射和接收，因此获得的信息量较大，成像问题本质上是一个超定问题。然而，在地球物理问题中，我们通常只能通过地面观测来获取有限的信息。在信息量有限的情况下，试图获得一个精确的模型解，尤其是期望获得高分辨率的解，这本身就是不合理的，因为它违背了信息论的基本原则。无论是线性问题还是非线性反演问题，如果从解方程的角度来考虑，当未知数的数量超过了给定的观测数据的数量，即使所有观测数据都是独立的，我们也无法准确确定每一个未知数。这一点与胡适先生的论述颇为相似："有几分证据，说几分话""有七分证据，不说八分话"。地球物理反演同样遵循这一原则，我们应当根据所掌握的信息量，合理地推断和解释地球物理模型，避免过度推断或错误解释。

2. 反演问题是哲学问题

OOCAM 反演算法是地球物理反演领域内一个广为人知的计算方法，其核心思想源自奥卡姆剃刀(Occam's razor)原理，这一原理由 14 世纪英格兰的逻辑学家、圣方济各会修士威廉·奥卡姆(William of Occam，约 1285 年至 1349 年)所提出。奥卡姆剃刀定律主张：在面对多个能够解释观察到现象的原理时，应当选择最简单或最容易被证伪的那一个，直到有更多证据出现。这一原理强调，对于现象，最简洁的解释往往比复杂的解释更接近正确。如果存在多个类似的解决方案，应该选择最简洁的那一个，因为需要最少假设的解释最有可能是正确的。这一思想可以追溯到亚里士多德的"自然界选择最短的道路"。

在地球物理反演中，这一原理同样适用。正如奥卡姆剃刀定律所启示的："It is vain to do more than what can be done with fewer"，我们应当追求最简洁的模型和解释，避免不必要的复杂性，直到有充分的证据支持更复杂的模型。这种方法不仅有助于提高反演过程的效率，还能增加结果的可靠性和可验证性。

3. 反演问题是地质问题

众所周知，地球物理反演问题始于地球物理测量数据。实际上，许多反演问题能够解决的程度，往往在地球物理野外测量的设计阶段就已经被确定。选择何种方法，是否满足地球物理测量的物性前提条件，以及决定使用何种密度的测网(三维)或测线方位与点距(二维)，这些因素基本上已经决定了反演所能依赖的基础资料的优劣，以及解决问题的能力。因此，反演本质上首先是一个地质地球物理问题。在反演过程中，为了降低解的多解性问题，我们需充分利用各种先验信息，例如物性参数的可能范围。正则化方法的应用同样需要地质信息的支持，如参考模型的建立和模型光滑性的控制都依赖于地质知识。最终，地球物理反演的结果也需要进行合理的地质解释，即通过物性模型来推导出地质模型。从事地球物理反演工作的专业人员必须深刻理解反演问题本质上是一个地质问题。只有深入理解地质背景和物性特征，才能有效地设计测量方案，合理地应用反演算法，并准确地解释反演结果。这种对地质问题的深刻洞察是实现高质量地球物理反演的关键。

4. 反演问题是数学问题，但它不仅仅是个数学问题，归根结底还是一个数学问题

从提出和解决反演问题的角度不难发现，反演本质上是一个数学问题，通常通过最优化方法寻找反演解。在求解最优化问题的过程中，一些算法(如最小二乘法和各种梯度算法)在反演中得到了广泛应用。然而，正如前文所述，反演并不仅仅是一个纯粹的数学问题。在反演过程中，需要将各种条件转化为数学形式，并将这些约束整合到求解过程中，这就是所谓的正则化反演。这些约束可能源自哲学思考、信息论原则，或是地质学的实际问题。此外，对于得到的解，我们还需要进行评估，包括解的分辨率和可靠性等，这些都需要通过精确的数学指标进行衡量。因此，我们可以说反演问题确实是一个数学问题，但它不仅限于数学领域，最终它还是回归到数学问题的本质。

最后，我也想谈一谈对于近年来的一个热点问题即关于深度学习反演问题的看法。近年来，神经网络在反演问题上的研究非常活跃，尤其是在电磁数据反演方面已经取得了一些积极的成果。尽管神经网络反演在某些情况下显示出了良好的效果，但它也存在一些明显的局限性。目前，大多数神经网络反演方法都是完全基于数据驱动的，与传统反演方法不同，它们主要依赖于数据拟合，而不是结合模型约束。对于一维反演问题，由于涉及的模型参数较少，因此相对容易构建一个具有较强泛化能力的神经网络训练集。然而，对于更高维度的反演问题，由于地质条件的多样性和复杂性，很难用一套固定的训练集来适应不同的测区。因此，需要根据具体的地质信息来设定约束条件，并据此构建训练集。这就意味着神经网络反演在高维问题上可能面临更大的挑战。

深度学习本质上是一种模式识别技术，它通过学习已知的模式，建立起输入(数据)和输出(模型)之间的非线性映射关系。这种学习到的关系可以用于预测未知区域的模型，

但这种应用的前提是已知的模式必须适用于未知区域。在地质学应用中，由于地质条件的多样性和复杂性，通常很难找到一种普遍适用的模式。

因此，尽管深度学习为反演问题提供了一种新的视角和强大的工具，但在实际应用中，我们还需要深入理解地质背景，合理设计训练集，并结合地质约束来提高反演的准确性和可靠性。这需要地球物理学家、地质学家和数据科学家紧密合作，共同推动深度学习在地球物理反演中的应用。